# 大学生数学竞赛指南

主　编　李汉龙　隋　英
参　编　艾　瑛　闫红梅
　　　　孙常春　王　娜

国防工業出版社
·北京·

# 内 容 简 介

本书是专门为高等院校参加全国大学生数学竞赛的大学本科理工科专业的大学生而编写的参考书. 全书共分5章,内容涵盖了全国大学生数学竞赛要求内容(即高等数学、数学分析、线性代数、高等代数等). 其中第1章为大学数学竞赛概述,在2~5章中,每节都包含了以下三方面内容: ①核心内容提示;②典型例题精解;③学习效果测试题及答案. 全书例题丰富,深入浅出,富有启发性与可读性.

本书既可以作为大学生数学竞赛的辅导教材,也可以作为考研重要辅助资料,同时,对于大学数学教师来说也是一本不可多得的教学参考书.

**图书在版编目(CIP)数据**

大学生数学竞赛指南 / 李汉龙,隋英主编. —北京:国防工业出版社,2014.9

ISBN 978-7-118-09660-6

Ⅰ. ①大... Ⅱ. ①李... ②隋... Ⅲ. ①高等数学 - 高等学校 - 教学参考资料 Ⅳ. ①O13

中国版本图书馆 CIP 数据核字(2014)第 203137 号

※

国防工业出版社 出版发行

(北京市海淀区紫竹院南路 23 号 邮政编码 100048)

天利华印刷装订有限公司印刷

新华书店经售

*

**开本** 787 × 1092 1/16 **印张** 22½ **字数** 560 千字

2014 年 9 月第 1 版第 1 次印刷 **印数** 1—4000 册 **定价** 45.00 元

**(本书如有印装错误,我社负责调换)**

国防书店:(010)88540777 发行邮购:(010)88540776

发行传真:(010)88540755 发行业务:(010)88540717

# 前　言

中国全国大学生数学竞赛是由中国数学会主办的面向全国大学生的课外科技活动. 竞赛的宗旨在于培养人才、服务教学、促进高等学校数学课程的改革和建设,激励大学生学习数学的兴趣,培养分析、解决问题的能力,发现和选拔数学创新性人才,给青年学子提供一个展示基础知识和思维能力的舞台. 为了帮助全国大学生更好地参加竞赛,获取奖项,我们根据相关资料和以往的培训经验编写了这本书.

本书的编排结构为:第 1 章大学数学竞赛概述;第 2 章高等数学,主要为非数学类的学生参加大学数学竞赛进行辅导;第 3 章数学分析,第 4 章线性代数,第 5 章高等代数,这三章为数学类大学生参加大学数学竞赛进行辅导. 从第 2 章开始,每一章内容的每一节都包含以下三方面.

(1) 核心内容提示:本部分的目的是使考生明白竞赛考试常考内容和考试要求,从而在复习时有明确的目标和重点.

(2) 典型例题精解:本部分对历年竞赛真题中常见的题型进行归纳分类,总结各种题型的解题方法,注重一题多解,以便能够开阔考生的解题思路,使所学知识融会贯通,并能灵活地解决问题. 针对以往考生在解题过程中普遍存在的问题及常犯的错误,每个例题都给出了详细的解题思路分析和解答,并在解答后给出相应的评注,对考试大纲所要求的知识点进行了阐述,同时对考试重点、难点以及常考知识点进行深度剖析,每个例题后面还给出了 5 道同类型的练习题,只要认真练习,就可掌握该例题的思想方法.

(3) 学习效果测试题及答案:只有适量的练习才能巩固所学的知识,数学复习离不开做题. 为了使考生更好地巩固所学知识,提高实际解题能力,本书作者在第 2 ~5 章中的每一节后都精心设计了相应的学习效果测试题,并给出了答案提示,供考生进行测试练习使用.

附录中提供了自 2009 年首届中国大学生数学竞赛开始以来的部分竞赛真题及答案,供考生自测之用. 本书主要通过具体的实例,使读者一步一步地随着作者的思路来完成竞赛数学知识点的学习. 书中所给实例具有技巧性而又道理显然,可使读者思路畅达,将所学知识融会贯通,灵活运用,以达到事半功倍之效. 本书将会成为读者竞赛的良师益友. 本书所使用的部分竞赛真题资料来自于互联网. 我们使用这些资料,目的是希望给读者提供更为完善的学习帮助.

本书第 1 章由孙常春编写;第 2 章由李汉龙编写;第 3 章由隋英编写;第 4 章由艾瑛编写;

第 5 章由闫红梅编写. 另外由李汉龙根据网络资料编写了附录和前言. 全书由李汉龙统稿,李汉龙、隋英审稿. 另外,本书的编写和出版得到了国防工业出版社的大力支持,在此表示衷心的感谢!

本书参考了国内出版的一些教材和竞赛辅导书,见本书所附参考文献,在此表示谢意. 由于水平所限,书中不足之处在所难免,恳请读者、同行和专家批评指正。

编者

2014 年 7 月

# 目　录

# 第1章　大学数学竞赛概述

## 1.1　大学数学与大学数学竞赛

### 1.1.1　大学数学与大学数学竞赛的基本概念

大学数学:大学理工科专业主要以高等数学为主,同时包括线性代数、概率论与数理统计;大学理科数学专业主要以数学分析、高等代数和解析几何为主,同时包括常微分方程、运筹学、概率论与数理统计、复变函数与积分变换、实变函数、泛函分析、数值分析等.

大学数学竞赛:包括数学专业竞赛和非数学专业竞赛,每年举行一次.数学专业竞赛内容包括数学分析、高等代数和解析几何.非数学专业竞赛内容仅为高等数学.

### 1.1.2　大学数学竞赛对大学生素质能力培养的作用

大学数学竞赛对大学生各方面素质能力的培养起到了非常重要的作用.大学数学竞赛可以在很大程度上能激发大学生学习数学的兴趣.相对其他的大学课程,对大学数学知识点的理解和掌握相对较困难,这导致部分学生对大学数学的学习积极性不高,但通过举办大学数学竞赛,将会增强学生学习大学数学的主动性、自觉性和积极性.同时,大学数学竞赛能培养大学生的抽象思维能力、空间想象能力和逻辑推理能力,对后继大学课程的顺利学习、参加工程实践和考取研究生等铺平了道路.大学数学竞赛能培养大学生独立思考、分析问题和解决问题的能力,同时也能增强大学生的科学研究能力和创新能力.大学数学竞赛能培养大学生的科学文化素养和锻炼意志力.因此,大学数学竞赛对大学生素质能力的培养起到了积极的作用.

## 1.2　中国全国大学数学竞赛分类与竞赛的一般步骤和方法

### 1.2.1　中国全国大学数学竞赛的分类

中国全国大学生数学竞赛分为数学专业类竞赛和非数学专业类竞赛.

(1) 中国全国大学生数学竞赛(数学专业类)竞赛内容为大学本科数学专业基础课的教学内容,即数学分析占50%,高等代数占35%,解析几何占15%.

(2) 中国全国大学生数学竞赛(非数学专业类)竞赛内容为大学本科理工科专业高等数学课程的教学内容.

### 1.2.2　中国全国大学数学竞赛的一般步骤

(1) 了解全国大学生数学竞赛的赛事.

(2) 按照全国大学生数学竞赛的大纲来认真复习备考.

(3) 竞赛报名,确定报考类别(数学类和非数学类).

(4) 分区赛选拔.

(5) 参加全国决赛.

### 1.2.3 中国全国大学数学竞赛的方法

(1) 按全国大学数学竞赛大纲总结和归纳知识点.

(2) 熟练掌握大学数学的基本理论、数学公式和计算方法.

(3) 平时多做些与数学竞赛难度相当的课外题.

(4) 认真做一遍历届全国大学数学竞赛真题,找出薄弱环节.

(5) 考试时,放好心态,尽量挖掘自身的数学潜能.

(6) 考试时,先做相对简单的题,最后做相对难的题.

(7) 遇到难题时,分析解题的思路很重要,寻找适当的解题方法.

(8) 注意数学知识点的综合运用和灵活运用.

## 1.3 中国全国大学生数学竞赛简介与竞赛大纲

### 1.3.1 中国全国大学生数学竞赛简介

中国全国大学生数学竞赛是由中国数学会主办的面向全国大学生的课外科技活动. 竞赛的宗旨在于培养人才、服务教学、促进高等学校数学课程的改革和建设,激励大学生学习数学的兴趣,培养大学生分析、解决问题的能力,发现和选拔数学创新性人才,为青年学子提供一个展示基础知识和思维能力的舞台.

竞赛的参赛对象为大学本科二年级及二年级以上的在校大学生. 分数学专业类和非数学专业类,数学专业类的大学生不能参加非数学专业类的竞赛. 数学专业类竞赛的内容包括数学分析、高等代数和解析几何;非数学专业类竞赛的内容为高等数学.

竞赛包括分区赛和决赛两部分. 分区赛由各分区数学会分别组织进行,选拔出分区赛的一、二、三等奖,获得分区赛一等奖的大学生参加全国大学生数学竞赛决赛,最终评选出国家一、二、三等奖.

首届中国全国大学生数学竞赛由国防科技大学承办,分区赛于 2009 年 10 月举行,决赛于 2010 年 5 月举行. 全国大学生数学竞赛自从 2009 年成功举办第一届以来,每年举办一次,是继全国大学生数学建模竞赛的又一重要数学赛事.

### 1.3.2 中国全国大学生数学竞赛大纲

中国全国大学生数学竞赛试题分为数学专业类竞赛试题和非数学专业类竞赛试题.

中国全国大学生数学竞赛(数学专业类)竞赛内容为大学本科数学专业基础课的教学内容,即数学分析占 50%,高等代数占 35%,解析几何占 15%,具体内容如下:

#### 数学分析

**一、集合与函数**

(1) 实数集 $\mathbf{R}$、有理数与无理数的稠密性,实数集的界与确界、确界存在性定理、闭区间套定理、聚点定理、有限覆盖定理.

(2) $\mathbf{R}^2$ 上的距离、邻域、聚点、界点、边界、开集、闭集、有界(无界)集、$\mathbf{R}^2$ 上的闭矩形套定理、聚点定理、有限覆盖定理、基本点列,以及上述概念和定理在 $\mathbf{R}^n$ 上的推广.

(3) 函数、映射、变换概念及其几何意义,隐函数概念,反函数与逆变换,反函数存在性定理,初等函数以及与之相关的性质.

**二、极限与连续**

(1) 数列极限、收敛数列的基本性质(极限唯一性、有界性、保号性、不等式性质).

(2) 数列收敛的条件(柯西准则、迫敛性、单调有界原理、数列收敛与其子列收敛的关系),极限 $\lim\limits_{n\to\infty}\left(1+\dfrac{1}{n}\right)^n=\mathrm{e}$ 及其应用.

(3) 一元函数极限的定义、函数极限的基本性质(唯一性、局部有界性、保号性、不等式性质、迫敛性),归结原则和柯西收敛准则,两个重要极限 $\lim\limits_{x\to0}\dfrac{\sin x}{x}=1$, $\lim\limits_{x\to\infty}\left(1+\dfrac{1}{x}\right)^x=\mathrm{e}$ 及其应用,计算一元函数极限的各种方法,无穷小量与无穷大量、阶的比较,记号 $O$ 与 $o$ 的意义,多元函数重极限与累次极限概念、基本性质,二元函数的二重极限与累次极限的关系.

(4) 函数连续与间断、一致连续性、连续函数的局部性质(局部有界性、保号性),有界闭集上连续函数的性质(有界性、最大值最小值定理、介值定理、一致连续性).

**三、一元函数微分学**

(1) 导数及其几何意义、可导与连续的关系、导数的各种计算方法,微分及其几何意义、可微与可导的关系、一阶微分形式不变性.

(2) 微分学基本定理:费马定理,罗尔定理,拉格朗日定理,柯西定理,泰勒公式(皮亚诺余项与拉格朗日余项).

(3) 一元微分学的应用:函数单调性的判别、极值、最大值和最小值、凸函数及其应用、曲线的凹凸性、拐点、渐近线、函数图像的讨论、洛必达法则、近似计算.

**四、多元函数微分学**

(1) 偏导数、全微分及其几何意义,可微与偏导存在、连续之间的关系,复合函数的偏导数与全微分,一阶微分形式不变性,方向导数与梯度,高阶偏导数,混合偏导数与顺序无关性,二元函数中值定理与泰勒公式.

(2) 隐函数存在定理、隐函数组存在定理、隐函数(组)求导方法、反函数组与坐标变换.

(3) 几何应用(平面曲线的切线与法线、空间曲线的切线与法平面、曲面的切平面与法线).

(4) 极值问题(必要条件与充分条件),条件极值与拉格朗日乘数法.

**五、一元函数积分学**

(1) 原函数与不定积分、不定积分的基本计算方法(直接积分法、换元法、分部积分法)、有理函数积分: $\int R(\cos x,\sin x)\,\mathrm{d}x$ 型, $\int R(x,\sqrt{ax^2+bx+c})\,\mathrm{d}x$ 型.

(2) 定积分及其几何意义、可积条件(必要条件、充要条件: $\sum\omega_i\Delta x_i<\varepsilon$)、可积函数类.

(3) 定积分的性质(关于区间可加性、不等式性质、绝对可积性、定积分第一中值定理)、变上限积分函数、微积分基本定理、牛顿—莱布尼茨公式及定积分计算、定积分第二中值定理.

(4) 无限区间上的广义积分、柯西收敛准则、绝对收敛与条件收敛、$f(x)$ 非负时

$\int_{a}^{+\infty} f(x)\,\mathrm{d}x$ 的收敛性判别法（比较原则、柯西判别法）、阿贝尔判别法、狄利克雷判别法、无界函数广义积分概念及其收敛性判别法.

(5) 微元法、几何应用（平面图形面积、已知截面面积函数的体积、曲线弧长与弧微分、旋转体体积），其他应用.

**六、多元函数积分学**

(1) 二重积分及其几何意义、二重积分的计算（化为累次积分、极坐标变换、一般坐标变换）.

(2) 三重积分、三重积分计算（化为累次积分、柱坐标、球坐标变换）.

(3) 重积分的应用（体积、曲面面积、重心、转动惯量等）.

(4) 含参量正常积分及其连续性、可微性、可积性，运算顺序的可交换性. 含参量广义积分的一致收敛性及其判别法，含参量广义积分的连续性、可微性、可积性，运算顺序的可交换性.

(5) 第一型曲线积分、曲面积分的概念、基本性质、计算.

(6) 第二型曲线积分概念、性质、计算；格林公式，平面曲线积分与路径无关的条件.

(7) 曲面的侧、第二型曲面积分的概念、性质、计算，奥高公式、斯托克斯公式，两类线积分、两类面积分之间的关系.

**七、无穷级数**

1. 数项级数

级数及其敛散性，级数的和，柯西准则，收敛的必要条件，收敛级数基本性质；正项级数收敛的充分必要条件，比较原则、比式判别法、根式判别法以及它们的极限形式；交错级数的莱布尼茨判别法；一般项级数的绝对收敛、条件收敛性、阿贝尔判别法、狄利克雷判别法.

2. 函数项级数

函数列与函数项级数的一致收敛性、柯西准则、一致收敛性判别法（M－判别法、阿贝尔判别法、狄利克雷判别法）、一致收敛函数列、函数项级数的性质及其应用.

3. 幂级数

幂级数概念、阿贝尔定理、收敛半径与区间，幂级数的一致收敛性，幂级数的逐项可积性、可微性及其应用，幂级数各项系数与其和函数的关系、函数的幂级数展开、泰勒级数、麦克劳林级数.

4. 傅里叶级数

三角级数、三角函数系的正交性、$2\pi$ 及 $2l$ 周期函数的傅里叶级数展开、贝塞尔不等式、黎曼 — 勒贝格定理、按段光滑函数的傅里叶级数的收敛性定理.

## 高等代数

**一、多项式**

(1) 数域与一元多项式的概念.

(2) 多项式整除、带余除法、最大公因式、辗转相除法.

(3) 互素、不可约多项式、重因式与重根.

(4) 多项式函数、余数定理、多项式的根及性质.

(5) 代数基本定理、复系数与实系数多项式的因式分解.

(6) 本原多项式、高斯引理、有理系数多项式的因式分解、爱森斯坦判别法、有理数域上多项式的有理根.

(7) 多元多项式及对称多项式、韦达定理.

二、行列式

(1) $n$ 级行列式的定义.

(2) $n$ 级行列式的性质.

(3) 行列式的计算.

(4) 行列式按一行(列)展开.

(5) 拉普拉斯展开定理.

(6) 克拉默法则.

三、线性方程组

(1) 高斯消元法、线性方程组的初等变换、线性方程组的一般解.

(2) $n$ 维向量的运算与向量组.

(3) 向量的线性组合、线性相关与线性无关、两个向量组的等价.

(4) 向量组的极大无关组、向量组的秩.

(5) 矩阵的行秩、列秩、秩、矩阵的秩与其子式的关系.

(6) 线性方程组有解判别定理、线性方程组解的结构.

(7) 齐次线性方程组的基础解系、解空间及其维数

四、矩阵

(1) 矩阵的概念、矩阵的运算(加法、数乘、乘法、转置等运算)及其运算律.

(2) 矩阵乘积的行列式、矩阵乘积的秩与其因子的秩的关系.

(3) 矩阵的逆、伴随矩阵、矩阵可逆的条件.

(4) 分块矩阵及其运算与性质.

(5) 初等矩阵、初等变换、矩阵的等价标准形.

(6) 分块初等矩阵、分块初等变换.

五、双线性函数与二次型

(1) 双线性函数、对偶空间.

(2) 二次型及其矩阵表示.

(3) 二次型的标准形、化二次型为标准形的配方法、初等变换法、正交变换法.

(4) 复数域和实数域上二次型的规范形的唯一性、惯性定理.

(5) 正定、半正定、负定二次型及正定、半正定矩阵

六、线性空间

(1) 线性空间的定义与简单性质.

(2) 维数、基与坐标.

(3) 基变换与坐标变换.

(4) 线性子空间.

(5) 子空间的交与和、维数公式、子空间的直和.

七、线性变换

(1) 线性变换的定义、线性变换的运算、线性变换的矩阵.

(2) 特征值与特征向量、可对角化的线性变换.

(3) 相似矩阵、相似不变量、哈密尔顿—凯莱定理.

(4) 线性变换的值域与核、不变子空间.

**八、若当标准形**

(1) $\lambda$ - 矩阵.

(2) 行列式因子、不变因子、初等因子、矩阵相似的条件.

(3) 若当标准形.

**九、欧几里得空间**

(1) 内积和欧几里得空间、向量的长度、夹角与正交、度量矩阵.

(2) 标准正交基、正交矩阵、施密特正交化方法.

(3) 欧几里得空间的同构.

(4) 正交变换、子空间的正交补.

(5) 对称变换、实对称矩阵的标准形.

(6) 主轴定理、用正交变换化实二次型或实对称矩阵为标准形.

(7) 酉空间.

## 解析几何

**一、向量与坐标**

(1) 向量的定义、表示、向量的线性运算、向量的分解、几何运算.

(2) 坐标系的概念、向量与点的坐标及向量的代数运算.

(3) 向量在轴上的射影及其性质、方向余弦、向量的夹角.

(4) 向量的数量积、向量积和混合积的定义、几何意义、运算性质、计算方法及应用.

(5) 应用向量求解一些几何、三角问题.

**二、轨迹与方程**

(1) 曲面方程的定义:普通方程、参数方程(向量式与坐标式之间的互化)及其关系.

(2) 空间曲线方程的普通形式和参数方程形式及其关系.

(3) 建立空间曲面和曲线方程的一般方法、应用向量建立简单曲面、曲线的方程.

(4) 球面的标准方程和一般方程、母线平行于坐标轴的柱面方程.

**三、平面与空间直线**

(1) 平面方程、直线方程的各种形式,方程中各有关字母的意义.

(2) 从决定平面和直线的几何条件出发,选用适当方法建立平面、直线方程.

(3) 根据平面和直线的方程,判定平面与平面、直线与直线、平面与直线间的位置关系.

(4) 根据平面和直线的方程及点的坐标判定有关点、平面、直线之间的位置关系、计算他们之间的距离与交角等;求两异面直线的公垂线方程.

**四、二次曲面**

(1) 柱面、锥面、旋转曲面的定义,求柱面、锥面、旋转曲面的方程.

(2) 椭球面、双曲面与抛物面的标准方程和主要性质,根据不同条件建立二次曲面的标准方程.

(3) 单叶双曲面、双曲抛物面的直纹性及求单叶双曲面、双曲抛物面的直母线的方法.

(4) 根据给定直线族求出它表示的直纹面方程,求动直线和动曲线的轨迹问题.

**五、二次曲线的一般理论**

(1) 二次曲线的渐进方向、中心、渐近线.

（2）二次曲线的切线、二次曲线的正常点与奇异点.

（3）二次曲线的直径、共轭方向与共轭直径.

（4）二次曲线的主轴、主方向，特征方程、特征根.

（5）化简二次曲线方程并画出曲线在坐标系的位置草图.

中国大学生数学竞赛（非数学专业类）竞赛内容为大学本科理工科专业高等数学课程的教学内容，具体内容如下：

## 高等数学

**一、函数、极限、连续**

（1）函数的概念及表示法、简单应用问题的函数关系的建立.

（2）函数的性质：有界性、单调性、周期性和奇偶性.

（3）复合函数、反函数、分段函数和隐函数、基本初等函数的性质及其图形、初等函数.

（4）数列极限与函数极限的定义及其性质、函数的左极限与右极限.

（5）无穷小和无穷大的概念及其关系、无穷小的性质及无穷小的比较.

（6）极限的四则运算、极限存在的单调有界准则和夹逼准则、两个重要极限.

（7）函数的连续性（含左连续与右连续）、函数间断点的类型.

（8）连续函数的性质和初等函数的连续性.

（9）闭区间上连续函数的性质（有界性、最大值和最小值定理、介值定理）.

**二、一元函数微分学**

（1）导数和微分的概念、导数的几何意义和物理意义、函数的可导性与连续性之间的关系、平面曲线的切线和法线.

（2）基本初等函数的导数、导数和微分的四则运算、一阶微分形式的不变性.

（3）复合函数、反函数、隐函数以及参数方程所确定的函数的微分法.

（4）高阶导数的概念、分段函数的二阶导数、某些简单函数的 $n$ 阶导数.

（5）微分中值定理，包括罗尔定理、拉格朗日中值定理、柯西中值定理和泰勒定理.

（6）洛必达法则与求未定式极限.

（7）函数的极值、函数单调性、函数图形的凹凸性、拐点及渐近线（水平、铅直和斜渐近线）、函数图形的描绘.

（8）函数最大值和最小值及其简单应用.

（9）弧微分、曲率、曲率半径.

**三、一元函数积分学**

（1）原函数和不定积分的概念.

（2）不定积分的基本性质、基本积分公式.

（3）定积分的概念和基本性质、定积分中值定理、变上限定积分确定的函数及其导数、牛顿—莱布尼茨公式.

（4）不定积分和定积分的换元积分法与分部积分法.

（5）有理函数、三角函数的有理式和简单无理函数的积分.

（6）广义积分.

（7）定积分的应用：平面图形的面积、平面曲线的弧长、旋转体的体积及侧面积、平行截面面积为已知的立体体积、功、引力、压力及函数的平均值.

**四、常微分方程**

(1) 常微分方程的基本概念:微分方程及其解、阶、通解、初始条件和特解等.

(2) 变量可分离的微分方程、齐次微分方程、一阶线性微分方程、伯努利方程、全微分方程.

(3) 可用简单的变量代换求解的某些微分方程、可降阶的高阶微分方程:$y^{(n)} = f(x)$, $y'' = f(x,y')$, $y'' = f(y,y')$.

(4) 线性微分方程解的性质及解的结构定理.

(5) 二阶常系数齐次线性微分方程、高于二阶的某些常系数齐次线性微分方程.

(6) 简单的二阶常系数非齐次线性微分方程:自由项为多项式、指数函数、正弦函数、余弦函数,以及它们的和与积.

(7) 欧拉方程.

(8) 微分方程的简单应用.

**五、向量代数和空间解析几何**

(1) 向量的概念、向量的线性运算、向量的数量积和向量积、向量的混合积.

(2) 两向量垂直、平行的条件、两向量的夹角.

(3) 向量的坐标表达式及其运算、单位向量、方向数与方向余弦.

(4) 曲面方程和空间曲线方程的概念、平面方程、直线方程.

(5) 平面与平面、平面与直线、直线与直线的夹角以及平行、垂直的条件、点到平面和点到直线的距离.

(6) 球面、母线平行于坐标轴的柱面、旋转轴为坐标轴的旋转曲面的方程、常用的二次曲面方程及其图形.

(7) 空间曲线的参数方程和一般方程、空间曲线在坐标面上的投影曲线方程.

**六、多元函数微分学**

(1) 多元函数的概念、二元函数的几何意义.

(2) 二元函数的极限和连续的概念、有界闭区域上多元连续函数的性质.

(3) 多元函数偏导数和全微分、全微分存在的必要条件和充分条件.

(4) 多元复合函数、隐函数的求导法.

(5) 二阶偏导数、方向导数和梯度.

(6) 空间曲线的切线和法平面、曲面的切平面和法线.

(7) 二元函数的二阶泰勒公式.

(8) 多元函数极值和条件极值、拉格朗日乘数法、多元函数的最大值、最小值及其简单应用.

**七、多元函数积分学**

(1) 二重积分和三重积分的概念及性质、二重积分的计算(笛尔儿坐标、极坐标)、三重积分的计算(笛尔儿坐标、柱面坐标、球面坐标).

(2) 两类曲线积分的概念、性质及计算、两类曲线积分的关系.

(3) 格林公式、平面曲线积分与路径无关的条件、已知二元函数全微分求原函数.

(4) 两类曲面积分的概念、性质及计算、两类曲面积分的关系.

(5) 高斯公式、斯托克斯公式、散度和旋度的概念及计算.

(6) 重积分、曲线积分和曲面积分的应用(平面图形的面积、立体图形的体积、曲面面积、弧长、质量、质心、转动惯量、引力、功及流量等）.

**八、无穷级数**

（1）常数项级数的收敛与发散、收敛级数的和、级数的基本性质与收敛的必要条件.

（2）几何级数与 $p$ 级数及其收敛性、正项级数收敛性的判别法、交错级数与莱布尼茨判别法.

（3）任意项级数的绝对收敛与条件收敛.

（4）函数项级数的收敛域与和函数的概念.

（5）幂级数及其收敛半径、收敛区间（指开区间）、收敛域与和函数.

（6）幂级数在其收敛区间内的基本性质（和函数的连续性、逐项求导和逐项积分）、简单幂级数的和函数的求法.

（7）初等函数的幂级数展开式.

（8）函数的傅里叶系数与傅里叶级数、狄利克雷定理、函数在 $[-\pi,\pi]$ 上的傅里叶级数、函数在 $[0,\pi]$ 上的正弦级数和余弦级数.

# 第2章　高等数学

## 2.1　导数与偏导数

### 2.1.1　核心内容提示

（1）导数和微分的概念，导数的几何意义和物理意义，函数的可导性与连续性之间的关系，平面曲线的切线和法线.

（2）基本初等函数的导数，导数和微分的四则运算，一阶微分形式的不变性.

（3）复合函数、反函数、隐函数以及参数方程所确定的函数的微分法.

（4）高阶导数的概念、分段函数的二阶导数、某些简单函数的 $n$ 阶导数.

（5）微分中值定理，包括罗尔定理、拉格朗日中值定理、柯西中值定理和泰勒定理.

（6）洛必达法则与求未定式极限.

（7）函数的极值，函数单调性，函数图形的凹凸性、拐点及渐近线（水平、铅直和斜渐近线），函数图形的描绘.

（8）函数最大值和最小值及其简单应用.

（9）弧微分、曲率、曲率半径.

（10）多元函数的概念、二元函数的几何意义.

（11）二元函数的极限和连续的概念，有界闭区域上多元连续函数的性质.

（12）多元函数偏导数和全微分，全微分存在的必要条件和充分条件.

（13）多元复合函数、隐函数的求导法.

（14）二阶偏导数、方向导数和梯度.

（15）空间曲线的切线和法平面，曲面的切平面和法线.

（16）二元函数的二阶泰勒公式.

（17）多元函数极值和条件极值、拉格朗日乘数法、多元函数的最大值、最小值及其简单应用.

### 2.1.2　典型例题精解

**例2－1**　设函数 $f(x)$ 在点 $x=0$ 处有定义，$f(0)=1$，且 $\lim\limits_{x\to 0}\dfrac{\ln(1-x)+\sin x\cdot f(x)}{e^{x^2}-1}=0$. 证明：$f(x)$ 在点 $x=0$ 处可导，并求 $f'(0)$.

**分析**　要证明 $f(x)$ 在点 $x=0$ 处可导，只要能够根据已知条件将 $f'(0)$ 求出来，即可达到目的.

**证明**　根据已知条件，知

$$\lim_{x\to 0}\frac{\ln(1-x)+\sin x\cdot f(x)}{e^{x^2}-1}=\lim_{x\to 0}\frac{\ln(1-x)+\sin x\cdot f(x)}{x^2}$$

$$= \lim_{x\to 0}\frac{[\ln(1-x)+x]+\sin x\cdot[f(x)-1]+[\sin x-x]}{x^2}$$

$$= \lim_{x\to 0}\frac{\ln(1-x)+x}{x^2}+\lim_{x\to 0}\frac{\sin x\cdot[f(x)-1]}{x^2}+\lim_{x\to 0}\frac{\sin x-x}{x^2}$$

$$= -\frac{1}{2}+\lim_{x\to 0}\frac{f(x)-1}{x}+0$$

$$= 0.$$

故$\lim\limits_{x\to 0}\frac{f(x)-1}{x}=\frac{1}{2}$. 即$f'(0)=\lim\limits_{x\to 0}\frac{f(x)-f(0)}{x-0}=\lim\limits_{x\to 0}\frac{f(x)-1}{x}=\frac{1}{2}$. 所以,$f(x)$在点 $x=0$ 处可导,且$f'(0)=\frac{1}{2}$.

**评注** 等价无穷小代换必须在积和商中进行. 在其他形式中使用将会导致错误. 如下面的计算中错误地使用了等价无穷小代换:

$$\lim_{x\to 0}\frac{\ln(1-x)+\sin x\cdot f(x)}{e^{x^2}-1}=\lim_{x\to 0}\frac{-x+x\cdot f(x)}{x^2}=\lim_{x\to 0}\frac{f(x)-1}{x^2}.$$

为了更好地使用等价无穷小代换,需要记住一些常用的等价无穷小. 如当 $x\to 0$ 时,$\sin x\sim x$;$\tan x\sim x$;$1-\cos x\sim\frac{1}{2}x^2$;$\ln(1+x)\sim x$;$e^x-1\sim x$;$(1+x)^\alpha-1\sim\alpha x$,等等. 类似的题有:

(1) 求极限$\lim\limits_{x\to 0}\frac{\tan x-\sin x}{x^3}$. $\left(\frac{1}{2}\right)$

(2) 求极限$\lim\limits_{x\to 0}\frac{e^x-e^{x\cos x}}{x\ln(1+x^2)}$. $\left(\frac{1}{2}\right)$

(3) 求极限$\lim\limits_{x\to 0}\frac{[\sin x-\sin(\sin x)]\sin x}{x^4}$. $\left(答案\frac{1}{6}\right)$

(4) 求极限$\lim\limits_{x\to 0}\frac{e^x-\sin x-1}{1-\sqrt{1-x^2}}$. (答案 1)

(5) 求极限$\lim\limits_{x\to 0}\frac{x^2}{\sqrt{1+x\sin x}-\sqrt{\cos x}}$. $\left(答案\frac{4}{3}\right)$

**例 2-2** 求极限$\lim\limits_{x\to 0}\left(\frac{e^x+e^{2x}+\cdots+e^{nx}}{n}\right)^{\frac{e}{x}}$,其中 $n$ 是给定的正数.

**分析** 这是 $1^\infty$ 型的未定式的极限,可以考虑使用重要极限公式$\lim\limits_{y\to 0}(1+y)^{\frac{1}{y}}=e$ 或使用对数恒等式将其化为$\frac{0}{0}$型的未定式的极限,然后使用洛必达法则求极限.

**解答** 方法 1:使用重要极限公式$\lim\limits_{y\to 0}(1+y)^{\frac{1}{y}}=e$ 求解.

$$\lim_{x\to 0}\left(\frac{e^x+e^{2x}+\cdots+e^{nx}}{n}\right)^{\frac{e}{x}}=\lim_{x\to 0}\left(1+\frac{e^x+e^{2x}+\cdots+e^{nx}-n}{n}\right)^{\frac{e}{x}}$$

$$=\lim_{x\to 0}\left(1+\frac{e^x+e^{2x}+\cdots+e^{nx}-n}{n}\right)^{\frac{n}{(e^x+e^{2x}+\cdots+e^{nx}-n)}\cdot\frac{e(e^x+e^{2x}+\cdots+e^{nx}-n)}{nx}},$$

而

$$\lim_{x\to 0}\frac{e(e^x+e^{2x}+\cdots+e^{nx}-n)}{nx}=\frac{e}{n}\lim_{x\to 0}\frac{(e^x+e^{2x}+\cdots+e^{nx}-n)}{x}$$

$$= \frac{e}{n}\left(\lim_{x\to0}\frac{e^{x}-1}{x}+\lim_{x\to0}\frac{e^{2x}-1}{x}+\cdots+\lim_{x\to0}\frac{e^{nx}-1}{x}\right)$$

$$= \frac{e}{n}\left(\lim_{x\to0}\frac{e^{x}-1}{x}+\lim_{x\to0}\frac{e^{2x}-1}{x}+\cdots+\lim_{x\to0}\frac{e^{nx}-1}{x}\right)$$

$$= \frac{e}{n}(1+2+\cdots+n) = \frac{e}{n}\cdot\frac{n(n+1)}{2} = \frac{(n+1)e}{2}.$$

所以，$\lim\limits_{x\to0}\left(\frac{e^{x}+e^{2x}+\cdots+e^{nx}}{n}\right)^{\frac{e}{x}} = \lim\limits_{x\to0}\left(1+\frac{e^{x}+e^{2x}+\cdots+e^{nx}-n}{n}\right)^{\frac{n}{(e^{x}+e^{2x}+\cdots+e^{nx}-n)}\cdot\frac{e(e^{x}+e^{2x}+\cdots+e^{nx}-n)}{nx}} = e^{\frac{(n+1)e}{2}}.$

方法2：使用对数恒等式将其化为$\frac{0}{0}$型的未定式的极限，然后使用洛必达法则求极限

$$\lim_{x\to0}\left(\frac{e^{x}+e^{2x}+\cdots+e^{nx}}{n}\right)^{\frac{e}{x}} = \lim_{x\to0}e^{\ln\left(\frac{e^{x}+e^{2x}+\cdots+e^{nx}}{n}\right)^{\frac{e}{x}}} = \lim_{x\to0}e^{\frac{e}{x}\ln\left(\frac{e^{x}+e^{2x}+\cdots+e^{nx}}{n}\right)},$$

而

$$\lim_{x\to0}\frac{e}{x}\ln\left(\frac{e^{x}+e^{2x}+\cdots+e^{nx}}{n}\right) = \lim_{x\to0}\frac{e[\ln(e^{x}+e^{2x}+\cdots+e^{nx})-\ln n]}{x}$$

$$= \lim_{x\to0}e\left(\frac{e^{x}+2e^{2x}+\cdots+ne^{nx}}{e^{x}+e^{2x}+\cdots+e^{nx}}\right) = e\left(\frac{1+2+\cdots+n}{n}\right)$$

$$= \frac{(n+1)}{2}e.$$

所以，$\lim\limits_{x\to0}\left(\frac{e^{x}+e^{2x}+\cdots+e^{nx}}{n}\right)^{\frac{e}{x}} = \lim\limits_{x\to0}e^{\ln\left(\frac{e^{x}+e^{2x}+\cdots+e^{nx}}{n}\right)^{\frac{e}{x}}} = \lim\limits_{x\to0}e^{\frac{e}{x}\ln\left(\frac{e^{x}+e^{2x}+\cdots+e^{nx}}{n}\right)} = e^{\frac{(n+1)e}{2}}.$

**评注** 计算极限的关键是要弄清楚极限的类型. 本题是$1^{\infty}$型的未定式的极限，这种类型的极限一般有两种计算方法，可以用重要极限公式$\lim\limits_{y\to0}(1+y)^{\frac{1}{y}}=e$，也可以使用对数恒等式将其化为$\frac{0}{0}$型的未定式的极限，然后使用洛必达法则求极限，实际计算过程中会涉及到求导数等运算. 类似的题有：

（1）求极限$\lim\limits_{x\to0}\left(\frac{\sin x}{x}\right)^{\frac{1}{1-\cos x}}$.（答案$e^{-\frac{1}{3}}$）

（2）求极限$\lim\limits_{x\to0}(x+e^{x})^{\frac{1}{x}}$.（答案$e^{2}$）

（3）求极限$\lim\limits_{x\to0}\left(\frac{a^{x}+b^{x}+c^{x}}{3}\right)^{\frac{1}{x}}$，$(a>0,b>0,c>0)$.（答案$\sqrt[3]{abc}$）

（4）求极限$\lim\limits_{x\to\infty}\left(\sin\frac{1}{x}+\cos\frac{1}{x}\right)^{x}$.（答案e）

（5）求极限$\lim\limits_{x\to1}(2-x)^{\sec\frac{\pi x}{2}}$.（答案$e^{\frac{2}{\pi}}$）.

**例2-3** 设$f(x)$在$(-\infty,+\infty)$内二阶可导，且$f''(x)\neq0$.（1）证明：对于任何非零实数$x$，存在唯一的$\theta(x)(0<\theta(x)<1)$，使得$f(x)=f(0)+xf'(x\theta(x))$.（2）求极限$\lim\limits_{x\to0}\theta(x)$.

**分析** $f(x)$在$(-\infty,+\infty)$内二阶可导，从而$f(x)$在$(-\infty,+\infty)$内一阶导函数存在，因此可考虑在区间$[0,x]$或$[x,0]$上使用拉格朗日中值定理加以证明，进一步由$f(x)=f(0)+xf'(x\theta(x))$就可能求出极限$\lim\limits_{x\to0}\theta(x)$.

**证明** (1)考虑在区间$[0,x]$或$[x,0]$上使用拉格朗日中值定理有

$$f(x)=f(0)+xf'(x\theta(x)),(0<\theta(x)<1),$$

如果这样的$\theta(x)(0<\theta(x)<1)$不唯一,则存在$\theta_1(x)$与$\theta_2(x)$,不妨假设$\theta_1(x)<\theta_2(x)$使得$f'(x\theta_1(x))=f'(x\theta_2(x))$,在区间$[x\theta_1(x),x\theta_2(x)]$或区间$[x\theta_2(x),x\theta_1(x)]$上对$f'(x)$使用罗尔中值定理,存在一点$\xi$,使得$f''(\xi)=0$.这与$f''(x)\neq 0$矛盾,所以$\theta(x)$是唯一的.

(2) 因为$f''(0)=\lim\limits_{x\to 0}\dfrac{f'(x)-f'(0)}{x-0}=\lim\limits_{x\to 0}\dfrac{f'(x\theta(x))-f'(0)}{x\theta(x)-0}$,

而
$$f(x)=f(0)+xf'(x\theta(x))$$

所以
$$f'(x\theta(x))=\frac{f(x)-f(0)}{x}$$

因此,$f''(0)=\lim\limits_{x\to 0}\dfrac{f'(x)-f'(0)}{x-0}=\lim\limits_{x\to 0}\dfrac{\dfrac{f(x)-f(0)}{x}-f'(0)}{x\theta(x)}$

$$=\lim_{x\to 0}\frac{\dfrac{f(x)-f(0)-xf'(0)}{x^2}}{\theta(x)}=\frac{\lim\limits_{x\to 0}\dfrac{f'(x)-f'(0)}{2x}}{\lim\limits_{x\to 0}\theta(x)}=\frac{\dfrac{f''(0)}{2}}{\lim\limits_{x\to 0}\theta(x)},$$

因此$\lim\limits_{x\to 0}\theta(x)=\dfrac{1}{2}$.

**评注** 微分中值定理,包括罗尔定理、拉格朗日中值定理、柯西中值定理和泰勒定理,它们常常是证明等式或者不等式的利器,但是必须注意微分中值定理应该满足的条件,其中罗尔定理不仅要求函数在闭区间上连续,相应的开区间内可导,而且还要求在区间端点处函数值相等.类似的题有:

(1) 设$f(x)$在$[a,b]$上连续,在$(a,b)$内可导,且$f(a)f(b)>0$,$f(a)f\left(\dfrac{a+b}{2}\right)<0$,证明:至少存在一点$\xi\in(a,b)$,使得$f'(\xi)=f(\xi)$.

**提示**:$f(x)$在$[a,b]$上连续,在$(a,b)$内可导,且$f(a)f(b)>0$,

$f(a)f(\dfrac{a+b}{2})<0$,知$f\left(\dfrac{a+b}{2}\right)f(b)<0$,由零点定理,至少至少存在一点$x_1\in\left(a,\dfrac{a+b}{2}\right)$,$x_2\in\left(\dfrac{a+b}{2},b\right)$使得$f(x_1)=0$,$f(x_2)=0$,作辅助函数$F(x)=\mathrm{e}^{-x}f(x)$,在$[x_1,x_2]$上使用罗尔定理即可得到所征结论.

(2) 设$f(x)$在$[0,1]$上连续,在$(0,1)$内二阶可导,且$f''(x)\neq 0$,同时$\int_0^1 f(x)\mathrm{d}x=\int_0^1 xf(x)\mathrm{d}x=0$,证明:$f(x)$在$[0,1]$上仅有两个零点.

**提示**:由$\int_0^1 f(x)\mathrm{d}x=0$知$f(x)$在$(0,1)$内不能同号,则由闭区间上连续函数的性质知,$f(x)$在$(0,1)$内至少有一个零点.设$x=x_1$是$f(x)$在$(0,1)$内的唯一零点,不妨设当$0<x<x_1$时,$f(x)<0$,当$x_1<x<1$时,$f(x)>0$,则$\int_0^1(x-x_1)f(x)\mathrm{d}x>0$,这与$\int_0^1(x-x_1)f(x)\mathrm{d}x=0$矛盾.所以$f(x)$在$(0,1)$内至少有两个零点.假设$f(x)$在$[0,1]$上至少有三个零点,设为$x_1$,$x_2$,$x_3(x_1<x_2<x_3)$,则$f(x_1)=f(x_2)=f(x_3)=0$,由罗尔定理知,存在$\xi_1\in(x_1,x_2)$,$\xi_2\in$

$(x_2,x_3)$,使得$f'(\xi_1)=0,f'(\xi_2)=0$,对$f'(x)$在$[\xi_1,\xi_2]$上应用罗尔定理知,存在$\xi\in(\xi_1,\xi_2)\subset(0,1)$,使得$f''(\xi)=0$,这与$f''(x)\neq0$矛盾.

(3) 设$a_0+\frac{a_1}{2}+\cdots+\frac{a_n}{n+1}=0$,证明:$f(x)=a_0+a_1x+\cdots+a_nx^n$在$(0,1)$内至少有一个零点.

**提示**:作辅助函数$F(x)=a_0x+\frac{a_1}{2}x^2+\cdots+\frac{a_n}{n+1}x^{n+1}$,对$F(x)$在区间$[0,1]$上使用罗尔定理即可得到所征结论.

(4) 设$f(x)$在$[0,a]$上连续,在$(0,a)$内可导,且$f(a)=0$,证明存在一点$\xi\in(0,a)$,使$f(\xi)+\xi f'(\xi)=0$.

**提示**:作辅助函数$F(x)=xf(x)$,对$F(x)$在区间$[0,a]$上使用罗尔定理即可得到所征结论.

(5) 设$f(x)$在$[a,b]$上有连续导数,在$(a,b)$内二阶可导,且$f(a)=f(b)=0,\int_a^b f(x)\mathrm{d}x=0$,证明:(1) 在$(a,b)$内至少有一点$\xi$,使得$f'(\xi)=f(\xi)$. (2) 在$(a,b)$内至少存在一点$\eta,\eta\neq\xi$,,使得$f''(\eta)=f(\eta)$.

**提示**:① 作辅助函数$G(x)=\mathrm{e}^{-x}f(x)$,由积分中值定理及$\int_a^b f(x)\mathrm{d}x=0$,至少存在一点$c\in(a,b)$,使得$f(c)=\frac{1}{b-a}\int_a^b f(x)\mathrm{d}x=0$. 对$G(x)=\mathrm{e}^{-x}f(x)$在$[a,c]$,$[c,b]$上使用罗尔定理,分别存在$\xi_1\in(a,c)$,$\xi_2\in(c,b)$,使得$G'(\xi_1)=G'(\xi_2)=0$,从而得到所征结论. ② 作辅助函数$F(x)=\mathrm{e}^x[f'(x)-f(x)]$,对$F(x)$在区间$[\xi_1,\xi_2]$上应用罗尔定理,存在$\eta\in(\xi_1,\xi_2)$使得$f'(\eta)=0$从而得到所征结论.

**例2-4** 设$A,B\geqslant0$,则$A^\alpha B^{1-\alpha}\leqslant\alpha A+(1-\alpha)B,\alpha\in[0,1]$.

**分析** 先将不等式进行变形:若$A,B$中有一个为0,则结论显然成立. 设$A,B$均不为0,不等式两边同除以$B$,得$\left(\frac{A}{B}\right)^\alpha\leqslant\alpha\left(\frac{A}{B}\right)+(1-\alpha)$. 令$\frac{A}{B}=x$,则上式变为$x^\alpha\leqslant\alpha x+(1-\alpha)$. 记$f(x)=\alpha x+(1-\alpha)-x^\alpha$.

**证明** 作辅助函数$f(x)=\alpha x+(1-\alpha)-x^\alpha$,

$$f'(x)=\alpha-\alpha x^{\alpha-1}.$$

当$x>1$时,$f'(x)=\alpha-\alpha x^{\alpha-1}>0$,当$0<x\leqslant1$时$f'(x)=\alpha-\alpha x^{\alpha-1}<0$,$f'(1)=0$,所以$f(1)=0$为极小值,从而$f(x)=\alpha x+(1-\alpha)-x^\alpha\geqslant f(1)=0$,即$x^\alpha\leqslant\alpha x+(1-\alpha)$. 即$\left(\frac{A}{B}\right)^\alpha\leqslant\alpha\left(\frac{A}{B}\right)+(1-\alpha)$.

**评注** 证明等式或者不等式的问题时,一般都是先将所给的表达式变形,构造合适的辅助函数,再根据题目的要求,研究辅助函数的连续性及零点,单调性,最大值,最小值等. 涉及的知识通常包含:极限与连续函数的性质,微分中值定理,积分性质和泰勒公式等. 类似的题有:

(1) 设$0<a<b$,证明:不等式$\frac{2a}{a^2+b^2}<\frac{\ln b-\ln a}{b-a}<\frac{1}{\sqrt{ab}}$成立.

**提示**:原不等式变形为

$$\frac{2\left(\frac{b}{a}-1\right)}{1+\left(\frac{b}{a}\right)^2}<\ln\frac{b}{a}<\sqrt{\frac{b}{a}}-\sqrt{\frac{a}{b}}.$$

对右边不等式,令$\sqrt{\frac{b}{a}}=x>1$,只需证明$\ln x^2<x-\frac{1}{x},(x>1)$. 作辅助函数$f(x)=\ln x^2-x+\frac{1}{x},(x\geqslant1)$,则$f(1)=0$,从而$f'(x)=\frac{2}{x}-1-\frac{1}{x^2}=-\frac{(x-1)^2}{x^2}<0$,$f(x)$在$[1,+\infty)$上单调递减,故$f(x)<f(1)=0$. 对左边不等式,令$\frac{b}{a}=x>1$,需证明$\ln x>\frac{2(x-1)}{1+x^2}$,作辅助函数$g(x)=(1+x^2)\ln x-2(x-1),x\geqslant1$,则$g(1)=0$,且$g'(x)=2x\ln x+\left(\frac{1}{x}+x\right)-2=2x\ln x+\left(\frac{1}{\sqrt{x}}-\sqrt{x}\right)^2\geqslant2x\ln x>0$,$g(x)$在$[1,+\infty)$上单调递增,从而可以推出左边不等式成立.

(2) 证明:当$x>0$时有不等式$\left(1+\frac{1}{x}\right)^x<e<\left(1+\frac{1}{x}\right)^{x+1}$.

**提示:**原不等式变形为$x\ln\left(1+\frac{1}{x}\right)<1<(x+1)\ln\left(1+\frac{1}{x}\right)$,

即
$$\ln\left(1+\frac{1}{x}\right)<\frac{1}{x}<\left(1+\frac{1}{x}\right)\ln\left(1+\frac{1}{x}\right),$$

令
$$\frac{1}{x}=t>0,$$

对右边不等式作辅助函数$f(t)=t-(1+t)\ln(1+t)$,$f'(t)=-\ln(1+t)<0$,所以$f(t)$在$t>0$时为减函数,即$f(t)<f(0)=0$从而可以推出右边不等式成立. 对左边不等式,作辅助函数$g(t)=\ln(1+t)-t$,$g'(t)=\frac{-t}{1+t}<0$,所以$g(t)$在$t>0$时为减函数,即$g(t)<g(0)=0$从而可以推出左边不等式成立.

(3) 证明:$(x^\alpha+y^\alpha)^{\frac{1}{\alpha}}>(x^\beta+y^\beta)^{\frac{1}{\beta}},(x,y>0,0<\alpha<\beta)$.

**提示:**原不等式变形为

$$\frac{1}{\alpha}\ln(x^\alpha+y^\alpha)>\frac{1}{\beta}\ln(x^\beta+y^\beta)$$

作辅助函数$f(\alpha)=\frac{1}{\alpha}\ln(x^\alpha+y^\alpha)$,

只要证$f'(\alpha)<0(\alpha>0)$.

$$f'(\alpha)=-\frac{1}{\alpha^2}\ln(x^\alpha+y^\alpha)+\frac{x^\alpha\ln x+y^\alpha\ln y}{\alpha(x^\alpha+y^\alpha)}=\frac{x^\alpha\ln x^\alpha+y^\alpha\ln y^\alpha-(x^\alpha+y^\alpha)\ln(x^\alpha+y^\alpha)}{\alpha^2(x^\alpha+y^\alpha)},$$

令$t=x^\alpha,s=y^\alpha$,固定$s>0$,只需证明$g(t)=t\ln t+s\ln s-(t+s)\ln(t+s)<0(t>0)$,这可以由$g'(t)=\ln t-\ln(t+s)<0(t>0)$,$g(0)=0$推出.

(4) 设$f'(x)$单调增加,证明:$\int_a^b f(x)\mathrm{d}x\leqslant(b-a)\cdot\frac{f(a)+f(b)}{2}$.

**提示:**原不等式变形为

$$(b-a)[f(a)+f(b)]-2\int_a^b f(x)\mathrm{d}x\geqslant0,$$

作辅助函数 $F(x)=(x-a)[f(a)+f(x)]-2\int_a^x f(t)\mathrm{d}t$,只要证 $F(b)\geqslant 0$,这由 $F(a)=0$ 及下式推出:$f'(x)=f(a)+f(x)+(x-a)f'(x)-2f(x)=(x-a)[f'(x)-f'(\theta)]\geqslant 0$,$(a<\theta<x\leqslant b)$.

(5) 设 $f(x)$,$g(x)$ 在 $[a,b]$ 上连续,在 $(a,b)$ 内可导,且有 $f(a)=f(b)=0$,证明:存在 $\xi\in(a,b)$ 使得 $f'(\xi)+f(\xi)g'(\xi)=0$.

**提示**:作辅助函数 $\varphi(x)=f(x)\mathrm{e}^{g(x)}$,然后使用罗尔定理.

**例 2-5** 求方程 $x^2\sin\frac{1}{x}=2x-501$ 的近似解,精确到 0.001.

**分析** 为了求出满足条件的近似解,我们可能会用到泰勒公式. 因为泰勒公式就是用 $n$ 次多项式去近似表示某些超越函数,从而求出超越函数满足条件的近似值.

**解答** 由泰勒公式有 $\sin t=t-\frac{\sin(\theta t)}{2}t^2$,$0<\theta<1$. 令 $t=\frac{1}{x}$,得 $\sin\frac{1}{x}=\frac{1}{x}-\frac{\sin\left(\frac{\theta}{x}\right)}{2x^2}$,代入原方程得 $x-\frac{\sin\left(\frac{\theta}{x}\right)}{2}=2x-501$,即是 $x=501-\frac{\sin\left(\frac{\theta}{x}\right)}{2}$. 由此知 $x>500$,$0<\frac{\theta}{x}<\frac{1}{500}$,从而 $|x-501|=\frac{1}{2}\left|\sin\left(\frac{\theta}{x}\right)\right|\leqslant\frac{1}{2}\frac{\theta}{x}<\frac{1}{1000}=0.001$,所以 $x=501$ 即为满足条件的解.

**评注** 此题巧妙地使用了泰勒公式求出了满足条件的解. 实际上,也可以使用二分法或者切线法来求方程的近似解. 可以分两步来做:第一步先确定根的大致范围. 具体地说,就是确定一个区间 $[a,b]$,使所求的根是位于这个区间内的唯一实根,这一步工作称为**根的隔离**,区间 $[a,b]$ 称为所求实根的**隔离区间**. 第二步是以根的隔离区间的端点作为根的初始近似值,逐步改善根的近似值的精确度,直到求得满足精确度要求的近似解. 具体介绍如下:

(1) 二分法介绍。设 $f(x)$ 在区间 $[a,b]$ 上连续,$f(a)\cdot f(b)<0$,且方程 $f(x)=0$ 在 $(a,b)$ 内只有一个实根 $x=\xi$,则 $[a,b]$ 就是这个根的一个隔离区间.

取 $[a,b]$ 的中点 $\xi_1=\frac{a+b}{2}$,计算 $f(\xi_1)$.

如果 $f(\xi_1)=0$,那么 $\xi=\xi_1$ 就是方程的根.

如果 $f(\xi_1)\neq 0$,那么 $f(\xi_1)$ 为一个非零的数必然与 $f(a)$ 或者 $f(b)$ 中之一同号.

若 $f(\xi_1)$ 与 $f(a)$ 同号,则 $f(\xi_1)f(b)<0$,取 $a_1=\xi_1$,$b_1=b$ 即知 $x=\xi$ 位于区间 $(a_1,b_1)$ 之中,且有

$$b_1-a_1=\frac{1}{2}(b-a).$$

若 $f(\xi_1)$ 与 $f(b)$ 同号,则 $f(\xi_1)f(a)<0$,取 $a_1=a$,$b_1=\xi_1$ 即知 $x=\xi$ 位于区间 $(a_1,b_1)$ 之中,且有

$$b_1-a_1=\frac{1}{2}(b-a)$$

总之,当 $\xi\neq\xi_1$ 时,可求得 $x=\xi$ 位于区间 $(a_1,b_1)$ 之中,且有 $b_1-a_1=\frac{1}{2}(b-a)$.

再以 $[a_1,b_1]$ 作为新的隔离区间,$f(a_1)\cdot f(b_1)<0$,重复上述做法,取 $[a_1,b_1]$ 的中点 $\xi_2=$

$\frac{a_1+b_1}{2}$,计算$f(\xi_2)$.

如果$f(\xi_2)=0$,那么$\xi=\xi_2$就是方程的根.

如果$f(\xi_2)\neq 0$,那么$f(\xi_2)$为一个非零的数必然与$f(a_1)$或者$f(b_1)$中之一同号. 可求得$\xi=\xi_3$位于区间$(a_2,b_2)$之中,且有$b_2-a_2=\frac{1}{2^2}(b-a)$,如此重复$n$次,可求得$\xi=\xi_n$位于区间$(a_n,b_n)$之中,且有$b_n-a_n=\frac{1}{2^n}(b-a)$,此时以$a_n$或者$b_n$作为$\xi$的近似值,那么其误差小于$\frac{1}{2^n}(b-a)$.

(2) 用二分法求方程$x^3+1.1x^2+0.9x-1.4=0$的实数根的近似值,使误差不超过$10^{-3}$.

解 令$f(x)=x^3+1.1x^2+0.9x-1.4$,显然$f(x)$在$(-\infty,+\infty)$内连续.

由$f'(x)=3x^2+2.2x+0.9$为二次函数,其判别式$B^2-4AC=-5.96<0$,知$f'(x)=3x^2+2.2x+0.9>0$. 故$f(x)=x^3+1.1x^2+0.9x-1.4$在$(-\infty,+\infty)$内单调增加,$x^3+1.1x^2+0.9x-1.4=0$至多有一个实数根.

试算$f(0)=-1.4$,$f(1)=1.6$,$f(0)\cdot f(1)<0$,知$f(x)=0$在$[0.1]$内有唯一的实数根存在. 取$[a,b]=[0,1]$即是一个隔离区间.

计算,得

$\xi_1=0.5$,$f(\xi_1)=-0.55<0$,故取$[a_1,b_1]=[0.5,1]$.

$\xi_2=0.75$,$f(\xi_2)=0.32>0$,故取$[a_2,b_2]=[0.5,0.75]$.

$\xi_3=0.625$,$f(\xi_3)=-0.16<0$,故取$[a_3,b_3]=[0.625,0.75]$.

$\xi_4=0.687$,$f(\xi_4)=0.062>0$,故取$[a_4,b_4]=[0.625,0.687]$.

$\xi_5=0.656$,$f(\xi_5)=-0.054<0$,故取$[a_5,b_5]=[0.656,0.687]$.

$\xi_6=0.672$,$f(\xi_6)=0.005>0$,故取$[a_6,b_6]=[0.656,0.672]$.

$\xi_7=0.664$,$f(\xi_7)=-0.025<0$,故取$[a_7,b_7]=[0.664,0.672]$.

$\xi_8=0.668$,$f(\xi_8)=-0.010<0$,故取$[a_8,b_8]=[0.668,0.672]$.

$\xi_9=0.670$,$f(\xi_9)=-0.002<0$,故取$[a_9,b_9]=[0.670,0.672]$.

$\xi_{10}=0.671$,$f(\xi_{10})=0.001>0$,故取$[a_{10},b_{10}]=[0.670,0.671]$.

于是
$$0.670<\xi<0.671.$$

即0.670作为根的不足近似值,0.671作为根的过剩近似值,其误差都小于$10^{-3}$.

(3) 切线法介绍。设$f(x)$在区间$[a,b]$上具有二阶导数,$f(a)\cdot f(b)<0$,且$f'(x)$及$f''(x)$在$[a,b]$上保持定号,方程$f(x)=0$在$(a,b)$内只有一个实根$x=\xi$,则$[a,b]$就是这个根的一个隔离区间. 此时,$y=f(x)$在$[a,b]$上的图形$\overset{\frown}{AB}$只有如图2-1所示的四种不同情形.

考虑用曲线弧一端的切线来代替曲线弧,从而求出方程实根的近似值,这种方法叫做切线法. 从图2-1中可以看出,如果在纵坐标与$f''(x)$同号的那个端点(此端点记为$(x_0,f(x_0))$)作切线,这切线与$x$轴的交点的横坐标$x_1$就比$x_0$更接近方程的根$\xi$.

下面以图2-1(c)的情形为例进行讨论.

此时$f(a)$与$f''(x)$同号,所以取$x_0=a$,在端点$(x_0,f(x_0))$作切线,切线方程为
$$y-f(x_0)=f'(x_0)(x-x_0).$$
令$y=0$,从上式中解出$x$,就得到切线与$x$轴交点的横坐标为

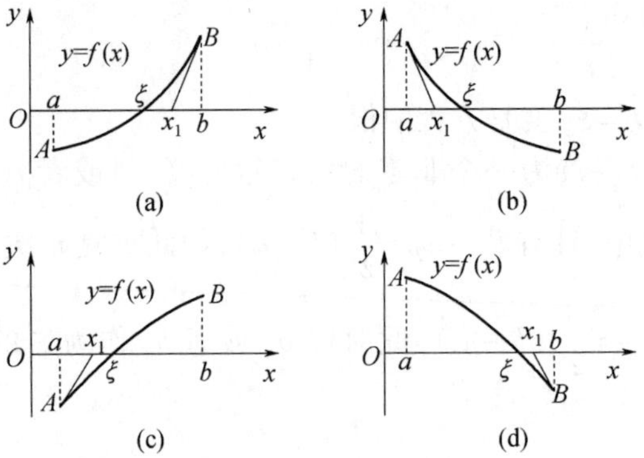


图 2-1

(a)$f(a)<0,f(b)>0,f'(x)>0,f''(x)>0$;(b)$f(a)>0,f(b)<0,f'(x)<0,f''(x)>0$

(c)$f(a)<0,f(b)>0,f'(x)>0,f''(x)<0$;(d)$f(a)>0,f(b)<0,f'(x)<0,f''(x)<0$

$$x_1 = x_0 - \frac{f(x_0)}{f'(x_0)},$$

它比 $x_0$ 更接近方程的根 $\xi$.

再在点 $(x_1,f(x_1))$ 作切线，可得根的近似值 $x_2$，如此继续下去，一般地，在点 $(x_{n-1},f(x_{n-1}))$ 作切线，得根的近似值

$$x_n = x_{n-1} - \frac{f(x_{n-1})}{f'(x_{n-1})}.$$

如果 $f(b)$ 与 $f''(x)$ 同号，切线作在端点 $B$(图 2-1 情形(a)及(d))，此时可记 $x_0=b$，仍然按照以上公式计算切线与 $x$ 轴交点的横坐标.

(4) 用切线法求方程 $x^3+1.1x^2+0.9x-1.4=0$ 的实数根的近似值，使误差不超过 $10^{-3}$.

解　令 $f(x)=x^3+1.1x^2+0.9x-1.4$，由前面二分法例题知道 $[0,1]$ 是根的一个隔离区间. $f(0)<0,f(1)>0$. 在 $[0,1]$ 区间上，$f'(x)=3x^2+2.2x+0.9>0,f''(x)=6x+2.2>0$，故 $f(x)$ 在 $[0,1]$ 区间上的图形属于图 2-1 中情形(a). 由于 $f''(x)$ 与 $f(1)$ 同号，所以令 $x_0=1$.

连续应用公式 $x_n=x_{n-1}-\dfrac{f(x_{n-1})}{f'(x_{n-1})}$，得

$$x_1 = 1 - \frac{f(1)}{f'(1)} \approx 0.738;$$

$$x_2 = 0.738 - \frac{f(0.738)}{f'(0.738)} \approx 0.674;$$

$$x_3 = 0.674 - \frac{f(0.674)}{f'(0.674)} \approx 0.671;$$

$$x_4 = 0.671 - \frac{f(0.671)}{f'(0.671)} \approx 0.671.$$

至此，计算不能再继续进行下去. 注意到 $f(x_i)(i=0,1,2,\cdots)$ 与 $f''(x)$ 同号，知 $f(0.671)>0$，并且经计算可知 $f(0.670)<0$，于是有 $0.670<\xi<0.671$. 以 0.670 或 0.671 作为根的近似值，其误差都小于 $10^{-3}$.

(5) 证明方程 $x^3-3x^2+6x-1=0$ 在区间 $(0,1)$ 内有唯一的实数根，并用二分法求这个根的近似值，使误差不超过 0.01.

**提示**:根的近似值范围 $0.18<\xi<0.19$.

(6) 证明方程 $x^5+5x+1=0$ 在区间 $(-1,0)$ 内有唯一的实数根,并用切线法求这个根的近似值,使误差不超过 0.01.

**提示**:根的近似值范围 $-0.20<\xi<-0.19$.

**例 2-6** 设 $f(x)$ 在 $[0,1]$ 上二阶可导,且满足 $|f''(x)|\leqslant 1$,$f(x)$ 在 $(0,1)$ 内取得最大值 $\frac{1}{4}$,证明:$f(0)+f(1)\leqslant 1$.

**分析** 本题涉及到函数二阶可导,且二阶导数有界 $|f''(x)|\leqslant 1$,可考虑使用泰勒公式进行证明.

**证明** 设 $f(x)$ 在 $(0,1)$ 内的点 $x_0$ 处取得最大值 $\frac{1}{4}$,则有 $f'(x_0)=0$. 由泰勒公式可知

$$f(x)=f(x_0)+\frac{f'(x_0)}{1!}(x-x_0)+\frac{f''(\xi)}{2!}(x-x_0)^2,\ \xi \text{ 在 } x \text{ 与 } x_0 \text{ 之间};$$

$$f(0)=f(x_0)-\frac{f'(x_0)}{1!}y\mathrm{d}x_0+\frac{f''(\xi_1)}{2!}y\mathrm{d}x_0{}^2,0<\xi_1<x_0;\qquad f(0)=f(x_0)+\frac{f''(\xi_1)}{2!}x_0{}^2.$$

$$f(1)=f(x_0)+\frac{f'(x_0)}{1!}(1-x_0)+\frac{f''(\xi_2)}{2!}(1-x_0)^2,x_0<\xi_2<1;\quad f(1)=f(x_0)+\frac{f''(\xi_2)}{2!}(1-x_0)^2.$$

又因为 $|f(x_0)|\leqslant\frac{1}{4}$,$|f''(x)|\leqslant 1$,所以

$$|f(0)|+|f(1)|\leqslant\frac{1}{2}+\frac{1}{2}x_0{}^2+(1-x_0)^2.$$

又当 $0<x_0<1$ 时,$x_0{}^2+(1-x_0)^2=2x_0{}^2-2x_0+1=2\left(x_0-\frac{1}{2}\right)^2+\frac{1}{2}\leqslant 1$,

所以

$$f(0)+f(1)\leqslant|f(0)+f(1)|\leqslant|f(0)|+|f(1)|\leqslant 1.$$

**评注** 此题巧妙地使用了泰勒公式,同时联系到 $f(x)$ 在 $(0,1)$ 内的点 $x_0$ 处取得最大值 $\frac{1}{4}$ 有 $f'(x_0)=0$. 最终找出 $f(0)=f(x_0)+\frac{f''(\xi_1)}{2!}x_0{}^2$ 和 $f(1)=f(x_0)+\frac{f''(\xi_2)}{2!}(1-x_0)^2$. 进一步证明了 $f(0)+f(1)\leqslant 1$. 假若 $f(x)$ 是 $[a,b]$ 上的二次连续可微函数,由泰勒公式,有

$$f(x)=f(y)+f'(\xi)(x-y);f(x)=f(y)+f'(y)(x-y)+\frac{1}{2!}f''(\xi)(x-y)^2.$$

其中 $\xi$ 介于 $x,y$ 之间,$x,y\in[a,b]$. 适当选定 $x,y$ 并利用有关 $f(x)$,$f'(x)$,$f''(x)$ 的条件,即可得出关于 $|f(x)|$ 或 $|f'(x)|$ 的一定不等式,它们可以用作对 $|f(x)|$ 或 $|f'(x)|$ 的某种估计. 类似的题有:

(1) 设 $f(x)$ 在 $(-\infty,+\infty)$ 内二阶可导,且 $f(x)$ 和 $f''(x)$ 在 $(-\infty,+\infty)$ 内有界,证明:$f'(x)$ 在 $(-\infty,+\infty)$ 内有界.

**提示**:由 $f(x)$ 和 $f''(x)$ 在 $(-\infty,+\infty)$ 内有界知存在正常数 $M_0,M_2$,使得任意 $x\in(-\infty,$

$+\infty$)，恒有$|f(x)|\leqslant M_0$，$|f''(x)|\leqslant M_2$. 由泰勒公式，有$f(x+1)=f(x)+f'(x)+\frac{1}{2!}f''(\xi)$，$\xi$介于$x$与$x+1$之间，整理可得

$$f'(x)=f(x+1)-f(x)-\frac{1}{2!}f''(\xi)\text{，所以，}|f'(x)|$$

$$=\left|f(x+1)-f(x)-\frac{1}{2!}f''(\xi)\right|\leqslant|f(x+1)|+|f(x)|+\frac{1}{2!}|f''(\xi)|$$

$$\leqslant 2M_0+\frac{M_2}{2}.$$

所以，$f'(x)$在$(-\infty,+\infty)$内有界.

(2) 设$f(x)$在$(-\infty,+\infty)$内三阶可导，且$f(x)$和$f'''(x)$在$(-\infty,+\infty)$内有界，证明：$f'(x)$和$f''(x)$在$(-\infty,+\infty)$内有界.

**提示：**由$f(x)$和$f'''(x)$在$(-\infty,+\infty)$内有界知存在正常数$M_0$，$M_3$，使得任意$x\in(-\infty,+\infty)$，恒有$|f(x)|\leqslant M_0$，$|f'''(x)|\leqslant M_3$. 由泰勒公式，有$f(x+1)=f(x)+f'(x)+\frac{1}{2!}f''(x)+\frac{1}{3!}f'''(\xi)$，$\xi$介于$x$与$x+1$之间，$f(x-1)=f(x)-f'(x)+\frac{1}{2!}f''(x)-\frac{1}{3!}f'''(\eta)$，$\eta$介于$x$与$x-1$之间，两式相加，整理得$f''(x)=f(x+1)-2f(x)+f(x-1)-\frac{1}{6}[f'''(\xi)-f'''(\eta)]$，所以$|f''(x)|\leqslant|f(x+1)|+2|f(x)|+|f(x-1)|+\frac{1}{6}[|f'''(\xi)|+|f'''(\eta)|]\leqslant 4M_0+\frac{M_3}{3}$. 两式相减，整理得$f'(x)=\frac{1}{2}[f(x+1)-f(x-1)]-\frac{1}{12}[f'''(\xi)+f'''(\eta)]$，所以$|f'(x)|\leqslant\frac{1}{2}[|f(x+1)|+|f(x-1)|]+\frac{1}{12}[|f'''(\xi)|+|f'''(\eta)|]\leqslant M_0+\frac{M_3}{6}$. 所以，$f'(x)$和$f''(x)$在$(-\infty,+\infty)$内有界.

(3) 设$f(x)$在$(-\infty,+\infty)$内二阶可导，并且$|f(x)|\leqslant M_0$，$|f''(x)|\leqslant M_2$，$x\in(-\infty,+\infty)$. 证明：$|f'(x)|\leqslant\sqrt{2M_0M_2}$，$x\in(-\infty,+\infty)$.

**提示：**由泰勒公式$f(x)=f(x_0)+f'(x_0)(x-x_0)+\frac{f''(\xi)}{2!}(x-x_0)^2$，$\xi$介于$x_0$与$x$之间. 任取$h>0$，分别令$x=x_0-h$与$x=x_0+h$，则有

$$f(x_0-h)=f(x_0)-f'(x_0)h+\frac{f''(\xi_1)}{2!}h^2,\ x_0-h<\xi_1<x_0,$$

$$f(x_0+h)=f(x_0)+f'(x_0)h+\frac{f''(\xi_2)}{2!}h^2,\ x_0<\xi_2<x_0+h,$$

两式相减，得$2f'(x_0)h=f(x_0+h)-f(x_0-h)+\frac{1}{2!}[f''(\xi_1)-f''(\xi_2)]h^2$，从而$|f'(x_0)|h\leqslant M_0+\frac{M_2}{2}h^2$. 当$M_2=0$时，$|f'(x_0)|\leqslant\frac{M_0}{h}$，令$h\to+\infty$，得$f'(x_0)=0$. 当$M_2\neq0$时，则二次三项式$M_2h^2-2|f'(x_0)|h+2M_0\geqslant0$，故其判别式$4|f'(x_0)|^2-8M_0M_2\leqslant0$，即是$|f'(x)|\leqslant\sqrt{2M_0M_2}$.

(4) 设$f(x)$在$[a,b]$上一次连续可微，$f(a)=f(b)=0$，证明：$|f(x)|\leqslant\frac{(b-a)}{2}$

$\max\limits_{a\leqslant t\leqslant b}|f'(t)|(a\leqslant x\leqslant b)$.

**提示**：令 $M=\max\limits_{a\leqslant t\leqslant b}|f'(t)|$，取定 $x\in[a,b]$，在泰勒公式 $f(x)=f(y)+f'(\xi)(x-y)$ 中取 $y=a$ 得 $f(x)=f'(\xi)(x-a)$，从而 $|f(x)|\leqslant M(x-a)$，同理得 $|f(x)|\leqslant M(b-x)$，于是 $|f(x)|\leqslant M\min\{x-a,b-x\}\leqslant M\dfrac{(b-a)}{2}$.

(5) 设 $f(x)$ 在 $[a,b]$ 上二次连续可微，$f(a)=f(b)=0$，证明：$\int_a^b|f(x)|\mathrm{d}x\leqslant\dfrac{(b-a)^2}{4}\max\limits_{a\leqslant t\leqslant b}|f'(t)|$.

**提示**：令 $M=\max\limits_{a\leqslant t\leqslant b}|f'(t)|$，得 $|f(x)|\leqslant M\min\{x-a,b-x\}$，于是 $\int_a^b|f(x)|\mathrm{d}x\leqslant M\int_a^b\min\{x-a,b-x\}\mathrm{d}x=M\left[\int_a^{\frac{a+b}{2}}(x-a)\mathrm{d}x+\int_{\frac{a+b}{2}}^b(b-x)\mathrm{d}x\right]=\dfrac{M}{4}(b-a)^2$.

(6) 设 $f(x)$ 在区间 $(a,b)$ 内二阶可导，且 $f''(x)\geqslant0$. 证明对于 $(a,b)$ 内任意两点 $x_1,x_2$ 及 $0\leqslant t\leqslant1$，有

$$f[(1-t)x_1+tx_2]\leqslant(1-t)f(x_1)+tf(x_2).$$

**提示**：利用泰勒公式证明.

**例 2-7** 设 $f(x),g(x)$ 在区间 $[a,b]$ 上均连续，证明：$\left(\int_a^bf(x)g(x)\mathrm{d}x\right)^2\leqslant\left(\int_a^bf^2(x)\mathrm{d}x\right)\left(\int_a^bg^2(x)\mathrm{d}x\right)$.

**分析** 不等式的形状是某数的平方与另外两数乘积的差小于等于零，这使我们联想到一元二次式的判别式. 为此，以三个数值 $\int_a^bf(x)g(x)\mathrm{d}x,\int_a^bf^2(x)\mathrm{d}x,\int_a^bg^2(x)\mathrm{d}x$ 为系数构造一元二次函数.

**证明** 作 $\varphi(t)=t^2\int_a^bf^2(x)\mathrm{d}x+2t\int_a^bf(x)g(x)\mathrm{d}x+\int_a^bg^2(x)\mathrm{d}x$，

整理为

$$\varphi(t)=t^2\int_a^bf^2(x)\mathrm{d}x+2t\int_a^bf(x)g(x)\mathrm{d}x+\int_a^bg^2(x)\mathrm{d}x=\int_a^b[tf(x)+g(x)]^2\mathrm{d}x.$$

这个积分对于任何实数 $t$ 都是非负的，因此二次函数 $\varphi(t)$ 的判别式小于等于零，即有 $(\int_a^bf(x)g(x)\mathrm{d}x)^2\leqslant(\int_a^bf^2(x)\mathrm{d}x)(\int_a^bg^2(x)\mathrm{d}x)$.

**评注** 构造函数证明不等式是一种非常有效的手段，此题中证明的不等式称为**柯西—施瓦茨不等式**. 证明过程中巧妙地使用了二次函数的函数值恒大于等于零，则其判别式小于等于零的结论. 类似的题有：

(1) 设 $f(x),g(x)$ 在区间 $[a,b]$ 上均连续，证明：$\left(\int_a^b[f(x)+g(x)]^2\mathrm{d}x\right)^{\frac{1}{2}}\leqslant\left(\int_a^bf^2(x)\mathrm{d}x\right)^{\frac{1}{2}}+\left(\int_a^bg^2(x)\mathrm{d}x\right)^{\frac{1}{2}}$.

**提示**：$\int_a^b[f(x)+g(x)]^2\mathrm{d}x=\int_a^bf^2(x)\mathrm{d}x+2\int_a^bf(x)g(x)\mathrm{d}x+\int_a^bg^2(x)\mathrm{d}x$，利用柯西—施

瓦茨不等式

$$\left(\int_a^b f(x)g(x)\mathrm{d}x\right)^2 \leqslant \left(\int_a^b f^2(x)\mathrm{d}x\right)\left(\int_a^b g^2(x)\mathrm{d}x\right),$$

得 $\int_a^b f(x)g(x)\mathrm{d}x \leqslant \left|\int_a^b f(x)g(x)\mathrm{d}x\right| \leqslant \sqrt{\int_a^b f^2(x)\mathrm{d}x}\cdot\sqrt{\int_a^b g^2(x)\mathrm{d}x}$.

于是

$$\int_a^b [f(x)+g(x)]^2\mathrm{d}x \leqslant \int_a^b f^2(x)\mathrm{d}x + 2\sqrt{\int_a^b f^2(x)\mathrm{d}x}\cdot\sqrt{\int_a^b g^2(x)\mathrm{d}x} + \int_a^b g^2(x)\mathrm{d}x$$

$$= \left[\sqrt{\int_a^b f^2(x)\mathrm{d}x} + \sqrt{\int_a^b g^2(x)\mathrm{d}x}\right]^2.$$

即 $\left(\int_a^b [f(x)+g(x)]^2\mathrm{d}x\right)^{\frac{1}{2}} \leqslant \left(\int_a^b f^2(x)\mathrm{d}x\right)^{\frac{1}{2}} + \left(\int_a^b g^2(x)\mathrm{d}x\right)^{\frac{1}{2}}$.

这个不等式称为闵可夫斯基不等式.

(2) 设 $f(x)$ 在区间 $[a,b]$ 上均连续,且 $f(x)>0$. 证明:$\int_a^b f(x)\mathrm{d}x\cdot\int_a^b \frac{\mathrm{d}x}{f(x)} \geqslant (b-a)^2$.

**提示:**利用柯西—施瓦茨不等式,得

$$\int_a^b f(x)\mathrm{d}x\cdot\int_a^b \frac{\mathrm{d}x}{f(x)} \geqslant \left[\int_a^b \sqrt{f(x)}\cdot\frac{1}{\sqrt{f(x)}}\mathrm{d}x\right]^2 = (b-a)^2.$$

(3) 设 $a,b\geqslant 0$, $p>1$ 且 $\frac{1}{p}+\frac{1}{q}=1$,则 $\frac{1}{p}a^p+\frac{1}{q}b^q\geqslant ab$.

**提示:**当 $b=0$ 时,不等式显然成立,故不妨假设 $b>0$. 考虑辅助函数 $f(x)=\frac{1}{p}x^p+\frac{1}{q}-x$, $x>0$. 由于 $f(x)$ 在 $x=1$ 处取得最小值 0,所以 $\frac{1}{p}x^p+\frac{1}{q}\geqslant x$, $x>0$. 以 $x=ab^{-\frac{1}{p-1}}$ 代入并利用关系式 $q=\frac{p}{p-1}$,即可得到 $\frac{1}{p}a^p+\frac{1}{q}b^q\geqslant ab$.)

(4) 设 $a_k,b_k\geqslant 0\ (k=1,2,\cdots,n)$, $p,q>1$ 且 $\frac{1}{p}+\frac{1}{q}=1$,则 $\sum_{k=1}^n a_kb_k \leqslant \left(\sum_{k=1}^n a_k{}^p\right)^{\frac{1}{p}}\left(\sum_{k=1}^n b_k{}^q\right)^{\frac{1}{q}}$,其中等号当且仅当 $a_k{}^p = tb_k{}^q\ (k=1,2,\cdots,n)$ 时成立.

**提示:**在 $\frac{1}{p}a^p+\frac{1}{q}b^q\geqslant ab$ 中取 $a=A_k$, $b=B_k$,则有 $\frac{1}{p}A_k{}^p+\frac{1}{q}B_k{}^q\geqslant A_kB_k$,不等式两边对 $k$ 求和,得 $\frac{1}{p}\sum_{k=1}^n A_k{}^p+\frac{1}{q}\sum_{k=1}^n B_k{}^q\geqslant\sum_{k=1}^n A_kB_k$. 令 $A_k=\frac{a_k}{\left(\sum_{k=1}^n a_k{}^p\right)^{\frac{1}{p}}}$, $B_k=\frac{b_k}{\left(\sum_{k=1}^n b_k{}^q\right)^{\frac{1}{q}}}$,代入,得

$$\frac{1}{p}\sum_{k=1}^n\left[\frac{a_k}{\left(\sum_{k=1}^n a_k{}^p\right)^{\frac{1}{p}}}\right]^p+\frac{1}{q}\sum_{k=1}^n\left[\frac{b_k}{\left(\sum_{k=1}^n b_k{}^q\right)^{\frac{1}{q}}}\right]^q \geqslant \sum_{k=1}^n\frac{a_k}{\left(\sum_{k=1}^n a_k{}^p\right)^{\frac{1}{p}}}\cdot\frac{b_k}{\left(\sum_{k=1}^n b_k{}^q\right)^{\frac{1}{q}}},$$

即是

$$\frac{1}{p}\sum_{k=1}^{n}\frac{a_k^{\ p}}{(\sum\limits_{k=1}^{n}a_k^{\ p})}+\frac{1}{q}\sum_{k=1}^{n}\frac{b_k^{\ q}}{(\sum\limits_{k=1}^{n}b_k^{\ q})}\geqslant\sum_{k=1}^{n}\frac{a_k}{(\sum\limits_{k=1}^{n}a_k^{\ p})^{\frac{1}{p}}}\cdot\frac{b_k}{(\sum\limits_{k=1}^{n}b_k^{\ q})^{\frac{1}{q}}}$$

$$\frac{1}{p(\sum\limits_{k=1}^{n}a_k^{\ p})}\sum_{k=1}^{n}a_k^{\ p}+\frac{1}{q(\sum\limits_{k=1}^{n}b_k^{\ q})}\sum_{k=1}^{n}b_k^{\ q}\geqslant\frac{1}{(\sum\limits_{k=1}^{n}a_k^{\ p})^{\frac{1}{p}}(\sum\limits_{k=1}^{n}b_k^{\ q})^{\frac{1}{q}}}\sum_{k=1}^{n}a_kb_k$$

$$\frac{1}{p}+\frac{1}{q}\geqslant\frac{1}{(\sum\limits_{k=1}^{n}a_k^{\ p})^{\frac{1}{p}}(\sum\limits_{k=1}^{n}b_k^{\ q})^{\frac{1}{q}}}\sum_{k=1}^{n}a_kb_k$$

$$\sum_{k=1}^{n}a_kb_k\leqslant(\sum_{k=1}^{n}a_k^{\ p})^{\frac{1}{p}}(\sum_{k=1}^{n}b_k^{\ q})^{\frac{1}{q}}.$$

(5) 设 $a_k,b_k(k=1,2,\cdots,n)$ 为实数列，则 $(\sum\limits_{k=1}^{n}a_kb_k)^2\leqslant(\sum\limits_{k=1}^{n}a_k^{\ 2})(\sum\limits_{k=1}^{n}b_k^{\ 2})$，当且仅当 $a_k^{\ p}=tb_k^{\ q}$ 时等号成立.

**提示：**设 $x$ 为实数，因为 $\sum\limits_{k=1}^{n}(a_kx+b_k)^2=x^2\sum\limits_{k=1}^{n}a_k^{\ 2}+2x\sum\limits_{k=1}^{n}a_kb_k+\sum\limits_{k=1}^{n}b_k^{\ 2}\geqslant 0$，所以判别式

$$\Delta=(2\sum_{k=1}^{n}a_kb_k)^2-4(\sum_{k=1}^{n}a_k^{\ 2})(\sum_{k=1}^{n}b_k^{\ 2})\leqslant 0.$$

因此所要证的不等式成立，若 $a_k^{\ p}=tb_k^{\ q}$，等号显然成立. 实际上当 $a_k,b_k\geqslant 0$ 时，这是上一不等式当 $p=q=2$ 时的特殊情形.

**例 2-8** 设 $z=z(x,y)$ 二阶连续可微，并且满足方程 $A\frac{\partial^2 z}{\partial x^2}+2B\frac{\partial^2 z}{\partial x\partial y}+C\frac{\partial^2 z}{\partial y^2}=0$，其中 $B^2-AC>0$，若令 $\begin{cases}u=x+\alpha y\\ v=x+\beta y\end{cases}$，试确定常数 $\alpha,\beta$ 的值，使原方程变为 $\frac{\partial^2 z}{\partial u\partial v}=0$，并求出 $z(x,y)$.

**分析** 这是化简偏微分方程的问题，化简过程中会涉及到求一阶和二阶偏导数，同时会用到多元复合函数求偏导数的链式法则.

**解答** 将 $x,y$ 看成自变量，$u,v$ 看成中间变量，利用链式法则，得

$$\frac{\partial z}{\partial x}=\frac{\partial z}{\partial u}\frac{\partial u}{\partial x}+\frac{\partial z}{\partial v}\frac{\partial v}{\partial x}=\frac{\partial z}{\partial u}+\frac{\partial z}{\partial v},\qquad \frac{\partial z}{\partial y}=\frac{\partial z}{\partial u}\frac{\partial u}{\partial y}+\frac{\partial z}{\partial v}\frac{\partial v}{\partial y}=\alpha\frac{\partial z}{\partial u}+\beta\frac{\partial z}{\partial v},$$

$$\frac{\partial^2 z}{\partial x^2}=\frac{\partial}{\partial x}\left(\frac{\partial z}{\partial u}+\frac{\partial z}{\partial v}\right)=\frac{\partial^2 z}{\partial u^2}+2\frac{\partial^2 z}{\partial u\partial v}+\frac{\partial^2 z}{\partial v^2},\qquad \frac{\partial^2 z}{\partial y^2}=\frac{\partial}{\partial y}\left(\alpha\frac{\partial z}{\partial u}+\beta\frac{\partial z}{\partial v}\right)=\alpha^2\frac{\partial^2 z}{\partial u^2}+2\alpha\beta\frac{\partial^2 z}{\partial u\partial v}+\beta^2\frac{\partial^2 z}{\partial v^2},$$

$$\frac{\partial^2 z}{\partial x\partial y}=\frac{\partial}{\partial y}\left(\frac{\partial z}{\partial x}\right)=\frac{\partial}{\partial y}\left(\frac{\partial z}{\partial u}+\frac{\partial z}{\partial v}\right)=\alpha\frac{\partial^2 z}{\partial u^2}+(\alpha+\beta)\frac{\partial^2 z}{\partial u\partial v}+\beta\frac{\partial^2 z}{\partial v^2},$$

由此得

$$0=A\frac{\partial^2 z}{\partial x^2}+2B\frac{\partial^2 z}{\partial x\partial y}+C\frac{\partial^2 z}{\partial y^2}=A\left(\frac{\partial^2 z}{\partial u^2}+2\frac{\partial^2 z}{\partial u\partial v}+\frac{\partial^2 z}{\partial v^2}\right)+2B\left(\alpha\frac{\partial^2 z}{\partial u^2}+(\alpha+\beta)\frac{\partial^2 z}{\partial u\partial v}+\beta\frac{\partial^2 z}{\partial v^2}\right)$$

$$+C\left(\alpha^2\frac{\partial^2 z}{\partial u^2}+2\alpha\beta\frac{\partial^2 z}{\partial u\partial v}+\beta^2\frac{\partial^2 z}{\partial v^2}\right)$$

$$=(A+2B\alpha+C\alpha^2)\frac{\partial^2 z}{\partial u^2}+2[A+B(\alpha+\beta)+C\alpha\beta]\frac{\partial^2 z}{\partial u\partial v}+(A+2B\beta+C\beta^2)\frac{\partial^2 z}{\partial v^2}$$

只要取 $\alpha,\beta$ 使得 $\begin{cases}A+2B\alpha+C\alpha^2=0\\A+2B\beta+C\beta^2=0\end{cases}$，则可得 $\dfrac{\partial^2 z}{\partial u\partial v}=0$，由于 $B^2-AC>0$，方程 $A+2Bt+Ct^2=0$ 有两个不同的实数根，分别为 $\alpha=-B+\sqrt{B^2-AC}$，$\beta=-B-\sqrt{B^2-AC}$. 又 $\dfrac{\partial^2 z}{\partial u\partial v}=0$，可推出 $\dfrac{\partial z}{\partial v}=\varphi(v)$，$z=\int\varphi(v)\mathrm{d}v+f(u)$，所以，$z=f(u)+g(v)=f(x+\alpha y)+g(x+\beta y)$.

**评注** 本题通过多元复合函数求偏导数的链式法则，先求出复合函数的一阶和二阶偏导数，然后代入偏微分方程，将偏微分方程化成所要求的形式，从而也求出了所要的参数的值. 类似的题还有：

(1) 已知函数 $z=u(x,y)\mathrm{e}^{ax+by}$，且 $\dfrac{\partial^2 u}{\partial x\partial y}=0$，确定常数 $a,b$，使函数 $z=z(x,y)$ 满足方程 $\dfrac{\partial^2 z}{\partial x\partial y}-\dfrac{\partial z}{\partial x}-\dfrac{\partial z}{\partial y}+z=0$.

**提示**：$\dfrac{\partial z}{\partial x}=\mathrm{e}^{ax+by}\left[\dfrac{\partial u}{\partial x}+au(x,y)\right]$，$\dfrac{\partial z}{\partial y}=\mathrm{e}^{ax+by}\left[\dfrac{\partial u}{\partial y}+bu(x,y)\right]$，$\dfrac{\partial^2 u}{\partial x\partial y}=0$，

$\dfrac{\partial^2 z}{\partial x\partial y}=\mathrm{e}^{ax+by}\left[b\dfrac{\partial u}{\partial x}+a\dfrac{\partial u}{\partial y}abu(x,y)\right]+\mathrm{e}^{ax+by}\dfrac{\partial^2 u}{\partial x\partial y}=\mathrm{e}^{ax+by}\left[b\dfrac{\partial u}{\partial x}+a\dfrac{\partial u}{\partial y}abu(x,y)\right]$，

$\dfrac{\partial^2 z}{\partial x\partial y}-\dfrac{\partial z}{\partial x}-\dfrac{\partial z}{\partial y}+z=\mathrm{e}^{ax+by}\left[(b-1)\dfrac{\partial u}{\partial x}+(a-1)\dfrac{\partial u}{\partial y}+(ab-a-b+1)u(x,y)\right]$，

若使

$\dfrac{\partial^2 z}{\partial x\partial y}-\dfrac{\partial z}{\partial x}-\dfrac{\partial z}{\partial y}+z=0$，只有 $(b-1)\dfrac{\partial u}{\partial x}+(a-1)\dfrac{\partial u}{\partial y}+(ab-a-b+1)u(x,y)=0$，即 $a=b=1$.

(2) 设 $z=z(x,y)$ 是由方程 $F\left(z+\dfrac{1}{x},z-\dfrac{1}{y}\right)=0$ 确定的隐函数，且具有连续的二阶偏导数. 求证：$x^2\dfrac{\partial z}{\partial x}+y^2\dfrac{\partial z}{\partial y}=0$ 和 $x^3\dfrac{\partial^2 z}{\partial x^2}+xy(x+y)\dfrac{\partial^2 z}{\partial x\partial y}+y^3\dfrac{\partial^2 z}{\partial y^2}=0$.

**提示**：方程两边分别关于 $x$ 和 $y$ 求导，得

$$\left(\frac{\partial z}{\partial x}-\frac{1}{x^2}\right)F_1+\frac{\partial z}{\partial x}F_2=0,\ \frac{\partial z}{\partial y}F_1+\left(\frac{\partial z}{\partial y}+\frac{1}{y^2}\right)F_2=0,$$

解出 $\dfrac{\partial z}{\partial x}=\dfrac{1}{x^2(F_1+F_2)}$，$\dfrac{\partial z}{\partial y}=\dfrac{-1}{y^2(F_1+F_2)}$，

所以 $x^2\dfrac{\partial z}{\partial x}+y^2\dfrac{\partial z}{\partial y}=0$，

将此式两边分别关于 $x$ 和 $y$ 求导，得

$$x^2\frac{\partial^2 z}{\partial x^2}+y^2\frac{\partial^2 z}{\partial y\partial x}=-2x\frac{\partial z}{\partial x},\ x^2\frac{\partial^2 z}{\partial x\partial y}+y^2\frac{\partial^2 z}{\partial y^2}=-2y\frac{\partial z}{\partial y},$$

即是 $x^3\dfrac{\partial^2 z}{\partial x^2}+xy^2\dfrac{\partial^2 z}{\partial y\partial x}=-2x^2\dfrac{\partial z}{\partial x}$，$x^2y\dfrac{\partial^2 z}{\partial x\partial y}+y^3\dfrac{\partial^2 z}{\partial y^2}=-2y^2\dfrac{\partial z}{\partial y}$，

两式相加，得

$$x^3\frac{\partial^2 z}{\partial x^2}+xy(x+y)\frac{\partial^2 z}{\partial x\partial y}+y^3\frac{\partial^2 z}{\partial y^2}=0.$$

(3) 设函数$f(t)$具有二阶连续的导数，$r=\sqrt{x^2+y^2}$，$g(x,y)=f(\frac{1}{r})$，求$\frac{\partial^2 g}{\partial x^2}+\frac{\partial^2 g}{\partial y^2}$.

**提示：**$\frac{\partial r}{\partial x}=\frac{x}{r}$，$\frac{\partial r}{\partial y}=\frac{y}{r}$，所以$\frac{\partial g}{\partial x}=-\frac{x}{r^3}f'\left(\frac{1}{r}\right)$，$\frac{\partial^2 g}{\partial x^2}=\frac{x^2}{r^6}f''\left(\frac{1}{r}\right)+\frac{2x^2-y^2}{r^5}f'\left(\frac{1}{r}\right)$，利用对称性，有$\frac{\partial^2 g}{\partial y^2}=\frac{y^2}{r^6}f''\left(\frac{1}{r}\right)+\frac{2y^2-x^2}{r^5}f'(\frac{1}{r})$，从而$\frac{\partial^2 g}{\partial x^2}+\frac{\partial^2 g}{\partial y^2}=\frac{1}{r^4}f''\left(\frac{1}{r}\right)+\frac{1}{r^3}f'\left(\frac{1}{r}\right)$.

(4) 设函数$f(x,y)$具有二阶连续的偏导数，满足${f_x}^2 f_{yy}-2f_x f_y f_{xy}+{f_y}^2 f_{xx}=0$，且$f_y\neq 0$，$y=y(x,z)$是由方程$z=f(x,y)$所确定的函数. 求$\frac{\partial^2 y}{\partial x^2}$.

**提示：**$y=y(x,z)$说明$y$是函数，$x,z$是自变量，将方程$z=f(x,y)$两边关于$x$求导得，$0=f_x+f_y\frac{\partial y}{\partial x}$，可推出$\frac{\partial y}{\partial x}=-\frac{f_x}{f_y}$，$\frac{\partial^2 y}{\partial x^2}=\frac{\partial}{\partial x}\left(-\frac{f_x}{f_y}\right)=-\frac{f_y\left(f_{xx}+f_{xy}\frac{\partial y}{\partial x}\right)-f_x\left(f_{yx}+f_{yy}\frac{\partial y}{\partial x}\right)}{{f_y}^2}=$

$$=-\frac{{f_x}^2 f_{yy}-2f_x f_y f_{xy}+{f_y}^2 f_{xx}}{{f_y}^3}=0.$$

(5) 设变换$\begin{cases}u=x-2y\\ v=x+ay\end{cases}$可将方程$6\frac{\partial^2 z}{\partial x^2}+\frac{\partial^2 z}{\partial x\partial y}-\frac{\partial^2 z}{\partial y^2}=0$化为$\frac{\partial^2 z}{\partial u\partial v}=0$，求常数$a$的值.

**提示：**$\frac{\partial z}{\partial x}=\frac{\partial z}{\partial u}\frac{\partial u}{\partial x}+\frac{\partial z}{\partial v}\frac{\partial v}{\partial x}=\frac{\partial z}{\partial u}+\frac{\partial z}{\partial v}$，　　$\frac{\partial z}{\partial y}=\frac{\partial z}{\partial u}\frac{\partial u}{\partial y}+\frac{\partial z}{\partial v}\frac{\partial v}{\partial y}=-2\frac{\partial z}{\partial u}+a\frac{\partial z}{\partial v}$

$\frac{\partial^2 z}{\partial x^2}=\frac{\partial^2 z}{\partial u^2}+2\frac{\partial^2 z}{\partial u\partial v}+\frac{\partial^2 z}{\partial v^2}$，　　$\frac{\partial^2 z}{\partial x\partial y}=-2\frac{\partial^2 z}{\partial u^2}+(a-2)\frac{\partial^2 z}{\partial u\partial v}+a\frac{\partial^2 z}{\partial v^2}$

$\frac{\partial^2 z}{\partial y^2}=4\frac{\partial^2 z}{\partial u^2}-4a\frac{\partial^2 z}{\partial u\partial v}+a^2\frac{\partial^2 z}{\partial v^2}$.

将上述结果代入原方程，整理，得$(10+5a)\frac{\partial^2 z}{\partial u\partial v}+(6+a-a^2)\frac{\partial^2 z}{\partial v^2}=0$，故$a$应该满足

$$\begin{cases}10+5a\neq 0\\ 6+a-a^2=0\end{cases},$$

由上式可求出$a=3$.

**例2-9**　设有一小山，取它的底面所在的平面为$xOy$坐标面，其底部所占的区域为$D=\{(x,y)\mid x^2+y^2-xy\leqslant 75\}$，小山的高度函数为$h(x,y)=75-x^2-y^2+xy$.

(1) 设$M(x_0,y_0)$为区域$D$上的一点，问$h(x,y)$在该点沿平面上什么方向的方向导数最大？若记此方向导数的最大值为$g(x_0,y_0)$，试写出$g(x_0,y_0)$的表达式.

(2) 现欲利用此小山开展攀岩活动，为此需要在山脚寻找一上山坡度最大的点作为攀岩的起点，也就是说要在$D$的边界线$x^2+y^2-xy=75$上找出(1)中的$g(x,y)$达到最大值的点，试确定攀岩起点的位置.

**分析**　此题涉及到方向导数及方向导数最大值等概念，从而有可能涉及到梯度及梯度的模等概念. 计算过程中还可能用到条件极值的拉格朗日乘数法.

**解答**　(1)由梯度的几何意义可知，$h(x,y)$在点$M(x_0,y_0)$处沿梯度

$$\mathrm{grad}h(x,y)\big|_{(x_0,y_0)}=(y_0-2x_0)i+(x_0-2y_0)j$$

方向的方向导数值最大，而方向导数的最大值即为该梯度的模，所以

$$g(x_0,y_0) = \sqrt{(y_0-2x_0)^2+(x_0-2y_0)^2} = \sqrt{5{x_0}^2+5{y_0}^2-8x_0y_0}.$$

(2) 令$f(x,y)=g^2(x,y)=5x^2+5y^2-8xy$,由题意,只需要求$f(x,y)$在约束条件$75-x^2-y^2+xy=0$下的最大值点. 作函数$L(x,y,\lambda)=5x^2+5y^2-8xy+\lambda(75-x^2-y^2+xy)$,则令

$$L_x = 10x-8y+\lambda(y-2x)=0, \quad (2-1)$$

$$L_y = 10y-8x+\lambda(x-2y)=0, \quad (2-2)$$

$$L_\lambda = 75-x^2-y^2+xy=0. \quad (2-3)$$

由式(2-1)和式(2-2)解得$y=-x$或$\lambda=2$.

若$\lambda=2$,则由式(2-1)得$y=x$,再由式(2-3)得$x=y=\pm5\sqrt{3}$.

若$y=-x$,则由式(2-3)得$x=\pm5,y=\mp5$.

于是得到四个可能的极值点:$M_1(5,-5)$,$M_2(-5,5)$,$M_3(5\sqrt{3},5\sqrt{3})$,$M_4(-5\sqrt{3},-5\sqrt{3})$. 由于$f(M_1)=450,f(M_2)=450,f(M_3)=f(M_4)=150$,故$M_1(5,-5)$或$M_2(-5,5)$可作为攀登的起点.

**评注** 本题涉及到方向导数、梯度和条件极值的求法等多方面的知识点,解题的关键在于要弄清楚沿梯度方向的方向导数值最大,而方向导数的最大值即为该梯度的模. 而条件极值的求法,关键在于构造拉格朗日函数. 类似的题还有:

(1) 在曲面$(x^2y+y^2z+z^2x)^2+(x-y+z)=0$上点$(0,0,0)$处的切平面$\pi$内求一点$P$,使点$P$到点$A(2,1,2)$和点$B(-3,1,-2)$的距离的平方和为最小值.

**提示**:令$G(x,y,z)=(x^2y+y^2z+z^2x)^2+(x-y+z)$,则其在点$(0,0,0)$处的切平面的法向量为$n=\{G_x,G_y,G_z\}\big|_{(0,0,0)}=\{1,-1,1\}$,从而$\pi$的方程为$x-y+z=0$. 设所求点为$P(x,y,z)$,于是问题就是在条件$x-y+z=0$下,求$u=(x-2)^2+(y-1)^2+(z-2)^2+(x+3)^2+(y-1)^2+(z+2)^2$的最小值. 采用拉格朗日乘数法,设$F=(x-2)^2+(y-1)^2+(z-2)^2+(x+3)^2+(y-1)^2+(z+2)^2+\lambda(x-y+z)$,其中$\lambda$为常数. $F$对$x,y,z$求偏导数并令其为零,得到$F_x=4x+2+\lambda=0,F_y=4y-4-\lambda=0,F_z=4z+\lambda=0$. 将它们与条件$x-y+z=0$联立解得唯一驻点:$x=0,y=\frac{1}{2},z=\frac{1}{2}$. 由问题本身知最小值必定存在. 此时,最小值$u\left(0,\frac{1}{2},\frac{1}{2}\right)=22$.

(2) 在椭圆$x^2+4y^2=4$上求一点,使其到直线$2x+3y-6=0$的距离最短.

**提示**:设$P(x,y)$为椭圆任意一点,则$P$点到直线$2x+3y-6=0$的距离为$d=\frac{|2x+3y-6|}{\sqrt{13}}$,求$d$的最小值点即求$d^2$的最小值点. 作$F(x,y,\lambda)=\frac{1}{13}(2x+3y-6)^2+\lambda(x^2+4y^2-4)$,由拉格朗日乘数法,有$\frac{\partial F}{\partial x}=0,\frac{\partial F}{\partial y}=0,\frac{\partial F}{\partial \lambda}=0$,即

$$\begin{cases}\frac{4}{13}(2x+3y-6)+2\lambda x=0\\ \frac{6}{13}(2x+3y-6)+8\lambda y=0\\ x^2+4y^2-4=0\end{cases},$$

解得$x_1=\frac{8}{5},y_1=\frac{3}{5};x_2=-\frac{8}{5},y_2=-\frac{3}{5}$. 于是$d\big|_{(x_1,y_1)}=\frac{1}{\sqrt{13}},d\big|_{(x_2,y_2)}=\frac{11}{\sqrt{13}}$,由问题的实际意义知最短距离是存在的,因此$\left(\frac{8}{5},\frac{3}{5}\right)$即为所求的点.

(3) 求平面$\frac{x}{3}+\frac{y}{4}+\frac{z}{5}=1$和柱面$x^2+y^2=1$的交线上与$xOy$平面距离最短的点.

**提示**:由平面方程,得$z=5\left(1-\frac{x}{3}-\frac{y}{4}\right)$,用拉格朗日乘数法,设$F(x,y)=5\left(1-\frac{x}{3}-\frac{y}{4}\right)+\lambda(x^2+y^2-1)$,解方程组

$$\begin{cases}F_x=-\frac{5}{3}+2\lambda x=0\\F_y=-\frac{5}{4}+2\lambda x=0\\x^2+y^2-1=0\end{cases},$$

得$x=\frac{4}{5},-\frac{4}{5}$;$y=\frac{3}{5},-\frac{3}{5}$,即点$\left(\frac{4}{5},\frac{3}{5}\right)$,$\left(-\frac{4}{5},-\frac{3}{5}\right)$为可能极值点.由实际意义可知,其最小值一定存在,比较两点处函数值知$x=\frac{4}{5}$,$y=\frac{3}{5}$,$z=\frac{35}{12}$即点$\left(\frac{4}{5},\frac{3}{5},\frac{35}{12}\right)$为所求.

(4) 求在$\frac{x^2}{a^2}+\frac{y^2}{b^2}+\frac{z^2}{c^2}=1$内嵌入最大长方体的体积.

**提示**:设嵌入长方体在第一卦限内的顶点为$(x,y,z)$,则其体积$V=8xyz$,问题归结为求$V=8xyz$在条件$\frac{x^2}{a^2}+\frac{y^2}{b^2}+\frac{z^2}{c^2}=1$下的条件极值,用拉格朗日乘数法可求得$(x,y,z)=\left(\frac{a}{\sqrt{3}},\frac{b}{\sqrt{3}},\frac{c}{\sqrt{3}}\right)$,从而最大体积$V_{\max}=8\cdot\frac{a}{\sqrt{3}}\cdot\frac{b}{\sqrt{3}}\cdot\frac{c}{\sqrt{3}}=\frac{8}{9}\sqrt{3}abc$.

(5) 求周长一定面积最大的三角形.

**提示**:设三角形三边长为$a,b,c$,$a+b+c=2s$,则面积$A=\sqrt{s(s-a)(s-b)(s-c)}$,若令$x=s-a$,$y=s-b$,$z=s-c$,问题归结为求$A^2=sxyz$在条件$x+y+z=s$下的条件极值,用拉格朗日乘数法可求得$x=y=z$,即$a=b=c$,因此所求为正三角形.

**例 2-10** 设$z=f(x,y)$在点$(x_0,y_0)$的某一邻域内连续且有直到$(n+1)$阶的连续导数,$(x_0+\Delta x,y_0+\Delta y)$为此邻域内任意一点,证明:

$$\begin{aligned}&f(x,y)\\&=f(x_0+\Delta x,y_0+\Delta y)\\&=f(x_0,y_0)+\left(\Delta x\frac{\partial}{\partial x}+\Delta y\frac{\partial}{\partial y}\right)f(x_0,y_0)+\frac{1}{2!}\left(\Delta x\frac{\partial}{\partial x}+\Delta y\frac{\partial}{\partial y}\right)^2f(x_0,y_0)+\cdots+\frac{1}{n!}\end{aligned}$$

$$\left(\Delta x\frac{\partial}{\partial x}+\Delta y\frac{\partial}{\partial y}\right)^nf(x_0,y_0)+\frac{1}{(n+1)!}\left(\Delta x\frac{\partial}{\partial x}+\Delta y\frac{\partial}{\partial y}\right)^{n+1}f(x_0+\theta\Delta x,y_0+\theta\Delta y)(0<\theta<1).$$

其中记号

$\left(\Delta x\frac{\partial}{\partial x}+\Delta y\frac{\partial}{\partial y}\right)f(x_0,y_0)$表示$\Delta xf_x(x_0,y_0)+\Delta yf_y(x_0,y_0)$,

$\left(\Delta x\frac{\partial}{\partial x}+\Delta y\frac{\partial}{\partial y}\right)^2f(x_0,y_0)$表示$(\Delta x)^2f_{xx}(x_0,y_0)+2\Delta x\Delta yf_{xy}(x_0,y_0)+(\Delta y)^2f_{yy}(x_0,y_0)$,

一般地,记号

$$\left(\Delta x\frac{\partial}{\partial x}+\Delta y\frac{\partial}{\partial y}\right)^m f(x_0,y_0) \text{ 表示} \sum_{p=0}^{m} C_m^p(\Delta x)^p(\Delta y)^{m-p}\frac{\partial^m f}{\partial x^p\partial y^{m-p}}\bigg|_{(x_0,y_0)}.$$

**分析** 此题实际上就是二元函数的泰勒公式,可以利用一元函数的泰勒公式进行证明.

**证明** 为了可以利用一元函数的泰勒公式进行证明,引入函数 $\Phi(t)=f(x_0+\Delta x\cdot t,y_0+\Delta y\cdot t)(0\leqslant t\leqslant 1)$. 显然 $\Phi(0)=f(x_0,y_0)$, $\Phi(1)=f(x_0+\Delta x,y_0+\Delta y)$. 由 $\Phi(t)$的定义及多元复合函数的求导法则,得

$$\begin{aligned}
\Phi'(t) &= \Delta x\cdot f_x(x_0+\Delta x\cdot t,y_0+\Delta y\cdot t)+\Delta y\cdot f_y(x_0+\Delta x\cdot t,y_0+\Delta y\cdot t)\\
&= \left(\Delta x\frac{\partial}{\partial x}+\Delta y\frac{\partial}{\partial y}\right)f(x_0+\Delta x\cdot t,y_0+\Delta y\cdot t),\\
\Phi''(t) &= (\Delta x)^2\cdot f_{xx}(x_0+\Delta x\cdot t,y_0+\Delta y\cdot t)+2\Delta x\Delta y f_{xy}(x_0+\Delta x\cdot t,y_0+\Delta y\cdot t)\\
&\quad+(\Delta y)^2\cdot f_{yy}(x_0+\Delta x\cdot t,y_0+\Delta y\cdot t)\\
&= \left(\Delta x\frac{\partial}{\partial x}+\Delta y\frac{\partial}{\partial y}\right)^2 f(x_0+\Delta x\cdot t,y_0+\Delta y\cdot t),\\
&\ \ \vdots\\
\Phi^{(n+1)}(t) &= \sum_{p=0}^{n+1} C_{n+1}^p(\Delta x)^p(\Delta y)^{n+1-p}\frac{\partial^{n+1}f}{\partial x^p\partial y^{n+1-p}}\bigg|_{(x_0+\Delta x\cdot t,y_0+\Delta y\cdot t)}\\
&= \left(\Delta x\frac{\partial}{\partial x}+\Delta y\frac{\partial}{\partial y}\right)^{n+1} f(x_0+\Delta x\cdot t,y_0+\Delta y\cdot t).
\end{aligned}$$

利用一元函数的麦克劳林公式,得

$$\Phi(1)=\Phi(0)+\Phi'(0)+\frac{1}{2!}\Phi''(0)+\cdots+\frac{1}{n!}\Phi^{(n)}(0)+\frac{1}{(n+1)!}\Phi^{(n+1)}(\theta)(0<\theta<1).$$

将 $\Phi(0)=f(x_0,y_0)$, $\Phi(1)=f(x_0+\Delta x,y_0+\Delta y)$及上面求得的 $\Phi(t)$直到 $n$ 阶导数在 $t=0$ 的值,以及 $\Phi^{(n+1)}(t)$在 $t=\theta$ 的值代入上式,得

$$\begin{aligned}
f(x,y) &= \Phi(1)\\
&= f(x_0+\Delta x,y_0+\Delta y)\\
&= f(x_0,y_0)+\left(\Delta x\frac{\partial}{\partial x}+\Delta y\frac{\partial}{\partial y}\right)f(x_0,y_0)+\frac{1}{2!}\left(\Delta x\frac{\partial}{\partial x}+\Delta y\frac{\partial}{\partial y}\right)^2 f(x_0,y_0)+\cdots+\frac{1}{n!}\left(\Delta x\frac{\partial}{\partial x}+\Delta y\frac{\partial}{\partial y}\right)^n\cdot\\
&\quad f(x_0,y_0)+R_n,
\end{aligned}$$

其中 $R_n=\dfrac{1}{(n+1)!}\left(\Delta x\dfrac{\partial}{\partial x}+\Delta y\dfrac{\partial}{\partial y}\right)^{n+1} f(x_0+\theta\Delta x,y_0+\theta\Delta y)(0<\theta<1)$.

**评注** 本题实际上是二元函数$f(x,y)$在点$(x_0,y_0)$的 $n$ 阶泰勒公式的推导,通过转化的方法,将二元函数的泰勒公式转化为一元函数的泰勒公式,其中的表达式 $R_n=\dfrac{1}{(n+1)!}\cdot\left(\Delta x\dfrac{\partial}{\partial x}+\Delta y\dfrac{\partial}{\partial y}\right)^{n+1} f(x_0+\theta\Delta x,y_0+\theta\Delta y)$称为拉格朗日型余项. 当 $n=0$ 时,二元函数$f(x,y)$在点$(x_0,y_0)$的 $n$ 阶泰勒公式成为

$$f(x,y)=f(x_0+\Delta x,y_0+\Delta y)=f(x_0,y_0)+\Delta x\cdot f_x(x_0+\theta\Delta x,y_0+\theta\Delta y).$$

这个公式称为二元函数$f(x,y)$在点$(x_0,y_0)$的拉格朗日中值公式. 下面的问题可以利用二元函数$f(x,y)$在点$(x_0,y_0)$的 $n$ 阶泰勒公式和拉格朗日中值公式解决.

(1) 求函数$f(x,y)=\ln(1+x+y)$在点(0,0)的三阶泰勒公式.

**答案**:$\ln(1+x+y)=x+y-\frac{1}{2}(x+y)^2+\frac{1}{3}(x+y)^3+R_3$,其中 $R_3=\frac{1}{4!}\left[\left(\Delta x\frac{\partial}{\partial x}+\Delta y\frac{\partial}{\partial y}\right)^4 f(\theta\Delta x,\theta\Delta y)\right]\Bigg|_{\Delta x=x,\Delta y=y}=-\frac{1}{4}\cdot\frac{(x+y)^4}{(1+\theta x+\theta y)^4},0<\theta<1.$

(2) 求函数$f(x,y)=2x^2-xy-y^2-6x-3y+5$ 在点(1,-2)的泰勒公式.

**答案**:$f(x,y)=5+2(x-1)^2-(x-1)(y+2)-(y+2)^2$.

(3) 求函数$f(x,y)=e^x\ln(1+y)$在点(0,0)的三阶泰勒公式.

**答案**:$e^x\ln(1+y)=y+\frac{1}{2!}(2xy-y^2)+\frac{1}{3!}(3x^2y-3xy^2+2y^3)+R_3$,

其中

$$R_3=\frac{e^{\theta x}}{24}\left[x^4\ln(1+\theta y)+\frac{4x^3y}{1+\theta y}-\frac{6x^2y^2}{(1+\theta y)^2}+\frac{8xy^3}{(1+\theta y)^3}-\frac{6y^4}{(1+\theta y)^4}\right],0<\theta<1.$$

(4) 求函数$f(x,y)=\sin x\sin y$ 在点$\left(\frac{\pi}{4},\frac{\pi}{4}\right)$的二阶泰勒公式.

**答案**:$\sin x\sin y=\frac{1}{2}+\frac{1}{2}\left(x-\frac{\pi}{4}\right)+\frac{1}{2}\left(y-\frac{\pi}{4}\right)-\frac{1}{4}\left[\left(x-\frac{\pi}{4}\right)^2-2\left(x-\frac{\pi}{4}\right)\left(y-\frac{\pi}{4}\right)+\left(y-\frac{\pi}{4}\right)^2\right]+R_2$,

其中 $R_2=-\frac{1}{6}\left[\cos\xi\sin\eta\cdot\left(x-\frac{\pi}{4}\right)^3+3\sin\xi\cos\eta\cdot\left(x-\frac{\pi}{4}\right)^2\cdot\left(y-\frac{\pi}{4}\right)+3\cos\xi\sin\eta\cdot\left(x-\frac{\pi}{4}\right)\left(y-\frac{\pi}{4}\right)^2+\sin\xi\cos\eta\cdot\left(y-\frac{\pi}{4}\right)^3\right]$,

且$\xi=\frac{\pi}{4}+\theta\left(x-\frac{\pi}{4}\right),\eta=\frac{\pi}{4}+\theta\left(y-\frac{\pi}{4}\right),0<\theta<1.$

(5) 设$f(x,y)$在 $R^2$ 中连续,$f(0,0)=0$,存在偏导数且当 $x^2+y^2\leqslant5$ 时,$|\mathrm{grad}f|\leqslant1$,求证:$|f(1,2)|\leqslant\sqrt{5}$.

**提示**:由二元函数$f(x,y)$在点$(x_0,y_0)$的拉格朗日中值公式

$$f(x,y)=f(x_0+\Delta x,y_0+\Delta y)=f(x_0,y_0)+\Delta x\cdot f_x(x_0+\theta\Delta x,y_0+\theta\Delta y),$$

得$f(1,2)=f(1,2)-f(0,0)=f_x(\xi,\eta)+2f_y(\xi,\eta)$,

故而

$$|f(1,2)|^2=|f_x{}^2(\xi,\eta)+4f_y{}^2(\xi,\eta)+4f_x(\xi,\eta)f_y(\xi,\eta)|$$
$$\leqslant f_x{}^2(\xi,\eta)+4f_y{}^2(\xi,\eta)+2|2f_x(\xi,\eta)||f_y(\xi,\eta)|$$
$$\leqslant f_x{}^2(\xi,\eta)+4f_y{}^2(\xi,\eta)+4f_x{}^2(\xi,\eta)+f_y{}^2(\xi,\eta)=5|f_x{}^2(\xi,\eta)+f_y{}^2(\xi,\eta)|$$

$\leqslant 5$. 所以$|f(1,2)|\leqslant\sqrt{5}$.

## 2.1.3 学习效果测试题及答案

### 1. 学习效果测试题

(1) 求极限$\lim\limits_{x\to0}\frac{\sin^2x-x^2\cos^2x}{x^2\sin^2x}$.

（2）求极限$\lim\limits_{x\to 0}\left(\dfrac{a_1{}^x+a_2{}^x+\cdots+a_n{}^x}{n}\right)^{\frac{1}{x}}$ $(a_i>0, i=1,2,\cdots,n)$

（3）求使不等式$\left(1+\dfrac{1}{n}\right)^{n+\alpha}\leqslant e\leqslant\left(1+\dfrac{1}{n}\right)^{n+\beta}$对所有的自然数 $n$ 都成立的最大的数 $\alpha$ 和最小的数 $\beta$.

（4）证明不等式$(x+y)^p>x^p+y^p$ $(x,y>0,p>1)$.

（5）求方程 $x^3-5x-2=0$ 的正根的近似解，精确到 $10^{-3}$.

（6）设$f(x)$在$[a,b]$上二阶连续可导，证明：存在$\xi\in(a,b)$，使

$$\int_a^b f(x)\mathrm{d}x = (b-a)f\left(\frac{a+b}{2}\right)+\frac{(b-a)^3}{24}f''(\xi).$$

（7）设$f(x)$，$g(x)$在$[a,b]$上连续，证明不等式 $\int_a^b f(x)g(x)\mathrm{d}x\leqslant\left[\int_a^b|f(x)|^p\mathrm{d}x\right]^{\frac{1}{p}}\cdot\left[\int_a^b|g(x)|^q\mathrm{d}x\right]^{\frac{1}{q}}$，其中 $p>1$ 且$\dfrac{1}{p}+\dfrac{1}{q}=1$.

（8）设 $y=f(x)$为$[0,1]$上的正值连续函数，试证：存在唯一点$\xi\in(0,1)$，使得在$[0,\xi]$上以$f(\xi)$为高的矩形面积等于在$[\xi,1]$上以 $y=f(x)$为曲边的曲边梯形面积.

（9）证明：$xyz^3\leqslant 27\left(\dfrac{x+y+z}{5}\right)^5$ $(x,y,z>0)$.

（10）利用函数$f(x,y)=x^y$ 的三阶泰勒公式，计算 $1.1^{1.02}$的近似值.

**2. 测试题答案**

（1）$\lim\limits_{x\to 0}\dfrac{\sin^2x-x^2\cos^2x}{x^2\sin^2x}=\lim\limits_{x\to 0}\dfrac{\sin^2x-x^2+x^2-x^2\cos^2x}{x^4}$

$=\lim\limits_{x\to 0}\dfrac{(\sin x-x)(\sin x+x)}{x^4}+\lim\limits_{x\to 0}\dfrac{1-\cos^2x}{x^2}$

$=\lim\limits_{x\to 0}\dfrac{(\sin x-x)}{x^3}\cdot\lim\limits_{x\to 0}\dfrac{(\sin x+x)}{x}+\lim\limits_{x\to 0}\dfrac{\sin^2x}{x^2}$

$=2\cdot\lim\limits_{x\to 0}\dfrac{(\sin x-x)}{x^3}+1$

$=-2\cdot\dfrac{1}{6}+1$

$=\dfrac{2}{3}$.

（2）$\lim\limits_{x\to 0}\left(\dfrac{a_1{}^x+a_2{}^x+\cdots+a_n{}^x}{n}\right)^{\frac{1}{x}}=\lim\limits_{x\to 0}\left(1+\dfrac{a_1{}^x+a_2{}^x+\cdots+a_n{}^x-n}{n}\right)^{\frac{1}{x}}$

$=\lim\limits_{x\to 0}\left[\left(1+\dfrac{a_1{}^x+a_2{}^x+\cdots+a_n{}^x-n}{n}\right)^{\frac{n}{a_1{}^x+a_2{}^x+\cdots+a_n{}^x-n}}\right]^{\frac{1}{x}\cdot\frac{a_1{}^x+a_2{}^x+\cdots+a_n{}^x-n}{n}}$，

而$\lim\limits_{x\to 0}\dfrac{1}{x}\cdot\dfrac{a_1{}^x+a_2{}^x+\cdots+a_n{}^x-n}{n}=\dfrac{1}{n}\left(\lim\limits_{x\to 0}\dfrac{a_1{}^x-1}{x}+\lim\limits_{x\to 0}\dfrac{a_2{}^x-1}{x}+\cdots+\lim\limits_{x\to 0}\dfrac{a_n{}^x-1}{x}\right)$

$=\dfrac{1}{n}(\ln a_1+\ln a_2+\cdots+\ln a_n)=\dfrac{1}{n}\ln(a_1a_2\cdots a_n)=\ln(a_1a_2\cdots a_n)^{\frac{1}{n}}=\ln\sqrt[n]{a_1a_2\cdots a_n}$，

所以 $\lim\limits_{x\to 0}\left(\dfrac{a_1{}^x+a_2{}^x+\cdots+a_n{}^x}{n}\right)^{\frac{1}{x}}=e^{\ln\sqrt[n]{a_1a_2\cdots a_n}}=\sqrt[n]{a_1a_2\cdots a_n}$.

(3) 不等式 $\left(1+\frac{1}{n}\right)^{n+\alpha} \leqslant \mathrm{e} \leqslant \left(1+\frac{1}{n}\right)^{n+\beta}$ 变形为 $(n+\alpha)\ln\left(1+\frac{1}{n}\right) \leqslant 1 \leqslant (n+\beta)\ln\left(1+\frac{1}{n}\right)$,所以 $\alpha \leqslant \frac{1}{\ln\left(1+\frac{1}{n}\right)} - n \leqslant \beta$. 令 $f(x) = \frac{1}{\ln(1+x)} - \frac{1}{x}, x \in (0,1]$,则

$$f'(x) = -\frac{\frac{1}{1+x}}{\ln^2(1+x)} + \frac{1}{x^2} = \frac{(1+x)\ln^2(1+x) - x^2}{x^2(1+x)\ln^2(1+x)}.$$

再令 $g(x) = (1+x)\ln^2(1+x) - x^2, x \in [0,1]$,则 $g(0)=0$,

且 $g'(x) = \ln^2(1+x) + 2\ln(1+x) - 2x$, $g'(0)=0$, $g''(x) = \frac{2\ln(1+x)}{1+x} + \frac{2}{1+x} - 2 = \frac{2[\ln(1+x) - x]}{1+x} < 0$,故 $g'(x)$ 在 $[0,1]$ 上严格单调递减,所以 $g'(x) < g'(0) = 0$. 同理,$g(x)$ 在 $[0,1]$ 上也严格单调递减,故 $g(x) < g(0) = 0$,即 $(1+x)\ln^2(1+x) - x^2 < 0$,从而 $f'(x) < 0$ $(0 < x \leqslant 1)$,因此,$f(x)$ 在 $(0,1]$ 上也严格单调递减. 令 $x = \frac{1}{n}$,则 $\alpha \leqslant f(x) \leqslant \beta$, $\max\alpha = \lim\limits_{x\to 1^-}\left[\frac{1}{\ln(x+1)} - \frac{1}{x}\right] = \frac{1}{\ln 2} - 1$, $\min\beta = \lim\limits_{x\to 0^+}\left[\frac{1}{\ln(x+1)} - \frac{1}{x}\right] = \lim\limits_{x\to 0^+}\frac{x - \ln(1+x)}{x\ln(x+1)} = \frac{1}{2}$. 因此,使不等式对所有的自然数 $n$ 都成立的最大的数 $\alpha$ 为 $\frac{1}{\ln 2} - 1$,最小的数 $\beta$ 为 $\frac{1}{2}$.

(4) 只要证明 $f(t) = (1+t)^p - t^p - 1 > 0, (t>0)$,这由 $f'(t) = p(1+t)^{p-1} - pt^{p-1} > 0, (t>0)$, $f(0)=0$ 推出.

(5) 可以证明方程只有一个正根,用切线法求正根 $\xi$ 的近似解. 因为 $f(2)<0$, $f(3)>0$,故 $\xi \in (2,3)$,在 $[2,3]$ 上,$f'(x) = 3x^2 - 5 > 0$, $f''(x) = 6x > 0$, $f(3)$ 与 $f''(x)$ 同号,所以令 $x_0 = 3$. 由于 $x_n = x_{n-1} - \frac{f(x_{n-1})}{f'(x_{n-1})} (n=1,2,\cdots)$

从而

$$x_1 = x_0 - \frac{f(x_0)}{f'(x_0)} = 3 - \frac{f(3)}{f'(3)} \approx 2.545;$$

$$x_2 = x_1 - \frac{f(x_1)}{f'(x_1)} = 2.545 - \frac{f(2.545)}{f'(2.545)} \approx 2.423;$$

$$x_3 = x_2 - \frac{f(x_2)}{f'(x_2)} = 2.423 - \frac{f(2.423)}{f'(2.423)} \approx 2.414;$$

$$x_4 = x_3 - \frac{f(x_3)}{f'(x_3)} = 2.414 - \frac{f(2.414)}{f'(2.414)} \approx 2.414.$$

至此,迭代结束,且有 $f(2.414) < 0$, $f(2.415) > 0$,故 $2.414 < \xi < 2.415$. 从而利用 2.414 或 2.415 作为根的近似解,其误差都小于 $10^{-3}$.

(6) 设 $F(x) = \int_a^x f(t)\,\mathrm{d}t$,将 $F(x)$ 在 $x = \frac{a+b}{2}$ 处展开成三阶泰勒公式,得

$$F(x) = F\left(\frac{a+b}{2}\right) + F'\left(\frac{a+b}{2}\right)\left(x - \frac{a+b}{2}\right) + \frac{1}{2!}F''\left(\frac{a+b}{2}\right)\left(x - \frac{a+b}{2}\right)^2 + \frac{1}{3!}F'''(\eta)\left(x - \frac{a+b}{2}\right)^3,$$

其中 $\eta$ 在 $x$ 与 $\frac{a+b}{2}$ 之间. 令 $x=a$ 和 $x=b$,得

$$F(a)=F\left(\frac{a+b}{2}\right)-F'\left(\frac{a+b}{2}\right)\left(\frac{b-a}{2}\right)+\frac{1}{2!}F''\left(\frac{a+b}{2}\right)\left(\frac{b-a}{2}\right)^2-\frac{1}{3!}F'''(\eta_1)\left(\frac{b-a}{2}\right)^3,a<\eta_1<\frac{a+b}{2};$$

$$F(b)=F\left(\frac{a+b}{2}\right)+F'\left(\frac{a+b}{2}\right)\left(\frac{b-a}{2}\right)+\frac{1}{2!}F''\left(\frac{a+b}{2}\right)\left(\frac{b-a}{2}\right)^2+\frac{1}{3!}F'''(\eta_2)\left(\frac{b-a}{2}\right)^3,\frac{a+b}{2}<\eta_2<b.$$

将上面两式相减,同时注意到 $F(a)=0,F(b)=\int_a^b f(x)\,\mathrm{d}x,F'(x)=f(x)$,有

$$\int_a^b f(x)\,\mathrm{d}x=(b-a)f\left(\frac{a+b}{2}\right)+\frac{(b-a)^3}{24}\cdot\frac{1}{2}[f''(\eta_1)+f''(\eta_2)].$$

由于 $f(x)$ 在 $[a,b]$ 上二阶连续可导,由介值定理,存在 $\xi\in(\eta_1,\eta_2)\subset(a,b)$,使得

$$\frac{1}{2}[f''(\eta_1)+f''(\eta_2)]=f''(\xi),$$

从而 $\int_a^b f(x)\,\mathrm{d}x=(b-a)f\left(\frac{a+b}{2}\right)+\frac{(b-a)^3}{24}f''(\xi)$.

(7) 因为 $\int_a^b f(x)g(x)\,\mathrm{d}x\leqslant\int_a^b|f(x)g(x)|\,\mathrm{d}x$,所以只要证明

$$\int_a^b|f(x)g(x)|\,\mathrm{d}x\leqslant\left[\int_a^b|f(x)|^p\mathrm{d}x\right]^{\frac{1}{p}}\cdot\left[\int_a^b|g(x)|^q\mathrm{d}x\right]^{\frac{1}{q}}.$$

又因为当 $a,b\geqslant0,p>1$ 且 $\frac{1}{p}+\frac{1}{q}=1,ab\leqslant\frac{1}{p}a^p+\frac{1}{q}b^q$ 成立,所以

$$\frac{\int_a^b|f(x)g(x)|\mathrm{d}x}{\left[\int_a^b|f(x)|^p\mathrm{d}x\right]^{\frac{1}{p}}\cdot\left[\int_a^b|g(x)|^q\mathrm{d}x\right]^{\frac{1}{q}}}=\int_a^b\frac{|f(x)|}{\left[\int_a^b|f(x)|^p\mathrm{d}x\right]^{\frac{1}{p}}}\cdot\frac{|g(x)|}{\left[\int_a^b|g(x)|^q\mathrm{d}x\right]^{\frac{1}{q}}}\mathrm{d}x$$

$$\leqslant\int_a^b\left\{\frac{1}{p}\frac{|f(x)|^p}{\left[\int_a^b|f(x)|^p\mathrm{d}x\right]}+\frac{1}{q}\frac{|g(x)|^q}{\left[\int_a^b|g(x)|^q\mathrm{d}x\right]}\right\}\mathrm{d}x$$

$$=\frac{1}{p}\frac{1}{\left[\int_a^b|f(x)|^p\mathrm{d}x\right]}\int_a^b|f(x)|^p\mathrm{d}x+\frac{1}{q}\frac{1}{\left[\int_a^b|g(x)|^q\mathrm{d}x\right]}\int_a^b|g(x)|^q\mathrm{d}x$$

$$=\frac{1}{p}+\frac{1}{q}=1,$$

所以 $\int_a^b|f(x)g(x)|\,\mathrm{d}x\leqslant\left[\int_a^b|f(x)|^p\mathrm{d}x\right]^{\frac{1}{p}}\cdot\left[\int_a^b|g(x)|^q\mathrm{d}x\right]^{\frac{1}{q}}$.

(8) 问题等价于证明方程 $\int_x^1 f(t)\,\mathrm{d}t-xf(x)=0$ 在 $(0,1)$ 内有唯一的实数根. 作辅助函数 $F(x)=x\int_x^1 f(t)\,\mathrm{d}t,0\leqslant x\leqslant1$,则 $F(x)$ 在 $[0,1]$ 上可导,且 $f'(x)=\int_x^1 f(t)\,\mathrm{d}t-xf(x)$. 又因为 $F(0)=F(1)=0$,则至少存在一点 $\xi\in(0,1)$,使得 $f'(\xi)=0$,即 $\xi f(\xi)=\int_\xi^1 f(x)\,\mathrm{d}x$. 进一步有 $f''(x)=-2f(x)-xf'(x)<0,(0<x<1)$,所以 $F'(x)$ 在 $[0,1]$ 上严格单调减少,从而 $F'(x)$ 在 $[0,1]$ 上只有唯一的零点.

(9) 考虑最大值问题:当 $x+y+z=c>0(x,y,z>0)$ 时,求 $u=xyz^3$ 的最大值.

令 $L=xyz^3+\lambda(x+y+z-c)$. 由 $L_x=L_y=L_z=0, x+y+z=c$ 解出 $x_0=y_0=\frac{z_0}{3}=\frac{c}{5}$，于是

$$xyz^3 \leqslant x_0y_0z_0{}^3=27\left(\frac{c}{5}\right)^5=27\left(\frac{x+y+z}{5}\right)^5.$$

(10) 利用函数 $f(x,y)=x^y$ 的三阶泰勒公式，计算 $1.1^{1.02}$ 的近似值.

令 $x_0=1, y_0=1, h=x-1=0.1, k=y-1=0.02$.

$f(1,1)=1, f_x(1,1)=yx^{y-1}|_{(1,1)}=1, f_y(1,1)=x^y\ln y|_{(1,1)}=0$,

$f_{xx}(1,1)=[y(y-1)x^{y-2}]|_{(1,1)}=0, f_{xy}(1,1)=(x^{y-1}+yx^{y-1}\ln x)|_{(1,1)}=1, f_{yy}(1,1)$

$=(x^y\ln^2x)|_{(1,1)}=0$,

$f_{xxx}(1,1)=[y(y-1)(y-2)x^{y-3}]|_{(1,1)}=0, f_{xxy}(1,1)$

$=[(2y-1)x^{y-2}+y(y-1)x^{y-2}\ln x]|_{(1,1)}=1$,

$f_{xyy}(1,1)=(x^{y-1}\ln x+x^{y-1}\ln x+yx^{y-1}\ln^2x)|_{(1,1)}$

$=0, f_{yyy}(1,1)=(x^y\ln^3x)|_{(1,1)}=0$;

所以

$$\begin{aligned} f(x,y) &= f[1+(x-1),1+(y-1)] \\ &= 1+(x-1)+\frac{1}{2!}[2(x-1)(y-1)]+\frac{1}{3!}[3(x-1)^2(y-1)]+R_3 \\ &= 1+(x-1)+(x-1)(y-1)+\frac{1}{2}(x-1)^2(y-1)+R_3. \end{aligned}$$

因此 $1.1^{1.02}\approx 1+0.1+0.1\times 0.02+\frac{0.01\times 0.02}{2}=1.1+0.002+0.0001=1.1021$.

## 2.2 定积分与重积分

### 2.2.1 核心内容提示

(1) 原函数和不定积分的概念.

(2) 不定积分的基本性质、基本积分公式.

(3) 定积分的概念和基本性质、定积分中值定理、变上限定积分确定的函数及其导数、牛顿—莱布尼茨公式.

(4) 不定积分和定积分的换元积分法与分部积分法.

(5) 有理函数、三角函数的有理式和简单无理函数的积分.

(6) 反常积分.

(7) 定积分的应用：平面图形的面积、平面曲线的弧长、旋转体的体积及侧面积、平行截面面积为已知的立体体积、功、引力、压力及函数的平均值.

(8) 二重积分和三重积分的概念及性质、二重积分的计算（直角坐标、极坐标）、三重积分的计算（直角坐标、柱面坐标、球面坐标）.

(9) 重积分的应用（平面图形的面积、立体图形的体积、曲面面积、质量、质心、转动惯量、引力、功及流量等）.

### 2.2.2 典型例题精解

**例 2-11** 计算定积分 $I = \int_{-\pi}^{\pi} \frac{x\sin x \cdot \arctan e^x}{1+\cos^2 x} dx$.

**分析** 定积分的计算,通常是使用微积分基本公式 $\int_a^b f(x)dx = F(x)\big|_a^b = F(b) - F(a)$,其中 $f'(x) = f(x)$,将定积分的计算化为求原函数在定积分上下限函数值的差. 但是有些函数求其原函数并不容易,因此,定积分的计算过程中经常还要用到定积分的性质.

**解答**

$$I = \int_{-\pi}^{0} \frac{x\sin x \cdot \arctan e^x}{1+\cos^2 x}dx + \int_0^{\pi} \frac{x\sin x \cdot \arctan e^x}{1+\cos^2 x}dx$$

$$= \int_0^{\pi} \frac{x\sin x \cdot \arctan e^{-x}}{1+\cos^2 x}dx + \int_0^{\pi} \frac{x\sin x \cdot \arctan e^x}{1+\cos^2 x}dx$$

$$= \int_0^{\pi} (\arctan e^{-x} + \arctan e^x) \frac{x\sin x}{1+\cos^2 x}dx$$

$$= \frac{\pi}{2}\int_0^{\pi} \frac{x\sin x}{1+\cos^2 x}dx = \left(\frac{\pi}{2}\right)^2 \int_0^{\pi} \frac{\sin x}{1+\cos^2 x}dx$$

$$= -\left(\frac{\pi}{2}\right)^2 \arctan(\cos x)\Big|_0^{\pi} = \frac{\pi^3}{8}.$$

**评注** 定积分的计算,一般都是化为不定积分进行计算,求出原函数以后,再使用微积分基本公式进行解决,但在计算过程中,可能会用到定积分的性质以及其他的基本公式. 本题计算过程中,使用到的基本结论有 $\arctan e^{-x} + \arctan e^x = \frac{\pi}{2}$ 及 $f(x)$ 在[0,1]上连续,则有 $\int_0^{\pi} xf(\sin x)dx = \frac{\pi}{2}\int_0^{\pi} f(\sin x)dx$. 类似的题有:

(1) 计算反常积分 $\int_0^{+\infty} \frac{e^{-x^2}}{\left(x^2+\frac{1}{2}\right)^2}dx$.

**提示:** $\int \frac{e^{-x^2}}{\left(x^2+\frac{1}{2}\right)^2}dx = \int \frac{e^{-x^2}}{2x} d\left(\frac{-1}{x^2+\frac{1}{2}}\right)$

$$= \frac{e^{-x^2}}{2x} \cdot \frac{-1}{x^2+\frac{1}{2}} - \int \frac{-1}{x^2+\frac{1}{2}} \cdot d\left(\frac{e^{-x^2}}{2x}\right) = \frac{-e^{-x^2}}{2x\left(x^2+\frac{1}{2}\right)} - \int \frac{-1}{x^2+\frac{1}{2}} \cdot \frac{(-4x^2e^{-x^2} - 2e^{-x^2})}{4x^2}dx$$

$$= \frac{-e^{-x^2}}{2x\left(x^2+\frac{1}{2}\right)} - \int \frac{e^{-x^2}}{x^2}dx = \frac{-e^{-x^2}}{2x\left(x^2+\frac{1}{2}\right)} + \int e^{-x^2}dx\left(\frac{1}{x}\right) = \frac{-e^{-x^2}}{2x\left(x^2+\frac{1}{2}\right)} + \frac{e^{-x^2}}{x} + 2\int e^{-x^2}dx$$

$$= \frac{xe^{-x^2}}{\left(x^2+\frac{1}{2}\right)} + 2\int e^{-x^2}dx.$$

因此 $\int_0^{+\infty} \frac{e^{-x^2}}{\left(x^2+\frac{1}{2}\right)^2}dx = 2\int_0^{+\infty} e^{-x^2}dx = \sqrt{\pi}$.

(2) 计算定积分 $I = \int_0^1 \frac{\ln(1+x)}{1+x^2}dx$.

**提示**:令 $x = \tan\theta$,则有

$$I = \int_0^{\frac{\pi}{4}} \ln(1+\tan\theta)d\theta = \int_0^{\frac{\pi}{4}} \ln(\cos\theta + \sin\theta)d\theta - \int_0^{\frac{\pi}{4}} \ln\cos\theta d\theta = I_1 - I_2,$$

其中 $I_1 = \int_0^{\frac{\pi}{4}} \ln\left[\sqrt{2}\cos\left(\frac{\pi}{4}-\theta\right)\right]d\theta = \frac{\pi}{8}\ln 2 + \int_0^{\frac{\pi}{4}} \ln\cos\left(\frac{\pi}{4}-\theta\right)d\theta$. 令 $\frac{\pi}{4} - \theta = \varphi$,有 $I_1 = \frac{\pi}{8}\ln 2 + I_2$,所以 $I = \frac{\pi}{8}\ln 2$.

(3) 计算定积分 $I = \int_{\frac{\pi}{4}}^{\frac{\pi}{2}} \frac{1+\sin x}{1+\cos x}e^x dx$.

**提示**:$I = \int_{\frac{\pi}{4}}^{\frac{\pi}{2}} \frac{1+2\sin\frac{x}{2}\cos\frac{x}{2}}{2\cos^2\frac{x}{2}}e^x dx = \frac{1}{2}\int_{\frac{\pi}{4}}^{\frac{\pi}{2}} \sec^2\frac{x}{2}\cdot e^x dx + \int_{\frac{\pi}{4}}^{\frac{\pi}{2}} \tan\frac{x}{2}\cdot e^x dx = e^x\tan\frac{x}{2}\Big|_{\frac{\pi}{4}}^{\frac{\pi}{2}} = e^{\frac{\pi}{2}} - e^{\frac{\pi}{4}}\tan\frac{\pi}{8}$.

(4) 计算定积分 $I_{2n} = \int_0^{\frac{\pi}{4}} \tan^{2n}x dx$.

**提示**:$I_{2n} = \int_0^{\frac{\pi}{4}} \frac{\sin^{2n}x}{\cos^{2n}x}dx = \frac{1}{2n-1}\int_0^{\frac{\pi}{4}} \sin^{2n-1}x d\frac{1}{\cos^{2n-1}x}$

$= \frac{1}{2n-1} - \frac{1}{2n-1}\int_0^{\frac{\pi}{4}} \frac{(2n-1)\sin^{2n-2}x\cos x}{\cos^{2n-1}x}dx = \frac{1}{2n-1} - I_{2(n-1)}$,所以

$$I_{2n} = \frac{1}{2n-1} - \frac{1}{2n-3} + \frac{1}{2n-5} - \cdots + (-1)^{n+1} + (-1)^n\frac{\pi}{4}.$$

(5) 计算定积分 $I_n = \int_0^1 x^m(\ln x)^n dx$(其中 $m,n$ 为正整数).

**提示**:$I_n = \frac{1}{m+1}\int_0^1 (\ln x)^n dx^{m+1} = -\frac{n}{m+1}\int_0^1 \frac{x^{m+1}(\ln x)^{n-1}}{x}dx = -\frac{n}{m+1}\int_0^1 x^m(\ln x)^{n-1}dx = -\frac{n}{m+1}I_{n-1}$,

所以 $I_n = (-1)\frac{n}{m+1}I_{n-1} = \cdots = \frac{(-1)^n n!}{(m+1)^n}\int_0^1 x^m dx = \frac{(-1)^n n!}{(m+1)^{n+1}}$.

**例 2-12** 计算极限 $\lim\limits_{n\to\infty}\left[\frac{\sin\frac{\pi}{n}}{n+1} + \frac{\sin\frac{2\pi}{n}}{n+\frac{1}{2}} + \frac{\sin\frac{3\pi}{n}}{n+\frac{1}{3}} + \cdots + \frac{\sin\pi}{n+\frac{1}{n}}\right]$.

**分析** 先用两边夹法则,然后再将不等式两边化成积分和,利用定积分进行计算.

**解答** 由于

$$\frac{\sin\frac{i\pi}{n}}{n+1} < \frac{\sin\frac{i\pi}{n}}{n+\frac{1}{i}} < \frac{\sin\frac{i\pi}{n}}{n},$$

所以 $$\frac{1}{n+1}\sum_{i=1}^{n}\sin\frac{i\pi}{n} < \sum_{i=1}^{n}\frac{\sin\frac{i\pi}{n}}{n+\frac{1}{i}} < \frac{1}{n}\sum_{i=1}^{n}\sin\frac{i\pi}{n}.$$

而 $$\lim_{n\to\infty}\frac{1}{n}\sum_{i=1}^{n}\sin\frac{i\pi}{n} = \int_0^1\sin\pi x\mathrm{d}x = \frac{2}{\pi},\lim_{n\to\infty}\frac{1}{n+1}\sum_{i=1}^{n}\sin\frac{i\pi}{n}$$

$$= \lim_{n\to\infty}\left(\frac{n}{n+1}\cdot\frac{1}{n}\sum_{i=1}^{n}\sin\frac{i\pi}{n}\right) = \int_0^1\sin\pi x\mathrm{d}x = \frac{2}{\pi},$$

于是由两边夹法则知

$$\lim_{n\to\infty}\left[\frac{\sin\frac{\pi}{n}}{n+1}+\frac{\sin\frac{2\pi}{n}}{n+\frac{1}{2}}+\frac{\sin\frac{3\pi}{n}}{n+\frac{1}{3}}+\cdots+\frac{\sin\pi}{n+\frac{1}{n}}\right] = \lim_{n\to\infty}\sum_{i=1}^{n}\frac{\sin\frac{i\pi}{n}}{n+\frac{1}{i}} = \frac{2}{\pi}.$$

**评注** 利用定积分定义计算极限是一种计算极限比较特别的方法. 如果一个极限是 $\lim\limits_{n\to\infty}\sum\limits_{i=1}^{n}f(\xi_i)\cdot\frac{1}{n}$ 这种形式,或者可以化成这种形式,则根据定积分定义有 $\lim\limits_{n\to\infty}\sum\limits_{i=1}^{n}f(\xi_i)\cdot\frac{1}{n} = \int_0^1 f(x)\mathrm{d}x$,从而将极限问题转化为定积分来计算. 类似的题有:

(1) 计算极限 $\lim\limits_{n\to\infty}\frac{1}{n^3}[\sqrt{n^2-1}+2\sqrt{n^2-2^2}+\cdots+(n-1)\sqrt{n^2+(n-1)^2}]$.

**提示:**原式可化为 $\lim\limits_{n\to\infty}\sum\limits_{i=1}^{n}f(\xi_i)\cdot\frac{1}{n}$ 的形式.

$\lim\limits_{n\to\infty}\frac{1}{n^3}[\sqrt{n^2-1}+2\sqrt{n^2-2^2}+\cdots+(n-1)\sqrt{n^2+(n-1)^2}] = \lim\limits_{n\to\infty}\sum\limits_{i=1}^{n}\frac{i}{n}\sqrt{1-\left(\frac{i}{n}\right)^2}\cdot\frac{1}{n}$. 从而化为定积分 $\int_0^1 x\sqrt{1-x^2}\mathrm{d}x = -\frac{1}{3}(1-x^2)^{\frac{3}{2}}\Big|_0^1 = \frac{1}{3}$.

(2) 计算极限 $\lim\limits_{n\to\infty}\frac{1}{n^4}\prod\limits_{i=1}^{2n}(n^2+i^2)^{\frac{1}{n}}$.

**提示:** 令 $A_n = \frac{1}{n^4}\prod\limits_{i=1}^{2n}(n^2+i^2)^{\frac{1}{n}}$, 原式可化为 $\ln A_n = \ln\left[\frac{1}{n^4}\prod\limits_{i=1}^{2n}(n^2+i^2)^{\frac{1}{n}}\right] = \frac{1}{n}\sum\limits_{i=1}^{2n}\ln(n^2+i^2)-\ln n^4 = \frac{1}{n}\sum\limits_{i=1}^{2n}\left[\ln\left(1+\left(\frac{i}{n}\right)^2\right)+2\ln n\right]-\ln n^4 = \frac{1}{n}\sum\limits_{i=1}^{2n}\ln\left(1+\left(\frac{i}{n}\right)^2\right)$, 于是(将区间[0,2]进行 $2n$ 等分) $\lim\limits_{n\to\infty}\ln A_n = \int_0^2\ln(1+x^2)\mathrm{d}x = x\ln(1+x^2)\big|_0^2-\int_0^2\frac{2x^2}{1+x^2}\mathrm{d}x = 2\ln 5-2\int_0^2\left(1-\frac{1}{1+x^2}\right)\mathrm{d}x = 2\ln 5-4+2\arctan 2$, 所以 $\lim\limits_{n\to\infty}A_n = 25\mathrm{e}^{2\arctan 2-4}$.

(3) 计算极限 $\lim\limits_{n\to\infty}\left(\frac{\sqrt{n-1}}{n}+\frac{\sqrt{2n-1}}{2n}+\cdots+\frac{\sqrt{n\cdot n-1}}{n\cdot n}\right)$.

**提示:**令 $A_n = \sum\limits_{k=1}^{n}\frac{\sqrt{nk-1}}{nk}$,一方面,

$\frac{\sqrt{nk-1}}{nk} < \frac{1}{\sqrt{nk}} = \frac{1}{n\sqrt{\frac{k}{n}}}$,另一方面 $\frac{\sqrt{nk-1}}{nk} > \frac{\sqrt{nk-k}}{nk} = \sqrt{\frac{n-1}{n}}\cdot\frac{1}{n\sqrt{\frac{k}{n}}}$,故有

$$\sqrt{\frac{n-1}{n}}\cdot\frac{1}{n}\sum_{k=1}^{n}\frac{1}{\sqrt{\frac{k}{n}}}<A_n=\sum_{k=1}^{n}\frac{\sqrt{nk-1}}{nk}<\frac{1}{n}\sum_{k=1}^{n}\frac{1}{\sqrt{\frac{k}{n}}},\text{所以}\lim_{n\to\infty}A_n=\int_0^1\frac{1}{\sqrt{x}}dx=2.$$

(4) 计算极限$\lim\limits_{n\to\infty}\sum\limits_{j=1}^{n^2}\frac{n}{n^2+j^2}$.

**提示**:令$A_n=\sum\limits_{j=1}^{n^2}\frac{n}{n^2+j^2}$. 一方面,$A_n\leqslant\int_0^{n^2}\frac{dx}{1+x^2}=\arctan n^2\to\frac{\pi}{2},n\to\infty$,另一方面,考虑函数$f(x)=\frac{1}{1+x^2}$在$[0,k](n>k)$上的积分和,得$\sum\limits_{j=1}^{nk}\frac{1}{1+\left(\frac{k}{nk}j\right)^2}\cdot\frac{k}{nk}=\sum\limits_{j=1}^{nk}\frac{n}{n^2+j^2}<A_n$,故

$$\lim_{n\to\infty}A_n\geqslant\int_0^k\frac{dx}{1+x^2}=\arctan k\to\frac{\pi}{2}(k\to\infty),\text{因此}\lim_{n\to\infty}A_n=\frac{\pi}{2}.$$

(5) 计算极限$\lim\limits_{n\to\infty}\frac{1}{n}\left[\sqrt{1+\cos\frac{\pi}{n}}+\sqrt{1+\cos\frac{2\pi}{n}}+\cdots+\sqrt{1+\cos\frac{n\pi}{n}}\right]$.

**提示**:$\lim\limits_{n\to\infty}\frac{1}{n}\left[\sqrt{1+\cos\frac{\pi}{n}}+\sqrt{1+\cos\frac{2\pi}{n}}+\cdots+\sqrt{1+\cos\frac{n\pi}{n}}\right]=\lim\limits_{n\to\infty}\frac{1}{\pi}\left[\sqrt{1+\cos\frac{\pi}{n}}+\sqrt{1+\cos\frac{2\pi}{n}}+\cdots+\sqrt{1+\cos\frac{n\pi}{n}}\right]\cdot\frac{\pi}{n}=\frac{1}{\pi}\int_0^{\pi}\sqrt{1+\cos x}\,dx=\frac{1}{\pi}\int_0^{\pi}\sqrt{2}\cos\cdot\frac{x}{2}dx=\frac{\sqrt{2}}{\pi}\int_0^{\pi}\cos\frac{x}{2}dx=\frac{2\sqrt{2}}{\pi}$.

**例 2 - 13**　计算$I=\int_0^{\frac{\pi}{2}}\frac{f(x)}{\sqrt{x}}dx$,其中$f(x)=\int_{\sqrt{\frac{\pi}{2}}}^{\sqrt{x}}\frac{1}{1+\tan u^2}du$.

**分析**　定积分的计算,通常是使用微积分基本公式$\int_a^b f(x)dx=F(x)\big|_a^b=F(b)-F(a)$,其中$f'(x)=f(x)$,将定积分的计算化为求原函数在定积分上下限函数值的差. 但是在求其原函数时可能会用到求不定积分的分部积分法,同时,定积分的计算过程中经常还要用到定积分的性质.

**解答**　利用分部积分法计算,得

$$I=\int_0^{\frac{\pi}{2}}\frac{f(x)}{\sqrt{x}}dx=2\int_0^{\frac{\pi}{2}}f(x)d\sqrt{x}=2\left[\sqrt{x}f(x)\big|_0^{\frac{\pi}{2}}-\int_0^{\frac{\pi}{2}}\sqrt{x}f'(x)dx\right]=-2\int_0^{\frac{\pi}{2}}\sqrt{x}f'(x)dx,$$

而$f'(x)=\frac{1}{1+\tan x}\cdot\frac{1}{2\sqrt{x}}$,因此$I=-\int_0^{\frac{\pi}{2}}\frac{1}{1+\tan x}dx=-\frac{\pi}{4}$.

**评注**　本题巧妙地利用了分部积分法,将定积分的计算化成了求原函数在定积分上下限函数值的差,计算过程中使用到了$\int_0^{\frac{\pi}{2}}\frac{1}{1+\tan x}dx=\frac{\pi}{4}$. 关于这个结果推导如下:$\int_0^{\frac{\pi}{2}}\frac{1}{1+\tan x}dx=\int_0^{\frac{\pi}{2}}\frac{\cos x}{\cos x+\sin x}dx$,记$I_1=\int_0^{\frac{\pi}{2}}\frac{\cos x}{\cos x+\sin x}dx$,$I_2=\int_0^{\frac{\pi}{2}}\frac{\sin x}{\cos x+\sin x}dx$,则

$$I_1+I_2=\int_0^{\frac{\pi}{2}}dx=\frac{\pi}{2},\quad I_1-I_2=\int_0^{\frac{\pi}{2}}\frac{\cos x-\sin x}{\sin x+\cos x}dx=\ln(\sin x+\cos x)\big|_0^{\frac{\pi}{2}}=0,$$

故 $I_1=I_2=\frac{\pi}{4}$，所以$\int_0^{\frac{\pi}{2}}\frac{1}{1+\tan x}\mathrm{d}x=I_1=\frac{\pi}{4}$. 类似的题有：

（1）计算积分 $I=\int_0^1 f(x)\mathrm{d}x$，其中 $f(x)=\int_x^{\sqrt{x}}\frac{\sin t}{t}\mathrm{d}t$.

**提示：**令 $I=\int_0^1 f(x)\mathrm{d}x=xf(x)\big|_0^1-\int_0^1 xf'(x)\mathrm{d}x$，而 $f'(x)=\frac{\sin\sqrt{x}}{\sqrt{x}}\cdot\frac{1}{2\sqrt{x}}-\frac{\sin x}{x}$，所以 $I=\int_0^1 f(x)\mathrm{d}x=-\int_0^1 x\left(\frac{\sin\sqrt{x}}{\sqrt{x}}\cdot\frac{1}{2\sqrt{x}}-\frac{\sin x}{x}\right)\mathrm{d}x=-\int_0^1\left(\frac{1}{2}\sin\sqrt{x}-\sin x\right)\mathrm{d}x=-\int_0^1\frac{1}{2}\sin\sqrt{x}\mathrm{d}x+\int_0^1\sin x\mathrm{d}x=-\int_0^1\frac{1}{2}\sin\sqrt{x}\mathrm{d}(\sqrt{x})^2+(-\cos x)\big|_0^1=-\int_0^1\frac{1}{2}\sin t\mathrm{d}(t^2)+(-\cos x)\big|_0^1=-\int_0^1 t\sin t\mathrm{d}t+1-\cos 1=\int_0^1 t\mathrm{d}(\cos t)+1-\cos 1=(t\cos t-\sin t)\big|_0^1+1-\cos 1=\cos 1-\sin 1+1-\cos 1=1-\sin 1$.

（2）计算积分$\int_0^{\frac{\pi}{2}}\frac{\sin(2n+1)\theta}{\sin\theta}\mathrm{d}\theta$，其中 $n$ 是正整数.

**提示：**由恒等式 $\sin n\theta-\sin(n-2)\theta=2\sin\theta\cos(n-1)\theta$，得 $\sin n\theta=2\sin\theta\cos(n-1)\theta+\sin(n-2)\theta$，故有 $I_n=\int_0^{\frac{\pi}{2}}\frac{\sin(2n+1)\theta}{\sin\theta}\mathrm{d}\theta=2\int_0^{\frac{\pi}{2}}\cos 2n\theta\mathrm{d}\theta+\int_0^{\frac{\pi}{2}}\frac{\sin(2n-1)\theta}{\sin\theta}\mathrm{d}\theta=I_{n-1}=\cdots=I_0=\frac{\pi}{2}$.

（3）计算积分$\int_0^{\pi}\frac{x|\sin x\cos x|}{1+\sin^4 x}\mathrm{d}x$.

**提示：**由公式$\int_0^{\pi}xf(\sin x)\mathrm{d}x=\frac{\pi}{2}\int_0^{\pi}f(\sin x)\mathrm{d}x$，得$\int_0^{\pi}\frac{x|\sin x\cos x|}{1+\sin^4 x}\mathrm{d}x=\frac{\pi}{2}\int_0^{\pi}\frac{|\sin x\cos x|}{1+\sin^4 x}\mathrm{d}x=\frac{\pi}{2}\int_0^{\frac{\pi}{2}}\frac{\sin x\cos x}{1+\sin^4 x}\mathrm{d}x-\frac{\pi}{2}\int_{\frac{\pi}{2}}^{\pi}\frac{\sin x\cos x}{1+\sin^4 x}\mathrm{d}x=\frac{\pi}{4}\int_0^{\frac{\pi}{2}}\frac{\mathrm{d}(\sin^2 x)}{1+(\sin^2 x)^2}-\frac{\pi}{4}\int_{\frac{\pi}{2}}^{\pi}\frac{\mathrm{d}(\sin^2 x)}{1+(\sin^2 x)^2}=\frac{\pi}{4}\arctan(\sin^2 x)\Big|_0^{\frac{\pi}{2}}-\frac{\pi}{4}\arctan(\sin^2 x)\Big|_{\frac{\pi}{2}}^{\pi}=\frac{\pi^2}{8}$.

（4）计算$\int_0^{\frac{\pi}{2}}\frac{\sin^3 x}{\sin x+\cos x}\mathrm{d}x$.

**提示：**令 $x=\frac{\pi}{2}-t$，$\int_0^{\frac{\pi}{2}}\frac{\sin^3 x}{\sin x+\cos x}\mathrm{d}x=-\int_{\frac{\pi}{2}}^{0}\frac{\cos^3 t}{\sin t+\cos t}\mathrm{d}t=\int_0^{\frac{\pi}{2}}\frac{\cos^3 x}{\sin x+\cos x}\mathrm{d}x$，设 $a=\int_0^{\frac{\pi}{2}}\frac{\sin^3 x}{\sin x+\cos x}\mathrm{d}x$，则 $2a=\int_0^{\frac{\pi}{2}}\frac{\sin^3 x}{\sin x+\cos x}\mathrm{d}x+\int_0^{\frac{\pi}{2}}\frac{\cos^3 x}{\sin x+\cos x}\mathrm{d}x=\int_0^{\frac{\pi}{2}}\frac{\sin^3 x+\cos^3 x}{\sin x+\cos x}\mathrm{d}x=\int_0^{\frac{\pi}{2}}\left(1-\frac{1}{2}\sin 2x\right)\mathrm{d}x=\frac{\pi-1}{2}$.

（5）计算积分$\int_0^{\frac{\pi}{4}}\ln(1+\tan x)\mathrm{d}x$.

**提示：**令 $x=\frac{\pi}{4}-t$，则 $\mathrm{d}x=-\mathrm{d}t$，$\int_0^{\frac{\pi}{4}}\ln(1+\tan x)\mathrm{d}x=-\int_{\frac{\pi}{4}}^{0}\ln\left[1+\tan\left(\frac{\pi}{4}-t\right)\right]\mathrm{d}t=$

$-\int_{\frac{\pi}{4}}^{0}\ln\left(1+\frac{1-\tan t}{1+\tan t}\right)dt=\int_{0}^{\frac{\pi}{4}}\ln\frac{2}{1+\tan t}dt=\frac{\pi}{4}\ln 2-\int_{0}^{\frac{\pi}{4}}\ln(1+\tan t)dt$，所以，原式 $=\frac{\pi}{8}\ln 2$.

**例 2-14** 计算 $I=\int_{-\frac{\pi}{4}}^{\frac{\pi}{4}}\frac{1}{1+\sin x}dx$.

**分析** 利用变量代换 $t=-x$，得 $\int_{-a}^{0}f(x)dx=\int_{0}^{a}f(-x)dx$，从而有 $\int_{-a}^{a}f(x)dx=\int_{-a}^{0}f(x)dx+\int_{0}^{a}f(x)dx=\int_{0}^{a}f(-x)dx+\int_{0}^{a}f(x)dx=\int_{0}^{a}[f(-x)+f(x)]dx$.

**解答** $I=\int_{-\frac{\pi}{4}}^{\frac{\pi}{4}}\frac{1}{1+\sin x}dx=\int_{0}^{\frac{\pi}{4}}\left(\frac{1}{1+\sin x}+\frac{1}{1-\sin x}\right)dx=\int_{0}^{\frac{\pi}{4}}\frac{2}{\cos^2 x}dx=2\tan x\Big|_{0}^{\frac{\pi}{4}}=2$.

**评注** 本题巧妙地应用了公式 $\int_{-a}^{a}f(x)dx=\int_{-a}^{0}f(x)dx+\int_{0}^{a}f(x)dx=\int_{0}^{a}[f(-x)+f(x)]dx$，使问题迎刃而解. 由此公式还可以推出：当 $f(x)$ 为奇函数时 $\int_{-a}^{a}f(x)dx=0$，当 $f(x)$ 为偶函数时 $\int_{-a}^{a}f(x)dx=2\int_{0}^{a}f(x)dx$. 即使 $f(x)$ 不是奇函数或偶函数，只要 $f(x)+f(-x)$ 比 $f(x)$ 更容易积分，就可以利用公式 $\int_{-a}^{a}f(x)dx==\int_{0}^{a}[f(-x)+f(x)]dx$. 本题也可用凑微分法，$I=\int_{-\frac{\pi}{4}}^{\frac{\pi}{4}}\frac{1-\sin x}{1-\sin^2 x}dx=\int_{-\frac{\pi}{4}}^{\frac{\pi}{4}}\frac{1-\sin x}{\cos^2 x}dx=\int_{0}^{\frac{\pi}{4}}\frac{1}{\cos^2 x}dx=2\tan x\Big|_{0}^{\frac{\pi}{4}}=2$. 或者使用万能代换也能得出结果，令 $t=\tan\frac{x}{2}$，$I=\int_{-\frac{\pi}{4}}^{\frac{\pi}{4}}\frac{1}{1+\sin x}dx=-\frac{2}{1+t}\Big|_{-\tan\frac{\pi}{8}}^{\tan\frac{\pi}{8}}=2$. 类似的题有：

(1) 计算积分 $I=\int_{0}^{1}x(1-x)^n dx$.

**提示**：显然，被积函数为 $x^n(1-x)$ 时对解题更有利，因此可利用公式 $\int_{0}^{a}f(x)dx=\int_{0}^{a}f(a-x)dx$ 的一个推论：$\int_{0}^{1}f(x,1-x)dx=\int_{0}^{1}f(1-x,x)dx$. $I=\int_{0}^{1}x(1-x)^n dx=\int_{0}^{1}x^n(1-x)dx=\int_{0}^{1}(x^n-x^{n+1})dx=\frac{1}{n+1}-\frac{1}{n+2}$.

(2) 计算积分 $I=\int_{0}^{\frac{\pi}{2}}\frac{\sin x}{\sin x+\cos x}dx$.

**提示**：利用公式 $\int_{0}^{a}f(x)dx=\int_{0}^{a}f(a-x)dx$ 等价于公式 $\int_{0}^{a}f(x)dx=\frac{1}{2}\int_{0}^{a}[f(x)+f(a-x)]dx$，若 $f(x)+f(a-x)$ 比 $f(x)$ 简单，这个公式就可以派上用场. $I=\int_{0}^{\frac{\pi}{2}}\frac{\sin x}{\sin x+\cos x}dx=\frac{1}{2}\int_{0}^{\frac{\pi}{2}}\left(\frac{\sin x}{\sin x+\cos x}+\frac{\cos x}{\cos x+\sin x}\right)dx=\frac{1}{2}\int_{0}^{\frac{\pi}{2}}dx=\frac{\pi}{4}$.

(3) 计算积分 $I=\int_{0}^{a}\left[\frac{f(x)}{f(x)+f(a-x)}\right]dx$.

**提示**：由公式 $\int_{0}^{a}f(x)dx=\frac{1}{2}\int_{0}^{a}[f(x)+f(a-x)]dx$，得 $I=\int_{0}^{a}\left[\frac{f(x)}{f(x)+f(a-x)}\right]dx=$

$\frac{1}{2}\int_0^a\left[\frac{f(x)}{f(x)+f(a-x)}+\frac{f(a-x)}{f(a-x)+f(x)}\right]\mathrm{d}x=\frac{a}{2}$.

(4) 计算积分 $I=\int_0^a\frac{1}{x+\sqrt{a^2-x^2}}\mathrm{d}x(a>0)$.

**提示**：令 $x=a\sin t$, $I=\int_0^{\frac{\pi}{2}}\frac{\cos t}{\sin t+\cos t}\mathrm{d}t$，由公式 $\int_0^a f(x)\mathrm{d}x=\frac{1}{2}\int_0^a[f(x)+f(a-x)]\mathrm{d}x$，得 $I=\frac{1}{2}\int_0^{\frac{\pi}{2}}\left(\frac{\cos t}{\sin t+\cos t}+\frac{\sin t}{\cos t+\sin t}\right)\mathrm{d}t=\frac{\pi}{4}$.

(5) 计算 $I=\int_0^{\frac{\pi}{2}}\ln(1+\tan x)\mathrm{d}x$.

**提示**：由 $\int_0^a f(x)\mathrm{d}x=\frac{1}{2}\int_0^a[f(x)+f(a-x)]\mathrm{d}x$，可得 $I=\int_0^{\frac{\pi}{2}}\ln(1+\tan x)\mathrm{d}x=\frac{1}{2}\int_0^{\frac{\pi}{2}}\left\{\ln(1+\tan x)+\ln\left[1+\tan\left(\frac{\pi}{2}-x\right)\right]\right\}\mathrm{d}x=\frac{1}{2}\int_0^{\frac{\pi}{4}}\ln 2\mathrm{d}x=\frac{\pi}{8}\ln 2$. 类似的有 $\int_0^{\frac{\pi}{2}}\ln\tan x\mathrm{d}x=0$，$\int_0^1\frac{\ln(1+x)}{1+x^2}\mathrm{d}x=\frac{\pi}{8}\ln 2$（令 $x=\tan t$）

**例 2-15** 已知 $f(x)=-f(2-x)$，求 $I=\int_0^{\pi}f(1+\cos x)\mathrm{d}x(a>0)$.

**分析** 由于没有直接告诉 $f(x)$ 的表达式，因此不可能直接计算出积分的值，但是由于已知 $f(x)=-f(2-x)$，因此 $f(1+\cos x)=-f(1-\cos x)$，即 $f(1+\cos x)+f(1-\cos x)=0$，可用 $\int_0^a f(x)\mathrm{d}x=\frac{1}{2}\int_0^a[f(x)+f(a-x)]\mathrm{d}x$.

**解答**
$$I=\int_0^{\pi}f(1+\cos x)\mathrm{d}x=\frac{1}{2}\int_0^{\pi}\{f(1+\cos x)+f[1+\cos(\pi-)]\}\mathrm{d}x$$
$$=\frac{1}{2}\int_0^{\pi}[f(1+\cos x)+f(1-\cos x)]\mathrm{d}x=0.$$

**评注** 如果指望 $f(x)+f(a-x)$ 恒等于常数还有点过份的话，那么要 $f(x)+f(a-x)$ 较易积分就不完全是一种奢望了. 类似的例子有：

(1) 计算积分 $I=\int_0^{\pi}\frac{x\sin x}{1+\cos^2 x}\mathrm{d}x$.

**提示**：由公式：$\int_0^a f(x)\mathrm{d}x=\frac{1}{2}\int_0^a[f(x)+f(a-x)]\mathrm{d}x$，得 $I=\int_0^{\pi}\frac{x\sin x}{1+\cos^2 x}\mathrm{d}x=\frac{1}{2}\int_0^{\pi}\left[\frac{x\sin x}{1+\cos^2 x}+\frac{(\pi-)\sin x}{1+\cos^2 x}\right]\mathrm{d}x=\frac{\pi}{2}\int_0^{\pi}\frac{\sin x}{1+\cos^2 x}\mathrm{d}x=\frac{\pi^2}{4}$.

(2) 设 $f(a-x)=f(x)$，证明 $\int_0^a xf(x)\mathrm{d}x=\frac{a}{2}\int_0^a f(x)\mathrm{d}x$.

**提示**：令 $x=a-t$，则 $\int_0^a xf(x)\mathrm{d}x=-\int_a^0(a-t)f(a-t)\mathrm{d}t=\int_0^a[af(a-t)-tf(a-t)]\mathrm{d}t=\int_0^a[af(t)-tf(t)]\mathrm{d}t=a\int_0^a f(t)\mathrm{d}t-t\int_0^a f(t)\mathrm{d}t$，所以 $\int_0^a xf(x)\mathrm{d}x=\frac{a}{2}\int_0^a f(x)\mathrm{d}x$. 公式 $\int_0^{\pi}xf(\sin x)\mathrm{d}x=\frac{\pi}{2}\int_0^{\pi}f(\sin x)\mathrm{d}x$ 只是这里的特例.

(3) 计算积分 $I=\int_0^1\frac{\arcsin\sqrt{x}}{\sqrt{x(1-x)}}\mathrm{d}x$.

**提示**:$\arcsin t+\arcsin\sqrt{1-t^2}=\frac{\pi}{2}$,$I=\frac{1}{2}\int_0^1\frac{\arcsin\sqrt{x}+\arcsin\sqrt{1-x}}{\sqrt{x(1-x)}}\mathrm{d}x=\frac{\pi}{4}\int_0^1\frac{1}{\sqrt{x(1-x)}}\mathrm{d}x=\frac{\pi^2}{4}$. 进一步可以考虑更一般的问题:若 $f(x)=f(a-x)$,$g(x)+g(a-x)\equiv c$($c$ 为常数),如何计算$\int_0^a f(x)g(x)\mathrm{d}x$

(4) 计算积分 $I=\int_0^\pi\frac{q-\cos x}{1-2q\cos x+q^2}\mathrm{d}x(|q|\neq 1)$.

**提示**:由公式$\int_0^a f(x)\mathrm{d}x=\frac{1}{2}\int_0^a[f(x)+f(a-x)]\mathrm{d}x$,得

$$I=\frac{1}{2}\int_0^\pi\left(\frac{q-\cos x}{1-2q\cos x+q^2}+\frac{q+\cos x}{1+2q\cos x+q^2}\right)\mathrm{d}x=2q\int_0^{\frac{\pi}{2}}\frac{1+q^2-2\cos^2x}{(1+q^2)^2-4q^2\cos^2x}\mathrm{d}x(\text{令 }t=\tan x)$$

$$=2q\int_0^{+\infty}\frac{(1+q^2)(1+t^2)-2}{(1+q^2)^2(1+t^2)-4q^2}\cdot\frac{\mathrm{d}t}{1+t^2}=2q\int_0^{+\infty}\frac{(q^2-1)+(1+q^2)t^2}{(1-q^2)^2+(1+q^2)t^2}\cdot\frac{\mathrm{d}t}{1+t^2}=2q\int_0^{+\infty}$$

$$\frac{\left[\left(\frac{q^2-1}{q^2+1}\right)+t^2\right]\cdot\frac{1}{q^2+1}}{\left(\frac{q^2-1}{q^2+1}\right)^2+t^2}\cdot\frac{\mathrm{d}t}{1+t^2}=\frac{1}{q}\int_0^{+\infty}\frac{\left[\left(\frac{q^2-1}{q^2+1}\right)+t^2\right]\cdot\frac{2q^2}{q^2+1}}{\left(\frac{q^2-1}{q^2+1}\right)^2+t^2}\cdot\frac{\mathrm{d}t}{1+t^2}=\frac{1}{q}\int_0^{+\infty}$$

$$\frac{\left[\left(\frac{q^2-1}{q^2+1}\right)+t^2\right]\cdot\frac{2q^2-1+1}{q^2+1}}{\left(\frac{q^2-1}{q^2+1}\right)^2+t^2}\cdot\frac{\mathrm{d}t}{1+t^2}=\frac{1}{q}\int_0^{+\infty}\frac{\left[\left(\frac{q^2-1}{q^2+1}\right)+t^2\right]\cdot\frac{(q^2-1)+(q^2+1)}{q^2+1}}{\left(\frac{q^2-1}{q^2+1}\right)^2+t^2}\cdot\frac{\mathrm{d}t}{1+t^2}$$

$$=\frac{1}{q}\int_0^{+\infty}\frac{\left[\left(\frac{q^2-1}{q^2+1}\right)+t^2\right]\cdot\left(\frac{q^2-1}{q^2+1}+1\right)}{\left(\frac{q^2-1}{q^2+1}\right)^2+t^2}\cdot\frac{\mathrm{d}t}{1+t^2}\left(\text{令 }a=\frac{q^2-1}{q^2+1}\right)=\frac{1}{q}\int_0^{+\infty}\frac{(a+t^2)\cdot(a+1)}{a^2+t^2}\cdot$$

$$\frac{\mathrm{d}t}{1+t^2}=\frac{1}{q}\int_0^{+\infty}\frac{a^2+a+t^2a+t^2}{a^2+t^2}\cdot\frac{\mathrm{d}t}{1+t^2}=\frac{1}{q}\int_0^{+\infty}\frac{a^2+t^2+a(1+t^2)}{(a^2+t^2)\cdot(1+t^2)}\mathrm{d}t=\frac{1}{q}$$

$$\int_0^{+\infty}\left(\frac{1}{1+t^2}+\frac{a}{a^2+t^2}\right)\mathrm{d}t=\frac{1}{q}\left(\arctan t+\arctan\frac{t}{a}\right)\Big|_0^{+\infty}=\frac{\pi}{2q}\left(1+\frac{q^2-1}{|q^2-1|}\right).$$ 此题用到结论:当 $f(a-x)=f(x)$ 时,$\int_0^a f(x)\mathrm{d}x=2\int_0^{\frac{a}{2}}f(x)\mathrm{d}x$.

(5) 计算积分 $I=\int_0^{2\pi}\frac{1}{2+\cos x}\mathrm{d}x$.

**提示**:由结论 $f(a-x)=f(x)$ 时,$\int_0^a f(x)\mathrm{d}x=2\int_0^{\frac{a}{2}}f(x)\mathrm{d}x$,得 $I=\int_0^{2\pi}\frac{1}{2+\cos x}\mathrm{d}x=2\int_0^\pi\frac{1}{2+\cos x}\mathrm{d}x=\int_0^\pi\left(\frac{1}{2+\cos x}+\frac{1}{2-\cos x}\right)\mathrm{d}x=4\int_0^\pi\frac{\mathrm{d}x}{4-\cos^2x}=8\int_0^{\frac{\pi}{2}}\frac{\mathrm{d}x}{3+\sin^2x}$

$$=8\int_0^{\frac{\pi}{2}}\frac{\sec^2x\mathrm{d}x}{3\sec^2x+\tan^2x}=8\int_0^{\frac{\pi}{2}}\frac{\sec^2x\mathrm{d}x}{4\tan^2x+3}=4\int_0^{\frac{\pi}{2}}\frac{\mathrm{d}(2\tan x)}{(2\tan x)^2+3}$$

$= \frac{4}{\sqrt{3}}\arctan\left(\frac{2\tan x}{\sqrt{3}}\right)\Big|_0^{\frac{\pi}{2}} = \frac{2\pi}{\sqrt{3}}$. 用类似的方法可以求出 $J = \int_0^{\pi}\ln\sin x\mathrm{d}x = 2\int_0^{\frac{\pi}{2}}\ln\sin x\mathrm{d}x$

$= \int_0^{\frac{\pi}{2}}\ln(\sin x\cos x)\mathrm{d}x = \int_0^{\frac{\pi}{2}}\ln\sin 2x\mathrm{d}x - \frac{\pi}{2}\ln 2 = \frac{J}{2} - \frac{\pi}{2}\ln 2$，由此解出 $J = -\pi\ln 2$.

**例 2-16** 计算积分 $I = \int_0^{\infty}\frac{1}{1+x^4}\mathrm{d}x$.

**分析** 这是有理分式函数积分，一般求解方法需要将有理分式函数写成部分分式的和，计算往往比较麻烦. 假若有其他特殊方法，我们不主张使用一般方法. 若令 $t = x^{-1}$，得 $\int_{\frac{1}{a}}^{1}f(x)\mathrm{d}x = \int_1^a x^{-2}\cdot f(x^{-1})\mathrm{d}x$，从而 $\int_{\frac{1}{a}}^{a}f(x)\mathrm{d}x = \int_{\frac{1}{a}}^{1}f(x)\mathrm{d}x + \int_1^a f(x)\mathrm{d}x$

$= \int_1^a[f(x) + x^{-2}\cdot f(x^{-1})]\mathrm{d}x$，或者 $\int_{\frac{1}{a}}^{a}f(x)\mathrm{d}x = \frac{1}{2}\int_{\frac{1}{a}}^{a}[f(x) + x^{-2}f(x^{-1})]\mathrm{d}x$. 特别用到当 $a = \infty$ 时，$\int_0^{\infty}f(x)\mathrm{d}x = \frac{1}{2}\int_0^{\infty}[f(x) + x^{-2}f(x^{-1})]\mathrm{d}x$，也许 $f(x) + x^{-2}f(x^{-1})$ 比 $f(x)$ 更易积分.

**解答** $I = \int_0^{\infty}\frac{1}{1+x^4}\mathrm{d}x = \frac{1}{2}\int_0^{\infty}\left[\frac{1}{1+x^4} + \frac{1}{x^2(1+x^{-4})}\right]\mathrm{d}x =$

$\frac{1}{2}\int_0^{\infty}\left[\frac{x^{-2}}{x^{-2}+x^2} + \frac{1}{x^2(1+x^{-4})}\right]\mathrm{d}x = \frac{1}{2}\int_0^{\infty}\frac{x^{-2}+1}{x^{-2}+x^2}\mathrm{d}x = \frac{1}{2}\int_0^{\infty}\frac{\mathrm{d}(x-x^{-1})}{(x-x^{-1})^2+2} =$

$\frac{1}{2\sqrt{2}}\arctan\frac{(x-x^{-1})}{\sqrt{2}}\Big|_0^{\infty} = \frac{\pi}{2\sqrt{2}}$.

**评注** 本题巧妙地应用了积分公式 $\int_0^{\infty}f(x)\mathrm{d}x = \frac{1}{2}\int_0^{\infty}[f(x) + x^{-2}f(x^{-1})]\mathrm{d}x$，使问题得到解决. 实际上，也可以这样计算：$I = \int_0^{\infty}\frac{1}{1+x^4}\mathrm{d}x = \frac{1}{2}\int_0^{\infty}\frac{2}{1+x^4}\mathrm{d}x = \frac{1}{2}\int_0^{\infty}\frac{(1+x^2)+(1-x^2)}{1+x^4}\mathrm{d}x = \frac{1}{2}\left[\int_0^{\infty}\frac{(1+x^2)}{1+x^4}\mathrm{d}x + \int_0^{\infty}\frac{(1-x^2)}{1+x^4}\mathrm{d}x\right]$

$$= \frac{1}{2}\left[\int_0^{\infty}\frac{\left(\frac{1}{x^2}+1\right)}{\frac{1}{x^2}+x^2}\mathrm{d}x + \int_0^{\infty}\frac{\left(\frac{1}{x^2}-1\right)}{\frac{1}{x^2}+x^2}\mathrm{d}x\right] = \frac{1}{2}\left[\int_0^{\infty}\frac{\mathrm{d}\left(x-\frac{1}{x}\right)}{\left(x-\frac{1}{x}\right)^2+2} - \int_0^{\infty}\frac{\mathrm{d}\left(x+\frac{1}{x}\right)}{\left(x+\frac{1}{x}\right)^2-2}\right]$$

$$= \frac{1}{2}\left(\frac{1}{\sqrt{2}}\arctan\frac{x^2-1}{\sqrt{2}x}\Big|_0^{\infty} - \frac{1}{2\sqrt{2}}\ln\left|\frac{x+\sqrt{2}}{x-\sqrt{2}}\right|\Big|_0^{\infty}\right) = \frac{\pi}{2\sqrt{2}}.$$

在公式 $\int_{\frac{1}{a}}^{a}f(x)\mathrm{d}x = \frac{1}{2}\int_{\frac{1}{a}}^{a}[f(x) + x^{-2}f(x^{-1})]\mathrm{d}x$ 中，若 $f(x) = -x^{-2}f(x^{-1})$，则有 $\int_{\frac{1}{a}}^{a}f(x)\mathrm{d}x = 0$. 这与奇函数在对称区间上积分值为零类似，同理，若 $f(x) = x^{-2}f(x^{-1})$，则有公式 $\int_{\frac{1}{a}}^{a}f(x)\mathrm{d}x = 2\int_{\frac{1}{a}}^{1}f(x)\mathrm{d}x = 2\int_1^a f(x)\mathrm{d}x$. 这与偶函数在对称区间上积分计算公式类似. 综合起来，有如下一般的结论：

设 $\varphi(x)$ $(a \leqslant x \leqslant b)$ 是严格减的连续可微函数，$\varphi(a) = b$，$\varphi(b) = a$，$f(x)$ 在 $[a, b]$ 上连续，则有

$$\int_a^b f(x)\mathrm{d}x = \frac{1}{2}\int_a^b [f(x) - \varphi'(x)f(\varphi(x))]\mathrm{d}x.$$

在上面的公式中分别取 $\varphi(x) = -x, \varphi(x) = a - x, \varphi(x) = x^{-1}$ 就可以分别得到我们前面用过的公式. 当然 $\varphi(x)$ 还有其他选择，如取 $\varphi(x) = x^{-n}, \varphi(x) = \sqrt{a-x}$，等等. 有了这些公式，下面的几道题将会迎刃而解.

(1) 计算积分 $I = \int_0^{\infty}(1 + x^3)^{-1}\mathrm{d}x$.

**提示**：由结论 $\int_0^{\infty} f(x)\mathrm{d}x = \frac{1}{2}\int_0^{\infty}[f(x) + x^{-2}f(x^{-1})]\mathrm{d}x$，得 $I = \int_0^{\infty}(1 + x^3)^{-1}\mathrm{d}x = \frac{1}{2}\int_0^{\infty}(x^2 - x + 1)^{-1}\mathrm{d}x = \frac{2\pi}{3\sqrt{3}}$.

(2) 计算积分 $\int_0^{\infty} x^2(x^4 - x^2 + 1)^{-1}\mathrm{d}x$. $I = \int_0^{\infty}(1 + x^3)^{-1}\mathrm{d}x$.

**提示**：由 $\int_0^{\infty} f(x)\mathrm{d}x = \frac{1}{2}\int_0^{\infty}[f(x) + x^{-2}f(x^{-1})]\mathrm{d}x$ 可得出结果 $\frac{\pi}{2}$.

(3) 计算积分 $\int_0^{\infty}(x^2 + 1)^{-2}\mathrm{d}x$.

**提示**：由 $\int_0^{\infty} f(x)\mathrm{d}x = \frac{1}{2}\int_0^{\infty}[f(x) + x^{-2}f(x^{-1})]\mathrm{d}x$ 可得出结果 $\frac{\pi}{4}$.

(4) 计算积分 $\int_0^{\infty} x(1 + x^2)^{-2}\ln x\mathrm{d}x$.

**提示**：由 $\int_0^{\infty} f(x)\mathrm{d}x = \frac{1}{2}\int_0^{\infty}[f(x) + x^{-2}f(x^{-1})]\mathrm{d}x$ 可得出结果 0.

(5) 计算积分 $I = \int_0^{\infty} x^{-2}\mathrm{e}^{(-x^2-x^{-2})}\mathrm{d}x$.

**提示**：由 $\int_0^{\infty} f(x)\mathrm{d}x = \frac{1}{2}\int_0^{\infty}[f(x) + x^{-2}f(x^{-1})]\mathrm{d}x$，得 $I = \int_0^{\infty} x^{-2}\mathrm{e}^{(-x^2-x^{-2})}\mathrm{d}x = \frac{1}{2}\int_0^{\infty}(1 + x^{-2})\mathrm{e}^{(-x^2-x^{-2})}\mathrm{d}x$)(令 $t = x - x^{-1}$) $= \frac{1}{2\mathrm{e}^2}\int_{-\infty}^{\infty}\mathrm{e}^{-t^2}\mathrm{d}t = \frac{\sqrt{\pi}}{2\mathrm{e}^2}$.

**例 2－17** 设 $f(x), g(x)$ 都是 $[0,a]$ 上的连续函数，且对任意 $x \in [0,a]$，恒有

$$f(x) = f(a-x), g(x) + g(a-x) = k,$$

其中 $k$ 为常数，证明：$\int_0^a f(x)g(x)\mathrm{d}x = \frac{k}{2}\int_0^a f(x)\mathrm{d}x$.

**分析** 由于 $f(x) = f(a-x), g(x) + g(a-x) = k$，可考虑使用定积分换元法进行证明，同时，本题的结论可以作为定积分计算公式使用.

**证明** 令 $x = a - u$，则

$\int_0^a f(x)g(x)\mathrm{d}x = \int_0^a f(a-u)g(a-u)\mathrm{d}u = \int_0^a f(u)[k - g(u)]\mathrm{d}u = k\int_0^a f(u)\mathrm{d}u - \int_0^a f(u)g(u)\mathrm{d}u = = k\int_0^a f(x)\mathrm{d}x - \int_0^a f(x)g(x)\mathrm{d}x$.

整理即得结论 $\int_0^a f(x)g(x)\mathrm{d}x = \frac{k}{2}\int_0^a f(x)\mathrm{d}x$.

**评注** 使用定积分换元法进行证明，换元后又出现原积分的形式，移项合并后可得出所

要的结果. 应注意的是,有的题可能还会用到定积分的分部积分法等. 类似的题还有:

(1) 设 $f''(x)$ 在 $[0,1]$ 上连续,且 $f(0)=f(1)=0$,求证:

① $\int_0^1 f(x)\mathrm{d}x=\frac{1}{2}\int_0^1 x(x-1)f''(x)\mathrm{d}x$;② $\left|\int_0^1 f(x)\mathrm{d}x\right|\leqslant\frac{1}{12}\max\limits_{0\leqslant x\leqslant 1}|f''(x)|$.

**提示:**① $\frac{1}{2}\int_0^1 x(x-1)f''(x)\mathrm{d}x=\frac{1}{2}\int_0^1 x(x-1)\mathrm{d}f'(x)=\frac{1}{2}x(x-1)f'(x)\Big|_0^1-\frac{1}{2}\int_0^1 f'(x)(2x-1)\mathrm{d}x=-\frac{1}{2}\int_0^1(2x-1)\mathrm{d}f'(x)=-\frac{1}{2}(2x-1)f(x)\Big|_0^1+\int_0^1 f(x)\mathrm{d}x$.

由条件 $f(0)=f(1)=0$ 知结论成立.

②记 $M=\max\limits_{0\leqslant x\leqslant 1}|f''(x)|$,则由(1)有

$$\left|\int_0^1 f(x)\mathrm{d}x\right|\leqslant\frac{M}{2}\int_0^1 x(1-x)\mathrm{d}x=\frac{M}{2}\left(\frac{1}{2}-\frac{1}{3}\right)=\frac{M}{12}.$$

(2) 设 $f(x)$ 在 $[-l,l]$ 上连续,在 $x=0$ 处可导,且 $f'(0)\neq 0$.

① 求证:任意 $x\in[0,l]$,存在 $\theta\in(0,1)$ 使 $\int_0^x f(t)\mathrm{d}t+\int_0^{-x}f(t)\mathrm{d}t=x[f(\theta x)-f(-\theta)]$;

② 求 $\lim\limits_{x\to 0^+}\theta$.

**提示:**① $\int_0^x f(t)\mathrm{d}t+\int_0^{-x}f(t)\mathrm{d}t=\int_0^x[f(t)-f(-t)]\mathrm{d}t=x[f(\theta x)-f(-\theta)]$.

② $\frac{1}{x^2}\int_0^x[f(t)-f(-t)]\mathrm{d}t=\theta\cdot\frac{f(\theta x)-f(-\theta)}{\theta x}$,

$\lim\limits_{x\to 0^+}\left[\theta\cdot\frac{f(\theta x)-f(-\theta)}{\theta x}\right]=\lim\limits_{x\to 0^+}\frac{1}{x^2}\int_0^x[f(t)-f(-t)]\mathrm{d}t=\lim\limits_{x\to 0^+}\frac{f(x)-f(-x)}{2x}$, $\lim\limits_{x\to 0^+}\theta=\frac{1}{2}$.

(3) 设 $f(x)$ 在 $[0,2\pi]$ 上具有一阶连续导数,且 $f'(x)\geqslant 0$,求证:对于任意自然数 $n$ 有

$$\left|\int_0^{2\pi}f(x)\sin nx\mathrm{d}x\right|\leqslant\frac{2}{n}[f(2\pi)-f(0)].$$

**提示:** $\left|\int_0^{2\pi}f(x)\sin nx\mathrm{d}x\right|=\left|\frac{1}{n}\int_0^{2\pi}f(x)\mathrm{d}\cos nx\right|=\left|\frac{1}{n}f(x)\cos nx\,\Big|_0^{2\pi}-\frac{1}{n}\int_0^{2\pi}f'(x)\cos nx\mathrm{d}x\right|$

$\leqslant\frac{1}{n}[f(2\pi)-f(0)]+\frac{1}{n}\int_0^{2\pi}f'(x)\mathrm{d}x=\frac{2}{n}[f(2\pi)-f(0)]$.

(4) 设 $f(x)$ 在 $[0,1]$ 上可导,且 $0\leqslant f'(x)\leqslant 1$, $f(0)=0$,证明:$\left[\int_0^1 f(x)\mathrm{d}x\right]^2\geqslant\int_0^1 f^3(x)\mathrm{d}x$.

**提示:**只需证明一般情形 $[\int_0^x f(t)\mathrm{d}t]^2\geqslant\int_0^x f^3(t)\mathrm{d}t$. 令 $F(x)=[\int_0^x f(t)\mathrm{d}t]^2-\int_0^x f^3(t)\mathrm{d}t$,则

$f'(x)=2f(x)\int_0^x f(t)\mathrm{d}t-f^3(x)=f(x)\left[2\int_0^x f(t)\mathrm{d}t-f^2(x)\right]$,再令 $G(x)=2\int_0^x f(t)\mathrm{d}t-f^2(x)$,则 $G'(x)=2f(x)-2f(x)f'(x)=2f(x)[1-f'(x)]$,由已知条件知 $f'(x)\geqslant 0$, $f(x)$ 为增函数, $x\geqslant 0$, $f(x)\geqslant 0$,显然 $G'(x)\geqslant 0$,因此 $G(x)\geqslant 0$,从而 $F(x)=[\int_0^x f(t)\mathrm{d}t]^2-\int_0^x f^3(t)\mathrm{d}t\geqslant 0$.

(5) 设$f(x)$在$[a,b]$上连续，且严格单调增加，证明：$(a+b)\int_a^b f(x)\mathrm{d}x < 2\int_a^b xf(x)\mathrm{d}x$.

**提示**：作辅助函数 $F(x)=(a+x)\int_a^x f(t)\mathrm{d}t-2\int_0^x tf(t)\mathrm{d}t$，则

$$f'(x)=\int_a^x f(t)\mathrm{d}t+(a-x)f(x)=\int_a^x f(t)\mathrm{d}t-\int_a^x f(x)\mathrm{d}t=\int_a^x [f(t)-f(x)]\mathrm{d}t.$$

由于$f(x)$在$[a,b]$上连续，且严格单调增加，而$t<x$，从而$f(t)<f(x)$，即$f'(x)=\int_a^x [f(t)-f(x)]\mathrm{d}t<0$. 因此$F(x)$严格单调减少，且$F(a)=0$，故$F(b)<F(a)=0$，即$(a+b)\int_a^b f(x)\mathrm{d}x<2\int_a^b xf(x)\mathrm{d}x$.

**例 2－18** 计算 $I=\iint_{(|x|)+(|y|)\leqslant 1}((|x|)+(|y|))\mathrm{d}x\mathrm{d}y$.

**分析** 由于被积函数中含有绝对值运算，因此应先把绝对值去掉. 可以使用积分区域的对称性、被积函数的奇偶性以及积分变量的位置对称等多种手段去掉绝对值运算并简化积分的运算.

**解答** $I=\iint_{(|x|)+(|y|)\leqslant 1}((|x|)+(|y|))\mathrm{d}x\mathrm{d}y=8\iint_{x+y\leqslant 1,x,y>0}x\mathrm{d}x\mathrm{d}y=8\int_0^1 x\mathrm{d}x\int_0^{1-x}\mathrm{d}y=\frac{4}{3}$.

**评注** 对于二重积分$I=\iint_D f(x,y)\mathrm{d}x\mathrm{d}y$，直接通过几何观察能够得出以下结论：①若$D$关于$y$轴对称，则当$f(x,y)\equiv -f(-x,y)$时，$I=0$；而当$f(x,y)\equiv f(-x,y)$时，$I=2\iint_{(x,y)\in D,x\geqslant 0}f(x,y)\mathrm{d}x\mathrm{d}y$. 当$D$关于$x$轴对称时也有类似的结论. ②若$D$关于$x,y$轴皆对称，且$f(-x,y)\equiv f(x,y)\equiv f(x,-y)$，$D^+=\{(x,y)\in D:x,y\geqslant 0\}$，则$I=4\iint_{D^+}f(x,y)\mathrm{d}x\mathrm{d}y$. ③若$D$关于$x,y$轴及直线$y=x$皆对称，且$f(-x,y)\equiv f(x,y)\equiv f(y,x)\equiv f(x,-y)$，$A=\{(x,y)\in D:0\leqslant y\leqslant x\}$，则$I=8\iint_A f(x,y)\mathrm{d}x\mathrm{d}y$. ④若$D$关于$y=x$对称，则$I=\frac{1}{2}\iint_D [f(x,y)+f(y,x)]\mathrm{d}x\mathrm{d}y$. 类似的题还有：

(1) 计算 $I=\iint_{x^2+y^2\leqslant a^2}|xy|\mathrm{d}x\mathrm{d}y$.

**提示**：用公式$I=8\iint_A f(x,y)\mathrm{d}x\mathrm{d}y$，并使用极坐标代换，$I=\dfrac{a^4}{2}$.

(2) 计算 $I=\iint_D (x^2+y^2)\mathrm{d}x\mathrm{d}y$，$D:x^2+y^2\leqslant x-2y$.

**提示**：进行适当坐标变换，以$A:x^2+y^2\leqslant \frac{5}{4}$代替$D$，同时注意$\iint_A x\mathrm{d}x\mathrm{d}y=0$，$\iint_A y\mathrm{d}x\mathrm{d}y=0$，

$$I=\iint_A\left[\left(x-\frac{1}{2}\right)^2+(y+1)^2\right]\mathrm{d}x\mathrm{d}y=\iint_D (x^2+y^2)\mathrm{d}x\mathrm{d}y+\pi\left(\frac{5}{4}\right)^2=\frac{75\pi}{32}.$$

(3) 计算 $I=\iint_D|\cos(x+y)|\mathrm{d}x\mathrm{d}y$，$D:0\leqslant x\leqslant\frac{\pi}{2},0\leqslant y\leqslant\frac{\pi}{2}$.

**提示**:只需考虑由 $x+y=\frac{\pi}{2}$ 隔开的一半积分区域:$I=2\int_0^{\frac{\pi}{2}}\mathrm{d}x\int_0^{\frac{\pi}{2}-x}\cos(x+y)\mathrm{d}y=\pi-2$.

(4) 计算 $I=\iint\limits_D(x^2+y^2)\mathrm{d}x\mathrm{d}y, D:\frac{x^2}{a^2}+\frac{y^2}{b^2}\leqslant 1$.

**提示**:令 $x=ar\cos\theta, y=br\sin\theta, \mathrm{d}x\mathrm{d}y=abr\mathrm{d}r\mathrm{d}\theta, \iint\limits_D x^2\mathrm{d}x\mathrm{d}y=a^3b\int_0^{2\pi}\cos^2\theta\mathrm{d}\theta\int_0^1 r^3\mathrm{d}r=\frac{a^3b\pi}{4}$.
由对称性可知 $\iint\limits_D y^2\mathrm{d}x\mathrm{d}y=\frac{ab^3\pi}{4}$,于是 $I=\frac{ab\pi(a^2+b^2)}{4}$.

(5) 计算 $I=\iint\limits_D(y^2+3x-5y+9)\mathrm{d}x\mathrm{d}y, D:x^2+y^2\leqslant R^2$.

提示:$I=\iint\limits_D y^2\mathrm{d}x\mathrm{d}y+\iint\limits_D(3x-5y)\mathrm{d}x\mathrm{d}y+\iint\limits_D 9\mathrm{d}x\mathrm{d}y=\iint\limits_D y^2\mathrm{d}x\mathrm{d}y+\iint\limits_D 9\mathrm{d}x\mathrm{d}y=\frac{1}{2}\iint\limits_D(x^2+y^2)\mathrm{d}x\mathrm{d}y+9\pi R^2=\frac{1}{2}\int_0^{2\pi}\mathrm{d}\theta\int_0^R r^3\mathrm{d}r+9\pi R^2=\frac{\pi R^4}{4}+9\pi R^2$.

**例 2-19** 计算二重积分 $\iint\limits_D\frac{(x+y)\ln\left(1+\frac{y}{x}\right)}{\sqrt{1-x-y}}\mathrm{d}x\mathrm{d}y$,其中 $D:x+y\leqslant 1, x\geqslant 0, y\geqslant 0$.

**分析** 被积函数的原函数不易求出,使用二重积分换元法先进行简化:令 $x=x(u,v)$, $y=y(u,v), J(u,v)=\frac{\partial(x,y)}{\partial(u,v)}=\begin{vmatrix}\frac{\partial x}{\partial u} & \frac{\partial x}{\partial v}\\ \frac{\partial y}{\partial u} & \frac{\partial y}{\partial v}\end{vmatrix}\neq 0$, 则 $\iint\limits_D f(x,y)\mathrm{d}x\mathrm{d}y=\iint\limits_{D'}f[x(u,v),y(u,v)]\,|J(u,v)|\mathrm{d}u\mathrm{d}v$.

**解答** 令 $u=x+y, v=\frac{y}{x}$,则 $x=\frac{u}{1+v}, y=\frac{uv}{1+v}, D':0\leqslant u\leqslant 1, v\geqslant 0$,且 $J=\frac{\partial(x,y)}{\partial(u,v)}=\begin{vmatrix}\frac{1}{1+v} & -\frac{u}{(1+v)^2}\\ \frac{v}{1+v} & \frac{u}{(1+v)^2}\end{vmatrix}=\frac{u}{(1+v)^2}$. 于是,得 $\iint\limits_D\frac{(x+y)\ln\left(1+\frac{y}{x}\right)}{\sqrt{1-x-y}}\mathrm{d}x\mathrm{d}y=\int_0^1\mathrm{d}u\int_0^{+\infty}\frac{u\ln(1+v)}{\sqrt{1-u}}\frac{u}{(1+v)^2}\mathrm{d}v=\int_0^1\frac{u^2}{\sqrt{1-u}}\mathrm{d}u\int_0^{+\infty}\frac{\ln(1+v)}{(1+v)^2}\mathrm{d}v=\frac{16}{15}$. 其中 $\int_0^1\frac{u^2}{\sqrt{1-u}}\mathrm{d}u\underline{\underline{t=\sqrt{1-u}}}\int_0^1 2(1-t^2)^2\mathrm{d}t=\frac{16}{15}, \int_0^{+\infty}\frac{\ln(1+v)}{(1+v)^2}\mathrm{d}v=-\int_0^{+\infty}\ln(1+v)\mathrm{d}\left(\frac{1}{1+v}\right)=-\frac{\ln(1+v)}{1+v}\Big|_0^{+\infty}+\int_0^{+\infty}\frac{1}{(1+v)^2}\mathrm{d}v=1$.

**评注** 本题巧妙地使用了二重积分换元法,使问题迎刃而解. 若令 $u=x+y, v=x$,则 $x=v, y=u-v$, $D':0\leqslant u\leqslant 1, 0\leqslant v\leqslant u, J=\frac{\partial(x,y)}{\partial(u,v)}=\begin{vmatrix}0 & -1\\ 1 & -1\end{vmatrix}=1$, 于是 $\iint\limits_D\frac{(x+y)\ln\left(1+\frac{y}{x}\right)}{\sqrt{1-x-y}}\mathrm{d}x\mathrm{d}y=\int_0^1\mathrm{d}u\int_0^u\frac{u}{\sqrt{1-u}}\ln\frac{u}{v}\mathrm{d}v=\int_0^1\frac{u^2}{\sqrt{1-u}}\mathrm{d}u=\frac{16}{15}$. 三重积分的计算也有类似的公式:令 $x=x(u,v,w), y=y(u,v,w), z=z(u,v,w)$,这个变换将 $Oxyz$ 空间的 $\Omega$ 一一对应地变成 $\Omega'$,并且有

$$J=\frac{\partial(x,y,z)}{\partial(u,v,w)}=\begin{vmatrix}\frac{\partial x}{\partial u} & \frac{\partial x}{\partial v} & \frac{\partial x}{\partial w}\\ \frac{\partial y}{\partial u} & \frac{\partial y}{\partial v} & \frac{\partial y}{\partial w}\\ \frac{\partial z}{\partial u} & \frac{\partial z}{\partial v} & \frac{\partial z}{\partial w}\end{vmatrix}\neq 0,(u,v,w)\in\Omega',$$

则把三重积分的变量从直角坐标$(x,y,z)$变换为曲线坐标$(u,v,w)$的公式为

$$\iiint_{\Omega} f(x,y,z)\,\mathrm{d}x\mathrm{d}y\mathrm{d}z=\iiint_{\Omega'} f[x(u,v,w),y(u,v,w),z(u,v,w)]\,|J|\,\mathrm{d}u\mathrm{d}v\mathrm{d}w.$$

类似的题还有：

(1) 计算二重积分$\iint_D \mathrm{e}^{\frac{y-x}{y+x}}\mathrm{d}x\mathrm{d}y$，其中$D$是由$x$轴、$y$轴和直线$x+y=2$所围成的区域.

**提示**：令$u=y-x,v=y+x$，则$x=\frac{v-u}{2},y=\frac{v+u}{2}$. $D'$:$0\leqslant v\leqslant 2,-v\leqslant u\leqslant v$，$J=\frac{\partial(x,y)}{\partial(u,v)}$

$=\begin{vmatrix}-\frac{1}{2} & \frac{1}{2}\\ \frac{1}{2} & \frac{1}{2}\end{vmatrix}=-\frac{1}{2}$，$\iint_D \mathrm{e}^{\frac{y-x}{y+x}}\mathrm{d}x\mathrm{d}y=\iint_{D'}\mathrm{e}^{\frac{u}{v}}\left|-\frac{1}{2}\right|\mathrm{d}u\mathrm{d}v=\frac{1}{2}\int_0^2\mathrm{d}v\int_{-v}^{v}\mathrm{e}^{\frac{u}{v}}\mathrm{d}u=\mathrm{e}-\mathrm{e}^{-1}.$

(2) 计算直线$x+y=c,x+y=d,y=ax,y=bx(0<c<d,0<a<b)$所围成的闭区域的面积.

**提示**：所求面积为$\iint_D\mathrm{d}x\mathrm{d}y$，令$u=x+y,v=\frac{y}{x}$，则$x=\frac{u}{1+v},y=\frac{uv}{1+v}$.

$D'$:$c\leqslant u\leqslant \mathrm{d},a\leqslant v\leqslant b$，$J=\frac{\partial(x,y)}{\partial(u,v)}=\begin{vmatrix}\frac{1}{1+v} & -\frac{u}{(1+v)^2}\\ \frac{v}{1+v} & \frac{u}{(1+v)^2}\end{vmatrix}=\frac{u}{(1+v)^2}\neq 0.\ (u,v)\in D'.$

从而所求面积为$\iint_D\mathrm{d}x\mathrm{d}y=\iint_{D'}\frac{u}{(1+v)^2}\mathrm{d}u\mathrm{d}v=\int_a^b\frac{\mathrm{d}v}{(1+v)^2}\int_c^{\mathrm{d}}u\mathrm{d}u=\frac{(b-a)(\mathrm{d}^2-c^2)}{2(1+a)(1+b)}.$

(3) 设闭区域$D$是由直线$x+y=1,x=0,y=0$所围成，求证$\iint_D\cos\left(\frac{x-y}{x+y}\right)\mathrm{d}x\mathrm{d}y=\frac{1}{2}\sin 1.$

**提示**：作变换$u=x-y,v=x+y$，则$x=\frac{u+v}{2},y=\frac{v-u}{2}$，$D'$:$0\leqslant v\leqslant 1,-v\leqslant u\leqslant v$，

$J=\frac{\partial(x,y)}{\partial(u,v)}=\begin{vmatrix}\frac{1}{2} & \frac{1}{2}\\ -\frac{1}{2} & \frac{1}{2}\end{vmatrix}=\frac{1}{2}$，$|J|=\frac{1}{2}\iint_D\cos\left(\frac{x-y}{x+y}\right)\mathrm{d}x\mathrm{d}y=\frac{1}{2}\iint_{D'}\cos\frac{u}{v}\mathrm{d}u\mathrm{d}v=\frac{1}{2}\int_0^1\mathrm{d}v\int_{-v}^{v}\cos$

$\frac{u}{v}\mathrm{d}u=\int_0^1 v\sin 1\,\mathrm{d}u=\frac{1}{2}\sin 1.$

(4) 选取适当的变换，证明$\iint_D f(x+y)\mathrm{d}x\mathrm{d}y=\int_{-1}^{1}f(u)\mathrm{d}u$，其中闭区域$D$为$|x|+|y|\leqslant 1$.

**提示**：区域$D$表示为$-1\leqslant x+y\leqslant 1,-1\leqslant x-y\leqslant 1$；令$u=x+y,v=x-y$，则

$x=\frac{u+v}{2},y=\frac{u-v}{2},D':-1\leqslant u\leqslant 1,-1\leqslant v\leqslant 1,J=\frac{\partial(x,y)}{\partial(u,v)}=\begin{vmatrix}\frac{1}{2} & \frac{1}{2}\\ \frac{1}{2} & -\frac{1}{2}\end{vmatrix}=-\frac{1}{2},|J|=\frac{1}{2}$,

所以$\iint\limits_D f(x+y)\mathrm{d}x\mathrm{d}y=\iint_{D'}f(u)\cdot\frac{1}{2}\mathrm{d}u\mathrm{d}v=\frac{1}{2}\int_{-1}^{1}f(u)\mathrm{d}u\int_{-1}^{1}\mathrm{d}v=\int_{-1}^{1}f(u)\mathrm{d}u.$

(5) 取适当的变换,证明等式$\iint\limits_D f(ax+by+c)\mathrm{d}x\mathrm{d}y=2\int_{-1}^{1}\sqrt{1-u^2}f(u\sqrt{a^2+b^2}+c)\mathrm{d}u$,其中闭区域$D$为圆域$D=\{(x,y)|x^2+y^2\leqslant 1\}$,且$a^2+b^2\neq 0$.

**提示:**令$ax+by=\sqrt{a^2+b^2}\cdot u=\frac{(a^2+b^2)u}{\sqrt{a^2+b^2}},ax-by=\frac{(a^2-b^2)u-2abv}{\sqrt{a^2+b^2}}$,则$x=\frac{au-bv}{\sqrt{a^2+b^2}},y=\frac{bu+av}{\sqrt{a^2+b^2}},J=\frac{\partial(x,y)}{\partial(u,v)}=\begin{vmatrix}\frac{a}{\sqrt{a^2+b^2}} & \frac{-b}{\sqrt{a^2+b^2}}\\ \frac{b}{\sqrt{a^2+b^2}} & \frac{a}{\sqrt{a^2+b^2}}\end{vmatrix}=1,|J|=1\neq 0$,由$D:x^2+y^2\leqslant 1$,有$\left(\frac{au-bv}{\sqrt{a^2+b^2}}\right)^2+\left(\frac{bu+av}{\sqrt{a^2+b^2}}\right)^2=u^2+v^2\leqslant 1$,所以$D'$也是单位圆,因此

$$\iint\limits_D f(ax+by+c)\mathrm{d}x\mathrm{d}y=\iint_{D'}f(u\sqrt{a^2+b^2}+c)|J|\mathrm{d}u\mathrm{d}v=\int_{-1}^{1}f(u\sqrt{a^2+b^2}+c)\mathrm{d}u\int_{-\sqrt{1-u^2}}^{\sqrt{1-u^2}}1\mathrm{d}v$$

$$=2\int_{-1}^{1}\sqrt{1-u^2}f(u\sqrt{a^2+b^2}+c)\mathrm{d}u.$$

**例 2-20** 计算三重积分$I=\iiint\limits_V(x+y+z)\mathrm{d}V$,其中$V:0\leqslant x+y+z\leqslant 1,x,y,z\geqslant 0$.

**分析** 这类积分的计算,关键是如何使用对称性进行简化计算. 虽然直接计算也许也能计算出结果,但是计算往往比较麻烦,费时费力. 本题中注意到$x,y,z$的位置对称,可以简化积分的计算.

**解答** 由对称性知$I=3\iiint\limits_V z\mathrm{d}V=3\int_0^1\mathrm{d}x\int_0^{1-x}\mathrm{d}y\int_0^{1-x-y}z\mathrm{d}z=\frac{1}{8}$.

**评注** 使用位置对称,简化了积分的计算. 一般地,若$V$关于$x,y,z$的位置对称,则

$$\iiint\limits_V[f(x)+f(y)+f(z)]\mathrm{d}V=3\iiint\limits_V f(z)\mathrm{d}V.$$

但要注意,左右两个积分哪个更好计算,要视实际情况而定,不能盲目照搬公式. 类似的题还有:

(1) 计算三重积分$I=\iiint\limits_V(x^2+y^2+z^2)\mathrm{d}V$,其中$V:x^2+y^2+z^2\leqslant x+y+z$.

**提示:**将$V$平移到$\Omega:x^2+y^2+z^2\leqslant\frac{3}{4}$,则有

$$I=\iiint\limits_\Omega\left[\left(x+\frac{1}{2}\right)^2+\left(y+\frac{1}{2}\right)^2+\left(z+\frac{1}{2}\right)^2\right]\mathrm{d}V=\iiint\limits_\Omega(x^2+y^2+z^2)\mathrm{d}V+\frac{3}{4}\iiint\limits_\Omega\mathrm{d}V$$

$$=2\pi\int_0^{\pi}\sin\varphi\mathrm{d}\varphi\int_0^{\frac{\sqrt{3}}{2}}r^4\mathrm{d}r+\frac{3}{4}\cdot\frac{4\pi}{3}\left(\frac{\sqrt{3}}{2}\right)^3=\frac{3\sqrt{3}\pi}{5}.$$

(2) 计算三重积分 $I = \iiint\limits_V (x^2+y^2+z^2)\mathrm{d}V$,其中 $V: \frac{x^2}{a^2}+\frac{y^2}{b^2}+\frac{z^2}{c^2}\leqslant 1$.

**提示**:将 $V$ 变为 $\Omega: x^2+y^2+z^2\leqslant 1$,这意味着分别用 $ax, by, cz$ 代替 $x, y, z$,得 $\iiint\limits_V z^2\mathrm{d}V = abc^3\iiint\limits_\Omega z^2\mathrm{d}V = \frac{1}{3}abc^3\iiint\limits_\Omega (x^2+y^2+z^2)\mathrm{d}V = \frac{4\pi}{15}abc^3$,由对称性可得 $\iiint\limits_V x^2\mathrm{d}V = \frac{4\pi}{15}a^3bc$, $\iiint\limits_\Omega y^2\mathrm{d}V = \frac{4\pi}{15}ab^3c$,合并起来得 $I = \frac{4\pi}{15}abc(a^2+b^2+c^2)$.

(3) 计算三重积分 $I = \iiint\limits_V (Ax^{2m}+By^{2n}+Cz^{2p})\mathrm{d}V$,其中 $V: \frac{x^2}{a^2}+\frac{y^2}{b^2}+\frac{z^2}{c^2}\leqslant 1$.

**提示**:$\iiint\limits_V z^{2p}\mathrm{d}V = abc^{2p+1}\iiint\limits_\Omega z^{2p}\mathrm{d}V$,利用球坐标得 $abc^{2p+1}\iiint\limits_\Omega z^{2p}\mathrm{d}V = \frac{4\pi abc^{2p+1}}{(2p+1)(2p+3)}$,由上题思路可以直接写出结果为 $I = \iiint\limits_V (Ax^{2m}+By^{2n}+Cz^{2p})\mathrm{d}V$

$$= 4\pi abc\left[\frac{Aa^{2m}}{(2m+1)(2m+3)}+\frac{Bb^{2n}}{(2n+1)(2n+3)}+\frac{Cc^{2p}}{(2p+1)(2p+3)}\right].$$

(4) 计算三重积分 $I = \iiint\limits_V \left(\frac{x^2}{a^2}+\frac{y^2}{b^2}+\frac{z^2}{c^2}\right)\mathrm{d}V$,其中 $V: \frac{x^2}{a^2}+\frac{y^2}{b^2}+\frac{z^2}{c^2}\leqslant 1$.

**提示**:使用上题方法可以直接写出结果 $I = \frac{4\pi}{5}abc$.

(5) 计算三重积分 $I = \iiint\limits_V \frac{z\ln(x^2+y^2+z^2)}{x^2+y^2+z^2+1}\mathrm{d}V$,其中积分区域 $V: x^2+y^2+z^2\leqslant 1$.

**提示**:积分区域关于三个坐标面都对称,被积函数是 $z$ 的奇函数,所以 $I = \iiint\limits_V \frac{z\ln(x^2+y^2+z^2)}{x^2+y^2+z^2+1}\mathrm{d}V = 0$.

(6) 计算三重积分 $I = \iiint\limits_V (x+y+z)\mathrm{d}V$,其中积分区域 $V: x^2+y^2+z^2\leqslant x+y+z$.

**提示**:使用重心坐标公式 $\bar{x} = \frac{\iiint\limits_V x\mathrm{d}V}{\iiint\limits_V \mathrm{d}V}, \bar{y} = \frac{\iiint\limits_V y\mathrm{d}V}{\iiint\limits_V \mathrm{d}V}, \bar{z} = \frac{\iiint\limits_V z\mathrm{d}V}{\iiint\limits_V \mathrm{d}V}$,其中 $(\bar{x}, \bar{y}, \bar{z})$ 是 $V$ 的重心,它可能由几何考虑确定,$V$ 表示立体体积.

$$\iiint\limits_V (Ax+By+Cz+D)\mathrm{d}V = (A\bar{x}+B\bar{y}+C\bar{z}+D)\cdot V,$$

所以,$I = \iiint\limits_V (x+y+z)\mathrm{d}V = (\bar{x}+\bar{y}+\bar{z})\cdot V = \left(\frac{1}{2}+\frac{1}{2}+\frac{1}{2}\right)\cdot\frac{4\pi}{3}\left(\frac{\sqrt{3}}{2}\right)^3 = \frac{3\sqrt{3}\pi}{4}$. 对于二重积分也有类似结论,$\bar{x} = \frac{\iint\limits_D x\mathrm{d}\sigma}{\iint\limits_D \mathrm{d}\sigma}, \bar{y} = \frac{\iint\limits_D \mathrm{d}\sigma\sigma}{\iint\limits_D \mathrm{d}\sigma}$,其中 $(\bar{x}, \bar{y})$ 是 $D$ 的重心,它可能由几何考虑确定,$\sigma$

表示平面闭区域 $D$ 的面积. $\iint\limits_D(ax+by+c)\mathrm{d}\sigma=(a\bar{x}+b\bar{y}+c)\cdot\sigma$.

### 2.2.3 学习效果测试题及答案

**1. 学习效果测试题**

(1) 计算定积分 $\int_0^{\pi}\frac{x\sin^3x}{1+\cos^2x}\mathrm{d}x$.

(2) 计算极限 $\lim\limits_{n\to\infty}\frac{1}{n}\sqrt[n]{n(n+1)(n+2)\cdots(2n-1)}$.

(3) 设函数 $f(x),g(x)$ 满足 $f'(x)=g(x),g'(x)=2\mathrm{e}^x-f(x)$,且 $f(0)=0,g(0)=2$,求 $\int_0^{\pi}\left[\frac{g(x)}{1+x}-\frac{f(x)}{(1+x)^2}\right]\mathrm{d}x$.

(4) 计算定积分 $\int_{-\frac{\pi}{4}}^{\frac{\pi}{4}}\frac{\sin^2x}{1+\mathrm{e}^{-x}}\mathrm{d}x$.

(5) 设 $f(x)=\begin{cases}2x+\frac{3}{2}x^2, & -1\leqslant x<0\\ \frac{x\mathrm{e}^x}{(\mathrm{e}^x+1)^2}, & 0\leqslant x\leqslant 1\end{cases}$,求函数 $F(x)=\int_{-1}^{x}f(t)\mathrm{d}t$ 的表达式.

(6) 计算 $\int_0^{+\infty}\frac{\mathrm{e}^{-x^2}}{\left(x^2+\frac{1}{2}\right)^2}\mathrm{d}x$.

(7) 计算 $\int_0^1\frac{\ln(1+x)}{1+x^2}\mathrm{d}x$.

(8) 计算 $\int_0^{\frac{\pi}{4}}\ln\sin2x\mathrm{d}x$.

(9) 设 $f(x)$ 为连续函数,证明:$\int_0^x f(t)(x-t)\mathrm{d}t=\int_0^x\left(\int_0^t f(u)\mathrm{d}u\right)\mathrm{d}t$.

(10) 计算 $I=\iint\limits_{x^2+y^2\leqslant1}\left|\frac{x+y}{\sqrt{2}}-x^2-y^2\right|\mathrm{d}x\mathrm{d}y$.

(11) 计算 $I=\iint\limits_{\substack{|x|\leqslant1\\0\leqslant y\leqslant2}}\sqrt{|y-x^2|}\mathrm{d}x\mathrm{d}y$.

(12) 计算二重积分 $\iint\limits_D\mathrm{e}^{\frac{y}{x+y}}\mathrm{d}x\mathrm{d}y$,其中 $D$ 是由 $x$ 轴,$y$ 轴和直线 $x+y=1$ 所围成的闭区域.

(13) 求曲面 $x^{\frac{2}{3}}+y^{\frac{2}{3}}+z^{\frac{2}{3}}=a^{\frac{2}{3}}(a>0)$ 所围成的立体体积.

(14) 计算 $\iiint\limits_{\Omega}z\mathrm{d}x\mathrm{d}y\mathrm{d}z$,其中 $\Omega$ 为曲面 $\sqrt{x}+\sqrt{y}+\sqrt{z}=\sqrt{a}(a>0)$,$x=0,y=0,z=0$ 所围成的区域.

**2. 测试题答案**

(1) 用 $\int_0^{\pi}xf(\sin x)\mathrm{d}x=\frac{\pi}{2}\int_0^{\pi}f(\sin x)\mathrm{d}x$,$\int_0^{\pi}\frac{x\sin^3x}{1+\cos^2x}\mathrm{d}x=\frac{\pi}{2}\int_0^{\pi}\frac{\sin^3x}{1+\cos^2x}\mathrm{d}x$,令 $t=\cos x$,则 $\mathrm{d}t=-\sin x\mathrm{d}x$,$t$ 从 1 变到 $-1$. 于是 $\int_0^{\pi}\frac{x\sin^3x}{1+\cos^2x}\mathrm{d}x=\frac{\pi}{2}\int_0^{\pi}\frac{\sin^3x}{1+\cos^2x}\mathrm{d}x=\frac{\pi}{2}\int_1^{-1}\frac{-(1-t^2)}{1+t^2}\mathrm{d}x=\frac{\pi^2-2\pi}{2}$.

(2) 记$\lim\limits_{n\to\infty}\frac{1}{n}\sqrt[n]{n(n+1)(n+2)\cdots(2n-1)}=\lim\limits_{n\to\infty}f(n)$,

$$\begin{aligned}\lim_{n\to\infty}\ln f(n)&=\lim_{n\to\infty}\frac{1}{n}[\ln n+\ln(n+1)+\ln(n+2)+\cdots+\ln(2n-1)-n\ln n]\\&=\lim_{n\to\infty}\frac{1}{n}\left[\ln(1+0)+\ln\left(1+\frac{1}{n}\right)+\ln\left(1+\frac{2}{n}\right)+\cdots+\ln\left(1+\frac{n-1}{n}\right)\right]\\&=\int_0^1\ln(1+x)\mathrm{d}x=2\ln2-1.\end{aligned}$$

(3)方法一　由$f'(x)=g(x)$得到$f''(x)=g'(x)=2\mathrm{e}^x-f(x)$,于是有

$$\begin{cases}f''(x)+f(x)=2\mathrm{e}^x\\f(0)=0\\f'(0)=2\end{cases}$$

利用微分方程解得$f(x)=\sin x-\cos x+\mathrm{e}^x$,又$\int_0^{\pi}\left[\frac{g(x)}{1+x}-\frac{f(x)}{(1+x)^2}\right]\mathrm{d}x$

$$\begin{aligned}&=\int_0^{\pi}\frac{g(x)(1+x)-f(x)}{(1+x)^2}\mathrm{d}x\\&=\int_0^{\pi}\frac{f'(x)(1+x)-f(x)}{(1+x)^2}\mathrm{d}x=\int_0^{\pi}\mathrm{d}\left[\frac{f(x)}{(1+x)}\right]\\&=\left.\frac{f(x)}{(1+x)}\right|_0^{\pi}=\frac{f(\pi)}{1+\pi}-f(0)=\frac{1+\mathrm{e}^{\pi}}{1+\pi}.\end{aligned}$$

方法二　由方法一得$f(x)=\sin x-\cos x+\mathrm{e}^x$,又$\int_0^{\pi}\left[\frac{g(x)}{1+x}-\frac{f(x)}{(1+x)^2}\right]\mathrm{d}x=\int_0^{\pi}\frac{g(x)}{1+x}\mathrm{d}x+\int_0^{\pi}f(x)\mathrm{d}\frac{1}{1+x}=\int_0^{\pi}\frac{g(x)}{1+x}\mathrm{d}x+f(x)\cdot\left.\frac{1}{1+x}\right|_0^{\pi}-\int_0^{\pi}\frac{f'(x)}{1+x}\mathrm{d}x=\frac{f(\pi)}{1+\pi}-f(0)+\int_0^{\pi}\frac{g(x)}{1+x}\mathrm{d}x-\int_0^{\pi}\frac{g(x)}{1+x}\mathrm{d}x=\frac{f(\pi)}{1+\pi}=\frac{1+\mathrm{e}^{\pi}}{1+\pi}$.

(4) $\int_{-\frac{\pi}{4}}^{\frac{\pi}{4}}\frac{\sin^2x}{1+\mathrm{e}^{-x}}\mathrm{d}x=\int_{-\frac{\pi}{4}}^{0}\frac{\sin^2x}{1+\mathrm{e}^{-x}}\mathrm{d}x+\int_0^{\frac{\pi}{4}}\frac{\sin^2x}{1+\mathrm{e}^{-x}}\mathrm{d}x=\int_0^{\frac{\pi}{4}}\sin^2x\left(\frac{1}{1+\mathrm{e}^x}+\frac{1}{1+\mathrm{e}^{-x}}\right)\mathrm{d}x=\int_0^{\frac{\pi}{4}}\sin^2x\mathrm{d}x=\frac{\pi-2}{8}$.

(5) 由题意,当$-1\leqslant x<0$时,$F(x)=\int_{-1}^{x}\left(2t+\frac{3}{2}t^2\right)\mathrm{d}t=\left.\left(t^2+\frac{1}{2}t^3\right)\right|_{-1}^{x}=\frac{1}{2}x^3+x^2-\frac{1}{2}$. 当$0\leqslant x\leqslant1$时,$F(x)=\int_{-1}^{x}f(t)\mathrm{d}t=\int_{-1}^{0}f(t)\mathrm{d}t+\int_0^xf(t)\mathrm{d}t=\left.\left(t^2+\frac{t^3}{2}\right)\right|_{-1}^{0}+\int_0^x\frac{t\mathrm{e}^t}{(\mathrm{e}^t+1)^2}\mathrm{d}t$

$=-\frac{1}{2}-\int_0^xt\mathrm{d}\left(\frac{1}{\mathrm{e}^t+1}\right)=-\frac{1}{2}-\left.\frac{t}{\mathrm{e}^t+1}\right|_0^x+\int_0^x\frac{\mathrm{d}t}{\mathrm{e}^t+1}=-\frac{1}{2}-\frac{x}{\mathrm{e}^x+1}+\int_0^x\frac{\mathrm{d}\mathrm{e}^t}{\mathrm{e}^t(\mathrm{e}^t+1)}=-\frac{1}{2}-\frac{x}{\mathrm{e}^x+1}+\left.\ln\frac{\mathrm{e}^t}{\mathrm{e}^t+1}\right|_0^x=-\frac{1}{2}-\frac{x}{\mathrm{e}^x+1}+\ln\frac{\mathrm{e}^x}{\mathrm{e}^x+1}+\ln2$.

综上所述,固有 $F(x) = \int_{-1}^{x} f(t)\,dt = \begin{cases} \frac{1}{2}x^3 + x^2 - \frac{1}{2}, & -1 \leqslant x < 0 \\ \ln\frac{e^x}{e^x+1} - \frac{x}{e^x+1} + \ln 2 - \frac{1}{2}, & 0 \leqslant x \leqslant 1 \end{cases}$.

(6) 答案:$\sqrt{\pi}$

(7) 答案:$\frac{\pi}{8}\ln 2$. **提示:** 令 $x = \tan t$.

(8) 答案:$-\frac{\pi}{4}\ln 2$.

(9) 因为 $\int_0^x f(t)(x-t)\,dt = \int_0^x [xf(t) - tf(t)]\,dt = x\int_0^x f(t)\,dt - \int_0^x tf(t)\,dt$. 故可令

$\varphi(x) = \int_0^x f(t)(x-t)\,dt - \int_0^x\left(\int_0^t f(u)\,du\right)dt$, 则 $\varphi(x) = x\int_0^x f(t)\,dt - \int_0^x tf(t)\,dt - \int_0^x\left(\int_0^t f(u)\,du\right)dt$, $\varphi'(x) = \int_0^x f(t)\,dt + xf(x) - xf(x) - \int_0^x f(u)\,du = 0$,所以 $\varphi(x) = C$(常数),又因为 $\varphi(0) = 0$,故 $\varphi(x) = 0$. 所以 $\int_0^x f(t)(x-t)\,dt = \int_0^x\left(\int_0^t f(u)\,du\right)dt$.

(10) 答案:$\frac{9\pi}{16}$.

(11) 答案:$\frac{5}{3} + \frac{\pi}{2}$.

(12) 令 $u = x + y, v = \frac{y}{x+y}$,则 $D$ 变成 $D' = \{(u,v) \mid 0 \leqslant u \leqslant 1, 0 \leqslant v \leqslant 1\}$,这是因为 $0 \leqslant x + y = u \leqslant 1, 0 \leqslant \frac{y}{x+y} = v \leqslant \frac{y}{y} = 1$,而 $J = \frac{\partial(x,y)}{\partial(u,v)} = \begin{vmatrix} 1-v & -u \\ v & u \end{vmatrix} = u, |J| = u \neq 0$, $\iint\limits_D e^{\frac{y}{x+y}}\,dx\,dy = \iint\limits_{D'} e^v u\,du\,dv = \int_0^1 u\,du\int_0^1 e^v\,dv = \frac{1}{2}(e-1)$.

(13) 作变换 $x = au^3, y = av^3, z = aw^3$. 这时有 $J = 27a^3u^2v^2w^2$,曲面方程变为 $u^2 + v^2 + w^2 = 1$,故所求体积为

$$V = \iiint\limits_{\Omega} dx\,dy\,dz = 27a^3\iiint\limits_{\Omega'} u^2v^2w^2\,du\,dv\,dw,$$

其中 $\Omega' = \{(u,v,w) \mid u^2 + v^2 + w^2 \leqslant 1\}$. 再变换为球坐标,则有

$$V = 27a^3\iiint\limits_{\Omega''}(r\sin\varphi\cos\theta)^2\cdot(r\sin\varphi\sin\theta)^2\cdot(r\cos\varphi)^2 r^2\sin\varphi\,dr\,d\theta\,d\varphi$$

$$= 27a^3\int_0^{2\pi}\cos^2\theta\sin^2\theta\,d\theta\int_0^{\pi}\sin^5\varphi\cos^2\varphi\,d\varphi\int_0^1 r^8\,dr$$

$$= 27a^3\cdot\frac{\pi}{4}\cdot\frac{16}{105}\cdot\frac{1}{9} = \frac{4}{35}\pi a^3.$$

(14) 答案:$\frac{a^4}{840}$. **提示:** 作变换 $x = au^4, y = av^4, z = aw^4$.

# 2.3 曲线积分与曲面积分

## 2.3.1 核心内容提示

(1) 两类曲线积分的概念、性质及计算、两类曲线积分的关系.

(2) 格林公式、平面曲线积分与路径无关的条件、已知二元函数全微分求原函数.

(3) 两类曲面积分的概念、性质及计算、两类曲面积分的关系.

(4) 高斯公式、斯托克斯公式、散度和旋度的概念及计算.

(5) 曲线积分和曲面积分的应用(平面图形面积、曲面面积、弧长、质量、质心、转动惯量、引力、功及流量等)

## 2.3.2 典型例题精解

**例 2-21** 计算 $I=\oint_{\Gamma}[(x+2)^2+(y-3)^2]\mathrm{d}s$,其中 $\Gamma:\begin{cases}x^2+y^2+z^2=a^2\\x+y+z=0\end{cases}(a>0)$.

**分析** 第一类曲线积分,一般是化成定积分进行计算. 但若在计算过程中注意使用对称性等性质,将会简化曲线积分的计算.

**解答** 利用对称性,$I=\oint_{\Gamma}(x^2+y^2+4x-6y+13)\mathrm{d}s$. 曲线 $\Gamma$ 是平面 $x+y+z=0$ 在球面 $x^2+y^2+z^2=a^2$ 上截下的大圆,它是一个半径为 $a$ 的圆周. 由对称性,$\oint_{\Gamma}x^2\mathrm{d}s=\oint_{\Gamma}y^2\mathrm{d}s=\oint_{\Gamma}z^2\mathrm{d}s=\frac{1}{3}\oint_{\Gamma}(x^2+y^2+z^2)\mathrm{d}s=\frac{a^2}{3}\oint_{\Gamma}\mathrm{d}s$,其中 $\oint_{\Gamma}\mathrm{d}s$ 等于 $\Gamma$ 的长度,即 $2\pi a$. 于是 $\oint_{\Gamma}x^2\mathrm{d}s=\frac{2\pi a^3}{3}$. 同时,$\oint_{\Gamma}x\mathrm{d}s=\oint_{\Gamma}y\mathrm{d}s=\oint_{\Gamma}z\mathrm{d}s=\frac{1}{3}\oint_{\Gamma}(x+y+z)\mathrm{d}s=0$,故有 $I=\oint_{\Gamma}[(x+2)^2+(y-3)^2]\mathrm{d}s=\frac{4\pi}{3}a^3+13\cdot 2\pi a=\frac{4\pi}{3}a^3+26\pi a$.

**评注** 由于利用了对称性,使得本题计算相当简便. 下面作一些扩展. ① 如果将曲线改为 $\Gamma_1:\begin{cases}x^2+y^2+z^2=a^2\\x+y+z=a\end{cases}$,这样,$\Gamma_1$ 是平面 $x+y+y=a$ 在球面 $x^2+y^2+z^2=a^2$ 上截下的小圆. 由于球心(0,0,0)到平面 $x+y+y=a$ 的距离为 $d=\frac{a}{\sqrt{3}}$,则 $\Gamma_1$ 的半径为 $r=\sqrt{a^2-d^2}=\frac{\sqrt{6}}{3}a$. 于是 $\oint_{\Gamma_1}x^2\mathrm{d}s=\frac{a^2}{3}\oint_{\Gamma_1}\mathrm{d}s=\frac{2\sqrt{6}}{9}\pi a^3$. 同时 $\oint_{\Gamma_1}x\mathrm{d}s=\oint_{\Gamma_1}y\mathrm{d}s=\oint_{\Gamma_1}z\mathrm{d}s=\frac{1}{3}\oint_{\Gamma_1}(x+y+z)\mathrm{d}s=\frac{a}{3}\oint_{\Gamma_1}\mathrm{d}s=\frac{2\sqrt{6}}{9}\pi a^2$,所以 $\oint_{\Gamma_1}(x^2+y^2+4x-6y+13)\mathrm{d}s=\frac{\sqrt{6}\pi a}{9}(4a^2-4a+13)$. ② 如果将曲线改为 $\Gamma_2$:$\begin{cases}x^2+y^2+z^2=a^2\\x+y=0\end{cases}$,则可先用对称性化简. 由对称性知 $\oint_{\Gamma_2}x^2\mathrm{d}s=\oint_{\Gamma_2}y^2\mathrm{d}s$,$\oint_{\Gamma_2}x\mathrm{d}s=\oint_{\Gamma_2}y\mathrm{d}s=\frac{1}{2}\oint_{\Gamma_2}(x+y)\mathrm{d}s=0$,那么 $\oint_{\Gamma_2}(x^2+y^2+4x-6y+13)\mathrm{d}s=\oint_{\Gamma_2}(2x^2+13)\mathrm{d}s$. 再将 $\Gamma_2$ 写成参数方程:

$$x=\frac{a}{\sqrt{2}}\cos\theta, y=-\frac{a}{\sqrt{2}}\cos\theta, z=a\sin\theta,$$

得 $ds=\sqrt{x'^2(\theta)+y'^2(\theta)+z'^2(\theta)}\,d\theta=a\,d\theta$,于是

$$\oint_{\Gamma_2}(x^2+y^2+4x-6y+13)\,ds=\oint_{\Gamma_2}(2x^2+13)\,ds=\int_0^{2\pi}(a^2\cos^2\theta+13)a\,d\theta=\pi a^2+26\pi a.$$

③对于平面曲线积分 $I=\int_L f(x,y)\,ds$,有与二重积分相似的对称结论:(ⅰ)若 $L$ 关于 $y$ 轴对称,且 $f(-x,y)=-f(x,y)$,则 $I=0$;若 $L$ 关于 $y$ 轴对称,且 $f(-x,y)=f(x,y)$,则 $I=2\int_{L(x\geqslant 0)}f(x,y)\,ds$.(ⅱ)若 $L$ 关于 $x,y$ 轴皆对称,且 $f(-x,y)\equiv f(x,y)\equiv f(x,-y)$,$L^+=\{(x,y)\in L:x,y\geqslant 0\}$,则 $I=4\int_{L^+}f(x,y)\,ds$.(ⅲ)若 $L$ 关于 $x,y$ 轴及直线 $y=x$ 皆对称,且 $f(-x,y)\equiv f(x,y)\equiv f(y,x)\equiv f(x,-y)$,则 $I=8\int_{(x,y)\in L,0\leqslant y\leqslant x}f(x,y)\,ds$.(ⅳ)若 $L$ 关于直线 $y=x$ 皆对称,则 $\int_L f(x,y)\,ds=\frac{1}{2}\int_L[f(x,y)+f(y,x)]\,ds$.类似的题还有:

(1) 求 $I=\int_L|y|\,ds$,$L:(x^2+y^2)^2=a^2(x^2-y^2)$.

**提示**:用极坐标代换,$r^2=a^2\cos2\theta$,$ds=\sqrt{(dr)^2+r^2(d\theta)^2}=\frac{a^2}{r}d\theta$,于是有 $I=\int_L|y|\,ds=4\int_{L^+}y\,ds=4\int_0^{\frac{\pi}{4}}r\sin\theta\cdot\frac{a^2}{r}d\theta=(4-2\sqrt{2})a^2$.

(2) 求 $I=\int_L(x^{\frac{4}{3}}+y^{\frac{4}{3}})\,ds$,$L:x^{\frac{2}{3}}+y^{\frac{2}{3}}=a^{\frac{2}{3}}$,$a>0$.

**提示**:用参数方程代换,$x=a\cos^3t$,$y=a\sin^3t$,则 $ds=3a|\sin t\cos t|\,dt$,从而有 $I=8\int_{L^+}y^{\frac{4}{3}}\,ds=24a^{\frac{7}{3}}\int_0^{\frac{\pi}{2}}\sin^5t\cos t\,dt=4a^{\frac{7}{3}}$.

(3) 求 $I=\int_L x^2\,ds$,$L:x^2+y^2=a^2$.

**提示**:$I=\int_L x^2\,ds=\frac{1}{2}\int_L(x^2+y^2)\,ds=\frac{1}{2}\int_L a^2\,ds=\pi a^3$.

(4) 求 $I=\int_L x^2\,ds$,$L:x^2+y^2+z^2=a^2$,$x+y+z=0$.

**提示**:$I=\frac{1}{3}\int_L(x^2+y^2+z^2)\,ds=\frac{1}{3}a^2\cdot2\pi a=\frac{2\pi a^3}{3}$.

(5) 求 $I=\oint_L(2xy+3x^2+4y^2)\,ds$,$L:\frac{x^2}{4}+\frac{y^2}{3}=1$,其周长为 $a$.

**提示**:$I=\oint_L(2xy+12)\,ds=2\oint_L xy\,ds+12\oint_L ds=12a$.

**例2-22** 计算 $I=\int_L(x^2-2xy)\,dx+(y^2-2xy)\,dy$,其中 $L$ 为 $y=x^2(-1\leqslant x\leqslant 1)$ 所表示的 $x$ 增大方向的抛物线.

**分析** 这是第二类平面曲线积分,一般是化成定积分进行计算,与第一类平面曲线积分

不同的是，这里的积分路径是有向曲线，化成定积分后，积分下限不一定小于积分上限. 若在计算过程中注意使用对称性等性质，将会简化曲线积分的计算.

**解答**　因为$L$关于$y$轴对称，故$\int_L xy\mathrm{d}x=0,\int_L y^2\mathrm{d}y=\int_L (x^2)^2\mathrm{d}(x^2)=\int_L 2x^5\mathrm{d}x=0$，于是

$$I=\int_L (x^2-2xy)\mathrm{d}x+(y^2-2xy)\mathrm{d}y=\int_L x^2\mathrm{d}x-2xy\mathrm{d}y=2\int_0^1(x^2-4x^4)\mathrm{d}x=-\frac{14}{15}.$$

**评注**　由于使用了对称性，简化了积分的计算. 对于积分$I=\int_L P(x,y)\mathrm{d}x$，由几何直观可以得出以下对称性的结论：① 设$L$关于$y$轴对称，且$P(-x,y)\equiv -P(x,y)$，则$I=\int_L P(x,y)\mathrm{d}x=0$；设$L$关于$y$轴对称，且$P(-x,y)\equiv P(x,y)$，则$I=2\int_{L^+}P(x,y)\mathrm{d}x$，其中$L^+=\{(x,y)\in L:x\geqslant 0\}$. ② 设$L$关于$x$轴对称，且$P(x,-y)\equiv P(x,y)$，则$I=\int_L P(x,y)\mathrm{d}x=0$；设$L$关于$x$轴对称，且$P(x,-y)\equiv -P(x,y)$，则$I=2\int_{L^+}P(x,y)\mathrm{d}x$，其中$L^+=\{(x,y)\in L:y\geqslant 0\}$. 对于$\int_L Q(x,y)\mathrm{d}y$也有类似结论. 同类的题还有：

(1) 求$I=\int_L (xe^y+y)\mathrm{d}x+[y\ln(x^2+1)+x]\mathrm{d}y$，$L:x^2+y^2=4$上沿顺时针方向从$(-\sqrt{3},-1)$到$(\sqrt{3},-1)$的一段.

**提示**：因为$L$关于$y$轴对称，故$\int_L xe^y\mathrm{d}x=0=\int_L y\ln(x^2+1)\mathrm{d}y$，于是$I=\int_L y\mathrm{d}x+x\mathrm{d}y=xy\big|_{(-\sqrt{3},-1)}^{(\sqrt{3},-1)}=-2\sqrt{3}$.

(2) 求$I=\int_L \frac{1}{|x|+|y|}(\mathrm{d}x+\mathrm{d}y)$，$L:|x|+|y|=1$.

**提示**：答案$I=0$.

(3) 求$\int_L (x^2+y^2)\mathrm{d}x+(x^2-y^2)\mathrm{d}y$，其中$L$为曲线$y=1-|1-x|$，$0\leqslant x\leqslant 2$，其方向从原点$O(0,0)$经$A(1,1)$到点$B(2,0)$.

**提示**：先把曲线方程中的绝对值符号去掉，再计算，由于$y=1-|1-x|=\begin{cases}x,0\leqslant x\leqslant 1\\2-x,1\leqslant x\leqslant 2\end{cases}$，经计算答案为$\frac{4}{3}$.

(4) 求$I=\oint_L (x^2+3y^2)\mathrm{d}x+(2xy+3y^2)\mathrm{d}y$，其中$L$为$x^2+2xy+3y^2=6$所表示的正向椭圆.

**提示**：$I=\oint_L (x^2+2xy+3y^2)\mathrm{d}x+(x^2+2xy+3y^2)\mathrm{d}y-\oint_L 2xy\mathrm{d}x+x^2\mathrm{d}y=0$.

(5) 求$I=\int_L 2x\mathrm{d}x-(x+2y)\mathrm{d}y$，其中$L$为以点$A(-1,0)$，$B(0,2)$，$C(2,0)$为定点的三角形负向回路.

**提示**：答案$I=3$.

**例 2-23**　计算$I=\int_\Gamma y^2\mathrm{d}x+z^2\mathrm{d}y+x^2\mathrm{d}z$，$\Gamma:x^2+y^2+z^2=a^2,x^2+y^2=ax$，从$x$轴正向看去$\Gamma$为反时针方向.

**分析**　这是第二类空间曲线积分,一般是化成定积分进行计算,这里的积分路径是有向曲线,化成定积分后,积分下限不一定小于积分上限. 若在计算过程中注意使用对称性等性质,将会简化曲线积分的计算.

**解答**　因为 $\Gamma$ 关于 $xOz$ 面对称,故有 $\int_\Gamma y^2\mathrm{d}x = \int_\Gamma x^2\mathrm{d}z = 0$,于是

$$I = \int_\Gamma z^2\mathrm{d}y = \int_\Gamma (a^2 - ax)\mathrm{d}y = -a\int_\Gamma x\mathrm{d}y = -a\int_{x^2+y^2=ax} x\mathrm{d}y = -a\iint_{x^2+y^2\leqslant ax}\mathrm{d}x\mathrm{d}y = -\frac{\pi a^3}{4}.$$

**评注**　计算中用了三个转化步骤:① 由 $\Gamma$ 的方程引出代换 $z^2 = a^2 - ax$;② 化积分 $\int_\Gamma x\mathrm{d}y$ 为 $\int_{L_{xy}} x\mathrm{d}y$,$L_{xy}$ 是 $\Gamma$ 在 $xOy$ 平面的投影;③ 应用格林公式. 另外,计算中还使用了对称性性质. 对于积分 $I = \int_\Gamma P(x,y,z)\mathrm{d}x$,有如下结论:(i) 设 $\Gamma$ 关于 $xOy$ 平面对称,且 $P(x,y,-z) \equiv P(x,y,z)$,则 $I = 0$;设 $\Gamma$ 关于 $xOy$ 平面对称,且 $P(x,y,-z) \equiv -P(x,y,z)$,则 $I = 2\int_{\Gamma(x\geqslant 0)} P(x,y,z)\mathrm{d}x$. (ii) 设 $\Gamma$ 关于 $yOz$ 平面对称,且 $P(-x,y,z) \equiv -P(x,y,z)$,则 $I = 0$;设 $\Gamma$ 关于 $yOz$ 平面对称,且 $P(-x,y,z) \equiv P(x,y,z)$,则 $I = 2\int_{\Gamma(x\geqslant 0)} P(x,y,z)\mathrm{d}x$. (iii) 设 $\Gamma$ 关于 $xOz$ 平面对称,且 $P(x,-y,z) \equiv P(x,y,z)$,则 $I = 0$;设 $\Gamma$ 关于 $xOz$ 平面对称,且 $P(x,-y,z) \equiv -P(x,y,z)$,则 $I = 2\int_{\Gamma(y\geqslant 0)} P(x,y,z)\mathrm{d}x$. 对于 $\int_\Gamma Q(x,y,z)\mathrm{d}y$,$\int_\Gamma R(x,y,z)\mathrm{d}z$ 也有类似结论. 同类的题还有:

(1) 求 $I = \int_\Gamma (x^2 + z)\mathrm{d}x + (y^2 + x)\mathrm{d}y + (z^2 + y)\mathrm{d}z$,$\Gamma$:$x^2 + y^2 + z^2 = 1$,$z = \sqrt{x^2 + y^2}$,从 $z$ 轴正向看去 $\Gamma$ 为反时针方向.

**提示**:首先 $I = \int_\Gamma x^2\mathrm{d}x + y^2\mathrm{d}y + z^2\mathrm{d}z = 0$,因为 $\Gamma$ 关于 $xOz$ 平面及 $yOz$ 平面对称,故有 $\int_\Gamma z\mathrm{d}x + y\mathrm{d}z = 0$,于是 $I = \int_\Gamma x\mathrm{d}y = \int_{L_{xy}} x\mathrm{d}y = \iint\limits_{x^2+y^2\leqslant\frac{1}{2}}\mathrm{d}x\mathrm{d}y = \frac{\pi}{2}$.

(2) 求 $I = \int_\Gamma (y^2 + z^2)\mathrm{d}x + (z^2 + x^2)\mathrm{d}y + (x^2 + y^2)\mathrm{d}z$,$\Gamma$:$x^2 + y^2 + z^2 = 2Rx$,$x^2 + y^2 = 2ax$($z > 0$,$0 < a < R$),从 $z$ 轴正向看去 $\Gamma$ 为反时针方向.

**提示**:由 $\Gamma$ 关于 $xOz$ 平面对称有 $\int_\Gamma (y^2 + z^2)\mathrm{d}x + (x^2 + y^2)\mathrm{d}z = 0$,$I = \int_\Gamma (z^2 + x^2)\mathrm{d}y = \int_\Gamma (2Rx - y^2)\mathrm{d}y = 2R\int_\Gamma x\mathrm{d}y = 2R\iint\limits_{x^2+y^2\leqslant 2ax}\mathrm{d}x\mathrm{d}y = 2\pi a^2 R$. 此题也可以用如下更为简单方法:$I = I + \int_\Gamma x^2\mathrm{d}x + y^2\mathrm{d}y + z^2\mathrm{d}z = \int_\Gamma (x^2 + y^2 + z^2)\mathrm{d}(x + y + z) = 2R\int_\Gamma x\mathrm{d}(x + y + z) = 2R\int_\Gamma x\mathrm{d}y = 2\pi a^2 R$.

(3) 求 $I = \int_\Gamma y\mathrm{d}x + z\mathrm{d}y + x\mathrm{d}z$,$\Gamma$:$x^2 + y^2 + z^2 = a^2$,$x + y + z = 0$,从 $x$ 轴正向看去 $\Gamma$ 为反时针方向.

**提示**:由对称性可知 $I = 3\int_\Gamma y\mathrm{d}x$,于是 $I = 3\int_{L_{xy}} y\mathrm{d}x = -3\iint_D \mathrm{d}x\mathrm{d}y = -3S$,其中 $D$ 是 $L_{xy}$ 所围区域,$S$ 是 $D$ 的面积. 因为 $\Gamma$ 所围面积为 $\pi a^2$,而平面 $x + y + z = 0$ 法向量与 $z$ 轴夹角的余弦为

$\frac{1}{\sqrt{3}}$，故 $S=\frac{\pi a^2}{\sqrt{3}}$，因此 $I=-\sqrt{3}\pi a^2$.

(4) 求 $I=\int_\Gamma xy\mathrm{d}x+x^2\mathrm{d}y+z^2\mathrm{d}z$，$\Gamma: z=x^2+y^2, z=y$，从 $z$ 轴正向看去 $\Gamma$ 为反时针方向.

**提示**：$\int_\Gamma z^2\mathrm{d}z=0$，由对称性知 $\int_\Gamma xy\mathrm{d}x+x^2\mathrm{d}y=0$，故 $I=0$.

(5) 求 $I=\int_\Gamma y\mathrm{d}x+z\mathrm{d}y+x\mathrm{d}z$，$\Gamma$ 是以 $(a,0,0)$，$(0,a,0)$ 与 $(0,0,a)$ 为顶点的三角形回路.

**提示**：$I=3\int_\Gamma y\mathrm{d}x=3\int_a^0(a-x)\mathrm{d}x=-\frac{3a^2}{2}$.

**例 2-24** 计算 $I=\oint_L\frac{(x-y)\mathrm{d}x+(x+4y)\mathrm{d}y}{x^2+4y^2}$，其中 $L$ 为不通过原点 $O(0,0)$ 的简单光滑闭曲线，$L$ 为逆时针方向.

**分析** 这是第二类平面闭曲线积分，一般是化成定积分进行计算. 若在计算过程中注意使用积分与路径无关，格林公式等性质，将会简化曲线积分的计算.

**解答** 记 $P(x,y)=\frac{x-y}{x^2+4y^2}$，$Q(x,y)=\frac{x+4y}{x^2+4y^2}$，则 $\frac{\partial Q}{\partial x}=\frac{\partial P}{\partial y}=\frac{4y^2-x^2-8xy}{(x^2+4y^2)^2}$.

① 当 $L$ 不包含原点时，由格林公式，得 $I=\oint_L P\mathrm{d}x+Q\mathrm{d}y=\iint_D\left(\frac{\partial Q}{\partial x}-\frac{\partial P}{\partial y}\right)\mathrm{d}\sigma=0$，其中 $D$ 为 $L$ 所围的闭区域.

② 当 $L$ 包含原点时，$P,Q,\frac{\partial P}{\partial y}$ 与 $\frac{\partial Q}{\partial x}$ 在原点 $O(0,0)$ 不连续，不满足格林公式的条件. 为此，作一充分小的椭圆 $L_\varepsilon: x=\varepsilon\cos\theta, y=\frac{1}{2}\varepsilon\sin\theta$，$\theta$ 从 $2\pi$ 变到 0. $L_\varepsilon$ 为顺时针方向，$L$ 与 $L_\varepsilon$ 所围成的闭区域记为 $D_1$，则

$$\oint_{L+L_\varepsilon}P\mathrm{d}x+Q\mathrm{d}y=\iint_{D_1}\left(\frac{\partial Q}{\partial x}-\frac{\partial P}{\partial y}\right)\mathrm{d}\sigma=0.$$

于是

$$I=\oint_L P\mathrm{d}x+Q\mathrm{d}y=\oint_{L+L_\varepsilon}P\mathrm{d}x+Q\mathrm{d}y-\oint_{L_\varepsilon}P\mathrm{d}x+Q\mathrm{d}y=0-\oint_{L_\varepsilon}P\mathrm{d}x+Q\mathrm{d}y$$

$$=-\int_{2\pi}^0\frac{\left(\varepsilon\cos\theta-\frac{1}{2}\varepsilon\sin\theta\right)\cdot(-\varepsilon\sin\theta)+(\varepsilon\cos\theta+2\varepsilon\sin\theta)\cdot\frac{1}{2}\varepsilon\cos\theta}{\varepsilon^2}\mathrm{d}\theta=\int_0^{2\pi}\frac{1}{2}\mathrm{d}\theta=\pi.$$

**评注** 当封闭积分曲线 $L$ 包含奇点 $M$ 时，通常用含于 $L$ 内且包含 $M$ 的一条适当的封闭积分曲线 $L_\varepsilon$ 来“挖去奇点”，使得在 $L+L_\varepsilon$ 所包围的闭区域 $D_1$ 上能应用格林公式. 通常要求二重积分 $\iint_{D_1}\left(\frac{\partial Q}{\partial x}-\frac{\partial P}{\partial y}\right)\mathrm{d}\sigma$ 与新路径上的曲线积分 $\oint_{L_\varepsilon}P\mathrm{d}x+Q\mathrm{d}y$ 都容易计算，以达到能计算或者易于计算的目的. 一般地，如果 $\frac{\partial Q}{\partial x}=\frac{\partial P}{\partial y}$，那么只要求 $\oint_{L_\varepsilon}P\mathrm{d}x+Q\mathrm{d}y$ 容易计算即可. 在这里，根据被积函数选好 $L_\varepsilon$ 是关键. 例如，计算 $\oint_L\frac{-y\mathrm{d}x+x\mathrm{d}y}{x^2+y^2}$，$L$ 为 $\frac{x^2}{a^2}+\frac{y^2}{b^2}=1$，取逆时针方向. 记 $P(x,y)=$

$\dfrac{-y}{x^2+y^2}, Q(x,y)=\dfrac{x}{x^2+y^2}$,则$\dfrac{\partial Q}{\partial x}=\dfrac{\partial P}{\partial y}=\dfrac{y^2-x^2}{(x^2+y^2)^2}$. 根据被积函数分母的特点,在$L$内取圆周$L_\varepsilon: x^2+y^2=\varepsilon^2(\varepsilon>0)$来"挖去奇点". 由格林公式,有

$$\oint_L \frac{-y\mathrm{d}x+x\mathrm{d}y}{x^2+y^2}=\oint_{L_\varepsilon}\frac{-y\mathrm{d}x+x\mathrm{d}y}{x^2+y^2}\int_0^{2\pi}\frac{-\varepsilon\sin t\cdot(-\varepsilon\sin t)+\varepsilon\cos t\cdot\varepsilon\cos t}{\varepsilon^2}\mathrm{d}t=2\pi.$$

同类的题还有:

(1) 求$I=\oint_L\dfrac{(x+y)\mathrm{d}x-(x-y)\mathrm{d}y}{x^2+y^2}$,其中$L$为任意取正向的闭曲线.

**提示**:$P(x,y)=\dfrac{x+y}{x^2+y^2}, Q(x,y)=\dfrac{-(x-y)}{x^2+y^2}, \dfrac{\partial P}{\partial y}=\dfrac{x^2-2xy-y^2}{(x^2+y^2)^2}, \dfrac{\partial Q}{\partial x}=\dfrac{x^2-2xy-y^2}{(x^2+y^2)^2}$, $\dfrac{\partial Q}{\partial x}=\dfrac{\partial P}{\partial y}$. 当$L$为不包围也不经过原点$O(0,0)$的任意取正向的闭曲线时,$I=\oint_L\dfrac{(x+y)\mathrm{d}x-(x-y)\mathrm{d}y}{x^2+y^2}=0$. 当$L$为包围原点$O(0,0)$的任意取正向的闭曲线时,$I=\oint_L\dfrac{(x+y)\mathrm{d}x-(x-y)\mathrm{d}y}{x^2+y^2}=-2\pi$.

(2) 求$I=\oint_L\dfrac{xy^2\mathrm{d}y-x^2y\mathrm{d}x}{x^2+y^2}$,其中$L$为圆周$x^2+y^2=a^2$,取顺时针方向.

**提示**:注意到$L$上的点$(x,y)$满足$x^2+y^2=a^2$,所以$I=\oint_L\dfrac{xy^2\mathrm{d}y-x^2y\mathrm{d}x}{x^2+y^2}=\dfrac{1}{a^2}\oint_L -x^2y\mathrm{d}x+xy^2\mathrm{d}y$,这样,右端积分可用格林公式计算,注意代公式时,应多一个负号. $I=\dfrac{1}{a^2}\oint_L -x^2y\mathrm{d}x+xy^2\mathrm{d}y=-\dfrac{1}{a^2}\iint_D(x^2+y^2)\mathrm{d}x\mathrm{d}y=-\dfrac{\pi}{2}a^3$.

(3) 求$I=\oint_L\dfrac{y\mathrm{d}x-x\mathrm{d}y}{2(x^2+y^2)}$,其中$L$为圆周$(x-1)^2+y^2=2$,$L$的方向取逆时针方向.

**提示**:在$L$包围的区域$D$内作顺时针方向的小圆周$L_1: x=\varepsilon\cos\theta, y=\varepsilon\sin\theta(0\leqslant\theta\leqslant 2\pi)$. 在$L$与$L_1$包围的区域$D_1$上,由于$\dfrac{\partial Q}{\partial x}=\dfrac{x^2-y^2}{(x^2+y^2)^2}=\dfrac{\partial P}{\partial y}$,所以有$\oint_{L+L_1}\dfrac{y\mathrm{d}x-x\mathrm{d}y}{2(x^2+y^2)}=\iint_{D_1}\left(\dfrac{\partial Q}{\partial x}-\dfrac{\partial P}{\partial y}\right)\mathrm{d}x\mathrm{d}y=0$. 故$\oint_L\dfrac{y\mathrm{d}x-x\mathrm{d}y}{2(x^2+y^2)}+\oint_{L_1}\dfrac{y\mathrm{d}x-x\mathrm{d}y}{2(x^2+y^2)}=0$,因此$I=\oint_L\dfrac{y\mathrm{d}x-x\mathrm{d}y}{2(x^2+y^2)}=-\oint_{L_1}\dfrac{y\mathrm{d}x-x\mathrm{d}y}{2(x^2+y^2)}=\int_0^{2\pi}\dfrac{-\varepsilon^2\sin^2\theta-\varepsilon^2\cos^2\theta}{2\varepsilon^2}\mathrm{d}\theta=-\dfrac{1}{2}\int_0^{2\pi}\mathrm{d}\theta=-\pi$.

(4) 求$I=\oint_L\left[\dfrac{-y}{(x-2)^2+y^2}+\dfrac{-y}{x^2+y^2}\right]\mathrm{d}x+\left[\dfrac{x-2}{(x-2)^2+y^2}+\dfrac{x}{x^2+y^2}\right]\mathrm{d}y$,这里$L$是两圆$L_1: x^2+y^2=1$和$L_2:(x-2)^2+y^2=1$,闭路逆时针.

**提示**:设$P_1=\dfrac{-y}{(x-2)^2+y^2}, P_2=\dfrac{-y}{x^2+y^2}; Q_1=\dfrac{x-2}{(x-2)^2+y^2}, Q_2=\dfrac{x}{x^2+y^2}$. 则$\dfrac{\partial Q_1}{\partial x}=\dfrac{\partial P_1}{\partial y}=$

$\frac{y^2-(x-2)^2}{[(x-2)^2+y^2]^2}$，$\frac{\partial Q_2}{\partial x}=\frac{\partial P_2}{\partial y}=\frac{y^2-x^2}{(x^2+y^2)^2}$，$I=\oint_{L_1}P_1\mathrm{d}x+Q_1\mathrm{d}y+\oint_{L_2}P_1\mathrm{d}x+Q_1\mathrm{d}y+\oint_{L_1}P_2\mathrm{d}x+Q_2\mathrm{d}y+\oint_{L_2}P_2\mathrm{d}x+Q_2\mathrm{d}y=\oint_{L_2}P_1\mathrm{d}x+Q_1\mathrm{d}y+\oint_{L_1}P_2\mathrm{d}x+Q_2\mathrm{d}y$，其余两个积分$\oint_{L_1}P_1\mathrm{d}x+Q_1\mathrm{d}y$，$\oint_{L_2}P_2\mathrm{d}x+Q_2\mathrm{d}y$直接使用格林公式结果为零. 此时，在积分$\oint_{L_2}P_1\mathrm{d}x+Q_1\mathrm{d}y$中，令$x-2=\cos t$，$y=\sin t$，$0\leqslant t\leqslant 2\pi$，得到$\oint_{L_2}P_1\mathrm{d}x+Q_1\mathrm{d}y=\int_0^{2\pi}\mathrm{d}t=2\pi$. 而在积分$\oint_{L_1}P_2\mathrm{d}x+Q_2\mathrm{d}y$中，令$x=\cos t$，$y=\sin t$，$0\leqslant t\leqslant 2\pi$，得$\oint_{L_1}P_2\mathrm{d}x+Q_2\mathrm{d}y=\int_0^{2\pi}\mathrm{d}t=2\pi$. 故$I=4\pi$.

（5）求$I=\oint_L\frac{x\mathrm{d}y-y\mathrm{d}x}{4x^2+y^2}$，其中$L$是以点(1,0)为中心，$R$为半径的圆周($R>1$)，取逆时针方向.

**提示**：$P=\frac{-y}{4x^2+y^2}$，$Q=\frac{x}{4x^2+y^2}$，$\frac{\partial Q}{\partial x}=\frac{y^2-4x^2}{(4x^2+y^2)^2}=\frac{\partial P}{\partial y}$，$(x,y)\neq(0,0)$，作足够小椭圆$C:\begin{cases}x=\frac{r}{2}\cos\theta\\ y=r\sin\theta\end{cases}$ $(0\leqslant\theta\leqslant 2\pi)$，$C$取逆时针方向，于是由格林公式有$\oint_{L+C^-}\frac{x\mathrm{d}y-y\mathrm{d}x}{4x^2+y^2}=0$，从而$I=\oint_L\frac{x\mathrm{d}y-y\mathrm{d}x}{4x^2+y^2}=\oint_C\frac{x\mathrm{d}y-y\mathrm{d}x}{4x^2+y^2}=\int_0^{2\pi}\frac{1}{2}\mathrm{d}\theta=\pi$.

**例 2-25** 计算$I=\iint_S(xy+yz+zx)\mathrm{d}S$，$S:z=\sqrt{x^2+y^2}\,(x^2+y^2\leqslant 2ax)$.

**分析** 这是第一类曲面积分，一般是化为二重积分进行计算，方法是“一投二代三替换，曲积化为重积求”. “一投”是指将曲面投影在某个坐标面上，要求投影是一个平面闭区域（如投影在$xOy$面上，得到平面闭区域$D_{xy}$），“二代”是指从曲面方程中解出相应的变量（如解出$z=z(x,y)$），“三替换”是指将$\mathrm{d}S$替换为$\sqrt{1+z_x^2+z_y^2}\mathrm{d}x\mathrm{d}y$，最终将曲面积分化成二重积分，即$\iint_S f(x,y,z)\mathrm{d}S=\iint_{D_{xy}}f(x,y,z(x,y))\sqrt{1+z_x^2+z_y^2}\mathrm{d}x\mathrm{d}y$. 实际计算中若能与对称性等性质结合起来，将会简化积分的计算.

**解答** 因为$S$关于$xOz$平面对称，故$\iint_S(xy+yz)\mathrm{d}S=0$. 对于锥面$z=\sqrt{x^2+y^2}$有$\mathrm{d}S=\sqrt{2}\mathrm{d}x\mathrm{d}y$（应该记住！），于是$I=\iint_S(xy+yz+zx)\mathrm{d}S=\iint_S zx\mathrm{d}S=\sqrt{2}\iint_{x^2+y^2\leqslant 2ax}x\sqrt{x^2+y^2}\mathrm{d}x\mathrm{d}y$，用极坐标代换可求得$I=\iint_S zx\mathrm{d}S=2\sqrt{2}\int_0^{\frac{\pi}{2}}\cos\theta\mathrm{d}\theta\int_0^{2a\cos\theta}r^3\mathrm{d}r=\frac{16\sqrt{2}}{15}a^4$.

**评注** 计算过程中不但使用了第一类曲面积分化为二重积分进行计算的方法，还使用到对称性等性质，因而使计算得到简化. 对于第一类曲面积分$I=\iint_S f(x,y,z)\mathrm{d}S$，有以下关于对称性的结论：① 设$S$关于$xOy$平面对称，且满足$f(x,y,-z)\equiv -f(x,y,z)$，则$I=0$；设$S$关于$xOy$平面对称，且满足$f(x,y,-z)\equiv f(x,y,z)$，则$I=2\iint_{S(z\geqslant 0)}f(x,y,z)\mathrm{d}S$. 当$S$关于$xOz$平面或者$yOz$

平面对称也有类似的结论. ② 若 $S$ 关于 $x,y,z$ 变量位置对称,则 $I=\iint_S f(x,y,z)\mathrm{d}S=\iint_S f(y,z,x)\mathrm{d}S=\iint_S f(z,x,y)\mathrm{d}S=\frac{1}{3}\iint_S[f(x,y,z)+f(y,z,x)+f(z,x,y)]\mathrm{d}S$ 特别有, $\iint_S\varphi(x)\mathrm{d}S=\frac{1}{3}\iint_S[\varphi(x)+\varphi(x)+\varphi(x)]\mathrm{d}S$. 同类的题还有:

(1) 求 $I=\iint_S(x+y+z)\mathrm{d}S, S:z=\sqrt{a^2-x^2-y^2}$.

**提示:** 由对称性有 $\iint_S(x+y)\mathrm{d}S=0$, 于是 $I=\iint_S z\mathrm{d}S=\iint_{x^2+y^2\leqslant a^2}a\mathrm{d}x\mathrm{d}y=\pi a^2$.

(2) 求 $I=\iint_S xyz(y^2z^2+z^2x^2+x^2y^2)\mathrm{d}S, S:x^2+y^2+z^2=a^2(x,y,z\geqslant 0)$.

**提示:** 因为 $S$ 关于 $x,y,z$ 位置对称,所以 $I=3\iint_S x^3y^3z\mathrm{d}S=3a\iint_D x^3y^3\mathrm{d}x\mathrm{d}y$ (用极坐标) $=3a\int_0^{\frac{\pi}{2}}\sin^3\theta\cos^3\theta\int_0^a r^7\mathrm{d}r=\frac{a^9}{32}$, 其中 $D$ 是 $S$ 在 $xOy$ 平面上的投影.

(3) 求 $I=\iint_S x^2\mathrm{d}S, S:z=\sqrt{a^2-x^2-y^2}$.

**提示:** 用 $B:x^2+y^2+z^2=a^2$ 代替 $S:z=\sqrt{a^2-x^2-y^2}$, 则 $I=\frac{1}{2}\iint_B x^2\mathrm{d}S=\frac{1}{6}\iint_B(x^2+y^2+z^2)\mathrm{d}S=\frac{1}{6}\iint_B a^2\mathrm{d}S=\frac{2\pi a^4}{3}$.

(4) 求 $I=\iint_S(x^2+y^2)\mathrm{d}S, S:z=\sqrt{a^2-x^2-y^2}$.

**提示:** 答案 $I=\frac{4\pi a^4}{3}$.

(5) 求 $I=\oint\!\!\!\oint_\Sigma(x^2+2y^2+3z^2)\mathrm{d}S$, 其中 $\Sigma:x^2+y^2+z^2=2y$.

**提示:** ① 利用对称性,从曲面方程 $\Sigma:x^2+(y-1)^2+z^2=1$ 中看出, $x,z$ 位置对称,且曲面 $\Sigma$ 关于平面 $z=1$ 对称,故有 $\oint\!\!\!\oint_\Sigma x^2\mathrm{d}S=\oint\!\!\!\oint_\Sigma z^2\mathrm{d}S$, $\iint_\Sigma(y-1)\mathrm{d}S=0$. 所以,有 $I=2\oint\!\!\!\oint_\Sigma(x^2+y^2+z^2)\mathrm{d}S=4\oint\!\!\!\oint_\Sigma y\mathrm{d}S=4\oint\!\!\!\oint_\Sigma[(y-1)+1]\mathrm{d}S=4\oint\!\!\!\oint_\Sigma\mathrm{d}S=16\pi$. 另外 $\oint\!\!\!\oint_\Sigma y\mathrm{d}S$ 也可以通过物理意义计算, $\oint\!\!\!\oint_\Sigma y\mathrm{d}S=\underline{y}\cdot\oint\!\!\!\oint_\Sigma\mathrm{d}S$, 其中 $(\bar{x},\bar{y},\bar{z})=(0,1,0)$ 为曲面的质心. ② 直接计算:将曲面 $\Sigma$ 分成上下两个半球面,上半球面的方程为 $\Sigma_1:z=\sqrt{2y-x^2-y^2}$, $(x,y)\in D_{xy}:x^2+y^2\leqslant 2y$. 且 $\mathrm{d}S=\sqrt{1+\left(\frac{\partial z}{\partial x}\right)^2+\left(\frac{\partial z}{\partial y}\right)^2}\mathrm{d}\sigma=\frac{1}{\sqrt{2y-x^2-y^2}}\mathrm{d}\sigma$. 因为被积函数 $f(x,y,z)=x^2+2y^2+3z^2$ 是关于 $z$ 的偶函数,曲面 $\Sigma$ 关于 $xOy$ 面对称,因此 $I=2\iiint_{\Sigma_1}(x^2+2y^2+3z^2)\mathrm{d}S=2\iiint_{\Sigma_1}(6y-2x^2-y^2)\mathrm{d}S=2\iint_{D_{xy}}\frac{6y-2x^2-y^2}{\sqrt{2y-x^2-y^2}}\mathrm{d}\sigma$. 作广义极坐标变换 $x=r\cos\theta, y=1+r\sin\theta$, 得 $I=2\int_0^{2\pi}\mathrm{d}\theta\int_0^1$

$\dfrac{5+4r\sin\theta-r^2-r^2\sin^2\theta}{\sqrt{1-r^2}}=2\pi\int_0^1\dfrac{10r-3r^3}{\sqrt{1-r^2}}\mathrm{d}r$,其中$\int_0^{2\pi}\sin\theta\mathrm{d}\theta=0,\int_0^{2\pi}\sin^2\theta\mathrm{d}\theta=\pi$. 在右端积分中,再令 $r=\sin t$,得 $I=2\pi\int_0^{\frac{\pi}{2}}(10\sin t-3\sin^3 t)\mathrm{d}t=2\pi\left(10-3\times\dfrac{2}{3}\right)=16\pi$.

**例 2-26** 计算 $I=\oiint\limits_{\Sigma}(x-y)\mathrm{d}x\mathrm{d}y+(y-z)\mathrm{d}y\mathrm{d}z$,其中 $\Sigma$ 为柱面 $x^2+y^2=1$ 及平面 $z=0$,$z=3$ 所围成的空间闭区域 $\Omega$ 的边界曲面的外侧.

**分析** 这是第二类曲面积分. 一般是化为二重积分进行计算,方法是"一投二代三定号". "一投"是指将曲面投影在某个坐标面上(如投影在 $xOy$ 面上),"二代"是指从曲面方程中解出相应的变量(如解出 $z=z(x,y)$),"三定号"是指确定投影的符号,最终将曲面积分化成二重积分. 实际计算中若能与对称性,高斯公式等性质结合起来,将会简化积分的计算.

**解答** 设 $P(x,y,z)=(y-z)x,\ Q(x,y,z)=0,R(x,y,z)=x-y$,由高斯公式可得

$$I=\iiint\limits_{\Omega}\left(\frac{\partial P}{\partial x}+\frac{\partial Q}{\partial y}+\frac{\partial R}{\partial z}\right)\mathrm{d}V=\iiint\limits_{\Omega}(y-z)\mathrm{d}V.$$

下面给出计算三重积分 $\iiint\limits_{\Omega}(y-z)\mathrm{d}V$ 的三种方法:

① 利用对称性和三重积分的物理意义进行计算,由于 $\iiint\limits_{\Omega}y\mathrm{d}V=0$(其中 $\Omega$ 关于 $xOz$ 面对称,被积函数为奇函数),$\iiint\limits_{\Omega}z\mathrm{d}V=\bar{z}\cdot V=\dfrac{3}{2}\cdot 3\pi=\dfrac{9}{2}\pi$(这里由物理意义可知,$\Omega$ 的质心坐标为 $(\bar{x},\bar{y},\bar{z})=\left(0,0,\dfrac{3}{2}\right)$,$\Omega$ 的体积为 $3\pi$),因此 $I=0-\dfrac{9}{2}\pi=-\dfrac{9}{2}\pi$.

② 利用对称性和截面法进行计算,$I=0-\iiint\limits_{\Omega}z\mathrm{d}V=\int_0^3 z\mathrm{d}z\iint\limits_{D_z:x^2+y^2\leqslant 1}\mathrm{d}\sigma=-\pi\int_0^3 z\mathrm{d}z=-\dfrac{9}{2}\pi$.

③ 利用柱面坐标代换计算,$I=\int_0^{2\pi}\mathrm{d}\theta\int_0^1 r\mathrm{d}r\int_0^3(r\sin\theta-z)\mathrm{d}z=-\dfrac{9}{2}\pi$.

**评注** 由于重积分、线积分与面积分都是转化为累次积分或者定积分来计算的,因此,重积分、线积分与面积分的对称性本质上就是定积分对称性的体现. 下面给出这些对称性的描述:

① 定积分的对称性,设函数 $f(x)$ 在区间 $[-a,a]$ 上连续,则有 $\int_{-a}^{a}f(x)\mathrm{d}x=\int_0^a[f(x)+f(-x)]\mathrm{d}x$.

② 平面闭区域的对称性,设 $D$ 是平面闭区域,如果 $(x,y)\in D$,有 $(x,-y)\in D$,则称 $D$ 关于 $x$ 轴对称;如果 $(x,y)\in D$,有 $(-x,y)\in D$,则称 $D$ 关于 $y$ 轴对称;如果 $(x,y)\in D$,有 $(-x,-y)\in D$,则称 $D$ 关于原点轴对称.

③ 二元函数的奇偶性,设函数 $f(x,y)$ 在平面闭区域 $D$ 上有定义,如果 $f(-x,y)=-f(x,y)$,则称 $f(x,y)$ 是关于 $x$ 的奇函数;如果 $f(-x,y)=f(x,y)$,则称 $f(x,y)$ 是关于 $x$ 的偶函数;如果 $f(x,-y)=-f(x,y)$,则称 $f(x,y)$ 是关于 $y$ 的奇函数;如果 $f(x,-y)=f(x,y)$,则称 $f(x,y)$ 是关于 $y$ 的奇函数.

④ 二重积分的对称性,设闭区域 $D$ 关于 $y$ 轴对称,则当 $f(x,y)$ 关于 $x$ 是奇函数时,$\iint\limits_{D}f(x,$

$y)\mathrm{d}x\mathrm{d}y=0$；当 $f(x,y)$ 关于 $x$ 是偶函数时，$\iint\limits_D f(x,y)\mathrm{d}x\mathrm{d}y=2\iint\limits_{D_1} f(x,y)\mathrm{d}x\mathrm{d}y$，其中 $D_1$ 是 $D$ 位于 $y$ 轴正向的部分. 设闭区域 $D$ 关于 $x$ 轴对称，则当 $f(x,y)$ 关于 $y$ 是奇函数时，$\iint\limits_D f(x,y)\mathrm{d}x\mathrm{d}y=0$；当 $f(x,y)$ 关于 $y$ 是偶函数时，$\iint\limits_D f(x,y)\mathrm{d}x\mathrm{d}y=2\iint\limits_{D_1} f(x,y)\mathrm{d}x\mathrm{d}y$，其中 $D_1$ 是 $D$ 位于 $x$ 轴正向的部分.

⑤ 三重积分的对称性，设 $\Omega$ 是空间闭区域，如果 $(x,y,z)\in\Omega$，有 $(x,y,-z)\in\Omega$，则称 $\Omega$ 关于 $xOy$ 面对称. 设函数 $f(x,y,z)$ 在空间闭区域 $\Omega$ 上有定义，如果 $f(x,y,-z)=-f(x,y,z)$，则称 $f(x,y,z)$ 关于 $z$ 是奇函数；如果 $f(x,y,-z)=f(x,y,z)$，则称 $f(x,y,z)$ 关于 $z$ 是偶函数. 如果空间闭区域 $\Omega$ 关于 $xOy$ 面对称，则 $f(x,y,z)$ 关于 $z$ 是奇函数时，$\iiint\limits_\Omega f(x,y,z)\mathrm{d}x\mathrm{d}y\mathrm{d}z=0$；$f(x,y,z)$ 关于 $z$ 是偶函数时

$$\iiint\limits_\Omega f(x,y,z)\mathrm{d}x\mathrm{d}y\mathrm{d}z=2\iiint\limits_{\Omega_1} f(x,y,z)\mathrm{d}x\mathrm{d}y\mathrm{d}z,$$

其中 $\Omega_1$ 是区域 $\Omega$ 位于 $z$ 轴正向的部分. 关于变量 $x,y$ 的对称性，可以类似讨论. 下面给出几个类似的题：

(1) 求 $I=\iint\limits_S x^2\mathrm{d}y\mathrm{d}z+y^2\mathrm{d}z\mathrm{d}x+z^2\mathrm{d}x\mathrm{d}y$，$S$ 为曲面 $z^2=x^2+y^2(0\leqslant z\leqslant h)$ 的上侧.

**提示：** 对于曲面积分 $I=\iint\limits_S P(x,y,z)\mathrm{d}y\mathrm{d}z$ 有对称性结论，设 $S$ 关于 $yOz$ 平面对称，当 $P(-x,y,z)\equiv P(x,y,z)$ 时，$I=0$；当 $P(-x,y,z)=-P(x,y,z)$ 时，$I=2\iint\limits_{S(x\geqslant 0)} P(x,y,z)\mathrm{d}y\mathrm{d}z$. 对于积分 $\iint\limits_S Q(x,y,z)\mathrm{d}z\mathrm{d}x$ 与 $\iint\limits_S R(x,y,z)\mathrm{d}x\mathrm{d}y$ 也有类似的结果. 若 $S$ 关于 $x,y,z$ 位置对称，则有 $I=$

$$\iint\limits_S P(x,y,z)\mathrm{d}y\mathrm{d}z=\iint\limits_S P(z,x,y)\mathrm{d}x\mathrm{d}y=\iint\limits_S P(y,z,x)\,\mathrm{d}z\mathrm{d}x$$
$$=\frac{1}{3}\iint\limits_S P(x,y,z)\mathrm{d}y\mathrm{d}z+P(y,z,x)\mathrm{d}z\mathrm{d}x+P(z,x,y)\mathrm{d}x\mathrm{d}y.$$

针对本题，因为 $S$ 关于 $yOz$ 平面对称，且 $P(-x,y,z)\equiv P(x,y,z)$，所以 $\iint\limits_S x^2\mathrm{d}y\mathrm{d}z=0$；同理 $\iint\limits_S y^2\mathrm{d}z\mathrm{d}x=0$，于是 $I=\iint\limits_S x^2\mathrm{d}y\mathrm{d}z+y^2\mathrm{d}z\mathrm{d}x+z^2\mathrm{d}x\mathrm{d}y=\iint\limits_S z^2\mathrm{d}x\mathrm{d}y=\iint\limits_{x^2+y^2\leqslant h^2}(x^2+y^2)\mathrm{d}x\mathrm{d}y=\frac{\pi h^4}{2}$. 也可使用高斯公式进行计算.

(2) 求 $I=\iint\limits_S (y-z)\mathrm{d}y\mathrm{d}z+(z-x)\mathrm{d}z\mathrm{d}x+(x-y)\mathrm{d}x\mathrm{d}y$，$S$ 为曲面 $z^2=x^2+y^2(0\leqslant z\leqslant h)$ 的上侧.

**提示：** 由对称性可得 $\iint\limits_S (y-z)\mathrm{d}y\mathrm{d}z+(z-x)\mathrm{d}z\mathrm{d}x=0$，于是 $I=\iint\limits_S (x-y)\mathrm{d}x\mathrm{d}y=\iint\limits_{x^2+y^2\leqslant h^2}(x-y)\mathrm{d}x\mathrm{d}y=0$. 也可使用高斯公式进行计算.

(3) 求 $I=\iint\limits_S x\mathrm{d}y\mathrm{d}yz+yz\mathrm{d}z\mathrm{d}x+zx\mathrm{d}x\mathrm{d}y$，$S$ 是球面块 $x^2+y^2+z^2=1(x,y,z\geqslant 0)$ 的外侧.

提示：$I = 3\iint\limits_S zx\mathrm{d}x\mathrm{d}y = 3\iint\limits_D x\sqrt{1-x^2-y^2}\,\mathrm{d}x\mathrm{d}y$（利用极坐标）$= 3\int_0^{\frac{\pi}{2}}\cos\theta\mathrm{d}\theta\int_0^1 r^2\sqrt{1-r^2}\,\mathrm{d}r$ $= \dfrac{3\pi}{16}$，其中 $D$ 是 $S$ 在 $xOy$ 平面上的投影. 也可使用高斯公式进行计算.

（4）求 $I = \iint\limits_S x\mathrm{d}y\mathrm{d}z + yz\mathrm{d}z\mathrm{d}x + zx\mathrm{d}x\mathrm{d}y$，$S$ 为 $x+y+z=1(x,y,z\geqslant 0)$ 指向原点的一侧.

提示：$I = 3\iint\limits_S zx\mathrm{d}x\mathrm{d}y = -3\int_0^1 x\mathrm{d}x\int_0^{1-x}(1-x-y)\mathrm{d}y = -\dfrac{1}{8}$. 也可使用高斯公式进行计算.

（5）求 $I = \iint\limits_S x^2\mathrm{d}y\mathrm{d}z + y^2\mathrm{d}z\mathrm{d}x + z^2\mathrm{d}x\mathrm{d}y$，$S$ 是球面块 $x^2+y^2+z^2=1(x,y,z\geqslant 0)$ 的外侧.

提示：$I = 3\iint\limits_S z^2\mathrm{d}x\mathrm{d}y = \dfrac{3\pi}{2}\int_0^1(1-r^2)r\mathrm{d}r = \dfrac{3\pi}{8}$. 也可使用高斯公式进行计算.

**例 2-27**　计算 $I = \oiint\limits_S xz\mathrm{d}y\mathrm{d}z + yz\mathrm{d}z\mathrm{d}x + z\sqrt{x^2+y^2}\,\mathrm{d}x\mathrm{d}y$，$S$ 是由曲面 $x^2+y^2+z^2=a^2$，$x^2+y^2+z^2=4a^2$ 及 $z=\sqrt{x^2+y^2}$ 所围立体之外表面.

**分析**　这是闭曲面上的第二类曲面积分. 可考虑使用高斯公式进行计算，但必须注意高斯公式应满足的条件. 设 $V$ 是由空间闭区域 $S$ 围成，取 $S$ 的外侧，函数 $P,Q,R$ 在 $V+S$ 上连续可微，则 $\oiint\limits_S P\mathrm{d}y\mathrm{d}z + Q\mathrm{d}z\mathrm{d}x + R\mathrm{d}x\mathrm{d}y = \iiint\limits_V\left(\dfrac{\partial P}{\partial x}+\dfrac{\partial Q}{\partial y}+\dfrac{\partial R}{\partial z}\right)\mathrm{d}V$. 高斯公式的主要作用是化曲面积分为三重积分.

**解答**　使用高斯公式并用球坐标代换，得

$$I = \iiint\limits_V\left(2z+\sqrt{x^2+y^2}\right)\mathrm{d}V$$

$$= 2\pi\int_0^{\frac{\pi}{4}}\sin\varphi\mathrm{d}\varphi\int_a^{2a}(2\cos\varphi+\sin\varphi)r^3\mathrm{d}r = \frac{15}{16}(\pi+2)a^4.$$

**评注**　使用高斯公式可以将闭曲面上的第二类曲面积分转化为三重积分，但是应该注意三重积分的计算并不容易，因此在转化之前，应该考虑转化后的三重积分是否容易计算，从而做出是否使用高斯公式的决定. 同类的题还有：

（1）求 $I = \oiint\limits_S xz^2\mathrm{d}y\mathrm{d}z + yx^2\mathrm{d}z\mathrm{d}x + zy^2\mathrm{d}x\mathrm{d}y$，$S$ 是由曲面 $z=x^2+y^2(x,y\geqslant 0)$，$x^2+y^2=1$ 及三个坐标面所围立体 $V$ 的表面外侧.

提示：使用高斯公式并用柱面坐标代换得 $I = \iiint\limits_V(x^2+y^2+z^2)\mathrm{d}V = \dfrac{\pi}{2}\int_0^1 r\mathrm{d}r\int_0^{r^2}(r^2+z^2)\mathrm{d}z = \dfrac{5\pi}{48}$.

（2）求 $I = \oiint\limits_S xz\mathrm{d}y\mathrm{d}z + yx\mathrm{d}z\mathrm{d}x + zy\mathrm{d}x\mathrm{d}y$，$S$ 是由曲面 $x^2+y^2=a^2$，$z=h(h>0)$ 及三坐标面所围立体 $V$ 的表面外侧.

提示：使用高斯公式并考虑对称性，得 $I = \iiint\limits_V(x+y+z)\mathrm{d}V = 2\iiint\limits_V x\mathrm{d}V + \dfrac{h}{2}\cdot\dfrac{\pi a^2h}{4} = \dfrac{2a^3h}{3}+\dfrac{\pi a^2h^2}{8}$，其中用到 $V$ 的重心坐标 $\bar{z}=\dfrac{h}{2}$.

(3) 求 $I=\oiint\limits_S x^2\mathrm{d}y\mathrm{d}z+y^2\mathrm{d}z\mathrm{d}x+z^2\mathrm{d}x\mathrm{d}y$，$S$ 是 $V:(x-a)^2+(y-b)^2+(z-c)^2\leqslant R^2$ 的外表面.

**提示**：使用高斯公式及重心公式得 $I=\dfrac{8}{3}\pi R^3(a+b+c)$.

(4) 求 $I=\oiint\limits_S x^3\mathrm{d}y\mathrm{d}z+\left[\dfrac{f\left(\dfrac{y}{z}\right)}{z}+y^3\right]\mathrm{d}z\mathrm{d}x+\left[\dfrac{f\left(\dfrac{y}{z}\right)}{y}+z^3\right]\mathrm{d}x\mathrm{d}y$，$S$ 是由曲面 $x^2+y^2+z^2=1$，$x^2+y^2+z^2=4$，及 $z=\sqrt{x^2+y^2}$ 所围立体 $V$ 的外表面. ，$f(x)$ 为连续可微函数.

**提示**：使用高斯公式并用球面坐标代换得 $I=3\iiint\limits_V(x^2+y^2+z^2)\mathrm{d}V=\dfrac{93}{5}\pi(2-\sqrt{2})$.

(5) 求 $I=\iint\limits_S xz^2\mathrm{d}y\mathrm{d}z+yx^2\mathrm{d}z\mathrm{d}x+zy^2\mathrm{d}x\mathrm{d}y$，$S$ 是曲面 $z=\sqrt{a^2-x^2-y^2}$ 的上侧.

**提示**：由于不是闭曲面，需要补成闭曲面才能使用高斯公式. “补块”最好是平行于坐标面的平面块，当被积函数在其上为零时更好. $S$ 加下底后围成半球体 $V$，于是 $I=\iiint\limits_V(x^2+y^2+z^2)\mathrm{d}V=\dfrac{2\pi a^5}{5}$.

**例 2-28** 计算 $I=\oint_\Gamma(y-z)\mathrm{d}x+(z-x)\mathrm{d}y+(x-y)\mathrm{d}z$，$\Gamma:x^2+y^2+z^2=a^2$，$y=x\tan\alpha\left(0<\alpha<\dfrac{\pi}{2}\right)$，从 $x$ 轴正向看去 $\Gamma$ 为逆时针方向.

**分析** 这是第二类空间闭曲线积分，一般是采用斯托克斯公式，将其转化成第二类曲面积分进行计算，但是第二类曲面积分的计算并不容易，因此转化之前应该对转化后的曲面积分计算有所了解，否则会失去转化的意义.

**解答** 设 $S$ 为 $\Gamma$ 所围的圆盘，其法向量与 $x$ 轴正向的夹角为锐角，则由斯托克斯公式，有

$$
\begin{aligned}
I&=-2\iint\limits_S\mathrm{d}y\mathrm{d}z+\mathrm{d}z\mathrm{d}x+\mathrm{d}x\mathrm{d}y\\
&=-2\iint\limits_S(\sin\alpha-\cos\alpha)\mathrm{d}S=2\pi a^2(\cos\alpha-\sin\alpha).
\end{aligned}
$$

**评注** 设 $S$ 为一双侧曲面，$\Gamma$ 是 $S$ 的边界，沿 $\Gamma$ 的正向行进时保持 $S$ 在指定侧的左边，$P$，$Q$，$R$ 是 $S+\Gamma$ 上的连续可微函数，从而有斯托克斯公式

$$
\oint_\Gamma P(x,y,z)\mathrm{d}x+Q(x,y,z)\mathrm{d}y+R(x,y,z)\mathrm{d}z=\iint\limits_S\begin{vmatrix}\mathrm{d}y\mathrm{d}z&\mathrm{d}z\mathrm{d}x&\mathrm{d}x\mathrm{d}y\\\dfrac{\partial}{\partial x}&\dfrac{\partial}{\partial y}&\dfrac{\partial}{\partial z}\\P&Q&R\end{vmatrix}.
$$

使用斯托克斯公式可第二类空间闭曲线积分转化成第二类曲面积分进行计算，但转化之前应该对转化后的曲面积分计算有所了解，否则会失去转化的意义，增加计算的难度. 同类的题还有：

(1) 求 $I=\oint_\Gamma(y+1)\mathrm{d}x+(z+2)\mathrm{d}y+(x+3)\mathrm{d}z$，$\Gamma:x^2+y^2+z^2=a^2$，$x+y+z=0$，从 $z$ 轴正向看去 $\Gamma$ 为逆时针方向.

**提示**:设 $S$ 为 $\Gamma$ 所围的圆盘,由斯托克斯公式有 $I=-\iint\limits_S \mathrm{d}y\mathrm{d}z+\mathrm{d}z\mathrm{d}x+\mathrm{d}x\mathrm{d}y$,利用对称性 $I=-3\iint\limits_S \mathrm{d}x\mathrm{d}y=-\sqrt{3}\pi a^2$. 实际上,不使用斯托克斯公式,也可这样计算 $I=\int_\Gamma y\mathrm{d}x+z\mathrm{d}y+x\mathrm{d}z=3\int_\Gamma y\mathrm{d}x=3\int_{L_{xy}} y\mathrm{d}x=-3\alpha=-\sqrt{3}\pi a^2$,其中 $L_{xy}$ 是 $\Gamma$ 在 $xOy$ 平面上的投影,$\sigma$ 是 $L_{xy}$ 所围的面积.

(2) 求 $I=\oint_\Gamma y\mathrm{d}x+z\mathrm{d}y+x\mathrm{d}z,\Gamma: x^2+y^2+z^2=4, x+y=2$,从 $x$ 轴正向看去 $\Gamma$ 为逆时针方向.

**提示**:设 $S$ 为 $\Gamma$ 所围的圆盘,则其面积为 $2\pi$,其法向量的方向余弦为 $\cos\alpha=\frac{\sqrt{2}}{2},\cos\beta=\frac{\sqrt{2}}{2},\cos\gamma=0$,因此 $I=-\iint\limits_S \mathrm{d}y\mathrm{d}z+\mathrm{d}z\mathrm{d}x+\mathrm{d}x\mathrm{d}y=-\iint\limits_S\left(\frac{\sqrt{2}}{2}+\frac{\sqrt{2}}{2}\right)\mathrm{d}S=-2\sqrt{2}\pi$.

(3) 求 $I=\oint_\Gamma y^2\mathrm{d}x+xy\mathrm{d}y+xz\mathrm{d}z, L: x^2+y^2=2y, y=z, x+y+z=0$,从 $z$ 轴正向看去 $\Gamma$ 为逆时针方向.

**提示**:设 $S$ 为 $\Gamma$ 所围的椭圆,其法向量的方向余弦为 $\cos\alpha=0,\cos\beta=-\frac{\sqrt{2}}{2},\cos\gamma=\frac{\sqrt{2}}{2}$,于是 $I=-\iint\limits_S z\mathrm{d}z\mathrm{d}x+y\mathrm{d}x\mathrm{d}y=\frac{1}{\sqrt{2}}\iint\limits_S(y-z)\mathrm{d}S=0$,最后一步用到 $S$ 关于 $y,z$ 的对称性.

(4) 求 $I=\oint_\Gamma(y-z)\mathrm{d}x+(z-x)\mathrm{d}y+(x-y)\mathrm{d}z,\Gamma x^2+y^2=a^2,\frac{x}{a}+\frac{y}{b}=1$,从 $x$ 轴正向看去 $\Gamma$ 为逆时针方向.

**提示**:设 $S$ 为 $\Gamma$ 所围椭圆截面,则其法向量的方向余弦为 $\cos\alpha=\frac{b}{c},\cos\beta=0,\cos\gamma=\frac{a}{c}$,其面积为 $\pi ac, c=\sqrt{a^2+b^2}$. 于是 $I=-2\iint\limits_S \mathrm{d}y\mathrm{d}z+\mathrm{d}z\mathrm{d}x+\mathrm{d}x\mathrm{d}y=-2\iint\limits_S\frac{a+b}{c}\mathrm{d}S=-2\pi a(a+b)$.

(5) 求 $I=\oint_\Gamma\begin{vmatrix}\mathrm{d}x & \mathrm{d}y & \mathrm{d}z\\ \cos\alpha & \cos\beta & \cos\gamma\\ x & y & z\end{vmatrix}$,$\Gamma$ 是平面 $x\cos\alpha+y\cos\beta+z\cos\gamma=p$ 上的简单闭曲线,$\Gamma$ 所围平面块 $S$ 的面积为 $\sigma$,$\cos\alpha,\cos\beta,\cos\gamma$ 是平面法向量的方向余弦.

**提示**:由斯托克斯公式有 $I=2\iint\limits_S\cos\alpha\mathrm{d}y\mathrm{d}z+\cos\beta\mathrm{d}z\mathrm{d}x+\cos\gamma\mathrm{d}x\mathrm{d}y=2\iint\limits_S(\cos^2\alpha+\cos^2\beta+\cos^2\gamma)\mathrm{d}S=2\iint\limits_S\mathrm{d}S=2\sigma$.

**例 2-29** 计算 $I=\oint_\Gamma z^2\mathrm{d}x+x^2\mathrm{d}y+y^2\mathrm{d}z,\Gamma: x^2+y^2+z^2=a^2, x+z=a$,从 $z$ 轴正向看去 $\Gamma$ 为逆时针方向.

**分析** 这是第二类空间闭曲线上的积分,计算方法较多,但是平面曲线积分无疑比空间曲线积分简单,因此有必要考虑化空间曲线积分为平面曲线积分.

**解答** 由对称性知 $\oint_\Gamma y^2\mathrm{d}z=0, I=2\oint_\Gamma x^2\mathrm{d}y=2\oint_{L_{xy}}x^2\mathrm{d}y=4\iint\limits_D x\mathrm{d}x\mathrm{d}y$,其中 $L_{xy}$ 是 $\Gamma$ 在 $xOy$ 平

面上的投影,$D$ 是 $L_{xy}$ 所围的区域. 因为 $D$ 的重心坐标为$\left(\frac{a}{2},0\right)$,其面积为 $\pi\cdot\frac{a}{2}\cdot\left(\frac{a}{\sqrt{2}}\right)=\frac{\sqrt{2}}{4}\pi a^2$,故 $I=4\cdot\frac{a}{2}\cdot\frac{\sqrt{2}\pi a^2}{4}=\frac{\sqrt{2}\pi a^3}{2}$.

**评注** 本题将空间曲线积分化为平面曲线积分,简化了积分的计算. 设 $\Gamma$ 是空间曲线,$L_{xy}$ 是 $\Gamma$ 在 $xOy$ 平面上的投影,其方向与 $\Gamma$ 一致(这意味着 $\Gamma$ 上顺次的两点对应 $L_{xy}$ 同一方向的两点);$L_{yz}$ 与 $L_{zx}$ 与此类似,设 $P,Q,R$ 是在包含 $\Gamma$ 的某区域内有定义的函数. 若 $P,Q$ 与 $z$ 无关,则有如下转化公式:$\int_{\Gamma}P\mathrm{d}x+Q\mathrm{d}y=\int_{L_{xy}}P\mathrm{d}x+Q\mathrm{d}y$. 通过轮换字母,可以写出"投影到" $L_{yz}$ 与 $L_{zx}$ 上的积分公式. 若有分解 $P\mathrm{d}x+Q\mathrm{d}y+R\mathrm{d}z=(P_1\mathrm{d}x+Q_1\mathrm{d}y)+(Q_2\mathrm{d}y+R_2\mathrm{d}z)+(R_1\mathrm{d}z+P_2\mathrm{d}x)$,使得 $P_1,Q_1$ 与 $z$ 无关,$Q_2,R_2$ 与 $x$ 无关,$R_1,P_2$ 与 $y$ 无关,则有公式

$$\int_{\Gamma}P\mathrm{d}x+Q\mathrm{d}y+R\mathrm{d}z==\int_{L_{xy}}P_1\mathrm{d}x+Q_1\mathrm{d}y+\int_{L_{yz}}Q_2\mathrm{d}y+R_2\mathrm{d}z+\int_{L_{zx}}R_1\mathrm{d}z+P_2\mathrm{d}x.$$

这个公式在 许多情况下还是很有用的. 同类的题还有:

(1) 求 $I=\oint_{\Gamma}(y^2-z^2)\mathrm{d}x+(z^2-x^2)\mathrm{d}y+(x^2-y^2)\mathrm{d}z,\Gamma:x^2+y^2+z^2=a^2,x+y+z=0$,从 $z$ 轴正向看去 $\Gamma$ 为逆时针方向.

**提示**:$I=\oint_{L_{xy}}y^2\mathrm{d}x-x^2\mathrm{d}y+\oint_{L_{yz}}z^2\mathrm{d}y-y^2\mathrm{d}z+\oint_{L_{zx}}x^2\mathrm{d}z-z^2\mathrm{d}x=I_1+I_2+I_3$. 设 $D$ 是 $L_{xy}$ 所围的区域,则由格林公式和对称性,得 $I_1=-2\iint_D(x+y)\mathrm{d}x\mathrm{d}y=0$. 同理 $I_2=I_3=0$,因此 $I=0$. 可以使用斯托克斯公式进行验证.

(2) 求 $I=\oint_{\Gamma}y\mathrm{d}x+z\mathrm{d}y+x\mathrm{d}z,\Gamma:x^2+y^2+z^2=a^2,y=x$,从 $x$ 轴正向看去 $\Gamma$ 为逆时针方向.

**提示**:首先注意到$\oint_{\Gamma}y\mathrm{d}x=0$,于是 $I=\oint_{\Gamma}z\mathrm{d}y+x\mathrm{d}z=I_1+I_2$. 设 $D$ 是 $L_{yz}$ 所围的区域,则 $I_1=\oint_{L_{yz}}z\mathrm{d}y=-\iint_D\mathrm{d}y\mathrm{d}z=-\frac{\pi a^2}{\sqrt{2}}$. 类似可以算出 $I_2=\frac{\pi a^2}{\sqrt{2}}$,因此 $I=0$.

(3) 求 $I=\oint_{\Gamma}y^2\mathrm{d}x+xy\mathrm{d}y+yz\mathrm{d}z,\Gamma:x^2+y^2=2y,y=z$,从 $z$ 轴正向看去 $\Gamma$ 为逆时针方向.

**提示**:$I=\oint_{L_{xy}}y^2\mathrm{d}x+xy\mathrm{d}y+\oint_{L_{yz}}yz\mathrm{d}z=I_1+I_2$. 不难算出 $I_1=-\pi,I_2=0$,因此 $I=-\pi$.

(4) 求 $I=\oint_{\Gamma}xy\mathrm{d}x+x^2\mathrm{d}y+y^2\mathrm{d}z,\Gamma:z=x^2+y^2,z=x$,从 $z$ 轴正向看去 $\Gamma$ 为逆时针方向.

**提示**:$I=\oint_{L_{xy}}xy\mathrm{d}x+x^2\mathrm{d}y+\oint_{L_{yz}}y^2\mathrm{d}z=I_1+I_2$. 算出 $I_1=\frac{\pi}{8},I_2=0$,从而 $I=\frac{\pi}{8}$.

(5) 求 $I=\oint_{\Gamma}3y\mathrm{d}x-xz\mathrm{d}y+yz^2\mathrm{d}z,\Gamma:x^2+y^2=2z,z=2$,从 $z$ 轴正向看去 $\Gamma$ 为逆时针方向.

**提示**:答案为 $-20\pi$.

**例 2-30** 计算 $I=\oiint_S x\mathrm{d}y\mathrm{d}z+y\mathrm{d}z\mathrm{d}x+z\mathrm{d}x\mathrm{d}y$,$S$ 是球面 $x^2+y^2+z^2=a^2$ 的外侧.

**分析** 这是第二类曲面积分,可以使用高斯公式进行计算,除此以外还有以下基本公式:

$$\iint_S P\mathrm{d}y\mathrm{d}z+Q\mathrm{d}z\mathrm{d}x+R\mathrm{d}x\mathrm{d}y=\iint_S\boldsymbol{F}\cdot\boldsymbol{n}\mathrm{d}S,$$

其中 $\boldsymbol{F}=\{P,Q,R\}$,$\boldsymbol{n}$ 是曲面 $S$ 的单位法向量,它指向曲面的指定的一侧.

**解答** 令 $\boldsymbol{r}=\{x,y,z\}$,则 $\frac{\boldsymbol{r}}{a}$ 是 $S$ 的单位外法向量,于是有

$$I=\iint_S \boldsymbol{r}\cdot\frac{\boldsymbol{r}}{a}\mathrm{d}S=a\iint_S \mathrm{d}S=4\pi a^3.$$

**评注** 一道题往往有多种解法,做题过程中还会涉及到各种计算技巧. 本题若使用高斯公式进行计算, 也能很快得出结果. 同类的题还有:

(1) 求 $I=\iint_S x\mathrm{d}y\mathrm{d}z+y\mathrm{d}z\mathrm{d}x+z\mathrm{d}x\mathrm{d}y$,$S$ 是锥面 $z^2=x^2+y^2(0\leqslant z\leqslant h)$ 的上侧.

**提示**:$\boldsymbol{r}\cdot\boldsymbol{n}=0$,$\boldsymbol{n}$ 是曲面 $S$ 的单位法向量,因此 $I=0$.

(2) 求 $I=\iint_S x\mathrm{d}y\mathrm{d}z+y\mathrm{d}z\mathrm{d}x+z\mathrm{d}x\mathrm{d}y$,$S$ 是柱面 $x^2+y^2=1(0\leqslant z\leqslant 3)$ 的外侧.

**提示**:$S$ 的单位外法向量 $\boldsymbol{n}=\{x,y,0\}$,因此 $I=\iint_S \boldsymbol{r}\cdot\boldsymbol{n}\mathrm{d}S=\iint_S \mathrm{d}S=6\pi$.

(3) 求 $I=\iint_S x\mathrm{d}y\mathrm{d}z-\mathrm{d}z\mathrm{d}x+2x\mathrm{d}x\mathrm{d}y$,$S$ 是曲面 $z=x^2+y^2((x,y)\in D)$ 的下侧,$D$ 由 $x=1-y^2$ 与 $x=y^2-1$ 围成.

**提示**:令 $\boldsymbol{F}=\{x,-1,2x^2\}$,$S$ 的单位法向量(朝下)$\boldsymbol{n}=\frac{1}{\sqrt{1+4x^2+4y^2}}\cdot\{2x,2y,-1\}$ 于是

$$I=\iint_S \boldsymbol{F}\cdot\boldsymbol{n}\mathrm{d}S=-2\iint_S \frac{y\mathrm{d}S}{\sqrt{1+4x^2+4y^2}}=-2\iint_D y\mathrm{d}x\mathrm{d}y=0.$$

(4)求 $I=\iint_S (x+y+z)\mathrm{d}S$,$S$:$z=\sqrt{a^2-x^2-y^2}$ 的外侧.

**提示**:$S$ 的单位法向量 $\boldsymbol{n}=\frac{\boldsymbol{r}}{a}$,而 $x+y+z=\boldsymbol{F}\cdot\boldsymbol{n}$,$\boldsymbol{F}=\{a,a,a\}$,于是 $I=\iint_S \boldsymbol{F}\cdot\boldsymbol{n}\mathrm{d}S=a\iint_S \mathrm{d}y\mathrm{d}z+\mathrm{d}z\mathrm{d}x+\mathrm{d}x\mathrm{d}y=a\iint_S \mathrm{d}x\mathrm{d}y=\pi a^3$.

(5) 求 $I=\iint_S (x^3+y^3+z^3)\mathrm{d}S$,$S$:$z=\sqrt{a^2-x^2-y^2}$ 的外侧.

**提示**:设 $V$:$0\leqslant z\leqslant\sqrt{a^2-x^2-y^2}$, 则有

$$I=a\iint_S x^2\mathrm{d}y\mathrm{d}z+y^2\mathrm{d}z\mathrm{d}x+z^2\mathrm{d}x\mathrm{d}y=2a\iiint_V (x+y+z)\mathrm{d}V=2a\iiint_V z\mathrm{d}V=\frac{\pi a^5}{2}.$$

### 2.3.3 学习效果测试题及答案

**1. 学习效果测试题**

(1) 计算 $I=\oint_\Gamma x^2\mathrm{d}s$,其中 $\Gamma$:$\begin{cases}x^2+y^2+z^2=a^2\\ x+y+z=a\end{cases}(a>0)$.

(2) 计算 $I=\int_\Gamma (y^2-z^2)\mathrm{d}x+(z^2-x^2)\mathrm{d}y+(x^2-y^2)\mathrm{d}z$,$\Gamma$ 是球面块 $z=\sqrt{1-x^2-y^2}(x,$

$y \geqslant 0$) 的边界,沿 $\Gamma$ 正向行进时曲面外侧在左.

(3) 计算 $I = \int_{\Gamma}(y^2 - z^2)\mathrm{d}x + (z^2 - x^2)\mathrm{d}y + (x^2 - y^2)\mathrm{d}z$,$\Gamma$ 是立体 $0 \leqslant x \leqslant 1, 0 \leqslant y \leqslant 1, 0 \leqslant z \leqslant 1$ 的表面与平面 $x + y + z = \dfrac{3}{2}$ 的交线,从 $z$ 轴正向看去 $\Gamma$ 为反时针方向.

(4) 计算 $I = \oint_{C}\dfrac{x\mathrm{d}y}{x^2 + y^2} - \dfrac{y\mathrm{d}x}{x^2 + y^2}$,其中 $C$ 为沿曲线 $x^2 = 2(y + 2)$ 从点 $(-2\sqrt{2}, 2)$ 到点 $(2\sqrt{2}, 2)$ 的一段.

(5) 计算 $I = \iint\limits_{\Sigma}(ax + by + cz + \mathrm{d})^2\mathrm{d}S$,其中 $\Sigma$ 是球面 $x^2 + y^2 + z^2 = R^2$.

(6) 计算 $I = \iiint\limits_{\Omega}(x + y + z)^2\mathrm{d}V$,其中 $\Omega: \dfrac{x^2}{a^2} + \dfrac{y^2}{b^2} + \dfrac{z^2}{c^2} \leqslant 1$.

(7) 计算 $I = \iint\limits_{S}(x^2 - 2xy)\mathrm{d}y\mathrm{d}z + (y^2 - 2yz)\mathrm{d}z\mathrm{d}x + (1 - 2xy)\mathrm{d}x\mathrm{d}y$,$S$ 是曲面 $z = \sqrt{a^2 - x^2 - y^2}$ 的上侧.

(8) 计算 $I = \oint_{\Gamma}(y^2 + z^2)\mathrm{d}x + (z^2 + x^2)\mathrm{d}y + (x^2 + y^2)\mathrm{d}z$,$\Gamma$ 是上半球面 $x^2 + y^2 + z^2 = 2bx (z \geqslant 0)$ 与柱面 $x^2 + y^2 = 2ax (0 < a < b)$ 的交线,$\Gamma$ 的方向规定为从 $z$ 轴正向看去 $\Gamma$ 为逆时针方向.

(9) 计算 $I = \oint_{\Gamma}2y\mathrm{d}x + 3x\mathrm{d}y - z^2\mathrm{d}z$,其中 $\Gamma: x^2 + y^2 + z^2 = 9, z = 0$,从 $z$ 轴正向看去 $\Gamma$ 为逆时针方向.

(10) 计算 $I = \iint\limits_{S}\rho\mathrm{d}S$,$S: \dfrac{x^2}{a^2} + \dfrac{y^2}{b^2} + \dfrac{z^2}{c^2} = 1$ 的外侧,$\rho$ 是原点到 $S$ 的切平面的距离.

**2. 测试题答案**

(1) 圆周 $\Gamma$ 关于变量 $x, y, z$ 是位置对称的,故有 $I = \oint_{\Gamma}x^2\mathrm{d}s = \oint_{\Gamma}y^2\mathrm{d}s = \oint_{\Gamma}z^2\mathrm{d}s$,于是 $I = \oint_{\Gamma}x^2\mathrm{d}s = \dfrac{1}{3}\oint_{\Gamma}(x^2 + y^2 + z^2)\mathrm{d}s = \dfrac{1}{3}a^2\oint_{\Gamma}\mathrm{d}s = \dfrac{3}{2}\pi a^3$.

(2) 设 $L_1$ 是 $\Gamma$ 在 $xOy$ 平面上的一段,则 $I = 3\int_{L_1}y^2\mathrm{d}x - x^2\mathrm{d}y = -6\iint\limits_{D}(x + y)\mathrm{d}x\mathrm{d}y = -12\iint\limits_{D}x\mathrm{d}x\mathrm{d}y = -4 (D: x^2 + y^2 \leqslant 1, x, y \geqslant 0))$.

(3) $I = 3\int_{\Gamma}(y^2 - z^2)\mathrm{d}x = 3\int_{L_{xy}}\left[y^2 - \left(\dfrac{3}{2} - x - y\right)^2\right]\mathrm{d}x = 3\iint\limits_{D}(2x - 3)\mathrm{d}x\mathrm{d}y = -\dfrac{9}{2}$,其中 $D$ 为 $L_{xy}$ 所围的区域.

(4) 由 $P = \dfrac{-y}{x^2 + y^2}, Q = \dfrac{x}{x^2 + y^2}, \dfrac{\partial Q}{\partial x} = \dfrac{\partial P}{\partial y} = \dfrac{y^2 - x^2}{(x^2 + y^2)^2}$ 知积分与路径无关. 选择从点 $M(-2\sqrt{2}, 2)$ 到点 $E(-2\sqrt{2}, -2)$,再到点 $F(2\sqrt{2}, -2)$,再到点 $(2\sqrt{2}, 2)$ 的折线,得

$$I = \left(\int_{\overline{ME}} + \int_{\overline{EF}} + \int_{\overline{FN}}\right)\frac{x\mathrm{d}y - y\mathrm{d}x}{x^2 + y^2}\int_{2}^{-2}\frac{-2\sqrt{2}}{(-2\sqrt{2})^2 + y^2}\mathrm{d}y - \int_{-2\sqrt{2}}^{2\sqrt{2}}\frac{-2}{x^2 + (-2)^2}\mathrm{d}x + \int_{-2}^{2}\frac{2\sqrt{2}}{(2\sqrt{2})^2 + y^2}\mathrm{d}y$$

$$= 8\sqrt{2}\int_0^2 \frac{dy}{8+y^2} + 4\int_0^{2\sqrt{2}} \frac{dx}{4+x^2} = 4\arctan\frac{y}{2\sqrt{2}}\Big|_0^2 + 2\arctan\frac{x}{2}\Big|_0^{2\sqrt{2}}$$

$$= 4\left(\arctan\frac{1}{\sqrt{2}} + \arctan\sqrt{2}\right) - 2\arctan\sqrt{2}$$

$$= 2\pi - 2\arctan\sqrt{2}.$$

(5) $(ax+by+cz+d)^2 = a^2x^2 + b^2y^2 + c^2z^2 + d^2 + 2abxy + 2acxz + 2adx + 2bcyz + 2bdy + 2cdz$,由对称性知,这个等式右端第五项至第十项积分为零,且有 $\iint\limits_{\Sigma} x^2 dS = \iint\limits_{\Sigma} y^2 dS = \iint\limits_{\Sigma} z^2 dS$,因此原式

$$I = \iint\limits_{\Sigma}(a^2x^2 + b^2y^2 + c^2z^2)dS + \iint\limits_{\Sigma} d^2 dS = \frac{1}{3}(a^2+b^2+c^2)\iint\limits_{\Sigma}(x^2+y^2+z^2)dS + 4\pi d^2R^2$$

$$= \frac{4\pi}{3}(a^2+b^2+c^2)R^4 + 4\pi d^2R^2.$$

(6) $I = \iiint\limits_{\Omega}(x^2+y^2+z^2+2xy+2yz+2xz)dV$,由对称性知 $\iiint\limits_{\Omega} xy dV = \iiint\limits_{\Omega} xz dV \iiint\limits_{\Omega} yz dV = 0$,用截面法求 $\iiint\limits_{\Omega} z^2 dV$.

$$\iiint\limits_{\Omega} z^2 dV = 2\int_0^c z^2 dz \iint_{D_z:\frac{x^2}{a^2}+\frac{y^2}{b^2}\leqslant 1-\frac{z^2}{c^2}} d\sigma = 2\int_0^c z^2 \cdot \pi ab\left(1-\frac{z^2}{c^2}\right)dz = \frac{4}{15}\pi abc^3.$$

由对 称性知 $\iiint\limits_{\Omega} x^2 dV = \frac{4}{15}\pi a^3bc$,$\iiint\limits_{\Omega} y^2 dV = \frac{4}{15}\pi ab^3c$,故原式 $I = \frac{4\pi}{15}abc(a^2+b^2+c^2)$. 也可以使用轮换对称性求 $\iiint\limits_{\Omega} z^2 dV$.

$\iiint\limits_{\Omega} \frac{z^2}{c^2}dV = \iiint\limits_{\Omega} \frac{x^2}{a^2}dV = \iiint\limits_{\Omega} \frac{y^2}{b^2}dV$,作广义球坐标变换 $x = ar\cos\theta\sin\varphi$, $y = ar\sin\theta\sin\varphi$, $z = cr\cos\varphi$,则得到 $\iiint\limits_{\Omega} \frac{z^2}{c^2}dV = \frac{1}{3}\iiint\limits_{\Omega}\left(\frac{x^2}{a^2}+\frac{y^2}{b^2}+\frac{z^2}{c^2}\right)dV = \int_0^{2\pi}d\theta\int_0^{\pi}d\varphi\int_0^1 r^2abcr^2\sin\varphi dr = \frac{4\pi}{15}abc$,故 $I = \frac{4\pi}{15}abc(a^2+b^2+c^2)$.

(7) 由于不是闭曲面,需要补成闭曲面才能使用高斯公式,同时考虑对称性有 $I = 2\iiint\limits_{V}(x-z)dV + \iint_{x^2+y^2\leqslant a^2}(1-2xy)dxdy = -2\iiint\limits_{V} z dV + \iint_{x^2+y^2\leqslant a^2} dxdy = \pi a^2 - \frac{1}{2}\pi a^4$.

(8) 由斯托克斯公式有

$$I = \iint\limits_{\Sigma}\begin{vmatrix} dydz & dzdx & dxdy \\ \frac{\partial}{\partial x} & \frac{\partial}{\partial y} & \frac{\partial}{\partial z} \\ y^2+z^2 & z^2+x^2 & x^2+y^2 \end{vmatrix} = \iint\limits_{\Sigma}(y-z)dydz + (z-x)dzdx + (x-y)dxdy$$,其中,$\Sigma$ 为上半球面的一部分:$x^2+y^2+z^2 = 2bx\,(z\geqslant 0)$,$(x,y)\in D: x^2+y^2 \leqslant 2ax$,它的法向量 为

$$\boldsymbol{n} = (\cos\alpha, \cos\beta, \cos\gamma) = \left(\frac{x-b}{b}, \frac{y}{b}, \frac{z}{b}\right),$$

则有 $I = 2\iint\limits_{\Sigma}\left[\frac{x-b}{b}(y-z)+\frac{y}{b}(z-x)+\frac{z}{b}(x-y)\right]\mathrm{d}S = 2\iint\limits_{\Sigma}(z-y)\mathrm{d}S$. 由于曲面关于 $xOz$ 面对称，故 $\iint\limits_{\Sigma} y\mathrm{d}S = 0$，故 $I = 2\iint\limits_{\Sigma} z\mathrm{d}S = 2\iint\limits_{\Sigma}\frac{z}{\cos\gamma}\mathrm{d}x\mathrm{d}y = 2\iint\limits_{\Sigma} b\mathrm{d}x\mathrm{d}y = 2b\iint\limits_{D}\mathrm{d}\sigma = 2\pi a^2 b$.

(9) 由斯托克斯公式，得 $I = \iint\limits_{\Sigma}\begin{vmatrix}\mathrm{d}y\mathrm{d}z & \mathrm{d}z\mathrm{d}x & \mathrm{d}x\mathrm{d}y \\ \frac{\partial}{\partial x} & \frac{\partial}{\partial y} & \frac{\partial}{\partial z} \\ 2y & 3x & -z^2\end{vmatrix} = \iint\limits_{\Sigma}(3-2)\mathrm{d}x\mathrm{d}y = \iint_{D_{xy}}\mathrm{d}x\mathrm{d}y = 9\pi$. 其中 $D_{xy}: x^2+y^2 \leqslant 9(z=0)$，其半径 $r = 3$.

(10) 以 $\boldsymbol{n}$ 记 $S$ 的外向单位法向量. 由几何考虑可以得出 $\rho = \boldsymbol{r}\cdot\boldsymbol{n}$，于是 $I = \iint\limits_{S}\boldsymbol{r}\cdot\boldsymbol{n}\mathrm{d}S = 3\iiint\limits_{V}\mathrm{d}V = 4\pi abc$，其中 $V$ 是椭球体.

## 2.4 数列与级数

### 2.4.1 核心内容提示

(1) 数列极限、收敛数列的基本性质(极限唯一性、有界性、保号性、不等式性质).

(2) 数列收敛的条件(柯西准则、迫敛性、单调有界原理、数列收敛与其子列收敛的关系)，极限 $\lim\limits_{n\to\infty}\left(1+\frac{1}{n}\right)^n = \mathrm{e}$ 及其应用.

(3) 常数项级数的收敛与发散、收敛级数的和、级数的基本性质与收敛的必要条件.

(4) 几何级数与 $p$ 级数及其收敛性、正项级数收敛性的判别法、交错级数与莱布尼茨判别法.

(5) 任意项级数的绝对收敛与条件收敛.

(6) 函数项级数的收敛域与和函数的概念.

(7) 幂级数及其收敛半径、收敛区间(指开区间)、收敛域与和函数.

(8) 幂级数在其收敛区间内的基本性质(和函数的连续性、逐项求导和逐项积分)、简单幂级数的和函数的求法.

(9) 初等函数的幂级数展开式.

(10) 函数的傅里叶系数与傅里叶级数、狄利克雷定理、函数在[ -1,1]上的傅里叶级数、函数在[0,1]上的正弦级数和余弦级数.

### 2.4.2 典型例题精解

**例 2-31** 计算极限 $\lim\limits_{n\to\infty}\frac{\sqrt[n]{n!}}{n}$.

**分析** 直接计算极限有一定的难度，可以通过取对数使其转化为特殊形式的和，然后用定积分求特殊和式的极限，即是使用定积分的定义计算极限.

**解答** 令 $x_n = \frac{\sqrt[n]{n!}}{n}$，则 $\ln x_n = \ln\frac{\sqrt[n]{n!}}{n} = \ln\left(\sqrt[n]{\frac{n!}{n^n}}\right) = \frac{1}{n}\left(\ln\frac{1}{n}+\ln\frac{2}{n}+\cdots+\ln\frac{n}{n}\right) =$

$\frac{1}{n}\cdot\sum_{i=1}^{n}\left(\ln\frac{i}{n}\right)$. 先计算$\lim\limits_{n\to\infty}\ln x_n$. 设$f(x)=\ln x$,将区间[0,1]进行$n$等分,取$\xi_i=\frac{i}{n}$,则有$\int_0^1\ln x=\lim\limits_{n\to\infty}\sum_{i=1}^{n}\left(\ln\frac{i}{n}\right)\cdot\frac{1}{n}$,而$\int_0^1\ln x\mathrm{d}x=\lim\limits_{\varepsilon\to0^+}\int_\varepsilon^1\ln x\mathrm{d}x=\lim\limits_{\varepsilon\to0^+}\left(x\ln x\Big|_\varepsilon^1-\int_\varepsilon^1\mathrm{d}x\right)=-1$. 故$\lim\limits_{n\to\infty}\frac{\sqrt[n]{n!}}{n}=\mathrm{e}^{-1}=\frac{1}{\mathrm{e}}$.

**评注** 用定积分求特殊和式的极限常用左和与右和形式. 设函数$f(x)$在区间$[a,b]$上可积,则对应的左和与右和极限分别为$\int_a^b f(x)\mathrm{d}x=\lim\limits_{n\to\infty}\frac{b-a}{n}\sum_{k=1}^{n}f\left(a+(k-1)\frac{b-a}{n}\right)$,$\int_a^b f(x)\mathrm{d}x=\lim\limits_{n\to\infty}\frac{b-a}{n}\sum_{k=1}^{n}f\left(a+k\frac{b-a}{n}\right)$. 例如,$\lim\limits_{n\to\infty}\left(\frac{1}{n+2}+\frac{1}{n+4}+\cdots+\frac{1}{n+2n}\right)=\frac{1}{2}\lim\limits_{n\to\infty}\frac{2}{n}\left(\frac{1}{1+\frac{2}{n}}+\frac{1}{1+\frac{4}{n}}+\cdots+\frac{1}{1+\frac{2n}{n}}\right)\frac{1}{2}\int_0^2\frac{1}{1+x}\mathrm{d}x=\frac{1}{2}\ln3$. 用定积分求特殊和式的极限要注意积分区间与被积函数的选取,例如

$$\lim_{n\to\infty}\left(\frac{1}{n+2}+\frac{1}{n+4}+\cdots+\frac{1}{n+2n}\right)=\lim_{n\to\infty}\frac{1}{n}\left(\frac{1}{1+2\cdot\frac{1}{n}}+\frac{1}{1+2\cdot\frac{2}{n}}+\cdots+\frac{1}{1+2\cdot\frac{n}{n}}\right),$$

右端可以看成函数$f(x)=\frac{1}{1+2x}$在区间[0,1]上的右和极限,所以其值等于$\int_0^1\frac{1}{1+2x}\mathrm{d}x=\frac{1}{2}\ln3$. 同类的题还有:

(1) 求$\lim\limits_{n\to\infty}\left(\frac{1}{n+1}+\frac{1}{n+3}+\cdots+\frac{1}{n+(2n+1)}\right)$.

**提示**:将区间[0,2]分成$n$等分,得$n$个小区间$\left[0,\frac{2}{n}\right],\left[\frac{2}{n},\frac{4}{n}\right],\cdots,\left[\frac{2n-2}{n},\frac{2n}{n}\right]$,依次取每个小区间的中点$\frac{1}{n},\frac{3}{n},\cdots,\frac{2n-1}{n}$作函数的部分和,得原式$=\frac{1}{2}\lim\limits_{n\to\infty}\frac{2}{n}\sum_{k=1}^{n}\frac{1}{1+\frac{2k-1}{n}}+\frac{1}{2}\lim\limits_{n\to\infty}\frac{2}{n}\cdot\frac{1}{1+\frac{2n+1}{n}}=\frac{1}{2}\int_0^2\frac{1}{1+x}\mathrm{d}x+0=\frac{1}{2}\ln3$.

(2) 令$x_n=\sum_{k=1}^{n}\ln\left(1+\frac{1}{2n+k}\right)$,证明$\lim\limits_{n\to\infty}x_n=\ln\frac{3}{2}$.

**提示**:利用中值定理得$\frac{1}{2n+k+1}<\ln\left(1+\frac{1}{2n+k}\right)=\ln(2n+k+1)-\ln(2n+k)=\frac{1}{2n+k+\theta_{nk}}<\frac{1}{2n+k}(0<\theta_{nk}<1)$. 利用定积分定义有$\lim\limits_{n\to\infty}\sum_{k=1}^{n}\frac{1}{2n+k}=\lim\limits_{n\to\infty}\sum_{k=1}^{n}\left(\frac{1}{2+\frac{k}{n}}\right)\cdot\frac{1}{n}=\int_2^3\frac{1}{x}\mathrm{d}x=\ln\frac{3}{2}$;同理$\lim\limits_{n\to\infty}\sum_{k=1}^{n}\frac{1}{2n+k+1}=\ln\frac{3}{2}$,于是$\lim\limits_{n\to\infty}x_n=\ln\frac{3}{2}$.

(3) 求$\lim\limits_{n\to\infty}\left(\frac{1}{n^2}+\frac{2}{n^2}+\cdots+\frac{n-1}{n^2}\right)$.

**提示**:利用定积分定义计算,答案为$\frac{1}{2}$.

(4) 求$\lim\limits_{n\to\infty}\left(\frac{1}{n+1}+\frac{1}{n+2}+\cdots+\frac{1}{n+n}\right)$.

**提示**:利用定积分定义计算,答案为 ln2.

(5) 求$\lim\limits_{n\to\infty}\left(\frac{n}{n^2+1^2}+\frac{n}{n^2+2^2}+\cdots+\frac{n}{n^2+n^2}\right)$.

**提示**:利用定积分定义计算,答案为$\frac{\pi}{4}$.

**例 2-32** 设 $y_n=x_{n-1}+2x_n$,$(n=2,3,\cdots)$,试证:当数列$\{y_n\}$收敛时,$\{x_n\}$也收敛.

**分析** 在证明数列极限存在时,如果没有其他更好的方法,也许极限的 $\varepsilon-N$ 语言,即数列极限的定义就是最有力的工具.

**解答** 不妨设$\lim\limits_{n\to\infty}y_n=3a$,则 $\forall\varepsilon>0$, $\exists N\in\mathbf{N}$,当 $n\geqslant N$ 时,恒有$|y_n-3a|<\varepsilon$成立,即

$$|y_n-3a|=|x_{n-1}+2x_n-3a|=|2(x_n-a)+(x_{n-1}-a)|<\varepsilon$$

因为$|2(x_n-a)+(x_{n-1}-a)|\geqslant|2(x_n-a)|-|x_{n-1}-a|$,所以有$|x_n-a|<\frac{\varepsilon}{2}+\frac{1}{2}|x_{n-1}-a|$,$n=N,N+1,\cdots$. 得

$$|x_{N+1}-a|<\frac{\varepsilon}{2}+\frac{1}{2}|x_N-a|,$$

$$|x_{N+2}-a|<\frac{\varepsilon}{2}+\frac{1}{2}|x_{N+1}-a|,$$

$$\vdots$$

$$|x_{N+k-1}-a|<\frac{\varepsilon}{2}+\frac{1}{2}|x_{N+k}-a|,$$

$$|x_{N+k}-a|<\frac{\varepsilon}{2}+\frac{1}{2}|x_{N+k-1}-a|,$$

因此有

$$|x_{N+k}-a|<\frac{\varepsilon}{2}+\frac{1}{2}|x_{N+k-1}-a|<\frac{\varepsilon}{2}+\frac{1}{2}\left(\frac{\varepsilon}{2}+\frac{1}{2}|x_{N+k}-a|\right)=\frac{\varepsilon}{2}\left(1+\frac{1}{2}\right)+\frac{1}{2^2}|x_{N+k}-a|$$

$$<\frac{\varepsilon}{2}\left(1+\frac{1}{2}\right)+\frac{1}{2^2}\left(\frac{\varepsilon}{2}+\frac{1}{2}|x_{N+k-1}-a|\right)=\frac{\varepsilon}{2}\left(1+\frac{1}{2}+\frac{1}{2^2}\right)+\frac{1}{2^3}|x_{N+k-1}-a|$$

$$\vdots$$

$$<\frac{\varepsilon}{2}\left(1+\frac{1}{2}+\frac{1}{2^2}+\cdots+\frac{1}{2^{k-1}}\right)+\frac{1}{2^k}|x_N-a|<\frac{\varepsilon}{2}+\frac{1}{2^k}|x_N-a|.$$

故当 $k$ 充分大时,由$\frac{1}{2^k}|x_N-a|<\frac{\varepsilon}{2}$,得$|x_{N+k}-a|<\frac{\varepsilon}{2}+\frac{\varepsilon}{2}=\varepsilon$,这说明$\{x_n\}$收敛.

**评注** 本题主要是利用数列极限定义证明的. 也可以使用斯托尔茨公式加以证明. 斯托尔茨公式与洛必达法则是处理"$\frac{\infty}{\infty}$"型及"$\frac{0}{0}$"型极限的两个重要工具. 它们分别适用于变量为"离散的"和"连续的"情形. 洛必达法则在一般的高等数学教材中都有介绍,这里介绍一下斯托尔茨公式:

① “$\frac{0}{0}$”型. 设$\{a_n\}$是趋于零的数列,即$\lim\limits_{n\to+\infty} a_n=0$,$\{b_n\}$是严格单调递减趋于零的数列,即$b_n>b_{n+1}$并且有$\lim\limits_{n\to+\infty} b_n=0$,则当$\lim\limits_{n\to+\infty}\frac{a_n-a_{n+1}}{b_n-b_{n+1}}$存在,为$+\infty$或为$-\infty$时,$\lim\limits_{n\to+\infty}\frac{a_n}{b_n}$也存在,为$+\infty$或为$-\infty$,且$\lim\limits_{n\to+\infty}\frac{a_n}{b_n}=\lim\limits_{n\to+\infty}\frac{a_n-a_{n+1}}{b_n-b_{n+1}}$.

②“$\frac{\infty}{\infty}$”型. 设$\{b_n\}$是严格单调递增趋于$+\infty$的数列,即$b_n<b_{n+1}(n=1,2,\cdots)$并且$\lim\limits_{n\to+\infty} b_n=+\infty$,则当$\lim\limits_{n\to+\infty}\frac{a_{n+1}-a_n}{b_{n+1}-b_n}$存在,为$+\infty$或为$-\infty$时,$\lim\limits_{n\to+\infty}\frac{a_n}{b_n}$也存在,为$+\infty$或为$-\infty$,且$\lim\limits_{n\to+\infty}\frac{a_n}{b_n}=\lim\limits_{n\to+\infty}\frac{a_{n+1}-a_n}{b_{n+1}-b_n}$.

下面使用斯托尔茨公式证明本题:设$y_n=x_{n-1}+2x_n(n=2,3,\cdots)$,试证:当数列$\{y_n\}$收敛时,$\{x_n\}$也收敛. 令$\lim\limits_{n\to\infty}y_n=3a$,由$y_n=x_{n-1}+2x_n(n=2,3,\cdots)$,知$(-2)^{n-1}y_n=(-2)^{n-1}x_{n-1}-(-2)^n x_n$,于是有$\sum\limits_{k=2}^{n}(-2)^{k-1}y_k=\sum\limits_{k=2}^{n}[(-2)^{k-1}x_{k-1}-(-2)^k x_k]=-2x_1-(-2)^n x_n$. 所以有$x_n=\frac{-2x_1-\sum\limits_{k=2}^{n}(-2)^{k-1}y_k}{(-2)^n}(n=2,3,\cdots)$,从而由斯托尔茨公式知$\lim\limits_{n\to\infty}x_{2n}=$

$$\lim_{n\to\infty}\frac{-2x_1-\sum\limits_{k=2}^{2n}(-2)^{k-1}y_k}{2^{2n}}=\lim_{n\to\infty}\frac{-(-2)^{2n-1}y_{2n}-(-2)^{2n-2}y_{2n-1}}{2^{2n}-2^{2n-2}}=\lim_{n\to\infty}\frac{2y_{2n}-y_{2n-1}}{3}=a.$$

同理可证$\lim\limits_{n\to\infty}x_{2n-1}=a$. 所以$\lim\limits_{n\to\infty}x_n=a$. 同类的题还有:

(1) 设$x_1\in(0,1)$,$x_{n+1}=x_n(1-x_n)$,$n=1,2,\cdots$. 证明$\lim\limits_{n\to+\infty}nx_n=1$.

**提示**:用数学归纳法可证明$x_n\in(0,1)$,$n=1,2,\cdots$. 于是$0<\frac{x_{n+1}}{x_n}=(1-x_n)<1$,$n=1,2,\cdots$ 所以序列$\{x_n\}$单调减少且有下界,从而$\lim\limits_{n\to+\infty}x_n=x$存在,在递推公式两边令$n\to+\infty$,得$x=x(1-x)$,所以$x=0$,$\lim\limits_{n\to+\infty}x_n=x=0$. 设$b_n=\frac{1}{x_n}$,$n=1,2,\cdots$,则$\lim\limits_{n\to+\infty}b_n=+\infty$,且$b_n<b_{n+1}$,$n=1,2,\cdots$,利用斯托尔茨公式,有$\lim\limits_{n\to+\infty}nx_n=\lim\limits_{n\to+\infty}\frac{n}{b_n}=\lim\limits_{n\to+\infty}\frac{(n+1)-n}{b_{n+1}-b_n}$. 但由递推公式可得$b_{n+1}-b_n=\frac{1}{x_{n+1}}-\frac{1}{x_n}=\frac{1}{1-x_n}\to1(n\to+\infty)$,所以$\lim\limits_{n\to+\infty}nx_n=\lim\limits_{n\to+\infty}\frac{1}{b_{n+1}-b_n}=1$.

(2) 设函数列$\sin_1 x=\sin x$,$\sin_n x=\sin(\sin_{n-1}x)$,$n=2,3,\cdots$. 若$\sin x>0$,证明$\lim\limits_{n\to+\infty}\sqrt{\frac{n}{3}}\sin_n x=1$.

**提示**:取定$x$,显然当$n\to+\infty$时,$\sin_n x$单调减少趋于零,于是由斯托尔茨公式,有$\lim\limits_{n\to+\infty}n\sin_n^2 x=\lim\limits_{n\to+\infty}\frac{n}{\frac{1}{\sin_n^2 x}}=\lim\limits_{n\to+\infty}\frac{(n+1)-n}{\frac{1}{\sin_{n+1}^2 x}-\frac{1}{\sin_n^2 x}}$,但$\lim\limits_{n\to+\infty}\frac{1}{\frac{1}{\sin_{n+1}^2 x}-\frac{1}{\sin_n^2 x}}=\lim\limits_{n\to+\infty}$

$\dfrac{1}{\dfrac{1}{\sin^2(\sin_n x)}-\dfrac{1}{\sin_n^2 x}} = \lim\limits_{t\to 0}\dfrac{1}{\dfrac{1}{\sin^2 t}-\dfrac{1}{t^2}} = 3$. 所以 $\lim\limits_{n\to+\infty}\sqrt{\dfrac{n}{3}}\sin_n x = \sqrt{\lim\limits_{n\to+\infty} n\sin_n^2\left(\dfrac{x}{3}\right)} = 1$.

(3) 设级数 $\sum\limits_{n=1}^{+\infty} a_n$ 收敛,又 $\{p_n\}$ 为单调增加的正数数列,且 $p_n\to+\infty(n\to+\infty)$,证明:$\lim\limits_{n\to+\infty}\dfrac{p_1a_1+p_2a_2+\cdots+p_na_n}{p_n}=0$.

**提示**:令 $A_n = a_1+a_2+\cdots+a_n, n=1,2,\cdots$ 及 $\lim\limits_{n\to+\infty}A_n = A$. 则 $a_1 = A_1, a_n = A_n - A_{n-1}$ $(n=2,3,\cdots)$. 于是

$$\begin{aligned}\frac{p_1a_1+p_2a_2+\cdots+p_na_n}{p_n} &= \frac{p_1A_1+p_2(A_2-A_1)+\cdots+p_n(a_n-a_{n-1})}{p_n}\\ &= \frac{A_1(p_1-p_2)+A_2(p_2-p_3)+\cdots+A_{n-1}(p_{n-1}-p_n)}{p_n}+A_n\\ &= \frac{B_n}{p_n}+A_n,\text{其中 } B_n = A_1(p_1-p_2)+A_2(p_2-p_3)+\cdots+A_{n-1}(p_{n-1}-p_n).\end{aligned}$$

由于 $\lim\limits_{n\to+\infty}A_n = A$,且由斯托尔茨公式,有 $\lim\limits_{n\to+\infty}\dfrac{B_n}{p_n} = \lim\limits_{n\to+\infty}\dfrac{B_{n+1}-B_n}{p_{n+1}-p_n} = \lim\limits_{n\to+\infty}\dfrac{A_n(p_n-p_{n+1})}{p_{n+1}-p_n} = \lim\limits_{n\to+\infty}(-A_n) = -A$,所以有 $\lim\limits_{n\to+\infty}\dfrac{p_1a_1+p_2a_2+\cdots+p_na_n}{p_n} = \lim\limits_{n\to+\infty}\left(\dfrac{B_n}{p_n}+A_n\right)=0$.

(4) 设实数序列 $\{S_n\}$,定义它的算数平均值 $\sigma_n$ 为 $\sigma_n = \dfrac{S_0+S_1+\cdots+S_n}{n+1}(n=0,1,2,\cdots)$. 对于 $n\geqslant 1$,令 $a_n = S_n - S_{n-1}$,证明:若 $\lim\limits_{n\to+\infty} na_n = 0$,且 $\{a_n\}$ 收敛,则 $\{S_n\}$ 收敛,且有 $\lim\limits_{n\to+\infty}S_n = \lim\limits_{n\to+\infty}\sigma_n$.

**提示**:容易验证 $S_n - \sigma_n = \dfrac{1}{n+1}\sum\limits_{k=1}^{n} ka_k$,利用斯托尔茨公式,有 $\lim\limits_{n\to+\infty}\dfrac{1}{n+1}\sum\limits_{k=1}^{n}ka_k = \lim\limits_{n\to+\infty}\dfrac{\sum\limits_{k=1}^{n+1}ka_k-\sum\limits_{k=1}^{n}ka_k}{(n+2)-(n+1)} = \lim\limits_{n\to+\infty}(n+1)a_{n+1} = 0$. 所以有 $\lim\limits_{n\to+\infty}S_n = \lim\limits_{n\to+\infty}\sigma_n$.

(5) 设给定一个序列 $\{a_n\}$,使得序列 $b_n = pa_n + qa_{n+1}(n=1,2,\cdots)$ 是收敛的,如果 $|p| < |q|$,试证:$\{a_n\}$ 收敛.

**提示**:由于 $|p| < |q|$,故 $p+q\neq 0, q\neq 0$. 设 $\lim\limits_{n\to+\infty}b_n = b$,作序列 $\{\alpha_n\}$,$\{\beta_n\}$ 如下:$\alpha_n = \dfrac{b}{p+q} - a_n, \beta_n = -\dfrac{(b_n-b)}{q}(n=1,2,\cdots)$. 再记 $\lambda = -\dfrac{p}{q}$,则得 $\beta_n + \lambda\alpha_n = \alpha_{n+1}(n=1,2,\cdots)$. 因为 $\lim\limits_{n\to+\infty}\beta_n = \lim\limits_{n\to+\infty}\dfrac{-(b_n-b)}{q}=0$,

$$\begin{aligned}\alpha_{n+1} &= \beta_n + \lambda\alpha_n\\ &= \beta_n + \lambda(\beta_{n-1}+\lambda\alpha_{n-1})\\ &= \beta_n + \lambda\beta_{n-1} + \lambda^2\alpha_{n-1}\\ &\ \ \vdots\end{aligned}$$

$$= \beta_n + \lambda\beta_{n-1} + \lambda^2\beta_{n-2} + \cdots + \lambda^{n-1}\beta_1 + \lambda^n\alpha_1$$

$$= \frac{\beta_n\left(\frac{1}{\lambda}\right)^n + \beta_{n-1}\left(\frac{1}{\lambda}\right)^{n-1} + \beta_{n-2}\left(\frac{1}{\lambda}\right)^{n-2} + \cdots + \beta_1\left(\frac{1}{\lambda}\right) + \alpha_1}{\left(\frac{1}{\lambda}\right)^2},$$

于是 $|\alpha_{n+1}| \leqslant \dfrac{|\beta_n|\left|\left(\frac{1}{\lambda}\right)\right|^n + |\beta_{n-1}|\left|\left(\frac{1}{\lambda}\right)\right|^{n-1} + |\beta_{n-2}|\left|\left(\frac{1}{\lambda}\right)\right|^{n-2} + \cdots + |\beta_1|\left|\left(\frac{1}{\lambda}\right)\right| + |\alpha_1|}{\left|\left(\frac{1}{\lambda}\right)\right|^2}$,

由斯托尔茨公式,有

$$\lim_{n\to+\infty}\frac{|\beta_n|\left|\left(\frac{1}{\lambda}\right)\right|^n + |\beta_{n-1}|\left|\left(\frac{1}{\lambda}\right)\right|^{n-1} + |\beta_{n-2}|\left|\left(\frac{1}{\lambda}\right)\right|^{n-2} + \cdots + |\beta_1|\left|\left(\frac{1}{\lambda}\right)\right| + |\alpha_1|}{\left|\left(\frac{1}{\lambda}\right)\right|^2} = \lim_{n\to+\infty}$$

$\dfrac{|\beta_{n+1}|\cdot\left|\frac{1}{\lambda}\right|^{n+1}}{\left|\frac{1}{\lambda}\right|^{n+1} - \left|\frac{1}{\lambda}\right|^n} = \lim\limits_{n\to+\infty}|\beta_{n+1}|\cdot\dfrac{1}{1-|\lambda|} = 0$. 因此 $\lim\limits_{n\to+\infty}\alpha_{n+1} = 0$, $\lim\limits_{n\to+\infty}\alpha_n = 0$. 从而 $\lim\limits_{n\to+\infty}a_n = \dfrac{b}{p+q} - \lim\limits_{n\to+\infty}\alpha_n = \dfrac{b}{p+q}$. 至此,不仅证明了序列 $\{a_n\}$ 的极限存在,而且将 $\lim\limits_{n\to+\infty}a_n$ 计算出来了.

**例 2-33** 设 $x_1>0, x_{n+1}=x_n^2+x_n(n=1,2,\cdots)$,试计算:$\lim\limits_{n\to\infty}\left(\dfrac{1}{x_1+1}+\dfrac{1}{x_2+1}+\cdots+\dfrac{1}{x_n+1}\right)$.

**分析** 要计算数列极限,首先证明数列存在极限,然后找出数列的递推公式,在等式两端取极限,通过解方程求出所要的极限.

**解答** 由 $x_{n+1}=x_n(x_n+1)$ 知 $\dfrac{1}{x_n+1}=\dfrac{x_n}{x_{n+1}}=\dfrac{x_n^2}{x_{n+1}x_n}=\dfrac{x_{n+1}-x_n}{x_{n+1}x_n}=\dfrac{1}{x_n}-\dfrac{1}{x_{n+1}}$,于是

$$\begin{aligned} S_n &= \frac{1}{x_1+1}+\frac{1}{x_2+1}+\cdots+\frac{1}{x_n+1} \\ &= \left(\frac{1}{x_1}-\frac{1}{x_2}\right)+\left(\frac{1}{x_2}-\frac{1}{x_3}\right)+\cdots+\left(\frac{1}{x_n}-\frac{1}{x_{n+1}}\right) \\ &= \frac{1}{x_1}-\frac{1}{x_{n+1}}. \end{aligned}$$

因为 $x_1>0$,则由 $x_{n+1}=x_{n+x_n}^2=x_n(x_n+1)>x_n>0$ 知,数列 $\{x_n\}$ 递增,从而 $\left\{\dfrac{1}{x_n}\right\}$ 递减,且有下界 0,所以数列 $\left\{\dfrac{1}{x_n}\right\}$ 收敛. 记 $\lim\limits_{n\to\infty}\dfrac{1}{x_n}=A$,若 $A\neq0$,则由 $\dfrac{1}{x_n+1}=\dfrac{1}{x_n}-\dfrac{1}{x_{n+1}}$ 两边取极限得 $\dfrac{A}{1+\frac{1}{A}}=A-A$,这是不可能成立的,所以必然有 $A=0$. 因此 $\lim\limits_{n\to\infty}S_n=\lim\limits_{n\to\infty}\left(\dfrac{1}{x_1}-\dfrac{1}{x_n}\right)=\dfrac{1}{x_1}-A=\dfrac{1}{x_1}$.

**评注** 本题先证明了数列单调有界,然后利用单调数列必有极限的结论说明数列存在极限. 进一步写出数列的递推公式,通过在等式两边取极限得到关于极限值的方程,讨论方程解的情况找出了数列的极限. 同类的题还有:

(1) 设 $x_1>0, x_{n+1}=\dfrac{3(1+x_n)}{3+x_n}(n=1,2,\cdots)$,求 $\lim\limits_{n\to\infty}x_n$.

**提示**：显然 $x_n>0(n=1,2,\cdots)$，若极限 $\lim\limits_{n\to\infty}x_n$ 存在，记 $\lim\limits_{n\to\infty}x_n=a$，由极限的保号性知 $\lim\limits_{n\to\infty}x_n=a\geqslant 0$. 再对 $x_{n+1}=\dfrac{3(1+x_n)}{3+x_n}$ 两边取极限得 $a=\dfrac{3(1+a)}{3+a}$. 解得 $a=\sqrt{3}$. 接下来再证 $\lim\limits_{n\to\infty}x_n=\sqrt{3}$. 事实上，$\left|x_n-\sqrt{3}\right|=\left|\dfrac{3(1+x_{n-1})}{3+x_{n-1}}-\sqrt{3}\right|=\dfrac{(3-\sqrt{3})\left|x_{n-1}-\sqrt{3}\right|}{3+x_{n-1}}\leqslant\dfrac{3-\sqrt{3}}{3}\left|x_{n-1}-\sqrt{3}\right|\leqslant\cdots\leqslant\left(\dfrac{3-\sqrt{3}}{3}\right)^{n-1}\left|x_1-\sqrt{3}\right|$，因为 $\lim\limits_{n\to\infty}\left(\dfrac{3-\sqrt{3}}{3}\right)^{n-1}=0$，由夹逼定理知 $\lim\limits_{n\to\infty}\left|x_n-\sqrt{3}\right|=0$，所以 $\lim\limits_{n\to\infty}x_n=\sqrt{3}$.

(2) 已知 $a_0+a_1+a_2+\cdots+a_k=0$，证明 $\lim\limits_{n\to\infty}(a_0\sqrt{n}+a_1\sqrt{n+1}+\cdots+a_k\sqrt{n+k})=0$.

**提示**：由题意有 $a_0=-a_1-a_2-\cdots-a_k$，于是

$$\lim_{n\to\infty}(a_0\sqrt{n}+a_1\sqrt{n+1}+\cdots+a_k\sqrt{n+k})=\lim_{n\to\infty}[a_1(\sqrt{n+1}-\sqrt{n})+\cdots+a_k(\sqrt{n+k}-\sqrt{n})]=\lim_{n\to\infty}\left(a_1\frac{1}{\sqrt{n+1}+\sqrt{n}}+\cdots+a_k\frac{k}{\sqrt{n+k}+\sqrt{n}}\right)=0.$$

(3) 设 $x_1>a>0$ 且 $x_{n+1}=\sqrt{ax_n}(n=1,2,\cdots)$，证明 $\lim\limits_{n\to\infty}x_n$ 存在，并且求出此极限值.

**提示**：首先证明 $\{x_n\}$ 有下界，当 $n=1$ 时，$x_1>a$，设 $n=k$ 时 $x_k>a$，则当 $n=k+1$ 时 $x_{k+1}=\sqrt{ax_k}>\sqrt{a\cdot a}=a$，由数学归纳法可知 $\{x_n\}$ 有下界. 再证明 $\{x_n\}$ 单调减少. 由 $x_n>a$，可知 $x_{n+1}=\sqrt{ax_n}<\sqrt{x_n\cdot x_n}=x_n$，则数列是单调递减的，故数列 $\{x_n\}$ 的极限存在. 设 $\lim\limits_{n\to\infty}x_n=A$，则由 $\lim\limits_{n\to\infty}x_{n+1}=\lim\limits_{n\to\infty}\sqrt{ax_n}$ 得 $A=\sqrt{aA}$，$A=a$，$A=0$（不合题意舍去），所以 $\lim\limits_{n\to\infty}x_n=a$.

(4) 设对于 $n=0,1,2,\cdots$ 均有 $0<x_n<1$，且 $x_{n+1}=2x_n-x_n^2$，求 $\lim\limits_{n\to\infty}x_n$.

**提示**：首先证明 $\{x_n\}$ 有极限. 由 $0<x_n<1$，得 $2-x_n>1$，又因为 $x_{n+1}=x_n(2-x_n)$，得 $x_{n+1}>x_n$，所以 $\{x_n\}$ 极限存在. 设 $\lim\limits_{n\to\infty}x_n=A$，则由 $x_{n+1}=2x_n-x_n^2$，得 $\lim\limits_{n\to\infty}x_{n+1}=\lim\limits_{n\to\infty}(2x_n-x_n^2)$，故 $A=2A-A^2$，得 $A=0$（不合题意舍去），或 $A=1$，所以 $\lim\limits_{n\to\infty}x_n=1$.

(5) 设 $x_1=\sqrt{2}$，$x_{n+1}=\sqrt{2+x_n}(n=1,2,\cdots)$，证明 $\lim\limits_{n\to\infty}x_n$ 存在，并且求出此极限值.

**提示**：首先证明 $\{x_n\}$ 有界，当 $n=1$ 时，$x_1=\sqrt{2}<2$，设 $n=k$ 时，$x_k<2$ 成立，当 $n=k+1$ 时，$x_{k+1}=\sqrt{2+x_k}<\sqrt{2+2}=2$，由数学归纳法知数列 $\{x_n\}$ 有界. 当 $n=1$ 时，$x_2=\sqrt{2+x_1}=\sqrt{2+\sqrt{2}}>\sqrt{2}=x_1$，即 $x_2>x_1$ 成立. 设 $n=k$ 时 $x_{k+1}>x_k$ 成立，当 $n=k+1$ 时，$x_{k+2}=\sqrt{2+x_{k+1}}>\sqrt{2+x_k}=x_{k+1}$，由数学归纳法可知数列 $\{x_n\}$ 为单调数列，所以数列 $\{x_n\}$ 的极限存在. 设 $\lim\limits_{n\to\infty}x_n=A$，则有 $\lim\limits_{n\to\infty}x_{n+1}=\lim\limits_{n\to\infty}\sqrt{2+x_n}$，得 $A=\sqrt{2+A}$，解得得 $A=-1$（不合题意舍去），或 $A=2$，所以 $\lim\limits_{n\to\infty}x_n=2$.

**例 2-34** 设函数 $f(x)$ 在 $x=0$ 的某邻域内具有二阶连续导数，且 $\lim\limits_{x\to 0}\dfrac{f(x)}{x}=0$，证明：级数 $\sum\limits_{n=1}^{\infty}f\left(\dfrac{1}{n}\right)$ 绝对收敛.

**分析** 这是函数极限存在与无穷级数收敛相关联的问题. 其中涉及到函数具有二阶连续偏导数，因此，证明过程中可能会用到导数定义，洛必达法则以及泰勒公式等知识，证明方法可

能不止一种.

**证明**　因为函数数$f(x)$在$x=0$的某邻域内具有二阶连续导数,且$\lim\limits_{x\to0}\frac{f(x)}{x}=0$,所以$f(0)=\lim\limits_{x\to0}f(x)=\lim\limits_{x\to0}\frac{f(x)}{x}\cdot x=0$,且$f'(0)=\lim\limits_{x\to0}\frac{f(x)-f(0)}{x}=0$. 由洛必达法则,$\lim\limits_{x\to0}\frac{f(x)}{x^2}=\lim\limits_{x\to0}\frac{f'(x)}{2x}=\lim\limits_{x\to0}\frac{f''(x)}{2}=\frac{f''(0)}{2}$,所以$\lim\limits_{n\to\infty}\frac{\left|f\left(\frac{1}{n}\right)\right|}{\frac{1}{n^2}}=\lim\limits_{x\to0}\left|\frac{f(x)}{x^2}\right|=\frac{|f''(0)|}{2}$,由比较判别法知,级数$\sum\limits_{n=1}^{\infty}f\left(\frac{1}{n}\right)$绝对收敛.

**评注**　证明过程使用了导数定义,洛必达法则和正项级数的比较判别法,使问题迎刃而解. 也可以使用泰勒公式这样证明:因为函数$f(x)$在$x=0$的某邻域内具有二阶连续导数,则$f''(x)$在该邻域内的某闭子区间$[-a,a]$上有界,即存在常数$M>0$,使得$|f''(x)|\leqslant M$. 由泰勒公式有$f(x)=f(0)+f'(0)x+\frac{f''(\theta x)}{2!}x^2=\frac{f''(\theta x)}{2}x^2\ (0<\theta<1)$,因此在区间$[-a,a]$上,$|f(x)|\leqslant\frac{Mx^2}{2}$. 从而存在正整数$N$,当$n>N$时,恒有$\left|f\left(\frac{1}{n}\right)\right|\leqslant\frac{M}{2}\cdot\frac{1}{n^2}$. 由正项级数的比较判别法知,级数$\sum\limits_{n=1}^{\infty}f\left(\frac{1}{n}\right)$绝对收敛. 同类的题还有:

(1) 证明:级数$\sum\limits_{n=2}^{\infty}\frac{(-1)^n}{\sqrt{n+(-1)^n}}$条件收敛.

**提示**:$\sum\limits_{n=2}^{\infty}\frac{(-1)^n}{\sqrt{n+(-1)^n}}=\frac{1}{\sqrt3}-\frac{1}{\sqrt2}+\frac{1}{\sqrt5}-\frac{1}{\sqrt4}+\cdots$是交错级数,但不满足莱布尼茨判别法. 因为$|u_n|=\frac{1}{\sqrt{n+(-1)^n}}\geqslant\frac{1}{\sqrt{n-1}}$,所以由比较判别法知,$\sum\limits_{n=2}^{\infty}|u_n|=\sum\limits_{n=2}^{\infty}\frac{1}{\sqrt{n+(-1)^n}}$发散. 又因为$S_{2n}=\sum\limits_{k=2}^{2n}\frac{(-1)^k}{\sqrt{k+(-1)^k}}=\left(\frac{1}{\sqrt3}-\frac{1}{\sqrt2}\right)+\left(\frac{1}{\sqrt5}-\frac{1}{\sqrt4}\right)+\cdots+\left(\frac{1}{\sqrt{2n+1}}-\frac{1}{\sqrt{2n}}\right)$,由于此部分和每个括号都小于零,所以$\{S_{2n}\}$单调递减. 再由$S_{2n}>\left(\frac{1}{\sqrt4}-\frac{1}{\sqrt2}\right)+\left(\frac{1}{\sqrt6}-\frac{1}{\sqrt4}\right)+\cdots+\left(\frac{1}{\sqrt{2n+2}}-\frac{1}{\sqrt{2n}}\right)=\frac{1}{\sqrt{2n+2}}-\frac{1}{\sqrt2}>-\frac{1}{\sqrt2}$,所以$\{S_{2n}\}$单调递减. 有下界,故$\{S_{2n}\}$收敛,记$\lim\limits_{n\to\infty}S_{2n}=S$,显然$\lim\limits_{n\to\infty}u_n=0$,则$\lim\limits_{n\to\infty}S_{2n+1}=\lim\limits_{n\to\infty}(S_{2n}+u_{2n+1})=S$. 所以,原级数的部分和数列$\{S_n\}$收敛,从而级数收敛. 所以,原级数条件收敛.

(2) 判别级数$\sum\limits_{n=1}^{\infty}(-1)^{n-1}\frac{\ln n}{\sqrt n}$的敛散性.

**提示**:$u_n=\frac{\ln n}{\sqrt n}$,所给级数为交错级数,而$\lim\limits_{n\to\infty}\frac{u_n}{\frac{1}{\sqrt n}}=\lim\limits_{n\to\infty}\ln n=+\infty$,由于$\sum\limits_{n=1}^{\infty}\frac{1}{\sqrt n}$发散,所以$\sum\limits_{n=1}^{\infty}\frac{\ln n}{\sqrt n}$发散,故$\sum\limits_{n=1}^{\infty}(-1)^{n-1}\frac{\ln n}{\sqrt n}$不是绝对收敛的. 设$f(x)=\frac{\ln x}{\sqrt x}$,$\lim\limits_{n\to+\infty}\frac{\ln x}{\sqrt x}=\lim\limits_{n\to+\infty}\frac{\frac{1}{x}}{\frac{1}{2}\cdot\frac{1}{\sqrt x}}=\lim\limits_{n\to+\infty}\frac{1}{2\sqrt x}=0$.

故$\lim\limits_{n\to\infty}\dfrac{\ln n}{\sqrt{n}}=0$. 又$f'(x)=\dfrac{\dfrac{1}{\sqrt{x}}-\dfrac{\ln x}{2\sqrt{x}}}{x}=\dfrac{\dfrac{2-\ln x}{2\sqrt{x}}}{x}=\dfrac{2-\ln x}{2x\sqrt{x}}$，当$x>e^2$时，$f'(x)<0$，于是当$x>e^2$时，$f(x)$为单调递减函数，因而存在$N>0$，当$n>N$时$u_n=\dfrac{\ln n}{\sqrt{n}}>u_{n+1}=\dfrac{\ln(n+1)}{\sqrt{n+1}}$，所以，原级数条件收敛.

(3) 讨论级数$1-\dfrac{1}{2^x}+\dfrac{1}{3}-\dfrac{1}{4^x}+\cdots+\dfrac{1}{2n-1}-\dfrac{1}{(2n)^x}+\cdots$的敛散性.

**提示**：当$x=1$时，级数$1-\dfrac{1}{2}+\dfrac{1}{3}-\dfrac{1}{4}+\cdots+\dfrac{1}{2n-1}-\dfrac{1}{2n}+\cdots$，由莱布尼茨判别法知，该级数收敛；当$x>1$时，因为级数$\left(1-\dfrac{1}{2^x}\right)+\left(\dfrac{1}{3}-\dfrac{1}{4^x}\right)+\cdots+\left(\dfrac{1}{2n-1}-\dfrac{1}{(2n)^x}\right)+\cdots=\sum\limits_{k=1}^{\infty}\left(\dfrac{1}{2k-1}-\dfrac{1}{(2k)^x}\right)$是一个发散级数与一个收敛级数的和，所以它必然发散，从而去掉括号后得到的原级数发散；当$x<1$时，考虑顺序加括号的级数$1-\left(\dfrac{1}{2^x}-\dfrac{1}{3}\right)-\left(\dfrac{1}{4^x}-\dfrac{1}{5}\right)-\cdots-\left(\dfrac{1}{(2n)^x}-\dfrac{1}{2n+1}\right)-\cdots$因为$\lim\limits_{n\to\infty}\dfrac{\left(\dfrac{1}{(2n)^x}-\dfrac{1}{2n+1}\right)}{\dfrac{1}{n^x}}=\dfrac{1}{2^x}$，又级数$\sum\limits_{n=1}^{\infty}\dfrac{1}{n^x}$当$x<1$发散，由极限形式的比较判别法知正项级数$\left(\dfrac{1}{2^x}-\dfrac{1}{3}\right)+\left(\dfrac{1}{4^x}-\dfrac{1}{5}\right)+\cdots+\left(\dfrac{1}{(2n)^x}-\dfrac{1}{2n+1}\right)+\cdots$发散，故$1-\left(\dfrac{1}{2^x}-\dfrac{1}{3}\right)-\left(\dfrac{1}{4^x}-\dfrac{1}{5}\right)-\cdots-\left(\dfrac{1}{(2n)^x}-\dfrac{1}{2n+1}\right)-\cdots$发散，从而原级数发散. 所以，该级数当且仅当$x>1$时收敛.

(4) 讨论级数$\sum\limits_{n=1}^{\infty}\dfrac{\alpha^n}{n^p}$($\alpha,p$为正常数)的敛散性.

**提示**：用正项级数比值判别法$\lim\limits_{n\to\infty}\dfrac{u_{n+1}}{u_n}=\lim\limits_{n\to\infty}\alpha\left(\dfrac{n}{n+1}\right)^p=\alpha$，故当$0<\alpha<1$时，级数收敛；当$\alpha>1$时级数发散；当$\alpha=1$时级数为$p-$级数，故$p>1$时收敛，$p\leqslant 1$时发散.

(5) 设数列$\{a_n\}$单调减少，且$\lim\limits_{n\to\infty}a_n=0$，试证：级数$\sum\limits_{n=1}^{\infty}(-1)^n\dfrac{a_1+a_2+\cdots+a_n}{n}$收敛.

**提示**：令$b_n=\dfrac{1}{n}(a_1+a_2+\cdots+a_n)$，由极限知识$\lim\limits_{n\to\infty}b_n=\lim\limits_{n\to\infty}a_n=0$，又$nb_n=a_1+a_2+\cdots+a_n$，$(n+1)b_{n+1}=a_1+a_2+\cdots+a_n+a_{n+1}$，$nb_n-(n+1)b_{n+1}=-a_{n+1}$，$nb_n-nb_{n+1}=b_{n+1}-a_{n+1}$，即$b_n-b_{n+1}=\dfrac{1}{n}(b_{n+1}-a_{n+1})$，由于$b_{n+1}$是$a_1,a_2,\cdots,a_n,a_{n+1}$的算术平均值，所以$b_{n+1}$不小于它们中的最小者$a_{n+1}$，即$b_{n+1}\geqslant a_{n+1}$，从而$b_n-b_{n+1}=\dfrac{1}{n}(b_{n+1}-a_{n+1})\geqslant 0$，由莱布尼茨审敛法知原级数收敛.

**例2-35** 设$a_n>0$，$S_n=\sum\limits_{k=1}^{n}a_k$，证明：(1) 当$\alpha>1$时，级数$\sum\limits_{n=1}^{\infty}\dfrac{a_n}{S_n^\alpha}$收敛；(2) 当$\alpha\leqslant 1$且$S_n\to\infty\ (n\to\infty)$时，级数$\sum\limits_{n=1}^{\infty}\dfrac{a_n}{S_n^\alpha}$发散.

**分析** 证明正项级数的收敛与发散，通常会用到正项级数的一系列审敛法，但正项级数收敛的充要条件是最基本的，其次是正项级数的比较判别法、比值判别法等.

**解答** 令$f(x)=x^{1-\alpha}, x\in[S_{n-1},S_n]$，由拉格朗日中值定理有：存在$\xi\in(S_{n-1},S_n)$，使得

$$f(S_n)-f(S_{n-1})=f'(\xi)(S_n-S_{n-1}),\ \text{即是}\ S_n^{1-\alpha}-S_{n-1}^{1-\alpha}=(1-\alpha)\xi^{-\alpha}a_n.$$

(1)当$\alpha>1$时，$\frac{1}{S_{n-1}^{\alpha-1}}-\frac{1}{S_n^{\alpha-1}}=(\alpha-1)\frac{a_n}{\xi^\alpha}\geqslant(\alpha-1)\frac{a_n}{S_n^\alpha}$. 显然数列$\left\{\frac{1}{S_{n-1}^{\alpha-1}}-\frac{1}{S_n^{\alpha-1}}\right\}$的前$n$项的和有界，从而收敛，再由正项级数比较判别法知级数$\sum\limits_{n=1}^{\infty}\frac{a_n}{S_n^\alpha}$收敛.

(2) 当$\alpha=1$时，因为$a_n>0, S_n=\sum\limits_{k=1}^{n}a_k$，$S_n$单调递增，所以$\sum\limits_{k=n+1}^{n+p}\frac{a_k}{S_k}\geqslant\frac{1}{S_{n+p}}\sum\limits_{k=n+1}^{n+p}a_k=\frac{S_{n+p}-S_n}{S_{n+p}}=1-\frac{S_n}{S_{n+p}}$，因为$S_n\to\infty(n\to\infty)$，对任意$n$，存在$p\in\mathbf{N}$且$p>n$，使得$S_n=a_1+a_2+\cdots+a_n<a_{n+1}+a_{n+2}+\cdots+a_{n+p}=\sum\limits_{k=n+1}^{n+p}a_k$，即$2S_n=2(a_1+a_2+\cdots+a_n)<a_1+a_2+\cdots+a_n+a_{n+1}+a_{n+2}+\cdots+a_{n+p}=\sum\limits_{k=1}^{n+p}a_k=S_{n+p}$，所以$\frac{S_n}{S_{n+p}}<\frac{1}{2}$，从而$\sum\limits_{k=n+1}^{n+p}\frac{a_k}{S_k}\geqslant\frac{1}{S_{n+p}}\sum\limits_{k=n+1}^{n+p}a_k=\frac{S_{n+p}-S_n}{S_{n+p}}=1-\frac{S_n}{S_{n+p}}>\frac{1}{2}$，所以，级数$\sum\limits_{n=1}^{\infty}\frac{a_n}{S_n^\alpha}$发散. 当$\alpha<1$时，$\frac{a_n}{S_n^\alpha}\geqslant\frac{a_n}{S_n}$. 由级数$\sum\limits_{n=1}^{\infty}\frac{a_n}{S_n}$发散及正项级数比较判别法知级数$\sum\limits_{n=1}^{\infty}\frac{a_n}{S_n^\alpha}$发散.

**评注** 证明正项级数的收敛与发散，往往会涉及到正项级数的一系列判别法，还可能会用到函数单调性、微分中值定理等性质. 同类的题还有：

(1) 设$a_n>0(n=1,2,\cdots)$，$\{a_n\}$单调增加，证明：级数$\sum\limits_{n=1}^{\infty}\frac{1}{a_n}$收敛的充分必要条件是级数$\sum\limits_{n=1}^{\infty}\frac{n}{a_1+a_2+\cdots+a_n}$收敛.

**提示**：先证充分性. 因为$a_n>0(n=1,2,\cdots)$，$\{a_n\}$单调增加，则$0<\frac{1}{a_n}=\frac{n}{na_n}\leqslant\frac{n}{a_1+a_2+\cdots+a_n}$. 又级数$\sum\limits_{n=1}^{\infty}\frac{n}{a_1+a_2+\cdots+a_n}$收敛，由比较判别法知级数$\sum\limits_{n=1}^{\infty}\frac{1}{a_n}$收敛. 再证必要性. 因为正项数列$\{a_n\}$单调增加，则

$$0<u_{2n}=\frac{2n}{a_1+a_2+\cdots+a_{2n}}\leqslant\frac{2n}{a_{n+1}+a_{n+2}+\cdots+a_{2n}}\leqslant\frac{2n}{na_n}=\frac{2}{a_n},$$

$$0<u_{2n+1}=\frac{2n+1}{a_1+a_2+\cdots+a_{2n+1}}\leqslant\frac{2n+1}{a_{n+1}+a_{n+2}+\cdots+a_{2n}}\leqslant\frac{2n+1}{na_n}\leqslant\frac{3}{a_n},$$

因为级数$\sum\limits_{n=1}^{\infty}\frac{1}{a_n}$收敛，由比较判别法知，正项级数$\sum\limits_{n=1}^{\infty}u_{2n}$及$\sum\limits_{n=1}^{\infty}u_{2n+1}$都收敛，从而级数$\sum\limits_{n=1}^{\infty}(u_{2n}+u_{2n+1})$收敛，因此，级数$\sum\limits_{n=2}^{\infty}u_n$收敛，进一步，级数$\sum\limits_{n=1}^{\infty}u_n$收敛.

(2) 证明：若级数$\sum\limits_{n=1}^{\infty}\frac{1}{p_n}$收敛（其中$p_1,p_2,\cdots,p_n,\cdots$为正实数），则级数$\sum\limits_{n=1}^{\infty}$

$\dfrac{n^2p_n}{(p_1+p_2+\cdots+p_n)^2}$收敛.

**提示**:令 $q_n=p_1+p_2+\cdots+p_n(q_0=0)$,因为级数 $\sum\limits_{n=1}^{\infty}\dfrac{1}{p_n}$ 收敛,设 $\sum\limits_{n=1}^{\infty}\dfrac{1}{p_n}=T$. 级数 $\sum\limits_{n=1}^{\infty}\dfrac{n^2p_n}{(p_1+p_2+\cdots+p_n)^2}$ 的部分和设为 $S_N$,则 $S_N=\sum\limits_{n=1}^{N}\dfrac{n^2}{(p_1+p_2+\cdots+p_n)^2}p_n=\sum\limits_{n=1}^{\infty}\dfrac{2n^2}{q_n^2}(q_n-q_{n-1})\leqslant\dfrac{1}{p_1}+\sum\limits_{n=2}^{N}\dfrac{n^2}{q_nq_{n-1}}(q_n-q_{n-1})=\dfrac{1}{p_1}+\sum\limits_{n=2}^{N}\dfrac{n^2}{q_{n-1}}-\sum\limits_{n=2}^{N}\dfrac{n^2}{q_n}=\dfrac{1}{p_1}+\sum\limits_{n=1}^{N}\dfrac{(n+1)^2}{q_n}-\sum\limits_{n=2}^{N}\dfrac{n^2}{q_n}=\dfrac{1}{p_1}+\dfrac{2^2}{q_1}+\sum\limits_{n=2}^{N}\dfrac{(n+1)^2}{q_n}-\sum\limits_{n=2}^{N}\dfrac{n^2}{q_n}=\dfrac{5}{p_1}+\sum\limits_{n=2}^{N}\dfrac{2n+1}{q_n}=\dfrac{5}{p_1}+\sum\limits_{n=2}^{N}\dfrac{2n}{q_n}+\sum\limits_{n=2}^{N}\dfrac{1}{q_n}$,由柯西—施瓦茨不等式,知

$$\sum_{n=2}^{N}\frac{2n}{q_n}=2\sum_{n=2}^{N}\frac{n}{q_n}=2\sum_{n=2}^{N}\left[\left(\frac{n}{q_n}\sqrt{p_n}\right)\cdot\frac{1}{\sqrt{p_n}}\right]\leqslant 2\sqrt{\left(\sum_{n=2}^{N}\frac{2n^2}{q_n^2}p_n\right)\cdot\left(\sum_{n=2}^{N}\frac{1}{p_n}\right)}$$,而 $\sum\limits_{n=2}^{N}\dfrac{1}{q_n}<\dfrac{1}{q_1}+\sum\limits_{n=2}^{N}\dfrac{1}{q_n}=\sum\limits_{n=1}^{N}\dfrac{1}{q_n}<\sum\limits_{n=1}^{N}\dfrac{1}{p_n}<\sum\limits_{n=1}^{\infty}\dfrac{1}{p_n}=T$,因此 $S_N\leqslant\dfrac{5}{p_1}+2\sqrt{S_NT}+T$,即 $(\sqrt{S_N}-\sqrt{T})^2\leqslant 2T+\dfrac{5}{p_1}$,得 $\sqrt{S_N}\leqslant\sqrt{T}+\sqrt{2T+\dfrac{5}{p_1}}$. 所以正项级数 $\sum\limits_{n=1}^{\infty}\dfrac{n^2p_n}{(p_1+p_2+\cdots+p_n)^2}$ 的部分和有上界,级数收敛.

(3) 设 $a_n=\int_n^{n+1}\dfrac{\sin\pi x}{x^p+1}\mathrm{d}x(n=1,2,\cdots)$,其中 $p$ 为正数,证明:① 当 $p>1$ 时,级数 $\sum\limits_{n=0}^{\infty}a_n$ 绝对收敛;② 当 $0<p\leqslant 1$ 时,级数 $\sum\limits_{n=0}^{\infty}a_n$ 收敛.

**提示**:① 当 $p>1$ 时,有 $|a_n|\leqslant\int_n^{n+1}\dfrac{1}{x^p+1}\mathrm{d}x\leqslant\dfrac{1}{n^p}$,由于级数 $\sum\limits_{n=1}^{\infty}\dfrac{1}{n^p}$ 收敛,所以级数 $\sum\limits_{n=0}^{\infty}a_n$ 绝对收敛. ② 当 $0<p\leqslant 1$ 时,由反常积分中值定理可知 $a_n=\int_n^{n+1}\dfrac{\sin\pi x}{x^p+1}\mathrm{d}x=\dfrac{1}{\xi_n^p+1}\int_n^{n+1}\sin\pi x\mathrm{d}x=\dfrac{2(-1)^n}{\pi(\xi_n^p+1)}$,其中 $n<\xi_n<n+1$,因此,级数 $\sum\limits_{n=0}^{\infty}a_n$ 为交错级数. 记 $a_n=(-1)^nb_n,n=1,2,\cdots$,则 $0<b_{n+1}=\dfrac{2}{\pi(\xi_{n+1}^p+1)}<\dfrac{2}{\pi(\xi_n^p+1)}=b_n$,所以 $\{b_n\}$ 单调递减;又 $0<b_n<\dfrac{2}{\pi(n^p+1)}$,所以 $\lim\limits_{n\to\infty}b_n=0$. 于是,由莱布尼茨判别法知级数 $\sum\limits_{n=0}^{\infty}a_n$ 收敛. 这里的证明用到反常积分中值定理:设 $f(x),g(x)$ 在区间 $[a,b]$ 上都连续,且 $g(x)$ 不变号,则在 $[a,b]$ 上至少存在一点 $\xi$,使得 $\int_a^b f(x)g(x)\mathrm{d}x=f(\xi)\int_a^b g(x)\mathrm{d}x$. 另外也可以利用分部积分法证明.

$$\text{因为 } a_n=\int_n^{n+1}\frac{\sin\pi x}{x^p+1}\mathrm{d}x=-\frac{1}{\pi}\frac{\cos\pi x}{x^p+1}\bigg|_n^{n+1}-\frac{1}{\pi}\int_n^{n+1}\frac{px^{p-1}\cos\pi x}{(x^p+1)^2}\mathrm{d}x$$
$$=\frac{(-1)^n}{\pi}\left[\frac{1}{(n^p+1)}+\frac{1}{(n+1)^p+1}\right]-\frac{1}{\pi}\int_n^{n+1}\frac{px^{p-1}\cos\pi x}{(n^p+1)^2}\mathrm{d}x,$$

记 $b_n=\int_n^{n+1}\dfrac{px^{p-1}\cos\pi x}{(x^p+1)^2}\mathrm{d}x,n=1,2,\cdots$,则 $|b_n|\leqslant\int_n^{n+1}\dfrac{px^{p-1}}{(x^p+1)^2}\mathrm{d}x=\dfrac{1}{n^p+1}-\dfrac{1}{(n+1)^p+1}=$

$\dfrac{n^p\left[\left(1+\dfrac{1}{n}\right)^p-1\right]}{(n^p+1)[(n+1)^p+1]}$，进一步有 $|b_n| \leqslant \dfrac{n^p \cdot \dfrac{1}{n}}{(n^p+1)[(n+1)^p+1]} < \dfrac{1}{n[(n+1)^p+1]} < \dfrac{1}{n^{1+p}}$. 由比较判别法知，级数 $\sum\limits_{n=0}^{\infty} b_n$ 绝对收敛，又 $\sum\limits_{n=1}^{\infty}(-1)^n\left[\dfrac{1}{(n^p+1)}+\dfrac{1}{(n+1)^p+1}\right]$ 条件收敛，因此级数 $\sum\limits_{n=0}^{\infty} a_n$ 条件收敛.

(4) 设数列 $\{na_n\}$ 收敛，级数 $\sum\limits_{n=1}^{\infty} n(a_n - a_{n-1})$ 收敛，试证级数 $\sum\limits_{n=1}^{\infty} a_n$ 收敛.

**提示**：设 $\lim\limits_{n\to\infty} na_n = A$，$\sum\limits_{n=1}^{\infty} n(a_n - a_{n-1})$ 收敛于 $S$，则 $\sum\limits_{n=1}^{\infty} n(a_n - a_{n-1})$ 的部分和

$$
\begin{aligned}
S_n &= \sum_{k=1}^{n} k(a_k - a_{k-1}) = (a_1 - a_0) + 2(a_2 - a_1) + 3(a_3 - a_2) + \cdots + n(a_n - a_{n-1}) \\
&= a_1 - a_0 + 2a_2 - 2a_1 + 3a_3 - 3a_2 + \cdots + na_n - na_{n-1} \\
&= -(a_0 + a_1 + a_2 + \cdots + a_{n-1}) + na_n \\
&= -\sum_{k=0}^{n-1} a_k + na_n.
\end{aligned}
$$

即有 $\sum\limits_{k=0}^{n-1} a_k = na_n - S_n$，于是 $\lim\limits_{n\to\infty}\sum\limits_{k=0}^{n-1} a_k = \lim\limits_{n\to\infty} na_n - \lim\limits_{n\to\infty} S_n = A - S$，即级数 $\sum\limits_{n=1}^{\infty} a_n$ 收敛.

(5) 讨论级数 $\sum\limits_{n=2}^{\infty}\left(a - \dfrac{1}{\ln n}\right)^n (a > 0)$ 的敛散性.

**提示**：当 $0 < a \leqslant 1$ 收敛；$a > 1$ 发散.

**例 2 - 36**　求幂级数 $\sum\limits_{n=1}^{\infty}(-1)^{n+1}n^2x^n(-1 < x < 1)$ 的和函数.

**分析**　幂级数的求和，一般都是利用逐项求导和逐项积分的性质，最终将幂级数转化为等比级数而求出其和，要注意的是：进行逐项求导或逐项积分之前有可能需要对幂级数进行适当的等价变形.

**解答**　幂级数的和函数为 $s(x) = \sum\limits_{n=1}^{\infty}(-1)^{n+1}n^2x^n = x\sum\limits_{n=1}^{\infty}(-1)^{n+1}n^2x^{n-1} = x\left[\sum\limits_{n=1}^{\infty}(-1)^{n+1}nx^n\right]'$

$$
\begin{aligned}
&= x\left[x\sum_{n=1}^{\infty}(-1)^{n+1}nx^{n-1}\right]' = x\left\{x\left[\sum_{n=1}^{\infty}(-1)^{n+1}x^n\right]'\right\}' \\
&= x\left[x\left(\frac{x}{1+x}\right)'\right]' = \frac{x(1-x)}{(1+x)^3}, x \in (-1,1).
\end{aligned}
$$

**评注**　求幂级数的和函数，会涉及到两个内容：一是求级数的收敛域；二是在收敛域内求级数的和函数. 如何求和函数，是一个比较复杂的问题，有少量题目可以使用定义求得，即 $\sum\limits_{n=0}^{\infty} u_n x^n = \lim\limits_{n\to\infty} s_n(x) = s(x)$，而对于大多数的幂级数求和函数，是利用已知函数的幂级数展开式在收敛域内进行代数运算或分析运算求出的. 有时需要逐项积分，逐项求导，使所得的新级数更容易求和函数. 先求导后积分，还是先积分后求导，应看一般项的具体情况而定，特别是要记住一些常用的级数公式. 本题中的和函数也可以这样求：

$$s(x)=\sum_{n=1}^{\infty}(-1)^{n+1}n^2x^n=\sum_{n=1}^{\infty}(-1)^{n+1}[(n^2-1)+1]x^n=\sum_{n=1}^{\infty}(-1)^{n+1}\{(n+1)[(n+2)-3]+1\}x^n$$
$$=\sum_{n=1}^{\infty}(-1)^{n+1}[(n+1)(n+2)-3(n+1)+1]x^n$$
$$=\sum_{n=1}^{\infty}(-1)^{n+1}(n+1)(n+2)x^n-3\sum_{n=1}^{\infty}(-1)^{n+1}(n+1)x^n+\sum_{n=1}^{\infty}(-1)^{n+1}x^n$$
$$=\left(\sum_{n=1}^{\infty}(-1)^{n+1}x^{n+2}\right)''-3\left(\sum_{n=1}^{\infty}(-1)^{n+1}x^{n+1}\right)'+\sum_{n=1}^{\infty}(-1)^{n+1}x^n$$
$$=\left(\frac{x^3}{1+x}\right)''-3\left(\frac{x^2}{1+x}\right)'+\frac{x}{1+x}$$
$$=\frac{x(1-x)}{(1+x)^3}(x\in(-1,1)).$$

同类的题还有：

（1）求幂级数 $\sum_{n=0}^{\infty}\frac{n^2+1}{2^n n!}x^n$ 的和函数.

**提示**：$s(x)=\sum_{n=0}^{\infty}\frac{n^2+1}{2^n n!}x^n=\sum_{n=0}^{\infty}\frac{n(n-1)+n+1}{n!}\left(\frac{x}{2}\right)^n=\sum_{n=2}^{\infty}\frac{1}{(n-2)!}\left(\frac{x}{2}\right)^n+\sum_{n=1}^{\infty}\frac{1}{(n-1)!}\left(\frac{x}{2}\right)^n+=\sum_{n=0}^{\infty}\frac{1}{n!}\left(\frac{x}{2}\right)^n=\left(\frac{x}{2}\right)^2\sum_{n=0}^{\infty}\frac{1}{n!}\left(\frac{x}{2}\right)^n+\left(\frac{x}{2}\right)\sum_{n=0}^{\infty}\frac{1}{n!}\left(\frac{x}{2}\right)^n+\sum_{n=0}^{\infty}\frac{1}{n!}\left(\frac{x}{2}\right)^n=\left(\frac{x^2}{4}+\frac{x}{2}+1\right)\sum_{n=0}^{\infty}\frac{1}{n!}\left(\frac{x}{2}\right)^n=\left(\frac{x^2}{4}+\frac{x}{2}+1\right)e^{\frac{x}{2}}(-\infty<x<+\infty)$.

（2）求幂级数 $\sum_{n=1}^{\infty}\frac{x^{n-1}}{n(n+1)}(-1\leqslant x\leqslant 1)$ 的和函数.

**提示**：设给定级数的和函数为 $s(x)$，即 $s(x)=\sum_{n=1}^{\infty}\frac{x^{n-1}}{n(n+1)}$，又记 $\varphi(x)=x^2s(x)=\sum_{n=1}^{\infty}\frac{x^{n+1}}{n(n+1)}$，将 $\varphi(0)=0,\varphi'(x)=\sum_{n=1}^{\infty}\frac{x^n}{n},\varphi''(x)=\sum_{n=1}^{\infty}x^{n-1}=\frac{1}{1-x}$ 代入积分得，$\varphi'(x)=\int_0^x\varphi''(t)\mathrm{d}t+\varphi'(0)=\int_0^x\frac{1}{1-t}\mathrm{d}t+\varphi'(0)=-\ln(1-x)$，再次积分，得 $\varphi(x)-\varphi(0)=\int_0^x\varphi'(t)\mathrm{d}t$，从而 $\varphi(x)=(1-x)\ln(1-x)+x$，当 $x\neq 0$ 时，$s(x)=\frac{\varphi(x)}{x^2}=\frac{(1-x)\ln(1-x)+x}{x^2}$，当 $x=0$ 时，$s(0)=\frac{1}{2}$.

（3）求幂级数 $x+\frac{x^3}{3}+\frac{x^5}{5}+\cdots(|x|<1)$ 的和函数，并求级数 $\sum_{n=1}^{\infty}\frac{1}{(2n-1)4^n}$ 的和.

**提示**：设 $s(x)=\sum_{n=1}^{\infty}\frac{x^{2n-1}}{2n-1}=x+\frac{x^3}{3}+\frac{x^5}{5}+\cdots(|x|<1)$，则 $s'(x)=1+x^2+x^4+\cdots=\frac{1}{1-x^2}$，又 $s(0)=0$，所以 $s(x)=\int_0^x s'(t)\mathrm{d}t+s(0)=\frac{1}{2}\ln\frac{1+x}{1-x}(|x|<1)$. 级数 $\sum_{n=1}^{\infty}\frac{1}{(2n-1)4^n}=\frac{1}{2}\sum_{n=1}^{\infty}\frac{1}{2n-1}\left(\frac{1}{2}\right)^{2n-1}=\frac{1}{2}s\left(\frac{1}{2}\right)=\frac{1}{4}\ln 3$.

(4) 求幂级数 $\sum\limits_{n=1}^{\infty} n(x-1)^n$ 的收敛域及和函数.

**提示**:由 $\lim\limits_{n\to\infty}\left|\dfrac{u_{n+1}(x)}{u_n(x)}\right| = \lim\limits_{n\to\infty}\left|\dfrac{(n+1)(x-1)^{n+1}}{n(x-1)^n}\right| = \lim\limits_{n\to\infty}\dfrac{n+1}{n}|x-1| = |x-1| < 1$,即 $0 < x < 2$ 时级数收敛,在 $x = 0, x = 2$ 时级数发散. 设 $s(x) = \sum\limits_{n=1}^{\infty} n(x-1)^n = \sum\limits_{n=1}^{\infty}(n+1)(x-1)^n - \sum\limits_{n=1}^{\infty}(x-1)^n$,而 $\sum\limits_{n=1}^{\infty}(x-1)^n = \dfrac{x-1}{2-x}$,令 $s_1(x) = \sum\limits_{n=1}^{\infty}(n+1)(x-1)^n$,$s_1(1)=0$,于是 $\int_1^x s_1(x)\mathrm{d}x = \int_1^x \sum\limits_{n=1}^{\infty}(n+1)(x-1)^n\mathrm{d}x = \sum\limits_{n=1}^{\infty}\int_1^x (n+1)(x-1)^n\mathrm{d}x = \sum\limits_{n=1}^{\infty}(x-1)^{n+1} = \dfrac{(x-1)^2}{2-x}$,再次求导,得 $s_1(x) = \left[\dfrac{(x-1)^2}{2-x}\right]' = \dfrac{(x-1)(3-x)}{(2-x)^2}$,于是 $s(x) = \dfrac{(x-1)(3-x)}{(2-x)^2} - \dfrac{x-1}{2-x} = \dfrac{x-1}{(2-x)^2}(x\in(0,2))$.

(5) 求幂级数 $\sum\limits_{n=0}^{\infty}\dfrac{(-1)^n}{3n+1}x^{3n}$ 的收敛域及和函数,并求级数 $\sum\limits_{n=0}^{\infty}\dfrac{(-1)^n}{3n+1}$ 的和.

**提示**:幂级数的收敛域为 $(-1,1]$. 记 $s(x) = \sum\limits_{n=0}^{\infty}\dfrac{(-1)^n}{3n+1}x^{3n}$,$\varphi(x) = xs(x) = \sum\limits_{n=0}^{\infty}\dfrac{(-1)^n}{3n+1}x^{3n+1}(-1 < x \leqslant 1)$,则 $\varphi(0) = 0$,$s(0) = 1$,且 $\varphi'(x) = \sum\limits_{n=0}^{\infty}(-1)^n x^{3n} = \dfrac{1}{1+x^3}$,$-1 < x < 1$. 因为 $\varphi(x) = \varphi(0) + \int_0^x \dfrac{1}{1+t^3}\mathrm{d}t = \int_0^x \dfrac{1-t^2+t^2}{1+t^3}\mathrm{d}t = \dfrac{1}{3}\int_0^x \dfrac{\mathrm{d}(1+t^3)}{1+t^3} + \int_0^x \dfrac{1-t}{t^2-t+1}\mathrm{d}t = \dfrac{1}{3}\ln(1+x^3) - \dfrac{1}{2}\int_0^x \dfrac{2t-1}{t^2-t+1}\mathrm{d}t + \dfrac{1}{2}\int_0^x \dfrac{1}{\left(t-\frac{1}{2}\right)^2+\frac{3}{4}}\mathrm{d}t = \dfrac{1}{3}\ln(1+x^3) - \dfrac{1}{2}\ln(x^2-x+1) + \dfrac{1}{\sqrt{3}}\arctan\dfrac{2x-1}{\sqrt{3}} + \dfrac{\pi}{6\sqrt{3}}$,于是有

$$s(x) = \begin{cases} \dfrac{1}{3}\ln(1+x^3) - \dfrac{1}{2}\ln(x^2-x+1) + \dfrac{1}{\sqrt{3}}\arctan\dfrac{2x-1}{\sqrt{3}} + \dfrac{\pi}{6\sqrt{3}}, & -1 < x \leqslant 1, x \neq 0 \\ 1, & x = 0. \end{cases}$$

令 $x=1$ 得 $\sum\limits_{n=0}^{\infty}\dfrac{(-1)^n}{3n+1} = \dfrac{1}{3}\ln 2 + \dfrac{\pi}{3\sqrt{3}}$.

**例 2-37** 求无穷级数 $2 - \dfrac{4}{3!} + \dfrac{6}{5!} - \dfrac{8}{7!} + \cdots$ 的和.

**分析** 无穷级数的求和问题,不是一个简单问题. 一般是先求出其部分和,然后按照定义有 $\sum\limits_{n=1}^{\infty} u_n = \lim\limits_{n\to\infty} s_n = s$,但级数的部分和往往求不出来,因此有必要使用一些其他的方法,如构造幂级数求和法、利用已知函数的幂级数展开式等.

**解答** 考虑幂级数 $2x - \dfrac{4x^3}{3!} + \dfrac{6x^5}{5!} - \dfrac{8x^7}{7!} + \cdots$,知其收敛域为 $(-\infty,+\infty)$,设其和函数为 $s(x)$,于是

$\int_0^x s(x)\,dx = \int_0^x \left(2x - \frac{4x^3}{3!} + \frac{6x^5}{5!} - \frac{8x^7}{7!} + \cdots\right)dx = x\left(x - \frac{x^3}{3!} + \frac{x^5}{5!} - \cdots\right) = x\sin x(x \in (-\infty, +\infty))$，所以 $s(x) = (x\sin x)' = \sin x + x\cos x$. 取 $x = 1$，得 $s(1) = 2 - \frac{4}{3!} + \frac{6}{5!} - \frac{8}{7!} + \cdots = \sin 1 + \cos 1$.

**评注**　本题利用了构造幂级数求和法，其中还涉及到正弦函数的幂级数展开式 $\sin x = x - \frac{x^3}{3!} + \frac{x^5}{5!} - \cdots(-\infty < x < +\infty)$，常用的幂级数展开式如下：

$$e^x = 1 + x + \frac{x^2}{2!} + \cdots + \frac{x^n}{n!} + \cdots(-\infty < x < +\infty),$$

$$\cos x = 1 - \frac{x^2}{2!} + \frac{x^4}{4!} - \cdots + (-1)\frac{x^{2n}}{(2n)!} + \cdots(-\infty < x < +\infty),$$

$$\frac{1}{1+x} = 1 - x + x^2 - \cdots + (-1)^n x^n + \cdots(-1 < x < 1),$$

$$\ln(1+x) = x - \frac{x^2}{2} + \frac{x^3}{3} - \cdots + (-1)^{n-1}\frac{x^n}{n} + \cdots(-1 < x \leqslant 1),$$

$$\arctan x = x - \frac{1}{3}x^3 + \cdots + (-1)^n \frac{1}{2n+1}x^{2n+1} + \cdots(-1 \leqslant x \leqslant 1) \text{ 等}.$$

常用的求和公式：$\sum_{n=0}^{\infty} ar^n = \frac{a}{1-r}(|r| < 1)$，$\sum_{n=1}^{\infty} \frac{(-1)^{n-1}}{n}\ln 2$，$\sum_{n=1}^{\infty}\frac{1}{n^2} = \frac{\pi^2}{6}$，$\sum_{n=1}^{\infty}\frac{(-1)^{n-1}}{n^2} = \frac{\pi^2}{12}$ 等. 有了这些公式，相应的无穷级数的求和问题就会迎刃而解. 同类的题还有：

(1) 将函数 $f(x) = \arctan\frac{1-2x}{1+2x}$ 展开成 $x$ 的幂级数，并求级数 $\sum_{n=0}^{\infty}\frac{(-1)^n}{2n+1}$ 的和.

**提示**：$f'(x) = -\frac{2}{1+4x^2} = -2\sum_{n=0}^{\infty}(-1)^n 4^n x^{2n}\left(-\frac{1}{2} < x < \frac{1}{2}\right)$，且 $f(0) = \frac{\pi}{4}$，逐项积分，得

$$f(x) - f(0) = -2\sum_{n=0}^{\infty}\int_0^x (-1)^n 4^n t^{2n}\,dt = -2\sum_{n=0}^{\infty}\frac{(-1)^n 4^n}{2n+1}x^{2n},$$

整理得 $f(x) = \frac{\pi}{4} - 2\sum_{n=0}^{\infty}\frac{(-1)^n 4^n}{2n+1}x^{2n}\left(-\frac{1}{2} < x < \frac{1}{2}\right)$，因为 $\sum_{n=0}^{\infty}\frac{(-1)^n}{2n+1}$ 收敛，函数 $f(x)$ 在 $x = \frac{1}{2}$ 处连续，所以幂级数在 $x = \frac{1}{2}$ 处收敛，所以有 $f(x) = \frac{\pi}{4} - 2\sum_{n=0}^{\infty}\frac{(-1)^n 4^n}{2n+1}x^{2n}\left(-\frac{1}{2} < x \leqslant \frac{1}{2}\right)$.

令 $x = \frac{1}{2}$，得 $\sum_{n=0}^{\infty}\frac{(-1)^n}{2n+1} = \frac{\pi}{4}$.

(2) 求幂级数 $\sum_{n=0}^{\infty}\frac{x^{4n}}{(4n)!}$ 的和函数 $s(x)$.

**提示**：因为 $\lim_{n\to\infty}\left|\frac{u_{n+1}(x)}{u_n(x)}\right| = \lim_{n\to\infty}\left|\frac{x^4}{(4n+4)(4n+3)(4n+2)(4n+1)}\right| = 0$，所以该幂级数的收敛域为 $(-\infty, +\infty)$，由 $s(x) = \sum_{n=0}^{\infty}\frac{x^{4n}}{(4n)!}$ 逐项求导4次，依次得

$$s'(x)=\sum_{n=1}^{\infty}\frac{x^{4n-1}}{(4n-1)!},s''(x)=\sum_{n=1}^{\infty}\frac{x^{4n-2}}{(4n-2)!},s'''$$
$$=\sum_{n=1}^{\infty}\frac{x^{4n-3}}{(4n-3)!},s^{(4)}(x)=\sum_{n=1}^{\infty}\frac{x^{4n-4}}{(4n-4)!},$$

整理得 $s^{(4)}(x)-s(x)=0$,解此四阶常系数齐次线性微分方程得 $s(x)=C_1\mathrm{e}^x+C_2\mathrm{e}^{-x}+C_3\cos x+C_4\sin x$,代入初始条件 $s(0)=1,s'(0)=s''(0)=s'''(0)=0$,得 $C_1=C_2=\frac{1}{4},C_3=\frac{1}{2},C_4=0$,所以 $s(x)=\frac{\mathrm{e}^x+\mathrm{e}^{-x}}{4}+\frac{1}{2}\cos x$.

(3) 设 $F(x)$ 是 $f(x)$ 的一个原函数,且 $F(0)=1,F(x)f(x)=\cos 2x,a_n=\int_0^{n\pi}|f(x)|\mathrm{d}x$ $(n=1,2,\cdots)$. 求幂级数 $\sum_{n=2}^{\infty}\frac{a_n}{n^2-1}x^n$ 的收敛域与和函数.

**提示**:$F'(x)=f(x),F(x)F'(x)=\cos 2x,\int F(x)F'(x)\mathrm{d}x=\int\cos 2x\mathrm{d}x,F^2(x)=\sin 2x+C$,由 $F(0)=1$ 知 $C=1,F(x)=\sqrt{1+\sin 2x}=|\cos x+\sin x|$.

$|f(x)|=\frac{|\cos 2x|}{|F(x)|}=\frac{|\cos^2x-\sin^2x|}{|\cos x+\sin x|}=|\cos x-\sin x|,\int_0^{\pi}|f(x)|\mathrm{d}x=\int_0^{\frac{\pi}{4}}(\cos x-\sin x)+\int_{\frac{\pi}{4}}^{\pi}(\sin x-\cos x)\mathrm{d}x=(\sqrt{2}-1)+(1+\sqrt{2})=2\sqrt{2}$. 因为 $|f(x)|$ 的周期为 $\pi$,则 $a_n=\int_0^{n\pi}|f(x)|\mathrm{d}x=n\int_0^{\pi}|f(x)|\mathrm{d}x=2n\sqrt{2}(n=1,2,\cdots)$,于是,$\sum_{n=2}^{\infty}\frac{a_n}{n^2-1}x^n=2\sqrt{2}\sum_{n=2}^{\infty}\frac{n}{n^2-1}x^n$,其收敛域为 $[-1,1)$. 当 $x\neq 0$ 时,有 $s(x)=\sum_{n=2}^{\infty}\frac{a_n}{n^2-1}x^n=\sqrt{2}\sum_{n=2}^{\infty}\left(\frac{1}{n-1}+\frac{1}{n+1}\right)x^n=\sqrt{2}\left(x\sum_{n=1}^{\infty}\frac{x^n}{n}+\frac{1}{x}\sum_{n=3}^{\infty}\frac{x^n}{n}\right)$,且 $s(0)=0$. 又因为 $\sum_{n=1}^{\infty}\frac{x^n}{n}=-\ln(1-x)(-1\leqslant x<1)$,故当 $x\neq 0$ 时,有

$$s(x)=\sqrt{2}\left[-x\ln(1-x)-\frac{1}{x}\left(-\ln(1-x)-x-\frac{x^2}{2}\right)\right]=\sqrt{2}\left(\frac{1-x^2}{x}\ln(1-x)+1+\frac{x}{2}\right),$$

所以,$s(x)=\begin{cases}\sqrt{2}\left(\frac{1-x^2}{x}\ln(1-x)+1+\frac{x}{2}\right), & -1\leqslant x<1\\ 0, & x=0\end{cases}$.

(4) 求下列级数的和:

① $\sum_{n=1}^{\infty}\frac{1}{n(n+1)(n+2)}$.

**提示**:$u_n=\frac{1}{2}\left[\frac{1}{n(n+1)}-\frac{1}{(n+1)(n+2)}\right],s_n=\frac{1}{2}\left[\frac{1}{1\cdot 2}-\frac{1}{(n+1)(n+2)}\right]$,和为 $\frac{1}{4}$.

② $\sum_{n=1}^{\infty}\frac{1}{\sqrt{n(n+1)}(\sqrt{n}+\sqrt{n+1})}$.

**提示**:$u_n=\frac{1}{\sqrt{n}}-\frac{1}{\sqrt{n+1}},s_n=1-\frac{1}{\sqrt{n+1}}$,和为 1.

③ $\sum_{n=1}^{\infty}\frac{2n+1}{n^2(n+1)^2}$.

提示：$u_n = \frac{1}{n^2} - \frac{1}{(n+1)^2}, s_n = 1 - \frac{1}{(n+1)^2}$，和为 1.

④$\sum_{n=0}^{\infty} \frac{(-1)^n}{n^2+3n+2}$.

提示：$u_n = \frac{(-1)^n}{n+1} - \frac{(-1)^n}{(n+2)}, \sum_{n=0}^{\infty} u_n = 2\sum_{n=1}^{\infty} \frac{(-1)^{n-1}}{n} - 1 = 2\ln 2 - 1$.

(5) 构造幂级数求下列级数的和：

①$\sum_{n=1}^{\infty} \frac{(-1)^n}{2n-1}$.

提示：令 $f(x) = \sum_{n=1}^{\infty} \frac{(-1)^n}{2n-1} x^{2n-1}$，收敛域为 $[-1,1]$，$f'(x) = 1 - x^2 + x^4 - \cdots = \frac{1}{1+x^2}$，故 $f(x) = \int_0^x \frac{1}{1+t^2} dt = \arctan x, \sum_{n=1}^{\infty} \frac{(-1)^n}{2n-1} = \lim_{x \to 1^-} \arctan x = \frac{\pi}{4}$.

②$\sum_{n=0}^{\infty} \frac{(-1)^n (n^2-n+1)}{2^n}$.

提示：$\sum_{n=0}^{\infty} \frac{(-1)^n (n^2-n+1)}{2^n} = \sum_{n=0}^{\infty} n(n-1)\left(-\frac{1}{2}\right)^n + \sum_{n=0}^{\infty}\left(-\frac{1}{2}\right)^n$，而 $\sum_{n=0}^{\infty}\left(-\frac{1}{2}\right)^n = \frac{2}{3}$，令 $f(x) = \sum_{n=0}^{\infty} n(n-1) x^{n-2} (-1 < x < 1)$，逐项积分两次，得 $f(x) = \left(\frac{x^2}{1-x}\right)'' = \frac{2}{(1-x)^3}$，所以 $\sum_{n=0}^{\infty} n(n-1)x^n = \frac{2x^2}{(1-x)^3}, x \in (-1,1)$，得 $\sum_{n=0}^{\infty} n(n-1)\left(-\frac{1}{2}\right)^n = \frac{4}{27}$，所以 $\sum_{n=0}^{\infty} \frac{(-1)^n (n^2-n+1)}{2^n} = \frac{4}{27} + \frac{2}{3} = \frac{22}{27}$.

**例 2-38** 将函数 $f(x) = \frac{\pi - x}{2}$ 在 $(0,2\pi)$ 内展开成傅里叶级数，并求级数 $\sum_{k=0}^{\infty} \frac{(-1)^k}{2k+1}$ 的和.

**分析** 将函数展开成傅里叶级数的关键在于求出傅里叶系数，但是首先必须记住相应的计算公式. 至于利用傅里叶级数求常数项级数的和，就相当于求傅里叶级数和函数的函数值.

**解答** $a_0 = \frac{1}{\pi}\int_0^{2\pi} \frac{\pi - x}{2} dx = 0, a_n = \frac{1}{\pi}\int_0^{2\pi} \frac{\pi - x}{2} \cos nx dx = 0, b_n = \frac{1}{\pi}\int_0^{2\pi} \frac{\pi - x}{2} \sin nx dx = \frac{1}{n}$，因此，$f(x)$ 的傅里叶级数为 $\frac{\pi - x}{2} = \sum_{n=1}^{\infty} \frac{1}{n} \sin nx, (0 < x < 2\pi)$，当 $x = 0$ 或 $x = 2\pi$ 时 $\sum_{n=1}^{\infty} \frac{1}{n} \sin nx = 0$，即

$$\sum_{n=1}^{\infty} \frac{1}{n} \sin nx = \begin{cases} \frac{\pi - x}{2}, 0 < x < 2\pi \\ 0, x = 0, x = 2\pi \end{cases},$$

令 $x = \frac{\pi}{2}$，则 $\sum_{n=1}^{\infty} \frac{1}{n} \sin nx = \sum_{n=1}^{\infty} \frac{(-1)^n}{2n+1} = \frac{\pi - \frac{\pi}{2}}{2} = \frac{\pi}{4}$.

**评注** 将函数展开成傅里叶级数，必定要计算傅里叶系数，计算傅里叶系数时会涉及到

定积分的计算. 因此熟记一些特殊三角函数值会对计算有帮助, 如 $\cos n\pi = (-1)^n$, $\sin\frac{(2n+1)\pi}{2} = (-1)^n$. 等. 另外,要记住相应的公式:设 $f(x)$ 是周期为 $2l$ 的可积函数,则其傅里叶级数为 $\frac{a_0}{2} + \sum_{n=1}^{\infty}\left(a_n\cos\frac{n\pi x}{l} + b_n\sin\frac{n\pi x}{l}\right)$,其中 $a_0 = \frac{1}{l}\int_{-l}^{+l}f(x)\mathrm{d}x$, $a_n = \frac{1}{l}\int_{-l}^{+l}f(x)\cos\frac{n\pi x}{l}\mathrm{d}x$, $b_n = \frac{1}{l}\int_{-l}^{+l}f(x)\sin\frac{n\pi x}{l}\mathrm{d}x$,注意:① 级数的第一项是 $\frac{a_0}{2}$,而不是 $a_0$. ② 积分区间 $[-l, +l]$ 可换为任何长度为 $2l$ 的区间 $[\alpha, \alpha+2l]$. 同类的题还有:

(1) 设函数 $f(x)$ 的周期为 $2\pi$,它在 $[-\pi,\pi]$ 上的表达式为 $f(x) = \begin{cases}0, & -\pi \leqslant x \leqslant 0 \\ x, & 0 \leqslant x \leqslant \pi\end{cases}$,将 $f(x)$ 展开为傅里叶级数.

**提示**:$a_0 = \frac{1}{\pi}\int_{-\pi}^{\pi}f(x)\mathrm{d}x = \frac{\pi}{2}$, $a_n = \frac{1}{\pi}\int_{-\pi}^{\pi}f(x)\cos nx\mathrm{d}x = \frac{1}{\pi n^2}[(-1)^n - 1]$, $b_n = \frac{1}{\pi}\int_{-\pi}^{\pi}f(x)\sin nx\mathrm{d}x = \frac{1}{n}(-1)^{n-1}$,因此 $f(x)$ 的傅里叶级数为

$$\frac{\pi}{4} + \sum_{n=1}^{\infty}\left\{\frac{1}{\pi n^2}[(-1)^n - 1]\cos nx + \frac{(-1)^{n-1}}{n}\sin nx\right\} = \begin{cases}\frac{\pi}{2}, & x = \pm\pi \\ 0, & -\pi < x < 0 \\ x, & 0 < x < \pi\end{cases}.$$

(2) 设函数 $f(x) = x^2, x \in [0,2l]$. ①将函数展开成以 $\pi$ 为周期的傅里叶级数. ②将函数展开成以 $2\pi$ 为周期的傅里叶级数. ③ 计算 $\sum_{n=1}^{\infty}\frac{1}{n^2}$.

**提示**:①$2l = \pi, l = \frac{\pi}{2}$,则 $a_0 = \frac{1}{l}\int_0^{2l}f(x)\mathrm{d}x = \frac{2}{\pi}\int_0^{\pi}x^2\mathrm{d}x = \frac{2}{3}\pi^2$, $a_n = \frac{1}{l}\int_0^{2l}f(x)\cos\frac{n\pi x}{l}\mathrm{d}x = \frac{2}{\pi}\int_0^{\pi}x^2\cos 2nx\mathrm{d}x = \frac{1}{\pi^2}$, $b_n = \frac{1}{l}\int_0^{2l}f(x)\sin\frac{n\pi x}{l}\mathrm{d}x = \frac{2}{\pi}\int_0^{\pi}x^2\sin 2nx\mathrm{d}x = -\frac{\pi}{n}$. 故傅里叶级数为

$$\frac{\pi^2}{3} + \sum_{n=1}^{\infty}\left(\frac{1}{n^2}\cos 2nx - \frac{\pi}{n}\sin 2nx\right) = \begin{cases}\frac{\pi^2}{2}, & x = 0 \\ x^2, & 0 < x < \pi \\ \frac{\pi^2}{2}, & x = \pi\end{cases}.$$

②由于周期为 $2\pi$,即 $l = \pi$,而 $f(x)$ 仅定 义在半个周期里,故需要将函数 $f(x)$ 进行奇延拓或偶延拓,因此其傅里叶级数不唯一. $f(x)$ 奇延拓后,其傅里叶系数为 $b_n = \frac{2}{l}\int_0^{l}f(x)\sin\frac{n\pi x}{l}\mathrm{d}x = \frac{2}{\pi}\int_0^{\pi}x^2\sin 2nx\mathrm{d}x = \frac{2\pi(-1)^{n+1}}{n} + \frac{4}{n^3\pi}[(-1)^n - 1]$. $f(x)$ 偶延拓后,其傅里叶系数为 $a_0 = \frac{2}{l}\int_0^{l}f(x)\mathrm{d}x = \frac{2}{3}\pi^2$, $a_n = \frac{2}{l}\int_0^{l}f(x)\cos\frac{n\pi x}{l}\mathrm{d}x = \frac{4(-1)^n}{\pi^2}$, 故傅里叶级数为

(i) 奇延拓 $$\sum_{n=1}^{\infty}\left\{\frac{2\pi}{n}(-1)^{n+1} + \frac{4}{\pi n^3}[(-1)^n - 1]\right\}\sin nx = \begin{cases}0, & x = \pm\pi \\ -x^2, & -\pi < x \leqslant 0 \\ x^2, & 0 < x < \pi\end{cases}.$$

(ii) 偶延拓 $\frac{\pi^2}{3}+\sum_{n=1}^{\infty}\left(\frac{4(-1)^n}{n^2}\cos nx\right)=x^2$,其中 $-\pi\leqslant x\leqslant\pi$.

③计算 $\sum_{n=1}^{\infty}\frac{1}{n^2}$. 在 $\frac{\pi^2}{3}+\sum_{n=1}^{\infty}\left(\frac{4(-1)^n}{n^2}\cos nx\right)=x^2$ 中令 $x=\pi$,得 $\sum_{n=1}^{\infty}\frac{1}{n^2}=\frac{\pi^2}{6}$.

(3) 设函数 $f(x)$ 是以 $2\pi$ 为周期的周期函数,且 $f(x)=e^{\alpha x}(0\leqslant x<2\pi)$,其中 $\alpha\neq 0$. 试将 $f(x)$ 展开成傅里叶级数,并求级数 $\sum_{n=1}^{\infty}\frac{1}{1+n^2}$ 的和.

**提示:** $a_0=\frac{1}{\pi}\int_0^{2\pi}e^{\alpha x}dx=\frac{1}{\alpha\pi}(e^{2\pi\alpha}-1)$, $a_n=\frac{1}{\pi}\int_0^{2\pi}e^{\alpha x}\cos nx dx=\frac{e^{2\pi\alpha}-1}{\pi}\cdot\frac{\alpha}{\alpha^2+n^2}(n=1,2,\cdots)$, $b_n=\frac{1}{\pi}\int_0^{2\pi}e^{\alpha x}\sin nx dx=-\frac{e^{2\pi\alpha}-1}{\pi}\cdot\frac{n}{\alpha^2+n^2}(n=1,2,\cdots)$, 因此 $e^{\alpha x}=\frac{e^{2\pi\alpha}-1}{\pi}\left[\frac{1}{2\alpha}+\sum_{n=1}^{\infty}\frac{\alpha\cos nx-n\sin nx}{\alpha^2+n^2}\right](0<x<2\pi)$. 令 $\alpha=1,x=0$,由狄利克雷收敛定理知 $\frac{e^{2\pi}-1}{\pi}\left[\frac{1}{2}+\sum_{n=1}^{\infty}\frac{1}{1+n^2}\right]=\frac{f(0)+f(2\pi)}{2}=\frac{e^{2\pi}+1}{2}$,故有 $\sum_{n=1}^{\infty}\frac{1}{1+n^2}=\frac{\pi}{2}\cdot\frac{e^{2\pi}+1}{e^{2\pi}-1}-\frac{1}{2}$.

(4) 将 $\frac{d}{dx}\left(\frac{e^x-1}{x}\right)$ 展开为 $x$ 的幂级数,并求出 $\sum_{n=1}^{\infty}\frac{n}{(n+1)!}$ 的和.

**提示:** $e^x=\sum_{n=0}^{\infty}\frac{x^n}{n!}$, $\left(\frac{e^x-1}{x}\right)=\sum_{n=1}^{\infty}\frac{x^{n-1}}{n!}$, $|x|<+\infty$, $\frac{d}{dx}\left(\frac{e^x-1}{x}\right)=\frac{d}{dx}\left(\sum_{n=1}^{\infty}\frac{x^{n-1}}{n!}\right)=\sum_{n=2}^{\infty}\frac{(n-1)x^{n-2}}{n!}=\sum_{n=1}^{\infty}\frac{nx^{n-1}}{(n+1)!}$,令 $x=1$,得 $\sum_{n=1}^{\infty}\frac{n}{(n+1)!}=\frac{d}{dx}\left(\frac{e^x-1}{x}\right)\bigg|_{x=1}=\frac{xe^x-e^x+1}{x^2}\bigg|_{x=1}=1$.

(5) 设 $f(x)=\begin{cases}\frac{\sin x}{x},x\neq 0\\ 1,x=0\end{cases}$,求 $f^{(n)}(0)(n=1,2,3,\cdots)$.

**提示:** $\sin x=x-\frac{1}{3!}x^3+\cdots+(-1)^n\frac{x^{2n+1}}{(2n+1)!}+\cdots,x\in(-\infty,+\infty)$,所以 $\frac{\sin x}{x}=1-\frac{x^2}{3!}+\frac{x^4}{5!}-\cdots+(-1)^n\frac{x^{2n}}{(2n+1)!}+\cdots$,又因为 $x=0$ 时,幂级数 $1-\frac{x^2}{3!}+\frac{x^4}{5!}-\cdots$ 的和函数为 1,所以对任意 $x\in(-\infty,+\infty)$,有 $f(x)=1-\frac{x^2}{3!}+\frac{x^4}{5!}-\cdots+(-1)^n\frac{x^{2n}}{(2n+1)!}+\cdots$,从而有 $f^{(2k-1)}(0)=0,f^{(2k)}(0)=\frac{(-1)^k}{(2k+1)!}(k=1,2,\cdots)$.

**例 2-39** 求极限 $\lim_{n\to\infty}\left(\frac{1}{a}+\frac{2}{a^2}+\cdots+\frac{n}{a^n}\right)(a>1)$.

**分析** 求极限的方法有多种,但是不同的方法也许只能对不同的题有效果,我们将利用幂级数的和函数来求本题中的极限.

**解答** 考虑幂级数 $\sum_{n=1}^{\infty}nx^n$,设 $s(x)=\sum_{n=1}^{\infty}nx^n$,那么,$s(x)=x\sum_{n=1}^{\infty}nx^{n-1}=x\left(\sum_{n=0}^{\infty}x^n\right)'=x\left(\frac{x}{1-x}\right)'=\frac{x}{(1-x)^2}(-1<x<1)$, 因此 $\lim_{n\to\infty}\left(\frac{1}{a}+\frac{2}{a^2}+\cdots+\frac{n}{a^n}\right)=s\left(\frac{1}{a}\right)=$

$$\frac{\frac{1}{a}}{\left(1-\frac{1}{a}\right)^2}=\frac{a}{(1-a)^2}.$$

**评注**　由于无穷级数就是无穷多项求和的形式,而且无穷级数的和是通过其部分和数列的极限来定义的,因此使得数列的极限与无穷级数的和之间存在着一种内在的必然联系,这就给求数列极限提供了一种新的思路和方法. 比如,若级数$\sum\limits_{n=1}^{\infty}u_n$收敛,则有数列$\{u_n\}$的极限为0,即$\lim\limits_{n\to\infty}u_n=0$. 同类的题还有:

(1) 利用级数收敛的必要条件证明:$\lim\limits_{n\to\infty}\frac{n^n}{n!^2}=0$.

**提示**:利用正项级数比值判别法可以证明级数$\sum\limits_{n=1}^{\infty}\frac{n^n}{n!^2}$收敛,从而作为该级数的一般项$\frac{n^n}{n!^2}$,必有$\lim\limits_{n\to\infty}\frac{n^n}{n!^2}=0$.

(2) 求极限$\lim\limits_{n\to\infty}\frac{1}{n}\cdot\sum\limits_{k=1}^{n}\frac{1}{3^k}\left(1+\frac{1}{k}\right)^{k^2}$.

**提示**:考察级数$\sum\limits_{k=1}^{\infty}\frac{1}{3^k}\left(1+\frac{1}{k}\right)^{k^2}$,由$\lim\limits_{k\to\infty}\sqrt[k]{u_k}=\frac{\mathrm{e}}{3}<1$知,$\sum\limits_{k=1}^{\infty}\frac{1}{3^k}\left(1+\frac{1}{k}\right)^{k^2}$收敛,因此$\sum\limits_{k=1}^{n}\frac{1}{3^k}\left(1+\frac{1}{k}\right)^{k^2}$有界,于是$\lim\limits_{n\to\infty}\frac{1}{n}\cdot\sum\limits_{k=1}^{n}\frac{1}{3^k}\left(1+\frac{1}{k}\right)^{k^2}=0$.

(3) 求极限$\lim\limits_{n\to\infty}[2^{\frac{1}{3}}\cdot4^{\frac{1}{9}}\cdot8^{\frac{1}{27}}\cdot\cdots\cdot(2n)^{\frac{1}{3^n}}]$.

**提示**:$\lim\limits_{n\to\infty}[2^{\frac{1}{3}}\cdot4^{\frac{1}{9}}\cdot8^{\frac{1}{27}}\cdot\cdots\cdot(2n)^{\frac{1}{3^n}}]=\lim\limits_{n\to\infty}2^{\sum_{k=1}^{n}\left(\frac{k}{3^k}\right)}=2^{\lim\limits_{n\to\infty}\sum_{k=1}^{n}\left(\frac{k}{3^k}\right)}=2^{\sum_{k=1}^{\infty}\left(\frac{k}{3^k}\right)}$,于是问题转化为求级数$\sum\limits_{n=1}^{\infty}\frac{n}{3^n}$的和. 令$s_n=\sum\limits_{k=1}^{n}\frac{k}{3^k}$,则$\frac{1}{3}s_n=\sum\limits_{k=2}^{n+1}\frac{k-1}{3^k}$,于是$\frac{2}{3}s_n=s_n-\frac{1}{3}s_n=\sum\limits_{k=1}^{n}\frac{1}{3^k}-\frac{n}{3^{n+1}}=\frac{\frac{1}{3}\left(1-\frac{1}{3^n}\right)}{1-\frac{1}{3}}-\frac{n}{3^{n+1}}$,两边同取极限,有$\frac{2}{3}\lim\limits_{n\to\infty}s_n=\frac{2}{3}s=\frac{1}{2}$,于是$s=\sum\limits_{n=1}^{\infty}\frac{n}{3^n}=\frac{3}{4}$,从而$\lim\limits_{n\to\infty}[2^{\frac{1}{3}}\cdot4^{\frac{1}{9}}\cdot8^{\frac{1}{27}}\cdot\cdots\cdot(2n)^{\frac{1}{3^n}}]=2^{\frac{3}{4}}=\sqrt[4]{8}$.

(4) 求证:数列$x_n=1+\frac{1}{2}+\frac{1}{3}+\cdots+\frac{1}{n}-\ln n$收敛.

**提示**:令$a_n=x_n-x_{n-1}(n=1,2,\cdots)$,由级数$\sum\limits_{n=1}^{\infty}a_n$的部分和是$x_n-x_0$,所以只要证明级数$\sum\limits_{n=1}^{\infty}a_n$收敛即可. 由于$-a_n=x_{n-1}-x_n=-\left[\frac{1}{n}+\ln\left(1-\frac{1}{n}\right)\right]$,又$\lim\limits_{n\to\infty}\frac{-\left[\frac{1}{n}+\ln\left(1-\frac{1}{n}\right)\right]}{\frac{1}{n^2}}=\lim\limits_{x\to0}\frac{-x-\ln(1-x)}{x^2}=\lim\limits_{x\to0}\frac{-1+\frac{1}{1-x}}{2x}=\lim\limits_{x\to0}\frac{\frac{x}{1-x}}{2x}=\frac{1}{2}$,由极限形式的比较判别法,知$\sum\limits_{n=1}^{\infty}(-a_n)$收敛,从而$\sum\limits_{n=1}^{\infty}a_n$收敛.

(5) 求极限$\lim\limits_{n\to\infty}\frac{n!}{n^n}$.

**提示**:考察级数$\sum\limits_{n=1}^{\infty}\frac{n!}{n^n}$,由于$\lim\limits_{n\to\infty}\frac{u_{n+1}}{u_n}=\lim\limits_{n\to\infty}\frac{1}{\left(1+\frac{1}{n}\right)^n}=\frac{1}{\mathrm{e}}<1$,所以级数$\sum\limits_{n=1}^{\infty}\frac{n!}{n^n}$收敛,由级数收敛的必要条件知$\lim\limits_{n\to\infty}\frac{n!}{n^n}=0$.

**例2-40** 求无穷级数$\sum\limits_{n=0}^{\infty}\frac{(n^2+n+1)}{2^n n!}x^n$的和$s(x)$.

**分析** 要求出此无穷级数的和,首先要将无穷级数进行适当的变形,使之转化为已知其和的标准级数. 变形的主要方法是:分解,逐项微分或积分. 要求记住一些基本的求和公式,如$\sum\limits_{n=1}^{\infty}\frac{1}{n^2}=\frac{\pi^2}{6}$,$\sum\limits_{n=1}^{\infty}\frac{(-1)^{n-1}}{n^2}=\frac{\pi^2}{12}$等.

**解答** 由观察判定,应将级数转化为级数$\sum\limits_{n=0}^{\infty}\frac{x^n}{n!}=\mathrm{e}^x(|x|<\infty)$作为目标进行分解. 令$n^2+n+1=n(n-1)+2n+1$,有$s(x)=\sum\limits_{n=2}^{\infty}\frac{1}{(n-2)!}\left(\frac{x}{2}\right)^n+2\sum\limits_{n=1}^{\infty}\frac{1}{(n-1)!}\left(\frac{x}{2}\right)^n+\sum\limits_{n=0}^{\infty}\frac{1}{n!}\left(\frac{x}{2}\right)^n=\left(\frac{1}{4}x^2+x+1\right)\mathrm{e}^{\frac{x}{2}}$.

**评注** 本题使用了分解的方法,最后将级数求和问题转化成了级数$\sum\limits_{n=0}^{\infty}\frac{x^n}{n!}=\mathrm{e}^x(|x|<\infty)$的求和进行解决. 从本题的解法可以找出规律:若$P(n)$是关于$n$的多项式,则应如此分解$P(n)$,使得$\frac{P(n)}{n!}=\frac{A}{n!}+\frac{B}{(n-1)!}+\cdots$. 若级数通项含有因子$\frac{1}{(2n+1)!}$或$\frac{1}{(2n)!}$,则可能还要用到$\sin x$或$\cos x$的展开式. 同类的题还有:

(1) 求无穷级数$\sum\limits_{n=1}^{\infty}(-1)^n\frac{n^3}{(n+1)!}x^n$的和$s(x)$.

**提示**:利用$n^3=(n+1)n(n-1)+(n+1)-1$,答案为$s(x)=\left(x^2+1+\frac{1}{x}\right)\mathrm{e}^{-x}-\frac{1}{x}$.

(2) 求无穷级数$\sum\limits_{n=0}^{\infty}(-1)^n\frac{(2n^2+1)}{(2n)!}x^{2n}$的和$s(x)$.

**提示**:作分解$2n^2+1=\frac{1}{2}[2n(2n-1)+2n+2]$,于是$s(x)=\frac{x^2}{2}\sum\limits_{n=0}^{\infty}\frac{(-1)^n}{(2n)!}x^{2n}+\frac{x}{2}\sum\limits_{n=1}^{\infty}\frac{(-1)^n x^{2n-1}}{(2n-1)!}+\sum\limits_{n=0}^{\infty}\frac{(-1)^n x^{2n}}{(2n)!}=\left(1-\frac{x^2}{2}\right)\cos x-\frac{1}{2}x\sin x$. 用类似的方法还可求得$\sum\limits_{n=1}^{\infty}(-1)^n\frac{n}{(2n+1)!}x^{2n}=\frac{1}{2}\left(\cos x-\frac{1}{x}\sin x\right)$.

(3) 求无穷级数$\sum\limits_{n=2}^{\infty}(-1)^n\frac{n}{(n^2+n-2)}x^n$的和$s(x)$.

**提示**:求形如$\sum\frac{a_n x_n}{(an^2+bn+c)}$的级数的和可考虑分解$\frac{1}{(an^2+bn+c)}=\frac{A}{(n-\alpha)}+\frac{B}{(n-\beta)}$,因此$\frac{n}{(n^2+n-2)}=\frac{1}{3}\left[\frac{1}{(n-1)}+\frac{2}{(n+2)}\right]$,然后有

$$s(x)=\frac{x}{3}\sum_{n=2}^{\infty}\frac{(-1)^n x^{n-1}}{n-1}-\frac{2}{3x^2}\sum_{n=2}^{\infty}\frac{(-1)^{n+1}x^{n+2}}{n+2}=\frac{x}{3}\ln(1+x)-\frac{2}{3x^2}\left[\ln(1+x)-x+\frac{x^2}{2}-\frac{x^3}{3}\right]=$$

$$\frac{x^3-2}{3x^2}\ln(1+x)+\frac{2x^2-3x+6}{9x}(-1<x\leqslant 1).$$

(4) 求无穷级数 $\sum_{n=2}^{\infty}\frac{(-1)^n x^n}{(n^2+n-2)}$ 的和 $s(x)$.

**提示:** 答案为 $s(x)=\frac{x^3+1}{3x^2}\ln(1+x)-\frac{2x^2-3x+6}{18x}(-1<x\leqslant 1)$.

(5) 求无穷级数 $\sum_{n=1}^{\infty}\frac{(-1)^{n-1}(2+x)^n}{n(n+1)(2-x)^n}$ 的和 $s(x)$.

**提示:** 令 $y=\frac{(2+x)}{(2-x)}$, $s(x)=\left(1+\frac{1}{y}\right)\ln(1+y)-1=\frac{8+2x^2}{(x+2)^2}\ln\frac{8+2x^2}{(2-x)^2}-1(x\leqslant 0)$.

### 2.4.3 学习效果测试题及答案

**1. 学习效果测试题**

(1) ① 求 $\lim_{n\to\infty}\frac{1}{n}\left(\sin\frac{\pi}{n}+\sin\frac{2\pi}{n}+\cdots+\sin\frac{(n-1)\pi}{n}\right)$; ② 求 $\lim_{n\to\infty}\left[\frac{1}{n}\sum_{k=1}^{n}f\left(a+k\cdot\frac{b-a}{n}\right)\right]$.

(2) 设 $f_n(x)=e^{\frac{x}{n+1}}(n=1,2,\cdots)$, 数列 $\{y_n\}$ 满足: ① $y_1=C>0$; ② $\frac{n}{n+1}\int_0^{y_{n+1}}f_n(x)\mathrm{d}x=y_n(n=1,2,\cdots)$. 求极限 $\lim_{n\to+\infty}y_n$.

(3) 已知 $x_0=1, x_{n+1}=1+\frac{x_n}{1+x_n}(n\geqslant 0)$, 证明数列 $\{x_n\}$ 的极限存在, 并求出此极限值.

(4) 讨论级数 $\sum_{n=1}^{\infty}(\sqrt{n+1}-\sqrt{n})^p\ln\sqrt{\frac{n+1}{n}}$ 的敛散性.

(5) 判别级数 $\sum_{n=1}^{\infty}\sin(\pi\sqrt{n^2+1})$ 的敛散性.

(6) 设 $a_0=4, a_1=1, a_{n-2}=n(n-1)a_n(n\geqslant 2)$. ① 求幂级数 $\sum_{n=0}^{\infty}a_n x^n$ 的和函数 $s(x)$; ② 求 $s(x)$ 的极值.

(7) 构造幂级数求下列级数的和: ① $\sum_{n=0}^{\infty}\frac{2^n(n+1)}{n!}$; ② $\sum_{n=1}^{\infty}\frac{n}{(n+1)!}$.

(8) 将函数 $f(x)=x(\pi-)$ 在 $[0,\pi]$ 上展开为正弦级数, 并由此证明 $\sum_{n=1}^{\infty}(-1)^{n-1}\frac{1}{(2n-1)^3}=\frac{\pi^3}{32}$.

(9) 求极限 $\lim_{n\to\infty}\left(\frac{1}{2}+\frac{3}{2^2}+\frac{5}{2^3}+\cdots+\frac{2n-1}{2^n}\right)$.

(10) 求无穷级数 $\sum_{n=1}^{\infty}\frac{1}{n^2(n+1)^2(n+2)^2}$ 的和 $s$.

**2. 测试题答案**

(1) ① 利用定积分定义计算, 答案为 $\frac{2}{\pi}$. ② 利用定积分定义计算, 答案为 $\frac{1}{b-a}\int_a^b f(x)\mathrm{d}x$.

(2) 由条件②,得 $n(e^{\frac{y_{n+1}}{n+1}}-1)=y_n$,所以$\frac{y_{n+1}}{n+1}=\ln\left(1+\frac{y_n}{n}\right)(n=1,2,\cdots)$,令 $x_n=\frac{y_n}{n}$,那么 $x_{n+1}=\ln(1+x_n)$,$y_n=nx_n(n=1,2,\cdots)$. 因为 $x_1=y_1=C>0$,所以 $x_2=\ln(1+x_1)>0$,$x_3=\ln(1+x_2)>0,\cdots,(x_n>0),\cdots$. 又 $\ln(1+x)-x<0$, $(x>0)$ 所以 $x_{n+1}=\ln(1+x_n)<x_n(n=1,2,\cdots)$,从而$\{x_n\}$是单调递减有界的,因此存在常数 $a$ 使得 $\lim\limits_{n\to+\infty}x_n=a$,从而 $a=\lim\limits_{n\to+\infty}x_{n+1}=\lim\limits_{n\to+\infty}\ln(1+x_n)=\ln(1+a)$,即 $a=0$. 这说明$\{x_n\}$是严格递减趋于零的. 从而$\left\{\frac{1}{x_n}\right\}$严格递增趋于无穷大,由斯托尔茨公式,有

$$\lim_{n\to+\infty}y_n=\lim_{n\to+\infty}nx_n=\lim_{n\to+\infty}\frac{n}{\frac{1}{x_n}}=\lim_{n\to+\infty}\frac{1}{\frac{1}{x_{n+1}}-\frac{1}{x_n}}=\lim_{n\to+\infty}\frac{1}{\frac{1}{\ln(1+x_n)}-\frac{1}{x_n}}=\lim_{x\to0^+}\frac{1}{\frac{1}{\ln(1+x)}-\frac{1}{x}},$$

反复使用洛必达法则,有

$$\begin{aligned}\lim_{x\to0^+}\frac{1}{\frac{1}{\ln(1+x)}-\frac{1}{x}}&=\lim_{x\to0^+}\frac{x\ln(1+x)}{x-\ln(1+x)}=\lim_{x\to0^+}\frac{\frac{x}{1+x}+\ln(1+x)}{1-\frac{1}{1+x}}\\&=\lim_{x\to0^+}\frac{x+(x+1)\ln(1+x)}{x}=\lim_{x\to0^+}\frac{1+1+\ln(1+x)}{1}\\&=2.\end{aligned}$$

从而 $\lim\limits_{n\to+\infty}y_n=2$.

(3) 由条件知 $x_n>0(n=1,2,\cdots)$,且 $x_2-x_1>0$,即 $x_2>x_1$. 设 $x_n>x_{n-1}$,则 $x_{n+1}-x_n=\left(1+\frac{x_n}{1+x_n}\right)-\left(1+\frac{x_{n-1}}{1+x_{n-1}}\right)=\frac{x_n-x_{n-1}}{(1+x_n)(1+x_{n-1})}>0$,由数学归纳法可知,数列$\{x_n\}$为单调递增数列. 又 $x_n=1+\frac{x_{n-1}}{1+x_{n-1}}=2-\frac{1}{1+x_{n-1}}<2$,从而数列$\{x_n\}$有上界,所以数列$\{x_n\}$的极限存在. 设$\lim\limits_{n\to\infty}x_n=A$,由极限的保号性知 $A>0$,则有 $A=1+\frac{A}{1+A}$,解得 $A=\frac{1\pm\sqrt{5}}{2}$,舍去负值得$\lim\limits_{n\to\infty}x_n=\frac{1+\sqrt{5}}{2}$.

(4) 注意到等价无穷小关系 $\ln\sqrt{\frac{n+1}{n}}=\frac{1}{2}\ln\left(1+\frac{1}{n}\right)$等价于$\frac{1}{2}\cdot\frac{1}{n}$及$(\sqrt{n+1}-\sqrt{n})=\frac{1}{(\sqrt{n+1}+\sqrt{n})}$等价于$\frac{1}{2\sqrt{n}}$ $(n\to\infty)$,所以令 $v_n=\frac{1}{2n(2\sqrt{n})^p}$,由于 $\lim\limits_{n\to\infty}\frac{u_n}{v_n}=\lim\limits_{n\to\infty}\frac{(\sqrt{n+1}-\sqrt{n})^p\ln\sqrt{\frac{n+1}{n}}}{\frac{1}{2n(2\sqrt{n})^p}}=1$,知两者具有相同的敛散性. 而级数$\sum\limits_{n=1}^{\infty}\frac{1}{2n(2\sqrt{n})^p}=\sum\limits_{n=1}^{\infty}\frac{1}{2^{p+1}n^{1+\frac{p}{2}}}$,该级数在 $1+\frac{p}{2}>1$ 时收敛,在 $1+\frac{p}{2}\leqslant1$ 时发散,故原级数在 $p>0$ 时收敛,在 $p\leqslant0$ 时发散.

(5) $\sin(\pi\sqrt{n^2+1})=(-1)^n\sin(\pi\sqrt{n^2+1}-n\pi)=(-1)^n\sin\frac{\pi}{\sqrt{n^2+1}+n}$,从而级数$\sum\limits_{n=1}^{\infty}\sin(\pi\sqrt{n^2+1})$为交错级数. 因为 $\sin\frac{\pi}{\sqrt{n^2+1}+n}\sim\frac{\pi}{2n}(n\to\infty)$,而级数$\sum\limits_{n=1}^{\infty}\frac{\pi}{2n}$发散,故级

数$\sum_{n=1}^{\infty}\sin\frac{\pi}{\sqrt{n^2+1}+n}$发散,原级数非绝对收敛. $u_n=\sin\frac{\pi}{\sqrt{n^2+1}+n}$是单调减少的,显然$\lim_{n\to\infty}u_n=0$,故由莱布尼茨判别法知原级数收敛,且为条件收敛.

(6) ① 设幂级数$\sum_{n=0}^{\infty}a_nx^n$的收敛区间为$(-R,R)$,逐项求导得$s'(x)=\sum_{n=1}^{\infty}na_nx^{n-1}$, $s''(x)=\sum_{n=2}^{\infty}n(n-1)a_nx^{n-2}(x\in(-\mathbf{R},\mathbf{R}))$,依题意得$s''(x)=\sum_{n=2}^{\infty}n(n-1)a_nx^{n-2}=\sum_{n=2}^{\infty}a_{n-2}x^{n-2}=\sum_{n=0}^{\infty}a_nx^n$,所以有$s''(x)-s(x)=0$. 解此二阶常系数齐次线性微分方程,得$s(x)=C_1\mathrm{e}^x+C_2\mathrm{e}^{-x}$. 代入初始条件$s(0)=a_0=4,s'(0)=a_1=1$,得$C_1=\frac{5}{2},C_2=\frac{3}{2}$. 于是,$s(x)=\frac{5}{2}\mathrm{e}^x+\frac{3}{2}\mathrm{e}^{-x}$.

② 令$s'(x)=\frac{5}{2}\mathrm{e}^x-\frac{3}{2}\mathrm{e}^{-x}=0$,解得$x=\frac{1}{2}\ln\frac{3}{5}$. 又$s''(x)=\frac{5}{2}\mathrm{e}^x+\frac{3}{2}\mathrm{e}^{-x}>0$,所以$s(x)$在$x=\frac{1}{2}\ln\frac{3}{5}$处取极小值.

(7) ① 令$f(x)=\sum_{n=0}^{\infty}\frac{2^n(n+1)}{n!}x^n$,$\int_0^x f(x)\mathrm{d}x=\sum_{n=0}^{\infty}\frac{2^n}{n!}x^{n+1}=x\sum_{n=0}^{\infty}\frac{(2x)^n}{n!}=x\mathrm{e}^{2x}$,$f(x)=(x\mathrm{e}^{2x})'=\mathrm{e}^{2x}+2x\mathrm{e}^{2x}$,所以$\sum_{n=0}^{\infty}\frac{2^n(n+1)}{n!}=\lim_{x\to1^-}f(x)=\lim_{x\to1^-}(\mathrm{e}^{2x}+2x\mathrm{e}^{2x})=3\mathrm{e}^2$.

② 令$f(x)=\sum_{n=1}^{\infty}\frac{n}{(n+1)!}x^{n+1}$,故$f'(x)=\sum_{n=1}^{\infty}\frac{1}{(n-1)!}x^n=x\sum_{n=1}^{\infty}\frac{1}{(n-1)!}x^{n-1}=x\mathrm{e}^x$,两边从0到$x$积分,得$f(x)-f(0)=\int_0^x x\mathrm{e}^x\mathrm{d}x=x\mathrm{e}^x-\mathrm{e}^x+1$,由于$f(0)=0$,得$f(x)=x\mathrm{e}^x-\mathrm{e}^x+1$,所以$\sum_{n=1}^{\infty}\frac{n}{(n+1)!}=\lim_{x\to1^-}\sum_{n=1}^{\infty}\frac{n}{(n+1)!}x^{n+1}=\lim_{x\to1^-}(x\mathrm{e}^x-\mathrm{e}^x+1)=\mathrm{e}-\mathrm{e}+1=1$.

(8) 将函数$f(x)=x(\pi-x)$进行奇延拓,则有

$a_0=0,a_n=0,\ b_n=\frac{2}{\pi}\int_0^{\pi}x(\pi-x)\sin nx\mathrm{d}x=\frac{2}{\pi}(\int_0^{\pi}\pi x\sin nx\mathrm{d}x-\int_0^{\pi}x^2\sin nx\mathrm{d}x)=\frac{4[1-(-1)^n]}{\pi n^3}$. 因此$f(x)=x(\pi-x)=\frac{8}{\pi}\sum_{n=1}^{\infty}\frac{\sin(2n-1)x}{(2n-1)^3}(0\leqslant x\leqslant\pi)$. 令$x=\frac{\pi}{2}$,则$\sin\left[(2n-1)\cdot\frac{\pi}{2}\right]=\sin\left(n\pi-\frac{\pi}{2}\right)=-\cos n\pi=(-1)^{n-1}$. 于是$\frac{8}{\pi}\sum_{n=1}^{\infty}(-1)^{n-1}\frac{1}{(2n-1)^3}=\frac{\pi^2}{4}$,从而$\sum_{n=1}^{\infty}(-1)^{n-1}\frac{1}{(2n-1)^3}=\frac{\pi^3}{32}$.

(9) 令$s_n=\frac{1}{2}+\frac{3}{2^2}+\frac{5}{2^3}+\cdots+\frac{2n-1}{2^n}$,则$\lim_{n\to\infty}\left(\frac{1}{2}+\frac{3}{2^2}+\frac{5}{2^3}+\cdots+\frac{2n-1}{2^n}\right)=\lim_{n\to\infty}s_n=\sum_{n=1}^{\infty}\frac{2n-1}{2^n}=s$, 而

$$s_n=\frac{1}{2}+\frac{3}{2^2}+\frac{5}{2^3}+\cdots+\frac{2n-1}{2^n},$$

$$\frac{1}{2}s_n=\frac{1}{2^2}+\frac{3}{2^3}+\frac{5}{2^4}+\cdots+\frac{2n-1}{2^{n+1}},$$

两式相减，得 $\frac{1}{2}s_n=\frac{1}{2}+\frac{2}{2^2}+\frac{2}{2^3}+\frac{2}{2^4}+\cdots+\frac{2}{2^n}-\frac{2n-1}{2^{n+1}}=\frac{1}{2}+\frac{2}{2^2}\left(\frac{1-\frac{1}{2^{n-1}}}{1-\frac{1}{2}}\right)-\frac{2n-1}{2^{n+1}}$,

两边取极限得 $\frac{1}{2}\lim\limits_{n\to\infty}s_n=\frac{1}{2}+1$，即 $\lim\limits_{n\to\infty}s_n=\sum\limits_{n=1}^{\infty}\frac{2n-1}{2^n}=s=3$. 所以 $\lim\limits_{n\to\infty}\left(\frac{1}{2}+\frac{3}{2^2}+\frac{5}{2^3}+\cdots+\frac{2n-1}{2^n}\right)=3$.

（10）用待定系数法得出分解形式，有

$$\frac{1}{n^2(n+1)^2(n+2)^2}=\frac{1}{4n^2}+\frac{21}{4n(n+1)}-\frac{51}{4(n+1)(n+2)}+\frac{1}{(n+1)^2}+\frac{1}{4(n+2)^2},$$

由于 $\sum\limits_{n=1}^{\infty}\frac{1}{n(n+1)}=1,\sum\limits_{n=1}^{\infty}\frac{1}{n^2}=\frac{\pi^2}{6},\sum\limits_{n=1}^{\infty}\frac{(-1)^{n-1}}{n^2}=\frac{\pi^2}{12}$.

所以 $s=\frac{1}{4}\sum\limits_{n=1}^{\infty}\frac{1}{n^2}+\frac{21}{4}\sum\limits_{n=1}^{\infty}\frac{1}{n(n+1)}-\frac{51}{4}\sum\limits_{n=2}^{\infty}\frac{1}{n(n+1)}+\sum\limits_{n=2}^{\infty}\frac{1}{n^2}+\frac{1}{4}\sum\limits_{n=3}^{\infty}\frac{1}{n^2}=\frac{\pi^2}{4}-\frac{39}{16}$.

# 2.5 常微分方程

## 2.5.1 核心内容提示

（1）常微分方程的基本概念：微分方程及其解、阶、通解、初始条件和特解等.

（2）变量可分离的微分方程、齐次微分方程、一阶线性微分方程、伯努利方程、全微分方程.

（3）可用简单的变量代换求解的某些微分方程、可降阶的高阶微分方程：$y^{(n)}=f(x)$，$y''=f(x,y')$，$y''=f(y,y')$.

（4）线性微分方程解的性质及解的结构定理.

（5）二阶常系数齐次线性微分方程、高于二阶的某些常系数齐次线性微分方程.

（6）简单的二阶常系数非齐次线性微分方程：自由项为多项式、指数函数、正弦函数、余弦函数，以及它们的和与积.

（7）欧拉方程.

（8）微分方程的简单应用.

## 2.5.2 典型例题精解

**例 2－41** 求微分方程 $xy'+2y=3x$ 的通解.

**分析** 此方程既属于可化为分离变量型的齐次方程，又属于一阶线性微分方程. 对于这种类型的方程，在求解过程中选用什么方法，要根据具体情况而定.

**解答** 用分离变量法. 令 $xu=y$，则 $y'=xu'+u$，代入原方程，有

$$x(xu'+u)+2ux=3x，即\frac{du}{1-u}=\frac{3}{x}dx，于是 y=C\cdot\frac{1}{x^2}+x.$$

**评注** 对于既属于可化为分离变量型的齐次方程，又属于一阶线性微分方程的方程类型，

一般有下列解法：①分离变量法，其形式为 $f_1(x)g_1(y)\mathrm{d}x+f_2(x)g_2(y)\mathrm{d}y=0$. 将方程变换为 $\frac{f_1(x)}{f_2(x)}\mathrm{d}x=-\frac{g_2(y)}{g_1(y)}\mathrm{d}y$，方程两边仅含有一个变量，然后再积分. ②对于齐次方程 $y'=f\left(\frac{y}{x}\right)$，可设 $u=\frac{y}{x}$，则 $y=ux, y'=xu'+u$. 于是，原方程可化为 $\frac{\mathrm{d}u}{f(u)-u}=\frac{\mathrm{d}x}{x}$，此为分离变量型. ③对于一阶线性微分方程 $y'+p(x)y=Q(x)$，先求出齐次方程 $y'+p(x)y=0$ 的通解 $y=C\mathrm{e}^{-\int p(x)\mathrm{d}x}$，再令 $y'+p(x)y=Q(x)$ 的通解为 $y=C(x)\mathrm{e}^{-\int p(x)\mathrm{d}x}$，则 $C(x)=\int Q(x)\mathrm{e}^{\int p(x)\mathrm{d}x}\mathrm{d}x+C$，因此 $y=\left(\int Q(x)\mathrm{e}^{\int p(x)\mathrm{d}x}\mathrm{d}x+C\right)\mathrm{e}^{-\int p(x)\mathrm{d}x}$. 本题也可以这样求解：先将方程改成 $y'+\frac{2}{x}y=3, p(x)=\frac{2}{x}$，$Q(x)=3$，于是 $y=(\int Q(x)\mathrm{e}^{\int p(x)\mathrm{d}x}\mathrm{d}x+C)\mathrm{e}^{-\int p(x)\mathrm{d}x}=(x^3+C)x^{-2}, y=x+\frac{C}{x^2}$. 同类的题还有：

（1）求 $(x^2-y^2-2y)\mathrm{d}x+(x^2+2x-y^2)\mathrm{d}y=0$ 的通解.

**提示**：方程改为 $(x^2-y^2)(\mathrm{d}x+\mathrm{d}y)+2(x\mathrm{d}y-y\mathrm{d}x)=0$，两边同时除以 $x^2$，得 $\left[1-\left(\frac{y}{x}\right)^2\right]\mathrm{d}(x+y)+2\mathrm{d}\left(\frac{x}{y}\right)=0$. 令 $x+y=u, \frac{y}{x}=v$，则方程化为 $(1-v^2)\mathrm{d}u+2\mathrm{d}v=0$，这是一个简单的可分离变量型. 答案为 $x+y=\ln\left(\frac{x-y}{x+y}\right)+C$.

（2）求 $(y-x)\sqrt{1+x^2}y'=(1+y^2)^{\frac{3}{2}}$ 的通解.

**提示**：先去掉根号，令 $x=\tan\varphi, y=\tan\psi$，则 $\mathrm{d}x=\sec^2\varphi\mathrm{d}\varphi, \mathrm{d}y=\sec^2\psi\mathrm{d}\psi$，代入原方程，有 $(\tan\psi-\tan\varphi)\sec\varphi\sec^2\psi\mathrm{d}\psi=\sec^3\psi\sec^2\varphi\mathrm{d}\varphi$，即

$$(\sin\psi\cos\varphi-\cos\psi\sin\varphi)\frac{\mathrm{d}\psi}{\mathrm{d}\varphi}=1,\text{即 }\sin(\psi-\varphi)\frac{\mathrm{d}\psi}{\mathrm{d}\varphi}=1.$$

令 $u=\psi-\varphi, \frac{\mathrm{d}u}{\mathrm{d}\varphi}=\frac{\mathrm{d}\psi}{\mathrm{d}\varphi}-1$，即 $\frac{\mathrm{d}\psi}{\mathrm{d}\varphi}=1+\frac{\mathrm{d}u}{\mathrm{d}\varphi}$ 代入 $\sin(\psi-\varphi)\frac{\mathrm{d}\psi}{\mathrm{d}\varphi}=1$. 中，方程化为 $\left(1+\frac{\mathrm{d}u}{\mathrm{d}\varphi}\right)\sin u=1$，这是一个可分离变量方程，解得 $\frac{1}{\cos(\psi-\varphi)}+\tan(\psi-\varphi)-(\psi-\varphi)=\psi+C$，将元变量代入，最后有

$$\arctan y+C=\frac{\sqrt{1+x^2}\cdot\sqrt{1+y^2}+y-x}{1+xy}.$$

（3）求解方程 $y'=\frac{1}{x\cos y+\sin 2y}$.

**提示**：方程 $y'=\frac{1}{x\cos y+\sin 2y}$ 等价于方程 $x'=x\cos y+\sin 2y$，这是一个标准的一阶线性微分方程. 答案为 $x=C\mathrm{e}^{\sin y}-2(\sin y+1)$.

（4）求方程 $yx\mathrm{d}y=(x^2+y^2)\mathrm{d}x$ 满足条件 $y|_{x=\mathrm{e}}=2\mathrm{e}$ 的特解.

**提示**：方程为齐次方程，令 $y=ux$，则原方程变为

$$u+x\cdot\frac{\mathrm{d}y}{\mathrm{d}x}=\frac{1+u^2}{u},\text{即 }u\mathrm{d}u=\frac{\mathrm{d}x}{x},\frac{1}{2}u^2=\ln|x|+C,$$

故方程的通解为 $y^2=2x^2(\ln|x|+C)$，代入 $y|_{x=\mathrm{e}}=2\mathrm{e}$ 得 $C=1$，因此所求特解为 $y^2=2x^2(\ln|x|+1)$.

(5) 求方程$(1+2e^{\frac{x}{y}})dx+2e^{\frac{x}{y}}\left(1-\frac{x}{y}\right)dy=0$的通解.

**提示**:方程为齐次方程,令$x=uy$,则原方程变为

$$u+y\cdot\frac{du}{dy}=\frac{2(u-1)e^u}{1+2u},\text{即}\ y\frac{du}{dy}=-\frac{u+2e^u}{1+2e^u},$$

这是可分离变量方程,解之然后回代$y=ux$,得通解$x+2ye^{\frac{x}{y}}=C$.

**例 2-42** 求微分方程$y'+\frac{1}{x}y=2x^{-\frac{1}{2}}y^{\frac{1}{2}}$的通解.

**分析** 这是伯努利方程.伯努利方程的一般形式为$y'+p(x)y=Q(x)y^n$,其中$n\neq0,1$,如果令$u=y^{1-n}$,则方程可化为$\frac{1}{1-n}\frac{dy}{dx}+p(x)u=Q(x)$,这就变成了一阶线性微分方程,可按照相应的公式写出通解.

**解答** 令$z=y^{1-\frac{1}{2}}$,即$y=z^2$,$\frac{dy}{dx}=2z\frac{dz}{dx}$,代入原方程得$2z\frac{dz}{dx}+\frac{1}{x}\cdot z^2=2x^{-\frac{1}{2}}z$,当$z\neq0$时,有$\frac{dz}{dx}+\frac{1}{2x}\cdot z=x^{-\frac{1}{2}}$的通解为:$z=e^{-\int\frac{dx}{2x}}\left[\int x^{-\frac{1}{2}}e^{\int\frac{dx}{2x}}dx+C\right]=e^{-\frac{1}{2}\ln x}\left(\int x^{-\frac{1}{2}}x^{\frac{1}{2}}dx+C\right)=x^{-\frac{1}{2}}(x+C)$.所以$y^{\frac{1}{2}}=x^{-\frac{1}{2}}(x+C)$,即$\sqrt{xy}=x+C$.

**评注** 伯努利方程的一般形式为$y'+p(x)y=Q(x)y^n$,其中$n$是不等于0,1,的任意实数,不单指整数.$y=0$为本题的常数解.若$n$等于0,1,则伯努利方程$y'+p(x)y=Q(x)y^n$变成一阶线性微分方程.同类的题还有:

(1) 求方程$(y^4-3x^2)dy+xydx=0$的通解.

**提示**:原方程变形为$\frac{dx}{dy}-\frac{3}{y}x=-y^3x^{-1}$,这是把$x$看做$y$的函数时的伯努利方程.答案为$x^2=Cy^6+y^4$.

(2) 求方程$y'=\frac{1}{xy+y^3}$满足初始条件$x=2$时$y=0$的特解.

**提示**:原方程变形为$\frac{dx}{dy}-yx=y^3$.这是把$x$看做$y$的函数时的伯努利方程.其通解为$x=Ce^{\frac{1}{2}y^2}-y^2-2$,代入初始条件$x=2$时$y=0$,解得$C=4$.答案为$x=4e^{\frac{1}{2}y^2}-y^2-2$.

(3) 求方程$xdy+ydx=y^2\ln xdx$,满足初始条件$x=1$时$y=1$的特解.

**提示**:原方程变形为$\frac{dy}{dx}+\frac{y}{x}=\frac{\ln x}{x}y^2$,这是伯努利方程.其通解为$y=\frac{1}{\ln x+1+Cx}$,代入初始条件$x=1$时$y=1$,解得$C=0$.答案为$y=\frac{1}{\ln x+1}$.

(4) 求方程$\frac{dy}{dx}+y=y^2(\cos x-\sin x)$的通解.

**提示**:这是伯努利方程.其通解为$\frac{1}{y}=-\sin x+Ce^x$.

(5) 求方程$xdy-[y+xy^3(1+\ln x)]dx=0$的通解.

**提示**:原方程变形为$\frac{dy}{dx}-\frac{y}{x}=y^3(1+\ln x)$,这是伯努利方程.其通解为$\frac{x^2}{y^2}=$

$\frac{2}{3}x^3\left(\frac{2}{3}+\ln x\right)+C.$

**例 2-43** 求微分方程 $y\mathrm{d}x-x\mathrm{d}y+y^2x\mathrm{d}x=0$ 的通解.

**分析** 直接从方程形式上看不出属于什么类型的方程,因此将方程变形为 $\frac{y\mathrm{d}x-x\mathrm{d}y}{y^2}+x\mathrm{d}x=0$,即 $\mathrm{d}\left(\frac{x}{y}+\frac{x^2}{2}\right)=0$,这是全微分方程,因此可以求出其通解.

**解答** 由 $\mathrm{d}\left(\frac{x}{y}\right)=\frac{y\mathrm{d}x-x\mathrm{d}y}{y^2}$,所以设积分因子 $\mu=\frac{1}{y^2}$,原方程两边同乘 $\mu=\frac{1}{y^2}$,得

$$\frac{y\mathrm{d}x-x\mathrm{d}y}{y^2}+x\mathrm{d}x=0,\text{即 }\mathrm{d}\left(\frac{x}{y}+\frac{x^2}{2}\right)=0,\text{通解为}\frac{x}{y}+\frac{x^2}{2}=C.$$

**评注** 对于全微分方程,可以很方便地求出其通解. 如果 $\frac{\partial M}{\partial y}=\frac{\partial N}{\partial x}$,那么方程 $M(x,y)\mathrm{d}x+N(x,y)\mathrm{d}y=0$ 是全微分方程,其通解可以表示为 $\int_{x_0}^{x}M(x,y_0)\mathrm{d}x+\int_{y_0}^{y}N(x_0,y)\mathrm{d}y=C$. 如果 $\frac{\partial M}{\partial y}\neq\frac{\partial N}{\partial x}$,但是 $\frac{\partial(\mu M)}{\partial y}=\frac{\partial(\mu N)}{\partial x}$,则 $\mu=\mu(x,y)$ 为方程 $M(x,y)\mathrm{d}x+N(x,y)\mathrm{d}y=0$ 的积分因子,因此 $M(x,y)\mathrm{d}x+N(x,y)\mathrm{d}y=0$ 可改写为 $\mu(x,y)M(x,y)\mathrm{d}x+\mu(x,y)N(x,y)\mathrm{d}y=0$,这是全微分方程. 一般来说,积分因子不易求出,主要是凭经验观察得到. 但当方程含有 $y\mathrm{d}x-x\mathrm{d}y$ 项时,积分因子可取 $\frac{1}{x^2},\frac{1}{y^2},\frac{1}{xy},\frac{1}{x^2+y^2},\frac{1}{x^2-y^2}$,其全微分表达式依次为:$\mathrm{d}\left(\frac{y}{x}\right)=-\frac{y\mathrm{d}x-x\mathrm{d}y}{x^2}$,$\mathrm{d}\left(\frac{x}{y}\right)=\frac{y\mathrm{d}x-x\mathrm{d}y}{y^2}$,$\mathrm{d}\left(\ln\frac{x}{y}\right)=\frac{y\mathrm{d}x-x\mathrm{d}y}{xy}$,$\mathrm{d}\left(\arctan\frac{x}{y}\right)=\frac{y\mathrm{d}x-x\mathrm{d}y}{x^2+y^2}$,$\mathrm{d}\left(\frac{1}{2}\ln\frac{x-y}{x+y}\right)=\frac{y\mathrm{d}x-x\mathrm{d}y}{x^2-y^2}$. 同类的题还有:

(1) 求微分方程 $2y\mathrm{d}x-3xy^2\mathrm{d}x-x\mathrm{d}y=0$ 的通解.

**提示**:设 $\mu=\frac{x}{y^2}$,原方程两边同乘 $\mu=\frac{x}{y^2}$,得

$\frac{2xy\mathrm{d}x-x^2\mathrm{d}y}{y^2}-3x^2\mathrm{d}x=0$,即 $\frac{y\mathrm{d}x^2-x^2\mathrm{d}y}{y^2}-3x^2\mathrm{d}x=0$,$\mathrm{d}\left(\frac{x^2}{y}\right)-\mathrm{d}x^3=0$,所以,原方程通解为 $\frac{x^2}{y}-x^3=C$.

(2) 证明:$\frac{1}{x^2}f\left(\frac{y}{x}\right)$ 是微分方程 $x\mathrm{d}y-y\mathrm{d}x=0$ 的积分因子.

**提示**:对于方程 $\frac{1}{x^2}f\left(\frac{y}{x}\right)x\mathrm{d}y-y\frac{1}{x^2}f\left(\frac{y}{x}\right)\mathrm{d}x=0$,因为 $\frac{\partial P}{\partial y}=-\frac{1}{x^2}\left[f\left(\frac{y}{x}\right)+\frac{y}{x}f'\left(\frac{y}{x}\right)\right]=-\frac{1}{x^2}f\left(\frac{y}{x}\right)-\frac{y}{x^3}f'\left(\frac{y}{x}\right)=\frac{\partial Q}{\partial x}$,所以,此方称为全微分方程,亦即 $\frac{1}{x^2}f\left(\frac{y}{x}\right)$ 是微分方程 $x\mathrm{d}y-y\mathrm{d}x=0$ 的积分因子.

(3) 证明:当 $x+y\neq0$ 时,存在二元函数 $u=u(x,y)$,使得 $\mathrm{d}u=\frac{(x+2y)\mathrm{d}x+y\mathrm{d}y}{(x+y)^2}$,并求出

$u=u(x,y)$.

**提示**：因为$\frac{\partial Q}{\partial x}=\frac{-2y(x+y)}{(x+y)^4}=\frac{-2y}{(x+y)^3},\frac{\partial P}{\partial y}=\frac{2(x+y)^2-2(x+2y)(x+y)}{(x+y)^4}=\frac{-2y}{(x+y)^3},\frac{\partial Q}{\partial x}=\frac{\partial P}{\partial y}$. 所以，当 $x+y\neq 0$ 时，存在二元函数 $u=u(x,y)$，使得 $\mathrm{d}u=\frac{(x+2y)\mathrm{d}x+y\mathrm{d}y}{(x+y)^2}$，且 $\mathrm{d}u=\frac{(x+y)\mathrm{d}(x+y)}{(x+y)^2}+\frac{y\mathrm{d}x-x\mathrm{d}y}{(x+y)^2}=\mathrm{d}\ln|x+y|+\mathrm{d}\left(\frac{x}{x+y}\right)$，即 $u=\ln|x+y|+\left(\frac{x}{x+y}\right)+C$.

(4) 求微分方程 $y(1+2\ln\cos x)\mathrm{d}y+(x-y^2\tan x)\mathrm{d}x=0$ 满足 $y(0)=2$ 的特解.

**提示**：因为$\frac{\partial Q}{\partial x}=-2y\tan x=\frac{\partial P}{\partial y}$，方程为全微分方程，通解为 $u(x,y)=\int_0^x x\mathrm{d}x+\int_0^y y(1+2\ln\cos y)\mathrm{d}y=C$，即 $y^2(1+2\ln\cos x)+x^2=C$，由 $y(0)=2$，得 $C=4$，特解为 $y^2(1+2\ln\cos x)+x^2=4$.

(5) 证明：$\frac{1}{x\cdot y[f(xy)-g(xy)]}$是微分方程 $yf(xy)\mathrm{d}x+xg(xy)\mathrm{d}y=0$ 的积分因子，并求 $y(x^2y^2+2)\mathrm{d}x+x(2-2x^2y^2)\mathrm{d}y=0$ 的通解.

**提示**：对于方程$\frac{yf(xy)\mathrm{d}x+xg(xy)\mathrm{d}y}{x\cdot y[f(xy)-g(xy)]}=0, P(x,y)=\frac{yf(xy)}{x\cdot y[f(xy)-g(xy)]}, Q(x,y)=\frac{xg(xy)}{x\cdot y[f(xy)-g(xy)]}$，由于$\frac{\partial Q}{\partial x}=\frac{f(xy)g'(xy)-f'(xy)g(xy)}{[f(xy)-g(xy)]^2}=\frac{\partial P}{\partial y}$，所以，此方称为全微分方程，即$\frac{1}{x\cdot y[f(xy)-g(xy)]}$是微分方程 $yf(xy)\mathrm{d}x+xg(xy)\mathrm{d}y=0$ 的积分因子. 利用此结论，方程 $y(x^2y^2+2)\mathrm{d}x+x(2-2x^2y^2)\mathrm{d}y=0$ 的积分因子为$\mu=\frac{1}{xy(x^2y^2+2-2+2x^2y^2)}=\frac{1}{3x^3y^3}$.

在方程两端同乘积分因子$\frac{1}{3x^3y^3}$，得全微分方程$\frac{x^2y^2+2}{3x^3y^2}\mathrm{d}x+\frac{2-2x^2y^2}{3x^2y^3}\mathrm{d}y=0$，即$\frac{\mathrm{d}x}{3x}+\frac{2}{3}\frac{y\mathrm{d}x+x\mathrm{d}y}{x^3y^3}-\frac{2}{3y}\mathrm{d}y=0$，积分得通解为 $\ln x-\frac{1}{x^2y^2}-\ln y^2=\ln C_1$，即是 $x=Cy^2\mathrm{e}^{\frac{1}{x^2y^2}}$.

**例 2-44** 求微分方程 $(2x+y-4)\mathrm{d}x+(x+y-1)\mathrm{d}y=0$ 的通解.

**分析** 对于形如$\frac{\mathrm{d}y}{\mathrm{d}x}=\frac{a_1x+b_1y+c_1}{a_2x+b_2y+c_2}$类型的方程，当 $c_1=c_2=0$ 时是齐次的，否则不是齐次的. 在非齐次的情形，可用下列变换把它化为齐次方程：令 $x=X+h, y=Y+k$，其中 $h,k$ 是待定的常数. 于是 $\mathrm{d}x=\mathrm{d}X, \mathrm{d}y=\mathrm{d}Y$，从而微分方程变成$\frac{\mathrm{d}Y}{\mathrm{d}X}=\frac{a_1X+b_1Y+a_1h+b_1k+c_1}{a_2X+b_2Y+a_2h+b_2k+c_2}$，如果关于 $h,k$ 的线性方程组$\begin{cases}a_1h+b_1k+c_1=0\\a_2h+b_2k+c_2=0\end{cases}$的系数行列式$\begin{vmatrix}a_1 & b_1\\a_2 & b_2\end{vmatrix}\neq 0$，即$\frac{a_1}{a_2}\neq\frac{b_1}{b_2}$，则可以定出 $h,k$，使它们满足方程组，这样，微分方程就化成了齐次方程$\frac{\mathrm{d}Y}{\mathrm{d}X}=\frac{a_1X+b_1Y}{a_2X+b_2Y}$. 求出这个齐次方程的通解后，在通解中以 $x-h$ 换 $X$，以 $y-k$ 换 $Y$，便得到原方程的通解.

**解答** 此为可化为齐次方程的微分方程类型. 令 $x=X+h, y=Y+k$，则得 $\mathrm{d}x=\mathrm{d}X, \mathrm{d}y=\mathrm{d}Y$，代入原方程，得

$$(2X+Y+2h+k-4)\mathrm{d}X+(X+Y+h+k-1)\mathrm{d}Y=0,$$

解方程组$\begin{cases}2h+k-4=0\\h+k-1=0\end{cases}$，得 $h=3,k=-2$. 即令 $x=X+3,y=Y-2$，原方程化为$\dfrac{\mathrm{d}Y}{\mathrm{d}X}=-\dfrac{2X+Y}{X+Y}$，这是齐次方程，令$\dfrac{Y}{X}=u$，可解得 $\ln C_1-\dfrac{1}{2}\ln(u^2+2u+2)=\ln|X|$，于是$\dfrac{C_1}{\sqrt{u^2+2u+2}}=|X|$，或 $C_2=X^2(u^2+2u+2)(C_2=C_1^2)$，即 $Y^2+2XY+2X^2=C_2$. 以 $X=x-3,Y=y+2$ 代入并进行化简，得 $2x^2+2xy+y^2-8x-2y=C(C=C_2-10)$）

**评注** 令 $x=X+h,y=Y+k$，实际上就是对坐标轴进行平移，但是必须保证方程组$\begin{cases}a_1h+b_1k+c_1=0\\a_2h+b_2k+c_2=0\end{cases}$ 有唯一解，即是$\dfrac{a_1}{a_2}\neq\dfrac{b_1}{b_2}$时，可以对坐标轴进行平移. 当$\dfrac{a_1}{a_2}=\dfrac{b_1}{b_2}$时，$h,k$ 无法求出，上述方法不能使用，但这时可令$\dfrac{a_1}{a_2}=\dfrac{b_1}{b_2}=\lambda$，从而方程$\dfrac{\mathrm{d}y}{\mathrm{d}x}=\dfrac{a_1x+b_1y+c_1}{a_2x+b_2y+c_2}$变成$\dfrac{\mathrm{d}y}{\mathrm{d}x}=\dfrac{a_1x+b_1y+c_1}{\lambda(a_1x+b_1y)+c_2}$，引入新变量 $v=a_1x+b_1y$，则$\dfrac{\mathrm{d}v}{\mathrm{d}x}=a+b\dfrac{\mathrm{d}y}{\mathrm{d}x}$或$\dfrac{\mathrm{d}y}{\mathrm{d}x}=\dfrac{1}{b}\left(\dfrac{\mathrm{d}v}{\mathrm{d}x}-a\right)$，于是方程变成$\dfrac{1}{b}\left(\dfrac{\mathrm{d}v}{\mathrm{d}x}-a\right)=\dfrac{v+c_1}{\lambda v+c_2}$，这是可分离变量方程. 以上介绍的方法可以应用于更一般的方程$\dfrac{\mathrm{d}y}{\mathrm{d}x}=f\left(\dfrac{a_1x+b_1y+c_1}{a_2x+b_2y+c_2}\right)$. 同类的题还有：

（1）求微分方程$(2x-5y+3)\mathrm{d}x-(2x+4y-6)\mathrm{d}y=0$ 的通解.

**提示**：答案为$(4y-x-3)(y+2x-3)^2=C$.

（2）求微分方程$(x-y-1)\mathrm{d}x+(4x+y-1)\mathrm{d}y=0$ 的通解.

**提示**：答案为 $\ln[4y^2+(x-1)^2]+\arctan\dfrac{2y}{x-1}=C$

（3）求微分方程$(3y-7x+7)\mathrm{d}x+(7y-3x+3)\mathrm{d}y=0$ 的通解.

**提示**：答案为$(y-x+1)^2(y+x-1)^5=C$.

（4）求微分方程$(x+y)\mathrm{d}x+(3x+3y-4)\mathrm{d}y=0$ 的通解.

**提示**：答案为 $x+3y+2\ln|x+y-2|=C$.

（5）求微分方程$\dfrac{\mathrm{d}y}{\mathrm{d}x}=\dfrac{-x+y+2}{x+y-4}$的通解.

**提示**：答案为$(x-3)^2+(y-1)^2=C\mathrm{e}^{-2\arctan\frac{y-1}{x-3}}$.

**例 2-45** 求微分方程 $y''+5y'+6y=2\mathrm{e}^{-x}$的通解.

**分析** 对于二阶常系数线性非齐次方程 $y''+\alpha_1y'+\alpha_2y=f(x)$，可以先求 $y''+\alpha_1y'+\alpha_2y=0$ 的通解 $Y=c_1y_1+c_2y_2$，然后求出原方程的一个特解 $y_0$，最后得出原方程的通解 $y=Y+y_0=c_1y_1+c_2y_2+y_0$. 这里的主要问题是：对于不同的$f(x)$，其特解 $y_0$ 的求法亦不一样. 下面列举几种特殊情况.

① 当$f(x)$ 为 $n$ 次多项式 $P_n(x)$ 时. 此时可分为三种情况：

（i）如果$\alpha_2\neq0$，令$y_0=\sum\limits_{i=0}^{n}b_ix_i$，代入原方程，求出系数 $b_0,b_1,b_2,\cdots,b_n$，从而得到特解 $y_0$.

（ii）如果$\alpha_2=0,\alpha_1\neq0$，则方程为$y''+\alpha_1y'=f(x)$，此时可设$y_0=x\sum\limits_{i=0}^{n}b_ix_i$，代入原方程，

求出系数 $b_0,b_1,b_2,\cdots,b_n$,从而得到特解 $y_0$.

(iii) 如果 $\alpha_1=0,\alpha_2=0$,则方程为 $y''=f(x)$,积分两次可以得到特解 $y_0$.

② 当 $f(x)$ 为 $n$ 次多项式 $P_n(x)$ 与 $e^{\lambda_0 x}$ 相乘. 此时也可以分为三种情况:

(i) 如果 $\lambda_0$ 不是特征方程 $\lambda^2+\alpha_1\lambda+\alpha_2=0$ 的根,可设 $y_0=(\sum\limits_{i=0}^{n}b_ix_i)e^{\lambda_0 x}$.

(ii) 如果 $\lambda_0$ 是特征方程 $\lambda^2+\alpha_1\lambda+\alpha_2=0$ 的单根,可设 $y_0=x(\sum\limits_{i=0}^{n}b_ix_i)e^{\lambda_0 x}$.

(iii) 如果 $\lambda_0$ 是特征方程 $\lambda^2+\alpha_1\lambda+\alpha_2=0$ 的重根,可设 $y_0=x^2(\sum\limits_{i=0}^{n}b_ix_i)e^{\lambda_0 x}$.

**解答**　先求齐次方程 $y''+5y'+6y=0$ 的通解. 特征方程为 $\lambda^2+5\lambda+6=0$,特征根 $\lambda_1=-2$, $\lambda_2=-3$,齐次方程的通解为 $y=c_1e^{-2x}+c_2e^{-3x}$. 由求特解的一般方法,可令非齐次方程的特解为 $y_0=Ae^{-x}$,将其代入原方程,得 $A=1$,由此得原方程的通解为 $y=c_1e^{-2x}+c_2e^{-3x}+e^{-x}$.

**评注**　对于一般的 $n$ 阶常系数线性齐次方程 $y^{(n)}+\alpha_1y^{(n-1)}+\alpha_2y^{(n-2)}+\alpha_{n-1}y'+\alpha_ny=0$,其解法如下:

① 先求特征方程 $r^n+\alpha_1r^{n-1}+\alpha_2r^{n-2}+\cdots+\alpha_{n-1}r+\alpha_n=0$ 的特征根. ② 每一个实特征单根 $r$,对应着一个特解 $e^{rx}$. ③ 每一个 $k$ 重实特征根 $r$ 对应着 $k$ 个线性无关的特解 $e^{rx},xe^{rx},x^2e^{rx},\cdots,x^{k-1}e^{rx}$. ④每一对复共轭特征单根 $\alpha\pm i\beta$,对应一对线性无关的特解 $e^{\alpha x}\sin\beta x,e^{\alpha x}\cos\beta x$. ⑤ 每一对 $k$ 重复共轭特征 $\alpha\pm i\beta$, 对应 $k$ 对线性无关的特解

$$e^{\alpha x}\sin\beta x,xe^{\alpha x}\sin\beta x,x^2e^{\alpha x}\sin\beta x,\cdots,x^{k-1}e^{\alpha x}\sin\beta x,$$
$$e^{\alpha x}\cos\beta x,xe^{\alpha x}\cos\beta x,x^2e^{\alpha x}\cos\beta x,\cdots,x^{k-1}e^{\alpha x}\cos\beta x.$$

实际考试中,一般只讨论二阶微分方程. 二阶常系数线性齐次微分方程 $y''+\alpha_1y'+\alpha_2y=0$ 的解法完全同上. 同类的题还有:

(1) 求微分方程 $y''-y=2xe^x$ 的通解.

**提示**:答案为 $y=c_1e^x+c_2e^{-x}+\frac{1}{2}x(x-1)e^x$.

(2) 求微分方程 $y''-4y'+4y=xe^{2x}$的通解.

**提示**:答案为 $y=c_1e^{2x}+c_2xe^{2x}+\frac{1}{6}x^3e^{2x}$.

(3) 求微分方程 $y''+y'=4\sin x$ 的通解.

**提示**:答案为 $y=c_1\sin x+c_2\cos x-2x\cos x$.

(4) 求微分方程 $y''+y=e^x+\cos x$ 的通解.

**提示**:答案为 $y=c_1\cos x+c_2\sin x+\frac{1}{2}e^x+\frac{1}{2}x\sin x$.

(5) 求微分方程 $y''-y=\sin^2x$ 的通解.

**提示**:答案为 $y=c_1e^x+c_2e^{-x}+\frac{1}{10}\cos2x-\frac{1}{2}$.

**例 2-46**　求微分方程 $x^2y''+2xy'-2y=x$ 的通解.

**分析**　这是二阶变系数线性微分方程. 可以先求出齐次方程的通解,再求出非齐次方程的一个特解,最后将非齐次方程的通解表示出来. 要求出齐次方程的通解,就需要找到齐次方程的两个线性无关的特解.

**解答** 将方程改写为 $y''+\frac{2}{x}y'-\frac{2}{x^2}y=\frac{1}{x}$,这就变成了标准的二阶变系数线性非齐次方程.先研究其对应的齐次方程 $y''+\frac{2}{x}y'-\frac{2}{x^2}y=0$,可令 $\bar{y}=x^m$ 作为特解.将 $\bar{y}=x^m$ 代入,可得 $m=1,m=-2$,这样,我们得到齐次方程两个线性无关的特解 $\bar{y}_1=x,\bar{y}_2=x^{-2}$,因此,齐次方程的通解为 $Y=C_1x+C_2x^{-2}$. 再求微分方程 $y''+\frac{2}{x}y'-\frac{2}{x^2}y=\frac{1}{x}$的一个特解 $y_0$.令 $y_0=C_1(x)\bar{y}_1+C_2(x)\bar{y}_2$,其中 $C_1(x),C_2(x)$由

$$\begin{cases} C'_1(x)\,\bar{y}_1+C'_2(x)\,\bar{y}_2=0 \\ C'_1(x)\,\bar{y}_1'+C'_2(x)\,\bar{y}_2'=\dfrac{1}{x} \end{cases}$$

求得.最后,得 $y_0=\frac{1}{3}x\ln x-\frac{1}{9}x$.原方程的通解为 $y=C_1x+C_2\frac{1}{x^2}+\frac{1}{3}x\ln x-\frac{1}{9}x$.

**评注** 二阶变系数线性微分方程 $y''+\alpha_1(x)y'+\alpha_2(x)y=0$ 和 $y''+\alpha_1(x)y'+\alpha_2(x)y=f(x)$的解法:

① 齐次方程 $y''+\alpha_1(x)y'+\alpha_2(x)y=0$ 的解法. 首先用观察法求出原方程的一个特解 $y_1$,此特解形式可能为 $e^{\alpha x}$型、$x^m$ 型、$\sin\alpha x$ 型、$\cos\alpha x$ 型等.然后用常数变易法,令 $y_2=c(x)y_1$,将 $y_2$ 代入原方程,求出 $c(x)$.这样,原方程的一般解可表示为 $y=C_1y_1+C_2y_2$,其中 $C_1,C_2$ 为常数.

② 方程 $y''+\alpha_1(x)y'+\alpha_2(x)y=f(x)$的解法.首先按变系数齐次方程解法,求出 $y''+\alpha_1(x)y'+\alpha_2(x)y=0$ 的两个特解 $y_1,y_2$.再令非齐次方程的一个特解为 $y_0=C_1(x)y_1+C_2(x)y_2$,其中 $C_1(x),C_2(x)$为待定函数,且满足下列方程$\begin{cases} C'_1(x)y_1+C'_2(x)y_2=0 \\ C'_1(x)y_1'+C'_2(x)y_2'=f(x) \end{cases}$,解出 $C_1(x)$,$C_2(x)$,从而得非齐次方程的通解为 $y=C_1y_1+C_2y_2+y_0$,其中 $C_1,C_2$ 为常数.同类的题还有:

(1) 求$(x-1)y''-xy'+y=(x-1)^2e^x$ 的通解.

**提示**:先求$(x-1)y''-xy'+y=0$ 的通解.用 $e^{\alpha x},x^m$ 代入齐次方程,可得 $y_1=e^x,y_2=x$ 均为齐次方程的解,故齐次方程的通解为 $y=C_1x+C_2e^x$.再求 $y''-\frac{x}{x-1}y'+\frac{1}{x-1}y=(x-1)e^x$ 的一个特解 $y_0$.令 $y_0=c_2(x)e^x+c_1(x)\cdot x$,将 $y_0$ 代入非齐次方程,有 $c'_1(x)=-e^x,c'_2(x)=x$,即 $c_1(x)=-e^x,c_2(x)=\frac{x^2}{2},y_0=-xe^x+\frac{1}{2}x^2e^x$.因此,原方程通解为 $y=C_1x+C_2e^x-xe^x+\frac{1}{2}x^2e^x$.

(2) 设$f(x)$可微,满足 $x\int_0^x f(t)\,dt=(x+1)\cdot\int_0^x tf(t)\,dt$,求$f(x)$,其中 $x\geqslant 0$.

**提示**:两边求导,有

$$xf(x)+\int_0^x f(t)\,dt=\int_0^x tf(t)\,dt+x^2f(x)+xf(x),\text{即}\int_0^x f(t)\,dt=\int_0^x tf(t)\,dt+x^2f(x),$$

再求导,得$f(x)=xf(x)+2xf(x)+x^2f'(x)$,即 $x^2f'(x)=(1-3x)f(x)$,$\frac{df(x)}{f(x)}=\frac{1-3x}{x^2}dx$,故而$f(x)=Ce^{-\frac{1}{x}}\cdot\frac{1}{x^3}$.由于$f(x)$在 $x=0$ 处必须右连续,故$f(0)=\lim\limits_{x\to 0^+}f(x)=0$.

(3) 求满足 $\int f(x)\,dx\cdot\int\frac{dx}{f(x)}=-1$ 的所有解$f(x)$,其中$f(x)$可导,且对任意$x$,$f(x)\neq 0$.

**提示**:原方程可改写成$\int \frac{dx}{f(x)} = -\frac{1}{\int f(x)\ dx}$,两边求导,有$\frac{1}{f(x)} = \frac{f(x)}{\left(\int f(x)\ dx\right)^2}$,即$f^2(x) = \left(\int f(x)\ dx\right)^2$. 所以$\int f(x)\ dx = \pm f(x)$. 两边再求导,得$f'(x) = \pm f(x)$,所以有$f(x) = Ce^x$或$f(x) = Ce^{-x}$.

(4) 设$f(x) = \sin x - \int_0^x (x-t)f(t)\,dt$,其中$f(x)$为连续函数,求出$f(x)$.

**提示**:两边求导,有$f'(x) = \cos x - [x\int_0^x f(t)\,dt - \int_0^x tf(t)\,dt]'$,即$f'(x) = \cos x - \int_0^x f(t)\,dt - xf(x) + xf(x)$,化简为$f'(x) = \cos x - \int_0^x f(t)\,dt$,再次求导,得$f''(x) = -\sin x - f(x)$,且$f(0) = 0, f'(0) = 1$. 这是典型的二阶常系数非齐次线性方程,其齐次方程的通解为$Y = C_1\sin x + C_2\cos x$. 非齐次方程的特解可设为

$$y_1 = x(C_3\sin x + C_4\cos x),$$

代入非齐次方程,得$C_3 = 0, C_4 = \frac{1}{2}$,故$y_1 = \frac{1}{2}x\cos x$. 所以非齐次方程的通解为$f(x) = C_1\sin x + C_2\cos x + \frac{x}{2}\cos x$. 将$f(0) = 0, f'(0) = 1$代入,得$C_1 = \frac{1}{2}, C_2 = 0$,于是$f(x) = \frac{1}{2}\sin x + \frac{x}{2}\cos x$.

(5) 已知齐次方程$(x-1)y'' - xy' + y = 0$通解为$Y(x) = C_1x + C_2e^x$,求非齐次方程$(x-1)y'' - xy' + y = (x-1)^2$的通解.

**提示**:将方程写成标准形式$y'' - \frac{x}{x-1}y' + \frac{1}{x-1}y = x-1$. 令特解$y = xv_1 + e^xv_2$. 解方程组

$$\begin{cases} xv'_1 + e^xv'_2 = 0 \\ v'_1 + e^xv'_2 = x-1 \end{cases}$$

得$v'_1 = -1, v'_2 = xe^{-x}$. 积分得$v_1 = C_1 - x, v_2 = C_2 - (x+1)e^{-x}$. 于是,所求非齐次方程的通解为$y = C_1x + C_2e^x - (x^2 + x + 1)$.

**例 2-47** 求微分方程$x^3y''' + x^2y'' - 4xy' = 3x^2$的通解.

**分析** 这是三阶欧拉方程,通过作变换$x = e^t$或$t = \ln x$可将欧拉方程化为三阶常系数线性微分方程,然后使用相应的方法可求出其通解.

**解答** 令$x = e^t$或$t = \ln x$,原方程化为$\frac{d^3y}{dt^3} - 2\frac{d^2y}{dt^2} - 3\frac{dy}{dt} = 3e^{2t}$. 其对应齐次方程为$\frac{d^3y}{dt^3} - 2\frac{d^2y}{dt^2} - 3\frac{dy}{dt} = 0$,其特征方程为$r^3 - 2r^2 - 3r = 0$,它有三个根:$r_1 = 0, r_2 = -1, r_3 = 3$. 于是齐次方程的通解为

$$Y = C_1 + C_2e^{-t} + C_3e^{3t} = C_1 + \frac{C_2}{x} + C_3x^3.$$

又设非齐次方程$\frac{d^3y}{dt^3} - 2\frac{d^2y}{dt^2} - 3\frac{dy}{dt} = 3e^{2t}$的特解形式为$y^* = be^{2t} = bx^2$,代入非齐次方程求得$b = -\frac{1}{2}$,即$y^* = -\frac{x^2}{2}$,于是,微分方程$x^3y''' + x^2y'' - 4xy' = 3x^2$的通解为$y = C_1 + \frac{C_2}{x} + C_3x^3 - \frac{1}{2}x^2$.

**评注** 变系数的线性微分方程,一般都是不容易求解的.但是有些特殊的变系数线性微分方程,可以通过变量代换化为常系数线性微分方程,因而容易求解,欧拉方程就是其中的一种.形如

$$x^n y^{(n)} + p_1 x^{n-1} y^{(n-1)} + \cdots + p_{n-1} x y' + p_n y = f(x)$$

的方程(其中 $p_1, p_2, \cdots, p_n$ 为常数),叫做欧拉方程.欧拉方程解法如下:作变换 $x = e^t$ 或 $t = \ln x$,将自变量 $x$ 换成 $t$,有

$$\frac{dy}{dx} = \frac{dy}{dt} \cdot \frac{dt}{dx} = \frac{1}{x}\frac{dy}{dt}, \quad \frac{d^2y}{dx^2} = \frac{1}{x^2}\left(\frac{d^2y}{dt^2} - \frac{dy}{dt}\right), \frac{d^3y}{dx^3} = \frac{1}{x^3}\left(\frac{d^3y}{dt^3} - 3\frac{d^2y}{dt^2} + 2\frac{dy}{dt}\right), \cdots,$$

把它们代入欧拉方程,便得到一个以 $t$ 为自变量的常系数线性微分方程.在求出这个方程的解后,把 $t$ 换成 $\ln x$,即得原方程的解.同类的题还有:

(1) 求微分方程 $x^2 y'' + xy' - y = 0$ 的通解.

**提示**:答案为 $y = C_1 x + \dfrac{C_2}{x}$.

(2) 求微分方程 $y'' + \dfrac{y'}{x} + \dfrac{y}{x^2} = \dfrac{2}{x}$的通解.

**提示**:答案为 $y = x(C_1 + C_2 \ln|x|) + x\ln^2|x|$.

(3) 求微分方程 $x^3 y''' + 3x^2 y'' - 2xy' + 2y = 0$ 的通解.

**提示**:答案为 $y = C_1 x + C_2 x\ln|x| + C_3 x^{-2}$.

(4) 求微分方程 $x^2 y'' - 2xy' + 2y = \ln^2 x - 2\ln x$ 的通解.

**提示**:答案为 $y = C_1 x + C_2 x^2 + \dfrac{1}{2}(\ln^2 x + \ln x) + \dfrac{1}{4}$.

(5) 求微分方程 $x^2 y'' + xy' - 4y = x^3$ 的通解.

**提示**:答案为 $y = C_1 x^2 + C_2 x^{-2} + \dfrac{1}{5}x^3$.

**例 2-48** 求解微分方程组

$$\begin{cases} \dfrac{dy}{dx} = 3y - 2z, & (2-4) \\ \dfrac{dz}{dx} = 2y - z. & (2-5) \end{cases}$$

**分析** 这是常系数线性微分方程组.如果微分方程组中的每一个微分方程都是常系数线性微分方程,那么,这种微分方程组就叫做常系数线性微分方程组.对于常系数微分方程组,可以用下述方法求它的解:①从方程组中消去一些未知函数,得到只含有一个未知函数的高阶常系数线性微分方程.②解此高阶微分方程,求出满足该方程的未知函数.③把已求得的函数代入原方程组,一般说来,不必经过积分就可求出其余的未知函数.

**解答** 这是含有两个未知函数 $y(x)$,$z(x)$的由两个一阶常系数线性方程组成的方程组.先设法消去未知函数 $y(x)$.由式(2-5),得

$$y = \frac{1}{2}\left(\frac{dz}{dx} + z\right). \tag{2-6}$$

上式两边关于 $x$ 求导,有

$$\frac{dy}{dx} = \frac{1}{2}\left(\frac{d^2z}{dx^2} + \frac{dz}{dx}\right). \tag{2-7}$$

将式(2-6)、式(2-7)代入式(2-4),并化简得$\frac{d^2z}{dx^2}-2\frac{dz}{dx}+z=0$,这是一个二阶常系数线性微分方程,它的通解是

$$z = (C_1 + C_2x)e^x. \tag{2-8}$$

把式(2-8)代入式(2-6),得

$$y = \frac{1}{2}(2C_1 + C_2 + 2C_2x)e^x. \tag{2-9}$$

将式(2-8)和式(2-9)联立起来,就得到所给方程组的通解为

$$\begin{cases} y = \frac{1}{2}(2C_1 + C_2 + 2C_2x)e^x \\ z = (C_1 + C_2x)e^x \end{cases}.$$

**评注** 本题是含有两个未知函数的常系数线性微分方程组,常系数线性微分方程组解法的关键在于转化为高阶常系数线性微分方程,转化过程中需要从方程组中消去一些未知函数,得到只含有一个未知函数的高阶常系数线性微分方程,通过解此高阶微分方程,求出满足该方程的未知函数,并把已求得的函数代入原方程组,求出其余的未知函数即可. 同类的题还有:

(1) 求解微分方程组$\begin{cases} \frac{dy}{dx}=z \\ \frac{dz}{dx}=y \end{cases}$.

**提示:**答案为$\begin{cases} y=C_1e^x+C_2e^{-x} \\ z=C_1e^x-C_2e^{-x} \end{cases}$.

(2) 求解微分方程组$\begin{cases} \frac{d^2x}{dt^2}=y \\ \frac{d^2y}{dt^2}=x \end{cases}$.

**提示:**答案为$\begin{cases} x=C_1e^t+C_2e^{-t}+C_3\cos t+C_4\sin t \\ y=C_1e^t+C_2e^{-t}-C_3\cos t-C_4\sin t \end{cases}$.

(3) 求解微分方程组$\begin{cases} \frac{dx}{dt}+\frac{dy}{dt}=-x+y+3 \\ \frac{dx}{dt}-\frac{dy}{dt}=x+y-3 \end{cases}$.

**提示:**答案为$\begin{cases} x=3+C_1\cos t+C_2\sin t \\ y=-C_1\sin t+C_2\cos t \end{cases}$.

(4) 求解微分方程组$\begin{cases} \frac{dx}{dt}+5x+y=e^t \\ \frac{dy}{dt}-x-3y=e^{2t} \end{cases}$.

提示：答案为$\begin{cases} x = C_1 e^{(-1+\sqrt{15})t} + C_2 e^{(-1-\sqrt{15})t} + \dfrac{2}{11}e^t + \dfrac{1}{6}e^{2t} \\ y = (-4-\sqrt{15})C_1 e^{(-1+\sqrt{15})t} - (4-\sqrt{15})C_2 e^{(-1-\sqrt{15})t} - \dfrac{e^t}{11} - \dfrac{7}{6}e^{2t} \end{cases}$.

(5) 求解微分方程组$\begin{cases} \dfrac{dx}{dt} + 2x + \dfrac{dy}{dt} + y = t \\ 5x + \dfrac{dy}{dt} + 3y = t^2 \end{cases}$.

提示：答案为$\begin{cases} x = \dfrac{C_1 - 3C_2}{5}\sin t - \dfrac{3C_1 + C_2}{5}\cos t - t^2 + t + 3 \\ y = C_1 \cos t + C_2 \sin t + 2t^2 - 3t - 4 \end{cases}$.

**例 2-49** 已给微分方程 $y' + y = g(x)$，其中 $g(x) = \begin{cases} x, & 0 \leqslant x \leqslant 1 \\ 2, & 1 < x < +\infty \end{cases}$，试求一连续函数 $y = y(x)$，满足初始条件 $y(0) = 0$，且在$[0, +\infty]$上满足上述方程.

**分析** 自由项 $g(x)$ 为分段函数，分别在区间$[0,1]$与$(1, +\infty)$上求出方程的通解，然后让求出的解满足给出的两个条件，即 $y(0) = 0$，$y = y(x)$ 在 $x = 1$ 处连续.

**解答** 当 $x \in [0,1]$时，$y' + y = x$，通解为 $y = C_1 e^{-x} + x - 1$.

当 $x \in (1, +\infty)$时，$y' + y = 2$，通解为 $y = C_2 e^{-x} + 2$.

由 $y(0) = 0$，得 $C_1 = 1$，由 $y = y(x)$ 在 $x = 1$ 处连续，即 $\lim\limits_{x \to 1^-} y(x) = \lim\limits_{x \to 1^+} y(x)$ 有 $\lim\limits_{x \to 1^-}(e^{-x} + x - 1) = \lim\limits_{x \to 1^+}(C_2 e^{-x} + 2)$，亦即 $e^{-1} = C_2 e^{-1} + 2$，解得 $C_2 = 1 - 2e$，故

$$y(x) = \begin{cases} e^{-x} + x - 1, & 0 \leqslant x \leqslant 1 \\ (1 - 2e)e^{-x} + 2, & 1 < x < +\infty \end{cases}.$$

**评注** 这是关于微分方程应用的问题，不管题型如何变化，最后都会落实到建立微分方程，求解微分方程之上. 实际计算中还会碰到各种微分方程的求解以及微分方程能否求解等问题. 同类的题还有：

(1) 设可导函数 $f(x)$ 对任何 $x, y$ 恒有 $f(x + y) = e^y f(x) + e^x f(y)$，且 $f'(0) = 2$. 求出 $f(x)$.

**提示**：由原式得 $f(0+0) = e^0 f(0) + e^0 f(0)$，即 $f(0) = 2f(0)$，所以 $f(0) = 0$. 又由导数定义

$$\begin{aligned} f'(x) &= \lim_{\Delta x \to 0} \frac{f(x + \Delta x) - f(x)}{\Delta x} = \lim_{\Delta x \to 0} \frac{e^{\Delta x} f(x) + e^x f(\Delta x) - e^0 f(x) - e^x f(0)}{\Delta x} \\ &= \lim_{\Delta x \to 0} \frac{f(x)(e^{\Delta x} - 1) + e^x [f(\Delta x) - f(0)]}{\Delta x} \\ &= \lim_{\Delta x \to 0} f(x) \frac{(e^{\Delta x} - 1)}{\Delta x} + \lim_{\Delta x \to 0} e^x \frac{f(\Delta x) - f(0)}{\Delta x} \\ &= f(x) + 2e^x. \end{aligned}$$

从而得 $f(x)$ 满足线性微分方程 $f'(x) - f(x) = 2e^x$. 可以求得通解 $f(x) = Ce^x + 2xe^x$，代入初始条件 $f(0) = 0$，得 $C = 0$，所以 $f(x) = 2xe^x$.

(2) 求可微函数 $f(x)$，使之满足 $f(x) = x + \int_0^x t f'(x - t)\,dt$.

**提示**：令 $x - t = u$，$t = x - u$，$dt = -du$，当 $t = 0$ 时，$u = x$，当 $t = x$ 时，$u = 0$，方程 $f(x) = x + \int_0^x t f'(x - t)\,dt$ 化为

$$f(x)=x+\int_x^0(x-u)f'(u)(-\mathrm{d}u)\text{，即}f(x)=x+x\int_0^x f'(u)\mathrm{d}u-\int_0^x uf'(u)\mathrm{d}u.$$

方程两端关于 $x$ 求导，得$f'(x)=1+\int_0^x f'(u)\mathrm{d}u+xf'(x)-xf'(x)$，即$f'(x)=1+f(x)-f(0)$，另外，在原方程中令 $x=0$，得$f(0)=0$，因此有$f'(x)=1+f(x)$，这是可分离变量方程，通解为$f(x)=C\mathrm{e}^x-1$，代入初始条件，得 $C=1$，所以所求函数为$f(x)=\mathrm{e}^x-1$.

(3) 设函数$f(x)$在正实轴上连续，且等式$\int_1^{xy}f(t)\mathrm{d}t=y\int_1^x f(t)\mathrm{d}t+x\int_1^y f(t)\mathrm{d}t$对任何$x>0$，$y>0$均成立，同时$f(1)=3$，求$f(x)$.

**提示**：固定 $x$，对 $y$ 求导，得$xf(xy)=\int_1^x f(t)\mathrm{d}t+xf(y)$，令$y=1$，因为$f(1)=3$，故有$xf(x)=\int_1^x f(t)\mathrm{d}t+3x$，再对 $x$ 求导，得$xf'(x)+f(x)=f(x)+3$，化简得$f'(x)=\dfrac{3}{x}$，$f(x)=3\ln x+C$，代入$f(1)=3$，得 $C=3$，从而$f(x)=3(1+\ln x)$.

(4) 若 $F(x)$ 是$f(x)$的一个原函数，$G(x)$ 是$\dfrac{1}{f(x)}$的一个原函数，且 $F(x)\cdot G(x)=-1$，$f(0)=1$，求$f(x)$.

**提示**：由$F'(x)=f(x)$，$G'(x)=\dfrac{1}{f(x)}$，又 $F(x)\cdot G(x)=-1$，两端对 $x$ 求导，得 $F(x)\cdot G'(x)+F'(x)\cdot G(x)=0$从而有 $F(x)\cdot\dfrac{1}{f(x)}+f(x)\cdot G(x)=0$，$F(x)=-f^2(x)G(x)$，代入原等式，得$-f^2(x)G^2(x)=-1$，从而得到$f(x)G(x)=\pm1$，$G(x)=\pm\dfrac{1}{f(x)}=\pm G'(x)$，这是可分离变量方程，易解得$G(x)=C\mathrm{e}^{\pm x}$，因而$G'(x)=C\mathrm{e}^{\pm x}$，$f(x)=\dfrac{1}{G'(x)}=C_1\mathrm{e}^{\pm x}$，代入初始条件$f(0)=1$得，$f(x)=\mathrm{e}^{\pm x}$.

(5) 设函数 $y=y(x)$ 满足条件$\begin{cases}y''+4y'+4y=0\\y(0)=2,y'(0)=-4\end{cases}$，求广义积分$\int_0^{+\infty}y(x)\mathrm{d}x$的值.

**提示**：原方程的特征方程为 $r^2+4r+4=0$，特征根 $r_1=r_2=-2$. 原方程通解为 $y=(C_1+C_2x)\mathrm{e}^{-2x}$，代入初始条件得 $C_1=2$，$C_2=0$，因此 $y=2\mathrm{e}^{-2x}$，从而广义积分$\int_0^{+\infty}y(x)\mathrm{d}x=\int_0^{+\infty}2\mathrm{e}^{-2x}\mathrm{d}x=1$.

**例 2-50** 设$f(0)=3$，试确定可微函数$f(x)$使曲线积分$\int_L(1+y)f(x)\mathrm{d}x+(f(x)+x)\mathrm{d}y$与路径无关.

**分析** 这是微分方程应用的问题，只不过这里是把微分方程的应用与曲线积分与路径无关联系起来了，因此必须知道曲线积分与路径无关等相关知识.

**解答** 设$P(x,y)=(1+y)f(x)$，$Q(x,y)=f(x)+x$，因为曲线积分与路径无关，则由$\dfrac{\partial Q}{\partial x}=\dfrac{\partial P}{\partial y}$，得

$$f'(x)-f(x)=-1,$$

解此微分方程，得 $f(x)=Ce^x+1$，代入初始条件得 $C=2$，故 $f(x)=2e^x+1$.

**评注** 找准了方法，同时熟悉相关的知识点，最终将问题化为了一阶线性微分方程的求解问题，使问题迎刃而解. 同类的题还有：

(1) 设函数 $f(t)$ 在 $[0,+\infty)$ 上可导，且满足 $f(t)=e^{\pi t^2}+\iint\limits_D f(\sqrt{x^2+y^2})d\sigma$，其中 $D:x^2+y^2\leqslant t^2$. 求 $f(t)$.

**提示**：$\iint\limits_D f(\sqrt{x^2+y^2})d\sigma=\int_0^{2\pi}\int_0^t f(\rho)\rho d\rho$，依题意，得 $f(t)=e^{\pi t^2}+2\pi\int_0^t f(\rho)\rho d\rho$. 方程两边求导数，得

$$f'(t)=2\pi te^{\pi t^2}+2\pi tf(t)，即 f'(t)-2\pi tf(t)=2\pi te^{\pi t^2},$$

则 $f(t)=e^{\int 2\pi t dt}(\int 2\pi te^{\pi t^2}e^{\int -2\pi t dt}dt+C)=(C+\pi t^2)e^{\pi t^2}$. 由 $f(0)=1$ 得 $C=1$，所以 $f(t)=(1+\pi t^2)e^{\pi t^2}$.

(2) 设函数 $f(t)$ 在 $[0,+\infty)$ 上连续，$\Omega(t)=\{(x,y,z)\in R^3\mid x^2+y^2+z^2\leqslant t^2,z\geqslant 0\}$，$S(t)$ 是 $\Omega(t)$ 的表面，$D(t)$ 是 $\Omega(t)$ 在 $xOy$ 平面上的投影区域，$L(t)$ 是 $D(t)$ 的边界曲线，已知当 $t\in(0,+\infty)$ 时，恒有

$$\oint_{L(t)}f(x^2+y^2)\sqrt{x^2+y^2}ds+\oiint\limits_{S(t)}(x^2+y^2+z^2)dS=\iint\limits_{D(t)}f(x^2+y^2)d\sigma+\iiint\limits_{\Omega(t)}\sqrt{x^2+y^2+z^2}dV,$$

求 $f(t)$ 的表达式.

**提示**：因为

$$\oint_{L(t)}f(x^2+y^2)\sqrt{x^2+y^2}ds=tf(t^2)\oint_{L(t)}ds=2\pi t^2f(t^2),$$

$$\oiint\limits_{S(t)}(x^2+y^2+z^2)dS=t^2\iint\limits_{S_1}dS+\iint\limits_{S_2}(x^2+y^2)dS=2\pi t^4+\frac{\pi t^4}{2}=\frac{5\pi t^4}{2},$$

其中 $S_1$ 是上半球面，$S_2$ 表示底面.

$$\iint\limits_{D(t)}f(x^2+y^2)d\sigma=\int_0^{2\pi}d\theta\int_0^t f(r^2)rdr=2\pi\int_0^t f(r^2)rdr,$$

$$\iiint\limits_{\Omega(t)}\sqrt{x^2+y^2+z^2}dV=\int_0^{2\pi}d\theta\int_0^{\frac{\pi}{2}}d\varphi\int_0^t r\cdot r^2\sin\varphi dr=\frac{\pi t^4}{2},$$

所以，$2\pi t^2f(t^2)+\frac{5\pi t^4}{2}=2\pi\int_0^t f(r^2)rdr+\frac{1}{2}\pi t^4$，即 $t^2f(t^2)+t^4==\int_0^t f(r^2)rdr$，两边求导，得

$$2t^3f'(t^2)+2tf(t^2)+4t^3=tf(t^2)，即 2t^3f'(t^2)+tf(t^2)=-4t^3,$$

令 $u=t^2$，得 $f'(u)+\frac{1}{2u}f(u)=-2$，解得 $f(u)=-\frac{4}{3}u+\frac{C}{\sqrt{u}}$，其中 $C$ 为任意常数.

(3) 设 $f(u)$ 为可微函数，$z=xf\left(\frac{y}{x}\right)+y$ 满足关系式 $x\frac{\partial z}{\partial x}-y\frac{\partial z}{\partial y}=2z$，且 $f(1)=1$，求 $f(u)$ 的表达式.

**提示**：令 $u=\frac{y}{x}$，则 $z=xf(u)+y$，从而 $\frac{\partial z}{\partial x}=f(u)-\frac{y}{x}f'(u)$，$\frac{\partial z}{\partial y}=f'(u)+1$，代入方程 $x\frac{\partial z}{\partial x}-y\frac{\partial z}{\partial y}=2z$，得

$$f'(u)+\frac{1}{2u}f(u)=-\frac{3}{2},$$

解得 $f(u)=-u+\frac{C}{\sqrt{u}}$,代入初始条件得 $C=2$,所以 $f(u)=-u+\frac{2}{\sqrt{u}}$.

(4) 设 $du=[e^x+f'(x)]y\,dx+f'(x)\,dy$,其中 $f(x)$ 在 $(-\infty,+\infty)$ 上有连续的二阶导数,$f(0)=4$,$f'(0)=3$,试求函数 $f(x)$.

**提示**:$\frac{\partial Q}{\partial x}=f''(x)=\frac{\partial P}{\partial y}=e^x+f'(x)$,即 $f''(x)-f'(x)=e^x$,答案为 $f(x)=2+(2+x)e^x$.

(5) 设 $f(x)$ 二次可微,且满足 $\begin{cases}f'(x)=f(1-x)\\ f(0)=1\end{cases}$,求 $f(x)$.

**提示**:对方程两端关于 $x$ 求导,得

$$f''(x)=f'(1-x)\cdot(-1)=-f(1-(1-x))=-f(x),$$

所以 $f''(x)+f(x)=0$,解得 $f(x)=C_1\cos x+C_2\sin x$. 由 $f(0)=1$,得 $C_1=1$,又 $f'(1)=f(0)=1$,代入 $f'(x)=-C_1\sin x+C_2\cos x$,得 $C_2=\frac{1+\sin 1}{\cos 1}$,所以 $f(x)=\cos x+\frac{1+\sin 1}{\cos 1}\sin x$.

## 2.5.3 学习效果测试题及答案

### 1. 学习效果测试题

(1) 求方程 $y'=\frac{1}{2x-y^2}$ 的通解.

(2) 设曲线积分 $\int_L yf(x)\,dx+[2xf(x)-x^2]$ 在右半平面 $(x>0)$ 内与路径无关,其中 $f(x)$ 可导,且 $f(1)=1$,求 $f(x)$.

(3) 求微分方程 $y(2xy+1)\,dx+x(1+2xy-x^3y^3)\,dy=0$ 的通解.

(4) 求微分方程 $\frac{dy}{dx}=\sin^2(x-y)$ 的通解.

(5) 求微分方程 $\frac{d^3y}{dx^3}+3\frac{d^2y}{dx^2}+3\frac{dy}{dx}+y=e^{-x}(x-5)$ 的通解.

(6) 已知 $y_1(x)=e^x$ 是齐次方程 $y''-2y'+y=0$ 的解,求非齐次方程 $y''-2y'+y=\frac{1}{x}e^x$ 的通解.

(7) 求微分方程 $x^3y'''+2xy'-2y=x^2\ln x+3x$ 的通解.

(8) 求解微分方程组 $\begin{cases}\frac{d^2x}{dt^2}+\frac{dy}{dt}-x=e^t\\ \frac{d^2y}{dt^2}+\frac{dx}{dt}+y=0\end{cases}$.

(9) 求微分方程 $x+yy'=f(x)\cdot g(\sqrt{x^2+y^2})$ 的通解,并利用此结果求 $x+yy'=\tan x\cdot(\sqrt{x^2+y^2}-1)$ 通解.

(10) 设函数 $f(u)$ 具有二阶连续导数,函数 $z=f(e^x\sin y)$ 满足方程 $\frac{\partial^2 z}{\partial x^2}+\frac{\partial^2 z}{\partial y^2}=(z+1)e^{2x}$,若 $f(0)=0$,$f'(0)=0$,求函数 $f(u)$ 的表达式.

**2. 测试题答案**

(1) 原方程等价于方程 $x' = 2x - y^2$，即 $x' - 2x = -y^2$，即把 $y$ 看成自变量，$x$ 看成函数时，为一阶线性方程. 通解为

$$x = e^{-\int(-2)dy}\left[\int(-y^2)e^{\int(-2)dy}dy + C\right] = e^{2y}\left[\int(-y^2e^{-2y})dy + C\right]$$

$$= e^{2y}\left(C + \frac{1}{2}e^{-2y}y^2 + \frac{1}{2}e^{-2y}y + \frac{1}{4}e^{-2y}\right)$$

$$= Ce^{2y} + \frac{1}{2}y^2 + \frac{1}{2}y + \frac{1}{4}(C\text{ 为任意常数}).$$

(2) 设 $P(x,y) = yf(x)$，$Q(x,y) = 2xf(x) - x^2$，

根据题意，得 $\frac{\partial P}{\partial y} = \frac{\partial Q}{\partial x}$，即 $f(x) = 2f(x) + 2x\frac{df(x)}{dx} - 2x$，整理得方程 $\frac{df(x)}{dx} + \frac{1}{2x}f(x) = 1$，这是一阶线性微分方程，解得其通解为 $f(x) = \frac{1}{\sqrt{x}}\left(\frac{2}{3}x\sqrt{x} + C\right)$，由 $f(1) = 1$，得 $C = \frac{1}{3}$，所以 $f(x) = \frac{2}{3}x + \frac{1}{3\sqrt{x}}$.

(3) 方程的积分因子 $\mu = \frac{1}{xy(2xy+1-1-2xy+x^3y^3)} = \frac{1}{x^4y^4}$，方程两边同乘 $\frac{1}{x^4y^4}$，得

$$\frac{(2xy+1)dx + (1+2xy-x^3y^3)dy}{x^4y^4} = 0,$$

化为 $\frac{ydx + xdy}{x^4y^4} + 2\frac{ydx + xdy}{x^3y^3} - \frac{1}{y}dy = 0$，即 $(xy)^{-4}d(xy) + 2(xy)^{-3}d(xy) - \frac{1}{y}dy = 0$，积分得

$$-\frac{1}{3(xy)^3} - \frac{1}{(xy)^2} - \ln y = -\ln|C_1|，\text{通解为 } y = Ce^{-\frac{3xy+1}{3x^3y^3}}.$$

(4) 令 $z = x - y$，于是方程化成可分离变量方程 $\frac{dz}{dx} = \cos^2 z$. 当 $\cos z \neq 0$ 时，分离变量，两边积分，并代回 $x,y$，可得隐式通解 $\tan(x-y) = x + C$. 当 $\cos z = \cos(x-y) = 0$ 时，还得到另一组解 $y = x + \left(k + \frac{1}{2}\right)\pi$，其中 $k$ 是任意整数.

(5) 特征方程 $r^3 + 3r^2 + 3r + 1 = 0$ 有三重跟 $r_1 = r_2 = r_3 = -1$，故有形如 $\bar{y} = x^3(A + Bx)e^{-x}$ 的特解，将它代入方程得 $(6A + 24Bx)e^{-x} = e^{-x}(x-5)$，比较系数得 $A = -\frac{5}{6}$，$B = \frac{1}{24}$，从而 $\bar{y} = \frac{1}{24}x^3(x-20)e^{-x}$，故方程的通解为 $y = (C_1 + C_2x + C_3x^2)e^{-x} + \frac{1}{24}x^3(x-20)e^{-x}$，其中 $C_1, C_2, C_3$ 为任意常数.

(6) 令 $y = e^x u$，则 $y' = e^x(u' + u)$，$y'' = e^x(u'' + 2u' + u)$，代入非齐次方程，得

$$e^x(u'' + 2u' + u) - 2e^x(u' + u) + e^x u = \frac{1}{x}e^x, \quad \text{即 } e^x u'' = \frac{1}{x}e^x, u'' = \frac{1}{x}.$$

直接积分两次，得 $u = C_1 + Cx + x\ln|x| - x$，即 $u = C_1 + C_2x + x\ln|x|$，$(C_2 = C - 1)$. 于是所求通解为

$$y = C_1e^x + C_2xe^x + xe^x\ln|x|.$$

(7) 答案为 $y = C_1x + x[C_2\cos(\ln x) + C_3\sin(\ln x)] + \frac{1}{2}x^2(\ln x - 2) + 3x\ln x$.

(8) 用记号 D 表示 $\frac{\mathrm{d}}{\mathrm{d}t}$,则方程组可记为

$$\begin{cases} (D^2 - 1)x + Dy = e^t & (2-10) \\ Dx + (D^2 + 1)y = 0 & (2-11) \end{cases}$$

先消去未知函数 $x$,式(2-10)减去式(2-11)×D,得

$$-x - D^3y = e^t \qquad (2-12)$$

式(2-11)+式(2-12)×D,得 $(-D^4 + D^2 + 1)y = De^t$,即 $(-D^4 + D^2 + 1)y = e^t$. (2-13)

式(2-13)为四阶非齐次线性方程,其特征方程为 $-r^4 + r^2 + 1 = 0$,解得特征根为 $r_{1,2} = \pm\alpha = \pm\sqrt{\frac{1+\sqrt{5}}{2}}$, $r_{3,4} = \pm i\beta = \pm i\sqrt{\frac{\sqrt{5}-1}{2}}$,容易求得一个特解 $y^* = e^t$,于是得式(2-13)的通解为

$$y = C_1e^{-\alpha t} + C_2e^{\alpha t} + C_3\cos\beta t + C_4\sin\beta t + e^t. \qquad (2-14)$$

再求未知函数 $x$. 由式(2-12),即有 $x = -D^3y - e^t$,将式(2-14)代入其中,即得

$$x = \alpha^3C_1e^{-\alpha t} - \alpha^3C_2e^{\alpha t} - \beta^3C_3\sin\beta t + \beta^3C_4\cos\beta t - 2e^t. \qquad (2-15)$$

将式(2-14)和式(2-15)两个函数联立起来,就是所求方程组的通解.

(9) 令 $u = \sqrt{x^2 + y^2}$,于是 $\frac{\mathrm{d}u}{\mathrm{d}x} = \frac{x + yy'}{\sqrt{x^2 + y^2}}$,原方程化为可分离变量方程,即 $\frac{\mathrm{d}u}{\mathrm{d}x} = f(x)\frac{g(u)}{u}$, $\frac{u}{g(u)}\mathrm{d}u = f(x)\mathrm{d}x$, 积分得 $\int\frac{u}{g(u)}\mathrm{d}u = \int f(x)\,\mathrm{d}x + C$,于是 $x + yy' = \tan x(\sqrt{x^2 + y^2} - 1)$ 的通解为 $\int\frac{u}{u-1}\mathrm{d}u = \int\tan x\mathrm{d}x + C$, 积分后得 $u + \ln|u-1| + \ln|\cos x| = C$, 即 $\sqrt{x^2 + y^2} + \ln\left|\frac{\sqrt{x^2 + y^2} - 1}{\cos x}\right| = C$.

(10) $\frac{\partial z}{\partial x} = f'(u)e^x\sin y$, $\frac{\partial z}{\partial y} = f'(u)e^x\cos y$, $\frac{\partial^2 z}{\partial x^2} = f'(u)e^x\sin y + f''(u)e^{2x}\sin^2 y$, $\frac{\partial^2 z}{\partial y^2} = -f'(u)e^x\sin y + f''(u)e^{2x}\cos^2 y$,代入方程 $\frac{\partial^2 z}{\partial x^2} + \frac{\partial^2 z}{\partial y^2} = (z+1)e^{2x}$,得 $f''(u) - f(u) = 1$. 此方称对应的齐次方程 $f''(u) - f(u) = 0$ 的通解为 $f(u) = C_1e^u + C_2e^{-u}$,方程 $f''(u) - f(u) = 1$ 的一个特解为 $f(u)^* = -1$,所以原方程的通解为 $f(u) = C_1e^u + C_2e^{-u} - 1$,其中 $C_1, C_2$ 是任意常数. 由 $f(0) = 0, f'(0) = 0$ 得 $C_1 = C_2 = \frac{1}{2}$,从而函数 $f(u)$ 的表达式为 $f(u) = \frac{1}{2}(e^u + e^{-u}) - 1$.

## 2.6 空间解析几何

### 2.6.1 核心内容提示

(1) 向量的概念、向量的线性运算、向量的数量积和向量积、向量的混合积.

(2) 两向量垂直、平行的条件、两向量的夹角.

(3) 向量的坐标表达式及其运算、单位向量、方向数与方向余弦.

(4) 曲面方程和空间曲线方程的概念、平面方程、直线方程.

(5) 平面与平面、平面与直线、直线与直线的夹角以及平行、垂直的条件、点到平面和点到直线的距离.

(6) 球面、母线平行于坐标轴的柱面、旋转轴为坐标轴的旋转曲面的方程、常用的二次曲面方程及其图形.

(7) 空间曲线的参数方程和一般方程、空间曲线在坐标面上的投影曲线方程.

### 2.6.2 典型例题精解

**例 2-51** 求通过直线 $L:\begin{cases}2x+y-2z+1=0\\x+2y-z-2=0\end{cases}$ 且与平面 $\pi_1: x+y+z-1=0$ 垂直的平面 $\pi$ 的方程.

**分析** 由于所求平面 $\pi$ 是过已知直线 $L$ 的平面束中的一个平面,故可先写出此平面束方程,再利用其他条件来确定平面束方程中的参数,即可得所求平面方程.

**解答** 过直线 $L$ 的平面束方程为

$$\lambda(2x+y-2z+1)+\mu(x+2y-z-2)=0,$$

即 $$(2\lambda+\mu)x+(\lambda+2\mu)y+(-2\lambda-\mu)z+(\lambda-2\mu)=0.$$

由于平面 $\pi$ 垂直于平面 $\pi_1$,因此平面 $\pi$ 的法向量 $\boldsymbol{n}$ 垂直于平面 $\pi_1$ 的法向量 $\boldsymbol{n}_1=(1,1,1)$,于是 $\boldsymbol{n}\cdot\boldsymbol{n}_1=0$,即

$$1\cdot(2\lambda+\mu)+1\cdot(\lambda+2\mu)+1\cdot(-2\lambda-\mu)=0.$$

即 $\lambda+2\mu=0$,

因此 $\lambda:\mu=2:(-1)$,

所求平面方程为 $2(2x+y-2z+1)-(x+2y-z-2)=0$,

即 $3x-3z+4=0$.

**评注** 本题也可利用平面的点法式方程求解,但在找点和法向量时相对繁琐,故采用平面束方法解决. 另外也可以将通过直线 $L:\begin{cases}\pi_1: A_1x+B_1y+C_1z+D_1=0\\\pi_2: A_2x+B_2y+C_2z+D_2=0\end{cases}$ 的平面束方程设为

$$A_1x+B_1y+C_1z+D_1+\lambda(A_2x+B_2y+C_2z+D_2)=0.$$

该方程包含了通过直线 $L$ 的除 $\pi_2$ 以外的所有平面,实际计算时,常使用 $\pi(\lambda)$ 表达通过直线的平面束,这样计算较简便,但需要补充讨论 $\pi_2$ 是不是所求的平面. 同类的题还有:

(1) 求通过点 $A(3,0,0)$ 和 $B(0,0,1)$ 且与 $xOy$ 而成 $\frac{\pi}{3}$ 角的平面的方程.

**提示**:过 $A$、$B$ 两点的直线方程为 $\frac{x-3}{3}=\frac{y}{0}=\frac{z}{-1}$,即 $\begin{cases}y=0\\x+3z-3=0\end{cases}$,故过 $AB$ 的平面束方程为 $x+3z-3+\lambda y=0$. 令 $\boldsymbol{n}$ 为所求平面的法向量,则有 $(\widehat{\boldsymbol{n},\boldsymbol{k}})=\frac{\pi}{3}$,于是有 $\cos(\widehat{\boldsymbol{n},\boldsymbol{k}})=\frac{\boldsymbol{n}\cdot\boldsymbol{k}}{|\boldsymbol{n}|\cdot|\boldsymbol{k}|}=\frac{3}{\sqrt{10+\lambda^2}}=\cos\frac{\pi}{3}=\frac{1}{2}$,所以 $\frac{3}{\sqrt{10+\lambda^2}}=\frac{1}{2}$,$\lambda=\pm\sqrt{26}$. 所求方程为 $x+\sqrt{26}y+$

$3z-3=0, x-\sqrt{26}y+3z-3=0.$

(2) 求通过直线 $L:\begin{cases}3x-2y+2=0\\x-2y-z+6=0,\end{cases}$ 且与点 $M_0(1,2,1)$ 的距离为 1 的平面 $\pi$ 的方程.

**提示**:设过直线 $L$ 的平面束方程为

$$(3x-2y+2)+\lambda(x-2y-z+6)=0,$$

即

$$(3+\lambda)x-2(1+\lambda)y-\lambda z+2(1+3\lambda)=0,$$

由点 $M_0(1,2,1)$ 到平面 $\pi$ 的距离公式,得

$$d=\frac{|1\cdot(3+\lambda)+2(-2(1+\lambda))+1\cdot(-\lambda)+2(1+3\lambda)|}{\sqrt{(3+\lambda)^2+(2+2\lambda)^2+\lambda^2}}=1,$$

解得 $\lambda_1=-3,\lambda_2=-2$. 故所求平面为 $\pi:4y+3z-16=0$ 或 $x+2y+2z-10=0$. 易知平面 $x-2y-z+6=0$ 不为所求.

(3) 设一平面垂直于平面 $z=0$,并通过点 $P(1,-1,1)$ 且垂直于 $L:\begin{cases}y-z+1=0,\\x=0,\end{cases}$ 的垂线,求此平面的方程.

**提示**:直线 $L:\begin{cases}y-z+1=0\\x=0\end{cases}$ 的方向向量 $\boldsymbol{s}=\begin{vmatrix}\boldsymbol{i}&\boldsymbol{j}&\boldsymbol{k}\\0&1&-1\\1&0&0\end{vmatrix}=(0,-1,-1)$,则过点 $P(1,-1,1)$ 且垂直于 $L$ 的平面方程为

$$\pi:0\cdot(x-1)-(y+1)-(z-1)=0,\text{即 } y+z=0.$$

而该平面 $\pi$ 与直线 $L$ 的交点,由

$$\begin{cases}y+z=0\\y-z+1=0,\\x=0\end{cases}$$

解得 $x=0,y=-\frac{1}{2},z=\frac{1}{2}$,即垂足为 $Q\left(0,-\frac{1}{2},\frac{1}{2}\right)$,于是,$\overrightarrow{PQ}=\left(-1,\frac{1}{2},-\frac{1}{2}\right)$是垂线的一个方向向量. 因为所求平面通过从点 $P$ 到直线 $L$ 的垂线且与平面 $z=0$ 垂直,所以向量 $\boldsymbol{k}=(0,0,1)$和$\overrightarrow{PQ}$均与所求平面平行,因此取

$$\boldsymbol{n}=\boldsymbol{k}\times\overrightarrow{PQ}=\begin{vmatrix}\boldsymbol{i}&\boldsymbol{j}&\boldsymbol{k}\\0&0&1\\-1&\frac{1}{2}&-\frac{1}{2}\end{vmatrix}=\left(-\frac{1}{2},-1,0\right)$$

就是所求平面的一个法向量,由点法式得所求平面方程为 $-\frac{1}{2}(x-1)-(y-1)=0$,即 $x+2y+1=0$.

(4) 求过点 $P(2,3,-1),Q(1,1,4),R(-1,0,5)$的平面方程.

**提示**:答案为 $x-3y-z+6=0$.

(5) 求通过 $y$ 轴,且和点 $A_1(2,7,3)$与 $A_2(-1,1,0)$等距离的平面方程.

**提示**:通过 $y$ 轴的平面束方程为 $x+\lambda z=0$. 点 $A_1(2,7,3)$与 $A_2(-1,1,0)$到此平面距离相

等，有$\frac{|2+3\lambda|}{\sqrt{1+\lambda^2}}=\frac{|-1|}{\sqrt{1+\lambda^2}}$，解得$\lambda=-\frac{1}{3}$或$\lambda=-1$. 故所求平面方程为$x-\frac{1}{3}z=0$或$x-z=0$.

**例 2－52** 求过点$M_0(1,0,-2)$且与平面$\pi:3x+4y-z+6=0$平行，又与直线$l_1:\frac{x-3}{1}=\frac{y+2}{4}=\frac{z}{1}$垂直的直线$l$的方程.

**分析** 根据直线与平面平行以及直线与直线垂直的充分必要条件可知，所求直线的方向向量既与已知平面的法向量垂直又与已知直线的方向向量垂直，故采用直线的对称式方程求解本题较好.

**解答**
$$\boldsymbol{s}=\boldsymbol{s}_1\times\boldsymbol{n}=\begin{vmatrix}\boldsymbol{i} & \boldsymbol{j} & \boldsymbol{k}\\ 1 & 4 & 1\\ 3 & 4 & -1\end{vmatrix}=(-8,4,-8)=-4(2,-1,2).$$

又直线$l$过点$M_0(1,0,-2)$，故所求直线方程为$l:\frac{x-1}{2}=\frac{y}{-1}=\frac{z+2}{2}$.

**评注** ① 直线$L$的方向向量$\boldsymbol{s}$是求解直线$L$的对称式方程的关键，经常需要通过题设的有关条件，借助于$\boldsymbol{s}=\boldsymbol{a}\times\boldsymbol{b}$求得. 例如，直线$L$平行于$L_1$时取$\boldsymbol{s}=\boldsymbol{s}_1$；直线$L$平行于平面$\pi_1$和平面$\pi_2$时，取$\boldsymbol{s}=\boldsymbol{n}_1\times\boldsymbol{n}_2$；直线$L$平行于平面$\pi_1$，且垂直于直线$L_1$时，取$\boldsymbol{s}=\boldsymbol{n}_1\times\boldsymbol{s}_1$等. ② $-8$，4，$-8$和2，$-1$，2均为该直线的方向数. 同类的题还有：

(1) 设$L_1,L_2$为两条共面直线，$L_1$的方程为$x-7=y-3=z-5$，$L_2$通过点$(2,-3,-1)$，且与$x$轴正向夹角为$\frac{\pi}{3}$，与$z$轴正向夹角为锐角，求$L_2$的方程.

**提示**：设直线$L_2$的方向向量的方向余弦为$\cos\alpha,\cos\beta,\cos\gamma$，由题意，$\cos\alpha=\cos\frac{\pi}{3}=\frac{1}{2}$，所以取$\boldsymbol{s}_2=\left(\frac{1}{2},\cos\beta,\cos\gamma\right)$，可以检验$(2,-3,-1)$不在$L_1$上，$L_1,L_2$上各取一点构成向量$\boldsymbol{r}=(7-2,3-(-3),5-(-1))=(5,6,6)$，由于$L_1,L_2$为两条共面直线，因此，$\boldsymbol{s}_1,\boldsymbol{s}_2,\boldsymbol{r}$共面，于是有
$$\begin{vmatrix}1 & 1 & 1\\ \frac{1}{2} & \cos\beta & \cos\gamma\\ 5 & 6 & 6\end{vmatrix}=0,$$
得$\cos\beta=\cos\gamma$，再由性质$\cos^2\alpha+\cos^2\beta+\cos^2\gamma=1$，得$\cos^2\gamma=\frac{3}{8}$，又已知$\cos\gamma>0$，所以$\cos\gamma=\frac{\sqrt{6}}{4}$，从而$L_2$的方向向量为$\left(\frac{1}{2},\frac{\sqrt{6}}{4},\frac{\sqrt{6}}{4}\right)$，故所求直线$L_2$方程为$\frac{x-2}{2}=\frac{y+3}{\sqrt{6}}=\frac{z+1}{\sqrt{6}}$.

(2) 求直线$l_1:\frac{x-9}{4}=\frac{y+2}{-3}=\frac{z}{1}$与直线$l_2:\frac{x}{-2}=\frac{y+7}{9}=\frac{z-7}{2}$的公垂线方程.

**提示**：公垂线的方向向量可取
$$\boldsymbol{s}=\boldsymbol{s}_1\times\boldsymbol{s}_2=\begin{vmatrix}\boldsymbol{i} & \boldsymbol{j} & \boldsymbol{k}\\ 4 & -3 & 1\\ -2 & 9 & 2\end{vmatrix}=(-15,-10,30),$$

$l_1$ 与公垂线所确定平面 $\pi_1$ 的法向量为

$$\boldsymbol{n}_1=\boldsymbol{s}_1\times\boldsymbol{s}=\begin{vmatrix}\boldsymbol{i}&\boldsymbol{j}&\boldsymbol{k}\\4&-3&1\\-15&-10&30\end{vmatrix}=-5(16,27,17),$$

点(9，-2,0)在平面 $\pi_1$ 上，故 $\pi_1$ 的方程为

$$16(x-9)+27(y+2)+17(z-0)=0,$$

即 $$16x+27y+17z-90=0.$$

同理，$l_2$ 与公垂线所确定平面 $\pi_2$ 的法向量为

$$\boldsymbol{n}_2=\boldsymbol{s}_2\times\boldsymbol{s}=\begin{vmatrix}\boldsymbol{i}&\boldsymbol{j}&\boldsymbol{k}\\-2&9&2\\-15&-10&30\end{vmatrix}=5(58,6,31),$$

点(0，-7,7)在平面 $\pi_2$ 上，故 $\pi_2$ 的方程为

$$58(x-0)+6(y+7)+31(z-7)=0,$$

即 $$58x+6y+31z-175=0$$

$\pi_1$ 与 $\pi_2$ 的交线即为 $l_1$ 与 $l_2$ 的公垂线，故公垂线的方程为

$$\begin{cases}16x+27y+17z-90=0\\58x+6y+31z-175=0\end{cases}.$$

(3) 设有一条入射光线的途径为直线$\dfrac{x-1}{4}=\dfrac{y-1}{3}=\dfrac{z-2}{1}$，求该光线在平面 $x+2y+5z+6=0$ 上的反射光线方程.

**提示**：将已知直线写成参数式 $x=1+4t,y=1+3t,z=2+t$ 代入已给平面，求得交点 $P\left(-\dfrac{61}{15},-\dfrac{42}{15},\dfrac{11}{15}\right)$. 过点 $P$ 垂直已知平面的直线方程$\dfrac{x+\frac{61}{15}}{1}=\dfrac{y+\frac{42}{15}}{2}=\dfrac{z-\frac{11}{15}}{5}$，此直线和入射线构成平面的法向量 $\boldsymbol{n}=(4,3,1)\times(1,2,5)=(13,-19,5)$. 设反射光线的方向向量为 $\boldsymbol{s}=(m,n,p)$，又由于入射角等于反射角，有

$$\frac{4\times1+3\times2+1\times5}{\sqrt{16+9+1}\cdot\sqrt{1+4+25}}=\frac{m+2n+5p}{\sqrt{1+4+25}\cdot\sqrt{m^2+n^2+p^2}},$$

$$\begin{cases}13m-19n+5p=0\\26(m+2n+5p)^2=225(m^2+n^2+p^2)\end{cases},$$

解得$\begin{cases}m=3n\\p=-4n\end{cases}$，故所求反射线方程为$\dfrac{x+\frac{61}{15}}{3}=\dfrac{y+\frac{42}{15}}{1}=\dfrac{z-\frac{11}{15}}{-4}$.

(4) 过点 $M_0(-1,2,-3)$作一直线，并满足：① 与向量 $\boldsymbol{a}=(6,-2,-3)$垂直；② 与直线 $L_1:\dfrac{x-1}{3}=\dfrac{y+1}{2}=\dfrac{z-3}{-5}$相交，求此直线的方程.

**提示**：设所求直线的方向向量为 $\boldsymbol{s}=(m,n,p)$，$L_1$ 的方向向量为 $\boldsymbol{s}_1$，取 $L_1$ 上的一点 $M_1(1,-1,3)$，依题意，有 $\boldsymbol{s}\perp\boldsymbol{s}_1$，且 $\boldsymbol{s},\boldsymbol{s}_1$ 及$\overrightarrow{M_1M_0}$共面，其中$\overrightarrow{M_1M_0}=(2,-3,6)$，故有 $\boldsymbol{s}\cdot\boldsymbol{s}_1=0$，$(\boldsymbol{s},\boldsymbol{s}_1$

$\overrightarrow{M_1M_0}) = 0$,

$$6m - 2n - 3p = 0, \begin{vmatrix} m & n & p \\ 3 & 2 & -5 \\ 2 & -3 & 6 \end{vmatrix} = 0,$$

上述方程构成方程组$\begin{cases} 6m - 2n - 3p = 0 \\ 3m + 28n + 13p = 0 \end{cases}$,解得 $p = -2n, m = -\frac{2}{3}n$,而 $n$ 不可能为0,故得方向数 $m:n:p = 2:(-3):6$,取 $\boldsymbol{s} = (2, -3, 6)$,所以直线方程为$\frac{x+1}{2} = \frac{y-2}{-3} = \frac{z+3}{6}$.

(5) 求过点(0,2,4),且与平面 $x + 2z = 1$ 及 $y - 3z = 2$ 都平行的直线方程.

**提示**:因为所求直线与两平面平行,也就是直线的方向向量 $\boldsymbol{s}$ 一定同时与两平面的法向量 $\boldsymbol{n}_1, \boldsymbol{n}_2$ 垂直,所以可以取

$$\boldsymbol{s} = \boldsymbol{n}_1 \times \boldsymbol{n}_2 = \begin{vmatrix} \boldsymbol{i} & \boldsymbol{j} & \boldsymbol{k} \\ 1 & 0 & 2 \\ 0 & 1 & -3 \end{vmatrix} = -2\boldsymbol{i} + 3\boldsymbol{j} + \boldsymbol{k}.$$

故所求直线方程为$\frac{x}{-2} = \frac{y-2}{3} = \frac{z-4}{1}$.

**例2-53** 求母线平行于直线 $L: x = y = z$,准线为 $\Gamma: \begin{cases} x^2 + y^2 + z^2 = 1 \\ x + y + z = 0 \end{cases}$ 的柱面方程.

**分析** 在空间直角坐标系下,一个三元方程 $F(x, y, z) = 0$ 表示一个曲面,如果少了一个未知数,比如方程 $H(x, y) = 0$,那么它就表示一个柱面. 这样的柱面母线平行于坐标轴. 要注意的是,一般柱面的母线不一定与坐标轴平行.

**解答** 在准线 $\Gamma$ 上任取一点 $(u, v, w)$,过该点的母线方程为$\frac{x-u}{1} = \frac{y-v}{1} = \frac{z-w}{1}$,其中 $(x, y, z)$ 为柱面上动点的坐标. 在联立方程组 $\Gamma: \begin{cases} u^2 + v^2 + w^2 = 1 \\ u + v + w = 0 \\ x - u = y - v = z - w = t \end{cases}$ 中消去 $u, v, w$,得

$$(x - t)^2 + (y - t)^2 + (z - t)^2 = 1, t = \frac{x + y + z}{3},$$

再消去参数 $t$,化简整理的柱面方程:$x^2 + y^2 + z^2 - xy - yz - zx = \frac{3}{2}$.

**评注** 在求柱面方程的时候,主要是根据柱面的定义,先把母线的方程表示出来,然后再联系准线方程,消去其中的参数,最后求出柱面方程. 同类的题还有:

(1) 求直线 $L: \frac{x}{a} = \frac{y-b}{0} = \frac{z}{1}$ 绕 $z$ 轴旋转一周所得的曲面方程,并指出它为何曲面,其中 $a, b$ 为常数.

**提示**:直线 $L: \frac{x}{a} = \frac{y-b}{0} = \frac{z}{1}$ 的参数方程为 $x = at, y = b, z = t$,则 $L: \frac{x}{a} = \frac{y-b}{0} = \frac{z}{1}$ 绕 $z$ 轴旋转一周所成曲面的参数方程为 $S: x = \sqrt{(at)^2 + b^2}\cos\theta, y = \sqrt{(at)^2 + b^2}\sin\theta, z = t$,消去参数 $\theta$, $t$,得 $x^2 + y^2 = a^2z^2 + b^2$. ① 当 $a = 0, b = 0$ 时,$S$ 为 $z$ 轴;② 当 $a = 0, b \neq 0$ 时,$S$ 为圆柱面;③当 $a \neq 0, b = 0$ 时,$S$ 为圆锥面;④当 $a \neq 0, b \neq 0$ 时,$S$ 为旋转单叶双曲面.

(2) 分别求出母线平行于 $x$ 轴及 $y$ 轴，且通过曲线 $\begin{cases}2x^2+y^2+z^2=16\\x^2+z^2-y^2=0\end{cases}$ 的柱面方程．

**提示**：答案分别为，母线平行于 $x$ 轴且通过曲线的柱面方程为 $3y^2-z^2=16$，母线平行于 $y$ 轴且通过曲线的柱面方程为 $3x^2+2z^2=16$.

(3) 求与 $x$ 轴距离为 3，与 $y$ 轴距离为 2 的一切点所确定的曲线方程．

**提示**：设 $M(x,y,z)$ 为所求曲线上任一点，由题意知，$M$ 到 $x$ 轴距离为 3，$M$ 到 $y$ 轴距离为 2，即 $d_x=\sqrt{y^2+z^2}=3$，$d_y=\sqrt{x^2+z^2}=2$，亦即 $\begin{cases}y^2+z^2=3^2\\x^2+z^2=2^2\end{cases}$，这就是所求的曲线，为两圆柱的交线．

(4) 求通过直线 $L$：$\begin{cases}2x+y=0\\4x+2y+3z=6\end{cases}$，且与球面 $x^2+y^2+z^2=4$ 相切的平面方程．

**提示**：过直线 $L$ 的平面束方程为 $(4x+2y+3z-6)+\lambda(2x+y)=0$，即 $(4+2\lambda)x+(2+\lambda)y+3z-6=0$. 由球心 $O(0,0,0)$ 到此平面的距离等于球的半径 2，有 $d=\dfrac{|(4+2\lambda)\cdot 0+(2+\lambda)\cdot 0+3\cdot 0-6|}{\sqrt{(4+2\lambda)^2+(2+\lambda)^2+3^2}}=2$，解得 $\lambda=-2$，将 $\lambda=-2$ 代回平面束方程中，得所求平面方程为 $z=2$.

(5) 求过球面 $(x-3)^2+(y+1)^2+(z+4)^2=9$ 上一点 $P(1,0,-2)$ 的球面的切平面方程．

**提示**：球心为 $O(3,-1,4)$，$\overrightarrow{OP}$ 垂直于所求切平面，则取切平面法向量 $\boldsymbol{n}=\overrightarrow{OP}=\{-2,1,2\}$，所以，切平面的点法式方程为

$$-2(x-1)+(y-0)+2(z+2)=0，即 2x-y-2z-6=0.$$

**例 2-54** 求经过直线 $\begin{cases}x+5y+z=0\\x-z+4=0\end{cases}$ 且与平面 $x-4y-8z+12=0$ 交成 $\dfrac{\pi}{4}$ 角的平面方程．

**分析** 已知直线 $\begin{cases}x+5y+z=0\\x-z+4=0\end{cases}$ 为交面式，可以使用平面束来解此题，即是经过此直线的所有平面中，一定存在与所给平面交成 $\dfrac{\pi}{4}$ 角的平面．

**解答** 经过直线 $\begin{cases}x+5y+z=0\\x-z+4=0\end{cases}$ 的平面束方程为

$$\lambda(x+5y+z)+\mu(x-z+4)=0，即 (\lambda+\mu)x+5\lambda y+(\lambda-\mu)z+4\mu=0,$$

故法向量为 $\{\lambda+\mu,5\lambda,\lambda-\mu\}$，因此 $\cos\dfrac{\pi}{4}=\dfrac{|\{1,-4,8\}\cdot\{\lambda+\mu,5\lambda,\lambda-\mu\}|}{|\{1,-4,8\}|\cdot|\{\lambda+\mu,5\lambda,\lambda-\mu\}|}=\dfrac{|3\lambda-\mu|}{\sqrt{27\lambda^2+2\mu^2}}$，即 $\dfrac{|3\lambda-\mu|}{\sqrt{27\lambda^2+2\mu^2}}=\dfrac{\sqrt{2}}{2}$，解得 $\lambda=0$，或 $\dfrac{\lambda}{\mu}=-\dfrac{4}{3}$，于是，所求平面方程为 $x-z+4=0$，或 $x+20y+7z=12$.

**评注** 由于使用了平面束知识，使得问题简单容易．本题也可用其他方法求解，但有可能计算较繁，或者不易理解．当然，计算过程中除了使用平面束知识外，还用到了夹角公式等其他知识．同类的题还有：

(1) 在平面 $\pi: x+y+z=0$ 上，求与两直线 $L_1:\begin{cases}x+y-1=0\\x-y+z+1=0\end{cases}$ 和 $L_2:\begin{cases}2x-y+z=1\\x+y-z=-1\end{cases}$ 相交的直线方程.

**提示**：由于所求直线 $L$ 在平面 $\pi$ 上，又与 $L_1$ 和 $L_2$ 相交，故 $L$ 必过 $L_1$ 与 $L_2$ 和平面 $\pi$ 的交点，因此，先求出 $L_1$ 与 $L_2$ 和平面 $\pi$ 的交点. 解方程组 $\begin{cases}x+y+z=0\\x+y-1=0\\x-y+z=-1\end{cases}$ 可得 $L_1$ 和平面 $\pi$ 的交点为 $M_1\left(\frac{1}{2},\frac{1}{2},-1\right)$. 解方程组 $\begin{cases}x+y+z=0\\2x-y+z=1\\x+y-z=-1\end{cases}$ 可得 $L_2$ 和平面 $\pi$ 的交点为 $M_2\left(0,-\frac{1}{2},\frac{1}{2}\right)$，再由两点式可得直线方程为

$$\frac{x-0}{\frac{1}{2}-0}=\frac{y+\frac{1}{2}}{\frac{1}{2}+\frac{1}{2}}=\frac{z-\frac{1}{2}}{-1-\frac{1}{2}},\text{即}\frac{x-0}{1}=\frac{y+\frac{1}{2}}{2}=\frac{z-\frac{1}{2}}{-3}.$$

(2) 将直线 $L:\frac{x-1}{0}=\frac{y}{1}=\frac{z}{1}$ 绕 $z$ 轴旋转一周，求旋转曲面的方程.

**提示**：设 $P_0(x_0,y_0,z_0)$ 为直线 $L$ 上的一点，故 $x_0=1$，即 $P_0$ 的坐标为 $(1,y_0,z_0)$. 当直线 $L$ 绕 $z$ 轴旋转时，$z=z_0$ 保持不变，动点 $P(x,y,z)$ 到 $z$ 轴的距离保持不变，即 $r^2=1+y_0^2=x^2+y^2$，又由直线方程得 $y_0=z_0$，因此：$r^2=x^2+y^2=1+y_0^2=1+z_0^2=1+z^2$，此旋转曲面为单叶双曲面 $x^2+y^2-z^2=1$.

(3) 设有曲面 $S:\frac{x^2}{2}+y^2+\frac{z^2}{4}=1$ 及平面 $\pi: 2x+2y+z+5=0$，试求在曲面 $S$ 上且平行于平面 $\pi$ 的切平面方程.

**提示**：曲面 $S$ 上点 $P(x,y,z)$ 处的法向量为 $\boldsymbol{n}=x\boldsymbol{i}+2y\boldsymbol{j}+\frac{1}{2}z\boldsymbol{k}$，而平面 $\pi$ 的法向量为 $\boldsymbol{N}=2\boldsymbol{i}+2\boldsymbol{j}+\boldsymbol{k}$，令 $\boldsymbol{n}$ 平行于 $\boldsymbol{N}$，故有 $\frac{x}{2}=\frac{2y}{2}=\frac{\frac{z}{2}}{1}=t$，即 $x=2t, y=t, z=2t$，又因点 $P$ 在 $S$ 上，$\frac{(2t)^2}{2}+t^2+\frac{(2t)^2}{4}=1$. 于是 $t=\pm\frac{1}{2}$，故切点为 $P_1\left(1,\frac{1}{2},1\right)$，$P_2\left(-1,-\frac{1}{2},-1\right)$，因此曲面 $S$ 上平行于平面 $\pi$ 的切平面有两个，其方程为 $(x-1)+\left(y-\frac{1}{2}\right)+\frac{1}{2}(z-1)=0$，即 $2x+2y+z=4$，和 $-(x+1)-\left(y+\frac{1}{2}\right)-\frac{1}{2}(z+1)=0$，即是 $2x+2y+z=-4$.

(4) 过直线 $\begin{cases}10x+2y-2z=27\\x+y-z=0\end{cases}$ 作曲面 $3x^2+y^2-z^2=27$ 的切平面，求此切平面的方程.

**提示**：设 $F(x,y,z)=3x^2+y^2-z^2-27$,，则曲面 $F(x,y,z)=0$ 的法向量为 $\{6x,2y,-2z\}$. 而过已知直线的平面束方程为

$$10x+2y-2z-27+\lambda(x+y-z)=0.$$

其法向量为 $\{10+\lambda,2+\lambda,-2-\lambda\}$，若所求的切点为 $P_0(x_0,y_0,z_0)$，则有

$$\begin{cases}\dfrac{10+\lambda}{6x_0}=\dfrac{2+\lambda}{2y_0}=\dfrac{-2-\lambda}{-2z_0}\\ 3x_0^2+y_0^2-z_0^2=27\\ (10+\lambda)x_0+(2+\lambda)y_0-(\lambda+2)z_0-27=0\end{cases},$$

解得 $x_0=3, y_0=1, z_0=1, \lambda=-1$，和 $x_0=-3, y_0=-17, z_0=-17, \lambda=-19$，故切平面方程为 $9x+y-z=27$，和 $9x+17y-17z=-27$.

(5) 已知平面方程 $\pi_1: x-2y-2z+1=0$，$\pi_2: 3x-4y+5=0$，求平分 $\pi_1$ 与 $\pi_2$ 夹角的平面方程.

**提示**：答案为 $7x-11y-5z+10=0$，或 $2x-y+5z+5=0$.

### 2.6.3 学习效果测试题及答案

**1. 学习效果测试题**

(1) 求垂直于平面 $\pi: 5x-y+3z-2=0$，且与它的交线在 $xOy$ 平面上的平面方程.

(2) 求直线 $L: \begin{cases}x+y-z=1\\ -x+y-z=1\end{cases}$ 在平面 $\pi: x+y+z=0$ 上的投影.

(3) 若椭圆抛物面的顶点在原点，$z$ 轴是它的轴，且点 $A(-1,-2,2)$ 和 $B(1,1,1)$ 在该曲面上，求此曲面方程.

(4) 求直线 $l: \dfrac{x-1}{1}=\dfrac{y}{1}=\dfrac{z-1}{-1}$ 在平面 $\pi: x-y+2z-1=0$ 上的投影直线 $l_0$ 的方程，并求 $l_0$ 绕 $y$ 轴旋转一周所成曲面的方程.

**2. 测试题答案**

(1) 所求平面应通过已知平面 $\pi$ 与 $xOy$ 面的交线，且与平面 $\pi$ 垂直，故可用平面束求解. 设通过平面 $\pi: 5x-y+3z-2=0$ 与 $xOy$ 平面交线的平面束方程为 $5x-y+3z-2+\lambda z=0$，即 $5x-y+(3+\lambda)z-2=0$. 由两平面垂直条件，有

$$5\cdot5+(-1)\cdot(-1)+3\cdot(3+\lambda)=0,$$

解得 $\lambda=-\dfrac{35}{3}$. 故所求平面方程为 $5x-y+\left(3-\dfrac{35}{3}\right)z-2=0$，即 $15x-3y-26z-6=0$.

(2) 在过 $L$ 的平面束中找一个与平面 $\pi$ 垂直的平面 $\pi_1$，则 $\pi_1$ 与已知平面 $\pi$ 联立即为所求. 设过 $L$ 的平面束方程为 $\pi_1: x+y-z-1+\lambda(-x+y-z-1)=0$，即

$$(1-\lambda)x+(1+\lambda)y-(1+\lambda)z-1-\lambda=0,$$

令 $\pi_1$ 与 $\pi$ 垂直，有

$$(1-\lambda)\cdot1+(1+\lambda)\cdot1-(1+\lambda)\cdot1=0,$$

解得 $\lambda=1$，因此过 $L$ 且与 $\pi$ 垂直的平面为 $\pi_1: y-z-1=0$. 从而所求投影直线方程为 $\begin{cases}x+y+z=0\\ y-z-1=0\end{cases}$.

(3) 设所求曲面方程为 $z=\dfrac{x^2}{a^2}+\dfrac{y^2}{b^2}$，其中 $a,b$ 为待定系数. 将点点 $A(-1,-2,2)$ 和 $B(1,1,1)$ 的坐标代入曲面方程，有

$$\begin{cases}\dfrac{1}{a^2}+\dfrac{4}{b^2}=2\\[2mm]\dfrac{1}{a^2}+\dfrac{1}{b^2}=1\end{cases},$$

解得$\dfrac{1}{a^2}=\dfrac{2}{3}$,$\dfrac{1}{b^2}=\dfrac{1}{3}$,故所求曲面方程为$z=\dfrac{2}{3}x^2+\dfrac{1}{3}y^2$.

(4) 设过直线 $l$ 与平面 $\pi$ 垂直的平面为 $\pi_1$,点(1,0,1)在 $l$ 上,所以该点也在平面 $\pi_1$ 上,于是 $\pi_1$ 的方程可设为 $A(x-1)+B(y-0)+C(z-1)=0$. $\pi_1$ 的法向量应与 $l$ 的方向向量垂直,又应与平面 $\pi$ 的法向量垂直,故有$\begin{cases}A+B-C=0\\A-B+2C=0\end{cases}$,解得 $A:B:C=-1:3:2$,于是 $\pi_1$ 的方程为 $x-3y-2z+1=0$,从而 $l_0$ 的方程为

$$\begin{cases}x-y+2z-1=0\\x-3y-2z+1=0\end{cases},$$

将 $l_0$ 的方程写成 $\begin{cases}x=2y\\z=-\dfrac{1}{2}(y-1)\end{cases}$.

设 $l_0$ 绕 $y$ 轴旋转一周所成曲面为 $S$,对点 $P_0(x_0,y_0,z_0)\in S$,有

$$x_0^2+z_0^2=(2y_0)^2+\left[-\frac{1}{2}(y_0-1)\right]^2=\frac{17}{4}y_0^2-\frac{1}{2}y_0+\frac{1}{4},$$

去掉下标0,即得 $S$ 的方程为 $4x^2-17y^2+4z^2+2y-1=0$.

# 第3章 数学分析

## 3.1 分析基础

### 3.1.1 核心内容提示

(1) 实数集 $\mathbf{R}$、有理数与无理数的稠密性，实数集的界与确界，确界存在性定理，闭区间套定理，聚点定理，有限覆盖定理．

(2) $\mathbf{R}^2$ 上的距离、邻域、聚点、界点、边界、开集、闭集、有界（无界）集，$\mathbf{R}^2$ 上的闭矩形套定理，聚点定理，有限复盖定理，基本点列，以及上述概念和定理在 $\mathbf{R}^n$ 上的推广．

(3) 函数、映射、变换概念及其几何意义，隐函数概念，反函数与逆变换，反函数存在性定理，初等函数以及与之相关的性质．

(4) 数列极限、收敛数列的基本性质（极限唯一性、有界性、保号性、不等式性质）．

(5) 数列收敛的条件（柯西准则、迫敛性、单调有界原理、数列收敛与其子列收敛的关系），重要极限及其应用．

(6) 一元函数极限的定义、函数极限的基本性质（唯一性、局部有界性、保号性、不等式性质、迫敛性），归结原则和柯西收敛准则，两个重要极限及其应用，计算一元函数极限的各种方法，无穷小量与无穷大量、阶的比较，记号 $O$ 与 $o$ 的意义，多元函数重极限与累次极限概念、基本性质，二元函数的二重极限与累次极限的关系．

(7) 函数连续与间断、一致连续性、连续函数的局部性质（局部有界性、保号性），有界闭集上连续函数的性质（有界性、最大值最小值定理、介值定理、一致连续性）．

### 3.1.2 典型例题精解

**例 3-1** 设 $\{xy\}$ 为所有 $xy$ 乘积的集合，其中 $x\in\{x\}$ 及 $y\in\{y\}$，且 $x\geqslant 0$ 及 $y\geqslant 0$. 证明等式：$\inf\{xy\}=\inf\{x\}\inf\{y\}$.

**分析** 要证明下确界的问题，要从定义出发，证明其为下界且为最大下界．

**证明** 设 $\inf\{x\}=m_1$，$\inf\{y\}=m_2$.

因为 $x\geqslant 0$ 及 $y\geqslant 0$. 所以有 $m_1\geqslant 0$ 及 $m_2\geqslant 0$.

由下确界定义可知：

(1) 当 $x\in\{x\}$，$y\in\{y\}$ 时，有 $x\geqslant m_1\geqslant 0$ 及 $y\geqslant m_2\geqslant 0$.

(2) 对任意的正数 $\varepsilon>0$，存在数 $x'\in\{x\}$，$y'\in\{y\}$，使得 $0\leqslant x'\leqslant m_1+\varepsilon$，$0\leqslant y'\leqslant m_2+\varepsilon$.

由(1)、(2)得：

(3) 当 $xy\in\{xy\}$，且 $x\in\{x\}$ 及 $y\in\{y\}$ 时，有 $xy\geqslant m_1m_2$.

(4) 对任意的正数 $\varepsilon>0$，存在数 $x'y'\in\{xy\}$ 且 $x'\in\{x\}$，$y'\in\{y\}$，使得

$$0\leqslant x'y'\leqslant(m_1+\varepsilon)(m_2+\varepsilon)=m_1m_2+(m_1+m_2)\varepsilon+\varepsilon^2=m_1m_2+\varepsilon',$$

其中 $\varepsilon'=(m_1+m_2)\varepsilon+\varepsilon^2$ 仍为任意的正数．由下确界定义可知

$$\inf\{xy\} = m_1 m_2 = \inf\{x\}\inf\{y\}.$$

**评注** 若证明 $\inf(x)=m$，$x \geqslant m$ 刻画的 $m$ 是 $\{x\}$ 的一个下界；对任意的正数 $\varepsilon>0$，存在数 $x' \in \{x\}$，使得 $x' \leqslant m+\varepsilon$ 刻画的 $m$ 是 $\{x\}$ 的最大下界，最重要的是 $\varepsilon$ 必须是任意的正数，所以在此类问题的证明中找最大下界是证明问题的关键.

类似的题有：

(1) 设 $\{xy\}$ 为所有 $xy$ 乘积的集合，其中 $x \in \{x\}$ 及 $y \in \{y\}$，且 $x \geqslant 0$ 及 $y \geqslant 0$. 证明等式：$\sup\{xy\} = \sup\{x\}\sup\{y\}$.

**提示**：由上确界的定义，有 $0 \leqslant x \leqslant m_1$ 及 $0 \leqslant y \leqslant m_2$，及 $0<m_1-\varepsilon \leqslant x'$，$0<m_2-\varepsilon \leqslant y'$. 得

$$xy \leqslant m_1 m_2 \text{ 且 } m_1 m_2 - \varepsilon' = m_1 m_2 - [(m_1+m_2)\varepsilon + \varepsilon^2] \leqslant (m_1-\varepsilon)(m_2-\varepsilon) \leqslant x'y',$$

其中 $\varepsilon' = (m_1+m_2)\varepsilon+\varepsilon^2$ 仍为任意的正数.

(2) 设 $\{-x\}$ 为数的集合，这些数是与 $x \in \{x\}$ 符号相反的数，证明等式：① $\inf\{-x\} = -\sup\{x\}$；② $\sup\{-x\} = -\inf\{x\}$.

**提示**：① 由下确界定义，有 $-x \geqslant m_1$，$-x' \leqslant m_1+\varepsilon$. 得 $x \leqslant -m_1$，$x' \geqslant -m_1-\varepsilon$.

由上确界定义，有 $\sup\{x\} = -m_1$，故 $\inf\{-x\} = -\sup\{x\}$.

② 同理可由上确界的定义求证.

(3) 设 $\{x+y\}$ 为所有 $x+y$ 这些和的集合，其中 $x \in \{x\}$ 及 $y \in \{y\}$，证明等式：① $\sup\{x+y\} = \sup\{x\}+\sup\{y\}$；② $\inf\{x+y\} = \inf\{x\}+\inf\{y\}$.

**提示**：① 由上确界的定义，有 $x \leqslant m_1$，$y \leqslant m_2$，及 $m_1-\dfrac{\varepsilon}{2} \leqslant x'$，$m_2-\dfrac{\varepsilon}{2} \leqslant y'$. 得 $x+y \leqslant m_1+m_2$ 且 $(m_1+m_2)-\varepsilon \leqslant x'+y'$，则 $\sup\{x+y\} = \sup\{x\}+\sup\{y\}$.

② 仿照①，利用下确界定义求证.

(4) 证明：① $\sup\{a_n+b_n\} \leqslant \sup\{a_n\}+\sup\{b_n\}$；② $\inf\{a_n+b_n\} \geqslant \inf\{a_n\}+\inf\{b_n\}$.

**提示**：① 由上确界的定义可知 $a_n \leqslant \sup\{a_n\}$，$b_n \leqslant \sup\{b_n\}$. 得 $a_n+b_n \leqslant \sup\{a_n\}+\sup\{b_n\}$，所以有 $\sup\{a_n+b_n\} \leqslant \sup\{a_n\}+\sup\{b_n\}$. ②同理可证.

(5) 证明：若数集 $E$ 存在最大数 $a$，即 $\forall x \in E$，$x \leqslant a$，则 $\sup E = a$.

**提示**：验证 $a$ 满足上确界的定义.

**例 3-2** 求极限 $\lim\limits_{n\to\infty}\dfrac{n}{2^n}$，其中 $n$ 是给定的正数.

**分析** 此类问题在数学分析中最常用的方法是利用两边夹定理(也称夹逼定理).

**解答** 方法一 使用两边夹定理求解.

因为 $2^n = (1+1)^n = 1+n+\dfrac{n(n-1)}{2}+\cdots 1 > \dfrac{n(n-1)}{2}$，所以 $0<\dfrac{n}{2^n}<\dfrac{2}{n-1}$.

又 $\lim\limits_{n\to\infty}\dfrac{2}{n-1}=0$，由两边夹定理得

$$\lim_{n\to\infty}\frac{n}{2^n} = 0.$$

方法二 将其化为 $\dfrac{\infty}{\infty}$ 型的未定式的极限，然后使用洛必达法则求极限

$$\lim_{n\to\infty}\frac{n}{2^n} = \lim_{x\to+\infty}\frac{x}{2^x} = \lim_{x\to+\infty}\frac{1}{2^x\ln 2} = 0.$$

方法三　构造级数$\sum_{n=1}^{\infty}\frac{n}{2^n}$,利用级数收敛的必要条件求极限.

级数$\sum_{n=1}^{\infty}\frac{n}{2^n}$的通项为$u_n=\frac{n}{2^n}$,利用比值审敛法,有

$$\lim_{n\to\infty}\frac{u_{n+1}}{u_n}=\lim_{n\to\infty}\frac{n+1}{2^{n+1}}\cdot\frac{2^n}{n}=\lim_{n\to\infty}\frac{n+1}{2n}=\frac{1}{2}<1,$$

故级数$\sum_{n=1}^{\infty}\frac{n}{2^n}$收敛,由级数收敛的必要条件可知其通项的极限必为零，于是有

$$\lim_{n\to\infty}\frac{n}{2^n}=0.$$

**评注**　此题为一题多解．使用两边夹定理的时候要把数列进行适当的放缩;使用洛必达法则时,不能直接使用,必须转化成连续的$\frac{\infty}{\infty}$型的未定式形式,才能分子分母同时求导;使用级数收敛的必要条件时,构造以该数列为通项的级数必须得是收敛级数．类似的题有:

(1) 求极限$\lim\limits_{n\to\infty}\frac{2^n}{n!}$.(答案0)

**提示**:方法一　$0<\frac{2^n}{n!}=\frac{2}{1}\cdot\frac{2}{2}\cdot\frac{2}{3}\cdots\frac{2}{n}\leqslant\frac{4}{n}$,利用两边夹定理;

方法二　构造级数$\sum_{n=1}^{\infty}\frac{2^n}{n!}$,利用级数收敛的必要条件求解.

(2) 求极限$\lim\limits_{n\to\infty}\sqrt[n]{n}$.(答案1)

**提示**:方法一　$\forall n\in N^+$,有$\sqrt[n]{n}\geqslant 1$. 令$\sqrt[n]{n}-1=b_n$,$b_n\geqslant 0$,从而$n=(1+b_n)^n$,由二项式定理,有$n=(1+b_n)^n=1+nb_n+\frac{n(n-1)}{2!}b_n^2+\cdots+b_n^2\geqslant\frac{n(n-1)}{2}b_n^2$,当$n\geqslant 2$时成立,两边同除以$n$,有$1\geqslant\frac{(n-1)}{2}b_n^2$,则$0\leqslant b_n\leqslant\sqrt{\frac{2}{n-1}}\leqslant\sqrt{\frac{2}{n}}$,当$n\geqslant 2$时成立,利用两边夹定理求出$\lim\limits_{n\to\infty}b_n=0$,然后利用$\lim\limits_{n\to\infty}\sqrt[n]{n}=\lim\limits_{n\to\infty}1+b_n$即可得到所求结论.

方法二　将数列极限转化成极限相同的函数极限,$\lim\limits_{n\to\infty}\sqrt[n]{n}=\lim\limits_{x\to+\infty}x^{\frac{1}{x}}=\lim\limits_{x\to+\infty}e^{\frac{\ln x}{x}}=e^{\lim\limits_{x\to+\infty}\frac{\ln x}{x}}$,然后利用洛必达法则求解.

(3) 求极限$\lim\limits_{n\to\infty}\frac{\log_a n}{n}$,其中$a>1$.(答案0)

**提示**:方法一　$\forall n\in N^+$,有$\log_a n<n$,从而$0\leqslant\frac{\log_a n}{a^n}<\frac{n}{a^n}$,利用两边夹定理即可得到所求结论.

方法二　将数列极限转化成极限相同的函数极限,$\lim\limits_{n\to\infty}\frac{\log_a n}{n}=\lim\limits_{x\to+\infty}\frac{\log_a x}{x}=\lim\limits_{x\to+\infty}\frac{\ln x}{x\ln a}$,然后利用洛必达法则进行求解.

方法三　$\lim\limits_{n\to\infty}\frac{\log_a n}{n}=\lim\limits_{n\to\infty}\log_a\sqrt[n]{n}=\log_a(\lim\limits_{n\to\infty}\sqrt[n]{n})$,利用$\lim\limits_{n\to\infty}\sqrt[n]{n}=1$即可求得.

(4) 求极限$\lim\limits_{n\to\infty}\left(\frac{1}{\sqrt{n^2+1}}+\frac{1}{\sqrt{n^2+2}}+\cdots+\frac{1}{\sqrt{n^2+n}}\right)$.(答案1)

**提示**:$\forall n\in N^+$,有$\frac{n}{\sqrt{n^2+n}}\leqslant\frac{1}{\sqrt{n^2+1}}+\frac{1}{\sqrt{n^2+2}}+\cdots+\frac{1}{\sqrt{n^2+n}}\leqslant\frac{n}{\sqrt{n^2+1}}$,利用两边夹定理即可得到所求结论.

(5) 求极限$\lim\limits_{n\to\infty}\left(\frac{1}{n^2+1}+\frac{1}{n^2+2}+\cdots+\frac{1}{n^2+n}\right)$.(答案0)

**提示**:$\forall n\in N^+$,有$\frac{n}{n^2+n}\leqslant\frac{1}{n^2+1}+\frac{1}{n^2+2}+\cdots+\frac{1}{n^2+n}\leqslant\frac{n}{n^2+1}$,利用两边夹定理即可得到所求结论.

**例3-3** 已知$x_0=1,x_{n+1}=1+\frac{x_n}{1+x_n}(n\geqslant 0)$,证明$\{x_n\}$极限存在,并求$\lim\limits_{n\to\infty}x_n$.

**分析** 该题为递推公式给出的数列的极限问题,其通式无法通过计算求得,因此考虑其单调性和有界性,从而确定其是否可以使用单调有界数列必有极限准则.

**解答** 由条件知$x_n>0(n=1,2,\cdots)$,且$x_2-x_1>0$,即$x_2>x_1$.

设$x_n>x_{n-1}$,则

$$x_{n+1}-x_n=\left(1+\frac{x_n}{1+x_n}\right)-\left(1+\frac{x_{n-1}}{1+x_{n-1}}\right)=\frac{x_n-x_{n-1}}{(1+x_n)(1+x_{n-1})}>0,$$

由数学归纳法可知:数列$\{x_n\}$单调递增.

又$x_n=1+\frac{x_{n-1}}{1+x_{n-1}}=2-\frac{1}{1+x_{n-1}}<2$,从而数列$\{x_n\}$有上界,所以数列$\{x_n\}$极限存在,设$\lim\limits_{n\to\infty}x_n=a$,由保号性知$a>0$,则有

$$a=1+\frac{a}{1+a}\Rightarrow a=\frac{1\pm\sqrt{5}}{2},$$

所以

$$\lim_{n\to\infty}x_n=\frac{1+\sqrt{5}}{2}.$$

**评注** 对于递推公式给出的数列求极限常利用单调有界准则求极限,类似的题有:

(1) 设数列$\{x_n\}$满足$0<x_1<\pi,x_{n+1}=\sin x_n(n=1,2,\cdots)$,证明$\lim\limits_{n\to\infty}x_n$存在,并求该极限.

**提示**:因为$0<x_1<\pi$,则$0<x_2=\sin x_1\leqslant 1<\pi$. 可推得 $0<x_{n+1}=\sin x_n\leqslant 1<\pi(n=1,2,\cdots)$,则数列$\{x_n\}$有界. 于是 $\frac{x_{n+1}}{x_n}=\frac{\sin x_n}{x_n}<1$(因当$x>0$时,$\sin x<x$),则有$x_{n+1}<x_n$,可见数列$\{x_n\}$单调减少,故由单调减少有下界数列必有极限知极限$\lim\limits_{n\to\infty}x_n$存在. 设$\lim\limits_{n\to\infty}x_n=l$,在$x_{n+1}=\sin x_n$两边令$n\to\infty$,得 $l=\sin l$,解得$l=0$,即$\lim\limits_{n\to\infty}x_n=0$.

(2) 已知:$x_1=\sqrt{a},x_2=\sqrt{a+\sqrt{a}},x_3=\sqrt{a+\sqrt{a+\sqrt{a}}},\cdots$,求$\lim\limits_{n\to\infty}x_n(a>0)$.

**提示**:显然$x_{n-1}<x_n$,数列$\{x_n\}$单调递增. 又$x_n=\sqrt{a+x_{n-1}}$,于是有$x_n^2=a+x_{n-1}$. 所以$x_n=\frac{a}{x_n}+\frac{x_{n-1}}{x_n}<\frac{a}{\sqrt{a}}+1=\sqrt{a}+1$,故$x_n$有界. 由极限存在准则知$\lim\limits_{n\to\infty}x_n$存在,设$\lim\limits_{n\to\infty}x_n=A$,则由

$\lim\limits_{n\to\infty}x_n^2=\lim\limits_{n\to\infty}(a+x_{n-1})$，得 $A^2=a+A$，解得 $A=\frac{1\pm\sqrt{1+4a}}{2}$. 由于 $a>0$，故负值舍去，于是有 $A=\frac{1+\sqrt{1+4a}}{2}$，即 $\lim\limits_{n\to\infty}x_n=\frac{1+\sqrt{1+4a}}{2}$.

(3) 设数列 $\{x_n\}$ 由下式给出：$x_0>0$，$x_{n+1}=\frac{1}{2}\left(x_n+\frac{1}{x_n}\right)(n=0,1,2,\cdots)$. 证明 $\lim\limits_{n\to\infty}x_n$ 存在，并求其值.

**提示**：因为 $x_{n+1}=\frac{1}{2}\left(x_n+\frac{1}{x_n}\right)\geqslant\sqrt{x_n}\cdot\sqrt{\frac{1}{x_n}}=1(n=1,2,\cdots)$，所以 $\{x_n\}$ 有下界；而 $x_{n+1}=\frac{1}{2}(x_n+\frac{1}{x_n})=\frac{x_n^2+1}{2x_n}\leqslant\frac{2x_n^2}{2x_n}=x_n$，所以 $\{x_n\}$ 单调下降；故 $\lim\limits_{n\to\infty}x_n$ 的极限存在，令 $l=\lim\limits_{n\to\infty}x_n$，则 $l=\frac{1}{2}\left(l+\frac{1}{l}\right)$，解得 $l=1$（$-1$ 舍去）.

(4) 证明：若 $a_0=a>0$，$a_n=\frac{1}{2}\left(a_{n-1}+\frac{2}{a_{n-1}}\right)(n=1,2,\cdots)$，则数列 $\{a_n\}$ 收敛，并求其极限.

**提示**：$\forall n\in N^+$，$a_n>0$，$a_n=\frac{1}{2}\left(a_{n-1}+\frac{2}{a_{n-1}}\right)\geqslant\sqrt{a_{n-1}\frac{2}{a_{n-1}}}=\sqrt{2}$，故 $\{a_n\}$ 有下界，$a_n-a_{n+1}=\frac{1}{2}\left(a_n-\frac{2}{a_n}\right)=\frac{1}{2}\left(\frac{a_n^2-2}{a_n}\right)>0$，故 $\{a_n\}$ 单调递减，则数列 $\{a_n\}$ 收敛，令 $\lim\limits_{n\to\infty}a_n=l$，则 $l=\frac{1}{2}\left(l+\frac{2}{l}\right)$，$l=\sqrt{2}$.

(5) 证明：若 $a_1=\sqrt{2}$，$a_{n+1}=\sqrt{2a_n}(n=1,2,\cdots)$，则数列 $\{a_n\}$ 收敛，并求其极限.

**提示**：$\forall n\in N^+$，$1<a_1=\sqrt{2}<2$，$1<a_{n+1}=\sqrt{2a_n}<2$，故 $\{a_n\}$ 有界，$a_{n+1}-a_n=\sqrt{2a_n}-a_n=\frac{2a_n-a_n^2}{\sqrt{2a_n}+a_n}=\frac{a_n(2-a_n)}{\sqrt{2a_n}+a_n}>0$，故 $\{a_n\}$ 单调递增，则数列 $\{a_n\}$ 收敛，令 $\lim\limits_{n\to\infty}a_n=l$，解得 $l=2$.

**例 3-4** 设 $\varepsilon\in(0,1)$，$x_0=a$，$x_{n+1}=a+\varepsilon\sin x_n(n=0,1,2,\cdots)$. 证明：$\xi=\lim\limits_{n\to\infty}x_n$ 存在，且 $\xi$ 为开普勒方程 $x-\varepsilon\sin x=a$ 的唯一根.

**分析** 从递推公式出发，确定极限存在. 然后再证明唯一根存在，需证明根的存在性和唯一性.

**证明** 由拉格朗日中值定理有：$\forall x,y\in\mathbf{R}$，$\exists\theta\in(y,x)$，使得

$$|\sin x-\sin y|=|\sin'\theta(x-y)|\leqslant|x-y|.$$

所以

$$|x_{n+1}-x_n|=|\varepsilon\sin x_n-\varepsilon\sin x_{n-1}|\leqslant\varepsilon|x_n-x_{n-1}|\leqslant\cdots\leqslant\varepsilon^n|x_1-x_0|(\forall n=0,1,2,\cdots),$$

于是当 $m>n$ 时，有

$$|x_m-x_n|\leqslant|x_m-x_{m-1}|+|x_{m-1}-x_{m-2}|+\cdots+|x_{n+1}-x_n|\leqslant(\varepsilon^{m-1}+\varepsilon^{m-2}+\cdots\varepsilon^n)|x_1-x_0|=\varepsilon^n\cdot\frac{1-\varepsilon^{m-n}}{1-\varepsilon}|x_1-x_0|,$$ 而

$$|x_1-x_0|=|\varepsilon\sin a|\leqslant\varepsilon,$$

所以

$$|x_m - x_n| \leqslant \varepsilon^{n+1} \cdot \frac{1-\varepsilon^{m-n}}{1-\varepsilon} < \frac{\varepsilon^{n+1}}{1-\varepsilon}.$$

由此可知

$$|x_m - x_n| \to 0(n \to \infty).$$

根据柯西收敛准则可知 $\xi = \lim\limits_{n\to\infty} x_n$ 存在.

对递推公式 $x_{n+1} = a + \varepsilon\sin x_n$，两侧取极限，有 $\xi = a + \varepsilon\sin\xi$，故 $\xi$ 为方程 $x - \varepsilon\sin x = a$ 的根.

假设 $\eta$ 也是方程 $x - \varepsilon\sin x = a$ 的根，则 $\eta = a + \varepsilon\sin\eta$，$|\xi - \eta| = |\varepsilon\sin\xi - \varepsilon\sin\eta| \leqslant \varepsilon|\xi - \eta|$，因为 $\varepsilon \in (0,1)$，所以 $\xi = \eta$. 即 $\xi$ 为方程 $x - \varepsilon\sin x = a$ 的唯一根.

**评注** 本题利用柯西收敛准则证明极限的存在，类似的题有：

(1) 证明：若存在常数 $c$，$\forall n \in N^+$，有 $|x_2 - x_1| + |x_3 - x_2| + \cdots + |x_n - x_{n-1}| < c$，则数列 $\{x_n\}$ 收敛.

**提示**：构造数列 $a_n = |x_2 - x_1| + |x_3 - x_2| + \cdots + |x_n - x_{n-1}|$，则数列 $\{a_n\}$ 单调递增且有界，故数列 $\{a_n\}$ 收敛. 根据柯西收敛准则，对于任给的 $\varepsilon > 0$，存在正整数 $N$，使当 $\forall n > N$，$\forall p \in N^+$，有 $|a_{n+p} - a_n| < \varepsilon$. 即 $|a_{n+p} - a_n| = |x_{n+1} - x_n| + |x_{n+2} - x_{n+1}| + \cdots + |x_{n+p} - x_{n+p-1}| < \varepsilon$，对于数列 $\{x_n\}$，有

$|x_{n+p} - x_n| = |x_{n+p} - x_{n+p-1} + x_{n+p-1} - x_{n+p-2} + \cdots + x_{n+1} - x_n| \leqslant |x_{n+p} - x_{n+p-1}| + |x_{n+p-1} - x_{n+p-2}| + \cdots |x_{n+1} - x_n| < \varepsilon$. 故数列 $\{x_n\}$ 收敛.

(2) 证明：若 $\forall n \in N^+$，有 $|x_{n+1} - x_n| < c_n$，且 $s_n = c_1 + c_2 + \cdots + c_n$，而数列 $\{s_n\}$ 收敛，则数列 $\{x_n\}$ 也收敛.

**提示**：数列 $\{s_n\}$ 收敛，根据柯西收敛准则，对于任给的 $\varepsilon > 0$，存在正整数 $N$，使当 $\forall n > N$，$\forall p \in N^+$ 时，有

$|s_{n+p} - s_n| = |c_{n+1} + c_{n+2} + \cdots + c_{n+p}| < \varepsilon$. 而 $|x_{n+p} - x_n| \leqslant |x_{n+1} - x_n| + |x_{n+2} - x_{n+1}| + \cdots + |x_{n+p} - x_{n+p-1}| = c_{n+1} + c_{n+2} + \cdots + c_{n+p} < \varepsilon$ 故数列 $\{x_n\}$ 收敛.

(3) 利用柯西收敛准则证明数列 $x_n = 1 + \frac{1}{2^2} + \frac{1}{3^2} + \cdots + \frac{1}{n^2}$ 收敛.

**提示**：$\frac{1}{n^2} < \frac{1}{n(n-1)} = \frac{1}{n} - \frac{1}{n-1}$，对于任给的 $\varepsilon > 0$，存在正整数 $N$，使当 $\forall n > N$，$\forall p \in N^+$，有

$|x_{n+p} - x_n| = \frac{1}{(n+1)^2} + \frac{1}{(n+2)^2} + \cdots + \frac{1}{(n+p)^2} < \frac{1}{n+1} - \frac{1}{n+2} + \frac{1}{n+2} - \frac{1}{n+3} + \cdots + \frac{1}{n+p-1} - \frac{1}{n+p} = \frac{1}{n+1} - \frac{1}{n+p} < \frac{1}{n+1}$，而 $\lim\limits_{n\to\infty} \frac{1}{n+1} = 0$，$\frac{1}{n+1} < \varepsilon$，故数列 $\{x_n\}$ 收敛.

(4) 利用柯西收敛准则证明数列 $x_n = 1 + \frac{1}{1!} + \frac{1}{2!} + \frac{1}{3!} + \cdots + \frac{1}{n!}$ 收敛.

**提示**：$\frac{1}{n!} < \frac{1}{n(n-1)} = \frac{1}{n} - \frac{1}{n-1}(n \geqslant 2)$，对于任给的 $\varepsilon > 0$，存在正整数 $N$，使当 $\forall n > N$，$\forall p \in N^+$，有

$|x_{n+p} - x_n| = \frac{1}{(n+1)!} + \frac{1}{(n+2)!} + \cdots + \frac{1}{(n+p)!} < \frac{1}{n+1} - \frac{1}{n+2} + \frac{1}{n+2} - \frac{1}{n+3} + \cdots +$

$\frac{1}{n+p-1}-\frac{1}{n+p}=\frac{1}{n+1}-\frac{1}{n+p}<\frac{1}{n+1}$，而$\lim\limits_{n\to\infty}\frac{1}{n+1}=0$，$\frac{1}{n+1}<\varepsilon$，故数列$\{x_n\}$收敛．

（5）利用柯西收敛准则证明数列 $x_n=1+\frac{1}{2}+\frac{1}{3}+\cdots+\frac{1}{n}$发散．

**提示**：$\exists\varepsilon_0=\frac{1}{2}>0$，存在正整数 $N$，使当 $\forall n>N$，有 $|x_{2n}-x_n|=\frac{1}{n+1}+\frac{1}{n+2}+\cdots+\frac{1}{2n}>\underbrace{\frac{1}{2n}+\frac{1}{2n}+\cdots+\frac{1}{2n}}_{n\text{个}}=\frac{1}{2}=\varepsilon_0$，故数列$\{x_n\}$发散．

**例 3-5**　设函数$f(x)$在 $\mathbf{R}$ 上的图像关于点 $A(a,y_0)$对称，又关于直线 $x=b$ 对称，已知 $a<b$. 证明函数$f(x)$是周期函数，并求其周期．

**分析**　根据对称以及周期函数的概念，我们只要找出函数的周期，即可证明函数是周期函数．

**证明**　已知函数$f(x)$关于直点$A(a,y_0)$对称，$\forall x\in\mathbf{R}$，有

$$f(a+x)-y_0=y_0-f(a-x).$$

又函数$f(x)$关于直线 $x=b$ 对称，$\forall x\in\mathbf{R}$，$b-x$ 和 $b+x$ 是关于直线 $x=b$ 的两个对称点，有

$$f(b-x)=f(b+x).$$

于是，对$\forall x\in\mathbf{R}$，有

$$\begin{aligned}f(x)&=f[a-(a-x)]=2y_0-f[a+(a-x)]\\&=2y_0-f(2a-x)=2y_0-f[b-(b-2a+x)]\\&=2y_0-f[b+(b-2a+x)]=2y_0-f[a-(3a-2b-x)]\\&=f[a+(3a-2b-x)]=f[b-(x+3b-4a)]\\&=f[b+(x+3b-4a)]=f[x+4(b-a)].\end{aligned}$$

即函数$f(x)$是周期函数，且周期为$4(b-a)>0$.

**评注**　证明周期函数要从函数本身的性态出发，利用周期函数的定义进行证明．类似的题有：

（1）证明：函数$f(x)=\{x\}$是以 1 为周期的函数．

**提示**：对$\forall x\in\mathbf{R}$，有 $x+1\in\mathbf{R}$，且$\{x+1\}=x+1-[x+1]=x+1-[x]-1=x-[x]=\{x\}$，即$\{x+1\}=\{x\}$．由周期函数定义可知，函数$f(x)=\{x\}$是以 1 为周期的函数．

（2）设常数 $a>0$，函数$f(x)\neq0$，且$f(x+a)=\frac{1}{f(x)}$，$\forall x\in\mathbf{R}$. 试证：$f(x)$是以 $2a$ 为周期的周期函数．

**提示**：由已知可得：$\forall x\in\mathbf{R}$，$f(x+2a)=f[(x+a)+a]=\frac{1}{f(x+a)}=f(x)$，即$f(x)=f(x+2a)$，且 $2a>0$，由周期函数定义可知，$f(x)$是以 $2a$ 为周期的周期函数．

（3）设$f(x)$和$g(x)$分别是以 $l_1$ 和 $l_2$ 为周期的函数，且$\frac{l_1}{l_2}=\frac{m}{n}$（$m,n$ 为互素的正整数），证明：$F(x)=f(x)+g(x)$，$G(x)=f(x)\cdot g(x)$是以 $l=nl_1=ml_2$ 为周期的函数．

**提示**：$f(x)$和 $g(x)$分别是以 $l_1$ 和 $l_2$ 为周期的函数，有$f(x+l_1)=f(x)$，$g(x+l_2)=g(x)$，则$f(x+nl_1)=f(x)$，$g(x+ml_2)=g(x)$．于是有 $F(x+l)=f(x+nl_1)+g(x+ml_2)=f(x)+$

$g(x)=F(x)$. $G(x+l)=f(x+nl_1)\cdot g(x+ml_2)=f(x)\cdot g(x)=G(x)$，且 $l=nl_1=ml_2>0$. 由周期函数定义可知，$F(x)$、$G(x)$是以为 $l=nl_1=ml_2$ 周期的周期函数.

(4) 证明：若$f(x)$是以 $T$ 为周期的周期函数，则 $F(x)=f(ax)(a>0)$是以$\frac{T}{a}$为周期的周期函数.

**提示**：$f(x)$是以 $T$ 为周期的周期函数，则 $f(x+T)=f(x)$，则 $F(x)=f(ax)=f[ax+T]=f\left[a\left(x+\frac{T}{a}\right)\right]=F\left(x+\frac{T}{a}\right)$，且$\frac{T}{a}>0$，故由周期函数定义可知，$F(x)=f(ax)(a>0)$是以$\frac{T}{a}$为周期的周期函数.

(5) 设$f(x)$是 $\mathbf{R}$ 上连续的周期函数，且$f(x)$不为常数，则$f(x)$有最小正周期.

**提示**：设 $E=\{f(x)\text{的正周期}\}$，$l_0=\inf E$，要证 $l_0\in E$. 首先由$f(x)$的连续性可知 $l_0$ 是$f(x)$的周期. 往证 $l_0>0$. 假设 $l_0=0$，任取 $x_0\in\mathbf{R}$，$\delta>0$. $\exists l\in E$，当 $0<l<\delta$ 及 $k\in\mathbf{Z}$ 时，使 $l<kl\leqslant x_0<(k+1)l$，即 $|kl-x_0|<l<\delta$，$kl\in U(x_0,\delta)$，由周期性，得 $f(kl)=f(kl+0)=f(0)$，又由 $\delta$ 的任意性及 $f(x)$ 的连续性得 $f(x_0)=f(0)$. 因此 $f(x)$ 是常数，这与题设矛盾. 故假设不成立，$l_0>0$，为 $f(x)$ 的最小正周期.

**例 3－6** 证明$\lim\limits_{x\to 0}\sin\frac{1}{x}$不存在.

**分析** 若$\exists x_n\to x_0$，$x_n\neq x_0$，$\lim\limits_{n\to\infty}f(x_n)$不存在或$\exists x_n\to x_0$，$x_n\neq x_0$，$y_n\to x_0$，$y_n\neq x_0$ 使得$\lim\limits_{n\to\infty}f(x_n)\neq\lim\limits_{n\to\infty}f(y_n)$，则$\lim\limits_{x\to x_0}f(x)$不存在. 可用上述方法证明极限不存在.

**证明** 取 $x_n=\frac{1}{2n\pi}$，$y_n=\frac{1}{2n\pi+\frac{\pi}{2}}$，则均有 $x_n\to 0$，$y_n\to 0(n\to\infty)$，但

$$\lim_{x\to 0}\sin\frac{1}{x_n}=0,\lim_{x\to 0}\sin\frac{1}{y_n}=1,$$

因此$\lim\limits_{x\to 0}\sin\frac{1}{x}$不存在.

**评注** 利用海涅定理的推论是证明一元函数的极限不存在的最常用方法，也可以用此方法来确认函数无界但不是无穷大. 类似的题有：

(1) 证明$\lim\limits_{x\to 0}\frac{x}{\sin\frac{1}{x}}$不存在.

**提示**：先考虑$\frac{\sin\frac{1}{x}}{x}$，取 $x_n=\frac{1}{n\pi}$，则$\frac{\sin\frac{1}{x_n}}{x_n}=0\cdot n\pi=0$. 故当 $n\to\infty$ 时，$x_n\to 0$，$\frac{\sin\frac{1}{x_n}}{x_n}\to 0$.

又取 $x'_n=\frac{1}{2n\pi+\frac{\pi}{2}}$，则$\frac{\sin\frac{1}{x'_n}}{x'_n}=1\cdot\left(2n\pi-\frac{\pi}{2}\right)$，故当 $n\to\infty$ 时，$x_n'\to 0$，$\frac{\sin\frac{1}{x'_n}}{x'_n}\to\infty$. 由此可见，当 $x\to 0$ 时，$\frac{\sin\frac{1}{x}}{x}$极限不存在，且也不是无穷大量，所以它的倒数函数的极限$\lim\limits_{x\to 0}\frac{x}{\sin\frac{1}{x}}$也不

存在.

（2）证明$\lim\limits_{x\to\infty} x\sin x$ 不存在.

**提示**：取 $x_n = n\pi, n\to\infty$ 时，$f(x_n) = x_n\sin x_n = n\pi\sin(n\pi) = 0$. 取 $x'_n = 2n\pi + \dfrac{\pi}{2}, n\to\infty$ 时，

$f(x'_n) = x'_n\sin x'_n = \left(2n\pi + \dfrac{\pi}{2}\right)\sin\left(2n\pi + \dfrac{\pi}{2}\right) = 2n\pi + \dfrac{\pi}{2}\to\infty$，$\lim\limits_{x\to\infty} x\sin x$ 不存在.

（3）证明狄利克雷函数

$$D(x) = \begin{cases} 1, x\text{ 是有理数} \\ 0, x\text{ 是无理数} \end{cases}$$

在 $\mathbf{R}$ 上每一点都不存在极限.

**提示**：取 $\forall x_0 \in \mathbf{R}$，$\exists$ 有理数列 $\{r_n\}$ 与无理数列 $\{s_n\}$，且 $\lim\limits_{n\to\infty} r_n = x_0$，$\lim\limits_{n\to\infty} s_n = x_0$，$r_n \neq x_0$，$s_n \neq x_0$. 有 $\lim\limits_{n\to\infty} D(r_n) = 1$，$\lim\limits_{n\to\infty} D(s_n) = 0$，由海涅定理的推论可知，函数 $D(x)$ 在 $x_0$ 不存在极限. 因为 $x_0$ 是 $\mathbf{R}$ 上任意一点，所以狄利克雷函数在 $\mathbf{R}$ 上每一点都不存在极限.

（4）证明 $f(x) = x\cos x$ 在 $(-\infty, +\infty)$ 上无界，且当 $x\to\infty$ 时，$f(x)$ 不是无穷大量.

**提示**：因为对 $\forall M > 0$，总有 $n_0 > M$，$x_0 = 2n_0\pi \in (-\infty, +\infty)$，使 $f(x_0) = 2n_0\pi > M$，所以 $f(x)$ 在 $(-\infty, +\infty)$ 上无界，取 $x_n = 2n\pi + \dfrac{\pi}{2}(n = 1, 2, \cdots)$，显然有 $x_n \in (-\infty, +\infty)$，且 $\lim\limits_{n\to\infty} x_n = +\infty$，而 $f(x_n) = 0 (n = 1, 2, \cdots)$，所以当 $x\to\infty$ 时 $f(x)$ 不是无穷大量.

（5）证明当 $x\to 0$ 时，变量 $\dfrac{1}{x^2}\sin\dfrac{1}{x}$ 是无界的但非无穷大.

**提示**：当 $x\to 0$ 时，$\dfrac{1}{x^2}$ 是无穷大，而 $\left|\sin\dfrac{1}{x}\right| \leqslant 1$，有界变量与无穷大的乘积并不一定是无穷大. 实际上，$\sin\dfrac{1}{x}$ 当 $x = \dfrac{1}{2k\pi}(k = 1, 2, \cdots)$ 时，其值为 0，当 $x = \dfrac{1}{2k\pi + \dfrac{1}{2}\pi}(k = 0, 1, 2, \cdots)$ 时，其值为 1，故当 $x\to 0$ 时，$\dfrac{1}{x^2}\sin\dfrac{1}{x}$ 既不是无穷小又不是无穷大，也不是有界变量，它是无界的.

**例 3-7** 设 $f(x)$ 和 $g(x)$ 在 $[a, b]$ 上连续，且 $f(a) < g(a)$，$f(b) > g(b)$，则在 $(a, b)$ 内至少存在一点 $\xi$，使得 $f(\xi) = g(\xi)$.

**分析** 证明方程根的存在性，就需要从已知方程出发，将所有项移到等号的左边构造辅助函数，使得该函数在区间端点处的函数值异号，根据零点定理，得出区间内一点处的函数值为零，从而证明方程根的存在性. 对于本题，首先把 $\xi$ 改为 $x$，其次将所有项移到等号的左边，令 $F(x) = f(x) - g(x)$，这就是要构造的辅助函数.

**证明** 令 $F(x) = f(x) - g(x)$，由于 $f(x)$ 和 $g(x)$ 在 $[a, b]$ 上连续，所以 $F(x)$ 在 $[a, b]$ 上连续，并且 $F(a) = f(a) - g(a) < 0$，$F(b) = f(b) - g(b) > 0$.

由零点定理，至少存在一点 $\xi \in (a, b)$，使得 $F(\xi) = 0$，即

$$f(\xi) = g(\xi).$$

**评注** 对于方程成立问题的讨论，主要用到闭区间上连续函数的零点定理和介值定理. 常见的有两类：

一类问题是证明方程有实根，这就需要从已给条件设法找出两点 $a$ 与 $b$，使 $f(a)\cdot f(b) < 0$，

若还需证明此根是唯一的,则一般是再证$f(x)$在$[a,b]$区间上单调;另一类问题则是证明存在一点$\xi$,使得$f(\xi)$等于某个数值$C$,这就需要由已给条件设法证明$C$介于$f(x)$的最大值$M$和最小值$m$之间,即$m\leqslant C\leqslant M$,再应用介值定理证明$\xi$的存在性. 这两类问题都要构造适当的辅助函数,类似的题有:

(1) 设$f(x)$在$[a,b]$上连续,且$f(a)<a,f(b)>b$,试证在$(a,b)$内至少存在一点$\xi$,使得$f(\xi)=\xi$.

**提示**:令$F(x)=f(x)-x$,则$F(x)$在$[a,b]$上连续,并且$F(a)=f(a)-a<0,F(b)=f(b)-b>0$,由零点定理,至少存在一点$\xi\in(a,b)$使得$F(\xi)=0$,即$f(\xi)=\xi$.

(2) 证明:方程$x^n+x^{n-1}+\cdots+x^2+x=1$在$(0,1)$内至少有一实根.

**提示**:设$f(x)=x^n+x^{n-1}+\cdots+x^2+x-1$,则$f(x)$在$[0,1]$上连续,$f(1)=n-1>0,f(0)=-1<0$,由零点定理,至少存在一点$\xi\in(0,1)$,使$f(\xi)=\xi^n+\xi^{n-1}+\cdots+\xi-1=0$,即方程$x^n+x^{n-1}+\cdots+x^2+x=1$在$(0,1)$内有至少有一个实根.

(3) 证明方程$x^3-9x-1=0$恰有三个实数根.

**提示**:令$f(x)=x^3-9x-1$,因为$f(-3)=-1<0,f(-2)=9>0,f(0)=-1<0,f(4)=27>0$,并且$f(x)$在$[-3,4]$上连续,所以,$f(x)$在$(-3,-2),(-2,0),(0,4)$各区间内至少有一个零点,即方程$f(x)=0$至少有三个实数根. 又因为$x^3-9x-1=0$是一元三次方程,最多有三个实根,故所给方程恰有三个实数根.

(4) 证明方程$x^5-3x=1$至少有一个根介于1和2之间.

**提示**:令$f(x)=x^5-3x-1$,因为$f(1)=-3<0,f(2)=25>0$. 由零点定理,至少存在一点$\xi\in(1,2)$使$f(\xi)=0$,显然,$x=\xi$即为方程$x^5-3x=1$的根.

(5) 证明:方程$\dfrac{5}{x-1}+\dfrac{7}{x-2}+\dfrac{16}{x-3}=0$有一个根介于1和2之间,另一个根介于2和3之间.

**提示**:原方程与下列方程同解:$5(x-2)(x-3)+7(x-1)(x-3)+16(x-1)(x-2)=0$,$x\neq1,x\neq2,x\neq3$. 设$f(x)=5(x-2)(x-3)+7(x-1)(x-3)+16(x-1)(x-2)$,$f(x)$为多项式,处处连续且有$f(1)=10,f(2)=-7,f(3)=32$,由根的存在定理知$(1,2)$之间有一个根,另一个根在$(2,3)$之间.

**例3-8** 证明函数$f(x)=\dfrac{1}{x}$

(1) 在$[a,1](0<a<1)$一致连续;(2) 在$(0,1]$非一致连续.

**分析** 证明一致连续性,需找到一个$\delta$,使当$|x_1-x_2|<\delta$时,$|f(x_1)-f(x_2)|<\varepsilon$成立.

**证明** (1) $\forall\varepsilon>0$, $\forall x_1,x_2\in[a,1]$,要使不等式$\left|\dfrac{1}{x_1}-\dfrac{1}{x_2}\right|=\dfrac{|x_1-x_2|}{|x_1x_2|}\leqslant\dfrac{1}{a^2}|x_1-x_2|<\varepsilon$成立.

从不等式$\dfrac{1}{a^2}|x_1-x_2|<\varepsilon$,解得$|x_1-x_2|<a^2\varepsilon$. 取$\delta=a^2\varepsilon$. 于是$\forall\varepsilon>0$, $\exists\delta=a^2\varepsilon>0$, $\forall x_1,x_2\in[a,1]$,当$|x_1-x_2|<\delta$时,有

$$\left|\frac{1}{x_1}-\frac{1}{x_2}\right|<\varepsilon,$$

即$f(x)=\dfrac{1}{x}$在$[a,1](0<a<1)$一致连续.

(2) $\exists \varepsilon_0=\frac{1}{2}>0, \forall \delta>0, \exists \frac{1}{n+1}, \frac{1}{n} \in (0,1]$,则

$$\left|\frac{1}{n+1}-\frac{1}{n}\right|=\frac{1}{n(n+1)}<\frac{1}{n^2}<\delta\left(n>\frac{1}{\sqrt{\delta}}\right),$$

有

$$\left|f\left(\frac{1}{n+1}\right)-f\left(\frac{1}{n}\right)\right|=(n+1)-n=1>\frac{1}{2}=\varepsilon_0,$$

即函数 $f(x)=\frac{1}{x}$ 在 $(0,1]$ 非一致连续.

**评注** 证明函数的一致连续性,关键是从不等式 $|f(x_1)-f(x_2)|<\varepsilon$ 出发,找到正数 $\delta$. 类似的题有:

(1) 证明:若函数 $f(x)$ 在区间 $I$ 上满足李普希茨条件,即 $\forall x,y\in I$,有 $|f(x)-f(y)|\leqslant K(x-y)$,其中 $K$ 是常数,则函数 $f(x)$ 在区间 $I$ 上一致连续.

**提示**: $\forall \varepsilon>0$, $\forall x_1,x_2\in I$,要使不等式 $|f(x_1)-f(x_2)|\leqslant K|x_1-x_2|<\varepsilon$ 成立. 解得 $|x_1-x_2|<\frac{\varepsilon}{K}$. 取 $\delta=\frac{\varepsilon}{K}$. 于是, $\forall \varepsilon>0$, $\exists \delta=\frac{\varepsilon}{K}>0$, $\forall x_1,x_2\in I$, 当 $|x_1-x_2|<\delta$ 时,有 $|f(x_1)-f(x_2)|<\varepsilon$. 则函数 $f(x)$ 在区间 $I$ 上一致连续.

(2) 证明函数 $f(x)=x+\sin x$ 在 $\mathbf{R}$ 上一致连续.

**提示**: $\forall \varepsilon>0, \forall x_1,x_2\in\mathbf{R}$,要使不等式 $|f(x_1)-f(x_2)|=|x_1+\sin x_1-x_2-\sin x_2|\leqslant|x_1-x_2|+|\sin x_1-\sin x_2|\leqslant|x_1-x_2|+|x_1-x_2|=2|x_1-x_2|<\varepsilon$ 成立. 解得 $|x_1-x_2|<\frac{\varepsilon}{2}$. 取 $\delta=\frac{\varepsilon}{2}$. 于是, $\forall \varepsilon>0, \exists \delta=\frac{\varepsilon}{2}>0, \forall x_1,x_2\in\mathbf{R}$,当 $|x_1-x_2|<\delta$ 时,有 $|f(x_1)-f(x_2)|<\varepsilon$. 则函数 $f(x)$ 在区间 $I$ 上一致连续.

(3) 证明函数 $f(x)=x\sin x$ 在 $\mathbf{R}$ 上非一致连续.

**提示**: $\exists \varepsilon_0>0$, $\forall \delta>0$, $\exists x_1=2n\pi+\frac{\delta}{3}$, $x_2=2n\pi-\frac{\delta}{3}$, $n\in\mathbf{N}^+$, 使 $|x_1-x_2|=\left|2n\pi+\frac{\delta}{3}-\left(2n\pi-\frac{\delta}{3}\right)\right|=\frac{2\delta}{3}<\delta$, 有 $|f(x_1)-f(x_2)|=|x_1\sin x_1-x_2\sin x_2|=\left|\left(2n\pi+\frac{\delta}{3}\right)\sin\left(2n\pi+\frac{\delta}{3}\right)-\left(2n\pi-\frac{\delta}{3}\right)\sin\left(2n\pi-\frac{\delta}{3}\right)\right|=4\pi n\left|\sin\frac{\delta}{3}\right|>\varepsilon_0$, $n$ 充分大. 即函数 $f(x)=x\sin x$ 在 $\mathbf{R}$ 上非一致连续.

(4) 证明函数 $f(x)=\ln x$ 在 $(0,1)$ 上非一致连续.

**提示**: $\exists \varepsilon_0>0$, $\forall \delta>0$, $\exists \frac{1}{n},\frac{1}{2n}\in(0,1)$, $\left|\frac{1}{n}-\frac{1}{2n}\right|=\frac{1}{2n}<\delta\left(n>\frac{1}{2\delta}\right)$, 有 $\left|f\left(\frac{1}{n}\right)-f\left(\frac{1}{2n}\right)\right|\left|\ln\frac{1}{n}-\ln\frac{1}{2n}\right|=\ln 2>\varepsilon_0$, 因而函数 $f(x)=\ln x$ 在 $(0,1)$ 上非一致连续.

(5) 证明函数 $f(x)=\sin x^2$ 在 $\mathbf{R}$ 上非一致连续.

**提示**: $\exists \varepsilon_0, 0<\varepsilon_0<1$, $\exists x_n=\sqrt{\frac{n\pi}{2}}, x'_n=\sqrt{\frac{(n+1)\pi}{2}}$, $\forall \delta>0$, 只要 $n$ 充分大,总可以使

$$|x_n - x'_n| = \left|\frac{\frac{\pi}{2}}{\sqrt{\frac{n\pi}{2}}+\sqrt{\frac{(n+1)\pi}{2}}}\right| < \delta$$，但是 $|f(x_n) - f(x'_n)| = \left|\sin\frac{n\pi}{2} - \sin\frac{(n+1)\pi}{2}\right| = 1 > \varepsilon_0$，因而函数 $f(x)=\sin x^2$ 在 $\mathbf{R}$ 上非一致连续.

**例 3-9** 证明极限 $\lim\limits_{\substack{x\to 0\\ y\to 0}}\frac{x^2y^2}{x^2y^2+(x-y)^2}$ 不存在.

**分析** 如果当 $P(x,y)$ 沿不同路径趋于 $P_0(x_0,y_0)$ 时，$f(x,y)$ 趋于不同的值或在某个路径的极限不存在，那么就可以断定这个函数的极限 $\lim\limits_{\substack{x\to x_0\\ y\to y_0}}f(x,y)$ 不存在.

**解答** 方法一 当点 $P(x,y)$ 沿 $x$ 轴趋于点 $(0,0)$ 时，有

$$\lim_{\substack{x\to 0\\ y=0}}\frac{x^2y^2}{x^2y^2+(x-y)^2} = \lim_{x\to 0}\frac{0}{x^2} = 0,$$

当点 $P(x,y)$ 沿直线 $y=x$ 趋于点 $(0,0)$ 时，有

$$\lim_{\substack{x\to 0\\ y=x}}\frac{x^2y^2}{x^2y^2+(x-y)^2} = \lim_{x\to 0}\frac{x^4}{x^4} = 1.$$

因此沿不同路径函数趋于不同的值，所以极限 $\lim\limits_{\substack{x\to 0\\ y\to 0}}\frac{x^2y^2}{x^2y^2+(x-y)^2}$ 不存在.

方法二 当点 $P(x,y)$ 沿 $y=kx$ 趋于点 $(0,0)$ 时，有

$$\lim_{\substack{x\to 0\\ y=kx}}\frac{x^2y^2}{x^2y^2+(x-y)^2} = \lim_{x\to 0}\frac{k^2x^4}{k^2x^4+x^2(1-k)^2} = \lim_{x\to 0}\frac{k^2x^2}{k^2x^2+(1-k)^2} = \begin{cases}1, k=1\\ 0, k\neq 1\end{cases},$$

故极限 $\lim\limits_{\substack{x\to 0\\ y\to 0}}\frac{x^2y^2}{x^2y^2+(x-y)^2}$ 不存在.

**评注** 二重极限存在的充要条件是以任意趋近方式 $(x,y)\to(x_0,y_0)$ 的极限存在且相等. 因此，仅用一种趋近方式不能判定二重极限的存在. 但要证明二重极限不存在，只须找到某种趋近方式的极限不存在或者找到两种趋近方式的极限不相等即可. 类似的题有：

(1) 证明极限 $\lim\limits_{\substack{x\to 0\\ y\to 0}}\frac{x^2y}{x^4+y^2}$ 不存在.

**提示**：当点 $P(x,y)$ 沿 $y=kx^2$ 趋于点 $(0,0)$ 时，有 $\lim\limits_{\substack{x\to 0\\ y\to kx^2}}\frac{x^2y}{x^4+y^2} = \lim\limits_{x\to 0}\frac{x^2\cdot kx^2}{x^4+k^2x^4} = \frac{k}{1+k^2}$，其值随 $k$ 的不同而变化，所以极限不存在.

(2) 证明极限 $\lim\limits_{\substack{x\to 0\\ y\to 0}}\frac{x^2-y^2}{x^2+y^2}$ 不存在.

**提示**：当点 $P(x,y)$ 沿 $y=kx$ 趋于点 $(0,0)$ 时，有 $\lim\limits_{\substack{x\to 0\\ y\to kx}}\frac{x^2-y^2}{x^2+y^2} = \lim\limits_{\substack{x\to 0\\ y\to kx}}\frac{x^2-k^2x^2}{x^2+k^2x^2} = \frac{1-k^2}{1+k^2}$，其值随 $k$ 的不同而变化，所以极限不存在.

(3) 证明极限 $\lim\limits_{\substack{x\to 0\\ y\to 0}}\frac{x^2-y^2+x^3-y^3}{x^2+y^2}$ 不存在.

**提示**：当点 $P(x, y)$ 沿 $y = kx$ 趋于点 $(0, 0)$ 时，有 $\lim\limits_{\substack{x \to 0 \\ y \to kx}} \dfrac{x^2 - y^2 + x^3 - y^3}{x^2 + y^2} = \lim\limits_{\substack{x \to 0 \\ y \to kx}} \dfrac{x^2 - k^2x^2 + x^3 - k^3x^3}{x^2 + k^2x^2} = \lim\limits_{\substack{x \to 0 \\ y \to kx}} \dfrac{1 - k^2 + x - k^3x}{1 + k^2} = \dfrac{1 - k^2}{1 + k^2}$其值随 $k$ 的不同而变化，所以极限不存在．

(4) 证明极限$\lim\limits_{\substack{x \to 0 \\ y \to 0}} \dfrac{x^4y^4}{(x^4 + y^2)^3}$不存在.

**提示**：当点 $P(x,y)$ 沿 $y = kx^2$ 趋于点 $(0,0)$ 时，有 $\lim\limits_{\substack{x \to 0 \\ y \to kx^2}} \dfrac{x^2y^4}{(x^4 + y^2)^3} = \lim\limits_{\substack{x \to 0 \\ y \to kx^2}} \dfrac{k^4x^{12}}{(x^4 + k^2x^4)^3} = \lim\limits_{\substack{x \to 0 \\ y \to kx^2}} \dfrac{k^4x^{12}}{(1 + k^2)^3x^{12}} = \dfrac{k^4}{(1 + k^2)^3}$其值随 $k$ 的不同而变化，所以极限不存在．

(5) 证明极限$\lim\limits_{\substack{x \to 0 \\ y \to 0}} \dfrac{2xy}{x^2 + y^2}$不存在.

**提示**：当点 $P(x,y)$ 沿 $y = kx$ 趋于点 $(0,0)$ 时，有$\lim\limits_{\substack{x \to 0 \\ y \to kx}} \dfrac{2xy}{x^2 + y^2} = \lim\limits_{\substack{x \to 0 \\ y \to kx}} \dfrac{2kx^2}{x^2 + k^2x^2} = \dfrac{2k}{1 + k^2}$，其值随 $k$ 的不同而变化，所以极限不存在.

### 3.1.3 学习效果测试题及答案

**1. 学习效果测试题**

(1) 证明：$\inf\{|\sin n^2| + |\sin(n+1)^2| + |\sin(n+2)^2| : n \in N\} > 0$.

(2) 证明$\lim\limits_{n \to \infty} \dfrac{a^n}{n!} = 0 (a > 0)$.

(3) 证明数列$\sqrt{2}, \sqrt{,2 + \sqrt{2}}, \sqrt{,2 + \sqrt{2 + \sqrt{2}}}, \cdots$的极限存在，并求其极限．

(4) 证明若 $\forall n \in \mathbf{N}^+$，有 $|x_{n+1} - x_n| \leqslant cr^n$，其中 $c$ 是正常数，且 $0 < r < 1$，则数列 $\{x_n\}$ 收敛．

(5) 证明数列 $\{\sin n\}$ 极限不存在．

(6) 设函数 $f(x)$ 既关于直线 $x = a$ 对称，又关于直线 $x = b$ 对称，已知 $a < b$. 证明函数 $f(x)$ 是周期函数，并求其周期．

(7) 证明$\lim\limits_{x \to 0} \cos \dfrac{1}{x}$不存在．

(8) 求方程 $k\arctan x - x = 0$ 不同实根的个数，其中 $k$ 为参数．

(9) 证明函数 $f(x) = x^2$① 在有限区间 $(0, a)$ $(0 < a < 1)$一致连续；② 在无限区间 $\mathbf{R}$ 上非一致连续．

(10) 讨论函数 $z = \begin{cases} \dfrac{xy}{x^4 + y^2}, x^4 + y^2 \neq 0 \\ 0, x^4 + y^2 = 0 \end{cases}$ 的连续性.

**2. 测试题答案**

(1) 显然 $|\sin n^2| + |\sin(n+1)^2| + |\sin(n+2)^2| \geqslant 0$ $(n \in N)$，$\inf\{|\sin n^2| + |\sin(n+1)^2| + |\sin(n+2)^2| : n \in N\} \geqslant 0$. 只需证明 $\inf\{|\sin n^2| + |\sin(n+1)^2| + |\sin(n+2)^2| : n \in N\} \neq 0$ 即可．

方法一 反证法 假设 $\inf\{|\sin n^2| + |\sin(n+1)^2| + |\sin(n+2)^2| : n \in N\} = 0$，则必存在

自然数列$\{k_n\}$，使得$(n+1)^2+(n-1)^2-2n^2=2$，得

$$\sin 2=\alpha_n\sin k_n^2+\beta_n\sin(k_n+1)^2+\gamma_n\sin(k_n+2)^2,$$

其中$\alpha_n$、$\beta_n$、$\gamma_n$皆为有界量，上式两边取极限得$\sin 2=0$. 矛盾.

故$\inf\{|\sin n^2|+|\sin(n+1)^2|+|\sin(n+2)^2|:n\in N\}>0$.

方法二　直接证明$|\sin n^2|+|\sin(n+1)^2|+|\sin(n+2)^2|>0$.

对于任意的$\alpha$、$\beta$，得

$$|\sin(\alpha-\beta)|=|\sin\alpha\cos\beta-\cos\alpha\sin\beta|\leqslant|\sin\alpha\cos\beta|+|\cos\alpha\sin\beta|\leqslant|\sin\alpha|+|\sin\beta|,$$

于是

$$|\sin n^2|+|\sin(n+1)^2|+|\sin(n+2)^2|\geqslant\frac{1}{2}[2|\sin n^2|+|\sin(n+1)^2|+|\sin(n+2)^2|]$$

$$=\frac{1}{2}[|\sin n^2|+|\sin(n+1)^2|+|\sin n^2|+|\sin(n+2)^2|]$$

$$\geqslant\frac{1}{2}[|\sin[(n+1)^2-n^2]|+|\sin[(n+2)^2-n^2]|]\geqslant\frac{1}{2}[|\sin[(n+2)^2+(n+1)^2-2n^2]|]\geqslant\frac{1}{2}\sin 2$$

故$\inf\{|\sin n^2|+|\sin(n+1)^2|+|\sin(n+2)^2|:n\in N\}\geqslant\dfrac{1}{2}\sin 2>0$.

(2) 证明　已知$a$是正常数，$\exists k\in\mathbf{N}^+$，使$a\leqslant k$，有$1>\dfrac{a}{k+1}>\dfrac{a}{k+2}>\dfrac{a}{k+3}>\cdots$. 当$\forall n>k$时，有

$$0<\frac{a^n}{n!}=\overbrace{\frac{a}{1}\cdot\frac{a}{2}\cdots\cdots\frac{a}{k-1}\cdot\frac{a}{k}}^{k\text{项}}\cdot\overbrace{\frac{a}{k+1}\cdot\frac{a}{k+2}\cdots\cdots\frac{a}{n-1}\cdot\frac{a}{n}}^{n-k\text{项}}<\frac{a^k}{k!}\cdot\frac{a}{n}=\frac{a^{k+1}}{k!}\cdot\frac{1}{n}$$

$\left(\text{将}\dfrac{a}{k+1},\cdots,\dfrac{a}{n-1}\text{放大为}1\right)$，所以$0<\dfrac{a^n}{n!}=\dfrac{a^{k+1}}{k!}\cdot\dfrac{1}{n}$.

已知$\dfrac{a^{k+1}}{k!}$是正常数，且$\lim\limits_{n\to\infty}\dfrac{1}{n}=0$. 根据两边夹定理，有$\lim\limits_{n\to\infty}\dfrac{a^n}{n!}=0(a>0)$.

(3) 证明　$a_n=\sqrt{2+a_{n-1}}$，显然数列$\{a_n\}$单调递增.

且$1<a_1=\sqrt{2}<2,1<a_2=\sqrt{2+a_1}<\sqrt{2+2}=2,\cdots,1<a_n=\sqrt{2+a_{n-1}}<\sqrt{2+2}=2$，数列$\{a_n\}$有界. 则数列$\{a_n\}$收敛，设$\lim\limits_{n\to\infty}a_n=l$. 解得$l=2$.

(4) 证明　对于任给的$\varepsilon>0$，存在正整数$N$，使当$\forall n>N$，$\forall p\in N^+$，有

$$|x_{n+p}-x_n|=|x_{n+p}-x_{n+p-1}+x_{n+p-1}-x_{n+p-2}+\cdots+x_{n+1}-x_n|\leqslant|x_{n+p}-x_{n+p-1}|+|x_{n+p-1}-x_{n+p-2}|+\cdots|x_{n+1}-x_n|$$

$$=cr^{n+p-1}+cr^{n+p-2}+\cdots+cr^n=cr^n(1+r+r^2+\cdots+r^{p-1})=cr^n\frac{1-r^p}{1-r}<r^n\frac{c}{1-r}.$$

已知$\lim\limits_{n\to\infty}r^n=0(0<r<1)$，即任给的$\varepsilon>0$，存在正整数$N$，使当$\forall n>N$时，有$r^n<\varepsilon$.

于是对于任给的$\varepsilon>0$，存在正整数$N$，使当$\forall n>N$，$\forall p\in N^+$，有

$$|x_{n+p}-x_n|<r^n\frac{c}{1-r}<\frac{c}{1-r}\varepsilon,$$

其中$\dfrac{c}{1-r}$是正常数，根据柯西收敛准则，数列$\{x_n\}$收敛.

(5) 证明　用反证法　假设$\lim\limits_{n\to\infty}\sin n=a$，则$\lim\limits_{n\to\infty}\sin(n+2)=a$，有

$$\lim_{n\to\infty}\sin(n+2)-\sin n=\lim_{n\to\infty}2\sin1\cos(n+1)=0.$$

即

$$\lim_{n\to\infty}\cos(n+1)=\lim_{n\to\infty}\cos n=0.$$

于是

$$\lim_{n\to\infty}\sin2n=\lim_{n\to\infty}2\sin n\cos n=0,$$

即

$$a=\lim_{n\to\infty}\sin n=\lim_{n\to\infty}\sin2n=0.$$

但是 $1=\lim_{n\to\infty}\sin^2n+\cos^2n=0$ 矛盾，即数列 $\{\sin n\}$ 极限不存在.

(6) 证明　已知函数 $f(x)$ 关于直线 $x=a$ 对称，$\forall x\in\mathbf{R}$，$a-x$ 和 $a+x$ 是关于直线 $x=a$ 的两个对称点，有 $f(a-x)=f(a+x)$.

又函数 $f(x)$ 关于直线 $x=b$ 对称，$\forall x\in\mathbf{R}$，$b-x$ 和 $b+x$ 是关于直线 $x=b$ 的两个对称点，有 $f(b-x)=f(b+x)$. 于是，对 $\forall x\in\mathbf{R}$，有

$$\begin{aligned}f(x)&=f[a-(a-x)]=f[a+(a-x)]=f(2a-x)=f[b-(x+b-2a)]\\&=f[b+(x+b-2a)]=f[x+2(b-a)],\end{aligned}$$

即函数 $f(x)$ 是周期函数，且周期为 $2(b-a)>0$.

(7) 取 $x_n=\dfrac{1}{2n\pi}$，$y_n=\dfrac{1}{2n\pi+\dfrac{\pi}{2}}$，则均有 $x_n\to0$，$y_n\to0(n\to\infty)$，但 $\lim\limits_{n\to\infty}\cos\dfrac{1}{x_n}=1$，$\lim\limits_{n\to\infty}\cos\dfrac{1}{y_n}=0$，因此 $\lim\limits_{x\to0}\cos\dfrac{1}{x}$ 不存在.

(8) 令 $f(x)=k\arctan x-x$，则 $f(0)=0$，$f'(x)=\dfrac{k}{1+x^2}-1=\dfrac{k-1-x^2}{1+x^2}$.

① 当 $k<1$ 时，$f'(x)<0$，$f(x)$ 在 $(-\infty,+\infty)$ 单调递减，故此时 $f(x)$ 的图像与 $x$ 轴与只有一个交点，也即方程 $f(x)=k\arctan x-x$ 只有一个实根.

② $k=1$ 时，在 $(-\infty,0)$ 和 $(0,+\infty)$ 上都有 $f'(x)<0$，所以 $f(x)$ 在 $(-\infty,0)$ 和 $(0,+\infty)$ 是严格的单调递减，又 $f(0)=0$，故 $f(x)$ 的图像在 $(-\infty,0)$ 和 $(0,+\infty)$ 与 $x$ 轴均无交点.

③ $k>1$ 时，$-\sqrt{k-1}<x<\sqrt{k-1}$ 时，$f'(x)>0$，$f(x)$ 在 $(-\sqrt{k-1},\sqrt{k-1})$ 上单调增加.

由 $f(0)=0$ 知，$f(x)$ 在 $(-\sqrt{k-1},\sqrt{k-1})$ 上只有一个实根，

由 $f(x)(-\infty,-\sqrt{k-1})$ 或 $(\sqrt{k-1},+\infty)$，都有 $f'(x)<0$，$f(x)$ 在 $(-\infty,-\sqrt{k-1})$ 或 $(\sqrt{k-1},+\infty)$ 都单调减，

由 $f(-\sqrt{k-1})<0$，$\lim\limits_{x\to-\infty}f(x)=+\infty$，$f(\sqrt{k-1})>0$，$\lim\limits_{x\to+\infty}f(x)=-\infty$，所以 $f(x)$ 在 $(-\infty,-\sqrt{k-1})$ 与 $x$ 轴无交点，在 $(\sqrt{k-1},+\infty)$ 上与 $x$ 轴有一个交点.

综上所述：$k\leqslant1$ 时，方程 $k\arctan x-x=0$ 只有一个实根；$k>1$ 时，方程 $k\arctan x-x=0$ 有两个实根.

(9) ① $\forall\varepsilon>0$，$\forall x_1,x_2\in(0,a)$，要使不等式 $|x_1^2-x_2^2|=|x_1+x_2||x_1-x_2|\leqslant2a|x_1-x_2|<\varepsilon$ 成立. 从不等式 $2a|x_1-x_2|<\varepsilon$，解得 $|x_1-x_2|<\dfrac{\varepsilon}{2a}$. 取 $\delta=\dfrac{\varepsilon}{2a}$. 于是 $\forall\varepsilon>0$，$\exists\delta=\dfrac{\varepsilon}{2a}>0$，

$\forall x_1, x_2 \in (0,a)$，当 $|x_1 - x_2| < \delta$ 时，有 $|f(x_1) - f(x_2)| < \varepsilon$，即函数 $f(x) = x^2$ 在有限区间 $(0,a)$ $(0<a<1)$ 一致连续.

② $\exists \varepsilon_0 > 0$，$\forall x_1 = \frac{2\varepsilon_0}{\delta}$，$x_2 = \frac{2\varepsilon_0}{\delta} + \frac{\delta}{2} \in \mathbf{R}$，$\delta > 0$，当 $|x_1 - x_2| = \frac{\delta}{2} < \delta$ 时，有

$$|f(x_1) - f(x_2)| = |x_1^2 - x_2^2| = |x_1 + x_2||x_1 - x_2| > \left(\frac{2\varepsilon_0}{\delta} + \frac{2\varepsilon_0}{\delta}\right)\frac{\delta}{2} = 2\varepsilon_0.$$

即函数 $f(x) = x^2$ 在无限区间 $\mathbf{R}$ 上非一致连续.

(10) 当 $(x,y) \neq (0,0)$ 时，$z = \frac{xy}{x^4 + y^2}$ 是二元初等函数，显然连续. 关键是讨论在分段点 $(0,0)$ 处的连续性，下面讨论在分段点 $(0,0)$ 处的连续性.

当点 $P(x,y)$ 沿 $y = kx$ 趋于点 $(0,0)$ 时，有

$$\lim_{\substack{x\to 0\\ y=kx}} \frac{xy}{x^4 + y^2} = \lim_{x\to 0} \frac{x \cdot kx}{x^4 + k^2x^2} = \lim_{x\to 0} \frac{k}{x^2 + k^2} = \frac{1}{k},$$

其值随 $k$ 的不同而变化，所以极限 $\lim\limits_{\substack{x\to 0\\ y\to 0}} \frac{xy}{x^4 + y^2}$ 不存在，函数在点 $(0,0)$ 处不连续.

显然当 $(x,y) \neq (0,0)$ 时，$z = \frac{xy}{x^4 + y^2}$ 是连续的. 因此函数在平面上除原点以外的点处都连续.

## 3.2 微分与积分

### 3.2.1 核心内容提示

(1) 导数及其几何意义、可导与连续的关系、导数的各种计算方法，微分及其几何意义、可微与可导的关系、一阶微分形式不变性；微分学基本定理：费马定理，罗尔定理，拉格朗日定理，柯西定理，泰勒公式（皮亚诺余项与拉格朗日余项）.

(2) 一元微分学的应用：函数单调性的判别，极值、最大值和最小值，凸函数及其应用，曲线的凹凸性、拐点，渐近线，函数图像的讨论，洛必达法则，近似计算.

(3) 偏导数、全微分及其几何意义，可微与偏导存在、连续之间的关系，复合函数的偏导数与全微分，一阶微分形式不变性，方向导数与梯度，高阶偏导数，混合偏导数与顺序无关性，二元函数中值定理与泰勒公式；隐函数存在定理、隐函数组存在定理、隐函数（组）求导方法、反函数组与坐标变换.

(4) 几何应用（平面曲线的切线与法线、空间曲线的切线与法平面、曲面的切平面与法线）；极值问题（必要条件与充分条件），条件极值与拉格朗日乘数法.

(5) 原函数与不定积分、不定积分的基本计算方法（直接积分法、换元法、分部积分法）、有理函数积分；定积分及其几何意义、可积条件（必要条件、充要条件）、可积函数类；定积分的性质（关于区间可加性、不等式性质、绝对可积性、定积分第一中值定理）、变上限积分函数、微积分基本定理、牛顿—莱布尼茨公式及定积分计算、定积分第二中值定理；无限区间上的广义积分、柯西收敛准则、绝对收敛与条件收敛、$f(x)$ 非负时无穷限广义积分的收敛性判别法（比较原则、柯西判别法）、阿贝尔判别法、狄利克雷判别法、无界函数广义积分概念及其收敛性判别法.

(6) 微元法、几何应用(平面图形面积、已知截面面积函数的体积、曲线弧长与弧微分、旋转体体积),其他应用.

(7) 二重积分及其几何意义、二重积分的计算(化为累次积分、极坐标变换、一般坐标变换);三重积分、三重积分计算(化为累次积分、柱坐标、球坐标变换);重积分的应用(体积、曲面面积、质心、转动惯量等).

(8) 含参量正常积分及其连续性、可微性、可积性,运算顺序的可交换性. 含参量广义积分的一致收敛性及其判别法,含参量广义积分的连续性、可微性、可积性,运算顺序的可交换性.

(9) 第一型曲线积分、曲面积分的概念、基本性质、计算;第二型曲线积分概念、性质、计算;格林公式,平面曲线积分与路径无关的条件.

(10) 曲面的侧、第二型曲面积分的概念、性质、计算,奥高公式、斯托克斯公式,两类线积分、两类面积分之间的关系.

### 3.2.2 典型例题精解

**例 3-10** 假设函数 $f(x)$ 在 $[0,1]$ 上连续,在 $(0,1)$ 内二阶可导,过点 $A(0,f(0))$,与点 $B(1,f(1))$ 的直线与曲线 $y=f(x)$ 相交于点 $C(c,f(c))$,其中 $0<c<1$. 证明:在 $(0,1)$ 内至少存在一点 $\xi$,使 $f''(\xi)=0$.

**分析** $f(x)$ 在 $(0,1)$ 内二阶可导,从而 $f(x)$ 在 $(0,1)$ 内一阶导函数存在,因此可考虑在区间 $[0,c]$ 和 $[c,1]$ 上使用拉格朗日中值定理加以证明,然后再使用罗尔定理得到所求结论.

**证明** 因为 $f(x)$ 在 $[0,c]$ 上满足拉格朗日中值定理的条件,故存在 $\xi_1\in(0,c)$,使

$$f'(\xi_1)=\frac{f(c)-f(0)}{c-0}.$$

由于 $c$ 在弦 $AB$ 上,故有 $\frac{f(c)-f(0)}{c-0}=\frac{f(1)-f(0)}{1-0}=f(1)-f(0)$,从而 $f'(\xi_1)=f(1)-f(0)$.

同理可证,$f(x)$ 在 $[c,1]$ 上满足拉格朗日中值定理的条件存在 $\xi_2\in(c,1)$,使

$$f'(\xi_2)=\frac{f(1)-f(c)}{1-c}=\frac{f(1)-f(0)}{1-0}=f(1)-f(0).$$

由 $f'(\xi_1)=f'(\xi_2)$ 知,在 $[\xi_1,\xi_2]$ 上 $f'(x)$ 满足罗尔定理的条件,所以存在 $\xi\in(\xi_1,\xi_2)\subset(0,1)$,使 $f''(\xi)=0$.

**评注** 当函数数阶可导,证明存在一点使等式成立时,常考虑使用微分三大中值定理(罗尔定理、拉格朗日中值定理、柯西中值定理),证明问题的关键是从结论出发构造适当的辅助函数. 类似的题有:

(1) 证明:若函数 $f(x)$ 在 $[0,1]$ 上可导,且 $f(0)=0$,对任意 $x\in[0,1]$,有 $|f'(x)|\leqslant|f(x)|$,则 $f(x)=0,x\in[0,1]$.

提示:$\forall x\in[0,1)$,$f(x)$ 在 $[0,x]$ 上应用拉格朗日中值定理,有 $|f(x)|=|f(x)-f(0)|=|f'(\xi_1)|x\leqslant|f(\xi_1)|x(0\leqslant\xi_1\leqslant x)$. 同理在 $[0,\xi_1]$ 上应用拉格朗日中值定理,……,共使用 $n$ 次拉格朗日中值定理可得:

$|f(x)|\leqslant|f(\xi_n)|x^n,0\leqslant\xi_n\leqslant\xi_{n-1}\leqslant\cdots\leqslant\xi_1\leqslant x$,令 $n\to\infty$,$\lim\limits_{n\to\infty}x^n=0(0<x<1)$,得 $f(x)=0$. $f(x)$ 在 $[0,1]$ 上可导必连续,所以 $f(x)=0,\forall x\in[0,1]$.

(2) 已知函数$f(x)$在$[0,1]$上连续,在$(0,1)$上可导,且$f(1)=0$,证明:在$(0,1)$内至少存在一点$\xi$,使$nf(\xi)+\xi f'(\xi)=0$.

**提示**:在$(0,1)$内至少存在一点$\xi$,使$nf(\xi)+\xi f'(\xi)=0$,即为$n\xi^{n-1}f(\xi)+\xi^n f'(\xi)=0$.构造辅助函数$F(x)=x^n f(x)$,则$F(0)=F(1)=0$,在$[0,1]$上应用罗尔定理,在$(0,1)$内至少存在一点$\xi$,使$f'(\xi)=0$,则$n\xi^{n-1}f(\xi)+\xi^n f'(\xi)=0$,即$nf(\xi)+\xi f'(\xi)=0$.

(3) 已知函数$f(x)$在$[a,b]$上连续,在$(a,b)$上可导,证明:在$(a,b)$内至少存在一点$\xi$,使得

$$\frac{bf(b)-af(a)}{b-a}=f(\xi)+\xi f'(\xi).$$

**提示**:等式右端$f(\xi)+\xi f'(\xi)$可以看成是$[xf(x)]'|_{x=\xi}$,因此构造辅助函数$F(x)=xf(x)$,在$[0,1]$上应用拉格朗日中值定理,在$(0,1)$内至少存在一点$\xi$,使$f'(\xi)=\dfrac{F(b)-F(a)}{b-a}$,即有

$$\frac{bf(b)-af(a)}{b-a}=f(\xi)+\xi f'(\xi).$$

(4) 设函数$f(x)$在$[a,b]$$(0<a<b)$上可导,证明:在$(a,b)$内至少存在一点$\xi$,使得

$$(b^2-a^2)f'(\xi)=2\xi[f(b)-f(a)].$$

**提示**:将等式变形为$\dfrac{f(b)-f(a)}{b^2-a^2}=\dfrac{f'(\xi)}{2\xi}$,构造辅助函数$g(x)=x^2$,$g(x)$在$[a,b]$上可导,且$g'(x)\neq0$,在$[a,b]$上应用柯西定理,有在$(a,b)$内至少存在一点$\xi$,使得$\dfrac{f(b)-f(a)}{g(b)-g(a)}=\dfrac{f'(\xi)}{g'(\xi)}$,$\dfrac{f(b)-f(a)}{b^2-a^2}=\dfrac{f'(\xi)}{2\xi}$.即在$(a,b)$内至少存在一点$\xi$,使得$(b^2-a^2)f'(\xi)=2\xi[f(b)-f(a)]$.

(5) 设函数$f(x)$在$[a,b]$上连续,在$(a,b)$上可导$(0<a<b)$,证明:在$(a,b)$内至少存在一点$\xi$,使得

$$f(b)-f(a)=\xi f'(\xi)\ln\frac{b}{a}.$$

**提示**:将等式变形为$\dfrac{f(b)-f(a)}{\ln b-\ln a}=\dfrac{f'(\xi)}{\frac{1}{\xi}}$,构造辅助函数$g(x)=\ln x$,$g(x)$在$[a,b]$上可导,且$g'(x)\neq0$,在$[a,b]$上应用柯西定理,有在$(a,b)$内至少存在一点$\xi$,使得$\dfrac{f(b)-f(a)}{g(b)-g(a)}=\dfrac{f'(\xi)}{g'(\xi)}$.即$\dfrac{f(b)-f(a)}{\ln b-\ln a}=\dfrac{f'(\xi)}{\frac{1}{\xi}}$.即在$(a,b)$内至少存在一点$\xi$,使得$f(b)-f(a)=\xi f'(\xi)\ln\dfrac{b}{a}$.

**例3-11** 讨论函数$f(x,y)=\begin{cases}xy\sin\dfrac{1}{\sqrt{x^2+y^2}}, & (x,y)\neq(0,0)\\ 0, & (x,y)=(0,0)\end{cases}$在$(0,0)$点的连续性、偏导数存在性、可微性.

**分析** 由多元函数连续、偏导数存在、可微的定义可判定该函数的各种性质.

**解答** (1) 因为 $0 \leqslant \left| xy\sin\frac{1}{\sqrt{x^2+y^2}} \right| \leqslant \frac{1}{2}\left|\sqrt{x^2+y^2}\right|$,

$$\lim_{\substack{x\to 0\\ y\to 0}} \frac{1}{2}\left|\sqrt{x^2+y^2}\right| = 0,$$

由两边夹定理知

$$\lim_{\substack{x\to 0\\ y\to 0}} \left| xy\sin\frac{1}{\sqrt{x^2+y^2}} \right| = 0,$$

又因 $f(0,0)=0$,所以 $f(x,y)$ 在 $(0,0)$ 处连续.

(2) 根据定义,$f(x,y)$ 在 $(0,0)$ 处的偏导数为

$$f'_x(0,0) = \lim_{\Delta x\to 0}\frac{f(0+\Delta x,0)-f(0,0)}{\Delta x} = \lim_{\Delta x\to 0}\frac{0}{\Delta x} = 0,$$

同理可得 $f'_y(0,0)=0$,

故 $f(x,y)$ 在 $(0,0)$ 处偏导数存在.

(3) $\Delta z = f(0+\Delta x,0+\Delta y)-f(0,0) = [(\Delta x)(\Delta y)]\cdot\sin\frac{1}{\sqrt{(\Delta x)^2+(\Delta y)^2}}$,

$$\Delta z - f'_x(0,0)\Delta x + f'_y(0,0)\Delta y = [(\Delta x)(\Delta y)]\cdot\sin\frac{1}{\sqrt{(\Delta x)^2+(\Delta y)^2}},$$

而

$$\lim_{\substack{\Delta x\to 0\\ \Delta y\to 0}}\frac{\Delta z - f'_x(0,0)\Delta x - f'_y(0,0)\Delta y}{\rho} = \lim_{\substack{\Delta x\to 0\\ \Delta y\to 0}}\frac{[(\Delta x)^2+(\Delta y)^2]\cdot\sin\frac{1}{(\Delta x)^2+(\Delta y)^2}}{\sqrt{(\Delta x)^2+(\Delta y)^2}} = 0,$$

所以 $f(x,y)$ 在 $(0,0)$ 处可微分.

**评注** 分段函数在分段点处的连续性,偏导数存在性,可微性要用定义求. 类似的题有:

(1) 讨论函数 $f(x,y) = \begin{cases} (x^2+y^2)\sin\frac{1}{x^2+y^2}, & (x,y)\neq(0,0) \\ 0, & (x,y)=(0,0) \end{cases}$ 在 $(0,0)$ 点的连续性、偏导数存在性、可微性.

**提示**:① 因为 $0\leqslant \left|(x^2+y^2)\sin\frac{1}{x^2+y^2}\right| \leqslant |x^2+y^2|$,$\lim\limits_{\substack{x\to 0\\ y\to 0}}|x^2+y^2|=0$,由两边夹定理知

$$\lim_{\substack{x\to 0\\ y\to 0}}\left|(x^2+y^2)\sin\frac{1}{x^2+y^2}\right| = 0,$$

又因 $f(0,0)=0$,所以 $f(x,y)$ 在 $(0,0)$ 处连续.

② 根据定 $f(x,y)$ 在 $(0,0)$ 处的偏导数为

$$f'_x(0,0) = \lim_{\Delta x\to 0}\frac{f(0+\Delta x,0)-f(0,0)}{\Delta x} = \lim_{\Delta x\to 0}\frac{(\Delta x)^2\cdot\sin\frac{1}{(\Delta x)^2}}{\Delta x} = 0,$$

同理可得 $f'_y(0,0)=0$,故 $f(x,y)$ 在 $(0,0)$ 处偏导数存在.

③ $\Delta z = f(0+\Delta x,0+\Delta y)-f(0,0) = [(\Delta x)^2+(\Delta y)^2]\cdot\sin\frac{1}{(\Delta x)^2+(\Delta y)^2}$,

$$\Delta z-f'_x(0,0)\Delta x+f'_y(0,0)\Delta y=[(\Delta x)^2+(\Delta y)^2]\cdot\sin\frac{1}{(\Delta x)^2+(\Delta y)^2},$$

而 $\lim\limits_{\substack{\Delta x\to 0\\ \Delta y\to 0}}\dfrac{[(\Delta x)^2+(\Delta y)^2]\cdot\sin\dfrac{1}{(\Delta x)^2+(\Delta y)^2}}{\sqrt{(\Delta x)^2+(\Delta y)^2}}=0$，所以 $f(x,y)$ 在 $(0,0)$ 处可微分.

(2) 讨论函数 $f(x,y)=\sqrt{|xy|}$ 在点 $(0,0)$ 处的连续性、偏导数存在性、可微性.

**提示**：显然 $f(x,y)$ 在点 $(0,0)$ 是连续的，由偏导数定义，$f_x(0,0)=\lim\limits_{\Delta x\to 0}\dfrac{f(0+\Delta x,0)-f(0,0)}{\Delta x}$ $=\lim\limits_{\Delta x\to 0}\dfrac{0-0}{\Delta x}=0$，同理，$f_y(0,0)=0$. 令 $I=\dfrac{\Delta z-[f_x(0,0)\Delta x+f_y(0,0)\Delta y]}{\rho}=\dfrac{\sqrt{|\Delta x\Delta y|}}{\sqrt{(\Delta x)^2+(\Delta y)^2}}$，$\lim\limits_{\substack{\Delta y=k\Delta x\\ \Delta x\to 0}}\dfrac{\sqrt{|\Delta x\Delta y|}}{\sqrt{(\Delta x)^2+(\Delta y)^2}}=\lim\limits_{\Delta x\to 0}\dfrac{\sqrt{|k||\Delta x|^2}}{\sqrt{(1+k^2)(\Delta x)^2}}=\dfrac{\sqrt{|k|}}{\sqrt{1+k^2}}$，则当 $\rho\to 0$ 时，$I$ 不存在极限，所以 $f(x,y)$ 在点 $(0,0)$ 处不可微.

(3) 证明 $f(x,y)=\sqrt{x^2+y^2}$ 在 $(0,0)$ 点连续，但偏导数不存在.

**提示**：显然 $f(x,y)$ 在点 $(0,0)$ 是连续的，由偏导数定义，$f'_x(0,0)=\lim\limits_{\Delta x\to 0}\dfrac{f(0+\Delta x,0)-f(0,0)}{\Delta x}=\lim\limits_{\Delta x\to 0}\dfrac{|\Delta x|}{\Delta x}$，极限不存在，故 $f'_x(0,0)$ 不存在，同理，$f'_y(0,0)$ 也不存在.

(4) 证明 $f(x,y)=\begin{cases}\dfrac{xy}{\sqrt{x^2+y^2}}, & x^2+y^2\neq 0\\ 0, & x^2+y^2=0\end{cases}$ 在 $(0,0)$ 点偏导数存在，但不可微.

**提示**：由偏导数定义，$f'_x(0,0)=\lim\limits_{\Delta x\to 0}\dfrac{f(0+\Delta x,0)-f(0,0)}{\Delta x}=\lim\limits_{\Delta x\to 0}\dfrac{0}{|\Delta x|\Delta x}=0$，同理，$f_y(0,0)=0$. $\Delta z=f(0+\Delta x,0+\Delta y)-f(0,0)=\dfrac{\Delta x\Delta y}{\sqrt{(\Delta x)^2+(\Delta y)^2}}$，$\Delta z-f'_x(0,0)\Delta x+f'_y(0,0)\Delta y=\dfrac{\Delta x\Delta y}{\sqrt{(\Delta x)^2+(\Delta y)^2}}$，$\lim\limits_{\substack{\Delta x\to 0\\ \Delta y\to 0}}\dfrac{\Delta z-f'_x(0,0)\Delta x-f'_y(0,0)\Delta y}{\rho}=\lim\limits_{\substack{\Delta x\to 0\\ \Delta y\to 0}}\dfrac{\Delta x\Delta y}{(\Delta x)^2+(\Delta y)^2}=\lim\limits_{\substack{\Delta x\to 0\\ \Delta y=k\Delta x}}\dfrac{k(\Delta x)^2}{(\Delta x)^2+(k\Delta x)^2}=\dfrac{k}{1+k^2}$，

故函数在 $(0,0)$ 点不可微.

(5) 函数 $f(x,y)=\begin{cases}\dfrac{xy}{x^2+y^2}, & x^2+y^2\neq 0\\ 0, & x^2+y^2=0\end{cases}$ 在 $(0,0)$ 点偏导数存在，但不可微.

**提示**：由偏导数定义，$f'_x(0,0)=\lim\limits_{\Delta x\to 0}\dfrac{f(0+\Delta x,0)-f(0,0)}{\Delta x}=\lim\limits_{\Delta x\to 0}\dfrac{0}{\Delta x}=0$，同理，$f_y(0,0)=0$.

$\Delta z=f(0+\Delta x,0+\Delta y)-f(0,0)=\dfrac{\Delta x\Delta y}{(\Delta x)^2+(\Delta y)^2}$，$\Delta z-f'_x(0,0)\Delta x+f'_y(0,0)\Delta y=\dfrac{\Delta x\Delta y}{(\Delta x)^2+(\Delta y)^2}$，$\lim\limits_{\substack{\Delta x\to 0\\ \Delta y\to 0}}\dfrac{\Delta z-f'_x(0,0)\Delta x-f'_y(0,0)\Delta y}{\rho}=\lim\limits_{\substack{\Delta x\to 0\\ \Delta y\to 0}}\dfrac{\Delta x\Delta y}{[(\Delta x)^2+(\Delta y)^2]^{\frac{5}{2}}}=\lim\limits_{\substack{\Delta x\to 0\\ \Delta y\to k\Delta x^4}}$

$$\frac{k\Delta x^5}{[(\Delta x)^2+(k\Delta x^4)^2]^{\frac{5}{2}}}=\lim_{\substack{\Delta x\to 0\\ \Delta y=k\Delta x^4}}\frac{k}{[1+(k^2\Delta x^6)]^{\frac{5}{2}}}=k,$$

故函数在(0,0)点不可微.

**例 3-12** 求极限$\lim\limits_{n\to\infty}\dfrac{\sqrt[n]{n!}}{n}$.

**分析** 本题为数列极限问题,根据其题型可考虑使用定积分定义进行计算.

**解答** 令

$$y_n=\frac{\sqrt[n]{n!}}{n}=\sqrt[n]{\frac{1}{n}\cdot\frac{2}{n}\cdots\frac{n}{n}},$$

则

$$\ln y_n=\frac{1}{n}\ln\left(\frac{1}{n}\cdot\frac{2}{n}\cdots\frac{n}{n}\right)=\frac{1}{n}\left(\ln\frac{1}{n}+\ln\frac{2}{n}+\cdots+\ln\frac{n}{n}\right)=\frac{1}{n}\sum_{i=1}^{n}\ln\frac{i}{n},$$

因此

$$\lim_{x\to\infty}\ln y_n=\lim_{x\to\infty}\frac{1}{n}\sum_{i=1}^{n}\ln\frac{i}{n}=\int_0^1\ln x\mathrm{d}x$$

$$=(x\ln x-x)\big|_0^1=-1-\lim_{x\to 0}x\ln x=-1-\lim_{x\to 0}\frac{\ln x}{\frac{1}{x}}=-1-\lim_{x\to 0}\frac{\frac{1}{x}}{-\frac{1}{x^2}}=-1,$$

所以

$$\lim_{n\to\infty}\frac{\sqrt[n]{n!}}{n}=\mathrm{e}^{-1}.$$

**评注** 此题说明有的数列极限问题也可以使用定积分定义$\int_0^1 f(x)\mathrm{d}x=\lim\limits_{x\to\infty}\dfrac{1}{n}\sum\limits_{i=1}^{n}f\left(\dfrac{i}{n}\right)$进行计算.类似的题有:

(1) 求极限$\lim\limits_{n\to\infty}\left(\dfrac{1}{\sqrt{n^2+1^2}}+\dfrac{1}{\sqrt{n^2+2^2}}+\cdots+\dfrac{1}{\sqrt{n^2+n^2}}\right)$.(答案$\ln(1+\sqrt{2})$)

**提示:** $\lim\limits_{n\to\infty}\left(\dfrac{1}{\sqrt{n^2+1^2}}+\dfrac{1}{\sqrt{n^2+2^2}}+\cdots+\dfrac{1}{\sqrt{n^2+n^2}}\right)=\lim\limits_{n\to\infty}\dfrac{1}{n}\sum\limits_{i=1}^{n}\dfrac{1}{\sqrt{1+\left(\dfrac{i}{n}\right)^2}}=\int_0^1$

$\dfrac{1}{\sqrt{1+x^2}}\mathrm{d}x=\ln(x+\sqrt{1+x^2})\big|_0^1=\ln(1+\sqrt{2})$.

(2) 求极限$\lim\limits_{n\to\infty}\dfrac{1}{n}(\mathrm{e}^{\frac{1}{n}}+\mathrm{e}^{\frac{2}{n}}+\cdots+\mathrm{e}^{\frac{n}{n}})$.(答案$\mathrm{e}-1$)

**提示:方法一** $\lim\limits_{n\to\infty}\dfrac{1}{n}(\mathrm{e}^{\frac{1}{n}}+\mathrm{e}^{\frac{2}{n}}+\cdots+\mathrm{e}^{\frac{n}{n}})=\lim\limits_{n\to\infty}\dfrac{1}{n}\sum\limits_{i=1}^{n}\mathrm{e}^{\frac{i}{n}}=\int_0^1\mathrm{e}^x\mathrm{d}x=\mathrm{e}^x\big|_0^1=\mathrm{e}-1$;

**方法二** $\lim\limits_{n\to\infty}\dfrac{1}{n}(\mathrm{e}^{\frac{1}{n}}+\mathrm{e}^{\frac{2}{n}}+\cdots+\mathrm{e}^{\frac{n}{n}})=\lim\limits_{n\to\infty}\dfrac{1}{n}\left[\dfrac{\mathrm{e}^{\frac{1}{n}}(1-\mathrm{e})}{1-\mathrm{e}^{\frac{1}{n}}}\right]$,

注意到$n\to\infty$,$(\mathrm{e}^{\frac{1}{n}}-1)\sim\dfrac{1}{n}$,因此有$\lim\limits_{n\to\infty}\dfrac{1}{n}(\mathrm{e}^{\frac{1}{n}}+\mathrm{e}^{\frac{2}{n}}+\cdots+\mathrm{e}^{\frac{n}{n}})=\lim\limits_{n\to\infty}\dfrac{1}{n}\left[\dfrac{\mathrm{e}^{\frac{1}{n}}(1-\mathrm{e})}{1-\mathrm{e}^{\frac{1}{n}}}\right]=$

$-\lim\limits_{n\to\infty} e^{\frac{1}{n}}(1-e) = e-1.$

(3) 求极限$\lim\limits_{n\to\infty}\left(\frac{n}{n^2+1}+\frac{n}{n^2+2^2}+\cdots+\frac{n}{n^2+n^2}\right)$. $\left(答案\frac{\pi}{4}\right)$

**提示**：$\lim\limits_{n\to\infty}\left(\frac{n}{n^2+1}+\frac{n}{n^2+2^2}+\cdots+\frac{n}{n^2+n^2}\right) = \lim\limits_{n\to\infty}\frac{1}{n}\sum\limits_{i=1}^{n}\frac{1}{1+\left(\frac{i}{n}\right)^2} = \int_0^1\frac{1}{1+x^2}dx =$

$[\arctan x]_0^1 = \arctan 1 - \arctan 0 = \frac{\pi}{4}.$

(4) 求极限$\lim\limits_{n\to\infty}\frac{1}{n}\sum\limits_{i=1}^{n}\sqrt{1+\frac{i}{n}}$. $\left(答案\frac{2}{3}(2\sqrt{2}-1)\right)$

**提示**：$\lim\limits_{n\to\infty}\frac{1}{n}\sum\limits_{i=1}^{n}\sqrt{1+\frac{i}{n}} = \int_0^1\sqrt{1+x}dx = \frac{2}{3}[(1+x)^{\frac{3}{2}}]_0^1 = \frac{2}{3}(2\sqrt{2}-1).$

(5) 求极限$\lim\limits_{n\to\infty}\frac{1}{n}\left(\sqrt{\frac{1}{n}}+\sqrt{\frac{2}{n}}+\cdots+\sqrt{\frac{n}{n}}\right)$. $\left(答案\frac{2}{3}\right)$

**提示**：$\lim\limits_{n\to\infty}\frac{1}{n}\left(\sqrt{\frac{1}{n}}+\sqrt{\frac{2}{n}}+\cdots+\sqrt{\frac{n}{n}}\right) = \lim\limits_{n\to\infty}\frac{1}{n}\sum\limits_{i=1}^{n}\sqrt{\frac{i}{n}} = \int_0^1\sqrt{x}dx = \frac{2}{3}[x^{\frac{3}{2}}]_0^1 = \frac{2}{3}.$

**例 3-13** 讨论瑕积分$\int_0^1\frac{\sin\left(\frac{1}{x}\right)}{x^p}dx\ (0<p<2)$的敛散性.

**分析** 证明瑕积分条件收敛要从条件收敛的定义出发，首先要证明本身是收敛的，然后再证绝对值是发散的．在证明的过程中要用到广义积分收敛的各种判别法．

**证明** 当$0<p<1$时，有

$$\left|\frac{\sin\frac{1}{x}}{x^p}\right| \leqslant \frac{1}{x^p},$$

而瑕积分

$$\int_0^1\frac{1}{x^p}dx = \lim_{\eta\to 0^+}\int_\eta^1\frac{1}{x^p}dx = \lim_{\eta\to 0^+}\left[\frac{1}{1-p}x^{1-p}\right]_\eta^1 = \frac{1}{1-p},$$

故瑕积分$\int_0^1\frac{1}{x^p}dx$收敛.

所以由比较判别法，瑕积分$\int_0^1\frac{\sin\left(\frac{1}{x}\right)}{x^p}dx$绝对收敛.

当$1\leqslant p<2$时，因为函数$f(x)=x^{2-p}$，当$x\to 0^+$时，是单调趋近于0，而函数

$$g(x) = \frac{\sin\frac{1}{x}}{x^2}$$

满足

$$\left|\int_\eta^1\frac{\sin\left(\frac{1}{x}\right)}{x^2}dx\right| = \left|-\int_\eta^1\sin\left(\frac{1}{x}\right)d\left(\frac{1}{x}\right)\right| = \left|\cos 1-\cos\frac{1}{\eta}\right| \leqslant 2,$$

即有界. 根据狄利克雷判别法,得瑕积分

$$\int_0^1 \frac{\sin\left(\frac{1}{x}\right)}{x^p}\mathrm{d}x = \int_0^1 x^{p-2}\frac{\sin\left(\frac{1}{x}\right)}{x^2}\mathrm{d}x$$

收敛. 同理可证瑕积分

$$\int_0^1 \frac{\cos\left(\frac{1}{x}\right)}{x^p}\mathrm{d}x = \int_0^1 x^{p-2}\frac{\cos\left(\frac{1}{x}\right)}{x^2}\mathrm{d}x$$

也收敛. 但是$g(x)$的绝对值积分是发散的. 事实上

$$\left|\frac{\sin\frac{1}{x}}{x^p}\right| \geqslant \frac{\sin^2\frac{1}{x}}{x^p} = \frac{1-\cos\frac{2}{x}}{2x^p} = \frac{1}{2x^p} - \frac{\cos\frac{2}{x}}{2x^p},$$

$$\int_0^1\left|\frac{\sin\frac{1}{x}}{x^p}\right|\mathrm{d}x \geqslant \int_0^1\frac{1}{2x^p}\mathrm{d}x - \int_0^1\frac{\cos\frac{2}{x}}{2x^p}\mathrm{d}x.$$

而其中瑕积分$\int_0^1\frac{\cos\frac{2}{x}}{2x^p}\mathrm{d}x$收敛,$\int_0^1\frac{1}{2x^p}\mathrm{d}x$发散,因此,瑕积分$\left|\int_0^1\frac{\sin\left(\frac{1}{x}\right)}{x^p}\mathrm{d}x\right|$发散.

因此,当$0<p<1$时,瑕积分$\int_0^1\frac{\sin\left(\frac{1}{x}\right)}{x^p}\mathrm{d}x$绝对收敛;当$1\leqslant p<2$时,瑕积分$\int_0^1\frac{\sin\left(\frac{1}{x}\right)}{x^p}\mathrm{d}x$条件收敛.

**评注** 广义积分敛散性的判别需要用到收敛定义、收敛性判别法(比较判别法、柯西判别法)、阿贝尔判别法、狄利克雷判别法等. 类似的题有:

(1) 判别无穷积分$\int_0^{+\infty}\mathrm{e}^{-x^2}\mathrm{d}x$的敛散性.(答案:收敛)

**提示**:已知$\forall x\geqslant 1$,有$0<\mathrm{e}^{-x^2}<\mathrm{e}^{-x}$,而$\int_1^{+\infty}\mathrm{e}^{-x}\mathrm{d}x=\lim\limits_{p\to+\infty}\int_1^p\mathrm{e}^{-x}\mathrm{d}x=\lim\limits_{p\to+\infty}[-\mathrm{e}^{-x}]_1^p=\mathrm{e}^{-1}$. 故$\int_0^{+\infty}\mathrm{e}^{-x}\mathrm{d}x$收敛,由比较判别法:无穷积分$\int_1^{+\infty}\mathrm{e}^{-x^2}\mathrm{d}x$收敛,从而无穷积分$\int_0^{+\infty}\mathrm{e}^{-x^2}\mathrm{d}x$收敛.

(2) 判别无穷积分$\int_1^{+\infty}\frac{\cos x}{x\sqrt{x+1}}\mathrm{d}x$的敛散性.(答案:收敛)

**提示**:已知$\forall x\in[1,+\infty)$,有$\left|\frac{\cos x}{x\sqrt{x+1}}\right|\leqslant\frac{1}{x\sqrt{x+1}}$. 又$\lim\limits_{x\to+\infty}x^{\frac{3}{2}}\frac{1}{x\sqrt{x+1}}=\lim\limits_{x\to+\infty}\sqrt{\frac{x}{x+1}}=1$,其中$\lambda=\frac{3}{2}>1$,由比较审敛法可知$\int_1^{+\infty}\frac{1}{x\sqrt{x+1}}\mathrm{d}x$收敛,故无穷积分$\int_1^{+\infty}\frac{\cos x}{x\sqrt{x+1}}\mathrm{d}x$也收敛.

(3) 判别无穷积分$\int_2^{+\infty}\frac{\sin x}{x\ln x}\mathrm{d}x$的敛散性.(答案:收敛)

**提示**:已知 $\forall x \in [2, +\infty)$,有 $f(x) = \frac{1}{\ln x}$ 单调递减且有界. 且 $\int_2^{+\infty} \frac{\sin x}{x} dx$ 收敛,由阿贝尔判别法,无穷积分 $\int_2^{+\infty} \frac{\sin x}{x\ln x} dx$ 收敛.

(4) 判别瑕积分 $\int_1^2 \frac{1}{\ln x} dx$ 的敛散性.(答案:发散)

**提示**:$x = 1$ 是被积函数 $\frac{1}{\ln x}$ 的瑕点,有 $\lim\limits_{x\to 1^+}(x-1)\frac{1}{\ln x} = \lim\limits_{x\to 1^+}\frac{1}{\frac{1}{x}} = 1$,其中 $\lambda = 1$,故瑕积分 $\int_1^2 \frac{1}{\ln x} dx$ 发散.

(5) 证明瑕积分 $\int_0^1 \frac{1}{[x(1-\cos x)]^\lambda} dx(\lambda > 0)$,当 $\lambda < \frac{1}{3}$ 时收敛,当 $\lambda \geqslant \frac{1}{3}$ 时发散.

**提示**:$x = 0$ 是被积函数 $\frac{1}{[x(1-\cos x)]^\lambda}$ 的瑕点, 因为 $\lim\limits_{x\to 0^+} \frac{x^{3\lambda}}{[x(1-\cos x)]^\lambda} = \lim\limits_{x\to 0^+} \frac{x^{3\lambda}}{x^{3\lambda}\left(\frac{1-\cos x}{x^2}\right)^\lambda} = \lim\limits_{x\to 0^+} \frac{1}{\left(\frac{1-\cos x}{x^2}\right)^\lambda} = 2^\lambda$,当 $3\lambda < 1$ 时,即当 $\lambda < \frac{1}{3}$ 时瑕积分收敛;当 $3\lambda \geqslant 1$ 时,即当 $\lambda \geqslant \frac{1}{3}$ 时瑕积分发散.

**例 3 - 14** 计算 $\int_0^{+\infty} \frac{\sin x}{x} dx$.

**分析** 因为被积函数 $\frac{\sin x}{x}$ 不存在初等函数的原函数,所以不能直接求这个无穷积分. 为此在被积函数中引入一个“收敛因子”$e^{-tx}$,通过含参变量的无穷积分 $I(t) = \int_0^{+\infty} e^{-tx}\frac{\sin x}{x} dx$ 来求解 $\int_0^{+\infty} \frac{\sin x}{x} dx$.

**解答** 记 $I(t) = \int_0^{+\infty} e^{-tx}\frac{\sin x}{x} dx,\ t > 0$.

$$f(x,t) = \begin{cases} e^{-tx}\frac{\sin x}{x}, & x \neq 0 \\ e^{-t}, & x = 0 \end{cases},$$

则 $I(t) = \int_0^{+\infty} f(x,t) dx$ 在 $[0, +\infty)$ 上一致收敛,从而 $I(t) = \int_0^{+\infty} f(x,t) dx$ 在 $[0, +\infty)$ 上连续.

$$I(0) = \lim_{t\to 0}\int_0^{+\infty} f(x,t) dx = \int_0^{+\infty} \frac{\sin x}{x} dx,$$

由一致收敛得

$$I'(t) = \left(\int_0^{+\infty} e^{-tx}\frac{\sin x}{x} dx\right)' = \int_0^{+\infty} \frac{\partial}{\partial t}\left(e^{-tx}\frac{\sin x}{x}\right) dx = -\int_0^{+\infty} e^{-tx}\sin x dx = \alpha(t).$$

则

$$\begin{aligned}\alpha(t) &= \int_0^{+\infty} e^{-tx}d(\cos x)\\ &= [e^{-tx}\cos x]_0^{+\infty} + t\int_0^{+\infty}\cos x e^{-tx}dx\\ &= -1 + [te^{-tx}\sin x]_0^{+\infty} + t^2\int_0^{+\infty}\sin x e^{-tx}dx\\ &= -1 + t^2\alpha(t).\end{aligned}$$

于是

$$\alpha(t) = I'(t) = -\frac{1}{1+t^2},$$

$$I(t) = -\arctan t + C.$$

又由于

$$|I(t)| \leqslant \int_0^{+\infty} e^{-tx}dx = \frac{1}{t} \to 0, t\to\infty,$$

得 $C = \frac{\pi}{2}$. 于是有

$$\frac{\pi}{2} = I(0) = \int_0^{+\infty}\frac{\sin x}{x}dx.$$

**评注** 广义积分除了将积分转化成含参量的积分进行计算外,还可以利用定义直接计算.类似的题有:

(1) 计算无穷限反常积分 $\int_0^{+\infty} te^{-t}dt$.

**提示**:$\int_0^{+\infty} te^{-t}dt = \lim\limits_{b\to+\infty}\int_0^b te^{-t}dt = \lim\limits_{b\to+\infty}\int_0^b td(-e^{-t}) = \lim\limits_{b\to+\infty}\left\{[1-te^{-t}]_0^b + \int_0^b e^{-t}dt\right\} = \lim\limits_{b\to+\infty}\{(-be^{-b}) - [e^{-t}]_0^b\} = \lim\limits_{b\to+\infty}(-be^{-b} - e^{-b} + 1) = 1.$

(2) 计算广义积分 $I_n = \int_0^{+\infty} x^n e^{-x}dx$.

**提示**:$I_n = -\int_0^{+\infty} x^n de^{-x} = -e^{-x}x^n\big|_0^{+\infty} + \int_0^{+\infty} e^{-x}dx^n = n\int_0^{+\infty} x^{n-1}e^{-x}dx = nI_{n-1}$,故 $I_n = n!I_0$, $I_0 = e^{-x}\big|_0^{+\infty} = 1, I_n = n!$.

(3) 求无穷积分 $\int_{\frac{2}{\pi}}^{+\infty}\frac{1}{x^2}\sin\frac{1}{x}dx$.

**提示**:$\int_{\frac{2}{\pi}}^{+\infty}\frac{1}{\sqrt{1-x^2}}dx = -\int_{\frac{2}{\pi}}^{+\infty}\sin\frac{1}{x}d\left(\frac{1}{x}\right) = \int_0^{\frac{\pi}{2}}\sin t dt = 1.$

(4) 计算瑕积分 $\int_0^1\frac{1}{\sqrt{1-x^2}}dx$.

**提示**:$x = 1$ 是被积函数 $\frac{1}{\sqrt{1-x^2}}$ 的瑕点,$\int_0^1\frac{1}{\sqrt{1-x^2}}dx = \lim\limits_{\eta\to0^+}\int_0^{1-\eta}\frac{1}{\sqrt{1-x^2}}dx = \lim\limits_{\eta\to0^+}[\arcsin x]_0^{1-\eta} = \frac{\pi}{2}.$

(5) 计算瑕积分$\int_0^1 \ln x \mathrm{d}x$.

**提示**:$x=0$ 是被积函数 $\ln x$ 的瑕点,$\int_0^1 \ln x \mathrm{d}x = \lim\limits_{\eta \to 0^+} \int_\eta^1 \ln x \mathrm{d}x = \lim\limits_{\eta \to 0^+} [x\ln x - x]_\eta^1 = -1$.

**例 3-15** 求直线 $L: \dfrac{x-1}{1} = \dfrac{y-1}{1} = \dfrac{z}{2}$ 绕 $z$ 轴旋转的旋转曲面方程.

**分析** 求空间曲线绕 $z$ 轴旋转而得的旋转曲面方程,在旋转的过程中,旋转曲线上任意一点满足:纵坐标 $z$ 保持不变,到 $z$ 轴的距离保持不变. 利用这一特点即可求旋转曲面方程.

**解答** 直线 $L$ 的参数方程:$\begin{cases} x = 1+t \\ y = 1+t, t \in (-\infty, +\infty). \\ z = 2t \end{cases}$

固定一个 $t$,即得 $L$ 上一点 $M(1+t, 1+t, 2t)$. 绕 $z$ 轴旋转,纵坐标 $z$ 保持不变,$z=2t$.

点 $M$ 到 $z$ 轴的距离为 $d = \sqrt{x^2+y^2} = \sqrt{(1+t)^2+(1+t)^2}$.

点 $M$ 绕 $z$ 轴旋转得到空间中的一个圆周:$\begin{cases} x^2+y^2 = 2(1+t)^2 \\ z = 2t \end{cases}$.

当 $t$ 在 $(-\infty, +\infty)$ 上变动时,$\begin{cases} x^2+y^2 = 2(1+t)^2 \\ z = 2t \end{cases}$ 即为旋转曲面的参数方程. 消去 $t$,得旋转曲面的一般方程:$x^2+y^2 = 2\left(1+\dfrac{z}{2}\right)^2$.

**评注** 求空间中曲线或曲面方程,应充分利用空间曲线和曲面的方程和图形的特点,来确定曲线或曲面上动点的运动轨迹. 例如:母线与某直线平行的柱面方程的特点、旋转曲面的特点、二次曲面的标准形、直线与平面的特点等. 类似的题有:

(1) 设有空间中五点,$A(1,0,1)$、$B(1,1,2)$、$C(1,-1,-2)$、$D(3,1,0)$、$E(3,1,2)$. 试求过点 $E$ 且和与 $A,B,C$ 所在平面 $\sum$ 平行而与直线 $AD$ 垂直的直线方程. $\left(\text{答案:} \dfrac{x-3}{0} = \dfrac{y-1}{1} = \dfrac{z-2}{1} \text{或} \begin{cases} x=3 \\ y-z=1 \end{cases}\right)$

**提示**:平面 $ABC$ 的法向量 $\boldsymbol{n} = \overrightarrow{AB} \times \overrightarrow{AC} = \begin{vmatrix} \boldsymbol{i} & \boldsymbol{j} & \boldsymbol{k} \\ 0 & 1 & 1 \\ 0 & -1 & -3 \end{vmatrix} = (-2,0,0)$. 直线 $AD$ 的方向向量为 $\boldsymbol{S}_1 = (2,1,-1)$. $\boldsymbol{n} \times \boldsymbol{S}_1 = \begin{vmatrix} \boldsymbol{i} & \boldsymbol{j} & \boldsymbol{k} \\ 2 & 0 & 0 \\ 2 & 1 & -1 \end{vmatrix} = (0,2,2) = 2(0,1,1)$,取所求直线的方向向量 $\boldsymbol{S} = (0,1,1)$. 故所求直线方程为

$$\frac{x-3}{0} = \frac{y-1}{1} = \frac{z-2}{1} \text{ 或 } \begin{cases} x=3 \\ y-z=1 \end{cases}.$$

(2) 试求过 $A(1,2,7)$、$B(4,3,3)$、$C(5,-1,6)$、$D(\sqrt{7},\sqrt{7},0)$ 四点的球面方程.

(答案:$(x-1)^2+(y+1)^2+(z-3)^2=25$)

**提示**:设球面的球心坐标为 $M(x,y,z)$,$M$ 到 $A,B,C,D$ 的距离相等. 则有

$(x-1)^2+(y-2)^2+(z-7)^2=(x-4)^2+(y-3)^2+(z-3)^2=(x-5)^2+(y+1)^2+(z-6)^2=(x-\sqrt{7})^2+(y-\sqrt{7})^2+(z-0)^2$,即

$$\begin{cases}3x+y-4z=-10\\4x-3y-z=4\\(\sqrt{7}-1)x+(\sqrt{7}-2)y-7z=-20\end{cases},$$

解得$(x,y,z)=(1,-1,3)$，且半径$=|\overrightarrow{AM}|=5$.

故球面方程为$(x-1)^2+(y+1)^2+(z-3)^2=25$.

(3) 求与原点 $O$ 及点 $M(2,3,4)$ 的距离之比为 1:2 的点的全体所构成的曲面的方程.

$\left(\text{答案:}\left(x+\frac{2}{3}\right)^2+(y+1)^2+\left(z+\frac{4}{3}\right)^2=\frac{116}{9}\right)$

**提示**:设球面上的点的坐标为 $Q(x,y,z)$，$Q$ 到 $M$、$O$ 的距离之比为 1:2. 即 $4(x^2+y^2+z^2)=(x-2)^2+(y-3)^2+(z-4)^2$，解所求方程为$\left(x+\frac{2}{3}\right)^2+(y+1)^2+\left(z+\frac{4}{3}\right)^2=\frac{116}{9}$.

(4) 求曲线 $l:\begin{cases}x^2+y^2+z^2=1\\x^2+(y-1)^2+(z-1)^2=1\end{cases}$在 $yOz$ 面上的投影曲线方程. $\left(\text{答案:}\begin{cases}y+z-1=0\\x=0\end{cases}\right)$

**提示**:从曲线 $l:\begin{cases}x^2+y^2+z^2=1\\x^2+(y-1)^2+(z-1)^2=1\end{cases}$中消去 $x$，得到曲线 $l$ 关于 $yOz$ 面的投影柱面方程:$y+z-1=0$，与 $yOz$ 面联立，得到曲线 $l$ 在 $yOz$ 面上的投影曲线方程$\begin{cases}y+z-1=0\\x=0\end{cases}$.

(5) 已知动点 $M(x,y,z)$ 到 $xOy$ 平面的距离与点 $M$ 到点$(1,-1,2)$的距离相等，求点 $M$ 的运动轨迹.

**提示**:由已知可得 $z^2=(x-1)^2+(y-1)_2+(z-2)^2$，故点 $M$ 的运动轨迹为 $4(z-1)=(x-1)^2+(y-1)^2$.

**例 3-16** $f(x,y)$是$\{(x,y)\mid x^2+y^2\leqslant 1\}$上二次连续的可微函数，满足$\frac{\partial^2 f}{\partial x^2}+\frac{\partial^2 f}{\partial y^2}=x^2y^2$，计算积分

$$I=\iint_{x^2+y^2\leqslant 1}\left(\frac{x}{\sqrt{x^2+y^2}}\frac{\partial f}{\partial x}+\frac{y}{\sqrt{x^2+y^2}}\frac{\partial f}{\partial y}\right)\mathrm{d}x\mathrm{d}y.$$

**分析** 该题为二重积分计算，但被积函数中含有抽象函数的偏导，无法直接进行计算. 在运算中，先将直角坐标转化为极坐标，将二重积分转化成二次积分. 然后将其中一个定积分转化成封闭曲线上的第二类曲线积分，再利用格林公式将封闭曲线上的曲线积分转化成二重积分，最后将二重积分计算转化成三重积分的计算问题.

**解答** 将二重积分转化到极坐标下进行计算，令 $x=r\cos\theta$，$y=r\sin\theta$，则

$$\begin{aligned}I&=\int_0^1\mathrm{d}r\int_0^{2\pi}\left(\cos\theta\frac{\partial f}{\partial x}+\sin\theta\frac{\partial f}{\partial y}\right)r\mathrm{d}\theta\\&=\int_0^1\mathrm{d}r\oint_{x^2+y^2=r^2}\left(\frac{\partial f}{\partial x}\mathrm{d}y-\frac{\partial f}{\partial y}\mathrm{d}x\right)\\&=\int_0^1\mathrm{d}r\iint_{x^2+y^2\leqslant r^2}\left(\frac{\partial^2 f}{\partial x^2}+\frac{\partial^2 f}{\partial y^2}\right)\mathrm{d}x\mathrm{d}y\\&=\int_0^1\mathrm{d}r\iint_{x^2+y^2\leqslant r^2}(x^2y^2)\mathrm{d}x\mathrm{d}y\end{aligned}$$

$$= 4\int_0^1 \mathrm{d}r\int_0^r \rho^5\mathrm{d}\rho\int_0^{\frac{\pi}{2}}\cos^2\theta\sin^2\theta\mathrm{d}\theta = \frac{\pi}{168}.$$

**评注** 本题结合了坐标变换、曲线积分、格林公式、二重积分、三重积分计算等方法，将积分问题综合在一起.

类似的题有：

(1) 计算曲线积分$\oint_L(-2x^3y)\mathrm{d}x + x^2y^2\mathrm{d}y$，其中$L$由不等式$x^2+y^2\geqslant 1$及$x^2+y^2\leqslant 2y$所确定的区域$D$的正向边界.

**提示**：$P(x,y) = -2x^3y, Q(x,y) = x^2y^2$，则

$$\oint_L(-2x^3y\mathrm{d}x + x^2y^2\mathrm{d}y) = \iint_D[2xy^2 - (-2x^3)]\mathrm{d}x\mathrm{d}y$$
$$= \iint_D[2xy^2 + 2x^3]\mathrm{d}x\mathrm{d}y, \iint_D[2xy^2 + 2x^3]\mathrm{d}x\mathrm{d}y = 0,$$

故$\oint_L(-2x^3y\mathrm{d}x + x^2y^2\mathrm{d}y) = 0$. 二重积分的积分区域$D$关于$y$轴对称，被积函数关于$x$为奇函数.

(2) 计算曲线积分$\int_L(x+2xy)\mathrm{d}x + (x^2+2x+y^2)\mathrm{d}y$，其中$L$是从点$A(2,0)$沿上半圆周$y = \sqrt{2x-x^2}$到点$O(0,0)$的半圆周.

**提示**：补线$\overline{OA}$：$y = 0$，$x$从0到2. $P(x,y) = x+2xy, Q(x,y) = x^2+2x+y^2$，则$\frac{\partial P}{\partial y} = 2x$，$\frac{\partial Q}{\partial x} = 2x+2$，

$$\int_L(x+2xy)\mathrm{d}x + (x^2+2x+y^2)\mathrm{d}y$$
$$= \int_{L+\overline{OA}}(x+2xy)\mathrm{d}x + (x^2+2x+y^2)\mathrm{d}y - \int_{\overline{OA}}(x+2xy)\mathrm{d}x + (x^2+2x+y^2)\mathrm{d}y$$
$$= \iint_D[(2x+2) - 2x]\mathrm{d}x\mathrm{d}y - \int_0^2 x\mathrm{d}x = 2\iint_D\mathrm{d}x\mathrm{d}y - \frac{1}{2}\cdot 2^2 = \pi - 2.$$

(3) 计算$\oiint_{\Sigma}\frac{1}{y}f\left(\frac{x}{y}\right)\mathrm{d}y\mathrm{d}z + \frac{1}{x}f\left(\frac{x}{y}\right)\mathrm{d}y\mathrm{d}z + z\mathrm{d}x\mathrm{d}y$，其中$f(u)$具有一阶连续导数，$\sum$为柱面$(x-a)^2+(y-a)^2 = \left(\frac{a}{2}\right)^2$及平面$z = 0, z = 1(a>0)$所围成的立体的表面外侧.

**提示**：$P = \frac{1}{y}f\left(\frac{x}{y}\right), \frac{\partial P}{\partial x} = \frac{1}{y^2}f'\left(\frac{x}{y}\right)$；$Q = \frac{1}{x}f\left(\frac{x}{y}\right), \frac{\partial Q}{\partial y} = -\frac{1}{y^2}f'\left(\frac{x}{y}\right)$；$R = z, \frac{\partial R}{\partial z} = 1$，由高斯公式，得原式$\iiint_{\Omega}\left[\frac{1}{y^2}f'\left(\frac{x}{y}\right) - \frac{1}{y^2}f'\left(\frac{x}{y}\right) + 1\right]\mathrm{d}V = \iiint_{\Omega}\mathrm{d}V = \frac{\pi a^2}{4}$. $\left(\text{圆柱体体积为}\pi\cdot\left(\frac{a}{2}\right)^2\cdot 1\right)$

(4) 计算$I = \iint_{\Sigma}x\mathrm{d}y\mathrm{d}z + y\mathrm{d}z\mathrm{d}x + z\mathrm{d}x\mathrm{d}y$，其中$\sum$为旋转抛物面$z = x^2+y^2(z\leqslant 1)$的上侧.

**提示**：曲面$\sum$不是封闭曲面，不能直接利用高斯公式. 补面$\sum_1 z = 1, x^2+y^2\leqslant 1$，取上侧，利用高斯公式

$$P = x, Q = y, R = z, \frac{\partial P}{\partial x} + \frac{\partial Q}{\partial y} + \frac{\partial R}{\partial z} = 3, I = -\iint_{\Sigma^-} x\mathrm{d}y\mathrm{d}z + y\mathrm{d}z\mathrm{d}x + z\mathrm{d}x\mathrm{d}y$$

$$= \left(\oiint_{\Sigma^- + \Sigma_1} x\mathrm{d}y\mathrm{d}z + y\mathrm{d}z\mathrm{d}x + z\mathrm{d}x\mathrm{d}y - \iint_{\Sigma_1} x\mathrm{d}y\mathrm{d}z + y\mathrm{d}z\mathrm{d}x + z\mathrm{d}x\mathrm{d}y\right)$$

$$= -\iiint_{\Omega} 3\mathrm{d}x\mathrm{d}y\mathrm{d}z + \iint_{D_{xy}} \mathrm{d}x\mathrm{d}y = -3\int_0^{2\pi}\mathrm{d}\theta\int_0^1 \rho\mathrm{d}\rho\int_{\rho^2}^1 \mathrm{d}z + \pi = -\frac{3}{2}\pi + \pi = -\frac{1}{2}\pi.$$

(5) 计算$\oint_{\Gamma}(z-y)\mathrm{d}x + (x-z)\mathrm{d}y + (x-y)\mathrm{d}z$,其中$\Gamma$是曲线$\begin{cases} x^2 + y^2 = 1 \\ x - y + z = 2 \end{cases}$从$z$轴正向往$z$轴负向看去,$\Gamma$的方向是顺时针方向.

**提示:** 应用斯托克斯公式,得$\oint_{\Gamma}(z-y)\mathrm{d}x + (x-z)\mathrm{d}y + (x-y)\mathrm{d}z =$

$$-\iint_{\Sigma}\begin{vmatrix} \vec{i} & \vec{j} & \vec{k} \\ \frac{\partial}{\partial x} & \frac{\partial}{\partial y} & \frac{\partial}{\partial z} \\ z-y & x-z & x-y \end{vmatrix}$$

$$\iint_{\Sigma}(-1+1)\mathrm{d}y\mathrm{d}z + (1-1)\mathrm{d}z\mathrm{d}x + (1+1)\mathrm{d}x\mathrm{d}y = -2\iint_{\Sigma}\mathrm{d}x\mathrm{d}y = -2\iint_{D_{xy}}\mathrm{d}x\mathrm{d}y = -2\pi.$$

### 3.2.3 学习效果测试题及答案

**1. 学习效果测试题**

(1) 设$f(x)$在$[a,b]$上连续,在$(a,b)$内可导,且$f(a) = f(b) = 0$,证明对于任意实数$\lambda$,在$(a,b)$内至少存在一点$\xi$,使得$f'(\xi) = -\lambda f(\xi)$.

(2) 讨论函数$f(x,y) = \begin{cases} \frac{\sqrt{|xy|}}{x^2+y^2}\sin(x^2+y^2), (x,y) \neq (0,0) \\ 0, (x,y) = (0,0) \end{cases}$在$(0,0)$点的连续性、偏导数存在性、可微性.

(3) 求极限$\lim\limits_{n\to\infty}\frac{\sqrt{n^2-1} + 2\sqrt{n^2-2^2} + \cdots n\sqrt{n^2-n^2}}{n^3}$.

(4) 证明:无穷积分$\int_0^{+\infty}\frac{\sin x}{x}\mathrm{d}x$条件收敛.

(5) 计算含参变量积分$\int_0^{+\infty}\frac{\sin tx}{x}\mathrm{d}x$.

(6) 求过原点且和椭球面$4x^2 + 5y^2 + 6z^2 = 1$的交线为一个圆周的所有平面的方程.

(7) 计算积分$\iiint_V |x+y+2z| \cdot |4x+4y-z|\mathrm{d}x\mathrm{d}y\mathrm{d}z$,其中$V: x^2 + y^2 + \frac{z^2}{4} \leqslant 1$.

**2. 测试题答案**

(1) 证明　构造辅助函数$F(x) = \mathrm{e}^{\lambda x}f(x)$,$F(x)$在$[a,b]$上连续,在$(a,b)$内可导,且$F(a) = \mathrm{e}^{a\lambda}f(a) = 0$,$F(b) = \mathrm{e}^{b\lambda}f(b) = 0$,$F(x)$在$[a,b]$上应用罗尔定理,于是有在$(a,b)$内至少存在一点$\xi$,使得$F'(\xi) = 0$.

即

$$\lambda e^{\lambda\xi}f(\xi)+e^{\lambda\xi}f'(\xi)=0.\ e^{\lambda\xi}\neq 0,$$

从而

$$\lambda f(\xi)+f'(\xi)=0,\text{即}f'(\xi)=-\lambda f(\xi).$$

（2）① 因为 $\lim\limits_{\substack{\Delta x\to 0\\ \Delta y\to 0}}\dfrac{\sin(x^2+y^2)}{x^2+y^2}=1$,

$$\lim_{\substack{\Delta x\to 0\\ \Delta y\to 0}}\frac{\sqrt{|xy|}}{x^2+y^2}\sin(x^2+y^2)=\lim_{\substack{\Delta x\to 0\\ \Delta y\to 0}}\sqrt{|xy|}\frac{\sin(x^2+y^2)}{x^2+y^2}=0=f(0,0),$$

所以 $f(x,y)$ 在 $(0,0)$ 处连续.

② 根据定义 $f(x,y)$ 在 $(0,0)$ 处的偏导数为

$$f'_x(0,0)=\lim_{\Delta x\to 0}\frac{f(0+\Delta x,0)-f(0,0)}{\Delta x}=\lim_{\Delta x\to 0}\frac{0}{\Delta x}=0,$$

同理可得

$$f'_y(0,0)=0,$$

故 $f(x,y)$ 在 $(0,0)$ 处偏导数存在.

③ $\Delta=f(0+\Delta x,0+\Delta y)-f(0,0)=\dfrac{\sqrt{|(\Delta x)(\Delta y)|}}{(\Delta x)^2+(\Delta y)^2}\cdot\sin[(\Delta x)^2+(\Delta y)^2]=\Delta z-f'_x(0,0)\Delta x+f'_y(0,0)\Delta y$,

$$\text{而}\lim_{\substack{\Delta x\to 0\\ \Delta y\to 0}}\frac{\Delta z-f'_x(0,0)\Delta x-f'_y(0,0)\Delta y}{\rho}=\lim_{\substack{\Delta x\to 0\\ \Delta y\to 0}}\frac{\sqrt{|(\Delta x)(\Delta y)|}}{\sqrt{(\Delta x)^2+(\Delta y)^2}}\cdot\frac{\sin[(\Delta x)^2+(\Delta y)^2]}{(\Delta x)^2+(\Delta y)^2}$$

$$=\lim_{\substack{\Delta x\to 0\\ \Delta y\to 0}}\frac{\sqrt{|(\Delta x)(\Delta y)|}}{\sqrt{(\Delta x)^2+(\Delta y)^2}}$$

$$=\lim_{\substack{\Delta x\to 0\\ \Delta y\to k\Delta x}}\frac{\sqrt{|(\Delta x)(k\Delta x)|}}{\sqrt{(\Delta x)^2+(k\Delta x)^2}}=\frac{\sqrt{|k|}}{\sqrt{1+k^2}},$$

所以 $f(x,y)$ 在 $(0,0)$ 处不可微.

（3）$\lim\limits_{n\to\infty}\dfrac{\sqrt{n^2-1^2}+2\sqrt{n^2-2^2}+\cdots n\sqrt{n^2-n^2}}{n^3}$

$$=\lim_{n\to\infty}\frac{1}{n}\left[\frac{1}{n}\frac{\sqrt{n^2-1^2}}{n}+\frac{2}{n}\frac{\sqrt{n^2-2^2}}{n}+\cdots+\frac{n}{n}\frac{\sqrt{n^2-n^2}}{n}\right]$$

$$=\lim_{n\to\infty}\frac{1}{n}\sum_{i=1}^{n}\frac{i}{n}\sqrt{1-\left(\frac{i}{n}\right)^2}=\int_0^1 x\sqrt{1-x^2}\,dx=-\frac{1}{3}[(1-x)^{\frac{3}{2}}]_0^1=\frac{1}{3}.$$

（4）在 $x=0$ 处，被积函数 $\dfrac{\sin x}{x}$ 没有意义.

已知 $\lim\limits_{x\to 0}\dfrac{\sin x}{x}=1$，将函数 $\dfrac{\sin x}{x}$ 在 $x=0$ 处作连续开拓，当 $x=0$ 时，令 $\dfrac{\sin x}{x}=1$. 于是被积函数 $\dfrac{\sin x}{x}$ 在区间 $[0,+\infty)$ 连续.

首先证明无穷积分 $\int_1^{+\infty}\dfrac{\sin x}{x}dx$ 收敛. 取 $f(x)=\dfrac{1}{x}$，在区间 $[1,+\infty)$ 上单调减少，且 $\lim\limits_{x\to+\infty}\dfrac{1}{x}=0$.

又取 $g(x) = \sin x$,在区间$[1, +\infty)$上连续. $\forall p > 1$,有 $\left|\int_1^p \sin x \mathrm{d}x\right| = |\cos 1 - \cos p| \leqslant 2$,即有界.

根据狄利克雷判别法,得无穷积分 $\int_1^{+\infty} \frac{\sin x}{x}\mathrm{d}x$ 收敛,同理可证 $\int_1^{+\infty} \frac{\cos 2x}{2x}\mathrm{d}x$ 收敛. 从而无穷积分 $\int_0^{+\infty} \frac{\sin x}{x}\mathrm{d}x$ 也收敛.

其次,证明无穷积分 $\int_1^{+\infty} \left|\frac{\sin x}{x}\right|\mathrm{d}x$ 发散.

已知 $\forall x \geqslant 1$,有 $|\sin x| \geqslant \sin x^2$, 从而

$$\left|\frac{\sin x}{x}\right| \geqslant \frac{\sin x^2}{x} = \frac{1 - \cos 2x}{2x} = \frac{1}{2x} - \frac{\cos 2x}{2x}.$$

有

$$\int_1^{+\infty} \left|\frac{\sin x}{x}\right|\mathrm{d}x \geqslant \int_1^{+\infty} \frac{1}{2x}\mathrm{d}x - \int_1^{+\infty} \frac{\cos 2x}{2x}.$$

而无穷积分 $\int_1^{+\infty} \frac{\cos 2x}{2x}\mathrm{d}x$ 收敛,$\int_1^{+\infty} \frac{1}{2x}\mathrm{d}x$ 发散,因此,无穷积分 $\int_1^{+\infty} \left|\frac{\sin x}{x}\right|\mathrm{d}x$ 发散. 从而无穷积分 $\int_0^{+\infty} \left|\frac{\sin x}{x}\right|\mathrm{d}x$ 也发散. 因此,无穷积分 $\int_0^{+\infty} \frac{\sin x}{x}\mathrm{d}x$ 条件收敛.

(5) 当 $t = 0$ 时,$\int_0^{+\infty} \frac{\sin tx}{x}\mathrm{d}x = 0$.

当 $t \neq 0$ 时,设 $y = tx$,$\mathrm{d}x = \frac{1}{t}\mathrm{d}y$.

当 $t > 0$ 时, 有

$$\int_0^{+\infty} \frac{\sin tx}{x}\mathrm{d}x = \int_0^{+\infty} \frac{\sin y}{y}\mathrm{d}y = \frac{\pi}{2},$$

当 $t<0$ 时,有

$$\int_0^{+\infty} \frac{\sin tx}{x}\mathrm{d}x = \int_0^{-\infty} \frac{\sin y}{y}\mathrm{d}y = -\int_0^{+\infty} \frac{\sin u}{u}\mathrm{d}u = -\frac{\pi}{2}.$$

其中 $u = -y$.

于是

$$\int_0^{+\infty} \frac{\sin tx}{x}\mathrm{d}x = \begin{cases} \frac{\pi}{2}, t > 0 \\ 0, t = 0 \\ -\frac{\pi}{2}, t < 0 \end{cases}.$$

(6) 所求平面过原点,且和椭球面 $4x^2 + 5y^2 + 6z^2 = 1$ 的交线为一个圆周,则交线圆周一定以原点为圆心,且在球面 $x^2 + y^2 + z^2 = R^2$ 上. 因此,该球面 $x^2 + y^2 + z^2 = R^2$ 与椭球面 $4x^2 + 5y^2 + 6z^2 = 1$的交线即为圆周. 所求的平面也必包含此圆周. 联立此二式,得

$$\left(4 - \frac{1}{R^2}\right)x^2 + \left(5 - \frac{1}{R^2}\right)y^2 + \left(6 - \frac{1}{R^2}\right)z^2 = 0,$$

显然,当 $R^2=\frac{1}{5}$时,有 $x^2-z^2=0$,这是两相交平面 $x-z=0,x+z=0$,即为所求.

(7) 作变换 $x=u,y=v,z=2w$,则

$$\iiint\limits_V |x+y+2z|\cdot|4x+4y-z|\mathrm{d}x\mathrm{d}y\mathrm{d}z = 2\iiint\limits_{u^2+v^2+w^2\leqslant 1} |u+w+4w|\cdot|4u+4v-2w|\mathrm{d}u\mathrm{d}v\mathrm{d}w.$$

设 $\boldsymbol{X}=\frac{1}{3\sqrt{2}}[1,1,4]^{\mathrm{T}}$,$\boldsymbol{Y}=\frac{1}{6}[4,4,-2]^{\mathrm{T}}$,则 $\boldsymbol{X},\boldsymbol{Y}$ 为两个正交单位向量,取单位向量 $\boldsymbol{Z}=[\alpha,\beta,\gamma]^{\mathrm{T}}$,使得 $\boldsymbol{X},\boldsymbol{Y},\boldsymbol{Z}$ 两两相互正交,作变换

$$x=\frac{1}{3\sqrt{2}}(u+v+4w),y=\frac{1}{6}(4u+4v-2w),z=\alpha u+\beta v+\gamma w,$$

则 $\iiint\limits_V |x+y+2z|\cdot|4x+4y-z|\,\mathrm{d}x\mathrm{d}y\mathrm{d}z$

$$=36\sqrt{2}\iiint\limits_{x^2+y^2+z^2\leqslant 1}|xy|\mathrm{d}x\mathrm{d}y\mathrm{d}z = 288\sqrt{2}\int_0^{\frac{\pi}{2}}\mathrm{d}\theta\int_0^1\mathrm{d}\rho\int_0^{\sqrt{1-\rho^2}}\rho^3\cos\theta\sin\theta\mathrm{d}z=\frac{142}{5}\sqrt{2}.$$

## 3.3 级数与不等式

### 3.3.1 核心内容提示

(1) 级数及其敛散性,级数的和,柯西准则,收敛的必要条件,收敛级数基本性质;正项级数收敛的充分必要条件,比较原则、比式判别法、根式判别法以及它们的极限形式;交错级数的莱布尼茨判别法;一般项级数的绝对收敛、条件收敛性、阿贝尔判别法、狄利克雷判别法.

(2) 函数列与函数项级数的一致收敛性、柯西准则、一致收敛性判别法(M-判别法、阿贝尔判别法、狄利克雷判别法)、一致收敛函数列、函数项级数的性质及其应用.

(3) 幂级数概念、阿贝尔定理、收敛半径与区间,幂级数的一致收敛性,幂级数的逐项可积性、可微性及其应用,幂级数各项系数与其和函数的关系、函数的幂级数展开、泰勒级数、麦克劳林级数.

(4) 三角级数、三角函数系的正交性、$2\pi$ 及 $2l$ 周期函数的傅里叶级数展开、贝塞尔不等式、黎曼—勒贝格定理、按段光滑函数的傅里叶级数的收敛性定理.

(5) 各类不等式问题.

### 3.3.2 典型例题精解

**例 3-17** 设 $a_n=\int_0^{\frac{\pi}{2}}t\left|\frac{\sin nt}{\sin t}\right|^3\mathrm{d}t$,证明$\sum\limits_{n=1}^{\infty}\frac{1}{a_n}$发散.

**分析** 本题先将数项级数$\sum\limits_{n=1}^{\infty}\frac{1}{a_n}$进行适当的缩小,然后利用比较判别法证其发散.

**证明** $a_n=\int_0^{\frac{\pi}{2}}t\left|\frac{\sin nt}{\sin t}\right|^3\mathrm{d}t=\int_0^{\frac{\pi}{n}}t\left|\frac{\sin nt}{\sin t}\right|^3\mathrm{d}t+\int_{\frac{\pi}{n}}^{\frac{\pi}{2}}t\left|\frac{\sin nt}{\sin t}\right|^3\mathrm{d}t=I_1+I_2$,

$$\forall t\in\mathbf{R},|\sin 2t|=2|\sin t\cos t|\leqslant 2|\sin t|,$$

假设当 $n=k$ 时，$|\sin kt| \leqslant k|\sin t|$，则当 $n=k+1$ 时，有

$$|\sin(k+1)t| = |\sin(kt+t)| = |\sin kt\cos t + \cos kt\sin t| \leqslant |\sin kt\cos t| + |\cos kt\sin t| \leqslant (k+1)|\sin t|.$$

综上所述，有

$$|\sin nt| \leqslant n|\sin t|.$$

故

$$I_1 = \int_0^{\frac{\pi}{n}} t\left|\frac{\sin nt}{\sin t}\right|^3 \mathrm{d}t \leqslant \int_0^{\frac{\pi}{n}} tn^3 \mathrm{d}t = \frac{\pi^2 n}{2}.$$

$$\left|\frac{\sin nt}{\sin t}\right| \leqslant \left|\frac{1}{\sin t}\right|, \frac{2t}{\pi} \leqslant \sin t\left(x \in \left[0, \frac{\pi}{2}\right]\right),$$

故

$$\left|\frac{\sin nt}{\sin t}\right| \leqslant \left|\frac{1}{\sin t}\right| \leqslant \frac{\pi}{2t},$$

$$I_2 = \int_{\frac{\pi}{n}}^{\frac{\pi}{2}} t\left|\frac{\sin nt}{\sin t}\right|^3 \mathrm{d}t \leqslant \int_{\frac{\pi}{n}}^{\frac{\pi}{2}} t\left|\frac{\pi}{2t}\right|^3 \mathrm{d}t = \frac{\pi^3}{8}\int_{\frac{\pi}{n}}^{\frac{\pi}{2}} \frac{1}{t^2}\mathrm{d}t = -\frac{\pi^3}{8}\int_{\frac{\pi}{n}}^{\frac{\pi}{2}} 1\mathrm{d}\,\frac{1}{t} = \frac{\pi^3}{8}\left(\frac{n}{\pi} - \frac{2}{\pi}\right) < \frac{\pi^2 n}{8} < \frac{\pi^2 n}{2}.$$

因此

$$\frac{1}{a_n} > \frac{1}{\pi^2 n},$$

由比较判别法可得 $\sum\limits_{n=1}^{\infty} \frac{1}{a_n}$ 发散.

**评注**　数项级数的敛散性可通过柯西准则，收敛的必要条件，收敛级数基本性质，正项级数收敛的充分必要条件，比较原则、比式判别法、根式判别法以及它们的极限形式，交错级数的莱布尼茨判别法，一般项级数的绝对收敛、条件收敛、阿贝尔判别法、狄利克雷判别法等方法进行判别.

(1) 讨论级数 $\sum\limits_{n=1}^{\infty} (-1)^{n+1} \dfrac{\sin \frac{\pi}{n+1}}{\pi^{n+1}}$ 的绝对收敛性与条件收敛性.（答案：绝对收敛）

**提示**：$|u_n| = \left|(-1)^{n+1} \dfrac{\sin \frac{\pi}{n+1}}{\pi^{n+1}}\right| \leqslant \dfrac{1}{\pi^{n+1}} = v_n$，因为级数 $\sum\limits_{n=1}^{\infty} v_n = \sum\limits_{n=1}^{\infty} \dfrac{1}{\pi^{n+1}}$，为公比 $q = \dfrac{1}{\pi} < 1$ 的等比级数收敛，所以原级数绝对收敛.

(2) 判别级数 $\sum\limits_{n=1}^{\infty} \left(1 - \dfrac{1}{2n}\right)^n$ 的敛散性.（答案：发散）

**提示**：因为 $\lim\limits_{n\to\infty} u_n = \lim\limits_{n\to\infty}\left(1 - \dfrac{1}{2n}\right)^n = \lim\limits_{n\to\infty}\left[\left(1 - \dfrac{1}{2n}\right)^{-2n}\right]^{-\frac{1}{2}} = \mathrm{e}^{-\frac{1}{2}} \neq 0$，由级数收敛的必要条件可得级数发散.

(3) 讨论级数 $\sum\limits_{n=1}^{\infty} \dfrac{n!2^n \sin \frac{n\pi}{5}}{n^n}$ 的绝对收敛性与条件收敛性.（答案：绝对收敛）

**提示**:因为 $\left|\frac{n!2^n\sin\frac{n\pi}{5}}{n^n}\right| \leqslant \frac{n!2^n}{n^n}$,而 $\lim\limits_{n\to\infty}\frac{\frac{(n+1)!2^{n+1}}{(n+1)^{n+1}}}{\frac{n!2^n}{n^n}} = \frac{2}{\mathrm{e}} < 1$,故级数 $\sum\limits_{n=1}^{\infty}\frac{n!2^n}{n^n}$ 收敛,由比较判别法知,级数 $\sum\limits_{n=1}^{\infty}\left|\frac{n!2^n\sin\frac{n\pi}{5}}{n^n}\right|$ 收敛,所以原级数绝对收敛.

(4) 判别级数 $\sum\limits_{n=1}^{\infty}\frac{1}{[\ln(n+1)]^n}$ 的敛散性.(答案:收敛)

**提示**:因为 $\lim\limits_{n\to\infty}\left[\frac{1}{\ln(n+1)^n}\right]^{\frac{1}{n}} = \lim\limits_{n\to\infty}\frac{1}{\ln(n+1)} = 0 < 1$,所以原级数收敛.

(5) 设级数 $\sum\limits_{n=1}^{\infty}u_n^2$ 收敛,试证明级数 $\sum\limits_{n=1}^{\infty}\left|\frac{u_n}{n}\right|$ 收敛.

**提示**:$\left|\frac{u_n}{n}\right| = \left|u_n\cdot\frac{1}{n}\right| \leqslant \frac{1}{2}\left(u_n^2+\frac{1}{n^2}\right)$,而级数 $\sum\limits_{n=1}^{\infty}u_n^2$、$\sum\limits_{n=1}^{\infty}\frac{1}{n^2}$ 收敛,故由比较判别法可知级数收敛.

**例 3-18** 设 $f(x)$ 在 $[0,+\infty)$ 上一致连续,且对于固定的 $x\in[0,+\infty)$,当自然数 $n\to+\infty$ 时,$f(x+n)\to 0$,证明函数序列 $\{f(x+n):n=1,2,\cdots\}$ 在 $[0,1]$ 上一致收敛于 0.

**分析** 证明函数序列的一致收敛性,需从 $f(x)$ 在 $[0,+\infty)$ 上一致连续的条件出发,利用一致收敛的定义,对 $\forall\varepsilon>0$,总可以找到一个正整数 $N$,使当 $n>N$ 时,对 $\forall x\in[0,1]$,有 $|f(x+n)-0|<\varepsilon$ 成立.

**证明** $f(x)$ 在 $[0,+\infty)$ 上一致连续,则 $\forall\varepsilon>0$,$\exists x_1,x_2\in[0,+\infty)$,$\exists\delta>0$,使当 $|x_1-x_2|<0$ 时,有

$$|f(x_1)-f(x_2)|<\frac{\varepsilon}{2}.$$

取一个充分大数的自然数 $m$,使得 $m>\frac{1}{\delta}$,并在 $[0,1]$ 中取 $m$ 个点,即

$$0=x_1<x_2<\cdots<x_m=1,$$

其中 $x_j=\frac{j}{m}(j=1,2,\cdots,m)$. 这样对于每个 $j$,有

$$|x_{j+1}-x_j|=\frac{1}{m}<\delta.$$

又由于 $\lim\limits_{n\to+\infty}f(x+n)=0$,故对于每个 $x_j$,$\exists N_j\in\mathbf{N}^+(j=1,2,\cdots,m)$,当 $n>N_j$ 时,有

$$|f(x_j+n)|<\frac{\varepsilon}{2}.$$

取 $N=\max\{N_1,N_2,\cdots,N_j\}$,则当 $n>\mathrm{N}$ 时,有

$$|f(x_j+n)|<\frac{\varepsilon}{2}(j=1,2,\cdots,m).$$

设 $x\in[0,1]$ 是任意一点,这时总有一个 $x_j$,使得 $x\in[x_j,x_{j+1}]$.
由 $f(x)$ 在 $[0,+\infty)$ 上一致连续及 $|(x+n)-(x_j+n)|=|x-x_j|\leqslant|x_{j+1}-x_j|<\delta$,可知

$$|f(x+n)-f(x_j+n)|<\frac{\varepsilon}{2}.$$

于是，$\forall\varepsilon>0$，$\exists N=\max\{N_1,N_2,\cdots,N_j\}$，使当 $n>N$ 时，对 $\forall x\in[0,1]$，有

$$\begin{aligned}|f(x+n)-0|&=|f(x+n)-f(x_j+n)+f(x_j+n)|\\&\leqslant|f(x+n)-f(x_j+n)|+|f(x_j+n)|<\frac{\varepsilon}{2}+\frac{\varepsilon}{2}=\varepsilon.\end{aligned}$$

其中 $\forall x\in[0,1]$，注意这里的 $N$ 的选取与点 $x$ 无关，这就证明了函数序列 $\{f(x+n):n=1,2,\cdots\}$ 在 $[0,1]$ 上一致收敛于0。

**评注** 证明函数序列的一致收敛性，除了定义还可以利用柯西一致收敛准则及一致收敛的充要条件．类似的题有：

(1) 证明函数列 $\{x^n\}$ 在区间 $[0,\delta]$ $(0<\delta<1)$ 上一致收敛．

**提示**：$\forall x\in[0,1)$ 有 $\lim\limits_{n\to\infty}x^n=0$，即函数列 $\{x^n\}$ 在 $[0,1)$ 的极限函数为 $f(x)=0$. 对于 $\forall\varepsilon>0$，$\forall x\in[0,\delta]$，要使不等式 $|f_n(x)-f(x)|=|x^n-0|=x^n\leqslant\delta^n<\varepsilon$ 成立，从不等式 $\delta^n<\varepsilon$，解得 $n>\frac{\ln\varepsilon}{\ln\delta}$. 取 $N=\left[\frac{\ln\varepsilon}{\ln\delta}\right]$，于是，$\forall\varepsilon>0$，$\exists N=\left[\frac{\ln\varepsilon}{\ln\delta}\right]\in\mathbf{N}^+$，$\forall n>N$，$\forall x\in[0,\delta]$，有 $|x^n-0|<\varepsilon$ 成立，即函数列 $\{x^n\}$ 在区间 $[0,\delta]$ $(0<\delta<)$ 上一致收敛．

(2) 证明函数列 $\{f_n(x)\}=\{e^{n(x-1)}\}$ 在 $(0,1)$ 上非一致收敛．

**提示**：$\forall x\in(0,1)$ 有 $\lim\limits_{n\to\infty}f_n(x)=\lim\limits_{n\to\infty}e^{n(x-1)}=0$. 即函数列 $\{e^{n(x-1)}\}$ 在 $(0,1)$ 的极限函数为 $f(x)=0$. 取 $\varepsilon_0=e^{-1}$，不论 $n$ 有多大，只要取 $x=1-\frac{1}{n}$，则 $\left|f_n\left(1-\frac{1}{n}\right)-f\left(1-\frac{1}{n}\right)\right|=\left|e^{n\left(1-\frac{1}{n}-1\right)}-0\right|=e^{-1}>\varepsilon_0$. 因此，函数列 $\{f_n(x)\}$ 在 $(0,1)$ 上非一致收敛．

(3) 证明函数列 $\left\{\frac{nx}{1+n+x}\right\}$ 在 $[0,1]$ 上一致收敛.

**提示**：$\forall x\in[0,1]$ 有，$\lim\limits_{n\to\infty}\frac{nx}{1+n+x}=x$，即函数列 $\left\{\frac{nx}{1+n+x}\right\}$ 在 $[0,1]$ 的极限函数为 $f(x)=x$.

$\sup\limits_{x\in[0,1]}|f_n(x)-f(x)|=\sup\limits_{x\in[0,1]}\left|\frac{nx}{1+n+x}-x\right|=\sup\limits_{x\in[0,1]}\frac{x(1+x)}{1+n+x}<\frac{2}{n}$，显然 $\lim\limits_{n\to\infty}\sup\limits_{x\in[0,1]}|f_n(x)-f(x)|=0$，即函数列

$\left\{\frac{nx}{1+n+x}\right\}$ 在 $[0,1]$ 上一致收敛.

(4) 证明函数列 $\{nx(1-x)^n\}$ 在 $[0,1]$ 上非一致收敛.

**提示**：$\forall x\in[0,1]$，有 $\lim\limits_{n\to\infty}nx(1-x)^n=0$，即极限函数为 $f(x)=0$. 设 $\varphi(x)=|f_n(x)-f(x)|=nx(1-x)^n$，函数 $\varphi(x)$ 在 $[0,1]$ 上连续，必有最大值. $\varphi'(x)=n(1-x)^{n-1}[1-(n+1)x]$，令 $\varphi'(x)=0$，解得驻点为 $x=1$，$x=\frac{1}{n+1}$. $\varphi(0)=\varphi(1)=0$，$\varphi\left(\frac{1}{1+n}\right)=\left(1-\frac{1}{1+n}\right)^{n+1}$，于是 $\frac{1}{1+n}\in[0,1]$ 是函数 $\varphi(x)$ 的最大值点. 最大值为 $\left(1-\frac{1}{1+n}\right)^{n+1}$. 有 $\lim\limits_{n\to\infty}\sup\limits_{x\in[0,1]}|f_n(x)-f(x)|=\lim\limits_{n\to\infty}\{\sup\limits_{x\in[0,1]}\varphi(x)\}=\lim\limits_{n\to\infty}\left(1-\frac{1}{1+n}\right)^{n+1}=\frac{1}{e}\neq0$，即函数列 $\{nx(1-x)^n\}$ 在 $[0,1]$ 上非一致收敛.

（5）证明函数列$\left\{\sqrt{x^2+\frac{1}{n^2}}\right\}$在$\mathbf{R}$上一致收敛.

**提示**：$\forall x\in\mathbf{R}$，有$\lim\limits_{n\to\infty}\sqrt{x^2+\frac{1}{n^2}}=\sqrt{x^2}$，即函数列$\left\{\sqrt{x^2+\frac{1}{n^2}}\right\}$在$\mathbf{R}$上的极限函数为$f(x)=\sqrt{x^2}$. 于是有$\sup\limits_{x\in\mathbf{R}}|f_n(x)-f(x)|=\sup\limits_{x\in\mathbf{R}}\left|\sqrt{x^2+\frac{1}{n^2}}-\sqrt{x^2}\right|=\sup\limits_{x\in\mathbf{R}}\left|\frac{\frac{1}{n^2}}{\sqrt{x^2+\frac{1}{n^2}}+\sqrt{x^2}}\right|<\frac{\frac{1}{n^2}}{\frac{1}{n}}=\frac{1}{n}$，显然$\lim\limits_{n\to\infty}\sup\limits_{x\in\mathbf{R}}|f_n(x)-f(x)|=0$，即函数列$\left\{\sqrt{x^2+\frac{1}{n^2}}\right\}$在$\mathbf{R}$上一致收敛.

**例 3-19**　证明：$\sum\limits_{n=1}^{\infty}\frac{n}{(n+1)!}=1$.

**分析**　利用幂级数$S(x)=\sum\limits_{n=1}^{\infty}\frac{nx^{n+1}}{(n+1)!}$，求其和函数，令$x=1$，即得所求.

**证明**　考察幂级数$S(x)=\sum\limits_{n=1}^{\infty}\frac{nx^{n+1}}{(n+1)!}$.

由于

$$S'(x)=\sum_{n=1}^{\infty}\frac{x^n}{(n-1)!}=x\sum_{n=0}^{\infty}\frac{x^n}{n!}=xe^x,$$

因此

$$S(x)=S(0)+\int_0^x ue^u du=0+xe^x-e^x+1.$$

从而求得

$$\sum_{n=1}^{\infty}\frac{n}{(n+1)!}=S(1)=1.$$

**评注**　本题为常数项级数求和问题，但从级数本身无法求出，因此将其转化成幂级数求和问题，然后将变量$x$取某一定值，使其和恰好为常数项级数的和. 类似的题有：

（1）求级数$\sum\limits_{n=1}^{\infty}\frac{1}{(2n-1)2^n}$的和. $\left(\text{答案}\frac{1}{\sqrt{2}}\ln(\sqrt{2}+1)\right)$

**提示**：考虑幂级数$\sum\limits_{n=1}^{\infty}x^{2n-1}$，在收敛区域$(-1,1)$内设其和函数为$S(x)$，$S'(x)=\sum\limits_{n=1}^{\infty}\left(\frac{x^{2n-1}}{2n-1}\right)\sum\limits_{n=1}^{\infty}x^{2(n-1)}=\frac{1}{1-x^2}$，所以$S(x)=\int_0^x\frac{1}{1-x^2}dx=\frac{1}{2}\ln\frac{1+x}{1-x}(-1<x<1)$，

$$\sum_{n=1}^{\infty}\frac{1}{(2n-1)2^n}=\sum_{n=1}^{\infty}\frac{1}{(2n-1)(\sqrt{2})^{2n-1+1}}=\frac{1}{\sqrt{2}}\sum_{n=1}^{\infty}\frac{\left(\frac{1}{\sqrt{2}}\right)^{2n-1}}{2n-1}=\frac{1}{\sqrt{2}}S\left(\frac{1}{\sqrt{2}}\right)=\frac{1}{\sqrt{2}}\ln(\sqrt{2}+1).$$

（2）求级数$\sum\limits_{n=1}^{\infty}\frac{(-1)^{n+1}}{2n-1}$的和. $\left(\text{答案}\frac{\pi}{4}\right)$

**提示**：把所求级数的和看作幂级数$S(x)=\sum\limits_{n=1}^{\infty}\frac{(-1)^{n+1}x^{2n-1}}{2n-1}$在$x=1$处的值，于是问题转

为计算 $S(x)$. 幂级数的收敛域为$[-1,1]$,经逐项求导得到 $S'(x)=\sum_{n=0}^{\infty}(-1)^n x^{2n},x\in[-1,1]$,其和为 $S'(x)=\sum_{n=1}^{\infty}(-x^2)^n=\frac{1}{1+x^2},x\in[-1,1]$. 再通过两边求积分,得 $S(x)-S(0)=\int_0^x S'(t)\mathrm{d}t=\int_0^x\frac{1}{1+t^2}\mathrm{d}u=\arctan x$. 由于这里的$S(0)=0$,于是求得$\sum_{n=1}^{\infty}\frac{(-1)^{n+1}}{2n-1}S(1)=\arctan 1=\frac{\pi}{4}$. )

(3) 求级数$\sum_{n=1}^{\infty}\frac{n^2}{n!}$的和. (答案 2e)

**提示**:$\sum_{n=1}^{\infty}\frac{n^2}{n!}=\sum_{n=1}^{\infty}\frac{n}{n-1!}=\sum_{n=1}^{\infty}\frac{(n-1)+1}{(n-1)!}=\sum_{n=2}^{\infty}\frac{1}{(n-2)!}+\sum_{n=1}^{\infty}\frac{1}{(n-1)!}=2\mathrm{e}$,因为 $\mathrm{e}^x=\sum_{n=0}^{\infty}\frac{x^n}{n!}(-\infty<x<\infty)$,所以当 $x=1$ 时,有 $\mathrm{e}=\sum_{n=1}^{\infty}\frac{1}{n!}$

(4) 求级数$\sum_{n=0}^{\infty}\frac{(-1)^n}{(2n)!}$的和. (答案 cos1)

**提示**:把所求级数的和看做幂级数$S(x)=\sum_{n=0}^{\infty}\frac{(-1)^n x^{2n}}{(2n)!}$在$x=1$处的值,于是问题转为计算 $S(x)$. 幂级数的收敛域为 $\mathbf{R}$,$S(x)=\sum_{n=0}^{\infty}\frac{(-1)^n x^{2n}}{(2n)!}=\cos x,x\in\mathbf{R}$. 故$\sum_{n=0}^{\infty}\frac{(-1)^n}{(2n)!}=S(1)=\cos 1$.

(5) 求级数$\sum_{n=1}^{\infty}\frac{(-1)^{n+1}}{n}$的和. (答案 ln2)

**提示**:把所求级数的和看做幂级数 $S(x)=\sum_{n=1}^{\infty}\frac{(-1)^{n+1}x^n}{n}$在 $x=1$ 处的值,于是问题转为计算 $S(x)$. 幂级数的收敛域为$(-1,1)$,$S(x)=\sum_{n=1}^{\infty}\frac{(-1)^{n+1}x^n}{n}=\ln(1+x),x\in(-1,1)$. 故 $\sum_{n=1}^{\infty}\frac{(-1)^{n+1}}{n}=S(1)=\ln 2$.

**例 3-20** 证明$\frac{1}{\sin^2 x}-\frac{1}{x}<1-\frac{4}{\pi^2}\left(0<x<\frac{\pi}{2}\right)$.

**分析** 将不等式变形为$\frac{1}{\sin^2 x}-1<\frac{1}{x}-\frac{4}{\pi^2}$,构造两个辅助函数,利用柯西中值定理进行证明.

**解答** 构造辅助函数$f(x)=\frac{1}{x^2},g(x)=\frac{1}{\sin^2 x}$,则$f(x)$、$g(x)$ 在$\left[x,\frac{\pi}{2}\right]$上应用柯西中值定理,则

$\exists\xi\in\left(x,\frac{\pi}{2}\right)$,使得

$$\frac{f\left(\frac{\pi}{2}\right)-f(x)}{g\left(\frac{\pi}{2}\right)-g(x)}=\frac{f'(\xi)}{g'(\xi)},$$

即

$$\frac{\dfrac{1}{x^2}-\dfrac{4}{\pi^2}}{\dfrac{1}{\sin^2x}-1}=\frac{-2\dfrac{1}{\xi^3}}{-2\dfrac{\cos\xi}{\sin^3\xi}}=\frac{\sin^3\xi}{\xi^3\cos\xi}\frac{\tan\xi\sin^2\xi}{\xi^3}=\frac{\tan^2z+2\sin^2z}{3z^2}$$

$$=\frac{\tan w\sec^2w+\sin2w}{3w}=\frac{\tan w+\tan^3w+\sin2w}{3w}$$

$$=\frac{\sec^2u+3\tan^2u\sec^2u+2\cos2u}{3}$$

$$=\frac{\tan^2u(1+3\sec^2u-4\cos^2u)}{3}+1>1,$$

其中,$0<u<w<z<\xi<x<\dfrac{\pi}{2}$. 于是,$\dfrac{1}{\sin^2x}-1<\dfrac{1}{x}-\dfrac{4}{\pi^2}$,即

$$\frac{1}{\sin^2x}-\frac{1}{x}<1-\frac{4}{\pi^2}\left(0<x<\frac{\pi}{2}\right).$$

**评注** 利用函数的微分包括单调性、凹凸性、最值、罗尔定理、拉格朗日中值定理、柯西中值定理和泰勒定理,它们常常是证明者不等式的有效方法. 解题的关键是构造适当的辅助函数,类似的题有:

(1) 当$x>0$时,证明不等式$1+x\ln(x+\sqrt{1+x^2})>\sqrt{1+x^2}$.

**提示**:设$f(x)=1+x\ln(x+\sqrt{1+x^2})-\sqrt{1+x^2}$,又$f'(x)=\ln(x+\sqrt{1+x^2})+\dfrac{x}{\sqrt{1+x^2}}-\dfrac{x}{\sqrt{1+x^2}}=\ln(x+\sqrt{1+x^2})>\ln1=0(x>0)$,从而当$x\geqslant0$时,$f(x)$单调增加;而$f(0)=0$,故$f(x)>f(0)(x>0)$,即$1+x\ln(x+\sqrt{1+x^2})>\sqrt{1+x^2}$.

(2) 证明不等式$\dfrac{1}{2}(x^n+y^n)>\left(\dfrac{x+y}{2}\right)^n\quad(x>0,y>0,x\neq y,n>1)$.

**提示**:构造函数$f(t)=t^n,t\in(0,+\infty)$,因为$n>1$及$f'(t)=nt^{n-1},f''(t)=n(n-1)t^{n-2}>0$,所以$f(t)$在$(0,+\infty)$内是凹的,于是对于任何$x,y\in(0,+\infty),x\neq y$,则有$\dfrac{x^n+y^n}{2}>\left(\dfrac{x+y}{2}\right)^n$,故$\dfrac{1}{2}(x^n+y^n)>\left(\dfrac{x+y}{2}\right)^n$.

(3) 证明不等式$x^a-ax\leqslant1-a\quad(x>0,0<a<1)$.

**提示**:设函数$f(x)=x^a-ax-1+a$,则$f'(x)=a(x^{a-1}-1)$,令$f'(x)=0$,则$x=1,f(1)=0,f''(x)=a(a-1)x^{a-2},f''(1)<0$,从而$f(x)$在$x=1$取极大值,对$\forall x>0,f(x)\leqslant f(1)$,有$x^a-ax\leqslant1-a$.

(4) 设$a>b>0,n>1$,证明:$nb^{n-1}(a-b)<a^n-b^n<na^{n-1}(a-b)$.

**提示**:令$f(x)=x^n$,它在$(-\infty,+\infty)\supset[b,a]$上是连续且可导,且$(x^n)'=nx^{n-1}$,于是由拉格朗日中值定理,有$\dfrac{a^n-b^n}{a-b}=n\xi^{n-1}$,其中$b<\xi<a$,从而$nb^{n-1}<n\xi^{n-1}<na^{n-1}$,又$a-b>0$,所以$nb^{n-1}(a-b)<a^n-b^n<na^{n-1}(a-b)$.

(5) 设$f(x)$在$[0,1]$上有二阶导数,$|f(x)|<a,|f''(x)|<b$,其中$a$、$b$是非负数,求证:对

一切 $c\in(0,1)$，有 $|f'(x)|\leqslant 2a+\frac{1}{2}b$.

**提示**：对 $\forall c\in(0,1)$，$f(x)$ 在 $[0,1]$ 上有二阶导数，所以将函数 $f(x)$ 在 $x=c$ 处泰勒展开，有 $f(x)=f(c)+f'(c)(x-c)+\frac{f''(\xi)}{2!}(x-c)^2(c<\xi<x)$.

特别地，当 $x=0$，$x=1$ 时，有

$$f(0)=f(c)+f'(c)(0-c)+\frac{f''(\xi_1)}{2!}(0-c)^2,0<\xi_1<c.f(1)=$$

$$f(c)+f'(c)(1-c)+\frac{f''(\xi_2)}{2}(1-c)^2,(c<\xi_2<1).$$

两式相减，有

$$f(1)-f(0)=f'(c)+\frac{1}{2}[f''(\xi_2)(1-c)^2-f''(\xi_1)c^2],$$

即

$$f'(c)=f(1)-f(0)-\frac{1}{2}[f''(\xi_2)(1-c)^2-f''(\xi_1)c^2],$$

$$|f'(c)|\leqslant|f(1)|+|f(0)|+\frac{1}{2}[|f''(\xi_2)(1-c)^2|+|f''(\xi_1)c^2|]$$

$$\leqslant a+a+\frac{b}{2}[(1-c)^2+c^2]\leqslant 2a+\frac{b}{2}.$$

**例 3-21** 设 $0\leqslant f(x)\leqslant 1$，无穷积分 $\int_0^{+\infty}f(x)\,\mathrm{d}x$ 和 $\int_0^{+\infty}xf(x)\,\mathrm{d}x$ 都收敛，证明：

$$\int_0^{+\infty}xf(x)\,\mathrm{d}x>\frac{1}{2}\left(\int_0^{+\infty}f(x)\,\mathrm{d}x\right)^2.$$

**分析** 该题利用积分区域的可加性和积分的不等关系可以证明本题.

**证明** 无穷积分 $\int_0^{+\infty}f(x)\,\mathrm{d}x$ 和 $\int_0^{+\infty}xf(x)\,\mathrm{d}x$ 都收敛，故令

$$\int_0^{+\infty}f(x)\,\mathrm{d}x=a,$$

则 $a\in(0,+\infty)$，由已知 $0\leqslant f(x)\leqslant 1$，得

$$\begin{aligned}\int_0^{+\infty}xf(x)\,\mathrm{d}x&=\int_0^a xf(x)\,\mathrm{d}x+\int_a^{+\infty}xf(x)\,\mathrm{d}x\\&>\int_a^a xf(x)\,\mathrm{d}x+\int_a^{+\infty}af(x)\,\mathrm{d}x\\&=\int_0^a xf(x)\,\mathrm{d}x+a\left(\int_0^{+\infty}f(x)\,\mathrm{d}x-\int_0^a f(x)\,\mathrm{d}x\right)\\&=\int_0^a xf(x)\,\mathrm{d}x+a\left(a-\int_0^a f(x)\,\mathrm{d}x\right)\\&=\int_0^a xf(x)\,\mathrm{d}x+a\left(\int_0^a 1\,\mathrm{d}x-\int_0^a f(x)\,\mathrm{d}x\right)\\&=\int_0^a xf(x)\,\mathrm{d}x+a\int_0^a(1-f(x))\,\mathrm{d}x\end{aligned}$$

$$> \int_0^a xf(x)\,dx + \int_0^a x(1 - f(x))\,dx$$

$$= \int_0^a xf(x) + x - xf(x)\,dx$$

$$= \int_0^a x\,dx = \frac{a^2}{2}.$$

因此,有

$$\int_0^{+\infty} xf(x)\,dx > \frac{1}{2}\left(\int_0^{+\infty} f(x)\,dx\right)^2.$$

**评注** 利用积分的性质可以证明积分不定式,关键是构造适当的辅助函数. 类似的题有:

(1) 证明不等式 $\int_0^1 e^x dx > \int_0^1 (1 + x)dx$.

**提示**:设 $f(x) = e^x - (1 + x), x \in [0,1], f'(x) = e^x - 1 > 0, f(x)$ 在 $[0,1]$ 上单调增加, $f(x) > f(0) = 0$, 故 $e^x \geqslant 1 + x$, 其中,等号仅在 $x = 0$ 时成立,根据定积分的性质有 $\int_0^1 e^x dx > \int_0^1 (1 + x)dx$.

(2) 证明不等式 $\int_0^{\frac{\pi}{4}} \frac{\tan x}{x} dx > \int_0^{\frac{\pi}{4}} \frac{x}{\tan x} dx$.

**提示**:$0 > x$ 时, $\tan x > x, \frac{\tan x}{x} > 1, \int_0^{\frac{\pi}{4}} \frac{\tan x}{x} dx > \frac{\pi}{4}, \frac{x}{\tan x} < 1, \int_0^{\frac{\pi}{4}} \frac{x}{\tan x} dx < \frac{\pi}{4}$. 于是有 $\int_0^{\frac{\pi}{4}} \frac{\tan x}{x} dx > \int_0^{\frac{\pi}{4}} \frac{x}{\tan x} dx$.

(3) 设 $f(x)$ 在 $[0,1]$ 上连续,单调减少,且 $f(x) > 0$,证明:对于 $0 < \alpha < \beta < 1$ 的任意 $\alpha$、$\beta$,有 $\beta \int_0^\alpha f(x)dx > \alpha \int_\alpha^\beta f(x)dx$.

**提示**:令 $F(x) = x\int_0^\alpha f(t)dt - \alpha \int_\alpha^x f(t)dt, x \geqslant \alpha$. 则 $F'(x) = \int_0^\alpha f(t)dx - \alpha f(x) = \int_0^\alpha f(t)dt - \int_0^\alpha f(x)dt$. 因为 $f(x)$ 单调减少,故对 $t \in (0,\alpha), x \geqslant \alpha$, 有 $f(t) > f(x)$, 则 $F'(x) > 0$, 故 $F(x)$ 单调增加. 又因为 $f(x) > 0$, 所以 $F(\alpha) = \alpha \int_0^\alpha f(t)dt - \alpha \int_\alpha^\alpha f(t)dt = \alpha \int_0^\alpha f(t)dt > 0$. 于是, $F(\beta) = \beta \int_0^\alpha f(t)dt - \alpha \int_\alpha^\beta f(t)dt > F(\alpha) > 0, 0 < \alpha < \beta < 1$. 即 $\beta \int_0^\alpha f(x)dx > \alpha \int_\alpha^\beta f(x)dx$.

(4) 设 $f(x)$、$g(x)$ 在 $[0,1]$ 上的导数连续,且 $f(0) = 0, f'(x) > 0, g'(x) > 0$. 证明:对任何 $a \in [0,1]$,有 $\int_0^a g(x)f'(x)dx + \int_0^1 f(x)g'(x)dx \geqslant f(a)g(1)$.

**提示**:$\int_0^a g(x)f'(x)dx = [g(x)f(x)]_0^a - \int_0^a f(x)g'(x)dx = g(a)f(a) - \int_0^a f(x)g'(x)dx$.

$\int_0^a g(x)f'(x)dx + \int_0^1 f(x)g'(x)dx = g(a)f(a) - \int_0^a f(x)g'(x)dx + \int_0^1 f(x)g'(x)dx = g(a)f(a) + \int_a^1 f(x)g'(x)dx$,

当 $x \in [0,1]$ 时，$f'(x) > 0, g'(x) > 0$，于是有 $f(x)g'(x) \geqslant f(a)g'(x), x \in [a,1]$.

$\int_a^1 f(x)g'(x)\mathrm{d}x \geqslant \int_a^1 f(a)g'(x)\mathrm{d}x = f(a)g(1) - g(a)f(a)$.

即 $\int_0^a g(x)f'(x)\mathrm{d}x + \int_0^1 f(x)g'(x)\mathrm{d}x \geqslant f(a)g(1)$.

(5) 设 $f(x)$、$g(x)$ 在 $[a,b]$ 上连续，且满足 $\begin{cases}\int_a^x f(t)\mathrm{d}t \geqslant \int_a^x g(t)\mathrm{d}t, x \in [a,b) \\ \int_a^b f(t)\mathrm{d}t = \int_a^b g(t)\mathrm{d}t\end{cases}$，证明：$\int_a^b xf(x)\mathrm{d}x \leqslant \int_a^b xg(x)\mathrm{d}x$.

**提示**：令 $F(x) = f(x) - g(x), G(x) = \int_a^x F(t)\mathrm{d}t$，则 $G(x) = \int_a^x f(t)\mathrm{d}t - \int_a^x g(t)\mathrm{d}t \geqslant 0, \forall x \in [a,b]$. $G(a) = \int_a^a f(t)\mathrm{d}t - \int_a^a g(t)\mathrm{d}t = 0, G(b) = \int_a^b f(t)\mathrm{d}t - \int_a^b g(t)\mathrm{d}t = 0, G'(x) = F(x)$.

从而有 $\int_a^b xF(x)\mathrm{d}x = \int_a^b x\mathrm{d}G(x) = [xG(x)]_a^b - \int_a^b G(x)\mathrm{d}x = -\int_a^b G(x)\mathrm{d}x \leqslant 0$，

因此，$\int_a^b xf(x)\mathrm{d}x \leqslant \int_a^b xg(x)\mathrm{d}x$.

### 3.3.3 学习效果测试题及答案

**1. 学习效果测试题**

(1) 已知数列 $\{na_n\}$ 收敛，级数 $\sum_{n=2}^{\infty} n(a_n - a_{n-1})$ 也收敛，证明：级数 $\sum_{n=1}^{\infty} a_n$ 收敛.

(2) 函数列 $\left\{f_n(x) = \sum_{i=1}^{n} \frac{1}{n} f\left(x + \frac{i}{n}\right)\right\}$，其中 $f(x) = \int_0^{\infty} \frac{t^2}{1+t^x}\mathrm{d}t$，证明函数列 $\{f_n(x)\}\ n = 1,2,\cdots$ 在 $[4,A]\ (A \geqslant 4)$ 上一致收敛.

(3) 证明：$\sum_{n=0}^{\infty} \frac{(-1)^n}{(n+1)3^{n+1}} = \ln \frac{4}{3}$.

(4) 设 $\lim_{x \to 0} \frac{f(x)}{x} = 1$，且 $\forall x \in \mathbf{R}, f''(x) > 0$，证明 $f(x) \geqslant x$.

(5) 设 $f:[0,1] \to \mathbf{R}$ 可微，$f(0) = f(1)$，$\int_0^1 f(x)\mathrm{d}x = 0$，且 $f'(x) \neq 1, \forall x \in [0,1]$，求证：对 $\forall n \in \mathbf{N}^+$，有

$$\left|\sum_{n=1}^{\infty} f\left(\frac{k}{n}\right)\right| < \frac{1}{2}.$$

**2. 测试题答案**

(1) 设 $\lim_{n \to \infty} na_n = A$，级数 $\sum_{n=2}^{\infty} n(a_n - a_{n-1})$ 的前 $n$ 项和为 $s_n$，$\lim_{n \to \infty} s_n = s$，级数 $\sum_{n=1}^{\infty} a_n$ 的前 $n$ 项和为 $\sigma_n$，则

$$\begin{aligned} s_n &= 2(a_2 - a_1) + 3(a_3 - a_2) + \cdots + n(a_n - a_{n-1}) + (n+1)(a_{n+1} - a_n) - (a_1 + a_2 + \cdots + a_n) \\ &= (n+1)a_{n+1} - a_1 = (n+1)a_{n+1} - a_1 - \sigma_n. \end{aligned}$$

故 $\sigma_n=(n+1)a_{n+1}-a_1-s_n,\lim\limits_{n\to\infty}\sigma_n=A-a_1-s$，因此级数 $\sum\limits_{n=1}^{\infty}a_n$ 收敛.

(2) 首先设 $f_n(x)$ 的极限函数为 $F(x)$. 则

$$F(x)=\lim_{n\to\infty}f_n(x)=\int_x^{x+1}f(t)\,dt=\sum_{i=0}^{n-1}\int_{x+\frac{i}{n}}^{x+\frac{i+1}{n}}f(t)\,dt$$

$$=\sum_{i=0}^{n-1}\frac{1}{n}f\left(x+\frac{i}{n}+\frac{\theta_i}{n}\right)(0<\theta_i<1;i=0,1,2,\cdots,n-1).$$

其次考虑含参数积分 $g(x)=\int_1^{\infty}\frac{t^2}{1+t^x}dt$.

当 $t\geqslant 1$ 时，$\forall x\in[4,A]$，有 $\frac{t^2}{1+t^x}\leqslant\frac{t^2}{1+t^4}$. 因为 $\int_1^{\infty}\frac{t^2}{1+t^4}dt$ 在 $[4,A+1]A\geqslant 4$ 上一致收敛，由比较判别法知 $g(x)=\int_1^{\infty}\frac{t^2}{1+t^x}dt$ 在 $[4,A+1]A\geqslant 4$ 上一致收敛，则 $g(x)=\int_1^{\infty}\frac{t^2}{1+t^x}dt$ 在 $[4,A+1](A\geqslant 4)$ 上一致连续，

$\forall\varepsilon>0,\exists\delta>0$，使得 $\forall x_1,x_2\in[4,A+1]$，当 $|x_1-x_2|<\delta$ 时，有

$$|f(x_1)-f(x_2)|<\varepsilon$$

现取 $N=\left[\frac{1}{\delta}\right]+1$，则当 $n>N$ 时，对 $\forall x\in[4,A]$，$x+\frac{i}{n}+\frac{\theta_i}{n}$、$x+\frac{i}{n}\in[4,A+1]$，有

$$\left|\left(x+\frac{i}{n}+\frac{\theta_i}{n}\right)-\left(x+\frac{i}{n}\right)\right|=\frac{\theta_i}{n}<\frac{1}{n}<\frac{1}{N}<\delta,$$

则

$$\left|f\left(x+\frac{i}{n}+\frac{\theta_i}{n}\right)-f\left(x+\frac{i}{n}\right)\right|<\varepsilon.$$

于是，$\forall\varepsilon>0,\exists N=\left[\frac{1}{\delta}\right]+1$，则当 $n>N$ 时，对 $\forall x\in[4,A]$，有

$$|F(x)-f_n(x)|\leqslant\sum_{i=0}^{n-1}\frac{1}{n}\left|f\left(x+\frac{i}{n}+\frac{\theta_i}{n}\right)-f\left(x+\frac{i}{n}\right)\right|\leqslant\sum_{i=0}^{n-1}\frac{1}{n}\varepsilon=n\cdot\frac{1}{n}\varepsilon=\varepsilon.$$

因此，函数列 $\{f_n(x)\}n=1,2,\cdots$ 在 $[4,A](A\geqslant 4)$ 上一致收敛.

(3) 把所求级数的和看做幂级数 $S(x)=\sum\limits_{n=0}^{\infty}\frac{(-1)^n x^{n+1}}{n+1}$ 在 $x=\frac{1}{3}$ 处的值，于是问题转为计算 $S(x)$. 幂级数的收敛域为 $(-1,1]$，经逐项求导，得

$$S'(x)=\sum_{n=0}^{\infty}(-1)^n x^n,\quad x\in(-1,1];$$

其和为

$$S'(x)=\sum_{n=0}^{\infty}(-x)^n=\frac{1}{1+x},x\in(-1,1].$$

再通过两边求积分，得

$$S(x)-S(0)=\int_0^x S'(t)\,dt=\int_0^x\frac{1}{1+t}dt=\ln(1+x).$$

由于这里的 $S(0)=0$,于是求得

$$\sum_{n=0}^{\infty}\frac{(-1)^n}{(n+1)3^{n+1}}=S\left(\frac{1}{3}\right)=\ln\left(1+\frac{1}{3}\right)=\ln\frac{4}{3}.$$

(4) 由于 $\forall x\in\mathbf{R}, f''(x)>0$,则 $f(x)$ 在 $x=0$ 处连续.

因 $\lim\limits_{x\to 0}\frac{f(x)}{x}=1$,可知 $f(x)\sim x$,当 $x\to 0$,故有

$$f(0)=\lim_{x\to 0}f(x)=0.$$

而

$$\lim_{x\to 0}\frac{f(x)}{x}=\lim_{x\to 0}\frac{f(x)-f(0)}{x-0}=f'(0)=1.$$

将 $f(x)$ 在 $x=0$ 处泰勒展开,有

$$f(x)=f(0)+f'(0)x+\frac{f''(\xi)}{2}x^2=x+\frac{f''(\xi)}{2}x^2(0<\xi<x).$$

由于 $\forall x\in\mathbf{R}, f''(x)>0$,则 $f(x)\geqslant x$.

(5) 由于 $f:[0,1]\to\mathbf{R}$ 可微,$f(0)=f(1)$,由罗尔定理,得 $\exists\xi\in[0,1]$,使得 $f'(\xi)=0$. 又因为 $f'(x)\neq 1$,由导数的介值性质,得 $f'(x)<1$. 设函数 $g(x)=f(x)-x$, $\forall x\in[0,1]$,则 $f(x)=g(x)+x$. 且 $g'(x)=f'(x)-1<0$, $\forall x\in[0,1]$. $g(x)$ 单调递减. 因为 $\int_0^1 g(x)\mathrm{d}x=\int_0^1 f(x)-x\mathrm{d}x=\int_0^1 f(x)\mathrm{d}x-\int_0^1 x\mathrm{d}x=0-\frac{1}{2}=-\frac{1}{2}$, 所以

$$-\frac{1}{2}+\frac{1}{n}=\int_0^1 g(x)\mathrm{d}x+\frac{1}{n}>\frac{1}{n}\sum_{k=1}^{n}g\left(\frac{k}{n}\right)+\frac{1}{n}=\frac{1}{n}\left(\sum_{k=1}^{n}g\left(\frac{k}{n}\right)+1\right)=$$

$$\frac{1}{n}\sum_{k=0}^{n-1}g\left(\frac{k}{n}\right)>\int_0^1 g(x)\mathrm{d}x=-\frac{1}{2},$$

于是, $\sum\limits_{k=0}^{n-1}g\left(\frac{k}{n}\right)<-\frac{n}{2}+1=\frac{2-n}{2}$,

$$\left|\sum_{k=0}^{n-1}f\left(\frac{k}{n}\right)\right|=\left|\sum_{k=0}^{n-1}g\left(\frac{k}{n}\right)+\frac{0+1+2+\cdots+n-1}{n}\right|=$$

$$\left|\sum_{k=0}^{n-1}g\left(\frac{k}{n}\right)+\frac{n-1}{2}\right|=\left|\sum_{k=0}^{n-1}g\left(\frac{k}{n}\right)\right|+\frac{n-1}{2}<\frac{1}{2}.$$

# 第4章　线性代数

## 4.1　行列式

### 4.1.1　核心内容提示

（1）$n$ 级行列式的定义.

（2）$n$ 级行列式的性质.

（3）行列式的计算.

（4）行列式按一行（列）展开.

（5）拉普拉斯展开定理.

（6）克拉默法则.

### 4.1.2　典型例题精解

**例4-1**　计算行列式 $|\boldsymbol{A}| = \begin{vmatrix} a & b & c & d \\ -b & a & -d & c \\ -c & d & a & -b \\ -d & -c & b & a \end{vmatrix}$.

**分析**　注意到

$$\begin{pmatrix} a & b & c & d \\ -b & a & -d & c \\ -c & d & a & -b \\ -d & -c & b & a \end{pmatrix}\begin{pmatrix} a & -b & -c & -d \\ b & a & d & -c \\ c & -d & a & b \\ d & c & -b & a \end{pmatrix}$$

$$= \begin{pmatrix} a^2+b^2+c^2+d^2 & 0 & 0 & 0 \\ 0 & a^2+b^2+c^2+d^2 & 0 & 0 \\ 0 & 0 & a^2+b^2+c^2+d^2 & 0 \\ 0 & 0 & 0 & a^2+b^2+c^2+d^2 \end{pmatrix},$$

可利用方阵的行列式求解.

**解答**
$$\begin{vmatrix} a & b & c & d \\ -b & a & -d & c \\ -c & d & a & -b \\ -d & -c & b & a \end{vmatrix}^2 = \begin{vmatrix} a & b & c & d \\ -b & a & -d & c \\ -c & d & a & -b \\ -d & -c & b & a \end{vmatrix}\begin{vmatrix} a & -b & -c & -d \\ b & a & d & -c \\ c & -d & a & b \\ d & c & -b & a \end{vmatrix}$$

$$=\begin{vmatrix} a^2+b^2+c^2+d^2 & 0 & 0 & 0 \\ 0 & a^2+b^2+c^2+d^2 & 0 & 0 \\ 0 & 0 & a^2+b^2+c^2+d^2 & 0 \\ 0 & 0 & 0 & a^2+b^2+c^2+d^2 \end{vmatrix}$$

$=(a^2+b^2+c^2+d^2)^4$,

故原式 $=(a^2+b^2+c^2+d^2)^2$.

**评注** 计算行列式,有一种方法是把行列式对应的方阵改写两个方阵的乘积,再计算.类似的题有:

(1) $\begin{vmatrix} a_{11} & a_{12} & a_{13} & a_{14} & a_{15} \\ a_{21} & a_{22} & a_{23} & a_{24} & a_{25} \\ a_{31} & a_{32} & 0 & 0 & 0 \\ a_{41} & a_{42} & 0 & 0 & 0 \\ a_{51} & a_{52} & 0 & 0 & 0 \end{vmatrix}$.(答案:0)

(2) $\begin{vmatrix} 0 & 0 & 2 & 0 \\ 0 & 2 & 0 & 0 \\ 0 & 0 & 0 & 2 \\ 2 & 0 & 0 & 0 \end{vmatrix}$.(答案:16)

(3) $\begin{vmatrix} 0 & 1 & 0 & \cdots & 0 \\ 0 & 0 & 2 & \cdots & 0 \\ \vdots & \vdots & \vdots & \ddots & \vdots \\ 0 & 0 & 0 & \cdots & n-1 \\ n & 0 & 0 & \cdots & 0 \end{vmatrix}$.(答案:$(-1)^{n-1}n!$)

(4) $\begin{vmatrix} ax+by & ay+bz & az+bx \\ ay+bz & az+bx & ax+by \\ az+bx & ax+by & ay+bz \end{vmatrix}$. $\left(\text{答案}:(a^3+b^3)\begin{vmatrix} x & y & z \\ y & z & x \\ z & x & y \end{vmatrix}\right)$

(5) $\begin{vmatrix} 1 & 1 & 1 & 1 \\ a & b & c & d \\ a^2 & b^2 & c^2 & d^2 \\ a^4 & b^4 & c^4 & d^4 \end{vmatrix}$.(答案:$(a-b)(a-c)(a-d)(b-c)(b-d)\cdot(c-d)(a+b+c+d)$)

**例 4-2** 计算 $n$ 阶行列式 $D_n=\begin{vmatrix} a_1 & a_2 & a_3 & \cdots & a_{n-1} & a_n \\ a_n & a_1 & a_2 & \cdots & a_{n-2} & a_{n-1} \\ a_{n-1} & a_n & a_1 & \cdots & a_{n-3} & a_{n-2} \\ \vdots & \vdots & \vdots & \ddots & \vdots & \vdots \\ a_3 & a_4 & a_5 & \cdots & a_1 & a_2 \\ a_2 & a_3 & a_4 & \cdots & a_n & a_1 \end{vmatrix}$.

**分析** 这是一个循环行列式. $f(x)=a_1+a_2x+a_3x^2+\cdots+a_nx^{n-1}$, $\varepsilon_0,\varepsilon_1,\varepsilon_2,\cdots,\varepsilon_{n-1}$ 为 1 的全部 $n$ 次单位根. $\varepsilon=e^{\frac{2\pi i}{n}}$,则 $\varepsilon_k=\varepsilon^k$.

记

$$\Delta = \begin{vmatrix} 1 & 1 & 1 & \cdots & 1 \\ 1 & \varepsilon & \varepsilon^2 & \cdots & \varepsilon^{n-1} \\ 1 & \varepsilon^2 & \varepsilon^4 & \cdots & \varepsilon^{2(n-1)} \\ \vdots & \vdots & \vdots & \ddots & \vdots \\ 1 & \varepsilon^{(n-1)} & \varepsilon^{2(n-1)} & \cdots & \varepsilon^{(n-1)(n-1)} \end{vmatrix}$$

解得

$$D_n\Delta = \begin{vmatrix} f(1) & f(\varepsilon) & f(\varepsilon^2) & \cdots & f(\varepsilon^{n-1}) \\ f(1) & \varepsilon f(\varepsilon) & \varepsilon^2 f(\varepsilon^2) & \cdots & \varepsilon^{n-1} f(\varepsilon^{n-1}) \\ f(1) & \varepsilon^2 f(\varepsilon^2) & \varepsilon^4 f(\varepsilon^4) & \cdots & \varepsilon^{2(n-1)} f(\varepsilon^{n-1}) \\ \vdots & \vdots & \vdots & \ddots & \vdots \\ f(1) & \varepsilon^{n-1} f(\varepsilon) & \varepsilon^{2(n-1)} f(\varepsilon^2) & \cdots & \varepsilon^{(n-1)(n-1)} f(\varepsilon^{n-1}) \end{vmatrix}$$
$$= f(1)f(\varepsilon)\cdots f(\varepsilon^{n-1})\Delta.$$

因此 $D_n = f(1)f(\varepsilon)\cdots f(\varepsilon^{n-1})$.

**评注** 这种计算行列式的方法是考虑其对应的方阵,再乘以一个适当的方阵. 类似的题有:

(1) $\begin{vmatrix} 1+a & 1 & 1 & 1 \\ 1 & 1-a & 1 & 1 \\ 1 & 1 & 1+b & 1 \\ 1 & 1 & 1 & 1-b \end{vmatrix}$. (答案:$(4a+2)(2-a)^4$)

(2) $\begin{vmatrix} 2 & a & a & a & a \\ a & 2 & a & a & a \\ a & a & 2 & a & a \\ a & a & a & 2 & a \\ a & a & a & a & 2 \end{vmatrix}$. (答案:$-a^2\begin{vmatrix} b & 0 \\ 1 & -b \end{vmatrix} = a^2b^2$)

(3) $\begin{vmatrix} 1 & 2 & 2 & \cdots & 2 \\ 2 & 2 & 2 & \cdots & 2 \\ 2 & 2 & 3 & \cdots & 2 \\ \vdots & \vdots & \vdots & \ddots & \vdots \\ 2 & 2 & 2 & \cdots & n \end{vmatrix}$. (答案:$-2(n-2)!$)

(4) $D_{n+1} = \begin{vmatrix} x & a_1 & a_2 & \cdots & a_{n-1} & 1 \\ a_1 & x & a_3 & \cdots & a_{n-1} & 1 \\ a_1 & a_2 & x & \cdots & a_{n-1} & 1 \\ \vdots & \vdots & \vdots & \ddots & \vdots & \vdots \\ a_1 & a_2 & a_3 & \cdots & x & 1 \\ a_1 & a_2 & a_3 & \cdots & a_n & 1 \end{vmatrix}$. (答案:$(x-a_1)(x-a_2)\cdots(x-a_n)$)

(5) $D_5=\begin{vmatrix}1-a & a & 0 & 0 & 0\\ -1 & 1-a & a & 0 & 0\\ 0 & -1 & 1-a & a & 0\\ 0 & 0 & -1 & 1-a & a\\ 0 & 0 & 0 & -1 & 1-a\end{vmatrix}$.（答案：$D_5=1-a+a^2-a^3+a^4-a^5$）

**例 4－3** 计算 $n$ 阶行列式 $D_n=\begin{vmatrix}a_1^2+1 & a_1a_2 & \cdots & a_1a_{n-1} & a_1a_n\\ a_2a_1 & a_2^2+2 & \cdots & a_2a_{n-1} & a_2a_n\\ \vdots & \vdots & \ddots & \vdots & \vdots\\ a_{n-1}a_1 & a_{n-1}a_2 & \cdots & {a_{n-1}}^2+(n-1) & a_{n-1}a_n\\ a_na_1 & a_na_2 & \cdots & a_{n-1}a_n & a_n^n+n\end{vmatrix}$的值.

**分析** 把行列式 $D_n$ 增加一行，增加一列变成一个与 $D_n$ 等值的 $n+1$ 阶行列式.

**解答** 方法一

$$D_n=\begin{vmatrix}a_1^2+1 & a_1a_2 & \cdots & a_1a_{n-1} & a_1a_n\\ a_2a_1 & a_2^2+2 & \cdots & a_2a_{n-1} & a_2a_n\\ \vdots & \vdots & \ddots & \vdots & \vdots\\ a_{n-1}a_1 & a_{n-1}a_2 & \cdots & {a_{n-1}}^2+(n-1) & a_{n-1}a_n\\ a_na_1 & a_na_2 & \cdots & a_{n-1}a_n & a_n^2+n\end{vmatrix}$$

$$=\begin{vmatrix}1 & a_1 & a_2 & \cdots & a_{n-1} & a_n\\ 0 & a_1^2+1 & a_1a_2 & \cdots & a_1a_{n-1} & a_1a_n\\ 0 & a_2a_1 & a_2^2+2 & \cdots & a_2a_{n-1} & a_2a_n\\ \vdots & \vdots & \vdots & \ddots & \vdots & \vdots\\ 0 & a_{n-1}a_1 & a_{n-1}a_2 & \cdots & a_{n-1}^2+(n-1) & a_{n-1}a_n\\ 0 & a_na_1 & a_na_2 & \cdots & a_{n-1}a_n & a_n^2+n\end{vmatrix}.$$

第 1 行分别乘以$(-a_1),(-a_2),\cdots,(-a_n)$，加到第 $2,3,\cdots,n+1$ 行上，得

$$D_n=\begin{vmatrix}1 & a_1 & a_2 & \cdots & a_{n-1} & a_n\\ -a_1 & 1 & 0 & \cdots & 0 & 0\\ -a_2 & 0 & 2 & \cdots & 0 & 0\\ \vdots & \vdots & \vdots & \ddots & \vdots & \vdots\\ -a_{n-1} & 0 & 0 & \cdots & n-1 & 0\\ -a_n & 0 & 0 & \cdots & 0 & n\end{vmatrix}.$$

将第 $2,3,\cdots,n+1$ 列分别乘以 $a_1,\frac{a_2}{2},\cdots,\frac{a_n}{n}$加到第 1 列上，得到一个上三角行列式，计算得

$$D_n=n!\left(1+\sum_{i=1}^{n}\frac{a_i^2}{i}\right).$$

**评注** 方法二将第 $n$ 列视为两项和，把 $D_n$ 拆成两个行列式的和，可得递推公式.

$$D_n=\begin{vmatrix} a_1^2+1 & a_1a_2 & \cdots & a_1a_{n-1} & a_1a_n \\ a_2a_1 & a_2^2+2 & \cdots & a_2a_{n-1} & a_2a_n \\ \vdots & \vdots & \ddots & \vdots & \vdots \\ a_{n-1}a_1 & a_na_2 & \cdots & a_{n-1}{}^2+(n-1) & a_{n-1}a_n \\ a_na_1 & a_na_2 & \cdots & a_{n-1}a_n & a_n^2+n \end{vmatrix}$$

$$=\begin{vmatrix} a_1{}^2+1 & a_1a_2 & \cdots & a_1a_{n-1} & a_1a_n \\ a_2a_1 & a_2{}^2+2 & \cdots & a_2a_{n-1} & a_2a_n \\ \vdots & \vdots & \ddots & \vdots & \vdots \\ a_{n-1}a_1 & a_{n-1}a_2 & \cdots & a_{n-1}^2+(n-1) & a_{n-1}a_n \\ a_na_1 & a_na_2 & \cdots & a_{n-1}a_n & a_n^2 \end{vmatrix}$$

$$+\begin{vmatrix} a_1{}^2+1 & a_1a_2 & \cdots & a_1a_{n-1} & 0 \\ a_2a_1 & a_2{}^2+2 & \cdots & a_2a_{n-1} & 0 \\ \vdots & \vdots & \ddots & \vdots & \vdots \\ a_{n-1}a_1 & a_{n-1}a_2 & \cdots & a_{n-1}^2+(n-1) & 0 \\ a_na_1 & a_na_2 & \cdots & a_{n-1}a_n & n \end{vmatrix}.$$

在第1个行列式中,将第 $n$ 列分别乘以 $(-a_1),(-a_2),\cdots,(-a_{n-1})$,加到第1,2,3,$\cdots$,$n-1$列上,得三角行列式

$$D_n=a_n\begin{vmatrix} a_1{}^2+1 & a_1a_2 & \cdots & a_1a_{n-1} & a_1 \\ a_2a_1 & a_2{}^2+2 & \cdots & a_2a_{n-1} & a_2 \\ \vdots & \vdots & \ddots & \vdots & \vdots \\ a_{n-1}a_1 & a_{n-1}a_2 & \cdots & a_{n-1}^2+(n-1) & a_{n-1} \\ a_na_1 & a_na_2 & \cdots & a_{n-1}a_n & a_n \end{vmatrix}+nD_{n-1}.$$

$$=a_n\begin{vmatrix} 1 & 0 & \cdots & 0 & a_1 \\ 0 & 2 & \cdots & 0 & a_2 \\ \vdots & \vdots & \ddots & \vdots & \vdots \\ 0 & 0 & \cdots & n-1 & a_{n-1} \\ 0 & 0 & \cdots & 0 & a_n \end{vmatrix}+nD_{n-1}$$

$$=a_n^2(n-1)!+nD_{n-1}=\frac{a_n^2}{n}n!+nD_{n-1},$$

即 $D_n=\frac{a_n^2}{n}n!\ +nD_{n-1}$.

反复使用此公式,得

$$D_n=\frac{a_n^2}{n}n!+n\left[\frac{a_{n-1}{}^2}{n-1}(n-1)!+(n-1)D_{n-2}\right]$$

$$=n!\left[\frac{a_n^2}{n}+\frac{a_{n-1}^2}{n-1}\right]+n(n-1)D_{n-2}=\cdots=n!\left[\frac{a_n^2}{n}+\frac{a_{n-1}^2}{n-1}+\cdots\frac{a_2^2}{2}\right]+n!D_1.$$

故 $D_n = n!\left(1+\sum_{i=1}^{n}\frac{a_i^2}{i}\right)$. 类似的题有：

(1) $D_4 = \begin{vmatrix} 1 & -1 & 1 & x-1 \\ 1 & -1 & x+1 & -1 \\ 1 & x-1 & 1 & -1 \\ x+1 & -1 & 1 & -1 \end{vmatrix}$. (答案：$x^4$)

(2) 计算 $D_4 = \begin{vmatrix} a_1 & 1 & 1 & 1 \\ 1 & a_2 & 0 & 0 \\ 1 & 0 & a_3 & 0 \\ 1 & 0 & 0 & a_4 \end{vmatrix}$ 的值，其中 $a_i \neq 0$. $\left(答案：a_2a_3a_4\left(a_1-\sum_{i=2}^{4}a_i^{-1}\right)\right)$.

**提示**：对于这种类型的行列式把每一行(列)的适当倍数，加到第 1 行(列)就可化为下(上)三角.

(3) 设 $F(x) = \begin{vmatrix} x & x^2 & x^3 \\ 1 & 2x & 3x^2 \\ 0 & 2 & 6x \end{vmatrix}$，求 $F'(x)$. (答案：$F'(x)=6x^2$).

**提示**：

$$F(x) = \begin{vmatrix} x & x^2 & x^3 \\ 1 & 2x & 3x^2 \\ 0 & 2 & 6x \end{vmatrix} = 2x\begin{vmatrix} 1 & x & x^2 \\ 1 & 2x & 3x^2 \\ 0 & 1 & 3x \end{vmatrix} = 2x\begin{vmatrix} 1 & x & x^2 \\ 0 & 1 & 2x \\ 0 & 0 & x \end{vmatrix} = 2x^3.$$

(4) 计算行列式 $D = \begin{vmatrix} 9 & 8 & 7 & 6 \\ 1 & 2^2 & 3^2 & 4^2 \\ 1 & 2^3 & 3^3 & 4^3 \\ 1 & 2 & 3 & 4 \end{vmatrix}$ 的值. (答案：120)

**提示**：转化为范德蒙行列式进行求解.

(5) 计算行列式 $\begin{vmatrix} 1+a & 1 & 1 & 1 \\ 1 & 1-a & 1 & 1 \\ 1 & 1 & 1+b & 1 \\ 1 & 1 & 1 & 1-b \end{vmatrix}$ 的值. (答案：$a^2b^2$)

**提示**：该行列式除主对角线外的所有元素都是 1，为此可以考虑用行列式性质，将之分为两个行列式之和，其中有一个行列式的一列全为 1.

**例 4-4** 证明 $\begin{vmatrix} a_1 & b_1 & & & \\ c_1 & a_2 & & & \\ & \ddots & \ddots & \ddots & \\ & & & & b_{n-1} \\ & & & c_{n-1} & a_n \end{vmatrix} = \begin{vmatrix} a_1 & b_1c_1 & & & \\ 1 & a_2 & & & \\ & \ddots & \ddots & \ddots & \\ & & & & b_{n-1}c_{n-1} \\ & & & 1 & a_n \end{vmatrix}$.

**分析** 可分别对这两个行列式按行展开再计算.

**解答**

$$D_n=\begin{vmatrix} a_1 & b_1 & & & \\ c_1 & a_2 & & & \\ & \ddots & \ddots & \ddots & \\ & & & & b_{n-1} \\ & & & c_{n-1} & a_n \end{vmatrix}=a_1\begin{vmatrix} a_2 & b_2 & & & \\ c_2 & a_3 & & & \\ & \ddots & \ddots & \ddots & \\ & & & & b_{n-1} \\ & & & c_{n-1} & a_n \end{vmatrix}-b_1\begin{vmatrix} c_1 & b_2 & & & \\ & a_3 & b_3 & & \\ & c_3 & a_4 & & \\ & & \ddots & \ddots & \ddots \\ & & & & b_{n-1} \\ & & & c_{n-1} & a_n \end{vmatrix}$$

$$=a_1\begin{vmatrix} a_2 & b_2 & & & \\ c_2 & a_3 & & & \\ & \ddots & \ddots & \ddots & \\ & & & & b_{n-1} \\ & & & c_{n-1} & a_n \end{vmatrix}-b_1c_1\begin{vmatrix} a_3 & b_3 & & & \\ c_3 & a_4 & & & \\ & \ddots & \ddots & \ddots & \\ & & & & b_{n-1} \\ & & & c_{n-1} & a_n \end{vmatrix}$$

$$=a_1D_{n-1}-b_1c_1D_{n-2},$$

$$B_n=\begin{vmatrix} a_1 & b_1c_1 & & & \\ 1 & a_2 & & & \\ & \ddots & \ddots & \ddots & \\ & & & & b_{n-1}c_{n-1} \\ & & & 1 & a_n \end{vmatrix}$$

$$=a_1\begin{vmatrix} a_2 & b_2c_2 & & & \\ 1 & a_3 & & & \\ & \ddots & \ddots & \ddots & \\ & & & & b_{n-1}c_{n-1} \\ & & & 1 & a_n \end{vmatrix}-b_1c_1\begin{vmatrix} a_3 & b_3c_3 & & & \\ 1 & a_4 & & & \\ & \ddots & \ddots & \ddots & \\ & & & & b_{n-1}c_{n-1} \\ & & & 1 & a_n \end{vmatrix}$$

$$=a_1B_{n-1}-b_1c_1B_{n-2}.$$

当 $n=1$ 时 $D_1=B_1=a_1$；

当 $n=2$，$D_2=a_1a_2-b_1c_1$，$B_2=a_1a_2-b_1c_1$；

假设 $n\leqslant k$，$D_n=B_n$ 成立，往证 $n=k+1$ 时，$D_{k+1}=B_{k+1}$ 也成立.

$$D_{k+1}=a_1\begin{vmatrix} a_2 & b_2 & & & \\ c_2 & a_3 & & & \\ & \ddots & \ddots & \ddots & \\ & & & & b_k \\ & & & c_k & a_{k+1} \end{vmatrix}-b_1c_1\begin{vmatrix} a_3 & b_3 & & & \\ c_3 & a_4 & & & \\ & \ddots & \ddots & \ddots & \\ & & & & b_k \\ & & & c_k & a_{k+1} \end{vmatrix}=a_1D_k-b_1c_1D_{k-1},$$

$$B_{k+1} = a_1 \begin{vmatrix} a_2 & b_2c_2 & & & \\ 1 & a_3 & & & \\ & \ddots & \ddots & \ddots & \\ & & & & b_kc_k \\ & & & 1 & a_{k+1} \end{vmatrix} - b_1c_1 \begin{vmatrix} a_3 & b_3c_3 & & & \\ 1 & a_4 & & & \\ & \ddots & \ddots & \ddots & \\ & & & & b_kc_k \\ & & & 1 & a_{k+1} \end{vmatrix} = a_1B_k - b_1c_1B_{k-1},$$

所以 $D_{k+1} = B_{k+1}$.

**评注** 对于规律性强且零元素多的行列式,可以考虑按行展开建立递推公式求值.类似的题有:

(1) $f(x) = \begin{vmatrix} 5 & 7 & 3 & 2 \\ 1 & 2 & -1 & 1 \\ 4 & 6 & 3 & 7 \\ x & 2x & -x & \frac{1}{3}x^3 - 3x \end{vmatrix}$, $f'(x) = 0$ 有____个实根.(答案:2)

(2) 计算 $n$ 阶行列式 $D_n = \begin{vmatrix} 1 & 1 & \cdots & 1 & 2-n \\ 1 & 1 & \cdots & 2-n & 1 \\ \vdots & \vdots & \ddots & \vdots & \vdots \\ 2-n & 1 & \cdots & 1 & 1 \end{vmatrix}$.(答案:$(-1)^{\frac{n(n-1)}{2}} \cdot (1-n)^{n-1}$)

(3) 计算行列式 $D_n = \begin{vmatrix} a_1+b & a_2 & a_3 & \cdots & a_n \\ a_1 & a_2+b & a_3 & \cdots & a_n \\ a_1 & a_2 & a_3+b & \cdots & a_n \\ \vdots & \vdots & a_3 & \ddots & \vdots \\ a_1 & a_2 & a_3 & \cdots & a_n+b \end{vmatrix}$.$\left(\text{答案}: D_n = b^{n-1}\left(\sum_{i=1}^{n} a_i + b\right)\right)$

(4) 设 $f(x) = \begin{vmatrix} 1 & 0 & x \\ 1 & 2 & x^2 \\ 1 & 3 & x^3 \end{vmatrix}$,求 $f(x+1) - f(x)$.(答案:$6x^2$)

(5) 行列式 $D_4 = \begin{vmatrix} a_1 & 0 & a_2 & 0 \\ 0 & b_1 & 0 & b_2 \\ c_1 & 0 & c_2 & 0 \\ 0 & d_1 & 0 & d_2 \end{vmatrix}$.(答案:$(a_1c_2 - a_2c_1)(b_1d_2 - b_2d_1)$)

**例 4-5** 设 $\boldsymbol{A}$、$\boldsymbol{B}$ 是 $n$ 阶正交矩阵,且 $\boldsymbol{A}^k = \boldsymbol{O}$,$\boldsymbol{AB} = \boldsymbol{BA}$,证明 $|\boldsymbol{A} + \boldsymbol{B}| = |\boldsymbol{B}|$.

**分析** 若 $\boldsymbol{B}$ 可逆,则 $(\boldsymbol{B}^{-1}\boldsymbol{A})^k = \boldsymbol{O}$,于是 $\boldsymbol{B}^{-1}\boldsymbol{A}$ 的特征值全为 0,$\boldsymbol{E} + \boldsymbol{B}^{-1}\boldsymbol{A}$ 的特征值全为 1,因此 $|\boldsymbol{E} + \boldsymbol{B}^{-1}\boldsymbol{A}| = 1$,进而

$$|\boldsymbol{A} + \boldsymbol{B}| = |\boldsymbol{B}||\boldsymbol{E} + \boldsymbol{B}^{-1}\boldsymbol{A}| = |\boldsymbol{B}|.$$

**解答** 若 $\boldsymbol{B}$ 不可逆,$|\boldsymbol{B}| = 0$,利用 $\boldsymbol{A}^k = \boldsymbol{O}$,$\boldsymbol{AB} = \boldsymbol{BA}$,把 $(\boldsymbol{A} + \boldsymbol{B})^k$ 按二项展开,得

$$(\boldsymbol{A} + \boldsymbol{B})^k = \sum_{i=0}^{k} C_k^i A^i B^{k-i} = \sum_{i=0}^{k-1} C_k^i A^i B^{k-i} = CB,$$

则

$$|(\boldsymbol{A}+\boldsymbol{B})^k| = |\boldsymbol{B}||\boldsymbol{C}| = 0,$$

$$|\boldsymbol{A}+\boldsymbol{B}| = 0 \, |\boldsymbol{A}+\boldsymbol{B}| = |\boldsymbol{B}|.$$

**评注** 在行列式和矩阵的运算中(方阵求逆要求行列式不为0),实质上可以看做多元函数的运算,因此,在计算时往往可以忽略间断的情形.类似的题有:

(1) 证明:奇数阶反对称矩阵的行列式为零.

**提示:** $\boldsymbol{A}^{\mathrm{T}} = -\boldsymbol{A}$, $|\boldsymbol{A}| = |\boldsymbol{A}^{\mathrm{T}}| = |-\boldsymbol{A}| = (-1)^n|\boldsymbol{A}| = -|\boldsymbol{A}|$($n$为奇数). 所以$|\boldsymbol{A}| = 0$.

(2) 设$a$, $b$, $c$是互异的实数,证明:$\begin{vmatrix} 1 & 1 & 1 \\ a & b & c \\ a^3 & b^3 & c^3 \end{vmatrix} = 0$的充要条件是$a+b+c=0$.

**提示:** 利用范德蒙行列式展开式.

$$D = \begin{vmatrix} 1 & 1 & 1 & 1 \\ a & b & c & y \\ a^2 & b^2 & c^2 & y^2 \\ a^3 & b^3 & c^3 & y^3 \end{vmatrix} = (a-b)(a-c)(b-a)(a-y)(b-y)(c-y)$$

$$= -(a-b)(a-c)(b-c)(a+b+c)y^2 + \Lambda,$$

行列式$\begin{vmatrix} 1 & 1 & 1 \\ a & b & c \\ a^3 & b^3 & c^3 \end{vmatrix}$即为$y^2$前的系数. 于是$\begin{vmatrix} 1 & 1 & 1 \\ a & b & c \\ a^3 & b^3 & c^3 \end{vmatrix} = (a-b)(a-c)(b-c)(a+b+c)$,

所以$\begin{vmatrix} 1 & 1 & 1 \\ a & b & c \\ a^3 & b^3 & c^3 \end{vmatrix} = 0$的充要条件是$a+b+c=0$.

(3) 设$f(x) = \begin{vmatrix} 1 & 1 & 1 \\ 3-x & 5-3x^2 & 3x^2-1 \\ 2x^2-1 & 3x^5-1 & 7x^8-1 \end{vmatrix}$,证明:可以找出数$\delta(0<\delta<1)$,使$f'(\delta)=0$.

**提示:** 使用罗尔定理.

(4) 证明:$D_n = \begin{vmatrix} 2\cos\theta & 1 & 0 & \cdots & 0 & 0 \\ 1 & 2\cos\theta & 1 & \cdots & 0 & 0 \\ 0 & 1 & 2\cos\theta & \cdots & 0 & 0 \\ \vdots & \vdots & \vdots & \ddots & \vdots & \vdots \\ 0 & 0 & 0 & \cdots & 2\cos\theta & 1 \\ 0 & 0 & 0 & \cdots & 1 & 2\cos\theta \end{vmatrix} = \dfrac{\sin(n+1)\theta}{\sin\theta}(\sin\theta \neq 0)$.

**提示:** 用数学归纳法证明.

(5) 已知$a,b,c$不全为零,证明齐次方程组$\begin{cases} ax_2 + bx_3 + cx_4 = 0 \\ ax_1 + x_2 = 0 \\ bx_1 + x_3 = 0 \\ cx_1 + x_4 = 0 \end{cases}$只有零解.

**提示**:使用克拉默法则.

**例 4-6** 设 $\boldsymbol{A}$、$\boldsymbol{B}$、$\boldsymbol{C}$、$\boldsymbol{D}$ 是 $n$ 阶方阵,$\boldsymbol{A}$ 可逆,$\boldsymbol{AC}=\boldsymbol{CA}$. 证明

$$\begin{vmatrix} \boldsymbol{A} & \boldsymbol{B} \\ \boldsymbol{C} & \boldsymbol{D} \end{vmatrix} = |\boldsymbol{AD}-\boldsymbol{CB}|.$$

**分析** 注意到 $\begin{pmatrix} \boldsymbol{E} & \boldsymbol{O} \\ -\boldsymbol{CA}^{-1} & \boldsymbol{E} \end{pmatrix}\begin{pmatrix} \boldsymbol{A} & \boldsymbol{B} \\ \boldsymbol{C} & \boldsymbol{D} \end{pmatrix}=\begin{pmatrix} \boldsymbol{A} & \boldsymbol{B} \\ \boldsymbol{O} & -\boldsymbol{CA}^{-1}\boldsymbol{B}+\boldsymbol{D} \end{pmatrix}$ 可求出 $\begin{vmatrix} \boldsymbol{A} & \boldsymbol{B} \\ \boldsymbol{C} & \boldsymbol{D} \end{vmatrix}$.

**解答**

$$\begin{vmatrix} \boldsymbol{A} & \boldsymbol{B} \\ \boldsymbol{C} & \boldsymbol{D} \end{vmatrix} = \begin{vmatrix} \boldsymbol{A} & \boldsymbol{B} \\ \boldsymbol{O} & -\boldsymbol{CA}^{-1}\boldsymbol{B}+\boldsymbol{D} \end{vmatrix} = |\boldsymbol{A}||-\boldsymbol{CA}^{-1}\boldsymbol{B}+\boldsymbol{D}| = |-\boldsymbol{ACA}^{-1}\boldsymbol{B}+\boldsymbol{AD}|$$
$$= |-\boldsymbol{CAA}^{-1}\boldsymbol{B}+\boldsymbol{AD}| = |\boldsymbol{AD}-\boldsymbol{CB}|.$$

**评注** 当 $\boldsymbol{A}$ 不可逆,上述结论也正确. 此时可以设计可逆矩阵序列 $\{\boldsymbol{A}_m\}$ 满足

$$\boldsymbol{A}_m\boldsymbol{C} = \boldsymbol{CA}_m,\ \lim_{m\to\infty}\boldsymbol{A}_m = \boldsymbol{A},$$

然后在等式

$$\begin{vmatrix} \boldsymbol{A}_m & \boldsymbol{B} \\ \boldsymbol{C} & \boldsymbol{D} \end{vmatrix} = |\boldsymbol{A}_m\boldsymbol{D}-\boldsymbol{CB}|$$

中求极限即得结论. 类似的题有:

(1) 设 $\boldsymbol{A}$ 是三阶方阵, 且 $|\boldsymbol{A}|=3$,求 $|(2\boldsymbol{A})^{-1}|$. $\left(答案:\dfrac{1}{24}\right)$

(2) 计算行列式 $\begin{vmatrix} a & 1 & 0 & 0 \\ -1 & b & 1 & 0 \\ 0 & -1 & c & 1 \\ 0 & 0 & -1 & d \end{vmatrix}$. (答案:$abcd+ab+cd+ad+1$)

(3) 设 $\boldsymbol{A}$ 为 $3\times3$ 阶方阵, $\boldsymbol{B}$ 为 $4\times4$ 阶方阵, 且 $|\boldsymbol{A}|=1$, $|\boldsymbol{B}|=-2$, 计算 $||\boldsymbol{B}|\boldsymbol{A}|$. (答案: $-8$)

(4) 设矩阵 $\boldsymbol{A}=\begin{pmatrix} 2 & 1 & 0 \\ 1 & 2 & 0 \\ 0 & 0 & 1 \end{pmatrix}$,矩阵满足 $\boldsymbol{ABA}^*=2\boldsymbol{BA}^*+\boldsymbol{E}$,其中 $\boldsymbol{A}^*$ 为的 $\boldsymbol{A}$ 伴随矩阵,$\boldsymbol{E}$ 是单位矩阵,计算 $|\boldsymbol{B}|$. $\left(答案:\dfrac{1}{9}\right)$

(5) 设三阶矩阵 $\boldsymbol{A}=\begin{pmatrix} \boldsymbol{\alpha} \\ 2\boldsymbol{\gamma}_2 \\ 3\boldsymbol{\gamma}_3 \end{pmatrix}$,$\boldsymbol{B}=\begin{pmatrix} \boldsymbol{\beta} \\ \boldsymbol{\gamma}_2 \\ \boldsymbol{\gamma}_3 \end{pmatrix}$,其中 $\boldsymbol{\alpha},\boldsymbol{\beta},\boldsymbol{\gamma}_2,\boldsymbol{\gamma}_3$ 均为三维行向量,且已知行列式 $|\boldsymbol{A}|=18$, $|\boldsymbol{B}|=2$,计算行列式 $|\boldsymbol{A}-\boldsymbol{B}|$. (答案:2)

**例 4-7** (1)设 $\boldsymbol{A}$ 是 $n$ 阶方阵,$\boldsymbol{\alpha}$,$\boldsymbol{\beta}$ 是 $n$ 维列向量,$a$ 是数,则 $\begin{vmatrix} \boldsymbol{A} & \boldsymbol{\beta} \\ \boldsymbol{\alpha}^{\mathrm{T}} & a \end{vmatrix} = a|\boldsymbol{A}|-\boldsymbol{\alpha}^{\mathrm{T}}\boldsymbol{A}^*\boldsymbol{\beta}$.

(2) 设 $\boldsymbol{A}$ 是 $n$ 阶方阵,$\boldsymbol{\alpha}$,$\boldsymbol{\beta}$ 是 $n$ 维列向量,则 $|\boldsymbol{A}+\boldsymbol{\alpha\beta}^{\mathrm{T}}|=|\boldsymbol{A}|+\boldsymbol{\beta}^{\mathrm{T}}\boldsymbol{A}^*\boldsymbol{\alpha}$.

(3) 计算

$$D_n = \begin{vmatrix} d & b & b & \cdots & b \\ c & x & a & \cdots & a \\ c & a & x & \cdots & a \\ \vdots & \vdots & \vdots & \ddots & \vdots \\ c & a & a & \cdots & x \end{vmatrix}$$

**分析** 根据$\begin{vmatrix} \boldsymbol{A} & \boldsymbol{\beta} \\ \boldsymbol{\alpha}^{\mathrm{T}} & \boldsymbol{a} \end{vmatrix} = \left| \begin{pmatrix} \boldsymbol{E} & \boldsymbol{O} \\ -\boldsymbol{\alpha}^{\mathrm{T}}\boldsymbol{A}^{-1} & \boldsymbol{E} \end{pmatrix} \begin{pmatrix} \boldsymbol{A} & \boldsymbol{\beta} \\ \boldsymbol{\alpha}^{\mathrm{T}} & \boldsymbol{a} \end{pmatrix} \right|$,得$\begin{vmatrix} \boldsymbol{A} & \boldsymbol{\beta} \\ \boldsymbol{\alpha}^{\mathrm{T}} & \boldsymbol{a} \end{vmatrix}$.

**解答** 方法一 (1)不妨设$\boldsymbol{A}$可逆,有

$$\begin{vmatrix} \boldsymbol{A} & \boldsymbol{\beta} \\ \boldsymbol{\alpha}^{\mathrm{T}} & \boldsymbol{a} \end{vmatrix} = \left| \begin{pmatrix} \boldsymbol{E} & \boldsymbol{O} \\ -\boldsymbol{\alpha}^{\mathrm{T}}\boldsymbol{A}^{-1} & \boldsymbol{E} \end{pmatrix} \begin{pmatrix} \boldsymbol{A} & \boldsymbol{\beta} \\ \boldsymbol{\alpha}^{\mathrm{T}} & \boldsymbol{a} \end{pmatrix} \right| = \left| \begin{pmatrix} \boldsymbol{A} & \boldsymbol{\beta} \\ \boldsymbol{\alpha}^{\mathrm{T}} & \boldsymbol{a} - \boldsymbol{\alpha}^{\mathrm{T}}\boldsymbol{A}^{-1}\boldsymbol{\beta} \end{pmatrix} \right|$$
$$= \boldsymbol{a}\,|\boldsymbol{A}| - \boldsymbol{\alpha}^{\mathrm{T}}\boldsymbol{A}^{*}\boldsymbol{\beta}.$$

(2) 利用(1)考虑$\begin{vmatrix} \boldsymbol{A} & -\boldsymbol{\alpha} \\ \boldsymbol{\beta}^{\mathrm{T}} & 1 \end{vmatrix}$即可.

(3) 方法一 $D_n = |\boldsymbol{A} + \boldsymbol{\alpha}\boldsymbol{\beta}^{\mathrm{T}}|$,其中

$$\boldsymbol{A} = \begin{vmatrix} d & b & b & \cdots & b \\ c & x-a & 0 & \cdots & 0 \\ c & 0 & x-a & \cdots & 0 \\ \vdots & \vdots & \vdots & \ddots & \vdots \\ c & 0 & 0 & \cdots & x-a \end{vmatrix}, \boldsymbol{\alpha} = \begin{pmatrix} 0 \\ 1 \\ \vdots \\ 1 \end{pmatrix}, \boldsymbol{\beta} = \begin{pmatrix} 0 \\ a \\ \vdots \\ a \end{pmatrix}.$$

求出$\boldsymbol{A}$的逆矩阵,利用(2)即求出结果.

方法二 设$B_n = \begin{vmatrix} d & b & b & \cdots & b \\ c & x & a & \cdots & a \\ c & a & x & \cdots & a \\ \vdots & \vdots & \vdots & \ddots & \vdots \\ c & a & a & \cdots & a \end{vmatrix}$,

把$B_n$的第$n$行减去其第$n-1$行,再按照第$n$行展开得$B_n = (x-a)B_{n-1}$,利用归纳法递推得

$$B_n = (ad - bc)(x-a)^{n-2}, n \geqslant 2,$$

$$D_n = \begin{vmatrix} d & b & b & \cdots & b \\ c & x & a & \cdots & a \\ c & a & x & \cdots & a \\ \vdots & \vdots & \vdots & \ddots & \vdots \\ c & a & a & \cdots & x \end{vmatrix} = \begin{vmatrix} d & b & b & \cdots & b+0 \\ c & x & a & \cdots & a+0 \\ c & a & x & \cdots & a+0 \\ \vdots & \vdots & \vdots & \ddots & \vdots \\ c & a & a & \cdots & a+(x-a) \end{vmatrix}$$
$$= (x-a)D_{n-1} + T_n,$$

再利用归纳法递推,得

$$D_n = (x-a)^{n-2}[dx - bc + (n-2)(ad-bc)], n \geqslant 2,$$

整理,得

$$D_n = (x-a)^{n-2}[dx - bc + (n-2)ad - (n-2)bc], n \geqslant 2.$$

**评注** (3)也可以用下面的方法做：

$D_n$ 中第 $i(2\leqslant i\leqslant n-1)$ 行减去第 $i-1$ 行，第 $i(2\leqslant i\leqslant n-1)$ 行提出 $(x-a)$，再按照第一列展开. 类似的题有：

(1) 计算 $n$ 阶行列式 $\begin{vmatrix} 0 & 1 & 2 & \cdots & n \\ 1 & 1 & & & \\ 2 & & 2 & & \\ \vdots & & & \ddots & \\ n & & & & n \end{vmatrix}$ 的值. $\left(\text{答案：}-\dfrac{n(n+1)}{2}n!\right)$

(2) 计算 $n$ 阶行列式 $D_n=\begin{vmatrix} (a-n+1)^{n-1} & (a-n+2)^{n-1} & \cdots & (a-1)^{n-1} & a^{n-1} \\ (a-n+1)^{n-2} & (a-n+2)^{n-2} & \cdots & (a-1)^{n-2} & a^{n-2} \\ \vdots & \vdots & \ddots & \vdots & \vdots \\ a-n+1 & a-n+2 & \cdots & a-1 & a \\ 1 & 1 & \cdots & 1 & 1 \end{vmatrix}$ 的值.

(答案：$D_n=(1-)^{\frac{n(n-1)}{2}}\prod\limits_{1\leqslant j\leqslant i\leqslant n}[(a-n+i)-(a-n+j)]=(1-)^{\frac{n(n-1)}{2}}\prod\limits_{1\leqslant j\leqslant i\leqslant n}(i-j)$)

**提示**：先利用行列式的性质把它化为范德蒙行列式的类型.

(3) 计算 $D_4=\begin{vmatrix} 1 & 1 & 2 & 3 \\ 1 & 2-x^2 & 2 & 3 \\ 2 & 3 & 1 & 5 \\ 2 & 3 & 1 & 9-x^2 \end{vmatrix}$. (答案：$D_4=-3(x-1)(x+1)(x-2)(x+2)$)

(4) 计算 $\begin{vmatrix} a_1 & b_1 & c_1 \\ a_2 & b_2 & c_2 \\ a_3 & b_3 & c_3 \end{vmatrix}$. $\left(\text{答案：}a_1\begin{vmatrix} b_2 & c_2 \\ b_3 & c_3 \end{vmatrix}-b_1\begin{vmatrix} a_2 & c_2 \\ a_3 & c_3 \end{vmatrix}+c_1\begin{vmatrix} a_2 & b_2 \\ a_3 & b_3 \end{vmatrix}\right)$

(5) 计算行列式 $\begin{vmatrix} 0 & a & b & a \\ a & 0 & a & b \\ b & a & 0 & a \\ a & b & a & 0 \end{vmatrix}$. (答案：$\boldsymbol{b}^4-4\boldsymbol{a}^2\boldsymbol{b}^2$)

**例 4-8** 设 $\boldsymbol{A}$ 是正定矩阵，则

(1) $|\boldsymbol{A}|\leqslant \boldsymbol{a}_{nn}|\boldsymbol{A}_{n-1}|$，其中 $|\boldsymbol{A}_{n-1}|$ 是 $\boldsymbol{A}$ 的 $n-1$ 阶顺序主子式；

(2) $|\boldsymbol{A}|\leqslant a_{11}a_{22}\cdots a_{nn}$.

**分析** 先证若二次型 $\sum\limits_{i=1}^{n}\sum\limits_{j=1}^{n}a_{ij}x_ix_j.=\boldsymbol{x}^{\mathrm{T}}\boldsymbol{A}\boldsymbol{x}$ 是正定二次型，则

$$f(y_1,y_2,\cdots,y_n)=\begin{vmatrix} a_{11} & a_{12} & \cdots & a_{1n} & y_1 \\ a_{21} & a_{22} & \cdots & a_{2n} & y_2 \\ \vdots & \vdots & \ddots & \vdots & \vdots \\ a_{n1} & a_{n2} & \cdots & a_{nn} & y_n \\ y_1 & y_2 & \cdots & y_n & 0 \end{vmatrix}.$$

是负定二次型.

因为 $\boldsymbol{A}$ 是正定矩阵,因此 $\boldsymbol{A}^{-1}$ 也是正定矩阵.

$$f(y_1,y_2,\cdots,y_n)=\begin{vmatrix} a_{11} & a_{12} & \cdots & a_{1n} & y_1 \\ a_{21} & a_{22} & \cdots & a_{2n} & y_2 \\ \vdots & \vdots & \ddots & \vdots & \vdots \\ a_{n1} & a_{n2} & \cdots & a_{nn} & y_n \\ y_1 & y_2 & \cdots & y_n & 0 \end{vmatrix}$$

$$=\begin{vmatrix} \boldsymbol{A} & \boldsymbol{Y} \\ \boldsymbol{Y}^{\mathrm{T}} & \boldsymbol{O} \end{vmatrix}=\begin{vmatrix} \boldsymbol{A} & \boldsymbol{Y} \\ \boldsymbol{Y}^{\mathrm{T}} & \boldsymbol{O} \end{vmatrix}\begin{vmatrix} \boldsymbol{E} & -\boldsymbol{A}^{-1}\boldsymbol{Y} \\ \boldsymbol{O} & 1 \end{vmatrix}$$

$$=\begin{vmatrix} \boldsymbol{A} & \boldsymbol{O} \\ \boldsymbol{Y}^{\mathrm{T}} & -\boldsymbol{Y}^{\mathrm{T}}\boldsymbol{A}^{-1}\boldsymbol{Y} \end{vmatrix}=-(\boldsymbol{Y}^{\mathrm{T}}\boldsymbol{A}^{-1}\boldsymbol{Y})\,|\boldsymbol{A}|<0.$$

可见 $f(y_1,y_2,\cdots,y_n)$ 是负定二次型.

**解答** (1) 因为 $\boldsymbol{A}$ 是正定矩阵,故

$$\boldsymbol{A}_{n-1}=\begin{pmatrix} a_{11} & a_{12} & \cdots & a_{1n} \\ a_{21} & a_{22} & \cdots & a_{2n} \\ \vdots & \vdots & \ddots & \vdots \\ a_{n-1,1} & a_{n-1,2} & \cdots & a_{n-1,n-1} \end{pmatrix}$$

也是正定矩阵,于是

$$f_{n-1}(y_1,y_2,\cdots,y_{n-1})=\begin{vmatrix} a_{11} & a_{12} & \cdots & a_{1,n-1} & y_1 \\ a_{21} & a_{22} & \cdots & a_{2,n-1} & y_2 \\ \vdots & \vdots & \ddots & \vdots & \vdots \\ a_{n-1,1} & a_{n-1,2} & \cdots & a_{n-1,n-1} & y_{n-1} \\ y_1 & y_2 & \cdots & y_{n-1} & 0 \end{vmatrix}$$

是负定二次型,因此,由行列式性质,有

$$|\boldsymbol{A}|=\begin{vmatrix} a_{11} & \cdots & a_{1,n-1} & a_{1n} \\ \vdots & \ddots & \vdots & \vdots \\ a_{n-1,1} & \cdots & a_{n-1,n-1} & a_{n-1,n} \\ a_{n1} & \cdots & a_{n,n-1} & 0 \end{vmatrix}+\begin{vmatrix} a_{11} & \cdots & a_{1,n-1} & 0 \\ \vdots & \ddots & \vdots & \vdots \\ a_{n-1,1} & \cdots & a_{n-1,n-1} & 0 \\ a_{n1} & \cdots & a_{n,n-1} & a_{nn} \end{vmatrix}$$

$$=f_{n-1}(a_{1n},a_{2n},\cdots,a_{n-1,n})+a_{nn}|\boldsymbol{A}_{n-1}|,$$

其中 $|\boldsymbol{A}_{n-1}|$ 是 $\boldsymbol{A}$ 的 $n-1$ 阶顺序主子式.

当 $a_{1n},a_{2n},\cdots,a_{n-1,n}$ 中至少有一个不为零时,$f_{n-1}(a_{1n},a_{2n},\cdots,a_{n-1,n})<0$,故 $|\boldsymbol{A}|<a_{nn}|\boldsymbol{A}_{n-1}|$;

当 $a_{1n},a_{2n},\cdots,a_{n-1,n}$ 均为零时,则 $|\boldsymbol{A}|=a_{nn}|\boldsymbol{A}_{n-1}|$. 总之,有 $|\boldsymbol{A}|\leqslant a_{nn}|\boldsymbol{A}_{n-1}|$.

(2) 由(1),得

$$|\boldsymbol{A}|\leqslant a_{nn}|\boldsymbol{A}_{n-1}|\leqslant a_{nn}a_{n-1,n-1}|\boldsymbol{A}_{n-2}|\leqslant\cdots\leqslant a_{11}a_{22}\cdots a_{nn}.$$

**评注** 由本题可推出阿达马不等式:设 $\boldsymbol{B}$ 为 $n$ 阶实可逆矩阵,则

$$|\boldsymbol{B}|^2=\prod_{i=1}^{n}(b_{1i}^{\ 2}+b_{2i}^{\ 2}+\cdots+b_{ni}^{\ 2})$$

这里只要令 $A = BB^T$ 即可. 如果 $A = B^TB$,得

$$|B|^2 \leqslant \prod_{j=1}^{n}(b_{j1}{}^2 + b_{j2}{}^2 + \cdots + b_{jn}{}^2).$$

类似的题有:

(1) 计算元素为 $a_{ij} = |i-j|$ 的 $n$ 阶行列式.(答案:$(-1)^{n-1}(n-1)2^{n-2}$)

**提示**:从最后一列起,每行减去前一列,再在所得的行列式中每列加上第 $n$ 列即得.

(2) 当 $x$ 取何值时 $\begin{vmatrix} 3 & 1 & x \\ 4 & x & 0 \\ 1 & 0 & x \end{vmatrix} \neq 0$.(答案:$x \neq 0$ 且 $x \neq 2$)

(3) $\begin{vmatrix} -ab & ac & ae \\ bd & -cd & de \\ bf & cf & -ef \end{vmatrix}$.(答案:$4abcdef$)

(4) 设行列式 $\begin{vmatrix} -3 & 0 & 4 \\ 5 & 0 & 3 \\ 2 & -2 & 1 \end{vmatrix}$,求含有元素 2 的代数余子式的和.(答案:$-26$)

**提示**:含有元素 2 的代数余子式是 $A_{12} + A_{22} + A_{23} + A_{13}$.

(5) 设行列式 $D = \begin{vmatrix} 3 & 0 & 4 & 0 \\ 2 & 2 & 2 & 2 \\ 0 & -7 & 0 & 0 \\ 5 & 3 & -2 & 2 \end{vmatrix}$,求第四行各元素余子式之和的值(答案:$-28$)

**提示**:第 4 行各元素余子式之和的值为 $M_{41} + M_{42} + M_{43} + M_{44}$.

**例 4-9** 设 $A = (a_{ij})$ 是 $n$ 阶实矩阵,若 $\sum_{j=1}^{n}|a_{ij}| < 1(i = 1,2,3,\cdots,n)$,则 $|\det A| < 1$.

**分析** 可利用 $n$ 阶行列式的定义

$$|A| = \sum(-1)^{\tau(i_1,\cdots,i_n)} a_{1i_1}a_{2i_2}\cdots a_{ni_n},$$

所以 $|\det A| \leqslant \sum |a_{1i_1}||a_{2i_2}|\cdots|a_{ni_n}| \leqslant \prod_{i=1}^{n}\sum_{j=1}^{n}|a_{ij}| < 1$.

**解答** 除了利用行列式的定义,还可以利用特征值的性质.

设 $\lambda$ 为方阵 $A$ 的一个特征值,$\xi = (x_1, x_2, \cdots, x_n)^T$ 为 $A$ 的对应于特征值 $\lambda$ 的特征向量,则

$$A\xi = \lambda\xi$$

即

$$\begin{pmatrix} a_{11} & a_{12} & \cdots & a_{1n} \\ a_{21} & a_{22} & \cdots & a_{2n} \\ \vdots & \vdots & \ddots & \vdots \\ a_{n1} & a_{n2} & \cdots & a_{nn} \end{pmatrix}\begin{pmatrix} x_1 \\ x_2 \\ \vdots \\ x_n \end{pmatrix} = \lambda\begin{pmatrix} x_1 \\ x_2 \\ \vdots \\ x_n \end{pmatrix},$$

成立,那么,称非零向量 $\xi = (x_1, x_2, \cdots, x_n)^T$ 为对应于特征值 $\lambda$ 的特征向量.

$$\begin{cases} a_{11}x_1 + a_{12}x_2 + \cdots + a_{1n}x_n = \lambda x_1 \\ a_{21}x_1 + a_{22}x_2 + \cdots + a_{2n}x_n = \lambda x_2 \\ \vdots \\ a_{n1}x_1 + a_{n2}x_2 + \cdots + a_{nn}x_n = \lambda x_n \end{cases}.$$

设 $|x_k| = \max\{|x_1|, |x_2|, \cdots, |x_n|\}$，则

$$|\lambda| = \left|\lambda \frac{x_k}{x_k}\right| = \left|\frac{\sum_{j=1}^{n} a_{kj}x_j}{x_k}\right| \leqslant \sum_{j=1}^{n} |a_{kj}| \frac{|x_j|}{|x_k|} \leqslant \sum_{j=1}^{n} |a_{ij}| < 1.$$

由已知条件，得

$$|\lambda| \leqslant \sum_{j=1}^{n} |a_{ij}| < 1.$$

由 $\lambda$ 的任意性知，$|\lambda_i| \leqslant 1 (i = 1,2,3,\cdots,n)$. 因此，由 $\lambda_1\lambda_2\cdots\lambda_n = \det(\boldsymbol{A})$，有 $|\det\boldsymbol{A}| < 1$.

**评注** 由 $\sum_{j=1}^{n} |a_{ij}| < 1$，可得 $\sum_{j=1}^{n} |a_{ij}|^2 < 1$，利用阿达马不等式即得结论. 类似的题有：

(1) 计算行列式 $\begin{vmatrix} a_{11} & a_{12} & a_{13} & a_{14} & a_{15} \\ a_{21} & a_{22} & a_{23} & a_{24} & a_{25} \\ a_{31} & a_{32} & 0 & 0 & 0 \\ a_{41} & a_{42} & 0 & 0 & 0 \\ a_{51} & a_{52} & 0 & 0 & 0 \end{vmatrix}$.（答案：0）

**提示**：利用行列式定义.

(2) 计算行列式 $\begin{vmatrix} 0 & 0 & 2 & 0 \\ 0 & 2 & 0 & 0 \\ 0 & 0 & 0 & 2 \\ 2 & 0 & 0 & 0 \end{vmatrix}$.（答案：16）

(3) 计算行列式 $\begin{vmatrix} 0 & 1 & 0 & \cdots & 0 \\ 0 & 0 & 2 & \cdots & 0 \\ \vdots & \vdots & \vdots & \ddots & \vdots \\ 0 & 0 & 0 & \cdots & n-1 \\ n & 0 & 0 & \cdots & 0 \end{vmatrix}$.（答案：$(-1)^{n-1}n!$）

(4) 计算行列式 $\begin{vmatrix} 1 & \log_a^b \\ \log_b^a & 3 \end{vmatrix}$.（答案：2）

(5) 设 $D = |a_{ij}|$ 为 $n$ 阶行列式，则第二对角线上元素的乘积 $a_{1n}a_{2(n-1)}\cdots a_{n1}$ 在行列式中的符号为(　).（答案：(D)）

(A) 正　　(B) 负　　(C) $(-1)^n$　　(D) $(-1)^{\frac{n(n-1)}{2}}$

**提示**：因为 $\tau(n(n-1\cdots21) = (n-1)+(n-2)+\cdots+2+1 = \frac{n(n-1)}{2}$.）

**例 4-10** 设 $\boldsymbol{A} = (a_{ij})$ 是 $n$ 阶实矩阵，若满足 $|a_{ii}| > \sum_{\substack{j=1 \\ j\neq i}}^{n} |a_{ij}| \ (i = 1,2,3,\cdots,n)$，则 $\boldsymbol{A}$ 可

逆. 进一步,若 $a_{ij} > \sum_{\substack{j=1 \\ j\neq i}}^{n} |a_{ij}|\ (i=1,2,3,\cdots,n)$,则 $\det\boldsymbol{A} > 0$.

**分析** 证明 $\boldsymbol{A}$ 可逆可以利用反证法.

**解答** 假设 $\boldsymbol{A}$ 不可逆,则存在非零列向量 $\boldsymbol{x}=(x_1,x_2,\cdots,x_n)^{\mathrm{T}}$,使得 $\boldsymbol{Ax}=\boldsymbol{0}$. 取 $|x_i|=\max\{|x_1|,|x_2|,\cdots,|x_n|\}$,则 $x_i\neq 0$,由于 $\boldsymbol{a}_{i1}x_1+\boldsymbol{a}_{i2}x_2+\cdots+\boldsymbol{a}_{in}x_n=0$,于是

$$|a_{ii}x_i| = \left|\sum_{\substack{j=1 \\ j\neq i}}^{n} a_{ij}x_j\right| \leqslant \sum_{\substack{j=1 \\ j\neq i}}^{n} |a_{ij}||x_j| \leqslant |x_i|\sum_{\substack{j=1 \\ j\neq i}}^{n} |a_{ij}|,$$

故 $|a_{ij}| \leqslant \sum_{\substack{j=1 \\ j\neq i}}^{n} |a_{ij}|$,矛盾. 所以 $\boldsymbol{A}$ 可逆.

令

$$\boldsymbol{B} = \begin{vmatrix} a_{11} & a_{12}x & \cdots & a_{1n} & x \\ a_{21}x & a_{22} & \cdots & a_{2n} & x \\ \vdots & \vdots & \ddots & \vdots & \vdots \\ a_{n1}x & a_{n2}x & \cdots & a_{nn} & x \end{vmatrix}$$

则 $\boldsymbol{f}(\boldsymbol{x})=|\boldsymbol{B}|$ 是关于 $x$ 的一个实系数多项式. 当 $0\leqslant x<1$ 时,有

$$a_{ij} > \sum_{\substack{j=1 \\ j\neq i}}^{n} |a_{ij}| \geqslant \sum_{\substack{j=1 \\ j\neq i}}^{n} |xa_{ij}|\ (i=1,2,3,\cdots,n),$$

故 $\boldsymbol{f}(\boldsymbol{x})=|\boldsymbol{B}|\neq 0,(0\leqslant x<1)$. 由于 $\boldsymbol{f}(0)>0$,若 $\boldsymbol{f}(1)=|\boldsymbol{A}|<0$,由连续函数的界值定理矛盾. 问题得证.

**评注** 本题证明 $\det\boldsymbol{A}>0$ 的关键是构造实系数多项式函数 $\boldsymbol{f}(\boldsymbol{x})$. 类似的题有:

(1) 设 $\boldsymbol{A}$、$\boldsymbol{B}$ 是 $n$ 阶正交矩阵,且 $|\boldsymbol{A}|/|\boldsymbol{B}|=-1$,证明 $|\boldsymbol{A}+\boldsymbol{B}|=0$.

**提示:** $\boldsymbol{A}$、$\boldsymbol{B}$ 是 $n$ 阶正交矩阵,即 $\boldsymbol{AA}^{\mathrm{T}}=\boldsymbol{A}^{\mathrm{T}}\boldsymbol{A}=\boldsymbol{E}$,$\boldsymbol{BB}^{\mathrm{T}}=\boldsymbol{B}^{\mathrm{T}}\boldsymbol{B}=\boldsymbol{E}$,将矩阵 $\boldsymbol{A}+\boldsymbol{B}$ 右乘以 $\boldsymbol{A}^{\mathrm{T}}$,然后取行列式.

(2) $$\begin{vmatrix} \cos\alpha & 1 & 0 & \cdots & 0 & 0 \\ 1 & 2\cos\alpha & 1 & \cdots & 0 & 0 \\ 0 & 1 & 2\cos\alpha & \cdots & 0 & 0 \\ \vdots & \vdots & \vdots & \ddots & \vdots & \vdots \\ 0 & 0 & 0 & \cdots & 1 & 2\cos\alpha \end{vmatrix} = \cos n\alpha.$$

**提示:** 可以采用按一行(列)展开和递归的方式计算出行列式的值.

(3) 计算行列式:

$$\begin{vmatrix} 1 & 1 & 1 & 1 \\ 1+\cos\varphi_1 & 1+\cos\varphi_2 & 1+\cos\varphi_3 & 1+\cos\varphi_4 \\ \cos\varphi_1+\cos^2\varphi_1 & \cos\varphi_2+\cos^2\varphi_2 & \cos\varphi_3+\cos^2\varphi_3 & \cos\varphi_4+\cos^2\varphi_4 \\ \cos^2\varphi_1+\cos^3\varphi_1 & \cos^2\varphi_2+\cos^3\varphi_2 & \cos^2\varphi_3+\cos^3\varphi_3 & \cos^2\varphi_4+\cos^3\varphi_4 \end{vmatrix}.$$

(答案: $\prod\limits_{1\leqslant j<i\leqslant 4}(\cos\varphi_i-\cos\varphi_j)$)

(4) 设 $\boldsymbol{A}$ 和 $\boldsymbol{B}$ 均为 $n$ 阶矩阵,$|\boldsymbol{A}|=2$,$|\boldsymbol{B}|=-3$,则 $\det(2\boldsymbol{A}*\boldsymbol{B}^{-1})$. $\left(\text{答案}:-\dfrac{2^{2n-1}}{3}\right)$

(5) 计算行列式$\begin{vmatrix} a & b & \cdots & b \\ b & a & \cdots & b \\ \vdots & \vdots & \ddots & \vdots \\ b & b & \cdots & a \end{vmatrix}$.(答案:$[a+(n-1)b](a-b)^{n-1}$.)

**例 4-11** (1)设$\boldsymbol{A}$是$n$阶实矩阵,证明$\boldsymbol{A}$对称当且仅当$\boldsymbol{A}\boldsymbol{A}^{\mathrm{T}}=\boldsymbol{A}^2$.

(2) 设$\boldsymbol{A}$、$\boldsymbol{B}$是$n$阶实矩阵,如果$\boldsymbol{A}$可逆,$\boldsymbol{B}$是$n$阶实反对称矩阵,证明$|\boldsymbol{A}^{\mathrm{T}}\boldsymbol{A}+\boldsymbol{B}|>0$.

**分析** 本题是关于对称矩阵和反对称矩阵的性质.

**解答** (1)必要性 因为$\boldsymbol{A}$对称,则$\boldsymbol{A}=\boldsymbol{A}^{\mathrm{T}}$,所以$\boldsymbol{A}\boldsymbol{A}^{\mathrm{T}}=\boldsymbol{A}^2$.

充分性 记$\boldsymbol{K}=\boldsymbol{A}-\boldsymbol{A}^{\mathrm{T}}$,则$\boldsymbol{K}^{\mathrm{T}}=-\boldsymbol{K}$,即$\boldsymbol{K}$是反对称矩阵. 由于

$$\boldsymbol{K}\boldsymbol{K}^{\mathrm{T}}=(\boldsymbol{A}-\boldsymbol{A}^{\mathrm{T}})(\boldsymbol{A}^{\mathrm{T}}-\boldsymbol{A})=\boldsymbol{A}\boldsymbol{A}^{\mathrm{T}}-(\boldsymbol{A}^{\mathrm{T}})^2-\boldsymbol{A}^2+\boldsymbol{A}\boldsymbol{A}^{\mathrm{T}}$$

以及

$$\mathrm{tr}\,(\boldsymbol{A}^{\mathrm{T}})^2=\mathrm{tr}\,(\boldsymbol{A}^2)^{\mathrm{T}}=\mathrm{tr}\boldsymbol{A}^2,\mathrm{tr}(\boldsymbol{A}\boldsymbol{A}^{\mathrm{T}})=\mathrm{tr}(\boldsymbol{A}^{\mathrm{T}}\boldsymbol{A}),$$

所以$\mathrm{tr}(\boldsymbol{K}\boldsymbol{K}^{\mathrm{T}})=2\mathrm{tr}(\boldsymbol{A}\boldsymbol{A}^{\mathrm{T}}-\boldsymbol{A}^2)$. 由于$\boldsymbol{A}\boldsymbol{A}^{\mathrm{T}}=\boldsymbol{A}^2$,则$\mathrm{tr}(\boldsymbol{K}\boldsymbol{K}^{\mathrm{T}})=0$. 记$\boldsymbol{K}=(\boldsymbol{a}_{ij})$,则$0=\mathrm{tr}(\boldsymbol{K}\boldsymbol{K}^{\mathrm{T}})=\sum\limits_{i,j}a_{ij}^2$,所以$\boldsymbol{a}_{ij}=0(i,j=1,2,3,\cdots,n)$. 因此$\boldsymbol{K}=\boldsymbol{A}-\boldsymbol{A}^{\mathrm{T}}=0$,所以$\boldsymbol{A}$对称.

(2) 因为$\boldsymbol{A}^{\mathrm{T}}\boldsymbol{A}+\boldsymbol{B}$是$n$阶实矩阵,所以它的特征值是实数,或者以共轭复数的形式成对出现. 对任意非零列向量$\boldsymbol{X}$,由于$\boldsymbol{A}$可逆,有$\boldsymbol{A}\boldsymbol{X}\neq 0$,进一步,得

$$\boldsymbol{X}^{\mathrm{T}}(\boldsymbol{A}^{\mathrm{T}}\boldsymbol{A}+\boldsymbol{B})\boldsymbol{X}=\boldsymbol{X}^{\mathrm{T}}\boldsymbol{A}^{\mathrm{T}}\boldsymbol{A}\boldsymbol{X}+\boldsymbol{X}^{\mathrm{T}}\boldsymbol{B}\boldsymbol{X}=(\boldsymbol{A}\boldsymbol{X})^{\mathrm{T}}(\boldsymbol{A}\boldsymbol{X})>0.$$

假设$\lambda$为方阵$\boldsymbol{A}^{\mathrm{T}}\boldsymbol{A}+\boldsymbol{B}$的一个特征值,$\boldsymbol{\alpha}$是对应的特征向量,则有$\boldsymbol{\alpha}^{\mathrm{T}}(\boldsymbol{A}^{\mathrm{T}}\boldsymbol{A}+\boldsymbol{B})\boldsymbol{\alpha}>0$,即$\lambda\boldsymbol{\alpha}^{\mathrm{T}}\boldsymbol{\alpha}>0$,也就是说$\boldsymbol{A}^{\mathrm{T}}\boldsymbol{A}+\boldsymbol{B}$的实特征值一定大于零. 由特征值的性质,$\boldsymbol{A}^{\mathrm{T}}\boldsymbol{A}+\boldsymbol{B}$的行列式等于它的特征值之积,故$|\boldsymbol{A}^{\mathrm{T}}\boldsymbol{A}+\boldsymbol{B}|>0$.

**评注** 本题中用到了特征值的常见性质:

设$\lambda_1,\lambda_2,\cdots,\lambda_n$为$n$阶方阵$\boldsymbol{A}=(a_{ij})$的全部特征值,则有

$$\lambda_1+\lambda_2+\cdots+\lambda_n=a_{11}+a_{22}+\cdots+a_{nn},$$

称$\sum\limits_{i=1}^{n}a_{ii}$为矩阵$\boldsymbol{A}=(a_{ij})_{n\times n}$的迹,记为$\mathrm{tr}(\boldsymbol{A})$.

$\lambda_1\lambda_2\cdots\lambda_n=\det(\boldsymbol{A})$. 类似的题有:

(1) 若$a_{1i}a_{23}a_{35}a_{5j}a_{44}$是五阶行列式中带有正号的一项,则$i,j$的值为( ).(答案:(C))

(A) $i=1,j=3$ (B) $i=2,j=3$ (C) $i=1,j=2$ (D) $i=2,j=1$

(2) 设$D=|a_{ij}|$为$n$阶行列式,则第二对角线上元素的乘积$a_{1n}a_{2(n-1)}\cdots a_{n1}$在行列式中的符号为( ).(答案:(D))

(A) 正 (B) 负 (C) $(-1)^n$ (D) $(-1)^{\frac{n(n-1)}{2}}$

**提示**:因为$\tau(n(n-1\cdots21)=(n-1)+(n-2)+\cdots+2+1=\dfrac{n(n-1)}{2}$

(3) 已知行列式$D=\begin{vmatrix} -1 & 0 & x & 1 \\ 1 & 1 & -1 & -1 \\ 1 & -1 & 1 & -1 \\ 1 & -1 & -1 & 1 \end{vmatrix}$,求行列式$D$中$x$的一次项系数是( ).(答案:$-2^2$)

（4）当 $\lambda$ 取何值时，齐次线性方程组有非零解 $\begin{cases}(1-\lambda)x_1-2x_2+4x_3=0\\2x_1+(3-\lambda)x_2+x_3=0\\x_1+x_2+(1-\lambda)x_3=0\end{cases}$.

（答案：0 或 2 或 3）

**提示：**齐次线性方程组有非零解，则 $D=0$.

（5）证明 $\begin{vmatrix}a^2&(a+1)^2&(a+2)^2&(a+3)^2\\b^2&(b+1)^2&(b+2)^2&(b+3)^2\\c^2&(c+1)^2&(c+2)^2&(c+3)^2\\d^2&(d+1)^2&(d+2)^2&(d+3)^2\end{vmatrix}=0.$

（提示：$\begin{vmatrix}a^2&a^2+(2a+1)&(a+2)^2&(a+3)^2\\b^2&b^2+(2b+1)&(b+2)^2&(b+3)^2\\c^2&c^2+(2c+1)&(c+2)^2&(c+3)^2\\d^2&d^2+(2d+1)&(d+2)^2&(d+3)^2\end{vmatrix}=\begin{vmatrix}a^2&2a+1&4a+4&6a+9\\b^2&2b+1&4b+4&6b+9\\c^2&2c+1&4c+4&6c+9\\d^2&2d+1&4d+4&6d+9\end{vmatrix}$

$=2\begin{vmatrix}a^2&a&4a+4&6a+9\\b^2&b&4b+4&6b+9\\c^2&c&4c+4&6c+9\\d^2&d&4d+4&6d+9\end{vmatrix}+\begin{vmatrix}a^2&1&4a+4&6a+9\\b^2&1&4b+4&6b+9\\c^2&1&4c+4&6c+9\\d^2&1&4d+4&6d+9\end{vmatrix}$

$=\begin{vmatrix}a^2&a&4&9\\b^2&b&4&9\\c^2&c&4&9\\d^2&d&4&9\end{vmatrix}+\begin{vmatrix}a^2&1&4a&6a\\b^2&1&4b&6b\\c^2&1&4c&6c\\d^2&1&4d&6d\end{vmatrix}=0.$）

### 4.1.3 学习效果测试题及答案

**1. 学习效果测试题**

（1）已知 $n$ 阶行列式 $|\boldsymbol{A}|=\begin{vmatrix}0&1&0&\cdots&0\\0&0&2&\cdots&0\\\vdots&\vdots&\vdots&\ddots&\vdots\\0&0&0&\cdots&\vdots\\n&0&0&\cdots&0\end{vmatrix}$，求 $|\boldsymbol{A}|$ 的第 $k$ 行代数余子式的和 $\boldsymbol{A}_{k1}+\boldsymbol{A}_{k2}+\cdots\boldsymbol{A}_{kn}$.

（2）已知 $\boldsymbol{\alpha}_1,\boldsymbol{\alpha}_2,\boldsymbol{\alpha}_3,\boldsymbol{\beta},\boldsymbol{\gamma}$ 都是四维列向量，且 $|\boldsymbol{\alpha}_1,\boldsymbol{\alpha}_2,\boldsymbol{\alpha}_3,\boldsymbol{\beta}|=a$，$|\boldsymbol{\beta}+\boldsymbol{\gamma},\boldsymbol{\alpha}_3,\boldsymbol{\alpha}_2,\boldsymbol{\alpha}_1|=b$，则 $|2\boldsymbol{\gamma},\boldsymbol{\alpha}_1,\boldsymbol{\alpha}_2,\boldsymbol{\alpha}_3|=$ ________.

（3）若四阶矩阵 $\boldsymbol{A}$ 与 $\boldsymbol{B}$ 相似，矩阵 $\boldsymbol{A}$ 的特征值为 $\frac{1}{2},\frac{1}{3},\frac{1}{4},\frac{1}{5}$，则行列式 $|\boldsymbol{B}^{-1}-\boldsymbol{E}|=$ ________.

（4）设 $\boldsymbol{A},\boldsymbol{B}$ 是两个三阶的方阵，且 $|\boldsymbol{A}|=-1$，$|\boldsymbol{B}|=2$，那么 $|3(\boldsymbol{A}^{\mathrm{T}}\boldsymbol{B}^{-1})^3|=$ ________.

(5) 计算行列式$\begin{vmatrix} 0 & a & b & a \\ a & 0 & a & b \\ b & a & 0 & a \\ a & b & a & 0 \end{vmatrix}$.

(6) 求行列式$D=\begin{vmatrix} 1 & b_1 & 0 & 0 \\ -1 & 1-b_1 & b_2 & 0 \\ 0 & -1 & 1-b_2 & b_3 \\ 0 & 0 & -1 & 1-b_3 \end{vmatrix}$的值.

(7) 计算 $n$ 阶行列式$\begin{vmatrix} 0 & 1 & 2 & \cdots & n \\ 1 & 1 & & & \\ 2 & & 2 & & \\ \vdots & & & \ddots & \\ n & & & & n \end{vmatrix}$的值.

(8) 记方程$f(x)=\begin{pmatrix} x-2 & x-1 & x-2 & x-3 \\ 2x-2 & 2x-1 & 2x-2 & 2x-3 \\ 3x-3 & 3x-2 & 4x-5 & 3x-5 \\ 4x & 4x-3 & 5x-7 & 4x-3 \end{pmatrix}=0$,求方程的根的个数.

(9) 证明题

$$\begin{vmatrix} p+q & q+r & r+p \\ p_1+q_1 & q_1+r_1 & r_1+p_1 \\ p_2+q_2 & q_2+r_2 & r_2+p_2 \end{vmatrix}=2\begin{vmatrix} p & q & r \\ p_1 & q_1 & r_1 \\ p_2 & q_2 & r_2 \end{vmatrix}.$$

(10) 行列式 $D_n=\begin{vmatrix} \alpha+\beta & \alpha\beta & 0 & \cdots & 0 & 0 \\ 1 & \alpha+\beta & \alpha\beta & \cdots & 0 & 0 \\ 0 & 1 & \alpha+\beta & \cdots & 0 & 0 \\ \vdots & \vdots & \vdots & \ddots & \vdots & \vdots \\ 0 & 0 & 0 & \cdots & 1 & \alpha+\beta \end{vmatrix}$,证明:$D_n=\dfrac{\alpha^{n+1}-\beta^{n+1}}{\alpha-\beta}$,其中$\alpha\neq\beta$.

**2. 测试题答案**

(1) $\dfrac{(-1)^{n-1}n!}{k}$. $A=\begin{pmatrix} 0 & B \\ C & 0 \end{pmatrix}$,其中 $B=\begin{pmatrix} 1 & & & \\ & 2 & & \\ & & \ddots & \\ & & & n-1 \end{pmatrix}$,$C=(n)$.

于是

$$A^{-1}=\begin{pmatrix} & C^{-1} \\ B^{-1} & \end{pmatrix}=\begin{pmatrix} 0 & 0 & \cdots & 0 & \frac{1}{n} \\ 1 & 0 & \cdots & 0 & 0 \\ 0 & \frac{1}{2} & \cdots & 0 & 0 \\ \vdots & \vdots & \ddots & \vdots & \vdots \\ 0 & 0 & \cdots & \frac{1}{n-1} & 0 \end{pmatrix} \text{ 及 } |A|=(-1)^{n-1}n!.$$

又因为 $A^* = |A|A^{-1}$,那么

$$\begin{pmatrix} A_{11} & \cdots & A_{k1} & \cdots & A_{n1} \\ A_{12} & \cdots & A_{k2} & \cdots & A_{n2} \\ \vdots & \ddots & \vdots & \ddots & \vdots \\ A_{1n} & \cdots & A_{kn} & \cdots & A_{nn} \end{pmatrix} = (-1)^{n-1} n! \begin{pmatrix} 0 & 0 & \cdots & 0 & \frac{1}{n} \\ 1 & 0 & \cdots & 0 & 0 \\ 0 & \frac{1}{2} & \cdots & 0 & 0 \\ \vdots & \vdots & \ddots & \vdots & \vdots \\ 0 & 0 & \cdots & \frac{1}{n-1} & 0 \end{pmatrix}.$$

可见 $A_{k1} + A_{k2} + \cdots + A_{kn} = \dfrac{(-1)^{n-1} n!}{k}$.

(2) $2(a-b)$. $|\boldsymbol{\beta}+\boldsymbol{\gamma}, \boldsymbol{\alpha}_3, \boldsymbol{\alpha}_2, \boldsymbol{\alpha}_1| = |\boldsymbol{\beta}, \boldsymbol{\alpha}_3, \boldsymbol{\alpha}_2, \boldsymbol{\alpha}_1| + |\boldsymbol{\gamma}, \boldsymbol{\alpha}_3, \boldsymbol{\alpha}_2, \boldsymbol{\alpha}_1|$,

$|\boldsymbol{\beta}, \boldsymbol{\alpha}_3, \boldsymbol{\alpha}_2, \boldsymbol{\alpha}_1| = |\boldsymbol{\alpha}_1, \boldsymbol{\alpha}_2, \boldsymbol{\alpha}_3, \boldsymbol{\beta}|\ |\boldsymbol{\gamma}, \boldsymbol{\alpha}_3, \boldsymbol{\alpha}_2, \boldsymbol{\alpha}_1| = -|\boldsymbol{\gamma}, \boldsymbol{\alpha}_1, \boldsymbol{\alpha}_2, \boldsymbol{\alpha}_3|$,于是

$$|2\boldsymbol{\gamma}, \boldsymbol{\alpha}_3, \boldsymbol{\alpha}_2, \boldsymbol{\alpha}_1| = 2(a-b).$$

(3) $|E^{-1} = E| = 24$.

(4) $-\dfrac{27}{8}$.

(5) $b^4 - 4a^2b^2$. $\begin{vmatrix} 0 & a & b & a \\ a & 0 & a & b \\ b & a & 0 & a \\ a & b & a & 0 \end{vmatrix} \xlongequal{r_4 + r_3 + r_2 + r_1 \to r_1} \begin{vmatrix} 2a+b & 2a+b & 2a+b & 2a+b \\ a & 0 & a & b \\ b & a & 0 & a \\ a & b & a & 0 \end{vmatrix}$

$$= (2a+b)\begin{vmatrix} 1 & 1 & 1 & 1 \\ a & 0 & a & b \\ b & a & 0 & a \\ a & b & a & 0 \end{vmatrix} \xlongequal[\substack{-br_1 + r_3 \to r_3 \\ -ar_1 + r_4 \to r_4}]{-ar_1 + r_2 \to r_2} (2a+b)\begin{vmatrix} 1 & 1 & 1 & 1 \\ 0 & -a & 0 & b-a \\ 0 & a-b & -b & a-b \\ 0 & b-a & 0 & -a \end{vmatrix}$$

$$= (2a+b)\begin{vmatrix} -a & 0 & b-a \\ a-b & -b & a-b \\ b-a & 0 & -a \end{vmatrix} = (2a+b)(-b)\begin{vmatrix} -a & b-a \\ b-a & -a \end{vmatrix}$$

$$= (2a+b)(-b)[a^2 - (b-a)^2] = b^4 - 4a^2b^2.$$

(6) $D = \begin{vmatrix} 1 & b_1 & 0 & 0 \\ -1 & 1-b_1 & b_2 & 0 \\ 0 & -1 & 1-b_2 & b_3 \\ 0 & 0 & -1 & 1-b_3 \end{vmatrix}$

$$\overset{r_2+r_1}{=} \begin{vmatrix} 1 & b_1 & 0 & 0 \\ 0 & 1 & b_2 & 0 \\ 0 & -1 & 1-b_2 & b_3 \\ 0 & 0 & -1 & 1-b_3 \end{vmatrix} \overset{r_3+r_2}{=} \begin{vmatrix} 1 & b_1 & 0 & 0 \\ 0 & 1 & b_2 & 0 \\ 0 & 0 & 1 & b_3 \\ 0 & 0 & -1 & 1-b_3 \end{vmatrix} \overset{r_4+r_3}{=} \begin{vmatrix} 1 & b_1 & 0 & 0 \\ 0 & 1 & b_2 & 0 \\ 0 & 0 & 1 & b_3 \\ 0 & 0 & 0 & 1 \end{vmatrix} = 1.$$

(7) 将第 2 列,…,第 $n$ 列分别乘$(-1)$加到第 1 列,得

$$\begin{vmatrix} -(1+2+\cdots+n) & 1 & 2 & \cdots & n \\ & 1 & & & \\ & & 2 & & \\ & & & \ddots & \\ & & & & n \end{vmatrix} = -\frac{n(n+1)}{2}n!.$$

(8) $f(x) = \begin{vmatrix} x-2 & 1 & 0 & 0 \\ 2x-2 & 1 & 0 & 0 \\ 3x-3 & 1 & x-2 & -1 \\ 4x & -3 & x-7 & -6 \end{vmatrix} = \begin{vmatrix} x-2 & 1 \\ 2x-2 & 1 \end{vmatrix} \cdot \begin{vmatrix} x-2 & -1 \\ x-7 & -6 \end{vmatrix} = (x-2-2x+2)$

$(-6x+12+x-7)$.

由此可以看出$f(x)$是二次的,根的个数为2.

(9) 证明:$\begin{vmatrix} p+q & q+r & r+p \\ p_1+q_1 & q_1+r_1 & r_1+p_1 \\ p_2+q_2 & q_2+r_2 & r_2+p_2 \end{vmatrix}$

$$= \begin{vmatrix} p & q+r & r+p \\ p_1 & q_1+r_1 & r_1+p_1 \\ p_2 & q_2+r_2 & r_2+p_2 \end{vmatrix} + \begin{vmatrix} q & q+r & r+p \\ q_1 & q_1+r_1 & r_1+p_1 \\ q_2 & q_2+r_2 & r_2+p_2 \end{vmatrix}$$

$$= \begin{vmatrix} p & q+r & r \\ p_1 & q_1+r_1 & r_1 \\ p_2 & q_2+r_2 & r_2 \end{vmatrix} + \begin{vmatrix} q & r & r+p \\ q_1 & r_1 & r_1+p_1 \\ q_2 & r_2 & r_2+p_2 \end{vmatrix}$$

$$= \begin{vmatrix} p & q & r \\ p_1 & q_1 & r_1 \\ p_2 & q_2 & r_2 \end{vmatrix} + \begin{vmatrix} q & r & p \\ q_1 & r_1 & p_1 \\ q_2 & r_2 & p_2 \end{vmatrix} = 2\begin{vmatrix} p & q & r \\ p_1 & q_1 & r_1 \\ p_2 & q_2 & r_2 \end{vmatrix}.$$

(10) $D_n$ 按第1列展开,再将展开后的第2项中 $n-1$ 阶行列式按第1行展开,有

$$D_n = (\alpha+\beta)D_{n-1} - \alpha\beta D_{n-2}.$$

这是由 $D_{n-1}$ 和 $D_{n-2}$ 表示 $D_n$ 的递推关系式. 若由上面的递推关系式从 $n$ 阶逐阶往低阶递推,计算较繁琐,注意到上面的递推关系式是由 $n-1$ 阶和 $n-2$ 阶行列式表示 $n$ 阶行列式,因此,可考虑将其变形为

$$D_n - \alpha D_{n-1} = \beta D_{n-1} - \alpha\beta D_{n-2} = \beta(D_{n-1} - \alpha D_{n-2})$$

或 $$D_n - \beta D_{n-1} = \alpha D_{n-1} - \alpha\beta D_{n-2} = \alpha(D_{n-1} - \beta D_{n-2}).$$

现可反复用低阶代替高阶,有

$$D_n - \alpha D_{n-1} = \beta(D_{n-1} - \alpha D_{n-2}) = \beta^2(D_{n-2} - \alpha D_{n-3}) = \beta^3(D_{n-3} - \alpha D_{n-4})$$
$$= \cdots = \beta^{n-2}(D_2 - \alpha D_1) = \beta^{n-2}[(\alpha+\beta)^2 - \alpha\beta - \alpha(\alpha+\beta)] = \beta^n.$$

同样有

$$D_n - \beta D_{n-1} = \alpha(D_{n-1} - \beta D_{n-2}) = \alpha^2(D_{n-2} - \beta D_{n-3}) = \alpha^3(D_{n-3} - \beta D_{n-4})$$
$$= \cdots = \alpha^{n-2}(D_2 - \beta D_1) = \alpha^{n-2}[(\alpha+\beta)^2 - \alpha\beta - \beta(\alpha+\beta)] = \alpha^n.$$

因此当 $\alpha \neq \beta$ 时,可解得 $D_n = \dfrac{\alpha^{n+1} - \beta^{n+1}}{\alpha - \beta}$,证毕.

## 4.2 矩　阵

### 4.2.1 核心内容提示

(1) 矩阵的概念、矩阵的运算(加法、数乘、乘法、转置等运算)及其运算律.

(2) 矩阵乘积的行列式、矩阵乘积的秩与其因子的秩的关系.

(3) 矩阵的逆、伴随矩阵、矩阵可逆的条件.

(4) 分块矩阵及其运算与性质.

(5) 初等矩阵、初等变换、矩阵的等价标准形.

(6) 分块初等矩阵、分块初等变换.

### 4.2.2 典型例题精解

**例 4-12** 设 $\boldsymbol{A}=\begin{pmatrix}1&0&1\\0&1&0\\0&0&1\end{pmatrix}$,求 $\boldsymbol{A}^n$.

**分析** 求一个矩阵的 $n$ 次幂的运算,常用的方法是数学归纳法,但也可应用初等变换法和矩阵分解法求矩阵的 $n$ 次幂.

**解答** 方法一 用数学归纳法.

因为 $\boldsymbol{A}=\begin{pmatrix}1&0&1\\0&1&0\\0&0&1\end{pmatrix}$, $\boldsymbol{A}^2=\boldsymbol{A}\cdot\boldsymbol{A}=\begin{pmatrix}1&0&2\\0&1&0\\0&0&1\end{pmatrix}$, $\boldsymbol{A}^3=\boldsymbol{A}^2\cdot\boldsymbol{A}=$ $\begin{pmatrix}1&0&2\\0&1&0\\0&0&1\end{pmatrix}\begin{pmatrix}1&0&1\\0&1&0\\0&0&1\end{pmatrix}=\begin{pmatrix}1&0&3\\0&1&0\\0&0&1\end{pmatrix}$,

一般地,设

$$\boldsymbol{A}^{n-1}=\begin{pmatrix}1&0&n-1\\0&1&0\\0&0&1\end{pmatrix},$$

则

$$\boldsymbol{A}^n=\boldsymbol{A}^{n-1}\cdot\boldsymbol{A}=\begin{pmatrix}1&0&n-1\\0&1&0\\0&0&1\end{pmatrix}\begin{pmatrix}1&0&1\\0&1&0\\0&0&1\end{pmatrix}=\begin{pmatrix}1&0&n\\0&1&0\\0&0&1\end{pmatrix}.$$

由用数学归纳法,有

$$\boldsymbol{A}^n=\begin{pmatrix}1&0&n\\0&1&0\\0&0&1\end{pmatrix}.$$

方法二 初等变换法.

因为 $\boldsymbol{A}$ 是初等矩阵,$\boldsymbol{A}^n=\boldsymbol{E}\cdot\underbrace{\boldsymbol{A}\cdot\boldsymbol{A}\cdot\cdots\cdot\boldsymbol{A}}_{n个\boldsymbol{A}}$,相当于对 $\boldsymbol{E}=\begin{pmatrix}1&0&0\\0&1&0\\0&0&1\end{pmatrix}$ 施行 $n$ 次初等列变

换(把第 1 列加到第 3 列),所以 $A^n=\begin{pmatrix}1&0&n\\0&1&0\\0&0&1\end{pmatrix}$.

方法三　矩阵分解法.

$$A=\begin{pmatrix}1&0&1\\0&1&0\\0&0&1\end{pmatrix}=\begin{pmatrix}1&0&0\\0&1&0\\0&0&1\end{pmatrix}+\begin{pmatrix}0&0&1\\0&0&0\\0&0&0\end{pmatrix}=E+B,$$

其中

$$B=\begin{pmatrix}0&0&1\\0&0&0\\0&0&0\end{pmatrix},$$

则

$$A^n=(E+B)^n=E^n+nE^{n-1}B+\frac{n(n-1)}{2!}E^{n-2}B^2+\cdots+nEB^{n-1}+B^n,$$

因为

$$B^2=\begin{pmatrix}0&0&1\\0&0&0\\0&0&0\end{pmatrix}\begin{pmatrix}0&0&1\\0&0&0\\0&0&0\end{pmatrix}=\begin{pmatrix}0&0&0\\0&0&0\\0&0&0\end{pmatrix},$$

所以

$$B^k=O(k\geqslant 2).$$

故

$$A^n=E^n+nE^{n-1}B=E+nB=\begin{pmatrix}1&0&n\\0&1&0\\0&0&1\end{pmatrix}.$$

**评注**　计算矩阵的 $n$ 次幂,可采用数学归纳法、初等变换法和矩阵分解法等,具体应用哪种方法,应根据所给矩阵特点而定. 类似的题有

(1) 设 $A=\begin{pmatrix}2&1&3&1\\1&-2&0&-1\\3&0&2&4\end{pmatrix}$,$B=\begin{pmatrix}1&2&3&1\\1&-1&0&1\\0&-2&1&0\end{pmatrix}$求 $3A-B$.

$\left(\text{答案:}\begin{pmatrix}5&1&6&2\\2&-5&0&-4\\9&2&5&12\end{pmatrix}\right)$

(2) 计算$\begin{pmatrix}1&0\\1&1\end{pmatrix}^n$. $\left(\text{答案:}\begin{pmatrix}1&0\\n&1\end{pmatrix}\right)$

(3) $\begin{pmatrix}a_1&0&0\\0&a_2&0\\0&0&a_3\end{pmatrix}^n$. $\left(\text{答案:}\begin{pmatrix}a_1^n&0&0\\0&a_2^n&0\\0&0&a_3^n\end{pmatrix}\right)$

(4) 设 $A=\begin{pmatrix}2&1&3&1\\1&-2&0&-1\\3&0&2&4\end{pmatrix}$, $B=\begin{pmatrix}1&2&3&1\\1&-1&0&1\\0&-2&1&0\end{pmatrix}$若 $X$ 满足 $X-A=2B$, 求 $X$. $\left(\text{答案:}\begin{pmatrix}4&5&9&3\\3&-4&0&1\\3&-4&4&4\end{pmatrix}\right)$

(5) $B=\begin{pmatrix}1&2&3&1\\1&-1&0&1\\0&-2&1&0\end{pmatrix}$若 $X$ 满足 $2A-X+2(B-X)=0$，求 $X$. $\left(\text{答案}:\begin{pmatrix}2&2&4&\frac{4}{3}\\\frac{4}{3}&-2&0&0\\2&-\frac{4}{3}&2&\frac{8}{3}\end{pmatrix}\right)$

**例 4-13** 设 $A=\begin{pmatrix}2&-1&-2&3\\-4&2&4&-6\\0&0&0&0\\6&-3&-6&9\end{pmatrix}$，求 $A^n$.

**分析** 可采用数学归纳法，计算矩阵的 $n$ 次幂.

**解答**

$$\begin{pmatrix}2&-1&-2&3\\-4&2&4&-6\\0&0&0&0\\6&-3&-6&9\end{pmatrix}=\begin{pmatrix}1\\-2\\0\\3\end{pmatrix}(2\quad -1\quad -2\quad 3),$$

则

$$\begin{pmatrix}2&-1&-2&3\\-4&2&4&-6\\0&0&0&0\\6&-3&-6&9\end{pmatrix}^n=\left(\begin{pmatrix}1\\-2\\0\\3\end{pmatrix}(2\quad -1\quad -2\quad 3)\right)^n$$

$$=\left((2\quad -1\quad -2\quad 3)\begin{pmatrix}1\\-2\\0\\3\end{pmatrix}\right)^{n-1}\begin{pmatrix}1\\-2\\0\\3\end{pmatrix}(2\quad -1\quad -2\quad 3)$$

$$=13^{n-1}\begin{pmatrix}2&-1&-2&3\\-4&2&4&-6\\0&0&0&0\\6&-3&-6&9\end{pmatrix}.$$

**评注** 本题的巧妙之处在于将矩阵拆成两项乘积. 类似的题有：

(1) $\begin{pmatrix}3&1\\2&-4\\5&-1\end{pmatrix}\begin{pmatrix}1&7&-4\\2&0&5\end{pmatrix}$. $\left(\text{答案}:\begin{pmatrix}5&21&-7\\-6&14&-28\\3&35&-25\end{pmatrix}\right)$

(2) $\begin{pmatrix}3&2&1\\2&1&-2\end{pmatrix}\begin{pmatrix}1&2&0\\0&1&1\\3&0&-1\end{pmatrix}$. $\left(\text{答案}:\begin{pmatrix}6&8&1\\-4&5&3\end{pmatrix}\right)$

(3) $\begin{pmatrix}1&2&3\\2&4&6\\3&6&9\end{pmatrix}\begin{pmatrix}1&2&4\\1&2&4\\-1&-2&-4\end{pmatrix}$. $\left(\text{答案}:\begin{pmatrix}0&0&0\\0&0&0\\0&0&0\end{pmatrix}\right)$

(4) $\begin{pmatrix}1 & 3 & -1\\0 & 4 & 2\\7 & 0 & 1\end{pmatrix}\begin{pmatrix}1\\-2\\3\end{pmatrix}$.（答案：$\begin{pmatrix}-8\\-2\\10\end{pmatrix}$）

(5) $(1\quad -1\quad 2)\begin{pmatrix}2 & -1 & 0\\1 & 1 & 3\\1 & 0 & -1\end{pmatrix}$.（答案：$(3\quad -2\quad -5)$）

**例 4-14** 求下列方阵 $\boldsymbol{A}$ 的 $n$ 次幂.

(1) 设三阶实对称阵 $\boldsymbol{A}$ 的特征值为 $-1,1,1$，$\boldsymbol{\xi}=(0,1,1)^{\mathrm{T}}$ 为对应于 $-1$ 的特征向量.

(2) 设三阶实对称阵 $\boldsymbol{A}$ 的特征值为 $1,2,13$，特征值为 $1,2$ 对应的特征向量分别为 $\boldsymbol{\xi}_1=(-1,-1,1)^{\mathrm{T}}$，$\boldsymbol{\xi}_2=(1,-2,-1)^{\mathrm{T}}$.

**分析** 若 $\boldsymbol{A}$ 与对角矩阵相似，即 $\boldsymbol{P}^{-1}\boldsymbol{AP}=\boldsymbol{\Lambda}$，$\boldsymbol{\Lambda}=\mathrm{diag}(\lambda_1,\lambda_2,\cdots,\lambda_n)$ 为对角阵，则

$$\boldsymbol{A}=\boldsymbol{P\Lambda P}^{-1},\boldsymbol{A}^2=\boldsymbol{P\Lambda P}^{-1}\boldsymbol{P\Lambda P}^{-1}=\boldsymbol{P\Lambda}^2\boldsymbol{P}^{-1},\cdots,\boldsymbol{A}^n=\boldsymbol{P\Lambda}^n\boldsymbol{P}^{-1},$$

因此 $\boldsymbol{A}$ 的 $n$ 次幂易求.

**解答** (1)利用实对称矩阵属于不同特征值的特征向量正交，可求出特征值为 1 对应的特征向量分别为 $\boldsymbol{\xi}_1=(1,0,0)^{\mathrm{T}}$，$\boldsymbol{\xi}_2=(0,1,-1)^{\mathrm{T}}$.

令 $\boldsymbol{P}=(\xi_1,\xi_2,\xi)=\begin{pmatrix}1 & 0 & 0\\0 & 1 & 1\\0 & -1 & 1\end{pmatrix}$，则 $\boldsymbol{A}$ 与对角矩阵相似，且

$$\boldsymbol{P}^{-1}\boldsymbol{AP}=\begin{pmatrix}1 & 0 & 0\\0 & 1 & 0\\0 & 0 & -1\end{pmatrix},\boldsymbol{A}=\boldsymbol{P}\begin{pmatrix}1 & 0 & 0\\0 & 1 & 0\\0 & 0 & -1\end{pmatrix}\boldsymbol{P}^{-1},$$

$$\boldsymbol{A}^n=\boldsymbol{P}\begin{pmatrix}1 & 0 & 0\\0 & 1 & 0\\0 & 0 & -1\end{pmatrix}^n\boldsymbol{P}^{-1}=\begin{pmatrix}1 & 0 & 0\\0 & \frac{1}{2}+\frac{1}{2}(-1)^n & -\frac{1}{2}+\frac{1}{2}(-1)^n\\0 & -\frac{1}{2}+\frac{1}{2}(-1)^n & \frac{1}{2}+\frac{1}{2}(-1)^n\end{pmatrix}.$$

(2) 求出特征值为 3 对应的特征向量为 $\boldsymbol{\xi}_3=(1,0,1)^{\mathrm{T}}$.

令 $\boldsymbol{P}=(\xi_1,\xi_2,\xi_3)=\begin{pmatrix}-1 & 1 & 1\\-1 & -2 & 0\\1 & -1 & 1\end{pmatrix}$，则 $\boldsymbol{A}$ 与对角矩阵相似，且

$$\boldsymbol{P}^{-1}\boldsymbol{AP}=\begin{pmatrix}1 & 0 & 0\\0 & 2 & 0\\0 & 0 & 3\end{pmatrix},\boldsymbol{A}=\boldsymbol{P}\begin{pmatrix}1 & 0 & 0\\0 & 2 & 0\\0 & 0 & 3\end{pmatrix}\boldsymbol{P}^{-1},$$

$$\boldsymbol{A}^n=\frac{1}{6}\begin{pmatrix}2+2^n+3^{n+1} & 2-2^{n+1} & -2-2^n+3^{n+1}\\2-2^{n+1} & 2+2^{n+2} & -2+2^{n+1}\\-2-2^n+3^{n+1} & -2+2^{n+1} & 2+2^n+3^{n+1}\end{pmatrix}.$$

**评注** 在本题中特征向量可以取不同的，但与 $\boldsymbol{A}$ 相似的对角阵是唯一的. 类似的题有：

(1) 下列命题成立的是(　　).（答案：(D)）

(A) 若 $\boldsymbol{AB}=\boldsymbol{AC}$，则 $\boldsymbol{B}=\boldsymbol{C}$　　　　(B) 若 $\boldsymbol{AB}=0$，则 $\boldsymbol{A}=0$ 或 $\boldsymbol{B}=0$

(C) 若 $\boldsymbol{A}\neq 0$,则 $|\boldsymbol{A}|\neq 0$　　　　(D) 若 $|\boldsymbol{A}|\neq 0$,则 $\boldsymbol{A}\neq 0$

(2) 设 $\boldsymbol{A}$、$\boldsymbol{B}$、$\boldsymbol{C}$ 均为 $n$ 阶矩阵,且 $\boldsymbol{AB}=\boldsymbol{BA}$,$\boldsymbol{AC}=\boldsymbol{CA}$,求 $\boldsymbol{ABC}$(答案:$\boldsymbol{ABC}=(\boldsymbol{BA})\boldsymbol{C}=\boldsymbol{B}(\boldsymbol{AC})=\boldsymbol{BCA}$)

(3) 设 $\boldsymbol{A}$、$\boldsymbol{B}$ 均为 $n$ 阶可逆矩阵,则(　　).(答案:(D))

(A) $\boldsymbol{A}+\boldsymbol{B}$ 可逆,且 $(\boldsymbol{A}+\boldsymbol{B})^{-1}=\boldsymbol{A}^{-1}+\boldsymbol{B}^{-1}$

(B) 若 $k\boldsymbol{A}$ 可逆($k$ 为常数),且 $(k\boldsymbol{A})^{-1}=k^{-1}\boldsymbol{A}^{-1}$

(C) $\boldsymbol{AB}$ 可逆,且 $(\boldsymbol{AB})^{-1}=\boldsymbol{A}^{-1}\boldsymbol{B}^{-1}$

(D) $\begin{pmatrix}\boldsymbol{A} & 0\\ 0 & \boldsymbol{B}\end{pmatrix}$可逆,且$\begin{pmatrix}\boldsymbol{A} & 0\\ 0 & \boldsymbol{B}\end{pmatrix}^{-1}=\begin{pmatrix}\boldsymbol{A}^{-1} & 0\\ 0 & \boldsymbol{B}^{-1}\end{pmatrix}$

(4)设 $\boldsymbol{A}$ 为 $m\times n$ 阶矩阵,$\boldsymbol{R}(\boldsymbol{A})=r$,已知 $r<m$,$r<n$,则(　　).(答案:(B))

(A) $\boldsymbol{A}$ 中任意 $r$ 阶子式不等于零　　　　(B) $\boldsymbol{A}$ 中任意 $r+1$ 阶子式都等于零

(C) $\boldsymbol{A}$ 中任意 $r-1$ 阶子式不等于零　　(D) $\boldsymbol{A}$ 中任意 $r-1$ 阶子式都等于零

**提示**:$\boldsymbol{R}(\boldsymbol{A})=r$ 表明,$\boldsymbol{A}$ 中至少有一个 $r$ 阶子式不等于零,$\boldsymbol{A}$ 中任意 $r+1$ 阶子式都等于零.

(5) 设 $\boldsymbol{A}$、$\boldsymbol{B}$ 均为 $n(n\geqslant 3)$ 阶可逆矩阵,$\boldsymbol{C}^*$ 表示方阵 $\boldsymbol{C}$ 的伴随矩阵,则 $(\boldsymbol{AB})^*=$(　　).(答案:(D))

(A) $\boldsymbol{A}^*\boldsymbol{B}^*$　　　　(B) $|\boldsymbol{AB}|^{-1}(\boldsymbol{AB})$

(C) $|\boldsymbol{AB}|^{n-1}(\boldsymbol{AB})$　　　　(D) $\boldsymbol{B}^*\boldsymbol{A}^*$

**提示**:$(\boldsymbol{AB})^*=|\boldsymbol{AB}|(\boldsymbol{AB})^{-1}=|\boldsymbol{A}||\boldsymbol{B}|\boldsymbol{B}^{-1}\boldsymbol{A}^{-1}=|\boldsymbol{A}|\boldsymbol{B}^*\boldsymbol{A}^{-1}=\boldsymbol{B}^*|\boldsymbol{A}|\boldsymbol{A}^{-1}=\boldsymbol{B}^*\boldsymbol{A}^*$.

**例 4-15**　某试验生产线每年一月份进行熟练工与非熟练工的人数统计,然后将 1/6 的熟练工支援其他生产部门,其缺额由招收新的非熟练工补齐. 新、老非熟练工经过培训及实践至年终考核有 2/5 成为熟练工. 设第 $n$ 年一月份统计的熟练工与非熟练工所占百分比分别为 $x_n$ 和 $y_n$,记成向量$\begin{pmatrix}x_n\\ y_n\end{pmatrix}$.

(1) 求$\begin{pmatrix}x_{n+1}\\ y_{n+1}\end{pmatrix}$与$\begin{pmatrix}x_n\\ y_n\end{pmatrix}$的关系式并写成矩阵形式:

$$\begin{pmatrix}x_{n+1}\\ y_{n+1}\end{pmatrix}=\boldsymbol{A}\begin{pmatrix}x_n\\ y_n\end{pmatrix};$$

(2) 验证 $\boldsymbol{\eta}_1=\begin{pmatrix}4\\ 1\end{pmatrix}$,$\boldsymbol{\eta}_2=\begin{pmatrix}-1\\ 1\end{pmatrix}$是 $\boldsymbol{A}$ 的两个线性无关的特征向量,并求出相应的特征值;

(3) 当$\begin{pmatrix}x_1\\ y_1\end{pmatrix}=\begin{pmatrix}\frac{1}{2}\\ \frac{1}{2}\end{pmatrix}$时,求$\begin{pmatrix}x_{n+1}\\ y_{n+1}\end{pmatrix}$.

**分析**　本题是一道线性代数的综合应用题.(1)根据题意建立递推关系式;(2)用行列式不为零检验两个向量线性无关即可,用定义求特征值,检验是否为特征向量;(3)$\begin{pmatrix}x_{n+1}\\ y_{n+1}\end{pmatrix}=\boldsymbol{A}\begin{pmatrix}x_n\\ y_n\end{pmatrix}=\boldsymbol{A}^n\begin{pmatrix}x_1\\ y_1\end{pmatrix}$,即求 $\boldsymbol{A}^n$.

**解答** (1)由题意

$$\begin{cases}x_{n+1}=\dfrac{5}{6}x_n+\dfrac{2}{5}\left(\dfrac{1}{6}x_n+y_n\right),\\ y_{n+1}=\dfrac{3}{5}\left(\dfrac{1}{6}x_n+y_n\right),\end{cases}\text{即}\begin{cases}x_{n+1}=\dfrac{9}{10}x_n+\dfrac{2}{5}y_n,\\ y_{n+1}=\dfrac{1}{10}x_n+\dfrac{3}{5}y_n,\end{cases}$$

矩阵形式为

$$\begin{pmatrix}x_{n+1}\\ y_{n+1}\end{pmatrix}=\begin{pmatrix}\dfrac{9}{10}&\dfrac{2}{5}\\ \dfrac{1}{10}&\dfrac{3}{5}\end{pmatrix}\begin{pmatrix}x_n\\ y_n\end{pmatrix},\boldsymbol{A}=\begin{pmatrix}\dfrac{9}{10}&\dfrac{2}{5}\\ \dfrac{1}{10}&\dfrac{3}{5}\end{pmatrix}.$$

(2) 因为$|(\boldsymbol{\eta}_1,\boldsymbol{\eta}_2)|=\begin{vmatrix}4&-1\\1&1\end{vmatrix}=5\neq0$,所以$\boldsymbol{\eta}_1=\begin{pmatrix}4\\1\end{pmatrix},\boldsymbol{\eta}_2=\begin{pmatrix}-1\\1\end{pmatrix}$是两个线性无关向量.

$$\boldsymbol{A\eta}_1=\begin{pmatrix}\dfrac{9}{10}&\dfrac{2}{5}\\ \dfrac{1}{10}&\dfrac{3}{5}\end{pmatrix}\begin{pmatrix}4\\1\end{pmatrix}=\begin{pmatrix}4\\1\end{pmatrix}=\boldsymbol{\eta}_1,$$

故$\boldsymbol{\lambda}_1=1$是$\boldsymbol{A}$的特征值,对应的特征向量为$\boldsymbol{\eta}_1$.

$$\boldsymbol{A\eta}_2=\begin{pmatrix}\dfrac{9}{10}&\dfrac{2}{5}\\ \dfrac{1}{10}&\dfrac{3}{5}\end{pmatrix}\begin{pmatrix}-1\\1\end{pmatrix}=\frac{1}{2}\begin{pmatrix}-1\\1\end{pmatrix}=\frac{1}{2}\boldsymbol{\eta}_2,$$

故$\boldsymbol{\lambda}_2=\dfrac{1}{2}$是$\boldsymbol{A}$的特征值,对应的特征向量为$\boldsymbol{\eta}_2$.

(3) $\begin{pmatrix}x_{n+1}\\ y_{n+1}\end{pmatrix}=\boldsymbol{A}\begin{pmatrix}x_n\\ y_n\end{pmatrix}=\boldsymbol{A}^2\begin{pmatrix}x_{n-1}\\ y_{n-1}\end{pmatrix}=\cdots=\boldsymbol{A}^n\begin{pmatrix}x_1\\ y_1\end{pmatrix}=\boldsymbol{A}^n\begin{pmatrix}\dfrac{1}{2}\\ \dfrac{1}{2}\end{pmatrix}.$

只要计算$\boldsymbol{A}^n$即可,可先将$\boldsymbol{A}$相似对角化再计算$\boldsymbol{A}^n$. 令

$$\boldsymbol{P}=(\boldsymbol{\eta}_1,\boldsymbol{\eta}_2)=\begin{pmatrix}4&-1\\1&1\end{pmatrix},\boldsymbol{P}^{-1}=\begin{pmatrix}\dfrac{1}{5}&\dfrac{1}{5}\\ -\dfrac{1}{5}&\dfrac{4}{5}\end{pmatrix},\boldsymbol{P}^{-1}\boldsymbol{AP}=\begin{pmatrix}1&\\&\dfrac{1}{2}\end{pmatrix},\boldsymbol{A}=\boldsymbol{P}\begin{pmatrix}1&\\&\dfrac{1}{2}\end{pmatrix}\boldsymbol{P}^{-1}.$$

$$\boldsymbol{A}^n=\boldsymbol{P}\begin{pmatrix}1&\\&\dfrac{1}{2}\end{pmatrix}^n\boldsymbol{P}^{-1}=\begin{pmatrix}4&-1\\1&1\end{pmatrix}\begin{pmatrix}1&\\&\left(\dfrac{1}{2}\right)^n\end{pmatrix}\begin{pmatrix}\dfrac{1}{5}&\dfrac{1}{5}\\ -\dfrac{1}{5}&\dfrac{4}{5}\end{pmatrix}=\frac{1}{5}\begin{pmatrix}4+\left(\dfrac{1}{2}\right)^n&4-4\left(\dfrac{1}{2}\right)^n\\ 1-\left(\dfrac{1}{2}\right)^n&1+4\left(\dfrac{1}{2}\right)^n\end{pmatrix}.$$

所以

$$\begin{pmatrix}x_{n+1}\\ y_{n+1}\end{pmatrix}=\boldsymbol{A}^n\begin{pmatrix}\dfrac{1}{2}\\ \dfrac{1}{2}\end{pmatrix}=\frac{1}{5}\begin{pmatrix}4+\left(\dfrac{1}{2}\right)^n&4-4\left(\dfrac{1}{2}\right)^n\\ 1-\left(\dfrac{1}{2}\right)^n&1+4\left(\dfrac{1}{2}\right)^n\end{pmatrix}\begin{pmatrix}\dfrac{1}{2}\\ \dfrac{1}{2}\end{pmatrix}=\frac{1}{5}\begin{pmatrix}4-3\left(\dfrac{1}{2}\right)^{n+1}\\ 1+3\left(\dfrac{1}{2}\right)^{n+1}\end{pmatrix}.$$

**评注** (1)求$\begin{pmatrix} x_{n+1} \\ y_{n+1} \end{pmatrix}$与$\begin{pmatrix} x_n \\ y_n \end{pmatrix}$的关系式相当于建立一个线性代数的数学模型,而验证 $\boldsymbol{\eta}_1 = \begin{pmatrix} 4 \\ 1 \end{pmatrix}$,$\boldsymbol{\eta}_2 = \begin{pmatrix} -1 \\ 1 \end{pmatrix}$是$\boldsymbol{A}$ 的两个线性无关的特征向量相当于检验(1)中递推关系是否正确,若不正确,则应进一步修改模型,避免在错误的情况下继续进行(3)的复杂计算. 类似的题有:

(1) 设$\boldsymbol{A}$ 是反对称矩阵,$\boldsymbol{B}$ 是对称矩阵. 证明:$\boldsymbol{AB}$ 是反对称矩阵的充分必要条件是$\boldsymbol{AB}=\boldsymbol{BA}$.

**提示**:利用定义.

(2) 设矩阵$\boldsymbol{A}=\begin{pmatrix} a_1 & a_2 \\ b_1 & b_2 \end{pmatrix}$证明矩阵$\boldsymbol{A}$ 可逆的充分必要条件是 $a_1b_2-a_2b_1 \neq 0$.

**提示**:$|\boldsymbol{A}|=a_1b_2-a_2b_1$.

(3) 设矩阵$\boldsymbol{A}=\begin{pmatrix} a_1 & a_2 \\ b_1 & b_2 \end{pmatrix}$求$\boldsymbol{A}^*$. $\left(答案:\boldsymbol{A}^*=\begin{pmatrix} b_2 & -a_2 \\ -b_1 & a_1 \end{pmatrix}\right)$

(4) 设矩阵$\boldsymbol{A}=\begin{pmatrix} a_1 & a_2 \\ b_1 & b_2 \end{pmatrix}$若 $a_1b_2-a_2b_1 \neq 0$,求$\boldsymbol{A}^{-1}$. $\left(答案:\boldsymbol{A}^{-1}=\dfrac{1}{a_1b_2-a_2b_1}\begin{pmatrix} b_2 & -a_2 \\ -b_1 & a_1 \end{pmatrix}\right)$

(5) 已知矩阵$\boldsymbol{A}=\begin{pmatrix} 1 & 0 & 3 \\ 0 & 2 & 1 \\ 0 & 0 & 1 \end{pmatrix}$,$\boldsymbol{B}=\begin{pmatrix} 1 & 0 & 0 \\ 0 & 2 & 1 \\ 3 & 0 & 1 \end{pmatrix}$,求$\boldsymbol{A}^2-\boldsymbol{B}^2$. $\left(答案:\begin{pmatrix} 1 & 0 & 6 \\ -3 & 0 & 0 \\ -6 & 0 & 0 \end{pmatrix}\right)$

**例 4-16** 设$\boldsymbol{A}_{m\times n}$、$\boldsymbol{B}_{n\times m}$,试证

$$\lambda^n \det(\lambda \boldsymbol{E}_m-\boldsymbol{AB}) = \lambda^m \det(\lambda \boldsymbol{E}_n-\boldsymbol{BA}).$$

**分析** 注意到$\begin{pmatrix} \boldsymbol{E}_m & -\boldsymbol{A} \\ \boldsymbol{O} & \boldsymbol{E}_n \end{pmatrix}\begin{pmatrix} \boldsymbol{AB} & \boldsymbol{O} \\ \boldsymbol{B} & \boldsymbol{O} \end{pmatrix}=\begin{pmatrix} \boldsymbol{O} & \boldsymbol{O} \\ \boldsymbol{B} & \boldsymbol{BA} \end{pmatrix}\begin{pmatrix} \boldsymbol{E}_m & -\boldsymbol{A} \\ \boldsymbol{O} & \boldsymbol{E}_n \end{pmatrix}$成立. 可解出$\begin{pmatrix} \boldsymbol{AB} & \boldsymbol{O} \\ \boldsymbol{B} & \boldsymbol{O} \end{pmatrix}$,进而求出 $\det(\lambda \boldsymbol{E}_m-\boldsymbol{AB})$.

**解答** 因此

$$\det\left(\lambda \boldsymbol{E}_{m+n}-\begin{pmatrix} \boldsymbol{AB} & \boldsymbol{O} \\ \boldsymbol{B} & \boldsymbol{O} \end{pmatrix}\right)=\det\left(\lambda \boldsymbol{E}_{m+n}-\begin{pmatrix} \boldsymbol{E}_m & -\boldsymbol{A} \\ \boldsymbol{O} & \boldsymbol{E}_n \end{pmatrix}^{-1}\begin{pmatrix} \boldsymbol{O} & \boldsymbol{O} \\ \boldsymbol{B} & \boldsymbol{BA} \end{pmatrix}\begin{pmatrix} \boldsymbol{E}_m & -\boldsymbol{A} \\ \boldsymbol{O} & \boldsymbol{E}_n \end{pmatrix}\right)$$

$$=\det\left(\lambda \boldsymbol{E}_{m+n}-\begin{pmatrix} \boldsymbol{O} & \boldsymbol{O} \\ \boldsymbol{B} & \boldsymbol{BA} \end{pmatrix}\right),$$

即

$$\det\left(\begin{pmatrix} \lambda \boldsymbol{E}_m-\boldsymbol{BA} & \boldsymbol{O} \\ -\boldsymbol{B} & \lambda \boldsymbol{E}_n \end{pmatrix}\right)=\det\left(\begin{pmatrix} \lambda \boldsymbol{E}_m & \boldsymbol{O} \\ -\boldsymbol{B} & \lambda \boldsymbol{E}_n-\boldsymbol{BA} \end{pmatrix}\right),$$

从而 $$\lambda^n \det(\lambda \boldsymbol{E}_m-\boldsymbol{AB})=\lambda^m \det(\lambda \boldsymbol{E}_n-\boldsymbol{BA}).$$

**评注** 这个结论说明$\boldsymbol{AB}$ 与$\boldsymbol{BA}$ 有相同的非零特征值. 类似的题有:

(1) 设$\boldsymbol{A}$ 是反对称矩阵,$\boldsymbol{B}$ 是对称矩阵. 证明 $\boldsymbol{A}^2$ 是对称矩阵.

**提示**:利用对称矩阵的定义.

(2) 设 $\boldsymbol{A}$ 是反对称矩阵，$\boldsymbol{B}$ 是对称矩阵. 证明 $\boldsymbol{AB}-\boldsymbol{BA}$ 是对称矩阵.

**提示**：利用对称矩阵的定义.

(3) 设 $\boldsymbol{A}$ 是反对称矩阵，$\boldsymbol{B}$ 是对称矩阵. 证明 $\boldsymbol{AB}$ 是反对称矩阵的充分必要条件是 $\boldsymbol{AB}=\boldsymbol{BA}$.

**提示**：利用反对称矩阵的定义.

(4) 设 $n$ 阶方阵 $\boldsymbol{A}$ 满足 $\boldsymbol{A}^2-\boldsymbol{A}+\boldsymbol{E}=0$，证明 $\boldsymbol{A}$ 为可逆矩阵，并求 $\boldsymbol{A}^{-1}$ 的表达式.（答案：$\boldsymbol{A}^{-1}=\boldsymbol{E}-\boldsymbol{A}$）

(5) 设矩阵 $\boldsymbol{A}=\begin{pmatrix}1&2&-1\\-1&1&0\\1&-1&1\end{pmatrix}$，矩阵 $\boldsymbol{X}$ 满足 $\boldsymbol{A}^*\boldsymbol{X}=\boldsymbol{A}^{-1}+2\boldsymbol{X}$，求矩阵 $\boldsymbol{X}$.（答案：$\begin{pmatrix}\frac{1}{21}&\frac{8}{21}&-\frac{2}{21}\\-\frac{2}{21}&\frac{5}{21}&\frac{4}{21}\\\frac{2}{7}&\frac{2}{7}&\frac{3}{7}\end{pmatrix}$）

**例 4-17** 设矩阵 $\boldsymbol{A}$ 可逆，且 $\boldsymbol{A}$ 的每行元素之和均等于常数 $a$，证明：

(1) $a\neq0$；　　(2) $\boldsymbol{A}^{-1}$ 的每行元素之和都等于 $\frac{1}{a}$.

**分析** 由于矩阵 $\boldsymbol{A}$ 可逆，且 $\boldsymbol{A}$ 的每行元素之和均等于常数 $a$，可将矩阵的后 $n-1$ 列都加到第 1 列，再进行处理.

**证明** 
$$(1)\boldsymbol{A}=\begin{pmatrix}a_{11}&a_{12}&\cdots&a_{1n}\\a_{21}&a_{22}&\cdots&a_{2n}\\\vdots&\vdots&\ddots&\vdots\\a_{n1}&a_{n2}&\cdots&a_{nn}\end{pmatrix}\sim\begin{pmatrix}a&a_{12}&\cdots&a_{1n}\\a&a_{22}&\cdots&a_{2n}\\\vdots&\vdots&\ddots&\vdots\\a&a_{n2}&\cdots&a_{nn}\end{pmatrix},$$

若 $\boldsymbol{a}=0$，则 $|\boldsymbol{A}|=0$，这与 $\boldsymbol{A}$ 可逆即 $|\boldsymbol{A}|\neq0$ 矛盾，故 $\boldsymbol{a}\neq0$.

(2) 令 $\boldsymbol{A}=(\boldsymbol{\alpha}_1,\boldsymbol{\alpha}_2,\cdots,\boldsymbol{\alpha}_n)$，$\boldsymbol{A}^{-1}=(\boldsymbol{\beta}_1,\boldsymbol{\beta}_2,\cdots,\boldsymbol{\beta}_n)$，$\boldsymbol{E}=(\boldsymbol{e}_1,\boldsymbol{e}_2,\cdots,\boldsymbol{e}_n)$，因为 $\boldsymbol{A}^{-1}\boldsymbol{A}=\boldsymbol{E}$，所以 $\boldsymbol{A}^{-1}\boldsymbol{\alpha}_j=\boldsymbol{e}_j(j=1,2,\cdots,n)$.

于是 $\boldsymbol{A}^{-1}\boldsymbol{\alpha}_1+\boldsymbol{A}^{-1}\boldsymbol{\alpha}_2+\cdots+\boldsymbol{A}^{-1}\boldsymbol{\alpha}_n=\boldsymbol{A}^{-1}(\boldsymbol{\alpha}_1+\boldsymbol{\alpha}_2+\cdots+\boldsymbol{\alpha}_n)=e_1+e_2+\cdots+e_n$，即 $\boldsymbol{A}^{-1}\begin{pmatrix}a\\\vdots\\a\end{pmatrix}=\begin{pmatrix}1\\\vdots\\1\end{pmatrix}$，

又
$$\boldsymbol{A}^{-1}\begin{pmatrix}a\\\vdots\\a\end{pmatrix}=(\boldsymbol{\beta}_1\quad\boldsymbol{\beta}_2\quad\cdots\quad\boldsymbol{\beta}_n)\begin{pmatrix}a\\\vdots\\a\end{pmatrix}=(\beta_1+\beta_2+\cdots+\beta_n)a,$$

所以
$$(\beta_1+\beta_2+\cdots+\beta_n)a=\begin{pmatrix}1\\1\\\vdots\\1\end{pmatrix},$$

故
$$(\boldsymbol{\beta}_1+\boldsymbol{\beta}_2+\cdots+\boldsymbol{\beta}_n)=\begin{pmatrix}\frac{1}{a}\\ \vdots\\ \frac{1}{a}\end{pmatrix}.$$

**评注** 正确利用矩阵的性质及逆矩阵的定义，巧妙使用反证法，可使问题简化.类似的题有：

(1) 设矩阵 $\boldsymbol{A}=\begin{pmatrix}1&3&3\\0&2&4\\3&0&1\end{pmatrix}$，$\boldsymbol{B}=\begin{pmatrix}1&0&0\\0&3&1\\-1&0&1\end{pmatrix}$求 $|3\boldsymbol{A}-2\boldsymbol{B}|$.（答案:990）

(2) 设 $\boldsymbol{\alpha}=(1,2,3,4)$，$\boldsymbol{\beta}=\left(1,\frac{1}{2},\frac{1}{3},\frac{1}{4}\right)$，$\boldsymbol{A}=\boldsymbol{\alpha}^{\mathrm{T}}\boldsymbol{\beta}$，计算 $\boldsymbol{A}^n$. $\left(\text{答案}:\boldsymbol{A}^n=4^{n-1}\begin{pmatrix}1&\frac{1}{2}&\frac{1}{3}&\frac{1}{4}\\2&1&\frac{2}{3}&\frac{1}{2}\\3&\frac{3}{2}&1&\frac{3}{4}\\4&2&\frac{4}{3}&1\end{pmatrix}\right)$

(3) 已知 $\boldsymbol{A}^{-1}=\begin{pmatrix}1&1&1\\1&2&1\\1&1&3\end{pmatrix}$，求 $(\boldsymbol{A}^*)^{-1}$. $\left(\text{答案}:\begin{pmatrix}5&-2&-1\\-2&2&0\\-1&0&1\end{pmatrix}\right)$

(4) 设 $(2\boldsymbol{E}-\boldsymbol{C}^{-1}\boldsymbol{B})\boldsymbol{A}^{\mathrm{T}}=\boldsymbol{C}^{-1}$，其中 $\boldsymbol{B}=\begin{pmatrix}1&2&-3&-2\\0&1&2&-3\\0&0&1&2\\0&0&0&1\end{pmatrix}$，$\boldsymbol{C}=\begin{pmatrix}1&2&0&1\\0&1&2&0\\0&0&1&2\\0&0&0&1\end{pmatrix}$，$\boldsymbol{E}$ 为四阶单位矩阵，$\boldsymbol{A}^{\mathrm{T}}$ 是四阶矩阵 $\boldsymbol{A}$ 的转置矩阵，求 $\boldsymbol{A}$. $\left(\text{答案}:\boldsymbol{A}=\begin{pmatrix}1&0&0&0\\-2&1&0&0\\1&-2&1&0\\0&1&-2&1\end{pmatrix}\right)$

(5) 求矩阵 $\boldsymbol{A}=\begin{pmatrix}1&2&1&1&3&2\\2&1&0&2&1&-1\\-2&5&4&-3&8&10\\-1&1&1&-2&1&3\end{pmatrix}$的秩.（答案:4）

**例 4-18** 设 $\boldsymbol{A}$、$\boldsymbol{B}$ 均为 $n$ 阶方阵，证明 $R(\boldsymbol{A})+R(\boldsymbol{B})-n\leqslant R(\boldsymbol{AB})$.

**分析** 对于抽象矩阵求秩的问题，通常是通过矩阵的初等变换化为最简型矩阵，再进行分析.

**证明** 设 $R(\boldsymbol{A})=r$，$R(\boldsymbol{B})=s$，则有 $n$ 阶可逆矩阵 $\boldsymbol{P}_1,\boldsymbol{P}_2,\boldsymbol{Q}_1,\boldsymbol{Q}_2$ 使
$$\boldsymbol{P}_1\boldsymbol{A}\boldsymbol{Q}_1=\begin{pmatrix}\boldsymbol{E}_r&\boldsymbol{O}\\\boldsymbol{O}&\boldsymbol{O}\end{pmatrix},\boldsymbol{P}_2\boldsymbol{B}\boldsymbol{Q}_2=\begin{pmatrix}\boldsymbol{E}_s&\boldsymbol{O}\\\boldsymbol{O}&\boldsymbol{O}\end{pmatrix},$$

于是 $$P_1ABQ_2=P_1AQ_1(Q_1^{-1}P_2^{-1})P_2BQ_2,$$

令 $$C=Q_1^{-1}P_2^{-1}=(c_{ij})_{n\times n},$$

则 $$P_1ABQ_2=\begin{pmatrix}E_r & O\\ O & O\end{pmatrix}\begin{pmatrix}c_{11} & \cdots & c_{1n}\\ \vdots & \ddots & \vdots\\ c_{n1} & \cdots & c_{nn}\end{pmatrix}\begin{pmatrix}E_s & O\\ O & O\end{pmatrix}=\begin{pmatrix}c_{11} & \cdots & c_{1n} & \\ \vdots & \ddots & \vdots & O\\ c_{n1} & \cdots & c_{nn} & \\ & O & & O\end{pmatrix}=C_1,$$

又可知任一矩阵每减少一行(或列)其秩减少不超过1,而$R(C)=n$,故

$$R(C_1)\geqslant n-(n-r)-(n-s)=r+s-n.$$

而 $$R(AB)=R(P_1ABQ_2)=R(C_1),$$

所以 $$R(A)+R(B)-n\leqslant R(AB).$$

**评注** 求抽象矩阵秩的等式或不等式成立的问题,用到的知识点较多,根据具体问题进行具体分析.特别地,当$AB=O$时,$R(A)+R(B)\leqslant n$.类似的题有:

(1) 求$\lim\limits_{n\to\infty}\begin{pmatrix}\frac{1}{2} & 1 & 1\\ 0 & \frac{1}{3} & 1\\ 0 & 0 & \frac{1}{5}\end{pmatrix}^n$. $\left(答案:\begin{pmatrix}0 & 0 & 0\\ 0 & 0 & 0\\ 0 & 0 & 0\end{pmatrix}\right)$

(2) 设四阶矩阵 $B=\begin{pmatrix}1 & -1 & 0 & 0\\ 0 & 1 & -1 & 0\\ 0 & 0 & 1 & -1\\ 0 & 0 & 0 & 1\end{pmatrix}$, $C=\begin{pmatrix}2 & 1 & 3 & 4\\ 0 & 2 & 1 & 3\\ 0 & 0 & 2 & 1\\ 0 & 0 & 0 & 2\end{pmatrix}$且矩阵 $A$ 满足关系式 $A(E-C^{-1}B)^{\mathrm{T}}C^{\mathrm{T}}=E$,

试将上述关系化简,并求$A$. $\left(答案:\begin{pmatrix}1 & 0 & 0 & 0\\ -2 & 1 & 0 & 0\\ 1 & -2 & 1 & 0\\ 0 & 1 & -2 & 1\end{pmatrix}\right)$

(3) 解矩阵方程$\begin{pmatrix}2 & 5\\ 1 & 3\end{pmatrix}X=\begin{pmatrix}4 & -6\\ 2 & 1\end{pmatrix}$. $\left(答案:\begin{pmatrix}2 & -23\\ 0 & 8\end{pmatrix}\right)$

(4) 解矩阵方程$\begin{pmatrix}1 & 1 & -1\\ -2 & 1 & 1\\ 1 & 1 & 1\end{pmatrix}X=\begin{pmatrix}2\\ 3\\ 6\end{pmatrix}$. $\left(答案:\begin{pmatrix}1\\ 3\\ 2\end{pmatrix}\right)$

(5) $X\begin{pmatrix}2 & 1 & -1\\ 2 & 1 & 0\\ 1 & -1 & 1\end{pmatrix}=\begin{pmatrix}1 & -1 & 3\\ 4 & 3 & 2\end{pmatrix}$. $\left(答案:\begin{pmatrix}-2 & 2 & 1\\ -\frac{8}{3} & 5 & -\frac{2}{3}\end{pmatrix}\right)$

**例 4-19** 设$A$是三阶方阵,有三个不同的特征值$\lambda_1,\lambda_2,\lambda_3$,对应的特征向量依次为$\alpha_1$,$\alpha_2$,$\alpha_3$,令$\beta=\alpha_1+\alpha_2+\alpha_3$.(1)证明$\beta,A\beta,A^2\beta$线性无关.(2)若$A^3\beta=A\beta$,求$R(A-E)$,及行列式$|A-E|$.

**分析** 首先清楚$\beta,A\beta,A^2\beta$用已知特征向量$\alpha_1,\alpha_2,\alpha_3$的表示形式,然后利用向量组线性无关定义证明$\beta,A\beta,A^2\beta$线性无关.

**解答** （1）由于$A\boldsymbol{\alpha}_i=\lambda_i\boldsymbol{\alpha}_i(i=1,2,3)$，有

$$A\boldsymbol{\beta}=A(\boldsymbol{\alpha}_1+\boldsymbol{\alpha}_2+\boldsymbol{\alpha}_3)=A\boldsymbol{\alpha}_1+A\boldsymbol{\alpha}_2+A\boldsymbol{\alpha}_3=\lambda_1\boldsymbol{\alpha}_1+\lambda_2\boldsymbol{\alpha}_2+\lambda_3\boldsymbol{\alpha}_3,$$

$$A^2\boldsymbol{\beta}=A(A\boldsymbol{\beta})=A(\lambda_1\boldsymbol{\alpha}_1+\lambda_2\boldsymbol{\alpha}_2+\lambda_3\boldsymbol{\alpha}_3)=\lambda_1^2\boldsymbol{\alpha}_1+\lambda_2^2\boldsymbol{\alpha}_2+\lambda_3^2\boldsymbol{\alpha}_3.$$

设存在三个常数$k_1,k_2,k_3$，使$k_1\boldsymbol{\beta}+k_2A\boldsymbol{\beta}+k_3A^2\boldsymbol{\beta}=\mathbf{0}$，即

$$\begin{aligned}&k_1(\boldsymbol{\alpha}_1+\boldsymbol{\alpha}_2+\boldsymbol{\alpha}_3)+k_2(\lambda_1\boldsymbol{\alpha}_1+\lambda_2\boldsymbol{\alpha}_2+\lambda_3\boldsymbol{\alpha}_3)+k_3(\lambda_1^2\boldsymbol{\alpha}_1+\lambda_2^2\boldsymbol{\alpha}_2+\lambda_3^2\boldsymbol{\alpha}_3)\\&=(k_1+k_2\lambda_1+k_3\lambda_1^2)\boldsymbol{\alpha}_1+(k_1+k_2\lambda_2+k_3\lambda_2^2)\boldsymbol{\alpha}_1+(k_1+k_2\lambda_3+k_3\lambda_3^2)\boldsymbol{\alpha}_3=\mathbf{0}.\end{aligned}$$

由于不同特征值的特征向量线性无关，所以$\boldsymbol{\alpha}_1,\boldsymbol{\alpha}_2,\boldsymbol{\alpha}_3$线性无关，于是

$$\begin{cases}k_1+k_2\lambda_1+k_3\lambda_1^2=0\\k_1+k_2\lambda_2+k_3\lambda_2^2=0.\\k_1+k_2\lambda_3+k_3\lambda_3^2=0\end{cases}$$

其系数行列式

$$\begin{vmatrix}1&\lambda_1&\lambda_1^2\\1&\lambda_2&\lambda_2^2\\1&\lambda_3&\lambda_3^2\end{vmatrix}=\begin{vmatrix}1&1&1\\\lambda_1&\lambda_2&\lambda_3\\\lambda_1^2&\lambda_2^2&\lambda_3^2\end{vmatrix}=(\lambda_2-\lambda_1)(\lambda_3-\lambda_1)(\lambda_3-\lambda_2)\neq0,$$

因此，方程组仅有零解$k_1=k_2=k_3=0$，故$\boldsymbol{\beta},A\boldsymbol{\beta},A^2\boldsymbol{\beta}$线性无关.

（2）由$A^3\boldsymbol{\beta}=A\boldsymbol{\beta}$，有

$$\begin{aligned}A(\boldsymbol{\beta},A\boldsymbol{\beta},A^2\boldsymbol{\beta})&=(A\boldsymbol{\beta},A^2\boldsymbol{\beta},A^3\boldsymbol{\beta})=(A\boldsymbol{\beta},A^2\boldsymbol{\beta},A\boldsymbol{\beta})\\&=(\boldsymbol{\beta},A\boldsymbol{\beta},A^2\boldsymbol{\beta})\end{aligned}$$

令$P=(\boldsymbol{\beta},A\boldsymbol{\beta},A^2\boldsymbol{\beta})$，则$P$可逆，且

$$P^{-1}AP=\begin{pmatrix}0&0&0\\1&0&1\\0&1&0\end{pmatrix}=B,$$

从而有

$$R(A-E)=R(B-E)=2,$$

$$|A-E|=|B-E|=\begin{vmatrix}2&0&0\\1&2&1\\0&1&2\end{vmatrix}=6.$$

**评注** 此题考查特征值、特征向量、线性无关、齐次线性方程组求解、范德蒙德行列式求解等相关知识的综合题. 类似的题有：

（1）当$A=\begin{pmatrix}\frac{1}{2}&-\frac{\sqrt{3}}{2}\\\frac{\sqrt{3}}{2}&\frac{1}{2}\end{pmatrix}$时，$A^6=E$，求$A^{11}$. $\left(\text{答案：}\begin{pmatrix}\frac{1}{2}&\frac{\sqrt{3}}{2}\\-\frac{\sqrt{3}}{2}&\frac{1}{2}\end{pmatrix}\right)$

（2）求矩阵$A=\begin{pmatrix}1&1&1&1\\0&1&-1&b\\2&3&a&4\\3&5&1&7\end{pmatrix}$的秩，其中$a,b$是参数.（答案：当$a\neq1,b\neq1$时，$R(A)=$

4；当 $a=1$ 且 $b=2$ 时，$R(\boldsymbol{A})=2$；当 $a=1$ 且 $b\neq 2$ 或 $a\neq 1$ 且 $b=2$ 时，$R(\boldsymbol{A})=3$）

（3）已知矩阵 $\boldsymbol{A}=\begin{pmatrix}1&0&0\\1&1&0\\1&1&1\end{pmatrix}$，$\boldsymbol{B}=\begin{pmatrix}0&1&1\\1&0&1\\1&1&0\end{pmatrix}$，且矩阵 $\boldsymbol{X}$ 满足 $\boldsymbol{AXA}+\boldsymbol{BXB}=\boldsymbol{AXB}+\boldsymbol{BXA}+\boldsymbol{E}$，其中 $\boldsymbol{E}$ 为三阶单位阵，求 $\boldsymbol{X}$. $\left(答案:\begin{pmatrix}1&2&5\\0&1&2\\0&0&1\end{pmatrix}\right)$

（4）解方程 $\begin{pmatrix}2&1\\5&4\end{pmatrix}\boldsymbol{X}\begin{pmatrix}4&3\\3&2\end{pmatrix}=\begin{pmatrix}5&1\\2&4\end{pmatrix}$. $\left(答案:\begin{pmatrix}36&-54\\-51&75\end{pmatrix}\right)$

（5）解方程 $\begin{pmatrix}0&1&0\\1&0&0\\0&0&1\end{pmatrix}\boldsymbol{X}\begin{pmatrix}1&0&0\\0&0&1\\0&1&0\end{pmatrix}=\begin{pmatrix}1&-4&3\\2&0&-1\\1&-2&0\end{pmatrix}$. $\left(答案:\begin{pmatrix}2&-1&0\\1&3&-4\\1&0&-2\end{pmatrix}\right)$

**例 4-20** 设 $\boldsymbol{A}$ 为 $m\times n$ 实矩阵，证明：$R(\boldsymbol{A}^{\mathrm{T}}\boldsymbol{A})=R(\boldsymbol{A})$.

**分析** 这是关于矩阵秩的证明问题.

**证明** 设 $\boldsymbol{x}$ 为 $n$ 维列向量，若 $\boldsymbol{x}$ 满足 $\boldsymbol{Ax}=\boldsymbol{0}$，则 $\boldsymbol{A}^{\mathrm{T}}(\boldsymbol{Ax})=\boldsymbol{0}$，即 $(\boldsymbol{A}^{\mathrm{T}}\boldsymbol{A})\boldsymbol{x}=\boldsymbol{0}$；若 $\boldsymbol{x}$ 满足 $(\boldsymbol{A}^{\mathrm{T}}\boldsymbol{A})\boldsymbol{x}=\boldsymbol{0}$；，$\boldsymbol{x}^{\mathrm{T}}(\boldsymbol{A}^{\mathrm{T}}\boldsymbol{A})\boldsymbol{x}=\boldsymbol{0}$，即 $(\boldsymbol{Ax})^{\mathrm{T}}(\boldsymbol{Ax})=\boldsymbol{0}$，$\boldsymbol{Ax}=\boldsymbol{0}$. 综上，方程组 $\boldsymbol{Ax}=\boldsymbol{0}$ 与 $(\boldsymbol{A}^{\mathrm{T}}\boldsymbol{A})\boldsymbol{x}=\boldsymbol{0}$；同解，故 $R(\boldsymbol{A}^{\mathrm{T}}\boldsymbol{A})=R(\boldsymbol{A})$.

**评注** 值得注意的是，对于复矩阵 $\boldsymbol{A}$，等式 $R(\boldsymbol{A}^{\mathrm{T}}\boldsymbol{A})=R(\boldsymbol{A})$ 不一定成立. 例如令 $\boldsymbol{A}=\begin{pmatrix}1&\mathrm{i}\\-\mathrm{i}&1\end{pmatrix}$，其中 i 是虚数单位，则 $\boldsymbol{A}^{\mathrm{T}}\boldsymbol{A}=\boldsymbol{O}$，$R(\boldsymbol{A})=1$. 类似的题有：

（1）设矩阵 $\boldsymbol{A}=\begin{pmatrix}0&1&0\\-1&1&1\\-1&0&-1\end{pmatrix}$，$\boldsymbol{B}=\begin{pmatrix}1&-1\\2&0\\5&-3\end{pmatrix}$ 矩阵 $\boldsymbol{X}$ 满足 $\boldsymbol{X}=\boldsymbol{AX}+\boldsymbol{B}$，求 $\boldsymbol{X}$. $\left(答案:\begin{pmatrix}3&-1\\2&0\\1&-1\end{pmatrix}\right)$

（2）设矩阵 $\boldsymbol{A}=\begin{pmatrix}1&-1&1\\1&1&0\\2&1&1\end{pmatrix}$ 矩阵 $\boldsymbol{B}$ 满足 $\boldsymbol{AB}+4\boldsymbol{E}=\boldsymbol{A}^2-2\boldsymbol{B}$，求矩阵 $\boldsymbol{B}$. $\left(答案:\begin{pmatrix}-1&-1&1\\1&-1&0\\2&1&-1\end{pmatrix}\right)$

（3）$\boldsymbol{A}=\begin{pmatrix}5&2&0&0\\2&1&0&0\\0&0&8&3\\0&0&5&2\end{pmatrix}$，求 $\boldsymbol{A}^{-1}$. $\left(答案:\boldsymbol{A}^{-1}=\begin{pmatrix}1&-2&0&0\\-2&5&0&0\\0&0&2&-3\\0&0&-5&8\end{pmatrix}\right)$

(4) $\boldsymbol{A}=\begin{pmatrix}2&3&0&0&0\\2&1&0&0&0\\0&0&1&1&1\\0&0&0&1&1\\0&0&0&0&1\end{pmatrix}$求$\boldsymbol{A}^{-1}$. $\left(答案:\begin{pmatrix}-\frac{1}{4}&\frac{3}{4}&0&0&0\\\frac{1}{2}&-\frac{1}{2}&0&0&0\\0&0&1&-1&0\\0&0&0&1&-1\\0&0&0&0&1\end{pmatrix}\right)$

(5) 求逆矩阵$\begin{pmatrix}0&a_1&0&\cdots&0\\0&0&a_2&\cdots&0\\\vdots&\vdots&\vdots&\ddots&\vdots\\0&0&0&\cdots&a_{n-1}\\a_n&0&0&\cdots&0\end{pmatrix}$(其中 $a_1, a_2, \cdots, a_n\neq 0$). $\left(答案:\begin{pmatrix}0&0&\cdots&0&\frac{1}{a_n}\\\frac{1}{a_1}&0&\cdots&0&0\\0&\frac{1}{a_2}&\cdots&0&0\\\vdots&\vdots&\ddots&\vdots&\vdots\\0&0&\cdots&\frac{1}{a_{n-1}}&0\end{pmatrix}\right)$

**例 4-21** 设有 3 个非零的 $n$ 阶($n\geqslant 3$)方阵 $\boldsymbol{A}_1,\boldsymbol{A}_2,\boldsymbol{A}_3$,满足 $\boldsymbol{A}_i^2=\boldsymbol{A}_i(i-1,2,3)$,且

$$\boldsymbol{A}_i\boldsymbol{A}_j=0(i\neq j,i,j=1,2,3).$$

试证明:

(1) $\boldsymbol{A}_i(i=1,2,3)$的特征值有且仅有 0 和 1;

(2) $\boldsymbol{A}_i$ 的对应于特征值 1 的特征向量是 $\boldsymbol{A}_j$ 的对应于特征值 0 的特征向量;

(3) 若 $\boldsymbol{\alpha}_1,\boldsymbol{\alpha}_2,\boldsymbol{\alpha}_3$ 分别为 $\boldsymbol{A}_1,\boldsymbol{A}_2,\boldsymbol{A}_3$ 的对应于特征值 1 的特征向量,则向量组 $\boldsymbol{\alpha}_1,\boldsymbol{\alpha}_2,\boldsymbol{\alpha}_3$ 线性无关.

**分析** (1) 证明 $\boldsymbol{A}_i$ 的特征值是 0 或 1,再证明 $|\boldsymbol{A}_i|=0$, $|\boldsymbol{A}_i-\boldsymbol{E}|=0$ 即可.

(2) 由定义由 $\boldsymbol{A}_i\boldsymbol{x}_i=\boldsymbol{x}_i$ 去证 $\boldsymbol{A}_j\boldsymbol{x}_i=0$ 即可.

(3) 利用向量组线性无关的定义及(2)可证.

**解答** (1) 设 $\lambda_i$ 为 $\boldsymbol{A}_i$ 的任意特征值,$\boldsymbol{x}_i$ 是对应的特征向量,则 $\boldsymbol{A}_i\boldsymbol{x}_i=\lambda_i\boldsymbol{x}_i$,两边同时左乘 $\boldsymbol{A}_i$,$\boldsymbol{A}_i^2\boldsymbol{x}_i=\lambda_i\boldsymbol{A}_i\boldsymbol{x}_i=\lambda_i^2\boldsymbol{x}_i$,由题设 $\boldsymbol{A}_i^2=\boldsymbol{A}_i(i-1,2,3)$,所以 $\boldsymbol{A}_i\boldsymbol{x}_i=\lambda_i^2\boldsymbol{x}_i=\lambda_i\boldsymbol{x}_i$,由于 $\boldsymbol{x}_i\neq 0$ 所以 $\lambda_i=0$或 $\lambda_i=1$. 下面证明 0 和 1 都是 $\boldsymbol{A}_i(i-1,2,3)$的特征值.

由题设 $\boldsymbol{A}_i^2=\boldsymbol{A}_i(i-1,2,3)$,$\boldsymbol{A}_i(\boldsymbol{A}_i-\boldsymbol{E})=0$,又由题设 $\boldsymbol{A}_i\boldsymbol{A}_j=0(i\neq j,i,j=1,2,3)$,所以 $\boldsymbol{A}_i\neq\boldsymbol{E}$,故由 $\boldsymbol{A}_i(\boldsymbol{A}_i-\boldsymbol{E})=0$ 知方程组 $\boldsymbol{A}_i\boldsymbol{x}=0$ 有非零解,即$|\boldsymbol{A}_i|=0$,从而 0 是 $\boldsymbol{A}_i$ 的特征值.

$(\boldsymbol{A}_i-\boldsymbol{E})\boldsymbol{A}_i=0$,$\boldsymbol{A}_i\neq 0$,知齐次线性方程组$(\boldsymbol{A}_i-\boldsymbol{E})\boldsymbol{x}=0$ 有非零解,即$|\boldsymbol{A}_i-\boldsymbol{E}|=0$,从而 1 是 $\boldsymbol{A}_i$ 的特征值. 所以 $\boldsymbol{A}_i(i-1,2,3)$的特征值有且仅有 0 和 1.

(2) $\boldsymbol{A}_i$ 的对应于特征值 1 的特征向量为 $\boldsymbol{x}_i$,即 $\boldsymbol{A}_i\boldsymbol{x}_i=\boldsymbol{x}_i(i=1,2,3)$,两边左乘 $\boldsymbol{A}_j$,得 $\boldsymbol{A}_j\boldsymbol{A}_i\boldsymbol{x}_i=\boldsymbol{A}_j\boldsymbol{x}_i=0$,即 $\boldsymbol{x}_i$ 是 $\boldsymbol{A}_j$ 的对应于特征值 0 的特征向量.

(3) 设有实数 $k_1,k_2,k_3$，使 $k_1\boldsymbol{\alpha}_1+k_2\boldsymbol{\alpha}_2+k_3\boldsymbol{\alpha}_3=0$. 两边左乘 $\boldsymbol{A}_1$，得

$$k_1\boldsymbol{A}_1\boldsymbol{\alpha}_1+k_2\boldsymbol{A}_1\boldsymbol{\alpha}_2+k_3\boldsymbol{A}_1\boldsymbol{\alpha}_3=0$$

由(2)可知，$\boldsymbol{\alpha}_2,\boldsymbol{\alpha}_3$ 是 $\boldsymbol{A}_2,\boldsymbol{A}_3$ 对应于特征值 0 的特征向量，即 $\boldsymbol{A}_2\boldsymbol{\alpha}_2=0,\boldsymbol{A}_3\boldsymbol{\alpha}_3=0$，故 $k_1\boldsymbol{A}_1\boldsymbol{\alpha}_1=0$，由于 $\boldsymbol{A}_1\boldsymbol{\alpha}_1=\boldsymbol{\alpha}_1\neq 0$，所以 $k_1=0$. 同理可证 $k_2=k_3=0$，故向量组 $\boldsymbol{\alpha}_1,\boldsymbol{\alpha}_2,\boldsymbol{\alpha}_3$ 线性无关.

**评注** (1)中 $\boldsymbol{A}_i(\boldsymbol{A}_i-\boldsymbol{E})=0$，通过齐次线性方程组是否有非零解来证明 $|\boldsymbol{A}_i|=0$，这是一个在证明或计算中比较常用的手段. 类似的题有：

(1) 设 $\boldsymbol{A}$ 是 $4\times 3$ 矩阵，且 $R(\boldsymbol{A})=2$，而 $\boldsymbol{B}=\begin{pmatrix}1&0&2\\0&2&0\\-1&0&3\end{pmatrix}$，求 $R(\boldsymbol{AB})$.（答案：$R(\boldsymbol{AB})=2$）

(2) 已知 $n$ 阶方阵 $\boldsymbol{A}=\begin{pmatrix}a&b&\cdots&b\\b&a&\cdots&b\\\vdots&\vdots&\ddots&\vdots\\b&b&\cdots&a\end{pmatrix}(n\geqslant 2)$，求 $R(\boldsymbol{A})$.（答案：当 $a=b=0$ 时，$R(\boldsymbol{A})=0$；当 $a=b\neq 0$ 时，因 $a+(n-1)b\neq 0$，故 $R(\boldsymbol{A})=1$；当 $a\neq b,a+(n-1)b=0$ 时，$R(\boldsymbol{A})=n-1$；当 $a\neq b,a+(n-1)b\neq 0$ 时，$R(\boldsymbol{A})=n$）

(3) 设 $\boldsymbol{A}=(a_{ij})_{3\times 3}$，$A_{ij}$ 为 $|\boldsymbol{A}|$ 中元素 $a_{ij}$ 的代数余子式，且 $A_{ij}=a_{ij}$，又 $a_{11}\neq 0$，求 $|\boldsymbol{A}|$.（答案：$|\boldsymbol{A}|=1$）

(4) 设矩阵 $\boldsymbol{A}=\begin{pmatrix}1&1&1\\1&1&2\\a+1&2&3\end{pmatrix}$，求 $\boldsymbol{A}$ 的秩.（答案：当 $1-a\neq 0$，即 $a\neq 1$ 时，$\boldsymbol{A}$ 的秩 $\boldsymbol{R}(\boldsymbol{A})=3$，当 $1-a=0$，即 $a=1$ 时，$\boldsymbol{A}$ 的秩 $R(\boldsymbol{A})=2$）

(5) 设矩阵 $\boldsymbol{A}=\begin{pmatrix}1&2&-1&\lambda\\2&5&\lambda&-1\\1&1&-6&10\\-1&-3&-4&4\end{pmatrix}$，若 $\boldsymbol{A}$ 的秩 $R(\boldsymbol{A})=2$，求 $\lambda$.（答案：$\lambda=3$）

### 4.2.3 学习效果测试题及答案

**1. 学习效果测试题**

(1) 设 $\boldsymbol{A}=\begin{pmatrix}2&1&3&1\\1&-2&0&-1\\3&0&2&4\end{pmatrix}$，$\boldsymbol{B}=\begin{pmatrix}1&2&3&1\\1&-1&0&1\\0&-2&1&0\end{pmatrix}$，若 $\boldsymbol{X}$ 满足 $\boldsymbol{X}-\boldsymbol{A}=2\boldsymbol{B}$，求 $\boldsymbol{X}$.

(2) 设 $\boldsymbol{A}$、$\boldsymbol{B}$、$\boldsymbol{C}$ 均为 $n$ 阶矩阵，且 $\boldsymbol{AB}=\boldsymbol{BC}=\boldsymbol{CA}=\boldsymbol{E}$，求 $\boldsymbol{A}^2+\boldsymbol{B}^2+\boldsymbol{C}^2$.

(3) 设 $\boldsymbol{A}$、$\boldsymbol{B}$ 均为三阶矩阵，$\boldsymbol{E}$ 为三阶单位阵，已知 $\boldsymbol{AB}=\boldsymbol{A}-2\boldsymbol{B}$，$\boldsymbol{B}=\begin{pmatrix}1&0&-2\\0&-1&0\\-2&0&1\end{pmatrix}$，求 $(\boldsymbol{A}+2\boldsymbol{E})^{-1}$.

(4) 已知 $\boldsymbol{A}$ 是 $n$ 阶对称矩阵，且 $\boldsymbol{A}$ 可逆，如果 $(\boldsymbol{A}-\boldsymbol{B})^2=\boldsymbol{E}$，求 $(\boldsymbol{E}+\boldsymbol{A}^{-1}\boldsymbol{B}^{\mathrm{T}})^{\mathrm{T}}(\boldsymbol{E}-\boldsymbol{BA}^{-1})^{-1}$.

(5) 设 $\boldsymbol{A}$ 是反对称矩阵，$\boldsymbol{B}$ 是对称矩阵，求 $(\boldsymbol{AB}-\boldsymbol{BA})^{\mathrm{T}}$.

(6) 已知$A=\begin{pmatrix}6&0&0&0&0&0\\0&1&0&0&0&0\\0&1&1&0&0&0\\0&1&1&1&0&0\\0&0&0&0&1&2\\0&0&0&0&2&3\end{pmatrix}$,求$A^{-1}$.

(7) 求$\begin{pmatrix}\cos\theta&-\sin\theta\\\sin\theta&\cos\theta\end{pmatrix}^n$.

(8) $\begin{pmatrix}1&1&0\\0&1&1\\0&0&1\end{pmatrix}^n$.

(9) 设有 $n$ 阶矩阵 $A$、$B$,证明$(A-B)(A+B)=A^2-B^2$ 的充分必要条件是 $AB=BA$.

(10) 设$A$,$B$为 $n$ 阶方阵, $2A-B=E$,证明$A^2=A$ 的充分必要条件是$B^2=E$.

**2. 测试题答案**

(1) $\begin{pmatrix}4&5&9&3\\3&-4&0&1\\3&-4&4&4\end{pmatrix}$. 由 $X-A=2B$,得

$$X=A+2B=\begin{pmatrix}2&1&3&1\\1&-2&0&-1\\3&0&2&4\end{pmatrix}+2\begin{pmatrix}1&2&3&1\\1&-1&0&1\\0&-2&1&0\end{pmatrix}$$

$$=\begin{pmatrix}2&1&3&1\\1&-2&0&-1\\3&0&2&4\end{pmatrix}+\begin{pmatrix}2&4&6&2\\2&-2&0&2\\0&-4&2&0\end{pmatrix}=\begin{pmatrix}4&5&9&3\\3&-4&0&1\\3&-4&4&4\end{pmatrix}.$$

(2) $3E$. 利用 $AB=BC=CA=E$,及矩阵乘法的结合律.

(3) $\begin{pmatrix}0&0&-1\\0&1&0\\-1&0&0\end{pmatrix}$.  (4) $(A+B)(A-B)$.  (5) $AB-BA$.

(6) 令$A=\begin{pmatrix}A_1&0&0\\0&A_2&0\\0&0&A_3\end{pmatrix}$,$A_1=(6)$,$A_2=\begin{pmatrix}1&0&0\\1&1&0\\1&1&1\end{pmatrix}$,$A_3=\begin{pmatrix}1&2\\2&3\end{pmatrix}$,

则$A_1^{-1}=\left(\frac{1}{6}\right)$,$A_2^{-1}=\begin{pmatrix}1&0&0\\-1&1&0\\0&-1&1\end{pmatrix}$,$A_3^{-1}=\begin{pmatrix}3&-2\\-2&1\end{pmatrix}$,

所以$A=\begin{pmatrix}A_1^{-1}&0&0\\0&A_2^{-1}&0\\0&0&A_3^{-1}\end{pmatrix}=\begin{pmatrix}\frac{1}{6}&0&0&0&0&0\\0&1&0&0&0&0\\0&-1&1&0&0&0\\0&0&-1&1&0&0\\0&0&0&0&3&-2\\0&0&0&0&-2&1\end{pmatrix}$.

(7) $\begin{pmatrix}\cos\theta & -\sin\theta\\ \sin\theta & \cos\theta\end{pmatrix}^2=\begin{pmatrix}\cos\theta & -\sin\theta\\ \sin\theta & \cos\theta\end{pmatrix}\begin{pmatrix}\cos\theta & -\sin\theta\\ \sin\theta & \cos\theta\end{pmatrix}=\begin{pmatrix}\cos^2\theta-\sin^2\theta & -2\cos\theta\sin\theta\\ 2\cos\theta\sin\theta & -\sin^2\theta+\cos^2\theta\end{pmatrix}=$ $\begin{pmatrix}\cos2\theta & -\sin2\theta\\ \sin2\theta & \cos2\theta\end{pmatrix}$,

$\begin{pmatrix}\cos\theta & -\sin\theta\\ \sin\theta & \cos\theta\end{pmatrix}^3=\begin{pmatrix}\cos\theta & -\sin\theta\\ \sin\theta & \cos\theta\end{pmatrix}^2\begin{pmatrix}\cos\theta & -\sin\theta\\ \sin\theta & \cos\theta\end{pmatrix}=\begin{pmatrix}\cos2\theta & -\sin2\theta\\ \sin2\theta & \cos2\theta\end{pmatrix}\begin{pmatrix}\cos\theta & -\sin\theta\\ \sin\theta & \cos\theta\end{pmatrix}=$ $\begin{pmatrix}\cos3\theta & -\sin3\theta\\ \sin3\theta & \cos3\theta\end{pmatrix}$.

设 $\begin{pmatrix}\cos\theta & -\sin\theta\\ \sin\theta & \cos\theta\end{pmatrix}^{n-1}=\begin{pmatrix}\cos(n-1)\theta & -\sin(n-1)\theta\\ \sin(n-1)\theta & \cos(n-1)\theta\end{pmatrix}$，则 $\begin{pmatrix}\cos\theta & -\sin\theta\\ \sin\theta & \cos\theta\end{pmatrix}^n=$ $\begin{pmatrix}\cos\theta & -\sin\theta\\ \sin\theta & \cos\theta\end{pmatrix}^{n-1}\begin{pmatrix}\cos\theta & -\sin\theta\\ \sin\theta & \cos\theta\end{pmatrix}=\begin{pmatrix}\cos(n-1)\theta & -\sin(n-1)\theta\\ \sin(n-1)\theta & \cos(n-1)\theta\end{pmatrix}\begin{pmatrix}\cos\theta & -\sin\theta\\ \sin\theta & \cos\theta\end{pmatrix}=$ $\begin{pmatrix}\cos n\theta & -\sin n\theta\\ \sin n\theta & \cos n\theta\end{pmatrix}$.

(8) 设$\boldsymbol{B}=\begin{pmatrix}0&1&0\\0&0&1\\0&0&0\end{pmatrix}$,则$\begin{pmatrix}1&1&0\\0&1&1\\0&0&1\end{pmatrix}^n=(\boldsymbol{E}+\boldsymbol{B})^n=\boldsymbol{E}^n+n\boldsymbol{E}^{n-1}\boldsymbol{B}+\frac{1}{2}n(n-1)\boldsymbol{E}^{n-2}\boldsymbol{B}^2+\cdots+\boldsymbol{B}^n$,

而$\boldsymbol{B}^2=\begin{pmatrix}0&1&0\\0&0&1\\0&0&0\end{pmatrix}\begin{pmatrix}0&1&0\\0&0&1\\0&0&0\end{pmatrix}=\begin{pmatrix}0&0&1\\0&0&0\\0&0&0\end{pmatrix}$,$\boldsymbol{B}^3=\boldsymbol{B}^2\boldsymbol{B}=\begin{pmatrix}0&0&1\\0&0&0\\0&0&0\end{pmatrix}\begin{pmatrix}0&1&0\\0&0&1\\0&0&0\end{pmatrix}=\begin{pmatrix}0&0&0\\0&0&0\\0&0&0\end{pmatrix}$,

所以$\begin{pmatrix}1&1&0\\0&1&1\\0&0&1\end{pmatrix}^n=(\boldsymbol{E}+\boldsymbol{B})^n=\boldsymbol{E}^n+n\boldsymbol{E}^{n-1}\boldsymbol{B}+\frac{1}{2}n(n-1)\boldsymbol{E}^{n-2}\boldsymbol{B}^2+\cdots+\boldsymbol{B}^n$

$$=\boldsymbol{E}^n+n\boldsymbol{E}^{n-1}\boldsymbol{B}+\frac{1}{2}n(n-1)\boldsymbol{E}^{n-2}\boldsymbol{B}^2=\boldsymbol{E}+n\boldsymbol{B}+\frac{1}{2}n(n-1)\boldsymbol{B}^2$$

$$=\begin{pmatrix}1&0&0\\0&1&0\\0&0&1\end{pmatrix}+\begin{pmatrix}0&n&0\\0&0&n\\0&0&0\end{pmatrix}+\begin{pmatrix}0&0&\frac{n(n-1)}{2}\\0&0&0\\0&0&0\end{pmatrix}=\begin{pmatrix}1&n&\frac{n(n-1)}{2}\\0&1&n\\0&0&1\end{pmatrix}.$$

(9) 证　由于$(\boldsymbol{A}-\boldsymbol{B})(\boldsymbol{A}+\boldsymbol{B})=\boldsymbol{A}^2+\boldsymbol{AB}-\boldsymbol{BA}-\boldsymbol{B}^2$,

必要性:若$(\boldsymbol{A}-\boldsymbol{B})(\boldsymbol{A}+\boldsymbol{B})=\boldsymbol{A}^2-\boldsymbol{B}^2$,则必有$\boldsymbol{AB}-\boldsymbol{BA}=0$,即$\boldsymbol{AB}=\boldsymbol{BA}$;

充分性:若$\boldsymbol{AB}=\boldsymbol{BA}$,则$(\boldsymbol{A}-\boldsymbol{B})(\boldsymbol{A}+\boldsymbol{B})=\boldsymbol{A}^2+\boldsymbol{AB}-\boldsymbol{BA}-\boldsymbol{B}^2=\boldsymbol{A}^2-\boldsymbol{B}^2$.

(10) 证　充分性 $\boldsymbol{B}^2=\boldsymbol{E}$,由$2\boldsymbol{A}-\boldsymbol{B}=\boldsymbol{E}$,得

$$\boldsymbol{B}=2\boldsymbol{A}-\boldsymbol{E},$$
$$\boldsymbol{B}^2=4\boldsymbol{A}^2-4\boldsymbol{AE}+\boldsymbol{E}^2=4\boldsymbol{A}^2-4\boldsymbol{A}+\boldsymbol{E}=\boldsymbol{E},$$

得
$$4\boldsymbol{A}^2-4\boldsymbol{A}+\boldsymbol{E}=\boldsymbol{E},$$

故$\boldsymbol{A}^2-\boldsymbol{A}=0$,所以$\boldsymbol{A}^2=\boldsymbol{A}$.

必要性　$\boldsymbol{A}^2=\boldsymbol{A}$,由$2\boldsymbol{A}-\boldsymbol{B}=\boldsymbol{E}$,得

$$\boldsymbol{B}=2\boldsymbol{A}-\boldsymbol{E},$$
$$\boldsymbol{B}^2=4\boldsymbol{A}^2-4\boldsymbol{AE}+\boldsymbol{E}^2=4\boldsymbol{A}^2-4\boldsymbol{A}+\boldsymbol{E}=4\boldsymbol{A}-4\boldsymbol{A}+\boldsymbol{E}=\boldsymbol{E},$$

即 $B^2=E$.

## 4.3 线性方程组

### 4.3.1 核心内容提示

(1) 高斯消元法、线性方程组的初等变换、线性方程组的一般解.

(2) $n$ 维向量的运算与向量组.

(3) 向量的线性组合、线性相关与线性无关、两个向量组的等价.

(4) 向量组的极大无关组、向量组的秩.

(5) 矩阵的行秩、列秩、秩、矩阵的秩与其子式的关系.

(6) 线性方程组有解判别定理、线性方程组解的结构.

(7) 齐次线性方程组的基础解系、解空间及其维数.

### 4.3.2 典型例题精解

**例 4-22** 已知平面上三条不同直线的方程分别为

$$l_1: ax+2by+3c=0,$$
$$l_2: bx+2cy+3a=0,$$
$$l_3: cx+2ay+3b=0.$$

试证这三条直线交于一点的充分必要条件为 $a+b+c=0$.

**分析** 三条平面直线交于一点的充分必要条件是由这三条直线的方程联立所得的二元线性方程组有唯一解,而它有唯一解的充分必要条件是系数矩阵的秩与增广矩阵的秩都等于 2.

**证明** 必要性 设三条直线 $l_1,l_2,l_3$ 交于一点,则二元线性方程组

$$\begin{cases} ax+2by=-3c \\ bx+2cy=-3a \\ cx+2ay=-3b \end{cases}$$

有唯一解,故其系数矩阵 $A=\begin{pmatrix} a & 2b \\ b & 2c \\ c & 2a \end{pmatrix}$ 与增广矩阵 $B=\begin{pmatrix} a & 2b & -3c \\ b & 2c & -3a \\ c & 2a & -3b \end{pmatrix}$ 的秩均为 2,于是

$$|B|=\begin{vmatrix} a & 2b & -3c \\ b & 2c & -3a \\ c & 2a & -3b \end{vmatrix}=(a+b+c)\begin{vmatrix} 1 & 2 & -3 \\ b & 2c & -3a \\ c & 2a & -3b \end{vmatrix}=6(a+b+c)\begin{vmatrix} 1 & 0 & 0 \\ b & c-b & b-a \\ c & a-c & c-b \end{vmatrix}=$$

$$6(a+b+c)(a^2+b^2+c^2-ab-ac-bc)=3(a+b+c)[(a-b)^2+(b-c)^2+(c-a)^2]=0.$$

因 $(a-b)^2+(b-c)^2+(c-a)^2\neq0$(否则 $a=b=c$,三条直线重合,从而有无数多个交点,与交点唯一矛盾),所以 $a+b+c=0$.

充分性 若 $a+b+c=0$. 则由必要性的证明知

$$|B|=\begin{vmatrix} a & 2b & -3c \\ b & 2c & -3a \\ c & 2a & -3b \end{vmatrix}=(a+b+c)\begin{vmatrix} 1 & 2 & -3 \\ b & 2c & -3a \\ c & 2a & -3b \end{vmatrix}=0,$$

故 $R(\boldsymbol{B})<3$,又系数矩阵 $\boldsymbol{A}$ 中有一个二阶子式

$$\begin{vmatrix} a & 2b \\ b & 2c \end{vmatrix} = 2(ac-b^2) = 2[a(-a-b)-b^2] = -2[a^2+ab+b^2]$$

$$= -2\left[\left(a+\frac{1}{2}b\right)^2+\frac{3}{4}b^2\right] \neq 0,$$

故 $R(\boldsymbol{A})=2$,于是 $R(\boldsymbol{A})=R(\boldsymbol{B})=2$,方程组有唯一解,即三条直线 $l_1,l_2,l_3$ 交于一点.

若 $a=1,b=0,c=-1$,则三条直线关系如图 4-1 所示.

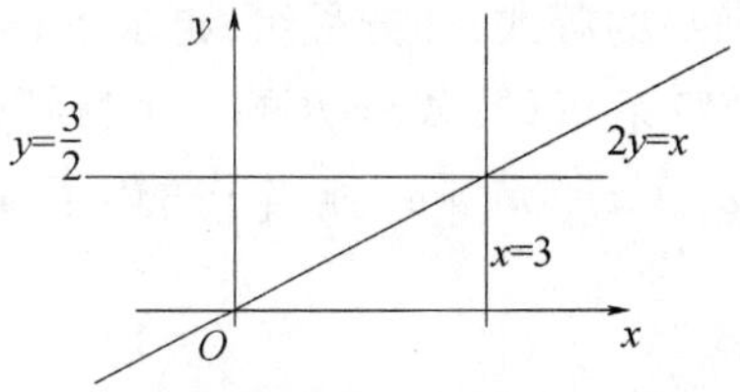


图 4-1

**评注** 本题的难点在于把几何问题转化为线性方程组解的问题来讨论.

(1) 非齐次线性方程组 $Ax=b$ 的对应的齐次线性方程组 $Ax=0$,则(　　).(答案:(D))

(A) $Ax=0$ 只有零解时,$Ax=b$ 有唯一解

(B) $Ax=0$ 有非零解时,$Ax=b$ 有无穷多解

(C) $Ax=b$ 有非零解时,$Ax=0$ 只有零解

(D) $Ax=b$ 有无穷多解时,$Ax=0$ 有非零解

(2) 设 $\boldsymbol{A}$ 为 $4\times3$ 矩阵,$\boldsymbol{\alpha}$ 是齐次线性方程组 $\boldsymbol{Ax}=\boldsymbol{0}$ 的基础解系,求 $\boldsymbol{R}(\boldsymbol{A})=$(　　).(答案:2)

(3) 对于非齐次线性方程组 $\boldsymbol{Ax}=\boldsymbol{b}$ 和其对应的齐次线性方程组 $\boldsymbol{Ax}=\boldsymbol{0}$,下面结论正确的是____.(答案:(C))

(A) 若 $\boldsymbol{Ax}=\boldsymbol{0}$ 仅有零解,则 $\boldsymbol{Ax}=\boldsymbol{b}$ 无解

(B) 若 $\boldsymbol{Ax}=\boldsymbol{0}$ 有非零解,则 $\boldsymbol{Ax}=\boldsymbol{b}$ 有无穷多解

(C) 若 $\boldsymbol{Ax}=\boldsymbol{b}$ 有无穷多解,则 $\boldsymbol{Ax}=\boldsymbol{0}$ 有非零解

(D) 若 $\boldsymbol{Ax}=\boldsymbol{b}$ 有唯一解,则 $\boldsymbol{Ax}=\boldsymbol{0}$ 有非零解.

(4) 设 $\boldsymbol{A},\boldsymbol{B}$ 为满足 $\boldsymbol{AB}=\boldsymbol{O}$ 的任意两个非零矩阵,则必有(　　).(答案:(A))

(A) $\boldsymbol{A}$ 的列向量组线性相关,$\boldsymbol{B}$ 的行向量组线性相关

(B) $\boldsymbol{A}$ 的列向量组线性相关,$\boldsymbol{B}$ 的列向量组线性相关

(C) $\boldsymbol{A}$ 的行向量组线性相关,$\boldsymbol{B}$ 的列向量组线性相关

(D) $\boldsymbol{A}$ 的行向量组线性相关,$\boldsymbol{B}$ 的行向量组线性相关.

**提示**:由 $\boldsymbol{AB}=\boldsymbol{O}$ 且 $\boldsymbol{B}$ 为非零矩阵,知齐次线性方程组 $\boldsymbol{Ax}=\boldsymbol{0}$ 有非零解,因此 $\boldsymbol{A}$ 的列向量组线性相关.又由 $\boldsymbol{B}^{\mathrm{T}}\boldsymbol{A}^{\mathrm{T}}=\boldsymbol{O}$,知 $\boldsymbol{B}$ 的行向量组线性相关.

(5) 设 $\boldsymbol{\eta}_1,\boldsymbol{\eta}_2$ 是非齐次线性方程组 $\boldsymbol{Ax}=\boldsymbol{b}$ 的两个不同解,而 $\boldsymbol{\xi}_1,\boldsymbol{\xi}_2$ 是其对应的齐次线性方程组 $\boldsymbol{Ax}=\boldsymbol{0}$ 的基础解系,$c_1,c_2$ 是任意常数,则 $\boldsymbol{Ax}=\boldsymbol{b}$ 的通解是(　　).(答案:(B))

(A) $c_1\xi_1+c_2(\xi_1+\xi_2)+\dfrac{1}{2}(\eta_1-\eta_2)$　　(B) $c_1\xi_1+c_2(\xi_1-\xi_2)+\dfrac{1}{2}(\eta_1+\eta_2)$

(C) $c_1\xi_1+c_2(\eta_1-\eta_2)+\dfrac{1}{2}(\eta_1-\eta_2)$　　(D) $c_1\xi_1+c_2(\eta_1-\eta_2)+\dfrac{1}{2}(\eta_1+\eta_2)$.

**提示**:(A)和(C)中没有 $\boldsymbol{Ax}=\boldsymbol{b}$ 的特解. (D)中 $\boldsymbol{\xi}_1$ 和 $\boldsymbol{\eta}_1-\boldsymbol{\eta}_2$ 不一定线性无关,所以不一定是 $\boldsymbol{Ax}=\boldsymbol{0}$ 的基础解系;(B)中的 $\xi_1$ 和 $\xi_1-\xi_2$ 线性无关,是 $\boldsymbol{Ax}=\boldsymbol{0}$ 的基础解系,$\frac{1}{2}(\boldsymbol{\eta}_1+\boldsymbol{\eta}_2)$ 是 $\boldsymbol{Ax}=\boldsymbol{b}$ 的特解.

**例 4-23** 已知 4 阶方阵 $\boldsymbol{A}=(\boldsymbol{a}_1,\boldsymbol{a}_2,\boldsymbol{a}_3,\boldsymbol{a}_4)$,$\boldsymbol{a}_1,\boldsymbol{a}_2,\boldsymbol{a}_3,\boldsymbol{a}_4$ 均为 4 维向量,其中 $\boldsymbol{a}_2,\boldsymbol{a}_3,\boldsymbol{a}_4$ 线性无关,$\boldsymbol{a}_1=2\boldsymbol{a}_2-\boldsymbol{a}_3$. 如果 $\boldsymbol{\beta}=\boldsymbol{a}_1+\boldsymbol{a}_2+\boldsymbol{a}_3+\boldsymbol{a}_4$,求线性方程组 $\boldsymbol{Ax}=\boldsymbol{\beta}$ 的通解.

**分析** 本题未知方程组 $\boldsymbol{Ax}=\boldsymbol{\beta}$ 的具体形式,可通过已知将 $\boldsymbol{A},\boldsymbol{\beta}$ 代入后,再根据 $\boldsymbol{a}_1,\boldsymbol{a}_2,\boldsymbol{a}_3,\boldsymbol{a}_4$ 线性无关,确定未知量 $\boldsymbol{x}$ 应满足的等式,即方程组,再求解;或直接根据通解结构,先找出对应齐次线性方程组的通解(基础解系)以及 $\boldsymbol{Ax}=\boldsymbol{\beta}$ 的一个特解即可,而 $\boldsymbol{a}_1=2\boldsymbol{a}_2-\boldsymbol{a}_3$ 相当于告诉了 $\boldsymbol{Ax}=\boldsymbol{0}$ 的一个非零解,$\boldsymbol{\beta}=\boldsymbol{a}_1+\boldsymbol{a}_2+\boldsymbol{a}_3+\boldsymbol{a}_4$ 相当于告诉了 $\boldsymbol{Ax}=\boldsymbol{\beta}$ 的一个特解.

**解答**

方法一 令 $\boldsymbol{x}=\begin{pmatrix}x_1\\x_2\\x_3\\x_4\end{pmatrix}$,则由 $\boldsymbol{Ax}=(\boldsymbol{a}_1,\boldsymbol{a}_2,\boldsymbol{a}_3,\boldsymbol{a}_4)\begin{pmatrix}x_1\\x_2\\x_3\\x_4\end{pmatrix}=\beta$,得

$$x_1\boldsymbol{a}_1+x_2\boldsymbol{a}_2+x_3\boldsymbol{a}_3+x_4\boldsymbol{a}_4=\boldsymbol{a}_1+\boldsymbol{a}_2+\boldsymbol{a}_3+\boldsymbol{a}_4,$$

将 $\boldsymbol{a}_1=2\boldsymbol{a}_2-\boldsymbol{a}_3$ 代入上式,整理,得

$$(2x_1+x_2-3)\boldsymbol{a}_2+(-x_1+x_3)\boldsymbol{a}_3+(x_4-1)\boldsymbol{a}_4=0$$

由 $\boldsymbol{a}_2,\boldsymbol{a}_3,\boldsymbol{a}_4$ 线性无关,知

$$\begin{cases}2x_1+x_2-3=0.\\-x_1+x_3=0.\\x_4-1=0.\end{cases}$$

解此方程组,得

$$\boldsymbol{x}=\begin{pmatrix}0\\3\\0\\1\end{pmatrix}+k\begin{pmatrix}1\\-2\\1\\0\end{pmatrix},k\text{ 为任意常数}.$$

方法二 由 $\boldsymbol{a}_2,\boldsymbol{a}_3,\boldsymbol{a}_4$ 线性无关和 $\boldsymbol{a}_1=2\boldsymbol{a}_2-\boldsymbol{a}_3+0\boldsymbol{a}_4$,知 $\boldsymbol{A}$ 的秩为 3,因此 $\boldsymbol{Ax}=\boldsymbol{0}$ 的基础解系中只包含一个向量.

由 $\boldsymbol{a}_1-2\boldsymbol{a}_2+\boldsymbol{a}_3+0\boldsymbol{a}_4=0$,知 $\begin{pmatrix}1\\-2\\1\\0\end{pmatrix}$ 为齐次线性方程组 $\boldsymbol{Ax}=\boldsymbol{0}$ 的一个解,所以其通解为

$$\boldsymbol{x}=k\begin{pmatrix}1\\-2\\1\\0\end{pmatrix},k\text{ 为任意常数}.$$

再由 $\boldsymbol{\beta}=\boldsymbol{a}_1+\boldsymbol{a}_2+\boldsymbol{a}_3+\boldsymbol{a}_4=(\boldsymbol{a}_1,\boldsymbol{a}_2,\boldsymbol{a}_3,\boldsymbol{a}_4)\begin{pmatrix}1\\1\\1\\1\end{pmatrix}=\boldsymbol{A}\begin{pmatrix}1\\1\\1\\1\end{pmatrix}$，知 $\begin{pmatrix}1\\1\\1\\1\end{pmatrix}$ 为非齐次线性方程组 $\boldsymbol{Ax}=\boldsymbol{\beta}$ 的一个特解，于是 $\boldsymbol{Ax}=\boldsymbol{\beta}$ 的通解为

$$\boldsymbol{x}=\begin{pmatrix}0\\3\\0\\1\end{pmatrix}+k\begin{pmatrix}1\\-2\\1\\0\end{pmatrix},k \text{ 为任意常数.}$$

**评注** 从本题可以看出，一组向量组之间的线性组合，相当于已知对应齐次线性方程组的一个特解，而另一个向量用一组向量线性表示相当于已知对应非齐次线性方程组的一个特解. 向量与线性方程组之间的这种对应关系是值得注意的. 类似的题有：

(1) 设向量组 $\boldsymbol{\alpha}_1,\boldsymbol{\alpha}_2,\cdots,\boldsymbol{\alpha}_t(t>2)$ 线性无关，令 $\boldsymbol{\beta}_1=\boldsymbol{\alpha}_2+\boldsymbol{\alpha}_3+\cdots+\boldsymbol{\alpha}_t,\boldsymbol{\beta}_2=\boldsymbol{\alpha}_1+\boldsymbol{\alpha}_3+\cdots+\boldsymbol{\alpha}_t,\cdots,\boldsymbol{\beta}_t=\boldsymbol{\alpha}_1+\boldsymbol{\alpha}_2+\cdots+\boldsymbol{\alpha}_{t-1}$. 证明：$\boldsymbol{\beta}_1,\boldsymbol{\beta}_2,\cdots,\boldsymbol{\beta}_t$ 线性无关.

**提示**：利用向量组线性无关定义证明.

(2) 已知 $\boldsymbol{\alpha}_1=(1,3,5,-1)^{\mathrm{T}},\boldsymbol{\alpha}_2=(2,7,a,4)^{\mathrm{T}},\boldsymbol{\alpha}_3=(5,17,-1,7)^{\mathrm{T}}$. ①若 $\boldsymbol{\alpha}_1,\boldsymbol{\alpha}_2,\boldsymbol{\alpha}_3$ 线性相关，求 $a$ 的值；②当 $a=3$ 时，求与 $\boldsymbol{\alpha}_1,\boldsymbol{\alpha}_2,\boldsymbol{\alpha}_3$ 都正交的非零向量 $\boldsymbol{\alpha}_4$；③当 $a=3$ 时，证明 $\boldsymbol{\alpha}_1,\boldsymbol{\alpha}_2,\boldsymbol{\alpha}_3,\boldsymbol{\alpha}_4$ 可表示任一个四维列向量.（答案：①$a=-3$；②$\boldsymbol{\alpha}_4=k(19,-6,0,1)^{\mathrm{T}},(k\neq0)$；③利用向量组线性无关定义证明）

(3) 已知线性方程组

$$\begin{cases}a_1x_1+a_2x_2+a_3x_3+a_4x_4=a_5\\ b_1x_1+b_2x_2+b_3x_3+b_4x_4=b_5\\ c_1x_1+c_2x_2+c_3x_3+c_4x_4=c_5\\ d_1x_1+d_2x_2+d_3x_3+d_4x_4=d_5\end{cases}$$

的通解是 $(2,1,0,3)^{\mathrm{T}}+k(1,-1,2,0)^{\mathrm{T}}$，如令 $\boldsymbol{\alpha}_i=(a_i,b_i,c_i,d_i)^{\mathrm{T}},i=1,2,\cdots5$. 试问：$\boldsymbol{\alpha}_1$ 能否由 $\boldsymbol{\alpha}_2,\boldsymbol{\alpha}_3,\boldsymbol{\alpha}_4$ 线性表出？（答案：能）

(4) 已知线性方程组

$$\begin{cases}a_1x_1+a_2x_2+a_3x_3+a_4x_4=a_5\\ b_1x_1+b_2x_2+b_3x_3+b_4x_4=b_5\\ c_1x_1+c_2x_2+c_3x_3+c_4x_4=c_5\\ d_1x_1+d_2x_2+d_3x_3+d_4x_4=d_5\end{cases}$$

的通解是 $(2,1,0,3)^{\mathrm{T}}+k(1,-1,2,0)^{\mathrm{T}}$，如令 $\boldsymbol{\alpha}_i=(a_i,b_i,c_i,d_i)^{\mathrm{T}},i=1,2,\cdots5$. 问 $\boldsymbol{\alpha}_4$ 能否由 $\boldsymbol{\alpha}_1,\boldsymbol{\alpha}_2,\boldsymbol{\alpha}_3$ 线性表出？并说明理由.（答案：不能）

(5) 设四维向量组 $\boldsymbol{\alpha}_1,\boldsymbol{\alpha}_2,\boldsymbol{\alpha}_3,\boldsymbol{\alpha}_4$，令 $\boldsymbol{A}=(\boldsymbol{\alpha}_1,\boldsymbol{\alpha}_2,\boldsymbol{\alpha}_3,\boldsymbol{\alpha}_4)$，且方程组 $\boldsymbol{Ax}=\boldsymbol{0}$ 的通解为 $x=k(1,0,1,0)^{\mathrm{T}}$. 求向量组 $\boldsymbol{\alpha}_1,\boldsymbol{\alpha}_2,\boldsymbol{\alpha}_3,\boldsymbol{\alpha}_4$ 的极大线性无关组.（答案：$\boldsymbol{\alpha}_1,\boldsymbol{\alpha}_2,\boldsymbol{\alpha}_4$ 和 $\boldsymbol{\alpha}_2,\boldsymbol{\alpha}_3,\boldsymbol{\alpha}_4$ 都是极大线性无关组）

**例 4-24** 设向量组 $B$：$\boldsymbol{b}_1,\boldsymbol{b}_2,\cdots,\boldsymbol{b}_r$ 能由向量组 $A$：$\boldsymbol{a}_1,\boldsymbol{a}_2,\cdots,\boldsymbol{a}_s$ 线性表示为

$$\boldsymbol{b}_1=k_{11}\boldsymbol{a}_1+k_{21}\boldsymbol{a}_2+\cdots+k_{s1}\boldsymbol{a}_s,$$

$$b_2 = k_{12}a_1 + k_{22}a_2 + \cdots + k_{s2}a_s,$$
$$\vdots$$
$$b_r = k_{1r}a_1 + k_{2r}a_2 + \cdots + k_{sr}a_s.$$

其中$\boldsymbol{K}=(k_{ij})$为$s\times r$矩阵,且$A$组向量线性无关,证明$B$组向量线性无关的充分必要条件是$R(\boldsymbol{K})=r$.

**分析** 利用矩阵的乘法可将已知的线性表达式写成$(\boldsymbol{b}_1,\boldsymbol{b}_2,\cdots,\boldsymbol{b}_r)=(\boldsymbol{a}_1,\boldsymbol{a}_2,\cdots,\boldsymbol{a}_s)\boldsymbol{K}$,记$\boldsymbol{B}=(\boldsymbol{b}_1,\boldsymbol{b}_2,\cdots,\boldsymbol{b}_r)$,$\boldsymbol{A}=(\boldsymbol{a}_1,\boldsymbol{a}_2,\cdots,\boldsymbol{a}_s)$,则$\boldsymbol{B}=\boldsymbol{AK}$.

**解答** 方法一 必要性 $B$组线性无关,欲证$R(\boldsymbol{K})=r$.

由已知条件得$\boldsymbol{B}=\boldsymbol{AK}$,因为$B$组向量线性无关,故$R(\boldsymbol{B})=r$,于是

$$r = R(\boldsymbol{B}) = R(\boldsymbol{AK}) \leqslant R(\boldsymbol{K}),$$

由于向量组$B$能由向量组$A$线性表示,而向量组$B$线性无关,所以$r\leqslant s$. 而$\boldsymbol{K}$为$s\times r$矩阵,则$R(\boldsymbol{K})\leqslant r$. 总之有$R(\boldsymbol{K})=r$.

充分性 $R(\boldsymbol{K})=r$,欲证$B$组向量线性无关.

假设$B$组线性相关,即$\boldsymbol{B}=(\boldsymbol{b}_1,\boldsymbol{b}_2,\cdots,\boldsymbol{b}_r)$的列向量组线性相关,则存在$\boldsymbol{x}\neq\boldsymbol{0}$使得$\boldsymbol{Bx}=0$,于是$\boldsymbol{AKx}=\boldsymbol{A}(\boldsymbol{Kx})=0$,由于$A$组向量线性无关,即$\boldsymbol{A}=(\boldsymbol{a}_1,\boldsymbol{a}_2,\cdots,\boldsymbol{a}_s)$的列向量组线性无关,所以$\boldsymbol{Kx}=\boldsymbol{0}$,而$R(\boldsymbol{K})=r$,所以$\boldsymbol{K}$的列向量组线性无关,因此$\boldsymbol{x}=0$,矛盾,所以$B$组线性无关.

方法二 由于向量组$B$线性无关的充分必要条件是$R(\boldsymbol{B})=r$,因此想要证明结论,只需证明$R(\boldsymbol{B})=R(\boldsymbol{K})$.

若列向量$\boldsymbol{x}$使得$\boldsymbol{Kx}=\boldsymbol{0}$,则有$\boldsymbol{AKx}=\boldsymbol{0}$. 因$\boldsymbol{B}=\boldsymbol{AK}$,得$\boldsymbol{Bx}=\boldsymbol{0}$,故$r$元齐次线性方程组$\boldsymbol{Kx}=\boldsymbol{0}$的解都是$r$元齐次线性方程组$\boldsymbol{Bx}=\boldsymbol{0}$的解.

反之,若$\boldsymbol{Bx}=\boldsymbol{0}$,则$\boldsymbol{AKx}=\boldsymbol{A}(\boldsymbol{Kx})=\boldsymbol{0}$. 因为$\boldsymbol{A}=(\boldsymbol{a}_1,\boldsymbol{a}_2,\cdots,\boldsymbol{a}_s)$的列向量组线性无关,故齐次线性方程组$\boldsymbol{Ay}=\boldsymbol{0}$只有零解,所以$\boldsymbol{Kx}=\boldsymbol{0}$. 这说明$\boldsymbol{Bx}=\boldsymbol{0}$的解也是$\boldsymbol{Kx}=\boldsymbol{0}$的解. 所以$r$元齐次线性方程组$\boldsymbol{Bx}=\boldsymbol{0}$和$\boldsymbol{Kx}=\boldsymbol{0}$同解,则它们解空间的维数相同,即$r-R(\boldsymbol{B})=r-R(\boldsymbol{K})$,故$R(\boldsymbol{B})=R\boldsymbol{K})$. 特别地,$R(\boldsymbol{B})=r$等价于$R(\boldsymbol{K})=r$,即$B$组向量线性无关的充分必要条件是$R(\boldsymbol{K})=r$.

**评注** 本题说明若矩阵$\boldsymbol{A}$的列向量组线性无关($\boldsymbol{A}$为列满秩矩阵),由$\boldsymbol{AK}=\boldsymbol{B}$可推得$R(\boldsymbol{B})=R(\boldsymbol{K})$,即用列满秩矩阵左乘矩阵,不改变矩阵的秩. 类似的题有:

(1) 设向量组Ⅰ:$\boldsymbol{\alpha}_1,\boldsymbol{\alpha}_2,\cdots,\boldsymbol{\alpha}_m$的秩为$r(r>1)$,证明向量组Ⅱ:$\boldsymbol{\beta}_1=\boldsymbol{\alpha}_2+\boldsymbol{\alpha}_3+\cdots+\boldsymbol{\alpha}_m$,$\boldsymbol{\beta}_2=\boldsymbol{\alpha}_1+\boldsymbol{\alpha}_3+\cdots+\boldsymbol{\alpha}_m$,$\boldsymbol{\beta}_m=\boldsymbol{\alpha}_1+\boldsymbol{\alpha}_2+\cdots+\boldsymbol{\alpha}_{m-1}$的秩也为$r$.

**提示:**两组向量秩相同其充分条件是两组向量等价.

(2) 设的$\boldsymbol{R}^3$两组基为:①$\boldsymbol{\alpha}_1=(1,1,1)^{\mathrm{T}}$,$\boldsymbol{\alpha}_2=(0,1,1)^{\mathrm{T}}$,$\boldsymbol{\alpha}_3=(0,0,1)^{\mathrm{T}}$;②$\boldsymbol{\beta}_1=(1,0,1)^{\mathrm{T}}$,$\boldsymbol{\beta}_2=(0,1,-1)^{\mathrm{T}}$,$\boldsymbol{\beta}_3=(1,2,0)^{\mathrm{T}}$,求$\boldsymbol{\alpha}_1,\boldsymbol{\alpha}_2,\boldsymbol{\alpha}_3$到$\boldsymbol{\beta}_1,\boldsymbol{\beta}_2,\boldsymbol{\beta}_3$的过渡矩阵$\boldsymbol{Q}$,并求$\xi=(-1,2,1)^{\mathrm{T}}$在基$\boldsymbol{\beta}_1,\boldsymbol{\beta}_2,\boldsymbol{\beta}_3$下的坐标. $\left(\text{答案:① } \boldsymbol{Q}=\begin{pmatrix}1&0&1\\-1&1&1\\1&-2&-2\end{pmatrix},\text{②}\begin{pmatrix}-5\\-7\\4\end{pmatrix}\right)$

(3) 设向量组Ⅰ:$\boldsymbol{\alpha}_1,\boldsymbol{\alpha}_2,\boldsymbol{\alpha}_3$;向量组Ⅱ:$\boldsymbol{\alpha}_1,\boldsymbol{\alpha}_2,\boldsymbol{\alpha}_3,\boldsymbol{\alpha}_4$;向量组Ⅲ:$\boldsymbol{\alpha}_1,\boldsymbol{\alpha}_2,\boldsymbol{\alpha}_3,\boldsymbol{\alpha}_5$. 若秩$\boldsymbol{R}$(Ⅰ)=秩$\boldsymbol{R}$(Ⅱ)=3,秩$\boldsymbol{R}$(Ⅲ)=4. 证明:$R(\alpha_1,\alpha_2,\alpha_3,\alpha_5-\alpha_4)=4$.

**提示:**利用向量组线性无关定义证明.

(4) 设$\boldsymbol{A}$为三阶方阵,$\alpha$为三维列向量,已知向量组$\alpha,\boldsymbol{A}\alpha,\boldsymbol{A}^2\alpha$线性无关,且$\boldsymbol{A}^3\alpha=3\boldsymbol{A}\alpha-$

$2A^2\alpha$. 证明:①矩阵 $\boldsymbol{B}=(\alpha,\boldsymbol{A}\alpha,\boldsymbol{A}^4\alpha)$ 可逆;② $\boldsymbol{B}^{\mathrm{T}}\boldsymbol{B}$ 是正定矩阵.

**提示**:①证明 $\alpha,\boldsymbol{A}\alpha,\boldsymbol{A}^4\alpha$ 线性无关即可;②利用正定矩阵证明.

(5) 已知 $\alpha_1=(1,2,0,-1)^{\mathrm{T}},\alpha_2=(0,1,-1,0)^{\mathrm{T}},\alpha_3=(2,1,3,-2)^{\mathrm{T}}$,试把其扩充为 $\boldsymbol{R}^4$ 的一组规范正交基.

**提示**:$\gamma_1=(0,0,1,0)^{\mathrm{T}},\gamma_2=(0,0,0,1)^{\mathrm{T}},\gamma_3=\left(\frac{1}{\sqrt{5}},\frac{2}{\sqrt{5}},0,0\right)^{\mathrm{T}},\gamma_4=\left(-\frac{2}{\sqrt{5}},\frac{1}{\sqrt{5}},0,0\right)^{\mathrm{T}}$.

**例 4-25** 证明 $n$ 维列向量组 $\boldsymbol{\alpha}_1,\boldsymbol{\alpha}_2,\cdots,\boldsymbol{\alpha}_n$ 线性无关的充分必要条件是行列式

$$\boldsymbol{D}=\begin{vmatrix}\boldsymbol{\alpha}_1^{\mathrm{T}}\boldsymbol{\alpha}_1 & \boldsymbol{\alpha}_1^{\mathrm{T}}\boldsymbol{\alpha}_2 & \cdots & \boldsymbol{\alpha}_1^{\mathrm{T}}\boldsymbol{\alpha}_n\\ \boldsymbol{\alpha}_2^{\mathrm{T}}\boldsymbol{\alpha}_1 & \boldsymbol{\alpha}_2^{\mathrm{T}}\boldsymbol{\alpha}_2 & \cdots & \boldsymbol{\alpha}_2^{\mathrm{T}}\boldsymbol{\alpha}_n\\ \vdots & \vdots & \ddots & \vdots\\ \boldsymbol{\alpha}_n^{\mathrm{T}}\boldsymbol{\alpha}_1 & \boldsymbol{\alpha}_n^{\mathrm{T}}\boldsymbol{\alpha}_2 & \cdots & \boldsymbol{\alpha}_n^{\mathrm{T}}\boldsymbol{\alpha}_n\end{vmatrix}\neq 0.$$

**分析** 由于 $n$ 个 $n$ 维向量线性无关的充分必要条件是由这 $n$ 个向量所组成的方阵的行列式不等于零,所以向量组 $\boldsymbol{\alpha}_1,\boldsymbol{\alpha}_2,\cdots,\boldsymbol{\alpha}_n$ 线性无关的充分必要条件方阵 $\boldsymbol{A}=(\boldsymbol{a}_1,\boldsymbol{a}_2,\cdots,\boldsymbol{a}_n)$ 的行列式不等于零.

**解答** 令矩阵 $\boldsymbol{A}=(\boldsymbol{a}_1,\boldsymbol{a}_2,\cdots,\boldsymbol{a}_n)$,则向量组 $\boldsymbol{\alpha}_1,\boldsymbol{\alpha}_2,\cdots,\boldsymbol{\alpha}_n$ 线性无关 $\Leftrightarrow|\boldsymbol{A}|\neq 0$. 由于

$$\boldsymbol{A}^{\mathrm{T}}\boldsymbol{A}=\begin{pmatrix}\boldsymbol{\alpha}_1^{\mathrm{T}}\\ \boldsymbol{\alpha}_2^{\mathrm{T}}\\ \vdots\\ \boldsymbol{\alpha}_n^{\mathrm{T}}\end{pmatrix}(\boldsymbol{\alpha}_1,\boldsymbol{\alpha}_2,\cdots,\boldsymbol{\alpha}_n)=\begin{pmatrix}\boldsymbol{\alpha}_1^{\mathrm{T}}\boldsymbol{\alpha}_1 & \boldsymbol{\alpha}_1^{\mathrm{T}}\boldsymbol{\alpha}_2 & \cdots & \boldsymbol{\alpha}_1^{\mathrm{T}}\boldsymbol{\alpha}_n\\ \boldsymbol{\alpha}_2^{\mathrm{T}}\boldsymbol{\alpha}_1 & \boldsymbol{\alpha}_2^{\mathrm{T}}\boldsymbol{\alpha}_2 & \cdots & \boldsymbol{\alpha}_2^{\mathrm{T}}\boldsymbol{\alpha}_n\\ \vdots & \vdots & \ddots & \vdots\\ \boldsymbol{\alpha}_n^{\mathrm{T}}\boldsymbol{\alpha}_1 & \boldsymbol{\alpha}_n^{\mathrm{T}}\boldsymbol{\alpha}_2 & \cdots & \boldsymbol{\alpha}_n^{\mathrm{T}}\boldsymbol{\alpha}_n\end{pmatrix},$$

在上式两端取行列式,得

$$|\boldsymbol{A}|^2=|\boldsymbol{A}^{\mathrm{T}}||\boldsymbol{A}|=D,$$

故 $|\boldsymbol{A}|\neq 0\Leftrightarrow D\neq 0$,所以向量组 $\boldsymbol{\alpha}_1,\boldsymbol{\alpha}_2,\cdots,\boldsymbol{\alpha}_n$ 线性无关 $\Leftrightarrow D\neq 0$.

**评注** 本题的关键是建立 $|\boldsymbol{A}|$ 与行列式 $D$ 的联系,$D$ 的 $(i,j)$ 元 $\boldsymbol{\alpha}_i^{\mathrm{T}}\boldsymbol{\alpha}_j$ 正是 $\boldsymbol{A}^{\mathrm{T}}\boldsymbol{A}$ 的 $(i,j)$ 元,因而有 $|\boldsymbol{A}^{\mathrm{T}}\boldsymbol{A}|=D$. 类似的题有:

(1) 设向量 $\alpha_1,\alpha_2,\alpha_3$ 线性无关,问常数 $a,b,c$ 满足什么条件时,$a\alpha_1-\alpha_2,b\alpha_2-\alpha_3,c\alpha_3-\alpha_1$ 线性相关. (答案:$abc=1$)

(2) 设 $n$ 维向量 $\alpha_1,\alpha_2$ 线性无关,且 $\alpha_3,\alpha_4$ 线性无关,若 $\alpha_1,\alpha_2$ 均分别与 $\alpha_3,\alpha_4$ 正交,证明:$\alpha_1,\alpha_2,\alpha_3,\alpha_4$ 线性无关.

**提示**:利用线性无关的定义证明.

(3) 设向量组 $\boldsymbol{B}:\beta_1,\beta_2,\cdots,\beta_r$,能由向量组 $\boldsymbol{A}:\alpha_1,\alpha_2,\cdots,\alpha_s$ 线性表示为 $\begin{pmatrix}\beta_1\\ \vdots\\ \beta_r\end{pmatrix}=\boldsymbol{K}\begin{pmatrix}\alpha_1\\ \vdots\\ \alpha_s\end{pmatrix}$,其中 $\boldsymbol{K}$ 为 $r\times s$ 矩阵,且 $\boldsymbol{A}$ 组线性无关,证明:$\boldsymbol{B}$ 组线性无关的充要条件是矩阵 $\boldsymbol{K}$ 的秩 $R(\boldsymbol{K})=r$.

**提示**:反证法证明.

(4) 已知 $\boldsymbol{\alpha}_1=(1,0,2,3)^{\mathrm{T}},\boldsymbol{\alpha}_2=(1,1,3,5)^{\mathrm{T}},\boldsymbol{\alpha}_3=(1,-1,a+2,1)^{\mathrm{T}},\boldsymbol{\alpha}_4=(1,2,4,a+8)^{\mathrm{T}},\boldsymbol{\beta}=(1,1,b+3,5)^{\mathrm{T}}$.

① $a,b$ 为何值时,$\boldsymbol{\beta}$ 不能表示成 $\boldsymbol{\alpha}_1,\boldsymbol{\alpha}_2,\boldsymbol{\alpha}_3,\boldsymbol{\alpha}_4$ 的线性组合;② $a,b$ 为何值时,$\boldsymbol{\beta}$ 有 $\boldsymbol{\alpha}_1,\boldsymbol{\alpha}_2$,

$\boldsymbol{\alpha}_3,\boldsymbol{\alpha}_4$ 的唯一线性表示式,并写出该表示式.(答案:① $a=-1,b\neq 0$;② $a\neq -1$)

(5) 设有向量组Ⅰ: $\boldsymbol{\alpha}_1=(1,0,2)^{\mathrm{T}},\boldsymbol{\alpha}_2=(1,1,3)^{\mathrm{T}},\boldsymbol{\alpha}_3=(1,-1,a+2)^{\mathrm{T}}$ 和向量组Ⅱ: $\boldsymbol{\beta}_1=(1,2,a+3)^{\mathrm{T}},\boldsymbol{\beta}_2=(2,1,a+6)^{\mathrm{T}},\boldsymbol{\beta}_3=(2,1,a+4)^{\mathrm{T}}$. 试问:当 $a$ 为何值时,向量组Ⅰ与Ⅱ等价? 当 $a$ 为何值时,向量组Ⅰ与Ⅱ不等价?(答案: $a\neq -1$; $a=-1$)

**例 4-26** 已知 $\boldsymbol{\alpha}_1,\boldsymbol{\alpha}_2,\boldsymbol{\alpha}_3,\boldsymbol{\alpha}_4$ 是线性方程组 $\boldsymbol{Ax}=\boldsymbol{0}$ 的一个基础解系,若

$$\boldsymbol{\beta}_1=\boldsymbol{\alpha}_1+t\boldsymbol{\alpha}_2,\boldsymbol{\beta}_2=\boldsymbol{\alpha}_2+t\boldsymbol{\alpha}_3,\boldsymbol{\beta}_3=\boldsymbol{\alpha}_3+t\boldsymbol{\alpha}_4,\boldsymbol{\beta}_4=\boldsymbol{\alpha}_4+t\boldsymbol{\alpha}_1.$$

讨论实数 $t$ 满足什么关系时, $\boldsymbol{\beta}_1,\boldsymbol{\beta}_2,\boldsymbol{\beta}_3,\boldsymbol{\beta}_4$ 也是线性方程组 $\boldsymbol{Ax}=\boldsymbol{0}$ 的一个基础解系.

**分析** 欲使 $\boldsymbol{\beta}_1,\boldsymbol{\beta}_2,\boldsymbol{\beta}_3,\boldsymbol{\beta}_4$ 也是线性方程组 $\boldsymbol{Ax}=\boldsymbol{0}$ 的一个基础解系,必须 $\boldsymbol{\beta}_1,\boldsymbol{\beta}_2,\boldsymbol{\beta}_3,\boldsymbol{\beta}_4$ 是 $\boldsymbol{Ax}=\boldsymbol{0}$ 的一组解,且 $\boldsymbol{\beta}_1,\boldsymbol{\beta}_2,\boldsymbol{\beta}_3,\boldsymbol{\beta}_4$ 线性无关.

**解答** 方法一 根据齐次线性方程组 $\boldsymbol{Ax}=\boldsymbol{0}$ 解的任何线性组合仍是方程组的解,所以 $\boldsymbol{\beta}_1,\boldsymbol{\beta}_2,\boldsymbol{\beta}_3,\boldsymbol{\beta}_4$ 是 $\boldsymbol{Ax}=\boldsymbol{0}$ 的一组解. 现讨论 $t$ 满足什么关系时 $\boldsymbol{\beta}_1,\boldsymbol{\beta}_2,\boldsymbol{\beta}_3,\boldsymbol{\beta}_4$ 线性无关.

设 $k_1\boldsymbol{\beta}_1+k_2\boldsymbol{\beta}_2+k_3\boldsymbol{\beta}_3+k_4\boldsymbol{\beta}_4=\boldsymbol{0}$,

即 $k_1(\boldsymbol{\alpha}_1+t\boldsymbol{\alpha}_2)+k_2(\boldsymbol{\alpha}_2+t\boldsymbol{\alpha}_3)+k_3(\boldsymbol{\alpha}_3+t\boldsymbol{\alpha}_4)+k_4(\boldsymbol{\alpha}_4+t\boldsymbol{\alpha}_1)=\boldsymbol{0}$,

整理,得 $(k_1+tk_4)\boldsymbol{\alpha}_1+(k_2+tk_1)\boldsymbol{\alpha}_2+(k_3+tk_2)\boldsymbol{\alpha}_3+(k_4+tk_3)\boldsymbol{\alpha}_4=\boldsymbol{0}$.

由于 $\boldsymbol{\alpha}_1,\boldsymbol{\alpha}_2,\boldsymbol{\alpha}_3,\boldsymbol{\alpha}_4$ 线性无关,故

$$\begin{cases}k_1+tk_4=0\\k_2+tk_1=0\\k_3+tk_2=0\\k_4+tk_3=0\end{cases},$$

要使 $\boldsymbol{\beta}_1,\boldsymbol{\beta}_2,\boldsymbol{\beta}_3,\boldsymbol{\beta}_4$ 线性无关,对于未知数 $k_1,k_2,k_3,k_4$ 的方程组必须只有零解. 而该方程组只有零解的充分必要条件是系数行列式不为零,即

$$D=\begin{vmatrix}1&0&0&t\\t&1&0&0\\0&t&1&0\\0&0&t&1\end{vmatrix}\neq 0,$$

得 $t\neq\pm 1$. 因此,当 $t\neq\pm 1$ 时, $\boldsymbol{\beta}_1,\boldsymbol{\beta}_2,\boldsymbol{\beta}_3,\boldsymbol{\beta}_4$ 也是线性方程组 $\boldsymbol{Ax}=\boldsymbol{0}$ 的一个基础解系.

方法二 显然 $\boldsymbol{\beta}_1,\boldsymbol{\beta}_2,\boldsymbol{\beta}_3,\boldsymbol{\beta}_4$ 是 $\boldsymbol{Ax}=\boldsymbol{0}$ 的一组解. 把已知向量写成矩阵的形式

$$(\boldsymbol{\beta}_1,\boldsymbol{\beta}_2,\boldsymbol{\beta}_3,\boldsymbol{\beta}_4)=(\boldsymbol{\alpha}_1,\boldsymbol{\alpha}_2,\boldsymbol{\alpha}_3,\boldsymbol{\alpha}_4)\begin{pmatrix}1&0&0&t\\t&1&0&0\\0&t&1&0\\0&0&t&1\end{pmatrix},$$

记 $\boldsymbol{B}=\boldsymbol{AK}$. 因为 $\boldsymbol{\alpha}_1,\boldsymbol{\alpha}_2,\boldsymbol{\alpha}_3,\boldsymbol{\alpha}_4$ 线性无关,故当 $R(\boldsymbol{K})=4$ 时, $\boldsymbol{\beta}_1,\boldsymbol{\beta}_2,\boldsymbol{\beta}_3,\boldsymbol{\beta}_4$ 线性无关.

$$\boldsymbol{K}=\begin{pmatrix}1&0&0&t\\t&1&0&0\\0&t&1&0\\0&0&t&1\end{pmatrix}\sim\begin{pmatrix}1&0&0&t\\0&1&0&-t^2\\0&t&1&0\\0&0&t&1\end{pmatrix}\sim\begin{pmatrix}1&0&0&t\\0&1&0&-t^2\\0&0&1&t^3\\0&0&t&1\end{pmatrix}$$

$$\sim\begin{pmatrix}1&0&0&t\\0&1&0&-t^2\\0&0&1&t^3\\0&0&0&1-t^4\end{pmatrix}.$$

要使 $R(\boldsymbol{K})=4$,必须 $t\neq\pm1$. 因此，当 $t\neq\pm1$ 时,$\boldsymbol{\beta}_1,\boldsymbol{\beta}_2,\boldsymbol{\beta}_3,\boldsymbol{\beta}_4$ 也是线性方程组 $\boldsymbol{Ax}=\boldsymbol{0}$ 的一个基础解系.

**评注** 本题的关键是由向量组 $\boldsymbol{\alpha}_1,\boldsymbol{\alpha}_2,\boldsymbol{\alpha}_3,\boldsymbol{\alpha}_4$ 线性无关,推证向量组 $\boldsymbol{\beta}_1,\boldsymbol{\beta}_2,\boldsymbol{\beta}_3,\boldsymbol{\beta}_4$ 线性无关,其中 $\boldsymbol{\beta}_1,\boldsymbol{\beta}_2,\boldsymbol{\beta}_3,\boldsymbol{\beta}_4$ 可由 $\boldsymbol{\alpha}_1,\boldsymbol{\alpha}_2,\boldsymbol{\alpha}_3,\boldsymbol{\alpha}_4$ 线性表示. 类似的题有：

(1) 已知三阶矩阵 $\boldsymbol{A}$ 和三维向量 $\boldsymbol{x}$,使得 $\boldsymbol{x},\boldsymbol{Ax},\boldsymbol{A}^2\boldsymbol{x}$ 线性无关,且满足 $\boldsymbol{A}^3\boldsymbol{x}=3\boldsymbol{Ax}-\boldsymbol{A}^2\boldsymbol{x}$. 记 $\boldsymbol{P}=(\boldsymbol{x},\boldsymbol{Ax},\boldsymbol{A}^2\boldsymbol{x})$,求 $\boldsymbol{B}$ 使 $\boldsymbol{A}=\boldsymbol{PBP}^{-1}$. $\left(\text{答案}:\boldsymbol{B}=\begin{pmatrix}0&0&0\\1&0&3\\0&1&-1\end{pmatrix}\right)$

(2) 已知三阶矩阵 $\boldsymbol{A}$ 和三维向量 $\boldsymbol{x}$,使得 $\boldsymbol{x},\boldsymbol{Ax},\boldsymbol{A}^2\boldsymbol{x}$ 线性无关,且满足 $\boldsymbol{A}^3\boldsymbol{x}=3\boldsymbol{Ax}-\boldsymbol{A}^2\boldsymbol{x}$. 计算行列式 $|\boldsymbol{A}+\boldsymbol{E}|$.(答案:1)

(3) 设向量组 $\boldsymbol{\alpha}_1=(1,0,1)^{\mathrm{T}},\boldsymbol{\alpha}_2=(0,1,1)^{\mathrm{T}},\boldsymbol{\alpha}_3=(1,3,5)^{\mathrm{T}}$,不能由向量组 $\boldsymbol{\beta}_1=(1,1,1)^{\mathrm{T}},\boldsymbol{\beta}_2=(1,2,3)^{\mathrm{T}},\boldsymbol{\beta}_3=(3,4,a)^{\mathrm{T}}$ 线性表示. ①求 $a$ 的值;②将 $\boldsymbol{\beta}_1,\boldsymbol{\beta}_2,\boldsymbol{\beta}_3$ 用 $\boldsymbol{\alpha}_1,\boldsymbol{\alpha}_2,\boldsymbol{\alpha}_3$ 线性表示. $\left(\text{答案}:①a=5;②\begin{cases}\boldsymbol{\beta}_1=2\boldsymbol{\alpha}_1+4\boldsymbol{\alpha}_2-\boldsymbol{\alpha}_3\\\boldsymbol{\beta}_2=\boldsymbol{\alpha}_1+2\boldsymbol{\alpha}_2+0\boldsymbol{\alpha}_3\\\boldsymbol{\beta}_3=5\boldsymbol{\alpha}_1+10\boldsymbol{\alpha}_2-2\boldsymbol{\alpha}_3\end{cases}\right)$

(4) 设 $\boldsymbol{x}=\boldsymbol{Cy}$ 是坐标变换,证明 $x_0\neq0$ 的充分必要条件是 $y_0\neq0$.

**提示**:反证法证明.

(5) 已知 $\mathbf{R}^3$ 的两个基为 $\boldsymbol{a}_1=(1,1,1)^{\mathrm{T}},\boldsymbol{a}_2=(1,0,-1)^{\mathrm{T}},\boldsymbol{a}_3=(1,0,1)^{\mathrm{T}},\boldsymbol{b}_1=(1,2,1)^{\mathrm{T}},\boldsymbol{b}_2=(2,3,4)^{\mathrm{T}},\boldsymbol{b}_3=(3,4,3)^{\mathrm{T}}$,求由基 $\boldsymbol{a}_1,\boldsymbol{a}_2,\boldsymbol{a}_3$ 到基 $\boldsymbol{b}_1,\boldsymbol{b}_2,\boldsymbol{b}_3$ 的过渡矩阵 $\boldsymbol{P}$. $\left(\text{答案}:\boldsymbol{P}=\begin{pmatrix}2&3&4\\0&-1&0\\-1&0&-1\end{pmatrix}\right)$

**例 4-27** 设 $\boldsymbol{A},\boldsymbol{B}$ 均是 $m\times n$ 阶矩阵,且 $R(\boldsymbol{A})+R(\boldsymbol{B})=n$. 若 $\boldsymbol{BB}^{\mathrm{T}}=\boldsymbol{E}$,且 $\boldsymbol{B}$ 的行向量是齐次线性方程组 $\boldsymbol{Ax}=\boldsymbol{0}$ 的解,且 $\boldsymbol{P}$ 是 $m$ 阶可逆矩阵,证明矩阵 $\boldsymbol{PB}$ 的行向量是 $\boldsymbol{Ax}=\boldsymbol{0}$ 的基础解系.

**分析** 证明一个向量组是 $n$ 元齐次线性方程组 $\boldsymbol{Ax}=\boldsymbol{0}$ 的基础解系,只需证明这个向量组线性无关、是 $\boldsymbol{Ax}=\boldsymbol{0}$ 的解并且所含向量个数为 $n-R(\boldsymbol{A})$.

**解答** 由 $R(\boldsymbol{B})\geqslant R(\boldsymbol{BB}^{\mathrm{T}})=R(\boldsymbol{E})=m$,得到 $R(\boldsymbol{B})=m$. 于是 $\boldsymbol{B}$ 的行向量线性无关,且 $n-R(\boldsymbol{A})=m$.

由题设知 $\boldsymbol{B}$ 的行向量是 $\boldsymbol{Ax}=\boldsymbol{0}$ 的解,所以 $\boldsymbol{AB}^{\mathrm{T}}=\boldsymbol{O}$. 于是,有

$$\boldsymbol{A}(\boldsymbol{PB})^{\mathrm{T}}=\boldsymbol{AB}^{\mathrm{T}}\boldsymbol{P}^{\mathrm{T}}=\boldsymbol{OP}^{\mathrm{T}}=\boldsymbol{O}.$$

因此,$\boldsymbol{PB}$ 的 $m$ 个行向量是 $\boldsymbol{Ax}=\boldsymbol{0}$ 的解,又矩阵 $\boldsymbol{P}$ 可逆,于是 $R(\boldsymbol{PB})=R(\boldsymbol{B})=m$,从而 $\boldsymbol{PB}$ 的行向量线性无关,所以 $\boldsymbol{PB}$ 的行向量是 $\boldsymbol{Ax}=\boldsymbol{0}$ 的基础解系.

**评注** 注意到,若 $\boldsymbol{AB}=\boldsymbol{O}$,则矩阵 $\boldsymbol{B}$ 的列向量是线性方程组 $\boldsymbol{Ax}=\boldsymbol{0}$ 的解,若 $\boldsymbol{AB}^{\mathrm{T}}=\boldsymbol{O}$,则矩阵 $\boldsymbol{B}$ 的行向量是线性方程组 $\boldsymbol{Ax}=\boldsymbol{0}$ 的解. 类似的题有:

(1) 设$\alpha=(-3,3,6,0)$,$\beta=(9,6,-3,18)$,求$\gamma$满足$\alpha+3\gamma=\beta$.(答案:$(4,1,-3,6)$)

(2) 设$\alpha=(2,k,0)^{\mathrm{T}}$,$\beta=(-1,0,\lambda)^{\mathrm{T}}$,$\gamma=(\mu,-5,4)^{\mathrm{T}}$,且有$\alpha+\beta+\gamma=0$,求参数$k,\lambda,\mu$.(答案:$5,-4,-1$)

(3) 设$\alpha_1=(1,1,1)$,$\alpha_2=(0,1,1)$,$\alpha_3=(0,0,1)$,$\beta=(1,3,4)$,问$\beta$能否由$\alpha_1,\alpha_2,\alpha_3$线性表示?(答案:能)

(4) 求下列向量组的秩,并求一个最大无关组$\alpha_1=(1,1,0,0)$,$\alpha_2=(1,0,1,1)$,$\alpha_3=(2,-1,3,3)$.(答案:$R(\alpha_1,\alpha_2,\alpha_3)=2$,且$\alpha_1,\alpha_2$是一个最大无关组)

(5) 判断下列向量组是否线性相关?

$$\mathrm{T}:\alpha_1=(1,0,1,0),\alpha_2=(0,1,0,1),\ \alpha_3=(0,0,1,1),\alpha_4=(1,1,0,0)$$

(答案:$\alpha_1,\alpha_2,\alpha_3,\alpha_4$线性相关)

**例 4-28** 已知齐次线性方程组

$$\mathrm{I}:\begin{cases}a_{11}x_1+a_{12}x_2+\cdots+a_{12n}x_{2n}=0\\a_{21}x_1+a_{22}x_2+\cdots+a_{22n}x_{2n}=0\\\qquad\vdots\\a_{n1}x_1+a_{n2}x_2+\cdots+a_{n2n}x_{2n}=0\end{cases},$$

的一个基础解系为$(b_{11},b_{12},\cdots,b_{12n})^{\mathrm{T}},(b_{21},b_{22},\cdots,b_{22n})^{\mathrm{T}},\cdots,(b_{n1},b_{n2},\cdots,b_{n2n})^{\mathrm{T}}$.

试写出齐次线性方程组

$$\mathrm{II}:\begin{cases}b_{11}y_1+b_{12}y_2+\cdots+b_{12n}y_{2n}=0\\b_{21}y_1+b_{22}y_2+\cdots+b_{22n}y_{2n}=0\\\qquad\vdots\\b_{n1}y_1+b_{n2}y_2+\cdots+b_{n2n}y_{2n}=0\end{cases},$$

的通解,并说明理由.

**分析** 把方程组写成矩阵形式,把已知条件用矩阵形式表示,然后运用矩阵运算性质证明.

**解答** 记$\boldsymbol{A}=\begin{pmatrix}a_{11}&a_{12}&\cdots&a_{12n}\\a_{21}&a_{22}&\cdots&a_{22n}\\\vdots&\vdots&\ddots&\vdots\\a_{n1}&a_{n2}&\cdots&a_{n2n}\end{pmatrix},\boldsymbol{X}=\begin{pmatrix}x_1\\x_2\\\vdots\\x_{2n}\end{pmatrix},$

$$\boldsymbol{B}=\begin{pmatrix}b_{11}&b_{21}&\cdots&b_{n1}\\b_{12}&b_{22}&\cdots&b_{n2}\\\vdots&\vdots&\ddots&\vdots\\b_{12n}&b_{22n}&\cdots&b_{n2n}\end{pmatrix},\boldsymbol{Y}=\begin{pmatrix}y_1\\y_2\\\vdots\\y_{2n}\end{pmatrix}.$$

方程组Ⅰ的矩阵形式为$\boldsymbol{AX}=\boldsymbol{O}$,方程组Ⅱ的矩阵形式为$\boldsymbol{B}^{\mathrm{T}}\boldsymbol{Y}=\boldsymbol{O}$.

由于方程组Ⅰ $\boldsymbol{AX}=\boldsymbol{O}$的基础解系是矩阵$\boldsymbol{B}$的$n$个列向量,所以$\boldsymbol{B}$的$n$个列向量线性无关,$R(\boldsymbol{B})=n$,且有$\boldsymbol{AB}=\boldsymbol{O}$.

根据方程组Ⅰ $\boldsymbol{AX}=\boldsymbol{O}$中,$\boldsymbol{A}$的秩与基础解系中向量个数的关系得$R(\boldsymbol{A})=2n-n=n$.因此,$\boldsymbol{A}$的$n$个行向量线性无关,即$\boldsymbol{A}^{\mathrm{T}}$的$n$个列向量线性无关.

又由$\boldsymbol{AB}=\boldsymbol{O}$可得$\boldsymbol{B}^{\mathrm{T}}\boldsymbol{A}^{\mathrm{T}}=\boldsymbol{O}$,说明$\boldsymbol{A}^{\mathrm{T}}$的$n$个列向量是方程组Ⅱ$\boldsymbol{B}^{\mathrm{T}}\boldsymbol{Y}=\boldsymbol{O}$的解向量,方程

组Ⅱ的基础解系中向量个数为 $2n-R(\boldsymbol{B}^{\mathrm{T}})=2n-R(\boldsymbol{B})=n$. 于是 $\boldsymbol{A}^{\mathrm{T}}$ 的 $n$ 个线性无关的列向量是方程组Ⅱ $\boldsymbol{B}^{\mathrm{T}}\boldsymbol{Y}=\boldsymbol{O}$ 的基础解系. 因此，方程组Ⅱ的通解为

$$x=c_1(a_{11},a_{12},\cdots,a_{12n})^{\mathrm{T}}+c_2(a_{21},a_{22},\cdots,a_{22n})^{\mathrm{T}}+\cdots+c_n(a_{n1},a_{n2},\cdots,a_{n2n})^{\mathrm{T}},(c_1,c_2,\cdots,c_n\in\mathbf{R}).$$

**评注** 注意方程组Ⅱ是 $n$ 个方程, $2n$ 个未知数的齐次线性方程组,所以它必然存在基础解系,找到了基础解系,也就有了通解. 类似的题有:

(1) 判断向量 $\beta$ 能否由其余向量线性表示. 其中

$\alpha_1=(1,2,1,1)^{\mathrm{T}},\alpha_2=(1,1,1,2)^{\mathrm{T}},\alpha_3=(-3,-2,1,-3)^{\mathrm{T}},\beta=(-1,1,3,1)^{\mathrm{T}}$

(答案:不能)

(2) 已知向量组 $\boldsymbol{A}:a_1=\begin{pmatrix}1\\-1\\1\\-1\end{pmatrix},a_2=\begin{pmatrix}3\\1\\1\\3\end{pmatrix},\boldsymbol{B}:b_1=\begin{pmatrix}2\\0\\1\\1\end{pmatrix},b_2=\begin{pmatrix}1\\1\\0\\2\end{pmatrix},b_3=\begin{pmatrix}3\\-1\\2\\0\end{pmatrix}$. 证明:向量组 $\boldsymbol{A}$ 与向量组 $\boldsymbol{B}$ 等价.

**提示**:$\mathrm{R}(\boldsymbol{A})=R(\boldsymbol{B})=R(\boldsymbol{A},\boldsymbol{B})$.

(3) 设 $\boldsymbol{A}=\begin{pmatrix}1&2&2&0\\1&3&4&-2\\1&1&0&2\end{pmatrix}$, 求 $\boldsymbol{Ax}=\boldsymbol{0}$ 的一个基础解系. $\left(\text{答案}:\xi_1=\begin{pmatrix}2\\-2\\1\\0\end{pmatrix},\ \xi_2=\begin{pmatrix}-4\\2\\0\\1\end{pmatrix}\right)$

(4) 设有向量组

$$\boldsymbol{A}:\boldsymbol{\alpha}_1=(1,2,-3)^{\mathrm{T}},\boldsymbol{\alpha}_2=(3,0,1)^{\mathrm{T}},\boldsymbol{\alpha}_3=(9,6,-7)^{\mathrm{T}}$$

$$\boldsymbol{B}:\boldsymbol{\beta}_1=(0,1,-1)^{\mathrm{T}},\boldsymbol{\beta}_2=(a,2,1)^{\mathrm{T}},\boldsymbol{\beta}_3=(b,1,0)^{\mathrm{T}}.$$

$\boldsymbol{A}$ 和 $\boldsymbol{B}$ 的秩相等,且 $\boldsymbol{\beta}_3$ 可由 $\boldsymbol{A}$ 组线性表示,求 $a,b$ 的值.

(答案:$a=15,b=5$)

(5) 设有向量组

$$\text{Ⅰ}:\boldsymbol{a}_1=(1,0,2)^{\mathrm{T}},\boldsymbol{a}_2=(1,1,3)^{\mathrm{T}},\boldsymbol{a}_3=(1,-1,a+2)^{\mathrm{T}}.$$

$$\text{Ⅱ}:\boldsymbol{b}_1=(1,2,a+3)^{\mathrm{T}},\boldsymbol{b}_2=(2,1,a+6)^{\mathrm{T}},\boldsymbol{b}_3=(2,1,a+4)^{\mathrm{T}}.$$

试问:当 $a$ 为何值时,向量组Ⅰ与Ⅱ等价? 当 $a$ 为何值时,向量组Ⅰ与Ⅱ不等价?(答案:当 $a\neq-1$ 时,向量组Ⅰ与Ⅱ等价;当 $a=-1$ 时,向量组Ⅰ与Ⅱ不等价)

**例 4-29** 已知下列两个非齐次线性方程组:

$$\text{Ⅰ}:\begin{cases}x_1+x_2-2x_4=-6\\4x_1-x_2-x_3-x_4=1\\3x_1-x_2-x_3=3\end{cases}.$$

$$\text{Ⅱ}:\begin{cases}x_1+mx_2-x_3-x_4=-5\\nx_2-x_3-2x_4=-11\\x_3-2x_4=-t+1\end{cases}.$$

(1) 求解方程组Ⅰ,用其导出组的基础解系表示通解;

(2) 当方程组Ⅱ中的参数 $m,n,t$ 为何值时,方程组Ⅰ与Ⅱ同解.

**分析** 要方程组Ⅰ与Ⅱ同解,只要它们的特解和基础解系分别相同即可. 故本题的求解思路为:求出方程组Ⅰ的通解,代入Ⅱ求得,最后验证此时方程组Ⅰ与Ⅱ同解.

**解答** (1)设方程组Ⅰ的系数矩阵为$\boldsymbol{A}_1$,增广矩阵为$\boldsymbol{A}_1$,对$\boldsymbol{A}_1$作初等行变换,得

$$\overline{\boldsymbol{A}}_1=\left(\begin{array}{cccc:c}1&1&0&-2&-6\\4&-1&-1&-1&-1\\3&-1&-1&0&3\end{array}\right)\to\left(\begin{array}{cccc:c}1&0&0&-1&-2\\0&1&0&-1&-4\\0&0&1&-2&-5\end{array}\right),$$

由于$R(\boldsymbol{A}_1)=R(\overline{\boldsymbol{A}}_1)=3$,于是方程组Ⅰ有无穷多组解,且由上面最后的行简约阶梯矩阵可知方程组Ⅰ的通解为

$$\boldsymbol{x}=\begin{pmatrix}-2\\-4\\-5\\0\end{pmatrix}+k\begin{pmatrix}1\\1\\2\\1\end{pmatrix}(k\text{ 为任意常数})$$

将通解$\boldsymbol{x}$代入方程组Ⅱ的第1个方程,得

$$(-2+k)+m(-4+k)-(-5+2k)-k=-5,$$

即$(m-2)k+8-4m=0$,由于$k$的任意性,有$m-2=0$,即$m=2$. 将通解$\boldsymbol{x}$代入方程组Ⅱ的第2个方程,得

$$n(-4+k)-(-5+2k)-2k=-11,$$

即$(n-4)k+16-4n=0$,从而,$n=4$. 将通解$\boldsymbol{x}$代入方程组Ⅱ的第3个方程,得$(-5+2k)-2k=-t+1$,解得$t=6$.

综上知,方程组Ⅱ的参数$m=2,n=4,t=6$. 这时方程组Ⅱ化为

$$\text{Ⅲ}:\begin{cases}x_1+2x_2-x_3-x_4=-5\\4x_2-x_3-2x_4=-11\\x_3-2x_4=-5\end{cases}.$$

设方程组Ⅲ的系数矩阵为$\boldsymbol{A}_2$,增广矩阵为$\overline{\boldsymbol{A}}_2$,对$\overline{\boldsymbol{A}}_2$施以初等行变换,得

$$\overline{\boldsymbol{A}}_2=\left(\begin{array}{cccc:c}1&2&-1&-1&-5\\0&4&-1&-2&-11\\0&0&1&-2&-5\end{array}\right)\to\left(\begin{array}{cccc:c}1&0&0&-1&-2\\0&1&0&-1&-4\\0&0&1&-2&-5\end{array}\right).$$

显然,方程组Ⅰ、Ⅱ的解完全相同,即方程组Ⅰ与Ⅱ通解.

**评注** 在第(2)题的求解过程中,为确定参数$m,n,t$的值,曾将方程组Ⅰ的通解代入方程组Ⅱ,利用常数$k$的任意性而得参数值,再将这些参数代回Ⅱ并求出其通解以验证它们同解. 一般的是将Ⅰ的两个特解代入Ⅱ,或者将Ⅰ的特解代入Ⅱ与Ⅰ的一个基础解向量代入Ⅱ的导出组,即可确定参数并使之同解. 这里也可以只将特解$\boldsymbol{x}=(-2,-4,-5,0)^{\mathrm{T}}$代入Ⅱ确定参数后再将这些参数代回Ⅱ并求出其通解以验证它们同解,同样达到了目的,而计算可以简单些. 类似的题有:

(1) 求解线性方程组$\begin{cases}x_1+3x_2+3x_3-2x_4+x_5=3\\2x_1+6x_2+x_3-3x_4=2\\x_1+3x_2-2x_3-x_4-x_5=-1\\3x_1+9x_2+x_3-5x_4+x_5=5\end{cases}$.(答案:$x=k_1(-3,1,0,0,0)^{\mathrm{T}}+k_2(3,$

0,0,2,1)$^{\mathrm T}$+(-5,0,0,-4,0)$^{\mathrm T}$)

(2) 设四元非齐次线性方程组的系数矩阵的秩为3,已知 $\boldsymbol{\eta}_1,\boldsymbol{\eta}_2,\boldsymbol{\eta}_3$ 是它的三个解向量,且 $\boldsymbol{\eta}_1=(2,3,4,5)^{\mathrm T}$,$\boldsymbol{\eta}_2+\boldsymbol{\eta}_3=(1,2,3,4)^{\mathrm T}$,求该方程的通解.(答案:通解为 $k(2\boldsymbol{\eta}_1-\boldsymbol{\eta}_2-\boldsymbol{\eta}_3)+\boldsymbol{\eta}_1=k(3,4,5,6)^{\mathrm T}+(2,3,4,5)^{\mathrm T}$.

**提示:**设方程为 $\boldsymbol{Ax}=\boldsymbol{b}$,则 $A\boldsymbol{\eta}_1=A\boldsymbol{\eta}_2=A\boldsymbol{\eta}_3=\boldsymbol{b}$,那么 $A(2\boldsymbol{\eta}_1-\boldsymbol{\eta}_2-\boldsymbol{\eta}_3)=2b-b-b=0$,故 $2\boldsymbol{\eta}_1-\boldsymbol{\eta}_2-\boldsymbol{\eta}_3$ 是 $\boldsymbol{Ax}=\boldsymbol{0}$ 的解,又 $n-R(\boldsymbol{A})=4-3=1$,故 $\boldsymbol{Ax}=\boldsymbol{0}$ 的基础解系只有一个向量.

(3) 已知 $\boldsymbol{A}$ 是秩为3的 $5\times4$ 矩阵,$\boldsymbol{\alpha}_1,\boldsymbol{\alpha}_2,\boldsymbol{\alpha}_3$ 是非齐次线性方程组 $\boldsymbol{Ax}=\boldsymbol{b}$ 的三个不同的解,若 $\boldsymbol{\alpha}_1+\boldsymbol{\alpha}_2+2\boldsymbol{\alpha}_3=(2,0,0,0)^{\mathrm T}$,$3\boldsymbol{\alpha}_1+\boldsymbol{\alpha}_2=(2,4,6,8)^{\mathrm T}$,求方程组 $\boldsymbol{Ax}=\boldsymbol{b}$ 的通解.(答案:通解为 $\boldsymbol{x}=C(0,-4,-6,-8)^{\mathrm T}+\left(\frac{1}{2},-3,-\frac{2}{9},-6\right)^{\mathrm T}$,$C$ 为任意常数.

**提示:**用定义法求解.

(4) 已知三阶矩阵 $\boldsymbol{A}$ 的第1行是$(a,b,c)$,$a,b,c$ 不全为零,矩阵 $\boldsymbol{B}=\begin{pmatrix}1&2&3\\2&4&6\\3&6&k\end{pmatrix}$($k$ 为常数),且 $\boldsymbol{AB}=\boldsymbol{0}$,求线性方程组 $\boldsymbol{Ax}=\boldsymbol{0}$ 的通解.

**提示:**由 $\boldsymbol{AB}=\boldsymbol{0}$ 知 $R(\boldsymbol{A})+R(\boldsymbol{B})\leqslant3$,又 $\boldsymbol{A}\neq0,\boldsymbol{B}\neq0$,故 $1\leqslant R(\boldsymbol{A})\leqslant2$,$1\leqslant R(\boldsymbol{B})\leqslant2$.

① 若 $R(\boldsymbol{A})=2$,必有 $R(\boldsymbol{B})=1$,此时 $k=9$,方程组 $\boldsymbol{Ax}=0$ 的通解是 $k(1,2,3)^{\mathrm T}$,其中 $k$ 为任意实数.

② 若 $R(\boldsymbol{A})=1$,则 $\boldsymbol{Ax}=0$ 的通解方程是 $ax_1+bx_2+cx_3=0$ 且满足

$$\begin{cases}a+2b+3c=0\\(k-9)c=0\end{cases},$$

如果 $c\neq0$,方程组的通解是 $k_1(c,0,-a)^{\mathrm T}+k_2(0,c,-b)^{\mathrm T}$,其中 $k_1,k_2$ 为任意实数;如果 $c=0$,方程组的通解是 $k_1(1,2,0)^{\mathrm T}+k_2(0,0,1)^{\mathrm T}$,其中 $k_1,k_2$ 为任意实数.

(5) 设 $\boldsymbol{A}=\begin{pmatrix}1&2&2&0\\1&3&4&-2\\1&1&0&2\end{pmatrix}$,$\boldsymbol{b}=\begin{pmatrix}5\\6\\4\end{pmatrix}$,求 $\boldsymbol{Ax}=\boldsymbol{b}$ 的通解.

$\left(\text{答案:}\boldsymbol{\eta}=\boldsymbol{\eta}^*+k_1\boldsymbol{\xi}_1+k_2\boldsymbol{\xi}_2(k_1,k_2\in\mathbf{R}),\boldsymbol{\xi}_1=\begin{pmatrix}2\\-2\\1\\0\end{pmatrix},\boldsymbol{\xi}_2=\begin{pmatrix}-4\\2\\0\\1\end{pmatrix};\boldsymbol{\eta}^*=\begin{pmatrix}3\\1\\0\\0\end{pmatrix}\right)$

**例4-30** 设 $\boldsymbol{\alpha},\boldsymbol{\beta}$ 为三维列向量,矩阵 $\boldsymbol{A}=\boldsymbol{\alpha\alpha}^{\mathrm T}+\boldsymbol{\beta\beta}^{\mathrm T}$,其中 $\alpha^{\mathrm T},\beta^{\mathrm T}$ 分别是 $\alpha,\beta$ 的转置.证明:(1)$R(\boldsymbol{A})\leqslant2$;(2)若 $\boldsymbol{\alpha},\boldsymbol{\beta}$ 线性相关,则 $R(\boldsymbol{A})<2$.

**分析** 利用矩阵的秩的一些性质可以证明此题,关于矩阵秩的问题常转化为向量组来讨论;由于齐次方程组的基础解系由 $n-R(\boldsymbol{A})$ 个线性无关的解向量所构成,它与秩关联,因而秩的论证有时也通过构造齐次方程组来实现.

**解答** 方法一 (1)利用 $R(\boldsymbol{A}+\boldsymbol{B})\leqslant R(\boldsymbol{A})+R(\boldsymbol{B})$ 和 $R(\boldsymbol{AB})\leqslant\min(R(\boldsymbol{A}),R(\boldsymbol{B}))$,有

$$R(\boldsymbol{A})=R(\boldsymbol{\alpha\alpha}^{\mathrm T}+\boldsymbol{\beta\beta}^{\mathrm T})\leqslant R(\boldsymbol{\alpha\alpha}^{\mathrm T})+R(\boldsymbol{\beta\beta}^{\mathrm T})\leqslant R(\boldsymbol{\alpha})+R(\boldsymbol{\beta}),$$

又 $\boldsymbol{\alpha},\boldsymbol{\beta}$ 均为三维列向量,则 $R(\boldsymbol{\alpha})\leqslant1$,$R(\boldsymbol{\beta})\leqslant1$.故 $R(\boldsymbol{A})\leqslant2$.

(2) 当线性相关时,不妨设 $\boldsymbol{\beta}=k\boldsymbol{\alpha}$,则

$$R(\boldsymbol{A}) = R(\boldsymbol{\alpha\alpha}^{\mathrm{T}} + k^2\boldsymbol{\alpha\alpha}^{\mathrm{T}}) = R[(1+k^2)\boldsymbol{\alpha\alpha}^{\mathrm{T}}] = R(\boldsymbol{\alpha\alpha}^{\mathrm{T}}) \leqslant R(\boldsymbol{\alpha}) \leqslant 1 < 2.$$

方法二 (1)因为$\boldsymbol{\alpha},\boldsymbol{\beta}$均为三维列向量,故存在非零列向量$x$与$\boldsymbol{\alpha},\boldsymbol{\beta}$均正交,即$\boldsymbol{\alpha}^{\mathrm{T}}\boldsymbol{x}=\boldsymbol{0}$,$\boldsymbol{\beta}^{\mathrm{T}}\boldsymbol{x}=\boldsymbol{0}$. 从而$\boldsymbol{\alpha\alpha}^{\mathrm{T}}x=\boldsymbol{0}$,$\boldsymbol{\beta\beta}^{\mathrm{T}}x=\boldsymbol{0}$,进而$(\boldsymbol{\alpha\alpha}^{\mathrm{T}}+\boldsymbol{\beta\beta}^{\mathrm{T}})x=\boldsymbol{0}$. 即齐次方程组$\boldsymbol{Ax}=\boldsymbol{0}$有非零解,故$R(\boldsymbol{A})\leqslant 2$.

(2) 因为齐次方程组$\boldsymbol{\alpha}^{\mathrm{T}}\boldsymbol{x}=\boldsymbol{0}$有2个线性无关的解,设为$\boldsymbol{\eta}_1,\boldsymbol{\eta}_2$,那么

$$\boldsymbol{\alpha}^{\mathrm{T}}\boldsymbol{\eta}_1 = \boldsymbol{0}, \boldsymbol{\alpha}^{\mathrm{T}}\boldsymbol{\eta}_2 = \boldsymbol{0},$$

若$\boldsymbol{\alpha},\boldsymbol{\beta}$线性相关,不妨设$\boldsymbol{\beta}=k\boldsymbol{\alpha}$,那么

$$\boldsymbol{\beta}^{\mathrm{T}}\eta_1 = (k\boldsymbol{\alpha})^{\mathrm{T}}\eta_1 = k\boldsymbol{\alpha}^{\mathrm{T}}\boldsymbol{\eta}_1 = \boldsymbol{0}, \boldsymbol{\beta}^{\mathrm{T}}\boldsymbol{\eta}_2 = (k\boldsymbol{\alpha})^{\mathrm{T}}\boldsymbol{\eta}_2 = k\boldsymbol{\alpha}^{T}\boldsymbol{\eta}_2 = \boldsymbol{0},$$

于是,$A\boldsymbol{\eta}_1=(\boldsymbol{\alpha\alpha}^{\mathrm{T}}+\boldsymbol{\beta\beta}^{\mathrm{T}})\boldsymbol{\eta}_1=\boldsymbol{0}$,$A\boldsymbol{\eta}_2=(\boldsymbol{\alpha\alpha}^{\mathrm{T}}+\boldsymbol{\beta\beta}^{\mathrm{T}})\boldsymbol{\eta}_2=\boldsymbol{0}$.

即$\boldsymbol{Ax}=\boldsymbol{0}$至少有2个线性无关的解,因此$n-R(\boldsymbol{A})\geqslant 2$,即$R(\boldsymbol{A})\leqslant 1<2$.

**评注** 有关矩阵的秩的问题还可以用行列式是否为0来判断;或根据"矩阵的秩=行秩=列秩";初等变换不改变矩阵的秩,因而化其为等价标准形,再进行分析论证. 考生应熟练掌握这些方法. 类似的题有:

(1) $\lambda$取何值时,非齐次线性方程组$\begin{cases}\lambda x_1+x_2+x_3=1\\ x_1+\lambda x_2+x_3=\lambda\\ x_1+x_2+\lambda x_3=\lambda^2\end{cases}$ ① 有唯一解; ② 无解; ③ 有无穷多解. (答案:当$\lambda\neq 1,-2$时,方程有唯一解;当$\lambda=1$时,有无穷多解;当$\lambda=-2$时,方程组无解)

(2) 讨论$p,t$对方程组$\begin{cases}x_1+x_2-2x_3+3x_4=0\\ 2x_1+x_2-6x_3+4x_4=-1\\ 3x_1+2x_2+px_3+7x_4=-1\\ x_1-x_2-6x_3-x_4=t\end{cases}$对解的情况的影响,并在无穷多解时求通解. (答案:$t+2\neq 0$时无解;$t+2=0$时无穷多解;$t=-2,p\neq -8$时,通解为$(-1,1,0,0)^{\mathrm{T}}+c(-1,-2,0,1)^{\mathrm{T}}$,$c$为任意常数. 当$t=-2,p=-8$时,通解为$\boldsymbol{\zeta}_0+c_1\boldsymbol{\eta}_1+c_2\boldsymbol{\eta}_2$,$c_1,c_2$为任意常数,其中$\boldsymbol{\zeta}_0=(-1,1,0,0)^{\mathrm{T}}$,$\boldsymbol{\eta}_1=(4,-2,1,0)^{\mathrm{T}}$, $\boldsymbol{\eta}_2=(-1,-2,0,1)^{\mathrm{T}}$. )

(3) 已知非齐次线性方程组$\begin{cases}x_1+x_2+x_3+x_4=-1\\ 4x_1+3x_2+5x_3-x_4=-1\\ ax_1+x_2+3x_3+bx_4=1\end{cases}$有3个线性无关的解. 求$a,b$的值及方程组的通解.

(答案:$a=2,b=3$,通解为$(-3,2,0,0)^{\mathrm{T}}+k_1(-5,4,0,1)^{\mathrm{T}}+k_2(1,-2,1,0)^{\mathrm{T}}$. )

**提示**:本题讨论带参数的取值与解的关系,根据已知条件,必须利用非齐次线性方程组与其导出组的关系以及基础解系与系数矩阵秩的关系来求解.

(4) 已知线性方程组为

$$\begin{cases}x_1+a_1x_2+a_1^2x_3=a_1^3\\ x_1+a_2x_2+a_2^2x+a_2^3\\ x_1+a_3x_2+a_3^2x_3=a_3^3\\ x_1+a_4x_2+a_4^2x_3=a_4^3\end{cases}.$$

① 证明当 $a_1,a_2,a_3,a_4$ 两两不相等时，方程组无解.

**提示**：$a_1,a_2,a_3,a_4$ 两两不等于 $|\boldsymbol{A}|\boldsymbol{\beta}|\neq 0$，所以 $R(\boldsymbol{A}|\boldsymbol{\beta})=4$，$R(\boldsymbol{A})=3$ 无解.（答案：通解为 $\boldsymbol{\zeta}_1+c\boldsymbol{\eta}$，$c$ 为任意实数）.

② 已知 $a_1=a_2=a_3=a_4=k$，并且 $\boldsymbol{\zeta}_1=(-1,1,1)^{\mathrm{T}}$ 和 $\boldsymbol{\zeta}_2=(1,1,-1)^{\mathrm{T}}$ 都是解，求通解.

**提示**：原方程组与 $\begin{cases} x_1+kx_2+k^2x_3=k^3 \\ x_1-kx_2+k^2x_3=-k^3 \end{cases}$ 同解，$\boldsymbol{\zeta}_1,\boldsymbol{\zeta}_2$ 都是解，已有了特解，又 $\boldsymbol{\eta}=\boldsymbol{\zeta}_1-\boldsymbol{\zeta}_2$ 是 $\boldsymbol{Ax}=\boldsymbol{0}$ 的一个非零解，由 $R(\boldsymbol{A})=2$，可知 $l=3-R(\boldsymbol{A})=1$，故 $\boldsymbol{\eta}$ 是 $\boldsymbol{Ax}=\boldsymbol{0}$ 的基础解系.

(5) 设 $\boldsymbol{\alpha}_1,\boldsymbol{\alpha}_2,\cdots,\boldsymbol{\alpha}_s$ 是 $s$ 个线性无关的 $n$ 维向量，证明存在含有 $n$ 个未知量的齐次线性方程组，使 $\boldsymbol{\alpha}_1,\boldsymbol{\alpha}_2,\cdots,\boldsymbol{\alpha}_s$ 是它的一个基础解系.

**提示**：设已知的 $s$ 个 $n$ 维向量为 $\boldsymbol{\alpha}_1=(a_{11},a_{12},\cdots,a_{1n})$，$\boldsymbol{\alpha}_2=(a_{21},a_{22},\cdots,a_{2n})$，$\cdots$，$\boldsymbol{\alpha}_s=(a_{s1},a_{s2},\cdots,a_{sn})$. 考虑以这些向量的分量为系数的齐次方程组Ⅰ，由于 $\boldsymbol{\alpha}_1,\boldsymbol{\alpha}_2,\cdots,\boldsymbol{\alpha}_s$ 线性无关，故Ⅰ的系数矩阵的秩为 $s$，其基础解系含有 $n-s=r$ 个向量，设 $\boldsymbol{\beta}_1=(b_{11},b_{12},\cdots,b_{1n})$，$\boldsymbol{\beta}_2=(b_{21},b_{22},\cdots,b_{2n})$，$\cdots$，$\boldsymbol{\beta}_r=(b_{r1},b_{r2},\cdots,b_{rn})$ 为Ⅰ的一个基础解系，利用这些向量的分量作齐次方程组Ⅱ，该方程组的基础解系含有 $n-r=s$ 个向量. 由于 $\boldsymbol{\beta}_1,\boldsymbol{\beta}_2,\cdots,\boldsymbol{\beta}_r$ 是Ⅰ的解，即每个 $\beta_i$ 都满足Ⅰ的所有方程. 就是说，$\boldsymbol{\alpha}_1,\boldsymbol{\alpha}_2,\cdots,\boldsymbol{\alpha}_s$ 都是Ⅱ的解，个数正好是 $s$ 个，是Ⅱ的基础解系.

**例 4－31** 设有向量组

$$\text{Ⅰ}:\alpha_1=(1,0,2)^{\mathrm{T}},\alpha_2=(1,1,3)^{\mathrm{T}},\alpha_3=(1,-1,a+2)^{\mathrm{T}},$$
$$\text{Ⅱ}:\beta_1=(2,1,a+6)^{\mathrm{T}},\beta_2=(2,1,a+6)^{\mathrm{T}},\beta_3=(2,1,a+6)^{\mathrm{T}}.$$

试问：当 $a$ 为何值时，向量组Ⅰ与Ⅱ等价？当 $a$ 为何值时，向量组Ⅰ与Ⅱ不等价？

**分析** 所谓向量组Ⅰ与Ⅱ等价，即向量组Ⅰ与Ⅱ可以互相线性表出. 如果方程组

$$x_1\boldsymbol{\alpha}_1+x_2\boldsymbol{\alpha}_2+x_3\boldsymbol{\alpha}_3=\boldsymbol{\beta}$$

有解，则 $\boldsymbol{\beta}$ 可以由 $\boldsymbol{\alpha}_1,\boldsymbol{\alpha}_2,\boldsymbol{\alpha}_3$ 线性表出.

那么，如果对同一个 $a$，三个方程组

$$x_1\boldsymbol{\alpha}_1+x_2\boldsymbol{\alpha}_2+x_3\boldsymbol{\alpha}_3=\boldsymbol{\beta}_1,y_1\boldsymbol{\alpha}_1+y_2\boldsymbol{\alpha}_2+y_3\boldsymbol{\alpha}_3=\boldsymbol{\beta}_2,z_1\boldsymbol{\alpha}_1+z_2\boldsymbol{\alpha}_2+z_3\boldsymbol{\alpha}_3=\boldsymbol{\beta}_3$$

均有解，则说明向量组Ⅱ可以由向量组Ⅰ线性表出.

**解答** 对 $(\boldsymbol{\alpha}_1,\ \boldsymbol{\alpha}_2,\ \boldsymbol{\alpha}_3\ \vdots\ \boldsymbol{\beta}_1,\ \boldsymbol{\beta}_2,\ \boldsymbol{\beta}_3)$ 作初等行变换，有

$$(\boldsymbol{\alpha}_1,\ \boldsymbol{\alpha}_2,\ \boldsymbol{\alpha}_3\ \vdots\ \boldsymbol{\beta}_1,\ \boldsymbol{\beta}_2,\ \boldsymbol{\beta}_3)=\begin{pmatrix}1&1&1&\vdots&1&2&2\\0&1&-1&\vdots&2&1&1\\2&3&a+2&\vdots&a+3&a+6&a+4\end{pmatrix}$$

$$\sim\begin{pmatrix}1&1&1&\vdots&1&2&2\\0&1&-1&\vdots&2&1&1\\0&1&a&\vdots&a+1&a+2&a\end{pmatrix}\sim\begin{pmatrix}1&1&1&\vdots&1&2&2\\0&1&-1&\vdots&2&1&1\\0&0&a+1&\vdots&a-1&a+1&a-1\end{pmatrix}$$

那么，由方程组 $x_1\boldsymbol{\alpha}_1+x_2\boldsymbol{\alpha}_2+x_3\boldsymbol{\alpha}_3=\boldsymbol{\beta}_1$ 知，只要 $a\neq-1$ 方程组总有唯一解，即 $a\neq-1$ 时，$\boldsymbol{\beta}_1$ 必可由 $\boldsymbol{\alpha}_1,\boldsymbol{\alpha}_2,\boldsymbol{\alpha}_3$ 线性表出. 而 $a=-1$ 时，方程组无解，$\boldsymbol{\beta}$ 不能由 $\boldsymbol{\alpha}_1,\boldsymbol{\alpha}_2,\boldsymbol{\alpha}_3$ 线性表出.

由方程组 $y_1\boldsymbol{\alpha}_1+y_2\boldsymbol{\alpha}_2+y_3\boldsymbol{\alpha}_3=\boldsymbol{\beta}_2$ 知，对于 $\forall a$，方程组总有解，即 $\boldsymbol{\beta}_2$ 必可由 $\boldsymbol{\alpha}_1,\boldsymbol{\alpha}_2,\boldsymbol{\alpha}_3$ 线性表出.

由方程组 $z_1\boldsymbol{\alpha}_1+z_2\boldsymbol{\alpha}_2+z_3\boldsymbol{\alpha}_3=\boldsymbol{\beta}_3$ 知，只要 $a\neq-1$，方程组就有解，$\boldsymbol{\beta}_3$ 就可由 $\boldsymbol{\alpha}_1,\boldsymbol{\alpha}_2,\boldsymbol{\alpha}_3$ 线性表出.

因此，当 $a \neq -1$ 时，向量组Ⅱ可由向量组Ⅰ线性表出.

反之，由于行列式

$$|\boldsymbol{\beta}_1,\boldsymbol{\beta}_2,\boldsymbol{\beta}_3| = \begin{vmatrix} 1 & 2 & 2 \\ 2 & 1 & 1 \\ a+3 & a+6 & a+4 \end{vmatrix} = \begin{vmatrix} 1 & 2 & 0 \\ 2 & 1 & 0 \\ a+3 & a+6 & -2 \end{vmatrix} = 6 \neq 0,$$

故 $\forall a$，三个方程组 $x_1\boldsymbol{\beta}_1 + x_2\boldsymbol{\beta}_2 + x_3\boldsymbol{\beta}_3 = \boldsymbol{\alpha}_j (j=1,2,3)$ 恒有解，即 $\forall a$，向量组Ⅰ可由向量组Ⅱ线性表出.

因此，$a \neq -1$ 时，向量组Ⅰ与Ⅱ等价.

而 $a=-1$ 时，$\boldsymbol{\beta}_1$ 不能由 $\boldsymbol{\alpha}_1,\boldsymbol{\alpha}_2,\boldsymbol{\alpha}_3$ 线性表出，向量组Ⅰ与Ⅱ不等价.

**评注** 若已知向量的坐标而要判断能否线性表出的问题，通常是转换为非齐次线性方程组是否有解的讨论. 如果向量的坐标没有给出而问能否线性表示，通常用线性相关及秩的理论分析、推理. 类似的题有：

(1) 已知方程组Ⅰ和Ⅱ是同解方程组，试确定方程组Ⅰ中的系数 $a,b,c$，其中Ⅰ和Ⅱ分别为

$$\text{Ⅰ}: \begin{cases} -2x_1 + x_2 + ax_3 - 5x_4 = 1, \\ x_1 + x_2 + x_3 + bx_4 = 4, \\ 3x_1 + x_2 + x_3 + 2x_4 = c. \end{cases}$$

$$\text{Ⅱ}: \begin{cases} x_1 + x_4 = 1, \\ x_2 - 2x_4 = 2, \\ x_3 + x_4 = -1. \end{cases}$$

（答案：$a=-1, b=-2, c=4$，利用方程组Ⅱ的解也满足方程组Ⅰ，将Ⅱ的解代入Ⅰ，从而确定系数）

(2) 矩阵 $\boldsymbol{A}_{m\times n}$，证明：$\boldsymbol{Ax}=\boldsymbol{b}$ 有解的充要条件是 $\boldsymbol{A}^{\mathrm{T}}\boldsymbol{Z}=0$，则 $\boldsymbol{b}^{\mathrm{T}}\boldsymbol{Z}=0$.

**提示：**$\boldsymbol{Ax}=\boldsymbol{b} \Rightarrow \boldsymbol{x}^{\mathrm{T}}\boldsymbol{A}^{\mathrm{T}}=\boldsymbol{b}^{\mathrm{T}}$，两边右乘 $\boldsymbol{Z}$ 即可.

(3) 求解方程组 $\begin{cases} 2x_1 + x_2 - 5x_3 + x_4 = 8 \\ x_1 - 3x_2 - 6x_4 = 9 \\ 2x_2 - x_3 + 2x_4 = -5 \\ x_1 + 4x_2 - 7x_3 + 6x_4 = 0 \end{cases}$.

$\left(\text{答案：方程组有唯一解为 } x_1 = \dfrac{D_1}{D} = \dfrac{81}{21}, x_2 = \dfrac{D_2}{D} = -\dfrac{108}{21}, x_3 = \dfrac{D_3}{D} = -\dfrac{9}{7}, x_4 = \dfrac{D_4}{D} = \dfrac{9}{7}\right)$

(4) 求非齐次线性方程组 $\begin{cases} x_1 - 5x_2 + 2x_3 - 3x_4 = 11 \\ 5x_1 + 3x_2 + 6x_3 - x_4 = -1 \\ 2x_1 + 4x_2 + 2x_3 + x_4 = -6 \end{cases}$ 的一个解及对应齐次方程组的基础解系.

$\left(\text{答案：一个解为 } (1,-2,0,0)^{\mathrm{T}}, \text{通解为 } k_1\left(-\dfrac{9}{7},\dfrac{1}{7},1,0\right)^{\mathrm{T}} + k_2\left(\dfrac{1}{2},-\dfrac{1}{2},0,1\right)^{\mathrm{T}} + (1,-2,0,0)^{\mathrm{T}}\right)$

(5) 求解线性方程组 $\begin{cases}3x_1+x_2-6x_3-4x_4+2x_5=0\\2x_1+2x_2-3x_3-5x_4+3x_5=0\\x_1-5x_2-6x_3+8x_4-6x_5=0\end{cases}$.

$\left(答案:x=k_1\left(\frac{9}{4},-\frac{3}{4},1,0,0\right)^{\mathrm{T}}+k_2\left(\frac{3}{4},\frac{7}{4},0,1,0\right)^{\mathrm{T}}+k_3\left(-\frac{1}{4},-\frac{5}{4},0,0,1\right)^{\mathrm{T}}\right)$

**例 4-32** 设 $n$ 阶矩阵 $\boldsymbol{A}$ 满足 $\boldsymbol{A}^2=\boldsymbol{A}$,$\boldsymbol{E}$ 为 $n$ 阶单位矩阵,证明 $R(\boldsymbol{A})+R(\boldsymbol{A}-\boldsymbol{E})=n$.

**分析** 可利用矩阵秩的性质:若 $\boldsymbol{A}_{m\times n}\boldsymbol{B}_{n\times l}=\boldsymbol{O}$,则 $R(\boldsymbol{A})+R(\boldsymbol{B})\leqslant n$ 及$R(\boldsymbol{A}+\boldsymbol{B})\leqslant R(\boldsymbol{A})+R(\boldsymbol{B})$.

**解答** 由 $\boldsymbol{A}^2=\boldsymbol{A}$ 得 $\boldsymbol{A}^2-\boldsymbol{A}=\boldsymbol{0}$,即 $\boldsymbol{A}(\boldsymbol{A}-\boldsymbol{E})=\boldsymbol{0}$,知 $R(\boldsymbol{A})+R(\boldsymbol{A}-\boldsymbol{E})\leqslant n$.

另一方面,$n=R(\boldsymbol{E})=R(\boldsymbol{A}+(\boldsymbol{E}-\boldsymbol{A}))\leqslant R(\boldsymbol{A})+R(\boldsymbol{E}-\boldsymbol{A})=R(\boldsymbol{A})+R(\boldsymbol{A}-\boldsymbol{E})$. 所以$R(\boldsymbol{A})+R(\boldsymbol{A}-\boldsymbol{E})=n$.

**评注** 若 $n$ 阶矩阵 $\boldsymbol{A}$ 满足 $\boldsymbol{A}^2=\boldsymbol{A}$,则称 $\boldsymbol{A}$ 为幂等方阵. 不难证明对于幂等方阵有下面的结论:

设 $\boldsymbol{A}$ 为 $n$ 阶幂等方阵,且 $0<R(\boldsymbol{A})<n$,设 $\boldsymbol{\xi}_1,\boldsymbol{\xi}_2,\cdots,\boldsymbol{\xi}_r$ 为齐次线性方程组 $\boldsymbol{Ax}=\boldsymbol{0}$ 的基础解系,$\boldsymbol{\eta}_1,\boldsymbol{\eta}_2,\cdots,\boldsymbol{\eta}_s$ 为齐次线性方程组 $(\boldsymbol{E}-\boldsymbol{A})\boldsymbol{x}=\boldsymbol{0}$ 的基础解系,则

(1) $r+s=n$; (2) 向量组 $\boldsymbol{\xi}_1,\boldsymbol{\xi}_2,\cdots,\boldsymbol{\xi}_r,\boldsymbol{\eta}_1,\boldsymbol{\eta}_2,\cdots,\boldsymbol{\eta}_s$ 线性无关. 类似的题有:

(1) 求方程组 $\begin{cases}x_1-5x_2+2x_3-3x_4=11\\-3x_1+x_2-4x_3+2x_4=-5\\-x_1-9x_2\qquad\quad-4x_4=17\end{cases}$ 的通解,并求满足方程组及条件 $5x_1+3x_2+6x_3-x_4=-1$ 的全部解. (答案:$x=(1,-2,0,0)^{\mathrm{T}}+k_1(1,-1,0,2)^{\mathrm{T}}+k_2(-9,1,7,0)^{\mathrm{T}}$)

(2) 已知齐次方程组 $\begin{cases}x_1+2x_2+x_3=0\\x_1+ax_2+2x_3=0\\ax_1+4x_2+3x_3=0\\2x_1+(a+2)x_2-5x_3=0\end{cases}$ 有非零解,则 $a$ 等于多少? (答案:$a=2$)

**提示:** 由于 $\boldsymbol{A}=\begin{pmatrix}1&2&1\\1&a&2\\a&4&3\\2&a+2&-5\end{pmatrix}\to\begin{pmatrix}1&2&1\\0&a-2&1\\0&4-2a&3-a\\0&a-2&-7\end{pmatrix}\to\begin{pmatrix}1&2&1\\0&a-2&1\\0&0&5-a\\0&0&-8\end{pmatrix}$,可见秩 $R(\boldsymbol{A})<3\Leftrightarrow a=2$.

(3) $\boldsymbol{\zeta}_1,\boldsymbol{\zeta}_2,\boldsymbol{\zeta}_3$ 都是 $\boldsymbol{Ax}=\boldsymbol{\beta}$ 的解,$R(\boldsymbol{A})=3$,$\boldsymbol{\zeta}_1=(1,2,3,4)^{\mathrm{T}}$,$\boldsymbol{\zeta}_2+\boldsymbol{\zeta}_3=(0,1,2,3)^{\mathrm{T}}$,求通解.

(答案:$(1,2,3,4)^{\mathrm{T}}+k(2,3,4,5)^{\mathrm{T}}$,$k$ 为任意常数.)

**提示:** $\boldsymbol{\zeta}_1$ 可取作特解,$\boldsymbol{Ax}=\boldsymbol{0}$ 的基础解系包含解的个数 $l=n-R(\boldsymbol{A})=4-3=1$,$2\zeta_1-(\zeta_2+\zeta_3)$ 是 $\boldsymbol{Ax}=\boldsymbol{0}$ 的解,由于 $2\boldsymbol{\zeta}_1-(\boldsymbol{\zeta}_2+\boldsymbol{\zeta}_3)=(2,3,4,5)^{\mathrm{T}}$.

(4) 设 $\boldsymbol{A}=\begin{pmatrix}1&a&0&0\\0&1&a&0\\0&0&1&a\\a&0&0&1\end{pmatrix}$,$\boldsymbol{\beta}=\begin{pmatrix}1\\-1\\0\\0\end{pmatrix}$.

① 计算行列式 $|\boldsymbol{A}|$;(5 分)

② 当实数 $a$ 为何值时，方程组 $Ax=\boldsymbol{\beta}$ 有无穷多解，并求其通解.（答案：① $|\boldsymbol{A}|=1-a^4$；② $a=-1$ 时，方程组 $Ax=\boldsymbol{\beta}$ 的通解为 $(0,-1,0,0)^{\mathrm{T}}+k(1,1,1,1)^{\mathrm{T}}$，$k$ 为任意常数.）

**提示：**化简展开即可求出行列式. 根据解的个数和秩的关系，求出未知数 a，然后求其通解.

（5）设 $\boldsymbol{\eta}_1,\boldsymbol{\eta}_2$ 是非齐次线性方程组 $\boldsymbol{Ax}=\boldsymbol{b}$ 的两个不同解（$\boldsymbol{A}$ 是 $m\times n$ 矩阵），$\boldsymbol{\zeta}$ 是对应的齐次线性方程组 $\boldsymbol{Ax}=\boldsymbol{0}$ 的一个非零解，证明：

① 向量组 $\boldsymbol{\eta}_1,\boldsymbol{\eta}_1-\boldsymbol{\eta}_2$ 线性无关；

② 若 $R(\boldsymbol{A})=n-1$，则向量组 $\boldsymbol{\zeta},\boldsymbol{\eta}_1,\boldsymbol{\eta}_2$ 线性相关.

**提示：**①用定义；② $\boldsymbol{\zeta},\boldsymbol{\eta}_1-\boldsymbol{\eta}_2$ 线性相关，由此可推知结论.

### 4.3.3 学习效果测试题及答案

**1. 学习效果测试题**

（1）设 $\boldsymbol{A}$ 为 $\boldsymbol{n}$ 阶奇异方阵，$\boldsymbol{A}$ 中有一元素 $\boldsymbol{a}_{ij}$ 的代数余子式 $\boldsymbol{A}_{ij}\neq\boldsymbol{0}$，则求齐次线性方程组 $\boldsymbol{Ax}=\boldsymbol{0}$ 的基础解系所含向量的个数.

（2）设向量组 $\alpha_1=(a,0,c)$，$\alpha_2=(b,c,0)$，$\alpha_3=(0,a,b)$ 线性无关，求 $a,b,c$ 满足的关系式.

（3）设 $\boldsymbol{\alpha}_1,\boldsymbol{\alpha}_2,\boldsymbol{\alpha}_3$ 是三维列向量，记 $\boldsymbol{A}=(-\boldsymbol{\alpha}_1,2\boldsymbol{\alpha}_2,\boldsymbol{\alpha}_3)$，$\boldsymbol{B}=(\boldsymbol{\alpha}_1+\boldsymbol{\alpha}_2,\boldsymbol{\alpha}_1-4\boldsymbol{\alpha}_3,\boldsymbol{\alpha}_2+2\boldsymbol{\alpha}_3)$，如果行列式 $|\boldsymbol{A}|=-2$，求 $|\boldsymbol{B}|$.

（4）如果 $\boldsymbol{A}$ 为五阶方阵，且 $R(\boldsymbol{A})=4$，求齐次线性方程组 $\boldsymbol{A}^*\boldsymbol{x}=\boldsymbol{0}$（$\boldsymbol{A}^*$ 为 $\boldsymbol{A}$ 的伴随矩阵）的基础解系含有解向量的个数.

（5）设 $n$ 阶矩阵 $\boldsymbol{A}$ 的各行元素之和均为零，且 $R(\boldsymbol{A})=n-1$，则求线性方程组 $\boldsymbol{Ax}=\boldsymbol{0}$ 的通解.

（6）设 $\boldsymbol{a}=\begin{pmatrix}a_1\\a_2\\a_3\end{pmatrix}$，$\boldsymbol{b}=\begin{pmatrix}b_1\\b_2\\b_3\end{pmatrix}$，$\boldsymbol{c}=\begin{pmatrix}c_1\\c_2\\c_3\end{pmatrix}$，证明三直线

$$\begin{cases}l_1: a_1x+b_1y+c_1=0\\l_2: a_2x+b_2y+c_2=0\\l_3: a_3x+b_3y+c_3=0\end{cases}(a_i^2+b_i^2\neq0,i=1,2,3)$$

相交于一点的充分必要条件是：向量组 $\boldsymbol{a},\boldsymbol{b}$ 线性无关，且向量组 $\boldsymbol{a},\boldsymbol{b},\boldsymbol{c}$ 线性相关.

（7）求一个齐次线性方程组，使它的基础解系为

$$\boldsymbol{\xi}_1=(1,2,3,4)^{\mathrm{T}},\boldsymbol{\xi}_2=(4,3,2,1)^{\mathrm{T}}.$$

（8）设 $\boldsymbol{\alpha}_1,\boldsymbol{\alpha}_2,\boldsymbol{\alpha}_3$ 为向量空间 $\mathbf{R}^3$ 的一个基，$\boldsymbol{\beta}_1,\boldsymbol{\beta}_2,\boldsymbol{\beta}_3$ 与 $\boldsymbol{\gamma}_1,\boldsymbol{\gamma}_2,\boldsymbol{\gamma}_3$ 为 $\mathbf{R}^3$ 中两个向量组，且

$$\begin{cases}\boldsymbol{\beta}_1=\boldsymbol{\alpha}_1+\boldsymbol{\alpha}_2+\boldsymbol{\alpha}_3,\\\boldsymbol{\beta}_2=\boldsymbol{\alpha}_1-\boldsymbol{\alpha}_3,\\\boldsymbol{\beta}_3=\boldsymbol{\alpha}_1+\boldsymbol{\alpha}_3,\end{cases}\qquad\begin{cases}\boldsymbol{\gamma}_1=\boldsymbol{\alpha}_1+2\boldsymbol{\alpha}_2+\boldsymbol{\alpha}_3.\\\boldsymbol{\gamma}_2=2\boldsymbol{\alpha}_1+3\boldsymbol{\alpha}_2+4\boldsymbol{\alpha}_3.\\\boldsymbol{\gamma}_3=3\boldsymbol{\alpha}_1+4\boldsymbol{\alpha}_2+3\boldsymbol{\alpha}_3.\end{cases}$$

① 验证 $\boldsymbol{\beta}_1,\boldsymbol{\beta}_2,\boldsymbol{\beta}_3$ 及 $\boldsymbol{\gamma}_1,\boldsymbol{\gamma}_2,\boldsymbol{\gamma}_3$ 都是 $\mathbf{R}^3$ 的基；

② 求由 $\boldsymbol{\beta}_1,\boldsymbol{\beta}_2,\boldsymbol{\beta}_3$ 到 $\boldsymbol{\gamma}_1,\boldsymbol{\gamma}_2,\boldsymbol{\gamma}_3$ 的过渡矩阵；

③ 求由 $\boldsymbol{\beta}_1,\boldsymbol{\beta}_2,\boldsymbol{\beta}_3$ 中坐标到 $\boldsymbol{\gamma}_1,\boldsymbol{\gamma}_2,\boldsymbol{\gamma}_3$ 中坐标的变换公式.

(9) 设 $\boldsymbol{B}$ 是三阶非零矩阵,它的每个列向量都是方程组

$$\begin{cases}x_1+2x_2-2x_3=0\\2x_1-x_2+kx_3=0\\3x_1+x_2-x_3=0\end{cases}$$

的解. ①求 $k$; ②证明 $|\boldsymbol{B}|=0$.

(10) 设 $\boldsymbol{A}$ 为 $n(n\geqslant 2)$ 阶矩阵,$\boldsymbol{A}^*$ 为 $\boldsymbol{A}$ 的伴随矩阵,证明

$$R(\boldsymbol{A}^*)=\begin{cases}n, & R(\boldsymbol{A})=n\\1, & R(\boldsymbol{A})=n-1\\0, & R(\boldsymbol{A})\leqslant n-2\end{cases}.$$

**2. 测试题答案**

(1) 1.　　　　　　(2) $abc\neq 0$.

(3) 2.

$$\boldsymbol{B}=(\boldsymbol{\alpha}_1+\boldsymbol{\alpha}_2,\boldsymbol{\alpha}_1-4\boldsymbol{\alpha}_3,\boldsymbol{\alpha}_2+2\boldsymbol{\alpha}_3)=(\boldsymbol{\alpha}_1,\boldsymbol{\alpha}_2,\boldsymbol{\alpha}_3)\begin{pmatrix}1&1&0\\1&0&1\\0&-4&2\end{pmatrix},$$

又 $|\boldsymbol{A}|=|(-\boldsymbol{\alpha}_1,2\boldsymbol{\alpha}_2,\boldsymbol{\alpha}_3)|=-2|(\boldsymbol{\alpha}_1,\boldsymbol{\alpha}_2,\boldsymbol{\alpha}_3)|$,

所以 $|(\boldsymbol{\alpha}_1,\boldsymbol{\alpha}_2,\boldsymbol{\alpha}_3)|=-\dfrac{1}{2}|\boldsymbol{A}|=1$,

故 $|\boldsymbol{B}|=|(\boldsymbol{\alpha}_1,\boldsymbol{\alpha}_2,\boldsymbol{\alpha}_3)|\begin{vmatrix}1&1&0\\1&0&1\\0&-4&2\end{vmatrix}=1\times 2=2.$

(4) 4.

事实上,由 $R(\boldsymbol{A})=4$,有 $R(\boldsymbol{A}^*)=1$,所以 $\boldsymbol{A}^*\boldsymbol{x}=\boldsymbol{0}$ 的基础解系应含有 $5-1=4$ 个向量.

(5) $c(1,1,\cdots,1)^{\mathrm{T}}(c\in\mathbf{R})$.

事实上,因为 $R(\boldsymbol{A})=n-1$,所以 $\boldsymbol{A}\boldsymbol{x}=\boldsymbol{0}$ 的基础解系含 1 个解向量,只要找出方程组的一个非零解,就可以写出通解. 由于矩阵 $\boldsymbol{A}$ 各行的元素之和均为零,所以 $(1,1,\cdots,1)^{\mathrm{T}}$ 就是方程组的一个非零解,故通解为 $c(1,1,\cdots,1)^{\mathrm{T}}(c\in\mathbf{R})$.

(6) 三直线 $\begin{cases}l_1:a_1x+b_1y+c_1=0\\l_2:a_2x+b_2y+c_2=0\\l_3:a_3x+b_3y+c_3=0\end{cases}$ 相交于一点,相当于线性方程组

$$\begin{cases}l_1:a_1x+b_1y=-c_1\\l_2:a_2x+b_2y=-c_2\\l_3:a_3x+b_3y=-c_3\end{cases}$$

有唯一解,又相当于于 $R(\boldsymbol{a},\boldsymbol{b})=R(\boldsymbol{a},\boldsymbol{b},-\boldsymbol{c})=2$,故三直线相交于一点的充分必要条件是向量组 $\boldsymbol{a},\boldsymbol{b}$ 线性无关,且向量组 $\boldsymbol{a},\boldsymbol{b},\boldsymbol{c}$ 线性相关.

(7) 设矩阵 $\boldsymbol{A}$ 的行向量形如 $\boldsymbol{\alpha}^{\mathrm{T}}=(a_1,a_2,a_3,a_4)$,则有 $\begin{cases}a_1+2a_2+3a_3+4a_4=0,\\4a_1+3a_2+2a_3+a_4=0,\end{cases}$ 设这个以 $a_1,a_2,a_3,a_4$ 为未知量的齐次线性方程组的系数矩阵为 $\boldsymbol{B}$,对 $\boldsymbol{B}$ 进行初等行变换,有

$$B=\begin{pmatrix}1&2&3&4\\4&3&2&1\end{pmatrix}\sim\begin{pmatrix}1&0&-1&-2\\0&1&2&3\end{pmatrix}.$$

得其基础解系为

$$\boldsymbol{\eta}_1=(1,-2,1,0)^{\mathrm{T}},\boldsymbol{\eta}_2=(2,-3,0,1)^{\mathrm{T}}.$$

故可取矩阵 $\boldsymbol{A}$ 的行向量为 $\boldsymbol{\alpha}_1^{\mathrm{T}}=(1,-2,1,0)$，$\boldsymbol{\alpha}_2^{\mathrm{T}}=(2,-3,0,1)$，故所求齐次线性方程组的系数矩阵 $\boldsymbol{A}=\begin{pmatrix}1&-2&1&0\\2&-3&0&1\end{pmatrix}$，方程组为 $\begin{cases}x_1-2x_2+x_3=0,\\2x_1-3x_2+x_4=0.\end{cases}$

(8) ①由题设知 $(\boldsymbol{\beta}_1,\boldsymbol{\beta}_2,\boldsymbol{\beta}_3)=(\boldsymbol{\alpha}_1,\boldsymbol{\alpha}_2,\boldsymbol{\alpha}_3)\begin{pmatrix}1&1&1\\1&0&0\\1&-1&1\end{pmatrix}=(\boldsymbol{\alpha}_1,\boldsymbol{\alpha}_2,\boldsymbol{\alpha}_3)\boldsymbol{B}$，

$$(\boldsymbol{\gamma}_1,\boldsymbol{\gamma}_2,\boldsymbol{\gamma}_3)=(\boldsymbol{\alpha}_1,\boldsymbol{\alpha}_2,\boldsymbol{\alpha}_3)\begin{pmatrix}1&2&3\\2&3&4\\1&4&3\end{pmatrix}=(\boldsymbol{\alpha}_1,\boldsymbol{\alpha}_2,\boldsymbol{\alpha}_3)\boldsymbol{C}.$$

由于 $|\boldsymbol{B}|\neq\boldsymbol{0}$，故 $\boldsymbol{B}$ 可逆. 所以 $R(\boldsymbol{\beta}_1,\boldsymbol{\beta}_2,\boldsymbol{\beta}_3)=R(\boldsymbol{\alpha}_1,\boldsymbol{\alpha}_2,\boldsymbol{\alpha}_3)$，而 $\boldsymbol{\alpha}_1,\boldsymbol{\alpha}_2,\boldsymbol{\alpha}_3$ 为 $\mathbf{R}^3$ 的基，故 $R(\boldsymbol{\beta}_1,\boldsymbol{\beta}_2,\boldsymbol{\beta}_3)=R(\boldsymbol{\alpha}_1,\boldsymbol{\alpha}_2,\boldsymbol{\alpha}_3)=3$，因此 $\boldsymbol{\beta}_1,\boldsymbol{\beta}_2,\boldsymbol{\beta}_3$ 线性无关. 故 $\boldsymbol{\beta}_1,\boldsymbol{\beta}_2,\boldsymbol{\beta}_3$ 为向量空间 $\mathbf{R}^3$ 的一个基. 同理由 $|\boldsymbol{C}|\neq\boldsymbol{0}$ 知 $\boldsymbol{\gamma}_1,\boldsymbol{\gamma}_2,\boldsymbol{\gamma}_3$ 是 $\mathbf{R}^3$ 的基.

② 由①知 $(\boldsymbol{\beta}_1,\boldsymbol{\beta}_2,\boldsymbol{\beta}_3)=(\boldsymbol{\alpha}_1,\boldsymbol{\alpha}_2,\boldsymbol{\alpha}_3)\boldsymbol{B}$，从而

$(\boldsymbol{\alpha}_1,\boldsymbol{\alpha}_2,\boldsymbol{\alpha}_3)=(\boldsymbol{\beta}_1,\boldsymbol{\beta}_2,\boldsymbol{\beta}_3)\boldsymbol{B}^{-1}$，$(\boldsymbol{\gamma}_1,\boldsymbol{\gamma}_2,\boldsymbol{\gamma}_3)=(\boldsymbol{\alpha}_1,\boldsymbol{\alpha}_2,\boldsymbol{\alpha}_3)\boldsymbol{C}=(\boldsymbol{\beta}_1,\boldsymbol{\beta}_2,\boldsymbol{\beta}_3)\boldsymbol{B}^{-1}\boldsymbol{C}.$

所以，从基 $\boldsymbol{\beta}_1,\boldsymbol{\beta}_2,\boldsymbol{\beta}_3$ 到基 $\boldsymbol{\gamma}_1,\boldsymbol{\gamma}_2,\boldsymbol{\gamma}_3$ 的过渡矩阵为 $\boldsymbol{B}^{-1}\boldsymbol{C}=\begin{pmatrix}1&1&1\\1&0&0\\1&-1&1\end{pmatrix}^{-1}\begin{pmatrix}1&2&3\\2&3&4\\1&4&3\end{pmatrix}=$ $\begin{pmatrix}2&3&4\\0&-1&0\\-1&0&-1\end{pmatrix}.$

③ 设向量 $\boldsymbol{\alpha}$ 在基 $\boldsymbol{\beta}_1,\boldsymbol{\beta}_2,\boldsymbol{\beta}_3$ 下的坐标为 $\begin{pmatrix}x_1\\x_2\\x_3\end{pmatrix}$，在基 $\boldsymbol{\gamma}_1,\boldsymbol{\gamma}_2,\boldsymbol{\gamma}_3$ 下的坐标为 $\begin{pmatrix}x'_1\\x'_2\\x'_3\end{pmatrix}$，则坐标变换公式为 $\begin{pmatrix}x_1\\x_2\\x_3\end{pmatrix}=\begin{pmatrix}2&3&4\\0&-1&0\\-1&0&-1\end{pmatrix}\begin{pmatrix}x'_1\\x'_2\\x'_3\end{pmatrix}.$

(9) 由于 $\boldsymbol{B}$ 为非零矩阵，知齐次线性方程组 $\boldsymbol{Ax}=\boldsymbol{0}$ 有非零解，由克拉默法则知，$|\boldsymbol{A}|=\boldsymbol{0}$. 因此 $\begin{vmatrix}1&2&-2\\2&-1&k\\3&1&-1\end{vmatrix}=5k-5=0$，所以 $k=1$. 由 $\boldsymbol{A}=\begin{pmatrix}1&2&-2\\2&-1&1\\3&1&-1\end{pmatrix}\sim\begin{pmatrix}1&2&-2\\0&1&-1\\0&0&0\end{pmatrix}$，得 $R(\boldsymbol{A})=2$，故 $\boldsymbol{B}$ 的 3 个列向量一定线性相关，所以 $|\boldsymbol{B}|=0$.

(10) 当 $R(\boldsymbol{A})=n$ 时，$|\boldsymbol{A}|\neq\boldsymbol{0}$，从而 $|\boldsymbol{A}^*|=|\boldsymbol{A}|^{n-1}\neq\boldsymbol{0}$，所以 $R(\boldsymbol{A}^*)=n$.

当 $R(\boldsymbol{A})=n-1$ 时，$\boldsymbol{A}$ 至少有一个 $n-1$ 阶子式不为零，从而 $\boldsymbol{A}^*\neq\boldsymbol{O}$，所以 $R(\boldsymbol{A}^*)\geqslant1$；另外，由于 $R(\boldsymbol{A})=n-1$，则 $|\boldsymbol{A}|=\boldsymbol{0}$，从而 $\boldsymbol{AA}^*=\boldsymbol{O}$，所以 $R(\boldsymbol{A})+R(\boldsymbol{A}^*)\leqslant n$，即 $R(\boldsymbol{A}^*)\leqslant1$

故$R(\boldsymbol{A}^*)=1$.

当 $R(\boldsymbol{A})\leqslant n-2$ 时,$\boldsymbol{A}$ 的所有 $n-1$ 阶子式为零,从而 $\boldsymbol{A}^*=\boldsymbol{O}$,故 $R(\boldsymbol{A}^*)=0$.

## 4.4 二次型

### 4.4.1 核心内容提示

(1) 二次型及其矩阵表示.

(2) 二次型的标准形、化二次型为标准形的配方法、初等变换法、正交变换法.

(3) 复数域和实数域上二次型的规范形的唯一性、惯性定理.

(4) 正定、半正定、负定二次型及正定、半正定矩阵.

(5) 合同变换与合同矩阵.

### 4.4.2 典型例题精解

**例 4-32** 设 $\boldsymbol{A},\boldsymbol{B}$ 均 $n$ 阶正交矩阵,且 $|\boldsymbol{A}|+|\boldsymbol{B}|=0$,证明 $\boldsymbol{A}+\boldsymbol{B}$ 不可逆.

**分析** 由 $\boldsymbol{A}\boldsymbol{A}^{\mathrm{T}}=\boldsymbol{E}$,有 $|\boldsymbol{A}|^2=1$,因此正交矩阵的行列式是 1 或 -1.

**解答** 由 $|\boldsymbol{A}|+|\boldsymbol{B}|=0$ 有 $|\boldsymbol{A}||\boldsymbol{B}|=-1$,也有 $|\boldsymbol{A}^{\mathrm{T}}||\boldsymbol{B}^{\mathrm{T}}|=-1$. 再考虑到

$$|\boldsymbol{A}^{\mathrm{T}}(\boldsymbol{A}+\boldsymbol{B})\boldsymbol{B}^{\mathrm{T}}|=|\boldsymbol{A}^{\mathrm{T}}+\boldsymbol{B}^{\mathrm{T}}|=|\boldsymbol{A}+\boldsymbol{B}|,$$

所以 $-|\boldsymbol{A}+\boldsymbol{B}|=|\boldsymbol{A}+\boldsymbol{B}|$, $|\boldsymbol{A}+\boldsymbol{B}|=0$,因此 $\boldsymbol{A}+\boldsymbol{B}$ 不可逆.

**评注** 本题说明若 $\boldsymbol{A},\boldsymbol{B}$ 均 $n$ 阶正交矩阵,且 $|\boldsymbol{A}|+|\boldsymbol{B}|=0$,则 $|\boldsymbol{A}+\boldsymbol{B}|=0$. 类似的题有:

(1) 若二次型 $f(x_1,x_2,x_3)=2x_1^2+x_2^2+x_3^2+2x_1x_2+2tx_2x_3$ 的秩为 2,则 $t=$____. $\left(\text{答案}:t=\pm\dfrac{\sqrt{2}}{2}\right)$

(2) 若实对称矩阵 $\boldsymbol{A}$ 与矩阵 $\boldsymbol{B}=\begin{pmatrix}0&0&1\\0&1&2\\1&2&3\end{pmatrix}$ 合同,则二次型 $\boldsymbol{x}^{\mathrm{T}}\boldsymbol{A}\boldsymbol{x}$ 的规范形为____. (答案:$f=y_1^2+y_2^2-y_3^2$)

(3) 矩阵 $\boldsymbol{A}$ 满足 $2\boldsymbol{A}^2-3\boldsymbol{A}-5\boldsymbol{E}=\boldsymbol{0}$,求 $\boldsymbol{A}$ 的特征值. (答案:$\lambda=\dfrac{5}{2}$或 $\lambda=-1$)

(4) 已知 3 阶矩阵 $\boldsymbol{A}$ 的特征值为 1,2,-2,求 $3\boldsymbol{A}+\boldsymbol{E}$ 的特征值. (答案:4,7,-5)

(5) 设 3 阶矩阵 $\boldsymbol{A}$ 的特征值为 1,2,3,求 $|\boldsymbol{A}^*+2\boldsymbol{A}+\boldsymbol{E}|$. (答案:648)

**例 4-33** 二次型 $f=\sum\limits_{i=1}^{m}(\boldsymbol{a}_{i1}x_1+\boldsymbol{a}_{i2}x_2+\cdots+\boldsymbol{a}_{in}x_n)^2$,令 $\boldsymbol{A}=(\boldsymbol{a}_{ij})$,则二次型的秩等于 $R(\boldsymbol{A})$.

**分析** 二次型的秩就是二次型所对应的对称矩阵的秩,所以本题关键是求出二次型矩阵.

**解答** 将二次型 $f=\sum\limits_{i=1}^{m}(\boldsymbol{a}_{i1}x_1+\cdots+\boldsymbol{a}_{ij}x_j+\cdots\boldsymbol{a}_{in}x_n)^2$ 写成

$$\boldsymbol{A}_i=(a_{i1},\cdots,a_{ij},\cdots,a_{in})\,(i=1,2,3,\cdots,m),$$

则
$$\boldsymbol{A}=\begin{pmatrix} a_{11} & \cdots & a_{1j} & \cdots & a_{1n} \\ \vdots & \ddots & \vdots & \ddots & \vdots \\ a_{i1} & \cdots & a_{ij} & \cdots & a_{in} \\ \vdots & \ddots & \vdots & \ddots & \vdots \\ a_{m1} & \cdots & a_{mj} & \cdots & a_{mn} \end{pmatrix}=\begin{pmatrix} \boldsymbol{A}_1 \\ \vdots \\ \boldsymbol{A}_i \\ \vdots \\ \boldsymbol{A}_m \end{pmatrix},$$

于是
$$\boldsymbol{A}^{\mathrm{T}}\boldsymbol{A}=(\boldsymbol{A}_1^{\mathrm{T}}\cdots\boldsymbol{A}_i^{\mathrm{T}}\cdots\boldsymbol{A}_m^{\mathrm{T}})\begin{pmatrix} \boldsymbol{A}_1 \\ \vdots \\ \boldsymbol{A}_i \\ \vdots \\ \boldsymbol{A}_m \end{pmatrix}=\sum_{i=1}^{m}\boldsymbol{A}_i^{\mathrm{T}}\boldsymbol{A}_i,$$

故
$$f=\sum_{i=1}^{m}(a_{i1}x_1+\cdots+a_{ij}x_j+\cdots a_{in}x_n)^2=\sum_{i=1}^{m}\left((x_1,\cdots,x_j,\cdots x_n)\begin{pmatrix} \boldsymbol{a}_{i1} \\ \vdots \\ \boldsymbol{a}_{ij} \\ \vdots \\ \boldsymbol{a}_{in} \end{pmatrix}\right)^2$$
$$=\sum_{i=1}^{m}\left((x_1,\cdots,x_j,\cdots x_n)\begin{pmatrix} \boldsymbol{a}_{i1} \\ \vdots \\ \boldsymbol{a}_{ij} \\ \vdots \\ \boldsymbol{a}_{in} \end{pmatrix}(\boldsymbol{a}_{i1},\cdots,\boldsymbol{a}_{ij},\cdots \boldsymbol{a}_{in})\begin{pmatrix} x_1 \\ \vdots \\ x_j \\ \vdots \\ x_n \end{pmatrix}\right)$$
$$=(x_1,\cdots,x_j,\cdots x_n)\left(\sum_{i=1}^{m}\boldsymbol{A}_i^{\mathrm{T}}\boldsymbol{A}_i\right)\begin{pmatrix} x_1 \\ \vdots \\ x_j \\ \vdots \\ x_n \end{pmatrix}=\boldsymbol{x}^{\mathrm{T}}(\boldsymbol{A}^{\mathrm{T}}\boldsymbol{A})\boldsymbol{x},$$

因为$\boldsymbol{A}^{\mathrm{T}}\boldsymbol{A}$为对称矩阵,所以$\boldsymbol{A}^{\mathrm{T}}\boldsymbol{A}$是二次型$f=\sum_{i=1}^{m}(\boldsymbol{a}_{i1}x_1+\boldsymbol{a}_{i2}x_2+\cdots+\boldsymbol{a}_{in}x_n)^2$的表示矩阵,由于$R(\boldsymbol{A}^{\mathrm{T}}\boldsymbol{A})=R(\boldsymbol{A})$,故二次型的秩为$R(\boldsymbol{A})$.

**评注** 本题也可以做线性变换$y_i=\boldsymbol{a}_{i1}x_1+\boldsymbol{a}_{i2}x_2+\cdots+\boldsymbol{a}_{in}x_n(i=1,2,3,\cdots,n)$,记$\boldsymbol{y}=\begin{pmatrix} \boldsymbol{y}_1 \\ \boldsymbol{y}_2 \\ \vdots \\ \boldsymbol{y}_m \end{pmatrix}$,于是$\boldsymbol{y}=\boldsymbol{A}\boldsymbol{x}$,其中$\boldsymbol{x}=\begin{pmatrix} \boldsymbol{x}_1 \\ \boldsymbol{x}_2 \\ \vdots \\ \boldsymbol{x}_n \end{pmatrix}$,则$f=\sum_{i=1}^{m}\boldsymbol{y}_i^2=\boldsymbol{y}^{\mathrm{T}}\boldsymbol{y}=\boldsymbol{x}^{\mathrm{T}}(\boldsymbol{A}^{\mathrm{T}}\boldsymbol{A})\boldsymbol{x}$,也得到二次型的秩为$R(\boldsymbol{A})$.类

似的题有：

(1) 与二次型 $\boldsymbol{A}=\begin{pmatrix}1&0&0\\0&-1&0\\0&0&-1\end{pmatrix}$ 合同的矩阵是(　　).(答案:(C))

(A) $\begin{pmatrix}2&0&0\\0&-2&0\\0&0&3\end{pmatrix}$　　(B) $\begin{pmatrix}3&0&0\\0&-1&0\\0&0&1\end{pmatrix}$

(C) $\begin{pmatrix}1&0&0\\0&-3&0\\0&0&-3\end{pmatrix}$　　(D) $\begin{pmatrix}-1&0&0\\0&0&0\\0&0&1\end{pmatrix}$

(2) 求二次型 $f(x_1,x_2,x_3)=\boldsymbol{x}^{\mathrm{T}}\begin{pmatrix}1&2&3\\4&5&6\\7&8&9\end{pmatrix}\boldsymbol{x}$ 的秩.(答案:3)

(3) 设 $\boldsymbol{A}=\begin{pmatrix}1&1&1&1\\1&1&1&1\\1&1&1&1\\1&1&1&1\end{pmatrix},\boldsymbol{B}=\begin{pmatrix}4&0&0&0\\0&0&0&0\\0&0&0&0\\0&0&0&0\end{pmatrix}$,则 $\boldsymbol{A},\boldsymbol{B}$(　　).(答案:(A))

(A) 合同且相似　　(B) 合同但不相似

(C) 不合同但相似　　(D) 不合同也不相似

**提示**:由 $|\lambda\boldsymbol{E}-\boldsymbol{A}|=\lambda^4-4\lambda^3=0$,知矩阵 $\boldsymbol{A}$ 的特征值是4,0,0,0. 又因 $\boldsymbol{A}$ 是实对称矩阵,$\boldsymbol{A}$ 必能相似对角化,所以 $\boldsymbol{A}$ 与对角矩阵 $\boldsymbol{B}$ 相似. 作为实对称矩阵,当 $\boldsymbol{A}\sim\boldsymbol{B}$ 时,知 $\boldsymbol{A}$ 与 $\boldsymbol{B}$ 有相同的特征值,从而二次型 $\boldsymbol{x}^{\mathrm{T}}\boldsymbol{A}\boldsymbol{x}$ 与 $\boldsymbol{x}^{\mathrm{T}}\boldsymbol{B}\boldsymbol{x}$ 有相同的正负惯性指数. 因此 $\boldsymbol{A}$ 与 $\boldsymbol{B}$ 合同.

(4) 求二次型 $f(x_1,x_2,x_3)=x_1^2+4x_2^2+4x_3^2-4x_1x_2+4x_1x_3-8x_2x_3$ 的规范形为(　　).(答案:$f=z_1^2$)

(5) 使二次型 $f(x_1,x_2,\cdots,x_n)=\boldsymbol{x}^{\mathrm{T}}\boldsymbol{A}\boldsymbol{x}$ 正定的充分必要条件是(　　)(答案:(B))

(A) $|\boldsymbol{A}|>0$　　(B) 存在 $n$ 阶可逆可逆矩阵 $\boldsymbol{C}$,使得 $\boldsymbol{A}=\boldsymbol{C}^{\mathrm{T}}\boldsymbol{C}$

(C) 负惯性指数为零　　(D) 对某一 $\boldsymbol{x}\neq0$,有 $\boldsymbol{x}^{\mathrm{T}}\boldsymbol{A}\boldsymbol{x}>0$

**例 4-34**　已知 $f(x,y)=x^2+4xy+y^2$,求在正交变换 $\boldsymbol{P},\begin{pmatrix}x\\y\end{pmatrix}=\boldsymbol{P}\begin{pmatrix}u\\v\end{pmatrix}$,使得

$$f(x,y)=2u^2+2\sqrt{3}uv.$$

**分析**

$$f(x,y)=x^2+4xy+y^2=(x,y)\begin{pmatrix}1&2\\2&1\end{pmatrix}\begin{pmatrix}x\\y\end{pmatrix}=(x,y)\boldsymbol{A}\begin{pmatrix}x\\y\end{pmatrix}$$

$$f(x,y)=2u^2+2\sqrt{3}uv=(u,v)\begin{pmatrix}2&\sqrt{3}\\\sqrt{3}&2\end{pmatrix}\begin{pmatrix}u\\v\end{pmatrix}=(u,v)\boldsymbol{B}\begin{pmatrix}u\\v\end{pmatrix}$$

因此通过正交变换二次型矩阵由 $\boldsymbol{A}$ 变为 $\boldsymbol{B}$.

**解答**　$|\boldsymbol{A}-\lambda\boldsymbol{E}|=(\lambda-3)(\lambda+1)$,$|\boldsymbol{B}-\lambda\boldsymbol{E}|=(\lambda-3)(\lambda+1)$,故实对称矩阵 $\boldsymbol{A}$、$\boldsymbol{B}$ 有相同的特征值,因此 $\boldsymbol{A}$、$\boldsymbol{B}$ 合同.

$\boldsymbol{A}$ 的特征向量是 $\begin{pmatrix}1\\1\end{pmatrix},\begin{pmatrix}1\\-1\end{pmatrix}$,$\boldsymbol{B}$ 的特征向量是 $\begin{pmatrix}\sqrt{3}\\1\end{pmatrix},\begin{pmatrix}1\\-\sqrt{3}\end{pmatrix}$.

令
$$Q_1=\begin{pmatrix}\frac{1}{\sqrt{2}} & \frac{1}{\sqrt{2}}\\ \frac{1}{\sqrt{2}} & -\frac{1}{\sqrt{2}}\end{pmatrix},Q_2=\begin{pmatrix}\frac{\sqrt{3}}{2} & \frac{1}{2}\\ \frac{1}{2} & -\frac{\sqrt{3}}{2}\end{pmatrix},$$

有 $Q_1^{\mathrm{T}}AQ_1=\begin{pmatrix}3 & \\ & 1\end{pmatrix}=Q_2^{\mathrm{T}}BQ_2$,

故
$$P=Q_1Q_2^{\mathrm{T}}=Q_1Q_2=\begin{pmatrix}\frac{1+\sqrt{3}}{2\sqrt{2}} & \frac{1-\sqrt{3}}{2\sqrt{2}}\\ \frac{-1+\sqrt{3}}{2\sqrt{2}} & \frac{1+\sqrt{3}}{2\sqrt{2}}\end{pmatrix}.$$

**评注** 通过以 $Q_1$ 为系数矩阵的线性变换将二次型化为标准型,再由以 $Q_2^{\mathrm{T}}$ 为系数矩阵的线性变换将二次型矩阵化为 $B$. 类似的题有:

(1) 已知 $A=\begin{pmatrix}1 & 0 & 0\\ -2 & 5 & -2\\ -2 & 4 & -1\end{pmatrix}$,求 $A^{100}$. $\left(答案:\begin{pmatrix}1 & 0 & 0\\ 1-3^{100} & -1+2\cdot3^{100} & 1-3^{100}\\ 1-3^{100} & -2-2\cdot3^{100} & 2-3^{100}\end{pmatrix}\right)$

(2) 已知三阶矩阵 $A$ 的特征值为 $1,-1,0$,对应的特征向量分别为
$$\eta_1=\begin{pmatrix}1\\0\\-1\end{pmatrix},\eta_2=\begin{pmatrix}0\\3\\2\end{pmatrix},\eta_3=\begin{pmatrix}-2\\-1\\1\end{pmatrix},$$
求矩阵 $A$. $\left(答案:\begin{pmatrix}-5 & 4 & -6\\ 3 & -3 & 3\\ 7 & -6 & 8\end{pmatrix}\right)$

(3) 试求正交矩阵 $Q$,使得 $Q^{-1}AQ$ 为对角矩阵,$A=\begin{pmatrix}2 & -2 & 0\\ -2 & 1 & -2\\ 0 & -2 & 0\end{pmatrix}$.

$\left(答案:Q=\frac{1}{3}\begin{pmatrix}1 & 2 & 2\\ 2 & 1 & -2\\ 2 & -2 & 1\end{pmatrix}\right)$

(4) 求矩阵 $A=\begin{pmatrix}1 & -1 & 1\\ 0 & 2 & -3\\ 0 & 0 & 1\end{pmatrix}$ 的特征值.(答案:特征值 $\lambda_1=\lambda_2=1,\lambda_3=2$)

(5) 设 $A$ 是 $n$ 阶实对称矩阵,满足 $A^3-3A^2+3A-2E=\mathbf{0}$,求 $A$ 的特征值.(答案:2)

**例 4-35** 设 $A=(a_{ij})$ 为 $n$ 阶实对称矩阵,求二次型函数 $f(x_1,x_2,\cdots,x_n)=\sum\limits_{i,j=1}^{n}a_{ij}x_ix_j$ 在单位球面 $S:x_1^2+x_2^2+\cdots+x_n^2=1$ 上的最大值与最小值.

**分析** 本题是条件极值问题,可使用拉格朗日乘数法.

**解答** 方法一 构造拉格朗日函数
$$L(x_1,x_2,\cdots,x_n,\lambda)=\sum_{i,j=1}^{n}a_{ij}x_ix_j-\lambda\left(\sum_{i=1}^{n}x_i^2-1\right),$$

考虑

$$\begin{cases}\dfrac{\partial L}{\partial x_1} = 2[(a_{11} - \lambda)x_1 + a_{12}x_2\cdots + a_{1n}x]_n = 0,\\ \dfrac{\partial L}{\partial x_2} = 2[a_{11}x_1 + (a_{12} - \lambda)x_2\cdots + a_{1n}x]_n = 0,\\ \qquad\qquad\vdots\\ \dfrac{\partial L}{\partial x_n} = 2[a_{11}x_1 + a_{12}x_2\cdots + (a_{1n} - \lambda)x]_n = 0,\end{cases}$$

以及

$$\frac{\partial L}{\partial \lambda} = 1 - \sum_{i=1}^{n} x_i^2 = 0,$$

方程组有非零解的充分必要条件是 $\lambda$ 为 $\boldsymbol{A}$ 的特征值. 设 $\bar{x}_1,\bar{x}_2,\cdots,\bar{x}_n$ 为方程组的非零解,将它代入方程组中,各方程分别乘上 $\bar{x}_1,\bar{x}_2,\cdots,\bar{x}_n$,然后相加,并代入约束条件 $\dfrac{\partial L}{\partial \lambda} = 1 - \sum\limits_{i=1}^{n} x_i^2 = 0$ 中,得 $f(\bar{x}_1,\bar{x}_2,\cdots,\bar{x}_n) = \lambda$. 所以二次型在单位球面上的最大最小值只能是矩阵 $\boldsymbol{A}$ 的特征值. 于是,最大最小值是矩阵 $\boldsymbol{A}$ 的特征值.

方法二　存在正交矩阵 $\boldsymbol{Q}$ 使得 $\boldsymbol{Q}^{\mathrm{T}}\boldsymbol{A}\boldsymbol{Q} = \mathrm{diag}(\lambda_1,\lambda_2,\cdots,\lambda_n)$,由于 $\lambda_1,\lambda_2,\cdots,\lambda_n$ 都是实数,不妨设 $\lambda_1 \leqslant \lambda_2 \leqslant \cdots \leqslant \lambda_n$. 假设 $\boldsymbol{x} = \begin{pmatrix} x_1 \\ x_2 \\ \vdots \\ x_n \end{pmatrix} \in S$,即 $\boldsymbol{x}^{\mathrm{T}}\boldsymbol{x} = 1$,令 $\boldsymbol{x} = \boldsymbol{Q}\boldsymbol{y}$,有

$$1 = \boldsymbol{x}^{\mathrm{T}}\boldsymbol{x} = (\boldsymbol{Q}\boldsymbol{y})^{\mathrm{T}}(\boldsymbol{Q}\boldsymbol{y}) = \boldsymbol{y}^{\mathrm{T}}\boldsymbol{Q}^{\mathrm{T}}\boldsymbol{Q}\boldsymbol{y} = \boldsymbol{y}^{\mathrm{T}}(\boldsymbol{Q}^{\mathrm{T}}\boldsymbol{Q})\boldsymbol{y} = \boldsymbol{y}^{\mathrm{T}}\boldsymbol{y},$$

而

$$\boldsymbol{x}^{\mathrm{T}}\boldsymbol{A}\boldsymbol{x} = \boldsymbol{y}^{\mathrm{T}}(\boldsymbol{Q}^{\mathrm{T}}\boldsymbol{A}\boldsymbol{Q})\boldsymbol{y} = \lambda_1 y_1^2 + \lambda_2 y_2^2 + \cdots + \lambda_n y_n^2,$$

由于

$$\lambda_1(y_1^2 + y_2^2 + \cdots + y_n^2) \leqslant \lambda_1 y_1^2 + \lambda_2 y_2^2 + \cdots + \lambda_n y_n^2 \leqslant \lambda_n(y_1^2 + y_2^2 + \cdots + y_n^2),$$

即

$$\lambda_1 \leqslant \boldsymbol{x}^{\mathrm{T}}\boldsymbol{A}\boldsymbol{x} \leqslant \lambda_n.$$

**评注**　$\boldsymbol{x}^{\mathrm{T}}\boldsymbol{x} = (\boldsymbol{Q}\boldsymbol{y})^{\mathrm{T}}(\boldsymbol{Q}\boldsymbol{y}) = \boldsymbol{y}^{\mathrm{T}}\boldsymbol{Q}^{\mathrm{T}}\boldsymbol{Q}\boldsymbol{y} = \boldsymbol{y}^{\mathrm{T}}(\boldsymbol{Q}^{\mathrm{T}}\boldsymbol{Q})\boldsymbol{y} = \boldsymbol{y}^{\mathrm{T}}\boldsymbol{y}$ 说明正交变换不改变向量的长度. 类似的题有:

(1) 设矩阵 $\boldsymbol{A} = \begin{pmatrix} 1 & -3 & 3 \\ 3 & a & 3 \\ 6 & -6 & b \end{pmatrix}$ 有特征值 $\lambda_1 = -2, \lambda_2 = 4$,试求参数 $a,b$ 的值. (答案: $a = -5, b = 4$)

(2) 已知 $\boldsymbol{A}$ 是 3 阶实对称矩阵,特征值是 1,1,−2,其中属于 $\lambda = 2$ 的特征向量是 $\boldsymbol{\eta} = (1\ \ 0\ \ 1)^{\mathrm{T}}$,求矩阵 $\boldsymbol{A}$. $\left(答案:\boldsymbol{A} = \boldsymbol{P}\boldsymbol{\Lambda}\boldsymbol{P}^{-1} = \begin{pmatrix} \frac{3}{2} & 0 & \frac{1}{2} \\ 0 & 1 & 0 \\ \frac{1}{2} & 0 & \frac{3}{2} \end{pmatrix}\right)$

(3) 设 $\boldsymbol{\lambda}_1,\lambda_2$ 是 $n$ 阶方阵 $\boldsymbol{A}$ 的特征值,且 $\lambda_1 \neq \lambda_2$,$\boldsymbol{\eta}_1,\boldsymbol{\eta}_2$ 是 $\boldsymbol{A}$ 的属于特征值 $\lambda_1,\lambda_2$ 的特征向量,证明 $\boldsymbol{\eta}_1+\boldsymbol{\eta}_2$ 不是 $\boldsymbol{A}$ 的特征向量.

**提示:** 反证法.

(4) 设 $\lambda=2$ 是矩阵 $\boldsymbol{A}=\begin{pmatrix}3 & -1 & 0 & 0\\ -1 & t & 0 & 0\\ 0 & 0 & 0 & 1\\ 0 & 0 & 1 & 0\end{pmatrix}$ 的一个特征值,计算 $t$ 的值.(答案:$t=3$)

(5) 已知方阵 $\boldsymbol{A}=\begin{pmatrix}1 & -1 & 1\\ x & 4 & y\\ -3 & -3 & 5\end{pmatrix}$ 有三个线性无关的特征向量,$\lambda=2$ 是矩阵 $\boldsymbol{A}$ 的二重特征值,求可逆矩阵 $\boldsymbol{P}$,使 $\boldsymbol{P}^{-1}\boldsymbol{AP}$ 为对角矩阵. $\left(\text{答案}:x=2,y=-2,\boldsymbol{P}=\begin{pmatrix}1 & 1 & 1\\ -1 & 0 & -2\\ 0 & 1 & 3\end{pmatrix}\right)$

**例 4-36** 设 $\boldsymbol{A}$ 为实对称矩阵,$\boldsymbol{A}$ 可逆的充分必要条件为存在实矩阵 $\boldsymbol{B}$,使得 $\boldsymbol{AB}+\boldsymbol{B}^{\mathrm{T}}\boldsymbol{A}$ 正定.

**分析** 因为 $\boldsymbol{AA}^{-1}+(\boldsymbol{A}^{-1})^{\mathrm{T}}\boldsymbol{A}=2\boldsymbol{E}$,故 $\boldsymbol{B}$ 可取 $\boldsymbol{A}^{-1}$.

**解答** 必要性 取 $\boldsymbol{B}=\boldsymbol{A}^{-1}$,则 $\boldsymbol{AB}+\boldsymbol{B}^{\mathrm{T}}\boldsymbol{A}=\boldsymbol{AA}^{-1}+(\boldsymbol{A}^{-1})^{\mathrm{T}}\boldsymbol{A}=2\boldsymbol{E}$,所以 $\boldsymbol{AB}+\boldsymbol{B}^{\mathrm{T}}\boldsymbol{A}$ 正定.

充分性 用反证法. 若 $\boldsymbol{A}$ 不可逆,则 $R(\boldsymbol{A})<n$,于是存在实向量 $\boldsymbol{X}_0 \neq \boldsymbol{0}$ 使得 $\boldsymbol{AX}_0=\boldsymbol{0}$. 因为 $\boldsymbol{A}$ 为实对称矩阵 $\boldsymbol{B}$ 是实矩阵,于是有

$$\boldsymbol{X}_0^{\mathrm{T}}(\boldsymbol{AB}+\boldsymbol{B}^{\mathrm{T}}\boldsymbol{A})\boldsymbol{X}_0=(\boldsymbol{AX}_0)^{\mathrm{T}}\boldsymbol{BX}_0+\boldsymbol{X}_0^{\mathrm{T}}\boldsymbol{B}^{\mathrm{T}}(\boldsymbol{AX}_0)=\boldsymbol{0},$$

这与 $\boldsymbol{AB}+\boldsymbol{B}^{\mathrm{T}}\boldsymbol{A}$ 正定矛盾.

**评注** 证明抽象矩阵是正定的常利用定义来证明. 类似的题有:

(1) 当 $t$ 为何值时,二次型 $f(x_1,x_2,x_3)=2x_1^2+x_2^2+x_3^2+2x_1x_2+tx_2x_3$ 为正定二次型.(答案:$-\sqrt{2}<t<\sqrt{2}$)

(2) 当 $t$ 为何值时,二次型 $f(x_1,x_2,x_3)=4x_1^2+3x_2^2+3x_3^2+tx_2x_3$ 为正定二次型.(答案:$-6<t<6$)

(3) 当 $t$ 为何值时,二次型 $f(x_1,x_2,x_3)=x_1^2+3x_2^2+3x_3^2+tx_1x_2$ 为正定二次型.(答案:$-2\sqrt{3}<t<2\sqrt{3}$)

(4) 当 $t$ 为何值时,二次型 $f(x_1,x_2,x_3)=x_1^2+4x_2^2+4x_3^2+2tx_1x_2-2x_1x_3+4x_2x_3$ 为正定二次型.(答案:$-2<t<1$)

(5) 若实对称矩阵 $\boldsymbol{A}$ 与矩阵 $\boldsymbol{B}=\begin{pmatrix}0 & 0 & 1\\ 0 & 1 & 2\\ 1 & 2 & 3\end{pmatrix}$ 合同,求二次型 $\boldsymbol{x}^{\mathrm{T}}\boldsymbol{Ax}$ 的规范形.(答案:$f=y_1^2+y_2^2-y_3^2$)

**例 4-37** 设 $n$ 阶实系数多项式 $f(x)$ 的根为 $x_1,x_2,\cdots,x_n$,令 $s_k=x_1^k+x_2^k+\cdots+x_n^k$,且

$$\boldsymbol{A}=\begin{pmatrix}s_0 & s_1 & \cdots & s_{n-1}\\ s_1 & s_2 & \cdots & s_n\\ \vdots & \vdots & \ddots & \vdots\\ s_{n-1} & s_n & \cdots & s_{2n-2}\end{pmatrix}.$$

证明:$f(x)$的 $n$ 个根为互异实数的充分必要条件是 $\boldsymbol{A}$ 正定.

**分析** 可利用定义来讨论 $\boldsymbol{A}$ 的正定性.

**解答** 令 $\boldsymbol{B}=\begin{pmatrix}1 & 1 & \cdots & 1\\ x_1 & x_2 & \cdots & x_n\\ \vdots & \vdots & \ddots & \vdots\\ x_1^{n-1} & x_2^{n-1} & \cdots & x_n^{n-1}\end{pmatrix}$,则 $\boldsymbol{A}=\boldsymbol{B}\boldsymbol{B}^{\mathrm{T}}$.

必要性 由 $|\boldsymbol{B}|\neq 0$,有 $\boldsymbol{x}^{\mathrm{T}}\boldsymbol{A}\boldsymbol{x}=(\boldsymbol{B}\boldsymbol{x})^{\mathrm{T}}\boldsymbol{B}\boldsymbol{x}>0\ (\boldsymbol{x}\neq\boldsymbol{0})$.

充分性 由 $\boldsymbol{A}$ 正定,则 $|\boldsymbol{B}|\neq 0$,有 $x_1,x_2,\cdots,x_n$ 互异. 假设 $x_1$ 不是实数,且 $x_2=\bar{x}_1$. 令

$$\boldsymbol{\alpha}=\begin{pmatrix}\boldsymbol{a}_0\\ \boldsymbol{a}_1\\ \vdots\\ \boldsymbol{a}_{n-1}\end{pmatrix}=(\boldsymbol{B}^{\mathrm{T}})^{-1}\begin{pmatrix}1\\ -1\\ 0\\ \vdots\\ 0\end{pmatrix}(\boldsymbol{\alpha}\neq\boldsymbol{0}),$$

则

$$\bar{\boldsymbol{\alpha}}^{\mathrm{T}}\boldsymbol{A}\boldsymbol{\alpha}=(1,-1,0,\cdots,0)\begin{pmatrix}1\\ -1\\ 0\\ \vdots\\ 0\end{pmatrix}=-2<0,$$

与 $\boldsymbol{A}$ 正定矛盾.

**评注** 本题关键是构造矩阵 $\boldsymbol{B}$,注意到 $|\boldsymbol{B}|$ 是范德蒙行列式. 类似的题有:

(1) 设二次型 $x_1^2+x_2^2+x_3^2-4x_1x_2-4x_1x_3+2ax_2x_3$ 经正交变换化 $3y_1^2+3y_2^2+by_2^3$,求 $a,b$ 的值及所用正交变换. $\left(\text{答案}:a=-2,b=-3;\text{正交变换 } \boldsymbol{x}=\begin{pmatrix}\frac{1}{\sqrt{2}} & \frac{1}{\sqrt{6}} & \frac{1}{\sqrt{3}}\\ -\frac{1}{\sqrt{2}} & \frac{1}{\sqrt{6}} & \frac{1}{\sqrt{3}}\\ 0 & -\frac{2}{\sqrt{6}} & \frac{1}{\sqrt{3}}\end{pmatrix}y\right)$

(2) 用配方法把二次型 $2x_3^2-2x_1x_2+2x_1x_3-2x_2x_3$ 化为标准形,并写出所用坐标变换. $\left(\text{答案}:\text{正交变换 } \boldsymbol{x}=\begin{pmatrix}1 & 0 & 0\\ -1 & 1 & 0\\ -1 & \frac{1}{2} & 1\end{pmatrix}\boldsymbol{y},\text{标准形是 } f=-\frac{1}{2}y_2^2+2y_3^2\right)$

(3) 用合同变换把下面二次型化成标准形.

$$f(x_1,x_2,x_3)=(-2x_1+x_2+x_3)^2+(x_1-x_2+x_3)^2+(x_1+x_2-2x_3)^2.$$

$\left(\text{答案}:f=2y_1^2+\frac{3}{2}y_2^2\right)$

(4) 求正交变换化二次型 $f(x_1,x_2,x_3)=2x_3^2-2x_1x_2+2x_1x_3-2x_2x_3$ 为标准形,并写出所用

的正交变换. $\left( 答案:正交变换 \boldsymbol{x}=\begin{pmatrix} \frac{1}{\sqrt{6}} & \frac{1}{\sqrt{2}} & \frac{1}{\sqrt{3}} \\ \frac{2}{\sqrt{6}} & 0 & -\frac{1}{\sqrt{3}} \\ \frac{1}{\sqrt{6}} & -\frac{1}{\sqrt{2}} & \frac{1}{\sqrt{3}} \end{pmatrix}\boldsymbol{y}, 标准形是 \boldsymbol{x}^{\mathrm{T}}\boldsymbol{A}\boldsymbol{x}=3y_1^2-y_2^2 \right)$

(5) 判断二次型 $f(x_1,x_2,x_3)=x_1^2+5x_2^2+x_3^2+4x_1x_2-4x_2x_3$ 的正定性.(答案:不是正定二次型)

**例 4-38** 设 $\boldsymbol{A}$ 为 $n$ 阶正定矩阵,则存在唯一正定矩阵 $\boldsymbol{H}$,使得 $\boldsymbol{A}=\boldsymbol{H}^2$.

**分析** $\boldsymbol{A}$ 为 $n$ 阶正定矩阵,故其特征值全为正.

**解答** 因为 $\boldsymbol{A}$ 为 $n$ 阶正定矩阵,故存在正交矩阵 $\boldsymbol{U}$,使得

$$\boldsymbol{A}=\boldsymbol{U}^{\mathrm{T}}\begin{pmatrix} \lambda_1 & & & \\ & \lambda_2 & & \\ & & \ddots & \\ & & & \lambda_n \end{pmatrix}\boldsymbol{U}.$$

这里,$0<\lambda_1\leqslant\lambda_2\leqslant\cdots\leqslant\lambda_n$ 为 $\boldsymbol{A}$ 的全部特征值. 取

$$\boldsymbol{H}=\boldsymbol{U}^{\mathrm{T}}\begin{pmatrix} \sqrt{\lambda_1} & & & \\ & \sqrt{\lambda_2} & & \\ & & \ddots & \\ & & & \sqrt{\lambda_n} \end{pmatrix}\boldsymbol{U},$$

则

$$\begin{aligned}\boldsymbol{A}&=\boldsymbol{U}^{\mathrm{T}}\begin{pmatrix} \sqrt{\lambda_1} & & & \\ & \sqrt{\lambda_2} & & \\ & & \ddots & \\ & & & \sqrt{\lambda_n} \end{pmatrix}\boldsymbol{U}\boldsymbol{U}^{\mathrm{T}}\begin{pmatrix} \sqrt{\lambda_1} & & & \\ & \sqrt{\lambda_2} & & \\ & & \ddots & \\ & & & \sqrt{\lambda_n} \end{pmatrix}\boldsymbol{U}\\ &=\boldsymbol{H}\boldsymbol{H}=\boldsymbol{H}^2,\end{aligned}$$

并且 $\boldsymbol{H}$ 仍为正定矩阵.

如果存在另一个正定矩阵 $\boldsymbol{H}_1$,使得 $\boldsymbol{A}=\boldsymbol{H}_1^2$. 对于 $\boldsymbol{H}_1$ 存在正交矩阵 $\boldsymbol{U}_1$,使得

$$\boldsymbol{H}_1=\boldsymbol{U}_1^{\mathrm{T}}\begin{pmatrix} \mu_1 & & & \\ & \mu_2 & & \\ & & \ddots & \\ & & & \mu_n \end{pmatrix}\boldsymbol{U}_1(0<\mu_1\leqslant\mu_2\leqslant\cdots\leqslant\mu_n),$$

从而

$$\boldsymbol{A}=\boldsymbol{H}_1^2=\boldsymbol{U}_1^{\mathrm{T}}\begin{pmatrix} \mu_1^2 & & & \\ & \mu_2^2 & & \\ & & \ddots & \\ & & & \mu_n^2 \end{pmatrix}\boldsymbol{U}_1,$$

这里 $0<\mu_1\leqslant\mu_2\leqslant\cdots\leqslant\mu_n$ 为 $\boldsymbol{A}$ 的全部特征值. 故 $\mu_i^2=\lambda_i(i=1,2,3,\cdots,n)$, 于是 $\mu_i=\sqrt{\lambda_i}(i=1,2,3,\cdots,n)$

从而

$$\boldsymbol{H}_1=\boldsymbol{U}_1^{\mathrm{T}}\begin{pmatrix}\sqrt{\lambda_1}&&&\\&\sqrt{\lambda_2}&&\\&&\ddots&\\&&&\sqrt{\lambda_n}\end{pmatrix}\boldsymbol{U}_1,$$

由于 $\boldsymbol{A}=\boldsymbol{H}^2=\boldsymbol{H}_1^2$, 故

$$\boldsymbol{U}^{\mathrm{T}}\begin{pmatrix}\lambda_1&&&\\&\lambda_2&&\\&&\ddots&\\&&&\lambda_n\end{pmatrix}\boldsymbol{U}=\boldsymbol{U}_1^{\mathrm{T}}\begin{pmatrix}\lambda_1&&&\\&\lambda_2&&\\&&\ddots&\\&&&\lambda_n\end{pmatrix}\boldsymbol{U}_1,$$

即

$$\begin{pmatrix}\lambda_1&&&\\&\lambda_2&&\\&&\ddots&\\&&&\lambda_n\end{pmatrix}\boldsymbol{U}\boldsymbol{U}_1^{\mathrm{T}}=\boldsymbol{U}\boldsymbol{U}_1^{\mathrm{T}}\begin{pmatrix}\lambda_1&&&\\&\lambda_2&&\\&&\ddots&\\&&&\lambda_n\end{pmatrix},$$

令

$$\boldsymbol{U}\boldsymbol{U}_1^{\mathrm{T}}=\begin{pmatrix}p_{11}&p_{12}&\cdots&p_{1n}\\p_{21}&p_{22}&\cdots&p_{2n}\\\vdots&\vdots&\ddots&\vdots\\p_{n1}&p_{n2}&\cdots&p_{nn}\end{pmatrix},$$

再令 $\lambda_i p_{ij}=\lambda_j p_{ij}(i,j=1,2,3,\cdots,n)$, 当 $\lambda_i\neq\lambda_j$ 时, $\sqrt{\lambda_i}p_{ij}=\sqrt{\lambda_j}p_{ij}(i,j=1,2,3,\cdots,n)$, 当 $\lambda_i=\lambda_j$ 时, 当然有 $\sqrt{\lambda_i}p_{ij}=\sqrt{\lambda_j}p_{ij}(i,j=1,2,3,\cdots,n)$, 故

$$\begin{pmatrix}\sqrt{\lambda_1}&&&\\&\sqrt{\lambda_2}&&\\&&\ddots&\\&&&\sqrt{\lambda_n}\end{pmatrix}\boldsymbol{U}\boldsymbol{U}_1^{\mathrm{T}}=\boldsymbol{U}\boldsymbol{U}_1^{\mathrm{T}}\begin{pmatrix}\sqrt{\lambda_1}&&&\\&\sqrt{\lambda_2}&&\\&&\ddots&\\&&&\sqrt{\lambda_n}\end{pmatrix},$$

从而

$$\boldsymbol{U}^{\mathrm{T}}\begin{pmatrix}\sqrt{\lambda_1}&&&\\&\sqrt{\lambda_2}&&\\&&\ddots&\\&&&\sqrt{\lambda_n}\end{pmatrix}\boldsymbol{U}=\boldsymbol{U}^{\mathrm{T}}\begin{pmatrix}\sqrt{\lambda_1}&&&\\&\sqrt{\lambda_2}&&\\&&\ddots&\\&&&\sqrt{\lambda_n}\end{pmatrix}\boldsymbol{U}_1,$$

即 $\boldsymbol{H}=\boldsymbol{H}_1$.

**评注** 本题的难点在于证明正定矩阵 $\boldsymbol{H}$ 的唯一性. 类似的题有:

(1) 用正交变换法化二次型为标准形,并写出所用的正交变换

$$f(x_1,x_2,x_3)=4x_1^2+4x_2^2+4x_3^2+4x_1x_2+4x_1x_3+4x_2x_3.$$

$$\left(\text{答案}:\gamma_1=\begin{pmatrix}-\frac{1}{\sqrt{2}}\\ \frac{1}{\sqrt{2}}\\ 0\end{pmatrix},\gamma_2=\begin{pmatrix}-\frac{1}{\sqrt{6}}\\ -\frac{1}{\sqrt{6}}\\ \frac{2}{\sqrt{6}}\end{pmatrix},\gamma_3=\begin{pmatrix}\frac{1}{\sqrt{3}}\\ \frac{1}{\sqrt{3}}\\ \frac{1}{\sqrt{3}}\end{pmatrix}\right)$$

**提示**:令 $\boldsymbol{P}=(\gamma_1\quad\gamma_2\quad\gamma_3)$,即为所求正交变换矩阵. 满足 $\boldsymbol{P}^{-1}\boldsymbol{AP}=\begin{pmatrix}2&&\\&2&\\&&8\end{pmatrix}$于是正交变换 $\boldsymbol{x}=\boldsymbol{Py}$ 可化二次型 $f$ 为标准形 $f=2y_1^2+2y_2^2+8y_3^2$.

(2) 用正交变换法化二次型为标准形,并写出所用的正交变换

$$f(x_1,x_2,x_3)=2x_1^2+3x_2^2+3x_3^2+4x_2x_3.$$

$\left(\text{答案}:\boldsymbol{P}=(\gamma_1\quad\gamma_2\quad\gamma_3)=\begin{pmatrix}1&0&0\\0&\frac{1}{\sqrt{2}}&-\frac{1}{\sqrt{2}}\\0&\frac{1}{\sqrt{2}}&\frac{1}{\sqrt{2}}\end{pmatrix}\right.$,即正交变换 $\boldsymbol{x}=\boldsymbol{Py}$ 将二次型 $f(x_1,x_2,x_3)$ 化为标准形 $\left.f=2y_1^2+5y_2^2+y_3^2\right)$

(3) 用正交变换法化二次型为标准形,并写出所用的正交变换

$$f(x_1,x_2,x_3)=x_1^2+4x_2^2+4x_3^2-4x_1x_2+4x_1x_3-8x_2x_3.$$

$\left(\text{答案}:\gamma_1=\left(0\quad\frac{\sqrt{2}}{2}\quad\frac{\sqrt{2}}{2}\right)^T,\gamma_2=\left(\frac{2\sqrt{2}}{3}\quad\frac{\sqrt{2}}{6}\quad-\frac{\sqrt{2}}{6}\right)^{\mathrm{T}},\gamma_3=\left(\frac{1}{3}\quad-\frac{2}{3}\quad\frac{2}{3}\right)^{\mathrm{T}},\boldsymbol{P}=\right.$ $(\gamma_1\quad\gamma_2\quad\gamma_3)$,即正交变换 $\boldsymbol{x}=\boldsymbol{Py}$ 将二次型 $f(x_1,x_2,x_3)$ 化为标准形 $\left.f=9y_3^2.\right)$

(4) 已知二次型 $f(x_1,x_2,x_3)=4x_2^2-3x_3^2+4x_1x_2-4x_1x_3+8x_2x_3$ 写出二次型 $f$ 的矩阵表达式.

$$\left(\text{答案}:f(x_1,x_2,x_3)=(x_1,x_2,x_3)\begin{pmatrix}0&2&-2\\2&4&4\\-2&4&-3\end{pmatrix}\begin{pmatrix}x_1\\x_2\\x_3\end{pmatrix}\right)$$

(5) 用正交变换把二次型 $f(x_1,x_2,x_3)=4x_2^2-3x_3^2+4x_1x_2-4x_1x_3+8x_2x_3$ 化为标准形,并写出相应的正交矩阵

$$\left(\text{答案}:\gamma_1=\frac{\eta_1}{\|\eta_1\|}=\frac{1}{\sqrt{5}}\begin{pmatrix}2\\0\\-1\end{pmatrix},\gamma_2=\frac{\eta_2}{\|\eta_2\|}=\frac{1}{\sqrt{30}}\begin{pmatrix}1\\5\\2\end{pmatrix},\gamma_3=\frac{\eta_3}{\|\eta_3\|}=\frac{1}{\sqrt{6}}\begin{pmatrix}1\\-1\\2\end{pmatrix},\boldsymbol{P}=\right.$$

$(\gamma_1 \quad \gamma_2 \quad \gamma_3)$，

即正交变换 $x = Py$ 将二次型 $f(x_1, x_2, x_3)$ 化为标准形 $f = y_1^2 + 6y_2^2 - 6y_3^2$

**例 4-39** 证明：若 $A, B$ 均为 $n$ 阶对称矩阵，且 $A$ 为正定矩阵，则存在 $n$ 阶可逆矩阵 $P$，使得

$$P^{\mathrm{T}}AP = E, P^{\mathrm{T}}BP = \mathrm{diag}(d_1, d_2, \cdots d_n).$$

**分析** 先利用 $A$ 正定，找 $P_1$ 使 $P_1^{\mathrm{T}}AP_1 = E$，记 $B_1 = P_1^{\mathrm{T}}BP_1$，因 $B_1$ 仍对称，再使 $B_1$ 正交合同对角化，即再找正交矩阵 $Q$，使 $Q^{\mathrm{T}}B_1Q$ 为对角矩阵，最后令 $P = P_1Q$ 就可达到目的.

**解答** 因为 $A$ 为正定矩阵，故存在可逆矩阵 $P_1$，使 $P_1^{\mathrm{T}}AP_1 = E$. 记 $B_1 = P_1^{\mathrm{T}}BP_1$，显然 $B_1$ 仍为对称矩阵，于是存在正交矩阵 $Q$，使

$$Q^{\mathrm{T}}B_1Q = \mathrm{diag}(d_1, d_2, \cdots d_n),$$

其中 $d_1, d_2, \cdots d_n$ 为 $B_1$ 的特征值. 令 $P = P_1Q$，则有

$$P^{\mathrm{T}}AP = Q^{\mathrm{T}}P_1^{\mathrm{T}}AP_1Q = Q^{\mathrm{T}}EQ = E,$$

$$P^{\mathrm{T}}BP = Q^{\mathrm{T}}P_1^{\mathrm{T}}BP_1Q = Q^{\mathrm{T}}B_1Q = \mathrm{diag}(d_1, d_2, \cdots d_n).$$

**评注** 上述过程中找正交矩阵 $Q$，使 $Q^{\mathrm{T}}B_1Q$ 为对角矩阵，就能保证已化好的 $P_1^{\mathrm{T}}AP_1 = E$ 不变，即有 $P^{\mathrm{T}}AP = E$. 但如果不要求 $P^{\mathrm{T}}AP = E$，只要求 $P^{\mathrm{T}}AP$ 为对角矩阵，那么也可将正交矩阵 $Q$ 换为一般的可逆矩阵来作. 有兴趣的读者可以就下面两个矩阵试试. 设有对称矩阵

$$A = \begin{pmatrix} 1 & 1 & 1 \\ 1 & 2 & 1 \\ 1 & 1 & 2 \end{pmatrix}, B = \begin{pmatrix} 0 & 0 & 1 \\ 0 & 2 & 1 \\ 1 & 1 & 2 \end{pmatrix}.$$

试求可逆矩阵 $P$ 矩阵，使得 $P^{\mathrm{T}}AP, P^{\mathrm{T}}BP$ 同时为对角矩阵. 类似的题有：

(1) 设 $A, B$ 均是 $n$ 阶正定矩阵，判断 $A + B$ 的正定性.（答案：正定阵）

(2) 已知 $A, A - E$ 均是 $n$ 阶实对称正定矩阵，判断 $E - A^{-1}$ 是正定矩阵.

**提示**：利用特征值法证明.

(3) 已知 $A = \begin{pmatrix} a_1 & & \\ & a_2 & \\ & & a_3 \end{pmatrix}, B = \begin{pmatrix} a_3 & & \\ & a_1 & \\ & & a_2 \end{pmatrix}$，证明：$A$ 与 $B$ 合同.

**提示**：利用正惯性指数证明.

(4) 设实对称阵 $A$ 的特征值全大于 $a$，实对称阵 $B$ 特征值全大于 $b$，证明 $A + B$ 的特征值全大于 $a + b$.

**提示**：利用特征值法证明.

(5) 设二次型 $f = a(x_1^2 + x_2^2 + x_3^2) + 2x_1x_2 + 2x_1x_3 - 2x_2x_3$，$a$ 满足什么条件时，$f$ 为正定的.（答案：$a > 2$）

**例 4-40** 设二维随机变量 $(X, Y)$ 的密度函数为

$$f(x, y) = \begin{cases} \dfrac{1}{4}, & -1 \leqslant x \leqslant 1, 0 \leqslant y \leqslant 2 \\ 0, & \text{其他} \end{cases}.$$

求二次曲面 $f=x_1^2+2x_2^2+Yx_3^2+2x_1x_2+2Xx_1x_3=0$ 为椭球面的概率.

**分析** 首先根据二次曲面确定其二次型矩阵,由二次曲面是椭球面和二次型矩阵的顺序主子式确定该矩阵是正定阵,进而求二维随机变量的概率.

**解答** 二次型 $f=x_1^2+2x_2^2+Yx_3^2+2x_1x_2+2Xx_1x_3$ 的矩阵为 $\boldsymbol{A}=\begin{pmatrix}1&1&X\\1&2&0\\X&0&Y\end{pmatrix}$.

设 $\boldsymbol{A}$ 的特征值为 $\lambda_1,\lambda_2,\lambda_3$ 存在正交阵 $\boldsymbol{Q}$,使 $\boldsymbol{Q}^{\mathrm{T}}\boldsymbol{AQ}=\begin{pmatrix}\lambda_1&&\\&\lambda_2&\\&&\lambda_3\end{pmatrix}$,即二次型 $f=\lambda_1y_1^2+\lambda_2y_2^2+\lambda_3y_3^2$. 要使二次曲面 $f=\lambda_1y_1^2+\lambda_2y_2^2+\lambda_3y_3^2=0$ 为椭球面,必须 $\lambda_1,\lambda_2,\lambda_3$ 均大于 0 或均小于 0. 又因为 $\boldsymbol{A}$ 的顺序主子式 $a_{11}=1>0$, $\begin{vmatrix}1&1\\1&2\end{vmatrix}=1>0$, $\boldsymbol{A}$ 只能是正定阵. 所以

$$|\boldsymbol{A}|=\begin{vmatrix}1&1&X\\1&2&0\\X&0&Y\end{vmatrix}=Y-2X^2>0;$$

故二次曲面 $f=0$ 为椭球面的概率为 $P\{Y-2X^2>0\}=\int_{-1}^{1}\mathrm{d}x\int_{2x^2}^{2}\frac{1}{4}\mathrm{d}y=\frac{2}{3}$.

**评注** 这是一道涉及高等数学、线性代数、概率与统计于一题的综合性题. 要求学生熟练掌握椭球面方程形式、二次型正定性判定、二维连续型随机变量的概率求解. 类似的题有:

(1) 已知 $\alpha=(1,-2,2)^{\mathrm{T}}$ 是二次型 $\boldsymbol{x}^{\mathrm{T}}\boldsymbol{Ax}=ax_1^2+4x_2^2+bx_3^2-4x_1x_2+4x_1x_3-3x_2x_3$ 矩阵 $\boldsymbol{A}$ 的特征向量,求正交变换化二次型为标准形,并写出所用正交变换. $\left(\text{答案:正交变换 } \boldsymbol{x}=\begin{pmatrix}\frac{2}{\sqrt5}&-\frac{2}{3\sqrt5}&\frac{1}{3}\\\frac{1}{\sqrt5}&\frac{4}{3\sqrt5}&-\frac{2}{3}\\0&\frac{5}{3\sqrt5}&\frac{2}{3}\end{pmatrix}\boldsymbol{y}\text{,标准形是 }\boldsymbol{x}^{\mathrm{T}}\boldsymbol{Ax}=9y_3^2\right)$

(2) 已知二次型 $f(x_1,x_2,x_3)=5x_1^2+5x_2^2+cx_3^2-2x_1x_2+6x_1x_3-6x_2x_3$ 的秩为 2,求参数 $c$ 及指出方程 $f(x_1,x_2,x_3)=1$ 表示何种二次曲面.(答案:$c=3$;椭圆柱面)

(2) 二次型 $f(x_1,x_2,x_3)=x_1^2+ax_2^2+x_3^2+2x_1x_2-3ax_1x_3-2x_2x_3$ 的正负惯性指数都是 1,求参数 $a$ 即曲面 $f=1$ 在点(1,1,0)的切平面方程.(答案:$a=2$;$2x_1-x_2+x_3=1$)

(4) 若 $\boldsymbol{A}$ 是 $n$ 阶实对称阵,若对任意的 $n$ 维列向量 $\boldsymbol{\alpha}$,恒有 $\boldsymbol{\alpha}^{\mathrm{T}}\boldsymbol{A\alpha}=\boldsymbol{0}$,证明 $\boldsymbol{A}=0$.(答案:用特殊向量代入)

(5) 若 $\boldsymbol{A}$ 是 $n$ 阶正定矩阵,证明 $\boldsymbol{A}^{-1}$,$\boldsymbol{A}^*$ 也是正定矩阵.(答案:转化为二次型法证明)

**例 4-41** 已知三元二次型 $\boldsymbol{X}^{\mathrm{T}}\boldsymbol{AX}$ 经正交变换化为 $2y_1^2-y_2^2-y_3^2$,又知矩阵 $\boldsymbol{B}$ 满足矩阵方程 $\left[\left(\frac{1}{2}\boldsymbol{A}\right)^*\right]^{-1}\boldsymbol{BA}^{-1}=2\boldsymbol{AB}+4\boldsymbol{E}$,且 $\boldsymbol{A}^*\boldsymbol{\alpha}=\boldsymbol{\alpha}$,其中 $\boldsymbol{\alpha}=\begin{pmatrix}1\\1\\-1\end{pmatrix}$,$\boldsymbol{A}^*$ 为 $\boldsymbol{A}$ 伴随矩阵,求此二次型

$X^{\mathrm{T}}BX$ 的表达式.

**分析** 由条件知 $A$ 的特征值为 $2,-1,-1$,则 $|A|=2$,因为 $A^*$ 的特征值为 $\frac{|A|}{\lambda}$,所以的特征值为 $1,-2,-2$. 由已知 $A^*\alpha=\alpha$,$\alpha$ 是 $A^*$ 关于 $\lambda=1$ 的特征向量,也就是 $\alpha$ 是 $A$ 关于 $\lambda=2$ 的特征向量.

**解答** 由 $\left(\frac{1}{2}A\right)^*=\left(\frac{1}{2}\right)^2|A|A^{-1}=\frac{1}{2}A^{-1}$,得 $2ABA^{-1}=2AB+4E$,进而得

$$B=2(E-A)^{-1},$$

则 $B$ 的特征值为 $-2,1,1$ 且 $B\alpha=-2\alpha$,即 $\alpha$ 是 $B$ 关于 $\lambda=-2$ 的特征向量. 设 $B$ 关于 $\lambda=1$ 的特征向量为 $\beta=\begin{pmatrix}x_1\\x_2\\x_3\end{pmatrix}$,又 $B$ 是实对称矩阵,$\alpha,\beta$ 正交,故 $x_1+x_2-x_3=0$,解出 $\beta_1=\begin{pmatrix}1\\-1\\0\end{pmatrix}$,$\beta_2=\begin{pmatrix}1\\0\\1\end{pmatrix}$,令

$$P=(\alpha,\beta_1,\beta_2)=\begin{pmatrix}1&1&1\\1&-1&0\\-1&0&1\end{pmatrix},$$

则

$$P^{-1}BP=\begin{pmatrix}-2&0&0\\0&1&0\\0&0&1\end{pmatrix},$$

$$B=\begin{pmatrix}1&1&1\\1&-1&0\\-1&0&1\end{pmatrix}\begin{pmatrix}-2&0&0\\0&1&0\\0&0&1\end{pmatrix}\frac{1}{3}\begin{pmatrix}1&1&-1\\1&-2&-1\\1&1&2\end{pmatrix}$$
$$=\begin{pmatrix}0&-1&1\\-1&0&1\\1&1&0\end{pmatrix},$$

故 $X^{\mathrm{T}}BX=-2x_1x_2+2x_1x_3+2x_2x_3$.

**评注** 本题求矩阵 $B$ 的关键是将 $B$ 相似对角化. 类似的题有:

(1) 设 $A$ 是 $m\times n$ 矩阵,$R(A)=n$,证明 $A^{\mathrm{T}}A$ 是正定矩阵.

**提示:** 利用 $A^{\mathrm{T}}A\sim E$.

(2) 已知二次型 $x^2+ay^2+z^2+2bxy+2xz+2yz=4$ 经正交变换 $(x,y,z)^{\mathrm{T}}=P(\xi,\eta,\zeta)^{\mathrm{T}}$ 化为椭圆柱面 $\eta^2+4\zeta^2=4$. 求 $a,b$ 值及正交阵 $P$. $\left(\text{答案}:a=3,b=1;P=\begin{pmatrix}\frac{1}{\sqrt{2}}&\frac{1}{\sqrt{3}}&\frac{1}{\sqrt{6}}\\0&-\frac{1}{\sqrt{3}}&\frac{2}{\sqrt{6}}\\-\frac{1}{\sqrt{2}}&\frac{1}{\sqrt{3}}&\frac{1}{\sqrt{6}}\end{pmatrix}\right)$

(3) 设$\boldsymbol{A}$为三阶方阵,$\boldsymbol{\alpha}$为三维列向量,已知向量组$\boldsymbol{\alpha},\boldsymbol{A\alpha},\boldsymbol{A}^2\boldsymbol{\alpha}$线性无关,且$\boldsymbol{A}^3\boldsymbol{\alpha}=3\boldsymbol{A\alpha}-2\boldsymbol{A}^2\boldsymbol{\alpha}$,证明:①矩阵$\boldsymbol{B}=(\boldsymbol{\alpha},\boldsymbol{A\alpha},\boldsymbol{A}^4\boldsymbol{\alpha})$可逆;②$\boldsymbol{B}^{\mathrm{T}}\boldsymbol{B}$是正定矩阵.

**提示:**①证明$\boldsymbol{B}$可逆即证明构成的向量组线性无关;②先确定$\boldsymbol{B}^{\mathrm{T}}\boldsymbol{B}$是对称阵,二次型$\boldsymbol{x}^{\mathrm{T}}(\boldsymbol{B}^{\mathrm{T}}\boldsymbol{B})\boldsymbol{x}$是正定二次型,则$\boldsymbol{B}^{\mathrm{T}}\boldsymbol{B}$是正定矩阵.

(4) 已知二次型$\boldsymbol{x}^{\mathrm{T}}\boldsymbol{A}\boldsymbol{x}$的平方项系数均为0,设$\boldsymbol{\alpha}=(1,2,-1)^{\mathrm{T}}$且满足$\boldsymbol{A\alpha}=2\boldsymbol{\alpha}$. 求该二次型表达式.(答案:$\boldsymbol{x}^{\mathrm{T}}\boldsymbol{A}\boldsymbol{x}=4x_1x_2+4x_1x_3-4x_2x_3$)

(5) 已知二次型$\boldsymbol{x}^{\mathrm{T}}\boldsymbol{A}\boldsymbol{x}$的平方项系数均为0,设$\boldsymbol{\alpha}=(1,2,-1)^{\mathrm{T}}$且满足$\boldsymbol{A\alpha}=2\boldsymbol{\alpha}$. 求正交变换$\boldsymbol{x}=\boldsymbol{Q}\boldsymbol{y}$化二次型为标准形,并写出所用坐标变换. $\left(\text{答案: 正交变换}\begin{pmatrix}x_1\\x_2\\x_3\end{pmatrix}=\begin{pmatrix}\frac{1}{\sqrt2}&\frac{1}{\sqrt6}&-\frac{1}{\sqrt3}\\\frac{1}{\sqrt2}&-\frac{1}{\sqrt6}&\frac{1}{\sqrt3}\\0&\frac{2}{\sqrt6}&\frac{1}{\sqrt3}\end{pmatrix}\begin{pmatrix}y_1\\y_2\\y_3\end{pmatrix},\text{标准形是}\boldsymbol{x}^{\mathrm{T}}\boldsymbol{A}\boldsymbol{x}=2y_1^2+2y_2^2-4y_3^2\right)$

**例4-42** 设$\boldsymbol{A}$是$n$阶实对称矩阵,$R(\boldsymbol{A})=n$,$\boldsymbol{A}_{ij}$是$\boldsymbol{A}=(\boldsymbol{\alpha}_{ij})_{n\times n}$中元素$\boldsymbol{\alpha}_{ij}$的代数余子式$(i,j=1,2,\cdots,n)$,二次型$f(x_1,x_2,\cdots,x_n)=\sum\limits_{i=1}^{n}\sum\limits_{j=1}^{n}\dfrac{\boldsymbol{A}_{ij}}{|\boldsymbol{A}|}x_ix_j$.

(1) 记$\boldsymbol{X}=(x_1,x_2,\cdots,x_n)^{\mathrm{T}}$,把$f(x_1,x_2,\cdots,x_n)$写成矩阵形式,并证明二次型$f(\boldsymbol{X})$的矩阵为$\boldsymbol{A}^{-1}$;

(2) 二次型$g(\boldsymbol{X})=\boldsymbol{X}^{\mathrm{T}}\boldsymbol{A}\boldsymbol{X}$与$f(\boldsymbol{X})$的规范形是否相同?说明理由.

**分析** (1)要求将$f(x_1,x_2,\cdots,x_n)$写成$f(x_1,x_2,\cdots,x_n)=\boldsymbol{X}^{\mathrm{T}}\boldsymbol{A}^{-1}\boldsymbol{X}$,并验证$\boldsymbol{A}^{-1}$为对称矩阵;(2)关键是证明$\boldsymbol{A}$与$\boldsymbol{A}^{-1}$是合同矩阵,因为合同矩阵对应的二次型的规范形是相同的.

**解答** (1)二次型$f(x_1,x_2,\cdots,x_n)$的矩阵形式为

$$f(x_1,x_2,\cdots,x_n)=(x_1,x_2,\cdots,x_n)\frac{1}{|\boldsymbol{A}|}\begin{pmatrix}A_{11}&A_{21}&\cdots&A_{n1}\\A_{21}&A_{22}&\cdots&A_{n2}\\\vdots&\vdots&\ddots&\vdots\\A_{1n}&A_{2n}&\cdots&A_{nn}\end{pmatrix}\begin{pmatrix}x_1\\x_2\\\vdots\\x_n\end{pmatrix}.$$

因$R(\boldsymbol{A})=n$,故$\boldsymbol{A}$可逆,且$\boldsymbol{A}^{-1}=\dfrac{1}{|\boldsymbol{A}|}\boldsymbol{A}^*$,从而$(\boldsymbol{A}^{-1})^{\mathrm{T}}=(\boldsymbol{A}^{\mathrm{T}})^{-1}=\boldsymbol{A}^{-1}$. 故$\boldsymbol{A}^{-1}$也是实对称矩阵,因此二次型的矩阵为$\boldsymbol{A}^{-1}$.

(2) 方法一 因为$(\boldsymbol{A}^{-1})^{\mathrm{T}}\boldsymbol{A}\boldsymbol{A}^{-1}=(\boldsymbol{A}^{\mathrm{T}})^{-1}=\boldsymbol{A}^{-1}$. 所以$\boldsymbol{A}$与$\boldsymbol{A}^{-1}$合同,于是$g(\boldsymbol{X})=\boldsymbol{X}^{\mathrm{T}}\boldsymbol{A}\boldsymbol{X}$与$f(\boldsymbol{X})$有相同的规范形.

方法二 对二次型$g(\boldsymbol{X})=\boldsymbol{X}^{\mathrm{T}}\boldsymbol{A}\boldsymbol{X}$作线性变换$\boldsymbol{X}=\boldsymbol{A}^{-1}\boldsymbol{Y}$,其中

$$\boldsymbol{Y}=(y_1,y_2,\cdots,y_n)^{\mathrm{T}},$$

$$g(\boldsymbol{X})=\boldsymbol{X}^{\mathrm{T}}\boldsymbol{A}\boldsymbol{X}=(\boldsymbol{A}^{-1}\boldsymbol{Y})^{\mathrm{T}}\boldsymbol{A}(\boldsymbol{A}^{-1}\boldsymbol{Y})=\boldsymbol{Y}^{\mathrm{T}}(\boldsymbol{A}^{-1})^{\mathrm{T}}\boldsymbol{A}\boldsymbol{A}^{-1}\boldsymbol{Y}=\boldsymbol{Y}^{\mathrm{T}}(\boldsymbol{A}^{\mathrm{T}})^{-1}\boldsymbol{A}\boldsymbol{A}^{-1}\boldsymbol{Y}=\boldsymbol{Y}^{\mathrm{T}}\boldsymbol{A}^{-1}\boldsymbol{Y}.$$

由此得知,$\boldsymbol{A}$与$\boldsymbol{A}^{-1}$合同. 于是$f(\boldsymbol{X})$与$g(\boldsymbol{X})$必有相同的规范形.

**评注** 学生要理解二次型的定义，判定两个二次型的规范形是否一样，关键是看正负惯性指数是否一致. 类似的题有：

(1) 已知二次型 $\boldsymbol{x}^{\mathrm{T}}\boldsymbol{A}\boldsymbol{x}$ 的平方项系数均为0，设 $\boldsymbol{\alpha}=(1,2,-1)^{\mathrm{T}}$ 且满足 $\boldsymbol{A}\boldsymbol{\alpha}=2\boldsymbol{\alpha}$. 若 $\boldsymbol{A}+k\boldsymbol{E}$ 正定，求 $k$ 的取值.（答案：$k>4$）

(2) 判断矩阵 $\begin{pmatrix}2&0&0\\1&2&-1\\1&0&1\end{pmatrix}$ 是否可对角化；若可以，试求出相应的可逆矩阵 $\boldsymbol{P}$ 使得 $\boldsymbol{P}^{-1}\boldsymbol{A}\boldsymbol{P}$ 为对角矩阵. $\left(\text{答案：可以对角化；特征值为 } \lambda_1=1,\lambda_2=\lambda_3=2\text{；可逆矩阵 } \boldsymbol{P}=\begin{pmatrix}0&0&1\\1&1&0\\1&0&1\end{pmatrix}\right)$

(3) 设三阶实对称矩阵 $\boldsymbol{A}$ 的特征值为 $\lambda_1=-1,\lambda_2=\lambda_3=1$，对应于 $\lambda_1$ 的特征向量为 $\boldsymbol{\xi}_1=\begin{pmatrix}0\\1\\1\end{pmatrix}$，求 $\boldsymbol{A}$.

$$\left(\text{答案：}\boldsymbol{A}=\begin{pmatrix}1&0&0\\0&0&-1\\0&-1&0\end{pmatrix}\right)$$

(4) 设 $\boldsymbol{A},\boldsymbol{B}$ 均为 $n$ 阶方阵，且 $R(\boldsymbol{A})+R(\boldsymbol{B})<n$，证明 $\boldsymbol{A},\boldsymbol{B}$ 有公共的特征向量.

**提示**：考查方程组 $\begin{cases}\boldsymbol{A}\boldsymbol{x}=0\\\boldsymbol{B}\boldsymbol{x}=0\end{cases}$，注意到 $R\begin{pmatrix}\boldsymbol{A}\\\boldsymbol{B}\end{pmatrix}\leqslant R(\boldsymbol{A})+R(\boldsymbol{B})<n$，因此方程组有非零解，这个解向量就是 $\boldsymbol{A}$ 和 $\boldsymbol{B}$ 公共的特征向量，对应的特征值为 $\lambda=0$.

(5) 已知 $\xi=\begin{pmatrix}1\\1\\-1\end{pmatrix}$ 是矩阵 $\boldsymbol{A}=\begin{pmatrix}2&-1&2\\5&a&3\\-1&b&-2\end{pmatrix}$ 的一个特征向量. ①试确定参数 $a,b$ 及特征向量 $\boldsymbol{\xi}$ 对应的特征值；②问 $\boldsymbol{A}$ 是否相似于对角矩阵？说明理由.（答案：$a=-3,b=0$，$\lambda_1=-1,\lambda_2=\lambda_3=-1$；②$R(\boldsymbol{A}+\boldsymbol{E})=2$，$\boldsymbol{A}$ 对应于 $\lambda_2=\lambda_3=-1$ 的线性无关的特征向量只有一个，故 $\boldsymbol{A}$ 不与对角阵相似）

**例 4-43** 已知二次型 $f(x_1,x_2,x_3)=\boldsymbol{x}^{\mathrm{T}}\boldsymbol{A}\boldsymbol{x}$ 在正交变换 $\boldsymbol{x}=\boldsymbol{Q}\boldsymbol{y}$ 下的标准形为 $y_1^2+y_2^2$，且 $\boldsymbol{Q}$ 的第3列为 $\left(\frac{\sqrt{2}}{2},0,\frac{\sqrt{2}}{2}\right)^{\mathrm{T}}$.

(1) 求矩阵 $\boldsymbol{A}$；(2) 证明 $\boldsymbol{A}+\boldsymbol{E}$ 为正定矩阵，其中 $\boldsymbol{E}$ 为三阶单位矩阵.

**分析** 首先根据已知条件确定二次型矩阵的特征值，然后求出其对应的特征向量，进而写出二次型矩阵；确定 $\boldsymbol{A}+\boldsymbol{E}$ 的特征值都大于零，从而证明 $\boldsymbol{A}+\boldsymbol{E}$ 为正定矩阵.

**解答** (1) 二次型 $\boldsymbol{x}^{\mathrm{T}}\boldsymbol{A}\boldsymbol{x}$ 在正交变换 $\boldsymbol{x}=\boldsymbol{Q}\boldsymbol{y}$ 下的标准形为 $y_1^2+y_2^2$，说明二次型矩阵 $\boldsymbol{A}$ 的特征值是1，1，0. 又因 $\boldsymbol{Q}$ 的第3列是 $\left(\frac{\sqrt{2}}{2},0,\frac{\sqrt{2}}{2}\right)^{\mathrm{T}}$，说明 $\boldsymbol{\alpha}_3=(1,0,1)^{\mathrm{T}}$ 是矩阵 $\boldsymbol{A}$ 关于特征值 $\lambda=0$ 的特征向量. 因为 $\boldsymbol{A}$ 是对称矩阵，不同特征值的特征向量正交. 设 $\boldsymbol{A}$ 关于 $\lambda_1=\lambda_2=1$ 的特征向量为 $\boldsymbol{\alpha}=(x_1,x_2,x_3)^{\mathrm{T}}$，则 $\boldsymbol{\alpha}^{\mathrm{T}}\boldsymbol{\alpha}_3=0$，即 $x_1+x_3=0$.

取 $\boldsymbol{\alpha}_1=(0,1,0)^{\mathrm{T}},\boldsymbol{\alpha}_2=(-1,0,1)^{\mathrm{T}}$,那么 $\boldsymbol{\alpha}_1,\boldsymbol{\alpha}_2$ 是 $\lambda_1=\lambda_2=1$ 的特征向量.

由 $\boldsymbol{A}(\boldsymbol{\alpha}_1,\boldsymbol{\alpha}_2,\boldsymbol{\alpha}_3)=(\boldsymbol{\alpha}_1,\boldsymbol{\alpha}_2,\boldsymbol{0})$,有

$$\boldsymbol{A}=(\boldsymbol{\alpha}_1,\boldsymbol{\alpha}_2,\boldsymbol{0})(\boldsymbol{\alpha}_1,\boldsymbol{\alpha}_2,\boldsymbol{\alpha}_3)^{-1}$$
$$=\begin{pmatrix}0&-1&0\\1&0&0\\0&1&0\end{pmatrix}\begin{pmatrix}0&-1&1\\1&0&0\\0&1&1\end{pmatrix}^{-1}$$
$$=\begin{pmatrix}0&-1&0\\1&0&0\\0&1&0\end{pmatrix}\begin{pmatrix}0&1&0\\-\frac{1}{2}&0&\frac{1}{2}\\\frac{1}{2}&0&\frac{1}{2}\end{pmatrix}=\begin{pmatrix}\frac{1}{2}&0&-\frac{1}{2}\\0&1&0\\-\frac{1}{2}&0&\frac{1}{2}\end{pmatrix}.$$

(2) 由于矩阵$\boldsymbol{A}$ 的特征值是1,1,0,那么$\boldsymbol{A}+\boldsymbol{E}$ 的特征值是2,2,1,因为$\boldsymbol{A}+\boldsymbol{E}$ 的特征值全大于0,所有 $\boldsymbol{A}+\boldsymbol{E}$ 正定.

**评注** 应清楚二次型与实对称矩阵之间的关系,能够正确求解方程组,应用特征值全大于0 判定正定矩阵.

类似的题有:

(1) 设 $\boldsymbol{A}=\begin{pmatrix}1&a&1\\a&1&b\\1&b&1\end{pmatrix},\boldsymbol{B}=\begin{pmatrix}0&0&0\\0&1&0\\0&0&2\end{pmatrix}(a,b\in R)$. 若 $\boldsymbol{A}\sim\boldsymbol{B}$,试求:①$a,b$ 的值;②正交矩阵 $\boldsymbol{Q}$,使 $\boldsymbol{Q}^{-1}\boldsymbol{A}\boldsymbol{Q}=\boldsymbol{B}$ . $\left(\text{答案}:a=b=0;\boldsymbol{Q}=\begin{pmatrix}1/\sqrt{2}&0&1/\sqrt{2}\\0&1&0\\-1/\sqrt{2}&0&1/\sqrt{2}\end{pmatrix}\right)$

(2) 设三阶矩阵$\boldsymbol{A}$ 满足$\boldsymbol{A}\boldsymbol{\alpha}_i=i\,\boldsymbol{\alpha}_i(i=1,2,3)$,其中 $\boldsymbol{\alpha}_1=(1,1,1)^{\mathrm{T}},\boldsymbol{\alpha}_2=(1,-2,1)^{\mathrm{T}},\boldsymbol{\alpha}_3=(1,0,0)^{\mathrm{T}}$. 求:①方阵 $\boldsymbol{A}$ ;②$\boldsymbol{A}^{\mathrm{T}}$的特征值及相应的特征向量. $\Bigg($答案:$\boldsymbol{A}=\begin{pmatrix}3&-1/3&5/3\\0&-5/3&-2/3\\0&-1/3&4/3\end{pmatrix}$; $\lambda_1=1,k_1(0,1/3,2/3)^{\mathrm{T}},k_1$为任意非零常数;$\lambda_1=2,k_2(0,-1/3,1/3)^{\mathrm{T}},k_2$为任意非零常数. $\lambda_1=3,k_3(1,0,-1)^{\mathrm{T}},k_3$ 为任意非零常数$\Bigg)$

(3) 设$\boldsymbol{\alpha},\boldsymbol{\beta}$ 分别为 $n$ 阶矩阵 $\boldsymbol{A}$ 的属于不同特征值 $\lambda_1$、$\lambda_2$的特征向量,对任意非零实数 $k_1,k_2$,求证:$k_1\boldsymbol{\alpha}+k_2\boldsymbol{\beta}$ 不是 $\boldsymbol{A}$ 的特征向量.

**提示**:利用特征值特征向量的定义反证.

(4) 若 $\boldsymbol{A}$ 可逆,则 $\boldsymbol{AB}\sim\boldsymbol{BA}$ .

**提示**:取相似变换矩阵 $\boldsymbol{P}=\boldsymbol{A}$.

(5)设 $\boldsymbol{A},\boldsymbol{B}$ 为实对称矩阵,若存在正交矩阵 $\boldsymbol{Q}$,使 $\boldsymbol{Q}^{-1}\boldsymbol{A}\boldsymbol{Q},\boldsymbol{Q}^{-1}\boldsymbol{B}\boldsymbol{Q}$ 均是对角阵,则矩阵 $\boldsymbol{AB}$ 也是实对称矩阵.

**提示**: 设 $\boldsymbol{Q}^{-1}\boldsymbol{A}\boldsymbol{Q}=\boldsymbol{\Lambda}_1,\boldsymbol{Q}^{-1}\boldsymbol{B}\boldsymbol{Q}=\boldsymbol{\Lambda}_2$,则 $\boldsymbol{AB}=\boldsymbol{Q}\boldsymbol{\Lambda}_1\boldsymbol{\Lambda}_2\boldsymbol{Q}^{-1}$,证明$(\boldsymbol{AB})^{\mathrm{T}}=\boldsymbol{AB}$.

### 4.4.3 学习效果测试题及答案

**1. 学习效果测试题**

(1) 求二次型 $f(x_1,x_2,x_3)=3x_1^2+5x_3^2-2x_1x_2+2x_1x_3-4x_2x_3$ 的矩阵 $\boldsymbol{A}$.

(2) 设二次型 $f(x_1,x_2,x_3)=2x_1^2+x_2^2+x_3^2+2x_1x_2+tx_2x_3$ 是正定的,则求 $t$ 的取值.

(3) 求二次型 $f(x_1,x_2,x_3)=x_2^2+2x_1x_3$ 的负惯性指数.

(4) 设 $\boldsymbol{A},\boldsymbol{B}$ 是 $n$ 阶正定矩阵,求证:$\boldsymbol{A}+\boldsymbol{B}$ 是正定矩阵.

(5) 设 $\boldsymbol{A}$ 为三阶实对称矩阵,且满足条件 $\boldsymbol{A}^2+2\boldsymbol{A}=\boldsymbol{0}$,已知 $R(\boldsymbol{A})=2$.

① 求 $\boldsymbol{A}$ 的全部特征值;

② 当 $k$ 为何值时,矩阵 $\boldsymbol{A}+k\boldsymbol{E}$ 为正定矩阵,其中 $\boldsymbol{E}$ 为三阶单位矩阵.

(6) 设二次型 $f(x_1,x_2,x_3)=x_1^2+4x_2^2+4x_3^2+4x_1x_2+2ax_1x_3+2bx_2x_3$ 的秩为 1,试求参数 $a$,$b$ 的值.

(7) 设有二次型 $f(x_1,x_2,x_3)=x_1^2+x_2^2+x_3^2+2ax_1x_2+2x_1x_3+2bx_2x_3$,经正交变换 $\boldsymbol{x}=\boldsymbol{P}\boldsymbol{y}$ 后可以化成 $f=y_2^2+2y_3^2$,求 $a,b$ 的值并求出正交矩阵 $\boldsymbol{P}$.

(8) 证明:设 $\boldsymbol{A}$ 是 $n$ 阶实对称矩阵且满足关系式 $\boldsymbol{A}^3+5\boldsymbol{A}^2+7\boldsymbol{A}+3\boldsymbol{E}=\boldsymbol{0}$,证明:$\boldsymbol{A}$ 是负定的.

(9) 设 $\boldsymbol{A}=\begin{pmatrix}0&1&0&0\\1&0&0&0\\0&0&y&1\\0&0&1&2\end{pmatrix}$. ①已知 $\boldsymbol{A}$ 的一个特征值为 3,试求 $y$;②求矩阵 $\boldsymbol{P}$,使 $(\boldsymbol{AP})^{\mathrm T}(\boldsymbol{AP})$ 为对角阵.

(10) 设有 $n$ 元实二次型 $f(x_1,x_2,\cdots,x_n)=(x_1+a_1x_2)^2+(x_2+a_2x_3)^2+\cdots+(x_{n-1}+a_{n-1}x_n)^2+(x_n+a_nx_1)^2$,其中 $a_i(i=1,2,\cdots,n)$ 为实数,试问:$a_1,a_2,\cdots,a_n$ 满足何种条件时,二次型 $f(x_1,x_2,\cdots,x_n)$ 为正定二次型.

**2. 测试题答案**

(1) $\boldsymbol{A}=\begin{pmatrix}3&-1&1\\-1&0&-2\\1&-2&5\end{pmatrix}$.

(2) $-\sqrt{2}<t<\sqrt{2}$.

$f(x_1,x_2,x_3)=2x_1^2+x_2^2+x_3^2+2x_1x_2+tx_2x_3$ 二次型所对应的矩阵 $\boldsymbol{A}=\begin{pmatrix}2&1&0\\1&1&t/2\\0&t/2&1\end{pmatrix}$由于二次型正定,故各阶顺序主子式都大于零,即

$$\boldsymbol{D}_1=2>0,\boldsymbol{D}_2=\begin{vmatrix}2&1\\1&1\end{vmatrix}=1>0,\boldsymbol{D}_3=\begin{vmatrix}2&1&0\\1&1&t/2\\0&t/2&1\end{vmatrix}=1-\frac{t^2}{2}>0,$$

解得 $-\sqrt{2}<t<\sqrt{2}$. 即当 $-\sqrt{2}<t<\sqrt{2}$时,该二次型为正定二次型.

(3) 0.

(4) 证明:$\boldsymbol{A}+\boldsymbol{B}$ 对应的二次型为

$$f(x)=\boldsymbol{x}^{\mathrm{T}}(\boldsymbol{A}+\boldsymbol{B})\boldsymbol{x}=\boldsymbol{x}^{\mathrm{T}}\boldsymbol{A}\boldsymbol{x}+\boldsymbol{x}^{\mathrm{T}}\boldsymbol{B}\boldsymbol{x},$$

由于$\boldsymbol{A},\boldsymbol{B}$是正定矩阵,故$\boldsymbol{x}^{\mathrm{T}}\boldsymbol{A}\boldsymbol{x}>\boldsymbol{0},\boldsymbol{x}^{\mathrm{T}}\boldsymbol{B}\boldsymbol{x}>0$,因此$f(x)>0$,即$f$正定,所以$\boldsymbol{A}+\boldsymbol{B}$是正定矩阵.

(5) 解:①设$\lambda$为$\boldsymbol{A}$的一个特征值,对应的特征向量为$\boldsymbol{\eta}$,则

$$\boldsymbol{A\eta}=\lambda\boldsymbol{\eta}(\boldsymbol{\eta}\neq\boldsymbol{0}).$$

由于$\boldsymbol{A}^2+2\boldsymbol{A}=\boldsymbol{0}$,则$(\lambda^2+2\lambda)\boldsymbol{\eta}=\boldsymbol{0}$,由于$\boldsymbol{\eta}\neq 0$,故有$\lambda^2+2\lambda=0$,解得

$$\lambda=-2,\lambda=0.$$

由于实对称矩阵$\boldsymbol{A}$必可对角化,且$R(\boldsymbol{A})=2$,所以

$$\boldsymbol{A}\sim\begin{pmatrix}-2&0&0\\0&-2&0\\0&0&0\end{pmatrix},$$

因此,矩阵$\boldsymbol{A}$的全部特征值为$\lambda_1=\lambda_2=-2,\lambda_3=0$.

② 由于$\boldsymbol{A}$为实对称矩阵,则$\boldsymbol{A}+k\boldsymbol{E}$仍为实对称矩阵,$\boldsymbol{A}+k\boldsymbol{E}$的特征值为$-2+k$, $-2+k$, $k$。当$k>2$时,矩阵$\boldsymbol{A}+k\boldsymbol{E}$的全部特征值大于零。因此,矩阵$\boldsymbol{A}+k\boldsymbol{E}$为正定矩阵.

(6) 二次型的矩阵为

$$\boldsymbol{A}=\begin{pmatrix}1&2&a\\2&4&b\\a&b&4\end{pmatrix}\sim\begin{pmatrix}1&2&a\\0&0&b-2a\\0&b-2a&4-a^2\end{pmatrix}.$$

由于二次型$f$的秩为1,故$R(\boldsymbol{A})=1$,因此$b-2a=0,4-a^2=0$ 解得$\begin{cases}a=2\\b=4\end{cases}$或$\begin{cases}a=-2\\b=-4\end{cases}$.

(7) 二次型的矩阵为$\boldsymbol{A}=\begin{pmatrix}1&a&1\\a&1&b\\1&b&1\end{pmatrix}$,$\boldsymbol{P}^{-1}\boldsymbol{AP}=\begin{pmatrix}0&0&0\\0&1&0\\0&0&2\end{pmatrix}$,因此$\boldsymbol{A}$的特征值是0,1,2,

即有

$$|\boldsymbol{A}|=0,|\boldsymbol{A}-\boldsymbol{E}|=0,|\boldsymbol{A}-2\boldsymbol{E}|=0,$$

解得$a=b=0$.

对于$\lambda_1=0$,求解齐次线性方程组$\boldsymbol{Ax}=\boldsymbol{0}$,有

$$\boldsymbol{A}=\begin{pmatrix}1&0&1\\0&1&0\\1&0&1\end{pmatrix}\sim\begin{pmatrix}1&0&1\\0&1&0\\0&0&0\end{pmatrix},$$

解得一个基础解系为$\boldsymbol{\eta}_1=(-1\quad 0\quad 1)^{\mathrm{T}}$,单位化,得

$$\gamma_1=\left(-\frac{1}{\sqrt{2}}\quad 0\quad \frac{1}{\sqrt{2}}\right)^{\mathrm{T}}.$$

对于$\lambda_2=1$,求解齐次线性方程组

$$(\boldsymbol{A}-\boldsymbol{E})\boldsymbol{x}=\boldsymbol{0},\boldsymbol{A}-\boldsymbol{E}=\begin{pmatrix}0&0&1\\0&0&0\\1&0&0\end{pmatrix},$$

解得一个基础解系为 $\boldsymbol{\eta}_2=(0\quad 1\quad 0)^{\mathrm{T}}$.

对于 $\lambda_3=2$,求解齐次线性方程组

$$(\boldsymbol{A}-2\boldsymbol{E})\boldsymbol{x}=\boldsymbol{0},\boldsymbol{A}-2\boldsymbol{E}=\begin{pmatrix}-1&0&1\\0&-1&0\\1&0&-1\end{pmatrix}\sim\begin{pmatrix}1&0&-1\\0&1&0\\0&0&0\end{pmatrix},$$

解得一个基础解系为 $\boldsymbol{\eta}_3=(1\quad 0\quad 1)^{\mathrm{T}}$,单位化,得

$$\boldsymbol{\gamma}_3=\left(\frac{1}{\sqrt{2}}\quad 0\quad \frac{1}{\sqrt{2}}\right)^{\mathrm{T}}.$$

所求正交矩阵为

$$\boldsymbol{P}=\begin{pmatrix}-\frac{1}{\sqrt{2}}&0&\frac{1}{\sqrt{2}}\\0&1&0\\\frac{1}{\sqrt{2}}&0&\frac{1}{\sqrt{2}}\end{pmatrix}.$$

(8) 证明:设 $\lambda$ 是 $\boldsymbol{A}$ 的特征值,由 $\lambda^3+5\lambda^2+7\lambda+3=0$,得 $\lambda_1=\lambda_2=-1,\lambda_3=-3$. 由于 $\boldsymbol{A}$ 的特征值均为负,故 $\boldsymbol{A}$ 为负定的.

(9) ①由 $|3\boldsymbol{E}-\boldsymbol{A}|=\begin{vmatrix}3&-1&0&0\\-1&0&0&0\\0&0&3-y&-1\\0&0&-1&1\end{vmatrix}=0$,解得 $y=2$.

② $(\boldsymbol{AP})^{\mathrm{T}}\boldsymbol{AP}=\boldsymbol{P}^{\mathrm{T}}\boldsymbol{A}^{\mathrm{T}}\boldsymbol{AP}$,而 $\boldsymbol{A}^{\mathrm{T}}\boldsymbol{A}=\begin{pmatrix}1&0&0&0\\0&1&0&0\\0&0&5&4\\0&0&4&5\end{pmatrix}$ 为对称矩阵,考虑二次型

$$\boldsymbol{X}^{\mathrm{T}}(\boldsymbol{A}^{\mathrm{T}}\boldsymbol{A})\boldsymbol{X}=x_1^2+x_2^2+5x_3^2+5x_4^2+8x_3x_4,$$

配方,得 $\boldsymbol{X}^{\mathrm{T}}(\boldsymbol{A}^{\mathrm{T}}\boldsymbol{A})\boldsymbol{X}=x_1^2+x_2^2+5\left(x_3+\frac{4}{5}x_4\right)^2+\frac{9}{5}x_4^2$.

令 $y_1=x_1,y_2=x_2,y_3=x_3+\frac{4}{5}x_4,y_4=x_4$,则

$$\begin{pmatrix}x_1\\x_2\\x_3\\x_4\end{pmatrix}=\begin{pmatrix}1&0&0&0\\0&1&0&0\\0&0&1&-\frac{4}{5}\\0&0&0&1\end{pmatrix}\begin{pmatrix}y_1\\y_2\\y_3\\y_4\end{pmatrix},$$

取 $\boldsymbol{P}=\begin{pmatrix}1&0&0&0\\0&1&0&0\\0&0&1&-\frac{4}{5}\\0&0&0&1\end{pmatrix}$,

有$(\boldsymbol{AP})^{\mathrm{T}}\boldsymbol{AP}=\begin{pmatrix}1&0&0&0\\0&1&0&0\\0&0&5&0\\0&0&0&\dfrac{9}{5}\end{pmatrix}$.

(10) 对于任意$x_1,x_2,\cdots,x_n$有$f(x_1,x_2,\cdots,x_n)\geqslant 0$. 其中等号成立当且仅当

$$\begin{cases}x_1+a_1x_2=0,\\x_2+a_2x_3=0,\\\quad\vdots\\x_{n-1}+a_{n-1}x_n=0,\\x_n+a_nx_1=0.\end{cases}$$

方程组仅有零解，方程组仅有零解的充分必要条件是其系数行列式

$$\begin{vmatrix}1&a_1&0&\cdots&0&0\\0&1&a_2&\cdots&0&0\\\vdots&\vdots&\vdots&\ddots&\vdots&\vdots\\0&0&0&\cdots&1&a_{n-1}\\a_n&0&0&\cdots&0&1\end{vmatrix}=1+(-1)^{n+1}a_1a_2\cdots a_n\neq 0.$$

所以，当$1+(-1)^{n+1}a_1a_2\cdots a_n\neq 0$，对于任意的不全为零的$x_1,x_2,\cdots,x_n$，有$f(x_1,x_2,\cdots,x_n)>0$，即当$\boldsymbol{\alpha}_1,\boldsymbol{\alpha}_2,\cdots,\boldsymbol{\alpha}_n\neq(-1)^n$时，二次型$f(x_1,x_2,\cdots,x_n)$为正定二次型.

# 第5章　高等代数

## 5.1　多项式

### 5.1.1　核心内容提示

(1) 数域与一元多项式的概念.

(2) 多项式整除、带余除法、最大公因式、辗转相除法.

(3) 互素、不可约多项式、重因式与重根.

(4) 多项式函数、余数定理、多项式的根及性质.

(5) 代数基本定理、复系数与实系数多项式的因式分解.

(6) 本原多项式、高斯引理、有理系数多项式的因式分解、艾森斯坦判别法、有理数域上多项式的有理根.

(7) 多元多项式及对称多项式、韦达定理.

### 5.1.2　典型例题精解

**例5-1**　设$f(x)$,$g(x)$与$h(x)$均为实数域上的多项式. 证明:如果

$$f^2(x) = xg^2(x) + xh^2(x),$$

则$f(x)=g(x)=h(x)=0$.

**分析**　要证明多项式相等,首先多项式的次数就要相等,结论为三个多项式均为零多项式,可以考虑反证法.

**证明**　反证. 若$f(x)\neq 0$,则$f^2(x)\neq 0$. 由

$$f^2(x) = xg^2(x) + xh^2(x) = x(g^2(x) + h^2(x)),$$

知$g^2(x)+h^2(x)\neq 0$. 因此

$$f^2(x)\text{ 的次数} = x(g^2(x) + h^2(x))\text{ 的次数}$$

但$f^2(x)$的次数$\deg(f^2(x))$为偶数,而$\deg[x(g^2(x)+h^2(x))]$为奇数,因此,$f^2(x)\neq xg^2(x)+xh^2(x)$,这与已知矛盾,故$f(x)=0$. 此时$x(g^2(x)+h^2(x))=0$,由$x\neq 0$知

$$g^2(x) + h^2(x) = 0,$$

因为$f(x)$,$g(x)$均为实系数多项式,从而必有$g(x)=h(x)=0$. 于是$f(x)=g(x)=h(x)=0$.

**评注**　此题右边有一个公因子式$x$,为多项式的次数相差一次提供了一种突破口,多项式的平方必为偶次多项式. 类似的题有:

(1) 求多项式$f(x)=x^4+4px^3+4qx^2+2p(m+1)x+(m+1)^2$是二次多项式的平方的充要条件.

**提示**:设$f(x)=g^2(x)$,其中$g(x)=x^2+ax+b$,则$g^2(x)=(x^2+ax+b)^2=x^4+2ax^3+(a^2+2b)x^2+2abx+b^2)$,比较对应项系数,得$4p=2a$,$4q=a^2+2b$,$2p(m+1)=2ab$,$(m+1)^2=$

$b^2$,解这四个等式组成的方程组,得①当 $m=-1$ 时,$q=p^2$,此时,$f(x)=x^4+4px^3+4p^2x^2=(x^2+2px)^2$. ②当 $m\neq -1$ 时,$p=0$,$q=\pm\frac{1}{2}(m+1)$,此时,$f(x)=x^4\pm 2(m+1)x^2+(m+1)^2=(x^2\pm(m+1))^2$.

(2) 证明:非常数的一元多项式函数不是周期函数.

**提示:**方法一 假设 $\deg(f(x))>0$,若存在常数 $c\neq 0$,使得 $\forall x$,有 $f(x+c)=f(x)$. 设 $\alpha$ 是 $f(x)$ 的一根,则 $\alpha+c,\alpha+2c,\alpha+3c,\cdots$,都是其根,由于 $f(x)$ 只有有限个根,因此,存在不同的正整数 $s,t$,使得 $\alpha+sc=\alpha+tc$,故 $(s-t)c=0,c=0$. 方法二 假设 $f(x)$ 是周期函数,由于 $f(x)$ 是连续函数,从而 $f(x)$ 有界,但是 $\deg(f(x))>0$,$f(x)$ 一定是无界的. 方法三 假设 $f(x)=a_nx^n+a_{n-1}x^{n-1}+\cdots+a_1x+a_0$,$(a_n\neq 0,n>0)$,$c$ 是其周期,那么,$f(x+c)=a_n(x+c)^n+a_{n-1}(x+c)^{n-1}+\cdots+a_1(x+c)+a_0$,$\forall x$,有 $f(x+c)=f(x)$,即 $a_nx^n+a_{n-1}x^{n-1}+\cdots+a_1x+a_0=a_n(x+c)^n+a_{n-1}(x+c)^{n-1}+\cdots+a_1(x+c)+a_0$. 等式两边对 $x$ 求导 $n-1$,得 $n!\ a_nx+(n-1)!\ a_{n-1}=n!\ a_n(x+c)+(n-1)!\ a_{n-1}$,求得 $c=0$.

(3) 设 $f(x)=3x^2-5x+3$,$g(x)=ax(x-1)+b(x+2)(x-1)+cx(x+2)$,试确定 $a,b,c$,使 $f(x)=g(x)$.

**提示:**令 $x=-2$,得 $a=\frac{25}{6}$;令 $x=0$,得 $b=-\frac{3}{2}$;令 $x=1$,得 $c=\frac{1}{3}$.

(4) 当 $a,b,c$ 取何值时,多项式 $f(x)=x-5$ 与 $g(x)=a(x-2)^2+b(x+1)+c(x^2-x+2)$ 相等.

**提示:**由于 $g(x)=(a+c)x^2+(-4a+b-c)x+(4a+b+2c)$,根据多项式相等的定义,得 $a+c=0$, $-4a+b-c=1$, $4a+b+2c=-5$. 解得 $a=-\frac{6}{5}$, $b=-\frac{13}{5}$, $c=\frac{6}{5}$.

(5) 证明:多项式 $f(x)=(x^{50}-x^{49}+\cdots+x^2-x+1)(x^{50}+x^{49}+\cdots+x+1)$ 的展开式中不含奇数次项.

**提示:**由于 $x^{51}+1=(x+1)(x^{50}-x^{49}+\cdots+x^2-x+1)$,$x^{51}-1=(x-1)(x^{50}+x^{49}+\cdots+x+1)$,两式相乘得 $x^{102}-1=(x^2-1)f(x)$ 而 $x^{102}-1$ 与 $x^2-1$ 中都不含奇数次项,故 $f(x)$ 中也不含奇数次项.

**例 5-2** 证明 $x^d-1\mid x^n-1$ 当且仅当 $d\mid n$.

**分析** 应用带余除法定理,证明余式为零.

**证明** (充分性)设 $d\mid n$,令 $n=dt$,则

$$x^n-1=x^{dt}-1=(x^d-1)(x^{d(t-1)}+x^{d(t-2)}+\cdots+x^d+1).$$

所以

$$x^d-1\mid x^n-1.$$

(必要性)设 $n=dt+r$,$0\leqslant r<d$,则

$$x^n-1=x^{dt+r}-1=(x^{dt}-1)x^r+(x^r-1).$$

由充分性的证明可知,$x^d-1\mid x^{dt+r}-1$,从而由已知条件 $x^d-1\mid x^n-1$ 知,$x^d-1\mid x^r-1$.

因为 $0\leqslant r<d$,所以必有 $x^r-1=0$,从而 $r=0$,故得 $d\mid n$.

**评注** 题中运用到整除的概念及公式 $x^n-y^n=(x-y)(x^{n-1}+x^{n-2}y+x^{n-3}y^2+\cdots+xy^{n-2}+y^{n-1})$. 类似的题有:

(1) 求多项式$f(x)$被$(x-1)^2$除所得的余式.

**提示:**设$f(x)=(x-1)^2q(x)+ax+b$. 两边求导,得$f'(x)=2(x-1)q(x)+(x-1)^2q'(x)+a$. 将$x=1$代入上两式,得$a+b=f(1)$,$a=f'(1)$. 从而,$b=f(1)-f'(1)$. 故所得余式为$r(x)=f'(1)(x-1)+f(1)$.

(2) 试求$x^3-3x+2q$能被$x^2+2ax+a^2$整除的条件.

**提示:**用带余除法求得余式为$r(x)=3(a^2-p)x+2(a^3+q)$,由$r(x)=0$得$p=a^2,q=-a^3$.

(3) 设$f(x)=x^4+3x^3-x^2-4x-3$,$g(x)=3x^3+10x^2+2x-3$,求$(f(x),g(x))$,并求$u(x),v(x)$使$(f(x),g(x))=u(x)f(x)+v(x)g(x)$.

**提示:**$(f(x),g(x))=x+3$,$u(x)=\frac{3}{5}x-1$,$v(x)=-\frac{1}{5}x^2+\frac{2}{5}x$.

(4) 设$a,b$为两个不相等的常数. 证明:多项式$f(x)$被$(x-a)(x-b)$除所得的余式为$\frac{f(a)-f(b)}{a-b}x+\frac{af(b)-bf(a)}{a-b}$.

**提示:**$f(x)=(x-a)(x-b)q(x)+cx+d$,分别将$x=a,x=b$代入该式得$f(a)=ca+d$,$f(b)=cb+d$,解得$c=\frac{f(a)-f(b)}{a-b}$,$d=\frac{af(b)-bf(a)}{a-b}$,即得所证.

(5) 设$k$为正整数. 证明:$x\mid f^k(x)$当且仅当$x\mid f(x)$.

**提示:**因$x\mid f^k(x)$,所以$f^k(0)=0$. 故$f^k(x)$的常数项为零,从而$f(x)$的常数项为零. 由此得$x\mid f(x)$.

**例 5-3** 证明:$x^2+x+1\mid x^{3m}+x^{3n+1}+x^{3p+2}$($m,n,p$是三个任意的正整数).

**分析** 用带余除法及待定系数法不易证明时,可以考虑采用因式定理来证明,即$(x-a)\mid f(x)$的充分必要条件是$f(a)=0$.

**证明** 可求得$x^2+x+1=0$的根为$\omega_1=\frac{-1+\sqrt{3}\mathrm{i}}{2}$,$\omega_2=\frac{-1-\sqrt{3}\mathrm{i}}{2}$,所以,$x^2+x+1=(x-\omega_1)(x-\omega_2)$. 又由

$$\omega_i^3-1=(\omega_i-1)(\omega_i^2+\omega_i+1)=0 \quad (i=1,2),$$

知$\omega_i^3=1$,从而$\omega_i^{3m}=\omega_i^{3n}=\omega_i^{3p}$. 设$f(x)=x^{3m}+x^{3n+1}+x^{3p+2}$,则有

$$f(\omega_i)=\omega_i^{3m}+\omega_i^{3n+1}+\omega_i^{3p+2}=1+\omega_i+\omega_i^2=0 \quad (i=1,2),$$

故由因式定理知$(x-\omega_1)\mid f(x)$,$(x-\omega_2)\mid f(x)$. 又因为$x-\omega_1$与$x-\omega_2$互素,从而

$$(x-\omega_1)(x-\omega_2)\mid f(x) \text{ 即 } x^2+x+1\mid f(x).$$

**评注** 本例证明中,$(x-\omega_1)(x-\omega_2)\mid f(x)$是指在复数$\boldsymbol{C}$上,而命题本身可理解为在一般数域$P$上$x^2+x+1\mid f(x)$,这是因为整除的概念是在带余除法基础上定义的,而带余除法所得的商及余式不随系数域的扩大而改变,因此,上述多项式在$P$上与在$\boldsymbol{C}$上整除是一致的. 类似的题有:

(1) 证明$(x^2+x+1)\mid[(x+1)^{2009}-x^{2009}-1]$.

**提示:**$x^2+x+1=0$的根为$x_{1,2}=\frac{-1\pm\sqrt{3}\mathrm{i}}{2}=\mathrm{e}^{\pm\frac{2\pi}{3}\mathrm{i}}$,令$\varepsilon=\mathrm{e}^{\pm\frac{2\pi}{3}\mathrm{i}}$,可见$\varepsilon$满足$\varepsilon^2+\varepsilon+1=0$,$\varepsilon+1=-\varepsilon^2=-\varepsilon^{-1}$,因此,$(\varepsilon+1)^{2009}-\varepsilon^{2009}-1=(-\varepsilon^{-1})^{2009}-\varepsilon^{2009}-1=(-1)^{2009}\varepsilon^{-2009}-\varepsilon^{2009}-1=-2\cos\frac{10\pi}{3}-1=0$,因此证得结论.

(2) 证明:如果$f(x)$与$g(x)$互素,则$f(x^m)$与$g(x^m)$互素.

**提示:**存在$u(x),v(x)$,使得$u(x)f(x)+v(x)g(x)=1$,于是$u(x^m)f(x^m)+v(x^m)g(x^m)=1$,故$(f(x^m),g(x^m))=1$.

(3) 设$m,n$为正整数,$d=(m,n)$,证明:$(x^n-1,x^m-1)=x^d-1$.

**提示:**因为$d=(m,n)$,所以$m=m_1d,n=n_1d$,且存在$s,t\in\mathbf{Z}$,使$d=ms+nt$. 因$d\leqslant m,d\leqslant n$,故$s,t$必为一正一负,不妨设$s>0,t<0$. 由上知

$$x^m-1=x^{m_1d}-1=(x^d-1)(x^{d(m_1-1)}+x^{d(m_1-2)}+\cdots+1),$$
$$x^n-1=x^{n_1d}-1=(x^d-1)(x^{d(n_1-1)}+x^{d(n_1-2)}+\cdots+1),$$

所以,$x^d-1$是$x^m-1$与$x^n-1$的公因式. 又设$\varphi(x)$为$x^m-1$与$x^n-1$的任一公因式,则因$x\nmid x^m-1$,所以$x\nmid\varphi(x)$,从而$(x,\varphi(x))=1$. 有$x^{n|t|}(x^d-1)=x^{d+n|t|}-x^{n|t|}=x^{ms}-x^{n|t|}=(x^{ms}-1)-(x^{n|t|}-1)$. 因$\varphi(x)\mid x^m-1,\varphi(x)\mid x^n-1$,所以$\varphi(x)\mid(x^{ms}-1)-(x^{n|t|}-1)$. 所以$\varphi(x)\mid x^{n|t|}(x^d-1)$. 又$(\varphi(x),x)=1$,进而$(\varphi(x),x^{n|t|})=1$,从而$\varphi(x)\mid x^d-1$. 从而由最大公因式的定义知,$(x^n-1,x^m-1)=x^d-1$.

(4) 设$f(x),g(x)\in P[x]$,$n$为正整数. 证明:如果$f^n(x)\mid g^n(x)$,则$f(x)\mid g(x)$.

**提示:**应用多项式的标准分解式,设$f(x)=ap_1^{r_1}(x)p_2^{r_2}(x)\cdots p_s^{r_s}(x)$,$a\in P,r_i\geqslant0$,$g(x)=bp_1^{t_1}(x)p_2^{t_2}(x)\cdots p_s^{t_s}(x)$,$b\in P,t_i\geqslant0$,其中$a,b$分别为$f(x),g(x)$的首项系数,$p_1(x),p_2(x),\cdots p_s(x)$为互不相同的首一不可约多项式,则有$f^n(x)=a^np_1^{r_1n}(x)p_2^{r_2n}(x)\cdots p_s^{r_sn}(x)$,$g^n(x)=b^np_1^{t_1n}(x)p_2^{t_2n}(x)\cdots p_s^{t_sn}(x)$. 因为$f^n(x)\mid g^n(x)$,所以,$r_in\leqslant t_in(i=1,2,\cdots,s)$. 于是$r_i\leqslant t_i(i=1,2,\cdots,s)$,故$f(x)\mid g(x)$.

(5) 设$f(x)=(x+1)^{k+n}+2x(x+1)^{k+n-1}+\cdots+(2x)^k(x+1)^n$. 证明$x^{k+1}\mid(x-1)f(x)+(x+1)^{k+n+1}$.

**提示:**$(x-1)f(x)=[2x-(x+1)][(x+1)^k+2x(x+1)^{k-1}+\cdots+(2x)^k](x+1)^n=[(2x)^{k+1}-(x+1)^{k+1}](x+1)^n=(2x)^{k+1}(x+1)^n-(x+1)^{n+k+1}$.

于是$(x-1)f(x)+(x+1)^{n+k+1}=(2x)^{k+1}(x+1)^n=(2)^{k+1}x^{k+1}(x+1)^n$,即$x^{k+1}\mid(x-1)f(x)+(x+1)^{k+n+1}$.

**例5-4** 设$a_1,a_2,\cdots,a_n$是互不相同的整数,$f(x)=(x-a_1)(x-a_2)\cdots(x-a_n)-1$. 证明:$f(x)$不能分解为两个次数大于零的整系数多项式的乘积.

**分析** 考虑使用反证法证明.

**证明** 假设$f(x)=g(x)h(x)$,其中$g(x)$与$h(x)$都是次数大于或等于1的整系数多项式,那么

$$g(a_i)h(a_i)=-1\ (i=1,2,\cdots,n),$$

因此

$$|g(a_i)|=|h(a_i)|=1,$$

且$g(a_i)$与$h(a_i)$互为相反数,即

$$(x-a_1)(x-a_2)\cdots(x-a_n)\mid(g(x)+1)(h(x)+1),$$
$$(f(x)+1)\mid(g(x)+1)(h(x)+1).$$

由于$f(x)=g(x)h(x)$,且$f(x)$为首项系数为1的多项式,由此得

$$f(x)+1=f(x)+g(x)+h(x)+1,g(x)=-h(x),f(x)=-g^2(x),$$

但是 $-g^2(x)$ 首项系数为负整数,矛盾.

**评注** 本例中 $a_1,a_2,\cdots,a_n$ 是互不相同的整数这一条件,起到了重要作用.类似的题有:

(1) 设 $p(x)$ 是非常数多项式.证明:如果对于任何的多项式 $f(x)$ 与 $g(x)$,由 $p(x)\mid f(x)\cdot g(x)$ 可以推出 $p(x)\mid f(x)$ 或者 $p(x)\mid g(x)$,则 $p(x)$ 是不可约多项式.

**提示**:(反证法)假设 $p(x)$ 是可约的,则 $p(x)$ 可分解为两个次数较低的多项式的乘积 $p(x)=f(x)g(x)$,则 $p(x)\mid f(x)\cdot g(x)$.由题设知 $p(x)\mid f(x)$ 或者 $p(x)\mid g(x)$.这与 $f(x)$ 和 $g(x)$ 都是 $p(x)$ 的真因子矛盾.所以 $p(x)$ 不可约.

(2) 判断下列多项式有无重因式:

① $f(x)=x^4-x^3-3x^2+5x-2$;② $f(x)=x^4+x^2+1$;③ $f(x)=x^6-15x^4+8x^3+51x^2-72x+27$.

**提示**:①由于 $(f(x),f'(x))=(x-1)^2$,故 $f(x)$ 有重因式,且 $x-1$ 是 $f(x)$ 的一个三重因式;②由于 $(f(x),f'(x))=1$,所以 $f(x)$ 无重因式;③由辗转相除法得 $(f(x),f'(x))=x^3+x^2-5x+3=(x-1)^2(x+3)$,所以 $f(x)$ 有重因式,且 $x-1$ 为三重因式,$x+3$ 为二重因式.

(3) 若多项式 $f(x)\neq0$ 且 $f(x)\mid f(x^n)$,则 $f(x)$ 的根只能是零或单位根.

**提示**:若 $f(x)$ 的根 $a\neq0$ 又不是单位根,令 $f(x^n)=f(x)g(x)$,则 $f(a^n)=f(a)g(a)=0$.于是 $a^n$ 也是 $f(x)$ 的根.重复上述过程知,$a,a^n,a^{n^2},\cdots,a^{n^k}\cdots$ 都是 $f(x)$ 的根.又由于 $|a|\neq0$,$|a|\neq1$,当 $|a|>1$ 时,有

$|a|<|a^n|<|a^{n^2}|<\cdots<|a^{n^k}|<\cdots$.当 $0<|a|<1$ 时,不等式 $|a|>|a^n|>|a^{n^2}|>\cdots>|a^{n^k}|>\cdots$ 成立,无论哪种情况都有 $a,a^n,a^{n^2},\cdots,a^{n^k}\cdots$ 中各数两两不相等,即 $f(x)$ 有无限个根,产生矛盾.

(4) 已知 $f(x)=x^5-10x^2+15x-6$ 有重根,试求它的所有根并确定重数.

**提示**:可求得 $(f(x),f'(x))=(x-1)^2$,所以 $x-1$ 是 $f(x)$ 的三重根.又由综合除法得 $f(x)=(x-1)^3(x^2+3x+6)$.解方程 $x^2+3x+6=0$ 得 $x_1=\dfrac{-3+\sqrt{15}\mathrm{i}}{2}$,$x_2=\dfrac{-3-\sqrt{15}\mathrm{i}}{2}$,故 $f(x)$ 的全部根为 $1,1,1,\dfrac{-3+\sqrt{15}\mathrm{i}}{2},\dfrac{-3-\sqrt{15}\mathrm{i}}{2}$.

(5) 若 $f(x^n)$ 能被 $(x-a)^k$ 除尽,$a\neq0$,证明 $f(x^n)$ 也能被 $(x^n-a^n)^k$ 除尽.

**提示**:令 $F(x)=f(x^n)$,$F(x)$ 能被 $(x-a)^k$ 除尽,即 $a$ 是 $F(x)$ 的 $k$ 重根.于是 $F'(x)=f'(x^n)nx^{n-1}$ 有 $k-1$ 重根 $a$.因为 $a\neq0$,我们有 $f'(a^n)=0$,即 $a$ 是 $f'(x^n)$ 的 $k-1$ 重根,依次做下去,$a$ 是 $f''(x^n)$ 的 $k-2$ 重根,$\cdots$,$a$ 是 $f^{(k-1)}(x^n)$ 的单重根,即 $f(a^n)=f'(a^n)=\cdots=f^{(k-1)}(a^n)=0$.$a^n$ 是 $f(x)$ 的 $k$ 重根,于是 $f(x)=(x-a^n)^k\varphi(x)$.这样 $f(x^n)=(x^n-a^n)^k\varphi(x^n)$,即 $f(x^n)$ 能被 $(x^n-a^n)^k$ 除尽.

**例 5-5** 求 $f(x)=x^7+2x^6-6x^5-8x^4+17x^3+6x^2-20x+8$ 的根.

**分析** 当多项式的次数较高时,直接分解因式不容易,但是可以通过求得 $(f(x),f'(x))$ 是否为 1,来找 $f(x)$ 的可能重根

**证明** 方法一 $f'(x)=7x^6+12x^5-30x^4-32x^3+51x^2+12x-20$,

用辗转相除法,得

$$(f(x),f'(x))=x^5+x^4-5x^3-x^2+8x-4.$$

于是

$$q(x)=\frac{f(x)}{(f(x),f'(x))}=x^2+x-2=(x-1)(x+2).$$

由于$f(x)$与$q(x)$有完全相同的不可约因式$x-1,x+2$,可见$f(x)$有根$1$, $-2$. 再用综合除法,即

| | | | | | | | | | |
|---|---|---|---|---|---|---|---|---|---|
| 1 | 1 | 2 | −6 | −8 | 17 | 6 | −20 | 8 | |
| | | 1 | 3 | −3 | −11 | 6 | 12 | −8 | |
| 1 | 1 | 3 | −3 | −11 | 6 | 12 | −8 | 0 | |
| | | 1 | 4 | 1 | −10 | −4 | 8 | | |
| 1 | 1 | 4 | 1 | −10 | −4 | 8 | 0 | | |
| | | 1 | 5 | 6 | −4 | −8 | | | |
| 1 | 1 | 5 | 6 | −4 | −8 | 0 | | | |
| | | 1 | 6 | 12 | 8 | | | | |
| 1 | 1 | 6 | 12 | 8 | 0 | | | | |
| | | 1 | 7 | 19 | | | | | |
| | 1 | 7 | 19 | 27 | | | | | |

可见1是$f(x)$的四重根, $-2$是$f(x)$的三重根.

方法二　$f(x)$为首项系数为1的整系数多项式,故它的有理根都是整数,且都是常数项的因子. 常数项8的因子为$\pm1$, $\pm2$, $\pm4$, $\pm8$. 对$x=1$应用综合除法检验(同上),可见$x=1$为$f(x)$的四重根,有$f(x)=(x-1)^4(x^3+6x^2+12x+8)$,且

而对$g(x)=x^3+6x^2+12x+8$,有

| | | | | |
|---|---|---|---|---|
| −1 | 1 | 6 | 12 | 8 |
| | | −1 | −5 | −7 |
| | 1 | 5 | 7 | 1≠0 |

.

| | | | | |
|---|---|---|---|---|
| 2 | 1 | 6 | 12 | 8 |
| | | 2 | 16 | 56 |
| | 1 | 8 | 28 | 64≠0 |

所以$x=-1$,$x=2$,不是$g(x)$的有理根,从而不是$f(x)$的有理根. 又有

| | | | | | |
|---|---|---|---|---|---|
| −2 | 1 | 6 | 12 | 8 | |
| | | −2 | −8 | −8 | |
| −2 | 1 | 4 | 4 | 0 | |
| | | −2 | −4 | | |
| −2 | 1 | 2 | 0 | | |
| | | −2 | | | |
| −2 | 1 | 0 | | | |

可见$g(x)=(x+2)^3$,故$f(x)=(x-1)^4(x+2)^3$,即$x=1$为$f(x)$的四重根,$x=-2$为$f(x)$的三重根.

**评注**　当$f(x)$与$f'(x)$不互素时,$f(x)$有重根,此时可以通过计算$\frac{f(x)}{(f(x),f'(x))}$得到$f(x)$的所有不可约因式,再用综合除法确定根的重数;也可以直接将$(f(x),f'(x))$因式分解,从而

得知$f(x)$的重根重数. 如对本题,有

$$(f(x),f'(x))=(x-1)^3(x+2)^2,$$

所以1是$f(x)$的四重根, $-2$是$f(x)$的三重根.

当分离出$f(x)$的因子$(x-1)^4$后,可不必再用原多项式$f(x)$对$x=-1$与$x=2$等进行检验,只要对$g(x)=x^3+6x^2+12x+8$进行综合除法即可. 类似的题有:

(1) 如果$a$是$f'''(x)$的一个$k$重根,证明:$a$是$g(x)=\frac{x-a}{2}[f'(x)+f'(a)]-f(x)+f(a)$的一个$k+3$重根.

**提示:**$g'(x)=\frac{1}{2}[f'(a)-f'(x)]+\frac{x-a}{2}f''(x)$, $g''(x)=\frac{x-a}{2}f'''(x)$. 易知,$g(a)=0$, $g'(a)=0$,又因为$a$是$f'''(x)$的一个$k$重根,从而$x=a$是$g''(x)$的$k+1$重根,是$g'(x)$的$k+2$重根,进而是$g(x)$的$k+3$重根.

(2) 求整数对$(m,n)$,使$g(x)\mid f(x)$,其中$g(x)=1+x+x^2+\cdots+x^m$, $f(x)=1+x^n+x^{2n}+\cdots+x^{mn}$.

**提示:** $g(x)=\frac{x^{m+1}-1}{x-1}$, $f(x)=\frac{x^{(m+1)n}-1}{x^n-1}$,因此$g(x)\mid f(x)$当且仅当$(x^n-1)(x^{m+1}-1)$能除尽$(x-1)(x^{(m+1)n}-1)$. 不难看出$x^n-1$和$x^{m+1}-1$的全部根都是$x^{(m+1)n}-1$的根. 又$x^{(m+1)n}-1$的根全部是单根,即无重根. 这样由前面的证明知$g(x)\mid f(x)$当且仅当$x^n-1$与$x^{(m+1)}-1$除根1外无其他公共根,即$(x^n-1,x^{(m+1)}-1)=x-1$. 但该式成立当且仅当$(n,m+1)=1$. 因此$g(x)\mid f(x)$当且仅当$n$与$m+1$互素. 这样所求的整数对$(m,n)$是所有满足$n$与$m+1$互素的整数对.

(3) 证明多项式$f(x)=1+2x+3x^2+\cdots+(n+1)x^n$没有重根.

**提示:**因为

$$\begin{aligned}f(x)&=1+2x+3x^2+\cdots+(n+1)x^n=(1+x+x^2+\cdots+x^{n+1})'\\&=\frac{(n+1)x^{n+2}-(n+2)x^{n+1}+1}{(x-1)^2},\end{aligned}$$

令$g(x)=(x-1)^2f(x)=(n+1)x^{n+2}-(n+2)x^{n+1}+1(*)$,
因$(g(x),g'(x))=((n+1)x^{n+2}-(n+2)x^{n+1}+1,(n+1)(n+2)x^{n+1}-(n+2)(n+1)x^{n+1})=((n+1)x^{n+2}-(n+2)x^{n+1}+1,x-1)=x-1$.

故知$x=1$为$g(x)$的仅有的重根,而$x=1$却不是$f(x)$的根,所以由$(*)$式知,$f(x)$无重根.

(4)设$\frac{p}{q}$是整系数多项式$f(x)=a_0x^n+a_1x^{n-1}+\cdots+a_n$的有理根,$p$与$q$互素,则对任意整数$m$,$p-mq$是$f(m)$的约数.

**提示:**将$f(x)$按$x-m$的方幂展开,得

$$f(x)=a_0(x-m)^n+c_1(x-m)^{n-1}+\cdots+c_{n-1}(x-m)+c_n,$$

其中$c_i$是整数,$1\leqslant i\leqslant n$. 显然$c_n=f(m)$. 令$x=\frac{p}{q}$,得

$$a_0(p-mq)^n+c_1(p-mq)^{n-1}q+\cdots+c_{n-1}(p-mq)q^{n-1}+c_nq^n=0.$$

因此$\frac{c_n q^n}{p-mq}$是整数. 由于$\frac{p-mq}{q}=\frac{p}{q}-m$是不可约的,于是$p-mq$与$q$互素. 这样$c_n=f(m)$能被$p-mq$除尽.

(5) 设$f(x)$是一个整系数多项式. 证明如果存在一个偶数$a$及一个奇数$b$,使$f(a)$与$f(b)$都是奇数,则$f(x)$没有整数根.

**提示:**设$f(x)=a_0x^n+a_1x^{n-1}+\cdots+a_{n-1}x+a_n$,其中$a_i$是整数,$0\leqslant i\leqslant n$. $a_0\neq 0$. 由于$a_i$是偶数,而$f(a)=a_0a^n+a_1a^{n-1}+\cdots+a_{n-1}a+a_n$是奇数,从而$a_n$为奇数. 这样,对于任意偶数$c$,都有$f(c)$是奇数. 又$b$是奇数,$f(b)=a_0b^n+a_1b^{n-1}+\cdots+a_{n-1}b+a_n$也是奇数. 对任意奇数$d$,有$b^i-d^i$是偶数,$1\leqslant i\leqslant n$. 因此$f(b)-f(d)=a_0(b^n-d^n)+a_1(b^{n-1}-d^{n-1})+\cdots+a_{n-1}(b-d)$为偶数. 又$f(b)$为奇数,从而$f(d)$必为奇数. 这样对于任意整数$k$,$f(k)$都是奇数,从而$f(k)\neq 0$,即$f(x)$没有整数根.

**例 5-6** 求多项式$x^n-1$在复数范围内和在实数范围内的因式分解.

**分析** 可考虑$x^n-1$在复数域上的$n$个根$x_k=\varepsilon_k=\cos\frac{2k\pi}{n}+\mathrm{i}\sin\frac{2k\pi}{n}$ $(k=0,1,2,\cdots,n-1)$来求解.

**解答** 令

$$\varepsilon_k=\cos\frac{2k\pi}{n}+\mathrm{i}\sin\frac{2k\pi}{n}\quad(k=0,1,2,\cdots,n-1).$$

因为$x^n-1$在复数域内恰有$n$个根$\varepsilon_k(k=0,1,2,\cdots,n-1)$,所以它在复数域上的因式分解为

$$x^n-1=(x-1)(x-\varepsilon_1)(x-\varepsilon_2)\cdots(x-\varepsilon_{n-1}),$$

再讨论它在实数域上的因式分解. 由于$\bar{\varepsilon}_k=\varepsilon_{n-k}$,所以

$$\varepsilon_k+\varepsilon_{n-k}=\varepsilon_k+\bar{\varepsilon}_k=2\cos\frac{2k\pi}{n}$$

是一个实数,且由于

$$(\varepsilon_k+\varepsilon_{n-k})^2-4=4\cos^2\frac{2k\pi}{n}-4<0\quad(k=1,2,\cdots,n-1),$$

故$x^2-(\varepsilon_k+\varepsilon_{n-k})x+1$是实数域上的不可约多项式. 从而当$n$为奇数时,有

$$\begin{aligned}x^n-1&=(x-1)[x^2-(\varepsilon_1+\varepsilon_{n-1})x+1][x^2-(\varepsilon_2+\varepsilon_{n-2})x+1]\cdots[x^2-(\varepsilon_{\frac{n-1}{2}}+\varepsilon_{\frac{n+1}{2}})x+1]\\&=(x-1)\left[x^2-2x\cos\frac{2\pi}{n}+1\right]\left[x^2-2x\cos\frac{4\pi}{n}+1\right]\cdots\left[x^2-2x\cos\frac{(n-1)\pi}{n}+1\right]\\&=(x-1)\prod_{k=1}^{\frac{n-1}{2}}\left[x^2-2x\cos\frac{2k\pi}{n}+1\right].\end{aligned}$$

当$n$为偶数时,有

$$\begin{aligned}x^n-1&=(x-1)(x+1)[x^2-(\varepsilon_1+\varepsilon_{n-1})x+1][x^2-(\varepsilon_2+\varepsilon_{n-2})x+1]\cdots[x^2-(\varepsilon_{\frac{n-2}{2}}+\varepsilon_{\frac{n+2}{2}})x+1]\\&=(x-1)(x+1)\prod_{k=1}^{\frac{n-1}{2}}\left[x^2-2x\cos\frac{2k\pi}{n}+1\right].\end{aligned}$$

**评注** 求多项式的分解式,没有一般的方法可循,通常是根据多项式的特殊性,应用已知的分解式(如乘法公式)来求解. 类似的题有:

(1) 设实系数多项式$f(x)$的首项系数$a_0>0$且无实根. 证明:存在实系数多项式$g(x)$, $h(x)$,使得$f(x)=g^2(x)+h^2(x)$.

**提示**:$f(x)$的复根成对出现,所以,$f(x)$的次数为偶数. 设$x_1,x_2,\cdots,x_k,\bar{x}_1,\bar{x}_2,\cdots,\bar{x}_k$为根,令$\varphi(x)=(x-x_1)(x-x_2)\cdots(x-x_k)$, $\bar{\varphi}(x)=(x-\bar{x}_1)(x-\bar{x}_2)\cdots(x-\bar{x}_k)$.

记$\varphi(x)=g(x)+\mathrm{i}h(x)$, $\bar{\varphi}(x)=g(x)-\mathrm{i}h(x)$,相乘,得$f(x)=[\sqrt{a_0}g(x)]^2+[\sqrt{a_0}h(x)]^2$.

(2) 证明:如果$x-1\mid f(x^n)$,那么$x^n-1\mid f(x^n)$.

**提示**:因$x-1\mid f(x^n)$,则$f(1)=f(1^n)=0$,从而对任一$n$次单位根$\omega_k$,有$f(\omega_k^n)=f(1)=0$,所以,任一$n$次单位根$\omega_k$都是$f(x^n)$的根. 于是$x-\omega_k\mid f(x^n)$,其中$\omega_k=\cos\dfrac{2k\pi}{n}+\mathrm{i}\sin\dfrac{2k\pi}{n}$ $(k=0,1,2,\cdots,n-1)$. 又因为$x-\omega_k(k=0,1,2,\cdots,n-1)$两两互素,所以$(x-1)(x-\omega_1)\cdots(x-\omega_{n-1})\mid f(x^n)$,而$(x-1)(x-\omega_1)\cdots(x-\omega_{n-1})=x^n-1$,故$x^n-1\mid f(x^n)$.

(3) 已知多项式$f(x)=x^3+2x^2-3x-10$有一根$-2+\mathrm{i}$,试求$f(x)$的所有根.

**提示**:因为实系数多项式的虚根成双定理,$f(x)$还有根$-2-\mathrm{i}$,设$f(x)$的第3个根为$\alpha$,则由韦达定理,$-2+\mathrm{i}-2-\mathrm{i}+\alpha=-2$. 从而,$\alpha=2$,所以,原多项式的所有根为$-2+\mathrm{i},-2-\mathrm{i},2$.

(4) 求$x^m+a^m$与$x^n+a^n$的最大公因式.

**提示**:设$d$是$m$与$n$的最大公约数. 令$m=m_1d$, $n=n_1d$. 若$m_1$和$n_1$都是奇数,则$x^d+a^d$为$x^m+a^m$与$x^n+a^n$的最大公因式. 若$m_1$与$n_1$中至少有一个偶数,则$x^m+a^m$与$x^n+a^n$互素.

(5) 若$a$是实系数多项式$f(x)=a_0x^n+a_1x^{n-1}+\cdots+a_n(0<a_0<a_1<\cdots<a_n)$的根,且$f(1)>1$,则$|a|>1$.

**提示**:令$b_0=a_0,b_1=a_1-a_0,\cdots,b_n=a_n-a_{n-1}$,则

$$f(x)=b_0x^n+(b_0+b_1)x^{n-1}+\cdots+(b_0+b_1+\cdots+b_n)=\frac{b_0(x^{n+1}-1)}{x-1}+\cdots+\frac{b_{n-1}(x^2-1)}{x-1}+b_n=(x-1)^{-1}\sum_{j=0}^{n}b_j(x^{n+1-j}-1).$$

由于$f(1)>1$,有$a\neq1$,因此,$\varphi(a)=\sum_{j=0}^{n}b_j(a^{n+1-j}-1)=0$. 若$|a|<1$,则$\left|\sum_{j=0}^{n}b_ja^{n+1-j}\right|<\left|\sum_{j=0}^{n}b_j\right|$, $\varphi(a)\neq0$.

若$|a|=1$,则$a=\cos\theta+\mathrm{i}\sin\theta$, $\mathrm{Re}\varphi(a)=\sum_{j=0}^{n}b_j[\cos(n+1-j)\theta-1]=0$,因此得$\cos(n+1-j)\theta=1(0\leqslant j\leqslant n)$,特别令$j=n$,得$\cos\theta=1$. 矛盾. 问题得证.

**例5-7** 证明:当$p$为素数时,$f(x)=1+2x+\cdots+(p-1)x^{p-2}$在有理数域上不可约.

**分析** 直接证明不容易,可对$f(x)$进行变形及代换,化成便于使用艾森斯坦判别法的形式.

**证明** 对$f(x)$进行变换,利用导数的有关结果:

$$f(x)=(1+x+x^2+\cdots+x^{p-1})'=\left(\frac{x^p-1}{x-1}\right)'=\frac{(p-1)x^p-px^{p-1}+1}{(x-1)^2},$$

令 $x=y+1$,得

$$g(y)=f(y+1)=\frac{(p-1)(y+1)^p-p(y+1)^{p-1}+1}{y^2}=\frac{1}{y^2}\left[(p-1)\sum_{k=0}^{p}C_p^k y^k-p\sum_{k=0}^{p-1}C_{p-1}^k y^k+1\right]$$

$$=(p-1)\sum_{k=2}^{p}C_p^k y^{k-2}-p\sum_{k=2}^{p-1}C_{p-1}^k y^{k-2}=\sum_{k=2}^{p-1}\left[(p-1)C_p^k-pC_{p-1}^k\right]y^{k-2}+(p-1)C_p^p y^p$$

$$=\sum_{k=2}^{p-1}(k-1)C_p^k y^{k-2}+(p-1)y^p.$$

因为 $p\mid(k-1)C_p^k(k=2,3,\cdots,p-1)$, $p^2\nmid C_p^2$, $p^2\nmid(p-1)$,所以由艾森斯坦判别法,知 $g(y)$ 在有理数域上不可约,故 $f(x)$ 在有理数域上也不可约.

**评注** 本例不能直接使用艾森斯坦因判别法,但经过变换 $x=y+1$,则 $f(x)$ 可化为可应用艾森斯坦因判别法的情况. 这是判别整数系多项式不可约的一个常用的方法. 注意所用的变换必须是可逆的,并且将整系数多项式仍变为整系数多项式. 通常所用的变换是 $x=ay+b$,有时也可用 $x=\frac{1}{y}$,等等. 类似的题有:

(1) 多项式 $x^4+4kx+1$ ($k$ 为整数)在有理数域上是否可约?

**提示:**方法一 令 $x=y+1$,代入 $f(x)=x^4+4kx+1$,得

$g(y)=f(y+1)=y^4+4y^3+6y^2+(4k+4)y+4k+2$. 取素数 $p=2$. 由于 $2\nmid 1$,又 $2\mid 4$, $2\mid 6$, $2\mid(4k+4)$, $2\mid(4k+2)$,但 $2^2\nmid(4k+2)$,故由艾森斯坦判别法知,$g(y)$ 在有理数域上不可约,从而 $f(x)$ 在有理数域上不可约.

方法二 反证. 若 $f(x)=x^4+4kx+1$ 在有理数域上可约,则它只能分解成整系数的一次因式和三次因式相乘,或两个整系数二次因式相乘. 但由于 $k$ 为整数,故 $f(x)$ 没有有理根(若有有理根,只可能是 $\pm1$,但显然 $\pm1$ 不是它的根),从而 $f(x)$ 不可能分解成一次因式和三次因式相乘,故设 $f(x)=(x^2+ax+1)(x^2+bx+1)$, $f(x)=(x^2+ax-1)(x^2+bx-1)$,其中 $a,b$ 为整数. 由上面第 1 式,得

$$x^4+4kx+1=x^4+(a+b)x^3+(ab+2)x^2+(a+b)x+1,$$

于是有 $a+b=0$, $ab+2=0$, $a+b=4k$,解得 $a=\pm\sqrt{2}$,这与 $a$ 是整数相矛盾. 同样,由第二式也引出矛盾,故 $f(x)$ 在有理数域上不可约.

(2) 证明 $x^p+px+1$,($p$ 为奇素数)在有理数域上不可约.

**提示:**令 $x=y-1$,则

$$\varphi(y)=(y-1)^p+p(y-1)+1=\sum_{k=0}^{p}(-1)^k C_p^k y^k+py-p+1=\sum_{k=1}^{p}(-1)^{k+}C_p^k y^k+py-p.$$

多项式 $\varphi(y)$ 的常数项为 $-p$,其余各中间项的系数为 $p$ 的倍数,首项系数为 1,从而由艾森斯坦判别法知,$\varphi(y)$ 在有理数域上不可约,故 $x^p+px+1$ 在有理数域上也不可约.

(3) 设 $p$ 为素数,证明多项式 $x^{p-1}+\frac{1}{2}x^{p-2}+\cdots+\frac{1}{p}$ 在有理数域上不可约.

**提示:**令 $x=\frac{1}{y}$,再将所得的多项式乘以 $p!\ y^{p-1}$.

(4) 设 $f(x)$ 是 $n$ 次整系数多项式,$n=2m$ 或 $n=2m+1$. 若 $f(x)$ 在变数的 $2m$ 个以上的整数值上取 $\pm1$. 则它是不可约多项式.

**提示:**假设 $\varphi(x)$ 是 $f(x)$ 的因式,则 $\varphi(x)$ 的次数 $\leqslant 2m$. $f(x)$ 在 $2m$ 个以上的值取 $\pm1$,则

$\varphi(x)$必在这些值上同样取 $\pm 1$,即 $\varphi(x)$ 在变数的 $2m$ 个以上的整数值上取 $\pm 1$. 因此必有 $\varphi(x)=\pm 1$,即 $f(x)$在有理数域上不可约.

(5) 设 $a_1,a_2,\cdots,a_n$ 是互不相同的整数,证明多项式 $f(x)=(x-a_1)^2(x-a_2)^2\cdots(x-a_n)^2+1$. 在有理数域上不可约.

**提示**:设 $f(x)=g(x)h(x)$,$\deg g(x)<2n$,$\deg g(x)<2n$,$g(x)$,$h(x)$都是整系数多项式,不妨设 $\deg g(x)\leqslant n$. 首先,由$f(x)$的构造知,$f(x)$无实根,从而$\forall x\in\mathbb{R}$ ,$h(x)>0$,或$h(x)<0$. 不妨设 $h(x)>0$,$\forall x\in\mathbb{R}$,因 $g(a_i)h(a_i)=f(a_i)=1(i=1,2,\cdots,n)$,故 $h(a_i)=1(i=1,2,\cdots,n)$. 于是 $h(x)=(x-a_1)(x-a_2)\cdots(x-a_n)l(x)+1$. 因 $\deg g(x)\leqslant n$,故 $l(x)=c$ 且 $h(x)=(x-a_1)(x-a_2)\cdots(x-a_n)c+1$,$c\in\mathbb{Z}$. 从而 $\deg g(x)=n$,且 $g(x)=(x-a_1)(x-a_2)\cdots(x-a_n)d+1$,$d\in\mathbb{Z}$. 所以

$$(x-a_1)^2(x-a_2)^2\cdots(x-a_n)^2+1$$
$$=(x-a_1)^2(x-a_2)^2\cdots(x-a_n)^2cd+(x-a_1)(x-a_2)\cdots(x-a_n)(c+d)+1,$$

从而 $cd=1$,$c+d=0$,于是 $c=0,d=1$ 或 $d=0,c=1$,即有 $h(x)=1$,或 $g(x)=1$. 这说明 $f(x)$不可约.

**例 5-8** 求所有整数 $m$,使$f(x)=x^5+mx+1$ 在有理数域上可约.

**分析** 因为首项系数为 1 的整系数多项式的有理根都是整数根,且是常数项的因子,所以要看$f(x)$是否有有理根来讨论其可约时的 $m$ 取值.

**解答** 分两种情况讨论:

(1) 如果$f(x)$有有理根,则$f(1)=0$ 或$f(-1)=0$.

当$f(1)=1+m+1=0$ 时,得 $m=-2$;

当$f(-1)=-1-m+1=0$ 时,得 $m=0$.

(2) 如果$f(x)$无有理根,则 $f(x)$ 可以分解成一个三次多项式与一个二次多项式的乘积. 设

$$f(x)=(x^3+ax^2+bx+1)(x^2+cx+1),\tag{5-1}$$

或

$$f(x)=(x^3+ax^2+bx-1)(x^2+cx-1).\tag{5-2}$$

其中 $a,b,c$ 都是整数. 将式(5-1)右端展开,比较两端同次项系数,得

$$a+c=0,ac+b+1=0,a+bc+1=0,b+c=m,$$

解得 $a=-1,b=0,c=1,m=1$. 将式(5-2)右端展开,比较两端同次项系数,得

$$a+c=0,ac+b-1=0,-a+bc-1=0,b+c=-m,$$

解不出整数解.

综上所述,当且仅当 $m=0,1-2$ 时,$f(x)$在有理数域上可约.

**评注** 如果次数$\geqslant 2$ 的有理系数多项式有有理根,则它一定是可约的;但如果它没有有理根,则只能说它没有一次因式,它还有别的因式,这一点要注意. 类似的题有:

(1) 设$f(x)=a_0x^n+a_1x^{n-1}+\cdots+a_n$,$g(x)=b_0x^n+b_1x^{n-1}+\cdots+b_n$ 都是整系数多项式. 若存在整数 $b$,满足 $b>2\max\limits_{0\leqslant i\leqslant n}\{|a_i|,|b_i|\}$,$f(b)=g(b)$. 则$f(x)=g(x)$.

**提示**:$b$ 是整系数多项式$f(x)-g(x)$的根,由有理根的形式有 $b\mid(a_n-b_n)$,但是 $b>2\max\{|a_n|,|b_n|\}\geqslant|a_n-b_n|$. 从而 $a_n=b_n$. 再令$f_1(x)=a_0x^{n-1}+a_1x^{n-2}+\cdots+a_{n-1}$,$g_1(x)=b_0x^{n-1}$

$+b_1x^{n-2}+\cdots+b_{n-1}$，$b$ 是整系数多项式 $f_1(x)-g_1(x)$ 的根，由此得 $a_{n-1}=b_{n-1}$，其余类推.

(2) 设 $f(x)$ 为整系数多项式，$x=\frac{q}{p}$，$(p,q)=1$ 为 $f(x)$ 的有理根. 证明：$\forall m\in\mathbb{Z}$，有 $pm-q\mid f(m)$.

**提示：** 令 $g(x)=px-q$，因 $(p,q)=1$，所以 $g(x)$ 为本原多项式. 又因为 $x=\frac{q}{p}$ 为 $f(x)$ 的根，所以 $px-q\mid f(x)$，从而存在有理系数多项式 $h(x)$，使 $f(x)=(px-q)h(x)$. 由于 $f(x)$ 为整系数多项式，进而 $h(x)$ 也为整系数多项式. 所以，$\forall m\in\mathbb{Z}$，$f(m)=(pm-q)h(m)$. 因 $h(x)$ 为整系数多项式，所以 $h(m)$ 为整数，故得 $pm-q\mid f(m)$.

(3) 在整系数范围分解多项式 $F(x)=x^8+98x^4+1$.

**提示：** $F(x)$ 没有线性因子，因为 1 和 $-1$ 不是其根. 若 $F(x)$ 有不可约的二次因子 $Q(x)=x^2+Mx\pm1$，显然 $M\neq0$，因为 $\pm1$，$\pm\mathrm{i}$ 不是其根. 由于 $F(x)$ 是偶函数，故 $Q(-x)=x^2-Mx\pm1$ 是一个因子. 令 $P(x^2)=Q(x)Q(-x)=x^4-(M^2\mp2)x^2+1$. 同样，$P(-x^2)=x^4-(M^2\mp2)x^2+1$ 也是其一个因子，但是 $P(-x^2)\cdot Q(x)Q(-x)=[x^4-(M^2\mp2)x^2+1][x^4-(M^2\mp2)x^2+1]=x^8+[2-(M^2\mp2)^2]x^4+1$.

$2-(M^2\mp2)^2=98$ 没有整数解，因此 $F(x)$ 没有不可约的二次因子.

$F(x)$ 没有不可约的三次因子，否则，设 $k(x)$ 是其一个不可约的三次因子，则 $-k(-x)$ 是其另一个不可约的三次因子，此时，$F(x)$ 必有不可约的一次或二次因子.

设 $F(x)$ 是两个不可约的四次因子的乘积，$G(x)=x^4+\cdots\pm1$，$H(x)=x^4+\cdots\pm1$. 由对偶性，有

$G(x)=G(-x)$，$H(x)=H(-x)$ 或 $G(x)=H(-x)$，$H(x)=G(-x)$.

在第一种情况中必有 $G(x)=x^4-M^2x^2\pm1$，$H(x)=x^4+M^2x^2\pm1$，由于 $-M^2\pm2=98$ 不成立，因此 $F(x)$ 没有这种分解. 在第二种情况中，$(x^4+Ax^3+Bx^2+Cx\pm1)(x^4-Ax^3+Bx^2-Cx\pm1)=x^8+98x^4+1$，计算，得

$$F(x)=x^8+98x^4+1=(x^4+4x^3+8x^2-4x+1)(x^4-4x^3+8x^2+4x+1).$$

(4) 设 $f(x)$ 是一个整系数多项式，试证：如果 $f(0)$ 与 $f(1)$ 都是奇数，那么 $f(x)$ 不能有整数根.

**提示：** 反证法. 假设 $\alpha$ 是 $f(x)$ 的一个整系数，则 $f(x)=(x-a)f_1(x)$. 由综合除法知，$x-a$ 除 $f(x)$ 的商式 $f_1(x)$ 必为整系数多项式. 由 $\begin{cases}f(0)=(-\alpha)f_1(0)\\ f(1)=(1-\alpha)f_1(1)\end{cases}$ 可知，等式右边都是两个整数的乘积，而 $\alpha$ 与 $(1-\alpha)$ 中必有一个是偶数，所以 $f(0)$ 与 $f(1)$ 中必有一个是偶数，这与题设矛盾. 故 $f(x)$ 无整数根.

(5) 设 $f(x)=a_0x^n+a_1x^{n-1}+\cdots+a_{n-1}x+a_n$ 是一个整系数多项式，存在素数 $p$，使 $p\nmid a_0$，$p\mid a_{k+1},a_{k+2},\cdots,a_n$，$p^2\nmid a_n$，则 $f(x)$ 有次数 $\geqslant n-k$ 的不可约因子.

**提示：** 若 $f(x)$ 不可约，得证. 否则，将 $f(x)$ 分解为不可约因子的积，令 $\varphi(x)$ 是 $f(x)$ 的不可约因子，令 $\varphi(x)=b_0x^m+b_1x^{m-1}+\cdots+b_m$ 且 $p\mid b_m$. 由于 $p\mid a_n$，这样的 $\varphi(x)$ 必存在. $\varphi(x)$ 的系数全为整数. 令 $f(x)=\varphi(x)g(x)$，其中 $g(x)=c_0x^h+c_1x^{h-1}+\cdots+c_h$. 设 $b_i$ 是 $\varphi(x)$ 的由末尾数头一个不能被 $p$ 除尽的系数. 由于 $p^2\nmid a_n$，则 $p\nmid c_h$. 于是 $a_{h+i}=b_ic_h+b_{i+1}c_{h-1}+\cdots+b_{i+r}c_{h-r}+\cdots$ 不能被 $p$ 除尽. 因此 $h+i\leqslant k$. 这样，$m\geqslant m+h+i-k=n+i-k\geqslant n-k$. 于是 $f(x)$ 有次数 $\geqslant$

$n-k$ 的不可约因子.

**例 5-9** 计算下列行列式:$\Delta_n = \begin{vmatrix} \frac{1}{x_1-a_1} & \frac{1}{x_1-a_2} & \cdots & \frac{1}{x_1-a_n} \\ \frac{1}{x_2-a_1} & \frac{1}{x_2-a_2} & \cdots & \frac{1}{x_2-a_n} \\ \vdots & \vdots & \ddots & \vdots \\ \frac{1}{x_n-a_1} & \frac{1}{x_n-a_2} & \cdots & \frac{1}{x_n-a_n} \end{vmatrix}$.

**分析** 该行列式的计算最终结果必是两个多元多项式的商,结合行列式的性质以及关于多元多项式的命题来求解本题.

命题:设 $f$ 为数域 $K$ 上的 $n$ 元多项式,$g_1,g_2,\cdots,g_s$ 为数域 $K$ 上互不相伴的 $n$ 元不可约多项式,若 $g_i \mid f, i=1,2,\cdots,s$,则 $g_1\cdot g_2\cdot\cdots\cdot g_s \mid f$.

**解答** 令

$$\Delta_n = \frac{F(x_1,x_2,\cdots,x_n,a_1,a_2,\cdots,a_n)}{G(x_1,x_2,\cdots,x_n,a_1,a_2,\cdots,a_n)},$$

其中 $F(x_1,x_2,\cdots,x_n,a_1,a_2,\cdots,a_n)$ 与 $G(x_1,x_2,\cdots,x_n,a_1,a_2,\cdots,a_n)$ 都是 $Q$ 上的 $2n$ 元多项式.

显然,有

$$G(x_1,x_2,\cdots,x_n,a_1,a_2,\cdots,a_n) = \prod_{\substack{1\leqslant i\leqslant n\\1\leqslant j\leqslant n}}(x_i-a_j).$$

又由行列式的性质知

$$\Delta_n\big|_{x_i=x_j}=0, \Delta_n\big|_{a_i=a_j}=0,$$

故

$$F(x_1,x_2,\cdots,x_n,a_1,a_2,\cdots,a_n)\big|_{x_i=x_j}=0, F(x_1,x_2,\cdots,x_n,a_1,a_2,\cdots,a_n)\big|_{a_i=a_j}=0,$$

所以

$$x_i-x_j \mid F(x_1,x_2,\cdots,x_n,a_1,a_2,\cdots,a_n),$$
$$a_i = a_j \mid F(x_1,x_2,\cdots,x_n,a_1,a_2,\cdots,a_n).$$

从而由命题知

$$\prod_{1\leqslant i<j\leqslant n}(x_i-x_j)\prod_{1\leqslant i<j\leqslant n}(a_i-a_j) \mid F(x_1,x_2,\cdots,x_n,a_1,a_2,\cdots,a_n).$$

从而

$$F(x_1,x_2,\cdots,x_n,a_1,a_2,\cdots,a_n) = \prod_{1\leqslant i<j\leqslant n}(x_i-x_j)\prod_{1\leqslant i<j\leqslant n}(a_i-a_j)c_n(x_1,x_2,\cdots,x_n,a_1,a_2,\cdots,a_n).$$

由行列式的展开知,$\Delta_n$ 的分子中关于 $x_i,a_i(i=1,2,\cdots,n)$ 的次数都不超过 $n-1$,故 $c_n(x_1,x_2,\cdots,x_n,a_1,a_2,\cdots,a_n)$ 关于 $x_i,a_i(i=1,2,\cdots,n)$ 的次数都只能是零次,即 $c_n(x_1,x_2,\cdots,x_n,a_1,a_2,\cdots,a_n)=c_n$ 为常数.

又由行列式的性质知

$$\Delta_n(x_n-a_n)\big|_{x_n=a_n} = (-1)^{n-1}\Delta_{n-1},$$

即

$$c_n \cdot \frac{\prod\limits_{1\leqslant i<j\leqslant n-1}(x_i - x_j)\cdot \prod\limits_{1\leqslant i<j\leqslant n-1}(a_i - a_j)\cdot \prod\limits_{1\leqslant i\leqslant n-1}(x_i - a_n)\cdot \prod\limits_{1\leqslant j\leqslant n-1}(a_j - a_n)}{\prod\limits_{\substack{1\leqslant i\leqslant n-1\\1\leqslant j\leqslant n-1}}(x_i - a_j)\cdot \prod\limits_{1\leqslant j\leqslant n-1}(x_n - a_i)\cdot \prod\limits_{1\leqslant i\leqslant n-1}(x_i - a_n)}$$

$$= (-1)^{n-1}\frac{c_n}{c_{n-1}}\Delta_{n-1} = (-1)^{n-1}\Delta_{n-1}$$

所以 $c_n = c_{n-1}$，依次类推，得 $c_n = c_{n-1} = \cdots = c_1 = 1$. 从而

$$\Delta_n = \frac{\prod\limits_{1\leqslant i<j\leqslant n}(x_i - x_j)\cdot \prod\limits_{1\leqslant i<j\leqslant n-1}(a_i - a_j)}{\prod\limits_{\substack{1\leqslant i\leqslant n\\1\leqslant j\leqslant n}}(x_i - a_j)}.$$

**评注** 本例应用多项式来计算行列式，用代数运算代替了复杂的行列式变换，十分巧妙. 同时，这也给出了计算行列式的一条新的途径. 类似的题有：

(1) 证明：对任意的正整数 $m, n$, $(x-y)(y-z)(z-x) \mid x^m y^n - x^n y^m + y^m z^n - z^m y^n + z^m x^n - z^n x^m$.

**提示：** 设 $f(x) = x^m y^n - x^n y^m + y^m z^n - z^m y^n + z^m x^n - z^n x^m$，因为 $f(x,x,z) = f(x,y,x) = f(x,y,y) = 0$，有 $x - y \mid f(x,y,z)$, $y - z \mid f(x,y,z)$, $z - x \mid f(x,y,z)$，从而由命题，得 $(x-y)(y-z)(z-x) \mid f(x,y,z)$.

(2) 设 $f(x_1, x_2, \cdots, x_n)$ 是 $p(p\geqslant 2)$ 次齐次多元多项式，它的黑塞行列式为

$$H(f) = \begin{vmatrix} \dfrac{\partial^2 f}{\partial x_1 \partial x_1} & \dfrac{\partial^2 f}{\partial x_1 \partial x_2} & \cdots & \dfrac{\partial^2 f}{\partial x_1 \partial x_n} \\ \dfrac{\partial^2 f}{\partial x_2 \partial x_1} & \dfrac{\partial^2 f}{\partial x_2 \partial x_2} & \cdots & \dfrac{\partial^2 f}{\partial x_2 \partial x_n} \\ \vdots & \vdots & \ddots & \vdots \\ \dfrac{\partial^2 f}{\partial x_n \partial x_1} & \dfrac{\partial^2 f}{\partial x_n \partial x_2} & \cdots & \dfrac{\partial^2 f}{\partial x_n \partial x_n} \end{vmatrix}.$$

**证明** $H(f^m) = \dfrac{m^n(mp-1)}{p-1} f^{n(m-1)} H(f)$.

**提示：** $H(f^m) = \left|\dfrac{\partial^2 f^m}{\partial x_i \partial x_j}\right| = m^n \left| f^{m-1}\dfrac{\partial^2 f}{\partial x_i \partial x_j} + (m-1) f^{m-2}\dfrac{\partial f}{\partial x_i}\dfrac{\partial f}{\partial x_j}\right|$. 上面的行列式可以分解为 $2^n$ 个行列式的和，只有 $n+1$ 个可能不为 0. 用 $c_{ij}$ 表示 $H(f)$ 中 $\dfrac{\partial^2 f}{\partial x_i \partial x_j}$ 的代数余子式，那么

$$H(f^m) = m^n \left\{ f^{n(m-1)} H(f) + (m-1) f^{n(m-1)-1} \sum_{i=1, j=1}^{n} \frac{\partial f}{\partial x_i}\frac{\partial f}{\partial x_j} c_{ij} \right\}.$$

化简上式时用到欧拉恒等式

$$\sum_j x_j \frac{\partial f}{\partial x_j} = pf,\ \sum_{i,k} x_k \frac{\partial^2 f}{\partial x_k \partial x_i} = (p-1)\frac{\partial f}{\partial x_i}.$$

考虑到 $\dfrac{\partial f}{\partial x_i}$ 是 $p-1$ 次齐次多项式，由于 $\sum\limits_{j=1} \dfrac{\partial^2 f}{\partial x_i \partial x_k} c_{ij} = \begin{cases} 0, k \neq j \\ H(f), k = j \end{cases}$，所以

$$\sum_i \frac{\partial f}{\partial x_i}c_{ij} = \frac{1}{p-1}\sum_{i,k} x_k \frac{\partial^2 f}{\partial x_i \partial x_k}c_{ij} = \frac{1}{p-1}x_j H(f),$$

进而 $\sum_{i,j} \frac{\partial f}{\partial x_i}\frac{\partial f}{\partial x_j}c_{ij} = \frac{1}{p-1}H(f)\sum_j x_j \frac{\partial f}{\partial x_j} = \frac{p}{p-1}fH(f).$

（3）设$f(x) = x^n + a_1x^{n-1} + a_2x^{n-2} + \cdots + a_{n-1}x + a_n$是有理系数多项式，$x_1, x_2, \cdots, x_n$是$f(x)$的$n$个根，$g(x)$是有理数域上的任一多项式，求一个有理系数多项式$h(x)$，使$h(x)$的根是$g(x_1), g(x_2), \cdots, g(x_n)$.

**提示**：首先构造一个$n$阶方阵$\boldsymbol{A}$，使$\boldsymbol{A}$的特征多项式为$f(x)$. 令

$$A = \begin{pmatrix} 0 & 0 & \cdots & 0 & 0 & -a_n \\ 1 & 0 & \cdots & 0 & 0 & -a_{n-1} \\ 0 & 1 & \cdots & 0 & 0 & -a_{n-2} \\ \vdots & \vdots & \ddots & \vdots & \vdots & \vdots \\ 0 & 0 & \cdots & 1 & 0 & -a_2 \\ 0 & 0 & \cdots & 0 & 1 & -a_1 \end{pmatrix},$$

则

$$|\lambda \boldsymbol{E} - \boldsymbol{A}| = \begin{vmatrix} \lambda & 0 & 0 & \cdots & 0 & a_n \\ -1 & \lambda & 0 & \cdots & 0 & a_{n-1} \\ 0 & -1 & \lambda & \cdots & 0 & a_{n-2} \\ \vdots & \vdots & \vdots & \ddots & \vdots & \vdots \\ 0 & 0 & 0 & \cdots & \lambda & a_2 \\ 0 & 0 & 0 & \cdots & -1 & \lambda + a_1 \end{vmatrix}.$$

在上述行列式中把第$2,3,\cdots,n$行的$\lambda, \lambda^2, \cdots, \lambda^{n-1}$倍加到第1行，得

$$|\lambda \boldsymbol{E} - \boldsymbol{A}| = \begin{vmatrix} 0 & 0 & 0 & \cdots & 0 & f(\lambda) \\ -1 & \lambda & 0 & \cdots & 0 & a_{n-1} \\ 0 & -1 & \lambda & \cdots & 0 & a_{n-2} \\ \vdots & \vdots & \vdots & \ddots & \vdots & \vdots \\ 0 & 0 & 0 & \cdots & \lambda & a_2 \\ 0 & 0 & 0 & \cdots & -1 & \lambda + a_1 \end{vmatrix} = (-1)^{n+1}(-1)^{n-1}f(\lambda) = f(\lambda).$$

于是$f(x)$是$\boldsymbol{A}$的特征多项式，$x_1, x_2, \cdots, x_n$是$\boldsymbol{A}$的特征根. 这样$g(A)$的特征根为$g(x_1)$, $g(x_2), \cdots, g(x_n)$. 设$h(x)$是$g(A)$的特征多项式，则$h(x)$为有理系数多项式且它的根为$g(x_1), g(x_2), \cdots, g(x_n)$.

（4）设$f(x)$为数域$K$上的不可约多项式，$\alpha$为$f(x)$在$\mathbb{C}$中的一个根. 证明：如果$g(x) \in K[x]$，使$g(\alpha) \neq 0$. 则存在数域$K$上的多项式$h(x)$，使$\frac{1}{g(\alpha)} = h(\alpha)$.

**提示**：$g(\alpha) \neq 0$，$f(x)$不可约，所以. $(f(x), g(x)) = 1$，存在多项式$h(x), l(x)$，使$g(x)h(x) + f(x)l(x) = 1$，故$g(\alpha)h(\alpha) = 1$，所以$\frac{1}{g(\alpha)} = h(\alpha)$.

（5）设整系数多项式$f(x)$对无限个整数值$x$的函数值都是素数. 证明$f(x)$在有理数域上不可约.

**提示**:假设$f(x)=g(x)h(x)$,当$x=a$时,$f(a)=p$为素数.于是$g(a)$和$h(a)$中必有一个取值$\pm 1$.当$x$取遍整数集时,$g(x)$或$h(x)$的函数值应无限次取1或$-1$.于是$g(x)-1$,$g(x)+1$,$h(x)+1$,$h(x)-1$中至少有一个有无限多个根,这是不可能的,从而$f(x)$在有理数域上不可约.

**例5-10** 设$\alpha_1,\alpha_2,\alpha_3$是方程$5x^3-6x^2+7x-8=0$的三个根,计算

$$(\alpha_1^2+\alpha_1\alpha_2+\alpha_2^2)(\alpha_2^2+\alpha_2\alpha_3+a_3^2)(\alpha_1^2+\alpha_1\alpha_3+\alpha_3^2).$$

**分析** 将对称多项式化为初等对称多项式并结合韦达定理来求解.

**解答** 由根与系数的关系知

$$\alpha_1+\alpha_2+\alpha_3=\frac{6}{5},\alpha_1\alpha_2+\alpha_1\alpha_3+\alpha_2\alpha_3=\frac{7}{5},\alpha_1\alpha_2\alpha_3=\frac{8}{5}.$$

下面将对称多项式

$$f=(x_1^2+x_1x_2+x_2^2)(x_2^2+x_2x_3+x_3^2)(x_1^2+x_1x_3+x_3^2)$$

化为初等对称多项式.根据$f$的首项$x_1^4x_2^2$得表5-1.

表5-1

| 指数组 | 对应$\sigma_i$的方幂乘积 |
|---|---|
| 4 2 0 | $\sigma_1^{4-2}\sigma_2^{2-0}\sigma_3^0=\sigma_1^2\sigma_2^2$ |
| 4 1 1 | $\sigma_1^{4-1}\sigma_2^{1-1}\sigma_3^1=\sigma_1^3\sigma$ |
| 3 3 0 | $\sigma_1^{3-3}\sigma_2^{3-0}\sigma_3^0=\sigma_2^3$ |
| 3 2 1 | $\sigma_1^{3-2}\sigma_2^{2-1}\sigma_3^1=\sigma_1\sigma_2\sigma_3$ |
| 2 2 2 | $\sigma_1^{2-2}\sigma_2^{2-2}\sigma_3^2=\sigma_3^2$ |

设 $$f=\sigma_1^2\sigma_2^2+a\sigma_1^3\sigma_3+b^2\sigma_2^3+c\sigma_1\sigma_2\sigma_3+d\sigma_3^2 \tag{5-3}$$

取$x_1,x_2,x_3$等于一些特殊的数,计算得表5-2.

表5-2

| $x_1$ | $x_2$ | $x_3$ | $\sigma_1$ | $\sigma_2$ | $\sigma_3$ | $f$ |
|---|---|---|---|---|---|---|
| 0 | 1 | 1 | 2 | 1 | 0 | 3 |
| 1 | 1 | -1 | 1 | -1 | -1 | 3 |
| 1 | 1 | -2 | 0 | -3 | -2 | 27 |
| 1 | 1 | 1 | 3 | 3 | 1 | 27 |

将诸值分别代入式(5-3),得

$$3=4+b,3=1-a-b+c+d,$$
$$27=-27b+4d,27=81+27a+27b+9c+d,$$

解得$a=-1,b=-1,c=0,d=0$,故

$$f=\sigma_1^2\sigma_2^2-\sigma_1^3\sigma_3-\sigma_2^3.$$

取 $x_1=a_1, x_2=a_2, x_3=a_3$，则 $\sigma_1=\frac{6}{5}, \sigma_2=\frac{7}{5}, \sigma_3=\frac{8}{5}$，此时

$$(\alpha_1^2+\alpha_1\alpha_2+\alpha_2^2)(\alpha_2^2+\alpha_2\alpha_3+\alpha_3^2)(\alpha_1^2+\alpha_1\alpha_3+\alpha_3^2)$$
$$=\sigma_1^2\sigma_2^2-\sigma_1^3\sigma_3-\sigma_2^3=\left(\frac{6}{5}\cdot\frac{7}{5}\right)^2-\left(\frac{6}{5}\right)^2\cdot\frac{8}{5}-\left(\frac{7}{5}\right)^2=-\frac{1679}{625}.$$

**评注** 用待定系数法将对称多项式化为初等对称多项式的一般步骤是：①根据 $f$ 的首项指标组，写出所有可能的指标组. 指标组 $(k_1,k_2,\cdots,k_n)$ 必须满足：前面的指标组先于后面的指标组；$k_1\geqslant k_2\geqslant\cdots\geqslant k_n$；如果 $f$ 为齐次多项式，则 $(k_1,k_2,\cdots,k_n)$ 还必须满足 $k_1+k_2+\cdots+k_n=\deg f$. ②由指标组 $(k_1,k_2,\cdots,k_n)$，写出对应的 $\sigma$ 的方幂的乘积：$\sigma_1^{k_1-k_2}\sigma_2^{k_2-k_3}\cdots\sigma_{n-1}^{k_{n-1}-k_n}\sigma_n^{k_n}$. ③由所有这些方幂，写出所要求的多项式的一般形式，其首项系数即为 $f$ 的首项系数，其余各项系数分别用 $a,b,c,\cdots$，等代替. ④以适当的 $x_i(i=1,2,\cdots,n)$ 的值代入由②得到的表达式，得到一个关于 $a,b,c,\cdots$ 的线性方程组，解这个线性方程组，求得 $a,b,c,\cdots$ 的值. ⑤最后写出所求的表达式. 类似的题有：

(1) 设 $x+y+z=0$，且 $xyz\neq0$，求 $\frac{x^2}{yz}+\frac{y^2}{xz}+\frac{z^2}{xy}$.

**提示：** 令 $f=\frac{x^2}{yz}+\frac{y^2}{xz}+\frac{z^2}{xy}=\frac{x^3+y^3+z^3}{xyz}$. 将 $x^3+y^3+z^3$ 看做 $x,y,z$ 的对称多项式，其可能的指标组为 $(3,0,0),(2,1,0),(1,1,1)$. 故可设 $x^3+y^3+z^3=\sigma_1^3+A\sigma_1\sigma_2+B\sigma_3$. 从而 $f=\frac{\sigma_1^3+A\sigma_1\sigma_2+B\sigma_3}{\sigma_3}=B$. 即不管 $x,y,z$ 取何值，只要 $x+y+z=0, xyz\neq0$，$f$ 的值都相同，所以可以用任一组满足条件的 $x,y,z$ 的值计算 $f$. 取 $x=2, y=z=-1$，则 $x+y+z=0, xyz\neq0$，由此得 $f=4-\frac{1}{2}-\frac{1}{2}=3$.

(2) 设 $f(x)=(x-x_1)(x-x_2)\cdots(x-x_n)=x^n-\sigma_1x^{n-1}+\cdots+(-1)^n\sigma_n$，令 $S_k=x_1^k+x_2^k+\cdots+x_n^k, k=0,1,2,\cdots$. ①证明：$x^{k+1}f'(x)=(S_0x^k+S_1x^{k-1}+\cdots+S_{k-1}x+S_k)f(x)+g(x)$. 其中 $g(x)$ 的次数 $<n$ 或 $g(x)=0$. ②由上式证明牛顿公式：

$$S_k-\sigma_1S_{k-1}+\sigma_2S_{k-2}+\cdots+(-1)^{k-1}\sigma_{k-1}S_1+(-1)^k k\sigma_k=0(1\leqslant k\leqslant n).$$
$$S_k-\sigma_1S_{k-1}+\cdots+(-1)^n\sigma_nS_{k-n}=0(k>n).$$

**提示：** ① 有 $f'(x)=\sum\limits_{i=1}^{n}(x-x_1)\cdots(x-x_{i-1})(x-x_{i+1})\cdots(x-x_n)=\sum\limits_{i=1}^{n}\frac{f(x)}{x-x_i}$，

则 $x^{k+1}f'(x)=\sum\limits_{i=1}^{n}\frac{f(x)}{x-x_i}x^{k+1}=\sum\limits_{i=1}^{n}\frac{(x^{k+1}-x_i^{k+1}+x_i^{k+1})f(x)}{x-x_i}=f(x)\sum\limits_{i=1}^{n}\frac{x^{k+1}-x_i^{k+1}}{x-x_i}+\sum\limits_{i=1}^{n}\frac{x_i^{k+1}f(x)}{x-x_i}$. 令 $g(x)=\sum\limits_{i=1}^{n}\frac{x_i^{k+1}f(x)}{x-x_i}$，则 $\deg g(x)<n$ 或 $g(x)=0$. 而

$$\sum_{i=1}^{n}\frac{x^{k+1}-x_i^{k+1}}{x-x_i}=\sum_{i=1}^{n}(x^k+x^{k-1}x_i+\cdots+x_i^{k-1}x+x_i^k)=S_0x^k+S_1x^{k-1}+\cdots+S_{k-1}x+S_k.$$

所以 $x^{k+1}f'(x)=(S_0x^k+S_1x^{k-1}+\cdots+S_{k-1}x+S_k)f(x)+g(x)$. (5-4)

② 由于 $f(x)=x^n-\sigma_1x^{n-1}+\cdots+(-1)^n\sigma_n$，

故 $x^{k+1}f'(x)=x^{k+1}[nx^{n-1}-(n-1)\sigma_1x^{n-2}+\cdots+(-1)^{n-1}\sigma_{n-1}]=nx^{n+k}-(n-1)\sigma_1x^{n+k-1}+\cdots+(-1)^{n-1}\sigma_{n-1}x^{k+1}$.

将上式及$f(x)$分别代入式(5-4)的两端,得

$$nx^{n+k}-(n-1)\sigma_1x^{n+k-1}+\cdots+(-1)^{n-1}\sigma_{n-1}x^{k+1}$$
$$=(S_0x^k+S_1x^{k-1}+\cdots+S_{k-1}x+S_k)(x^n-\sigma_1x^{n-1}+\cdots+(-1)^n\sigma_n)+g(x),$$

比较上式两端$x^n$的系数,得(注意$g(x)$的次数$<n$,故不含$x^n$的项)

当$k\leqslant n$时,有(注意$S_0=n$)$(-1)^k(n-k)\sigma_k=S_k-\sigma_1S_{k-1}+\sigma_2S_{k-2}-\cdots+(-1)^{k-1}\sigma_{n-1}S_1+(-1)^k\sigma_kS_0$,即

$$S_k-\sigma_1S_{k-1}+\sigma_2S_{k-2}-\cdots+(-1)^{k-1}\sigma_{n-1}S_1+(-1)^k\sigma_kS_0=0.$$

当$k>n$时,有

$$0=S_k-\sigma_1S_{k-1}+\sigma_2S_{k-2}-\cdots+(-1)^{n-1}\sigma_{n-1}S_{k-n+1}+(-1)^n\sigma_nS_{k-n}.$$

(3) 设$x_1,x_2,x_3$是方程$3x^3-5x+1=0$的三个根. 计算${x_1}^3x_2+x_1{x_2}^3+{x_1}^3x_3+x_1{x_3}^3+{x_2}^3x_3+x_2{x_3}^3$.

**提示**:由韦达定理,$\sigma_1=x_1+x_2+x_3=0$,$\sigma_2=x_1x_2+x_1x_3+x_2x_3=-\dfrac{5}{3}$,$\sigma_3=x_1x_2x_3=-\dfrac{1}{3}$,令$f(x_1,x_2,x_3)={x_1}^3x_2+x_1{x_2}^3+{x_1}^3x_3+x_1{x_3}^3+{x_2}^3x_3+x_2{x_3}^3$,$f$为四次齐次对称多项式,其可能的指标组为$(3,1,0)$,$(2,2,0)$,$(2,1,1)$,故$f={\sigma_1}^2\sigma_2+A{\sigma_2}^2+B\sigma_1\sigma_3$,令$x_1=x_2=1$,$x_3=0$,得$2=4+A$,解得$A=-2$,从而所求的值为${\sigma_1}^2\sigma_2+A{\sigma_2}^2+B\sigma_1\sigma_3=0-2\left(-\dfrac{5}{3}\right)+0=-\dfrac{50}{9}$.

(4) 设$f(x),g(x)\in K[x]$. 证明:如果$(f(x),g(x))=1$,则对于任意的多项式$h(x)$,存在$u(x),v(x)$,使得$f(x)u(x)+g(x)v(x)=h(x)$.

**提示**:应用最大公因式的存在表示定理.

(5) 证明:方程$x^3+a_1x^2+a_2x+a_3=0$的三个根成等差数列的充分必要条件是$2a_1^3-9a_1a_2+27a_3=0$.

**提示**:方程的三个根成等差数列的充分必要条件是$2x_1=x_2+x_3$,$2x_2=x_1+x_3$,$2x_3=x_1+x_2$至少有一个成立,而这等价于$(x_1+x_2-2x_2)(x_1+x_3-2x_2)(x_2+x_3-2x_1)=0$. 而$(x_1+x_2-2x_2)(x_1+x_3-2x_2)(x_2+x_3-2x_1)=(x_1+x_2+x_3-3x_3)(x_1+x_2+x_3-3x_2)(x_1+x_2+x_3-3x_1)=27\left(-\dfrac{a_1}{3}-x_3\right)\left(-\dfrac{a_1}{3}-x_2\right)\left(-\dfrac{a_1}{3}-x_1\right)=27\left[\left(-\dfrac{a_1}{3}\right)^3+a_1\left(-\dfrac{a_1}{3}\right)^2+a_2\left(-\dfrac{a_1}{3}\right)+a_3\right]=2a_1^3-9a_1a_2+27a_3$.

### 5.1.3 学习效果测试题及答案

**1. 学习效果测试题**

(1) 设$f(x)$是实数系多项式,求$f(x^3+1)$除以$x^2-1$的余项$r(x)$.

(2) 证明:次数大于零的首项系数为一的多项式$f(x)$是某一不可约多项式的方幂的充分必要条件是对任意的多项式$g(x),h(x)$,由$f(x)\mid g(x)h(x)$可以推出$f(x)\mid g(x)$或者对某个正整数$m$,有$f(x)\mid h^m(x)$.

(3) 设实系数多项式$f(x)$只有实根,$a$是$f'(x)$的重根,则$a$是$f(x)$的根.

(4) 求次数最低的多项式$f(x)$,使

$$f(k)=2^k(k=0,1,2,\cdots,n).$$

(5) 证明:一个非零复数$\alpha$是某一有理系数非零多项式的根$\Leftrightarrow$存在一个有理系数多项式

$f(x)$,使$\frac{1}{\alpha}=f(\alpha)$.

(6) 设一个整系数多项式在自变量的两个整数值 $x_1$ 和 $x_2$ 处取值 $\pm 1$,证明:如果 $|x_1-x_2|>2$,则该多项式无有理根;如果$|x_1-x_2|\leqslant 2$,则其有理根只能是$\frac{1}{2}(x_1+x_2)$.

(7) 试证:设$f(x)$是整系数多项式,且$f(1)=f(2)=f(3)=p$($p$ 是素数),则不存在整数 $m$,使$f(m)=2p$.

(8) 证明:已知整系数多项式$f(x)=a_0x^n+a_1x^{n-1}+\cdots+a_n$ 无有理根,证明:如果有素数 $p$,使

① $p\nmid a_0$; ②$p\mid a_i(i=2,3,\cdots,n)$; ③ $p^2\nmid a_n$.

则$f(x)$在有理数域上不可约.

(9) 假设实系数多项式$f(x)=a_0x^n+a_1x^{n-1}+\cdots+a_{n-1}x+a_n$ 的根都是实根,则$f'(x)$的一切根是实数,且在$f(x)$的相邻两个实根之间$f'(x)$有且仅有一个单根.

(10) 设 $n$ 次多项式$f(x)$的 $n$ 个根为 $x_1,x_2,\cdots,x_n$. 证明:对于任意的$c\in K,c\neq x_i(i=1,2,\cdots,n)$,有$\sum\limits_{i=1}^{n}\frac{1}{x_i-c}=-\frac{f'(c)}{f(c)}$.

**2. 测试题答案**

(1) 解:设$f(x^3+1)=(x^2-1)q(x)+r(x)$,且有 $r(x)=ax+b$,$a,b$ 为常数. 将 $x=\pm 1$ 分别代入上式,得

$$f(1^3+1)=(1^2-1)q(1)+a+b,\text{即}\ a+b=f(2),$$

$$f((-1)^3+1)=((-1)^2-1)q(1)+(-1)a+b\ \text{即}\ -a+b=f(0).$$

解上述两式组成的方程组,得 $b=\frac{f(2)+f(0)}{2}$,$a=\frac{f(2)-f(0)}{2}$,于是余项

$$r(x)=\frac{f(2)-f(0)}{2}x+\frac{f(2)+f(0)}{2}.$$

(2) 证明:必要性 设$f(x)=p^k(x)$,其中 $p(x)$在 $K$ 上不可约. 则对任何的多项式 $g(x)$,$h(x)$,如 $f(x)\mid g(x)h(x)$,则$p(x)\mid g(x)h(x)$,故必有$p(x)\mid g(x)$或$p(x)\mid h(x)$. 如 $p(x)\nmid h(x)$,则$(f(x),g(x))=1$,从而$(f(x),h(x))=1$,故$f(x)\mid g(x)$;如$p(x)\mid h(x)$,则 $f(x)\mid h^k(x)$.

充分性 设$p(x)$为$f(x)$的任一首项系数为一的不可约因式,则存在多项式 $g(x)$,使 $f(x)=g(x)p(x)$. 从而$f(x)\mid g(x)p(x)$. 因 $f(x)\nmid g(x)$,从而由题设,存在正整数 $m$,使 $f(x)\mid p^m(x)$. 于是$f(x)$ 有唯一的不可约因式 $p(x)$,故$f(x)=ap^k(x)$. 又因$f(x)$与 $p(x)$ 的首项系数都是1,所以$f(x)=p^k(x)$.

(3) 证明:不妨设$f(x)=(x-a_1)(x-a_2)\cdots(x-a_n)$,计算得

$$f'(x)=f(x)\sum_{k=1}^{n}\frac{1}{x-a_k},$$

$$f''(x)=f'(x)\sum_{k=1}^{n}\frac{1}{x-a_k}-f(x)\sum_{k=1}^{n}\frac{1}{(x-a_k)^2}.$$

若 $a$ 不是$f(x)$的根,即$f(a)\neq 0$,则 $a$ 异于 $a_1,a_2,\cdots,a_n$,因此,$-f(a)\sum\limits_{k=1}^{n}\frac{1}{(a-a_k)^2}=0$,有

$f(a) = 0$,矛盾.

(4) 解:因 $2^k=(1+1)^k=1+k+\frac{k(k-1)}{2!}+\cdots+\frac{k(k-1)\cdots(k-k+1)}{k!}(k=0,1,2,\cdots,n)$. 从而,如令

$$f(x) = 1 + x + \frac{x(x-1)}{2!} + \cdots + \frac{x(x-1)\cdots(x-n+1)}{n!},$$

则当 $x=k$ 时,有

$$f(k) = 1 + k + \frac{k(k-1)}{2!} + \cdots + \frac{k(k-1)\cdots(k-k+1)}{k!} = (1+1)^k = 2^k(k=0,1,2,\cdots,n),$$

又因 $\deg f(x)=n$,所以

$$f(x) = 1 + x + \frac{x(x-1)}{2!} + \cdots + \frac{x(x-1)\cdots(x-n+1)}{n!}$$

即为所求的多项式.

(5) 证明:($\Rightarrow$)设 $g(x)$ 是一次数最小的首项系数为 1 的以 $\alpha$ 为根的有理系数多项式. 令

$$g(x) = x^n + a_1x^{n-1} + \cdots + a_n,$$

因 $\alpha\neq0$,由 $g(\lambda)$ 的选取知,$a_n\neq0$. 令

$$f(x) = -\frac{1}{a_n}x^{n-1} - \frac{a_{n-1}}{a_n}x^{n-2} - \cdots - \frac{a_{n-1}}{a_n},$$

则 $f(\alpha) = -\frac{1}{a_n}\alpha^{n-1} - \frac{a_{n-1}}{a_n}\alpha^{n-2} - \cdots - \frac{a_{n-1}}{a_n} = \frac{1}{\alpha}\left[-\frac{1}{a_n}(\alpha^n + a_{n-1}\alpha^{n-1} + \cdots + a_{n-1}\alpha)\right]$

$=\frac{1}{\alpha}\left(-\frac{1}{a_n}\cdot(-a_n)\right)=\frac{1}{\alpha}.$

($\Leftarrow$)设有有理系数多项式 $f(x)$,使 $\frac{1}{\alpha}=f(\alpha)$. 令 $g(x)=xf(x)-1$,则 $g(x)$ 为非零的有理系数多项式,且

$$g(a) = a\cdot f(a) - 1 = 0.$$

(6) 证明:设 $x=\frac{b}{a}$,$(a,b)=1$ 为 $f(x)$ 的有理根,则 $ax-b\mid f(x)$,从而存在有理系数多项式 $h(x)$,使 $f(x)=(ax-b)h(x)$. 因 $ax-b$ 为本原多项式,$f(x)$ 为整系数多项式,所以 $h(x)$ 也是整系数多项式. 将 $x_1,x_2$ 代入 $f(x)=(ax-b)h(x)$,得 $(ax_1-b)h(x_1)=f(x_1)=\pm1$,$(ax_2-b)h(x_2)=f(x_2)=\pm1$. 从而知 $ax_1-b=\pm1$,$ax_2-b=\pm1$. 这两式相减得 $a(x_1-x_2)=0,2,-2$. 从而当 $|x_1-x_2|>2$ 时,$f(x)$ 必无有理根. 另一方面,当 $|x_1-x_2|\leqslant2$ 时,因为 $x_1\neq x_2$,故 $ax_1-b=\pm1$,$ax_2-b=\pm1$ 中必有一个为 1,另一个为 $-1$. 从而将这两式相加,得 $a(x_1+x_2)-2b=0$. 所以 $\frac{b}{a}=\frac{x_1+x_2}{2}$,这就证明了结论.

(7) 证明:因 $f(1)=f(2)=f(3)=p$,所以

$$x-1\mid f(x)-p,\quad x-2\mid f(x)-p,\quad x-3\mid f(x)-p,$$

所以存在整系数多项式 $g(x)$,使

$$f(x) = (x-1)(x-2)(x-3)g(x) + p.$$

如有整数 $m$,使 $f(m)=2p$,则

$$p=(m-1)(m-2)(m-3)g(m).$$

这是不可能的.

(8) 证明:(反证法)如果 $f(x)$ 在有理数域上可约,则 $f(x)$ 一定可分解为两个次数较低的多项式的乘积:$f(x)=g(x)h(x)$,又因为 $f(x)$ 无有理根,所以 $g(x)$、$h(x)$ 都不是一次因式,从而知 $2\leqslant \deg g(x)\leqslant n-2$,$2\leqslant \deg h(x)\leqslant n-2$. 令 $g(x)=b_0x^m+b_1x^{m-1}+\cdots+b_m(b_0\neq 0,m\geqslant 2)$;$h(x)=c_0x^l+c_1x^{l-1}+\cdots+c_l,c_0\neq 0(l\geqslant 2)$. 因 $a_0=b_0c_0$,$p\nmid a_0$,所以 $p\nmid b_0$,$p\nmid c_0$. 又因 $a_n=b_mc_l$,$p\nmid a_n$,$p^2\nmid a_n$,故 $b_m$,$c_l$ 中有且仅有一个恰被 $p$ 整除. 不妨设 $p\mid c_l$,$p\nmid b_m$. 因 $p\nmid c_0$,设 $c_0,c_1,\cdots,c_l$ 中最后一个不被 $p$ 整除的为 $c_k$,则 $k\leqslant l-1$,且 $p\mid c_{k+1},\cdots,p\mid c_l$. 由 $f(x)=g(x)h(x)$,得 $a_{k+m}=c_kb_m+c_{k+1}b_{m-1}+c_{k+2}b_{m-2}+\cdots$. 由假设,$m\geqslant 2$,从而由已知,$p\mid a_{k+m}$,又 $p\mid c_{k+1},\cdots,p\mid c_l$,所以,$p\mid c_{k+1}b_{m-1}+c_{k+2}b_{m-2}+\cdots$,于是 $p\mid a_{k+m}-c_{k+1}b_{m-1}-c_{k+2}b_{m-2}-\cdots$. 因而 $p\mid c_kb_m$. 又 $p$ 为素数,且 $p\nmid b_m$,所以 $p\mid c_k$,与 $c_k$ 的选取矛盾. 由此得,$f(x)$ 在有理数域上不可约.

(9) 证明:$f(x)=a_0(x-x_1)^{m_1}(x-x_2)^{m_2}\cdots(x-x_k)^{m_k}$,$x_1<x_2<\cdots<x_k$,$m_1+m_2+\cdots+m_k=n$.

在区间 $(x_1,x_2),(x_2,x_3),\cdots,(x_{k-1},x_k)$,由罗尔定理知,$f'(x)$ 有根,设为 $y_1,y_2,\cdots,y_{k-1}$,由于

$$(m_1-1)+(m_2-1)+\cdots+(m_k-1)+k-1=n-1,$$

结论得证.

(10) 证明:因 $f(x)=a(x-x_1)(x-x_2)\cdots(x-x_n)$,则 $f'(x)=\sum\limits_{i=1}^{n}\frac{f(x)}{x-x_i}$. 所以 $f'(c)=\sum\limits_{i=1}^{n}\frac{f(c)}{c-x_i}=f(c)\sum\limits_{i=1}^{n}\frac{1}{c-x_i}$,由此即得所证.

## 5.2 若当标准形

### 5.2.1 核心内容提示

(1) $\lambda$ - 矩阵.

(2) 行列式因子、不变因子、初等因子、矩阵相似的条件.

(3) 若当标准形.

### 5.2.2 典型例题精解

**例 5-11** 已知 $\lambda$ - 矩阵

$$\boldsymbol{A}(\lambda)=\begin{pmatrix}\lambda & 2\lambda+1 & 1\\ 1 & \lambda+1 & \lambda^2+1\\ \lambda-1 & \lambda & -\lambda\end{pmatrix};\boldsymbol{B}(\lambda)=\begin{pmatrix}1 & \lambda & 0\\ 2 & \lambda & 1\\ \lambda^2+1 & 2 & \lambda^2+1\end{pmatrix};\boldsymbol{C}(\lambda)=\begin{pmatrix}1 & 0 & 1\\ 0 & \lambda-1 & \lambda\\ 1 & 1 & \lambda^2\end{pmatrix}.$$

(1) 试求上述 $\lambda$ - 矩阵的秩,并指出哪个是满秩的?

(2) 上述 $\lambda$ - 矩阵哪个是可逆的? 求出其逆矩阵.

**分析** 若 $\lambda$ - 矩阵为方阵,且其行列式为非零常数,则该矩阵满秩、可逆.

**解答** (1)因为

$$|A(\lambda)| = \begin{vmatrix} \lambda & 2\lambda+1 & 1 \\ 1 & \lambda+1 & \lambda^2+1 \\ \lambda-1 & \lambda & -\lambda \end{vmatrix} \xlongequal{r_3 - r_1} \begin{vmatrix} \lambda & 2\lambda+1 & 1 \\ 1 & \lambda+1 & \lambda^2+1 \\ -1 & -\lambda-1 & -1-\lambda^2 \end{vmatrix} = 0,$$

但 $A(\lambda)$ 的 2 级子式 $\begin{vmatrix} \lambda & 2\lambda+1 \\ 1 & \lambda+1 \end{vmatrix} = \lambda^2-\lambda-1 \neq 0$,所以 $\operatorname{rank}\boldsymbol{A}(\lambda)=2$. $\boldsymbol{A}(\lambda)$不满秩.

$$|\boldsymbol{B}(\lambda)| = \begin{vmatrix} 1 & \lambda & 0 \\ 2 & \lambda & 1 \\ \lambda^2+1 & 2 & \lambda^2+1 \end{vmatrix} \xlongequal{c_2 - \lambda c_1} \begin{vmatrix} 1 & 0 & 0 \\ 2 & -\lambda & 1 \\ \lambda^2+1 & -\lambda^3-\lambda+2 & \lambda^2+1 \end{vmatrix}$$

$$= \begin{vmatrix} -\lambda & 1 \\ -\lambda^3-\lambda+2 & \lambda^2+1 \end{vmatrix} = -2.$$

从而 $\operatorname{rank}\boldsymbol{B}(\lambda)=3$, $\boldsymbol{B}(\lambda)$是满秩的.

$$|\boldsymbol{C}(\lambda)| = \begin{vmatrix} 1 & 0 & 1 \\ 0 & \lambda-1 & \lambda \\ 1 & 1 & \lambda^2 \end{vmatrix} \xlongequal{r_3 - r_1} \begin{vmatrix} 1 & 0 & 1 \\ 0 & \lambda-1 & \lambda \\ 0 & 1 & \lambda^2-1 \end{vmatrix}$$

$$= \begin{vmatrix} \lambda-1 & \lambda \\ 1 & \lambda^2-1 \end{vmatrix} = \lambda^3-\lambda^2-2\lambda+1 \neq 0.$$

所以 $\operatorname{rank}\boldsymbol{C}(\lambda)=3$, $\boldsymbol{C}(\lambda)$是满秩的.

（2）$\boldsymbol{B}(\lambda)$是可逆的. 由于

$$(\boldsymbol{B}(\lambda),E) = \begin{pmatrix} 1 & \lambda & 0 & \vdots & 1 & 0 & 0 \\ 2 & \lambda & 1 & \vdots & 0 & 1 & 0 \\ \lambda^2+1 & 2 & \lambda^2+1 & \vdots & 0 & 0 & 1 \end{pmatrix}$$

$$\xrightarrow[r_3-(\lambda^2+1)r_1]{r_2-2r_1} \begin{pmatrix} 1 & \lambda & 0 & \vdots & 1 & 0 & 0 \\ 0 & -\lambda & 1 & \vdots & -2 & 1 & 0 \\ 0 & -\lambda^3-\lambda+2 & \lambda^2+1 & \vdots & -\lambda^2-1 & 0 & 1 \end{pmatrix}$$

$$\xrightarrow[r_2 \leftrightarrow r_3]{r_3-(\lambda^2+1)r_2} \begin{pmatrix} 1 & \lambda & 0 & \vdots & 1 & 0 & 0 \\ 0 & 2 & 0 & \vdots & \lambda^2+1 & -\lambda^2-1 & 1 \\ 0 & -\lambda & 1 & \vdots & -2 & 1 & 0 \end{pmatrix}$$

$$\xrightarrow[r_2 \times \frac{1}{2}]{r_1-\frac{\lambda}{2}r_2,\ r_3+\frac{\lambda}{2}r_2} \begin{pmatrix} 1 & 0 & 0 & \vdots & 1-\frac{\lambda^3}{2}-\frac{\lambda}{2} & \frac{\lambda^3}{2}+\frac{\lambda}{2} & -\frac{\lambda}{2} \\ 0 & 1 & 0 & \vdots & \frac{\lambda^2}{2}+\frac{1}{2} & -\frac{\lambda^2}{2}-\frac{1}{2} & \frac{1}{2} \\ 0 & 0 & 1 & \vdots & \frac{\lambda^3}{2}+\frac{\lambda}{2}-2 & 1-\frac{\lambda^3}{2}-\frac{\lambda}{2} & \frac{\lambda}{2} \end{pmatrix},$$

故 $B^{-1}(\lambda) = \frac{1}{2}\begin{pmatrix} -\lambda^3-\lambda+2 & \lambda^3+\lambda & -\lambda \\ \lambda^2+1 & -\lambda^2-1 & 1 \\ \lambda^3+\lambda-4 & -\lambda^3-\lambda+2 & \lambda \end{pmatrix}$.

**评注** 本例中由于所给 $\lambda$ - 矩阵均为方阵,所以均采用子式的方法求秩. 读者可采用初等变换化 $\lambda$ - 矩阵为阶梯形矩阵的方法求秩.

对于可逆的$\lambda$－矩阵，如同数字矩阵一样，可以采用公式法（即伴随矩阵法）、初等变换法和分块矩阵的有关结果求逆矩阵.

在数字矩阵中，$n$阶矩阵$A$可逆的充分必要条件是$|A|\neq 0$（或$A$满秩）. 当$\lambda$－矩阵$A(\lambda)$可逆时，必有$|A(\lambda)|\neq 0$，即$A(\lambda)$是满秩的. 但满秩的$\lambda$－矩阵不一定是可逆的，如本题中的$\boldsymbol{C}(\lambda)$，因为满秩$\lambda$－矩阵的行列式可以是不恒为零的$\lambda$的多项式；只有当它的行列式为非零的数（即零次多项式）时，才是可逆的. 类似的题有：

（1）已知$\lambda$－矩阵$A(\lambda)=\begin{pmatrix}\lambda^2-1 & \lambda-1 & -\lambda\\ 0 & \lambda+1 & \lambda-1\\ -\lambda & -1 & 1\end{pmatrix}$，试求其秩，并指出是否满秩，是否可逆？如可逆，求其逆矩阵.

**提示：**$|A(\lambda)|=\lambda^2-3\lambda\neq$非零常数，$\mathrm{rank}\boldsymbol{A}(\lambda)=3$，满秩，但$A(\lambda)$不可逆.

（2）已知$\lambda$－矩阵$A(\lambda)=\begin{pmatrix}\lambda^3-1 & \lambda & \lambda & 0\\ \lambda^2 & 1 & 0 & \lambda\\ 0 & 0 & \lambda^3-1 & \lambda\\ 0 & 0 & \lambda^2 & 1\end{pmatrix}$，试求其秩，并指出是否满秩，是否可逆？如可逆，求其逆矩阵.

**提示：**$|A(\lambda)|=\begin{vmatrix}\lambda^3-1 & \lambda & \lambda & 0\\ \lambda^2 & 1 & 0 & \lambda\\ 0 & 0 & \lambda^3-1 & \lambda\\ 0 & 0 & \lambda^2 & 1\end{vmatrix}=\begin{vmatrix}\lambda^3-1 & \lambda\\ \lambda^2 & 1\end{vmatrix}\begin{vmatrix}\lambda^3-1 & \lambda\\ \lambda^2 & 1\end{vmatrix}=1$，为不等于零的常数，所以$\mathrm{rank}A(\lambda)=4$，$A(\lambda)$满秩，$A(\lambda)$可逆. 若令$P(\lambda)=\begin{pmatrix}\lambda^3-1 & \lambda\\ \lambda^2 & 1\end{pmatrix}$，$Q(\lambda)=\begin{pmatrix}\lambda & 0\\ 0 & \lambda\end{pmatrix}$，则$A(\lambda)=\begin{pmatrix}P(\lambda) & Q(\lambda)\\ O & P(\lambda)\end{pmatrix}$. 由分块三角矩阵求逆公式，有

$$A^{-1}(\lambda)=\begin{pmatrix}P^{-1}(\lambda) & -P^{-1}(\lambda)Q(\lambda)P^{-1}(\lambda)\\ O & P^{-1}(\lambda)\end{pmatrix},$$

可求得$P^{-1}(\lambda)=\dfrac{1}{|P(\lambda)|}P^*(\lambda)=\dfrac{1}{-1}\begin{pmatrix}1 & -\lambda\\ -\lambda^2 & \lambda^3-1\end{pmatrix}=\begin{pmatrix}-1 & \lambda\\ \lambda^2 & 1-\lambda^3\end{pmatrix}$，

$$-P^{-1}(\lambda)Q(\lambda)P^{-1}(\lambda)=\begin{pmatrix}-\lambda^4-\lambda & \lambda^5\\ \lambda^6 & -\lambda^7+\lambda^4-\lambda\end{pmatrix},$$

故$A^{-1}(\lambda)=\begin{pmatrix}-1 & \lambda & -\lambda^4-\lambda & \lambda^5\\ \lambda^2 & 1-\lambda^3 & \lambda^6 & -\lambda^7+\lambda^4-\lambda\\ 0 & 0 & -1 & \lambda\\ 0 & 0 & \lambda^2 & 1-\lambda^3\end{pmatrix}$.

（3）判断下述结论是否正确：设$\mathrm{rank}A(\lambda)=\mathrm{rank}B(\lambda)$，则必有$\mathrm{rank}A(k)=\mathrm{rank}B(k)$，$\forall k\in K$.

**提示：**错. 反例，如果$A(\lambda)=\begin{pmatrix}\lambda-1 & 0 & 0\\ 0 & \lambda & 0\\ 0 & 0 & \lambda\end{pmatrix}$，$B(\lambda)=\begin{pmatrix}\lambda & 0 & 0\\ 0 & \lambda & 0\\ 0 & 0 & \lambda\end{pmatrix}$，有$\mathrm{rank}A(\lambda)=$

$\text{rank}B(\lambda)=3, \text{rank}A(0)=1>\text{rank}B(0)=0.$

(4) 判断下列论断是否正确:

① 如果 $A(\lambda)$ 可逆,则对任意常数 $c$,$A(c)$ 都可逆;

② 如果 $A(\lambda)$ 不可逆,则对任意常数 $c$,$A(c)$ 都不可逆;

③ 如果对任意的常数 $c\in K$,$A(c)$ 都可逆,则 $A(\lambda)$ 也可逆.

**提示:**①正确. 因为如果 $A(\lambda)$ 可逆,则 $|A(\lambda)|=a\neq 0$,从而对任意常数 $c$,$|A(c)|=a\neq 0$,故 $A(c)$ 可逆. ②不正确. 例如 $A(\lambda)=\begin{pmatrix}\lambda & 1\\ 0 & \lambda\end{pmatrix}$ 不可逆,但对任意的 $k\neq 0$,$A(k)$ 都可逆. ③不一定,如果 $k\in\mathbb{R}$,$A(\lambda)=\begin{pmatrix}\lambda^2+1 & 0\\ 0 & \lambda^2+1\end{pmatrix}$,则对任意的 $k\in\mathbb{R}$,$A(k)$ 皆可逆,但 $A(\lambda)$ 却不可逆.

(5) 问矩阵 $\boldsymbol{A}(\lambda)=\begin{pmatrix}\lambda^2+\lambda-1 & 1 & 3\lambda-1\\ \lambda^3-2\lambda+2 & \lambda-1 & 3\lambda^2-5\lambda+2\\ \lambda^2+\lambda-1 & 1 & 3\lambda-2\end{pmatrix}$ 是否可逆,如可逆,则求其逆.

**提示:**可逆. $\boldsymbol{A}(\lambda)^{-1}=\begin{pmatrix}0 & 1 & 1-\lambda\\ -3\lambda+2 & -\lambda^2-\lambda+1 & \lambda^3+\lambda\\ 1 & 0 & -1\end{pmatrix}$.

**例 5-12** 证明:若 $(f(\lambda),g(\lambda))=1$,则 $\begin{pmatrix}f(\lambda) & 0\\ 0 & g(\lambda)\end{pmatrix}$ 与 $\begin{pmatrix}1 & 0\\ 0 & f(\lambda)g(\lambda)\end{pmatrix}$ 等价.

**分析** 要证明等价,可以应用初等变换,也可以证明它们有相同的行列式因子.

**证明** 方法一 因为 $(f(\lambda),g(\lambda))=1$,故存在多项式 $u(\lambda)$,$v(\lambda)$,使

$$f(\lambda)u(\lambda)+g(\lambda)v(\lambda)=1,$$

于是

$$\begin{pmatrix}f(\lambda) & 0\\ 0 & g(\lambda)\end{pmatrix}\to\begin{pmatrix}f(\lambda) & f(\lambda)u(\lambda)\\ 0 & g(\lambda)\end{pmatrix}\to\begin{pmatrix}f(\lambda) & f(\lambda)u(\lambda)+g(\lambda)v(\lambda)\\ 0 & g(\lambda)\end{pmatrix}\to\begin{pmatrix}f(\lambda) & 1\\ 0 & g(\lambda)\end{pmatrix}$$

$$\to\begin{pmatrix}0 & 1\\ -f(\lambda)g(\lambda) & g(\lambda)\end{pmatrix}\to\begin{pmatrix}1 & 0\\ 0 & f(\lambda)g(\lambda)\end{pmatrix}.$$

故 $\begin{pmatrix}f(\lambda) & 0\\ 0 & g(\lambda)\end{pmatrix}$ 与 $\begin{pmatrix}1 & 0\\ 0 & f(\lambda)g(\lambda)\end{pmatrix}$ 等价.

方法二 因为 $(f(\lambda),g(\lambda))=1$,故 $\begin{pmatrix}f(\lambda) & 0\\ 0 & g(\lambda)\end{pmatrix}$ 的一阶子式的最大公因式 $D_1(\lambda)=1$,而 $\begin{pmatrix}1 & 0\\ 0 & f(\lambda)g(\lambda)\end{pmatrix}$ 的一阶子式的最大公因式显然也是 1.

又由于

$$\begin{vmatrix}f(\lambda) & 0\\ 0 & g(\lambda)\end{vmatrix}=\begin{vmatrix}1 & 0\\ 0 & f(\lambda)g(\lambda)\end{vmatrix}=f(\lambda)g(\lambda),$$

即两者二阶子式的最大公因式也相等,从而有完全相同的行列式因子,故两者等价.

**评注** 两种方法各有其优势,使用时灵活掌握. 类似的题有:

(1) 设 $A\in M_n(K)$,$d_1(\lambda)$,$d_2(\lambda)$,$\cdots$,$d_n(\lambda)$ 为 $A$ 的不变因子,$\lambda_0$ 为 $A$ 的一个特征值. 证明:$\text{rank}(\lambda_0E-A)=r\Leftrightarrow\lambda-\lambda_0\mid d_{r+1}(\lambda)$,$\lambda-\lambda_0\nmid d_r(\lambda)$.

**提示**:存在可逆矩阵 $U(\lambda),V(\lambda)$,使

$$U(\lambda)(\lambda E-A)V(\lambda)=\begin{pmatrix} d_1(\lambda) & & & & & \\ & d_2(\lambda) & & & & \\ & & \ddots & & & \\ & & & d_r(\lambda) & & \\ & & & & \ddots & \\ & & & & & d_n(\lambda)\end{pmatrix},$$

则

$$U(\lambda_0)(\lambda_0 E-A)V(\lambda_0)=\begin{pmatrix} d_1(\lambda_0) & & & & & \\ & d_2(\lambda_0) & & & & \\ & & \ddots & & & \\ & & & d_r(\lambda_0) & & \\ & & & & \ddots & \\ & & & & & d_n(\lambda_0)\end{pmatrix}.$$

因 $U(\lambda),V(\lambda)$ 可逆,故 $U(\lambda_0),V(\lambda_0)$ 可逆. 从而 $\mathrm{rank}(\lambda_0E-A)=\mathrm{rank}(U(\lambda_0)(\lambda_0E-A)V\cdot(\lambda_0))=d_1(\lambda_0),\cdots,d_{k+1}(\lambda_0)$ 中非零的个数. 又由 $d_i(\lambda)$ 的性质知,如 $d_k(\lambda_0)=0$,则 $d_k(\lambda_0)=\cdots=d_n(\lambda_0)=0$. 所以,如 $d_1(\lambda_0),\cdots,d_n(\lambda_0)$ 中有且仅有 $n-r$ 个零,则必是 $d_r(\lambda_0)\neq0,d_{r+1}(\lambda_0)=0$. 即 $\lambda-\lambda_0\nmid d_r(\lambda)$,且 $\lambda-\lambda_0\mid d_{r+1}(\lambda)$,所以 $\mathrm{rank}(\lambda_0E-A)=r\Leftrightarrow\lambda-\lambda_0\mid d_{r+1}(\lambda),\lambda-\lambda_0\nmid d_r(\lambda)$.

(2) 设 $A(\lambda)$ 为 $n$ 阶 $\lambda$ 矩阵,证明:$A(\lambda)$ 与 $A^{\mathrm{T}}(\lambda)$ 等价. 其中 $A^{\mathrm{T}}(\lambda)$ 为 $A(\lambda)$ 的转置矩阵.

**提示**:证明它们有相同的各阶行列式因子. 设 $M_r(\lambda)$ 为 $A(\lambda)$ 的一个 $r$ 阶子式,则 $M_r^{\mathrm{T}}(\lambda)$ 就为 $A(\lambda)^{\mathrm{T}}$ 的一个 $r$ 阶子式,反之亦然. 故 $A(\lambda)$ 与 $A(\lambda)^{\mathrm{T}}$ 有相同的各阶子式,从而它们有相同的各阶行列式因子. 又因 $A(\lambda)$ 为 $n$ 阶方阵,从而 $A(\lambda)^{\mathrm{T}}$ 也为 $n$ 阶方阵. 从而知 $A(\lambda)$ 与 $A(\lambda)^{\mathrm{T}}$ 等价. 本题也可以证明它们有相同的标准形,从而它们等价.

(3) 判断下列 $\boldsymbol{A}(\lambda)$ 与 $\boldsymbol{B}(\lambda)$ 是否等价:

① $\boldsymbol{A}(\lambda)=\begin{pmatrix}\lambda & 1\\ 0 & \lambda\end{pmatrix},\boldsymbol{B}(\lambda)=\begin{pmatrix}1 & -\lambda\\ 1 & \lambda\end{pmatrix}$;② $\boldsymbol{A}(\lambda)=\begin{pmatrix}\lambda(\lambda+1) & 0 & 0\\ 0 & \lambda & 0\\ 0 & 0 & (\lambda+1)^2\end{pmatrix}$,

$$\boldsymbol{B}(\lambda)=\begin{pmatrix}0 & 0 & \lambda+1\\ 0 & 2\lambda & 0\\ \lambda(\lambda+1)^2 & 0 & 0\end{pmatrix}.$$

**提示**:① 可求得 $\boldsymbol{A}(\lambda)$ 的行列式为 $\boldsymbol{D}_1(\lambda)=1,\boldsymbol{D}_2(\lambda)=\lambda^2$;而 $\boldsymbol{B}(\lambda)$ 的行列式因子为 $\widetilde{\boldsymbol{D}}_1(\lambda)=1,\widetilde{\boldsymbol{D}}_2(\lambda)=\lambda$. 它们的行列式因子不同,从而 $\boldsymbol{A}(\lambda)$ 与 $\boldsymbol{B}(\lambda)$ 不等价.

② $\boldsymbol{A}(\lambda)$ 的秩为 3,且初等因子为 $\lambda,\lambda+1,\lambda,(\lambda+1)^2$.

由于 $\boldsymbol{B}(\lambda)\xrightarrow[c_1\leftrightarrow c_3]{r_2\times\frac{1}{2}}\begin{pmatrix}\lambda+1 & 0 & 0\\ 0 & \lambda & 0\\ 0 & 0 & \lambda(\lambda+1)^2\end{pmatrix}$,所以 $\boldsymbol{B}(\lambda)$ 的秩为 3,且初等因子为 $\lambda+1,\lambda,\lambda,$

$(\lambda+1)^2$,可见$\boldsymbol{A}(\lambda)$与$\boldsymbol{B}(\lambda)$的秩相同且初等因子相同,故它们等价.

(4) 证明:若多项式$f(\lambda)$与$g(\lambda)$互素,则下列$\lambda$-矩阵彼此等价.

$$\boldsymbol{A}(\lambda)=\begin{pmatrix}f(\lambda)&0\\0&g(\lambda)\end{pmatrix},\boldsymbol{B}(\lambda)=\begin{pmatrix}g(\lambda)&0\\0&f(\lambda)\end{pmatrix},\boldsymbol{C}(\lambda)=\begin{pmatrix}1&0\\0&f(\lambda)g(\lambda)\end{pmatrix}.$$

**提示:**由于$f(\lambda)$与$g(\lambda)$互素,所以$\boldsymbol{A}(\lambda)$,$\boldsymbol{B}(\lambda)$和$\boldsymbol{C}(\lambda)$的1级行列式因子都为1,而它们的2级行列式都为$f(\lambda)g(\lambda)$,从而它们有相同的2级行列式因子,故$\boldsymbol{A}(\lambda)$与$\boldsymbol{B}(\lambda)$和$\boldsymbol{C}(\lambda)$等价.

(5) 判断下列$\lambda$-矩阵是否等价.

$$\boldsymbol{A}(\lambda)=\begin{pmatrix}\lambda^2-\lambda-2&\lambda^2-1&\lambda+1\\0&\lambda+1&1\\(\lambda+1)^2&\lambda^2+\lambda&1\end{pmatrix},\boldsymbol{B}(\lambda)=\begin{pmatrix}1&2\lambda^2+\lambda-1&\lambda-1\\\lambda&\lambda-2&\lambda^2+\lambda\\1&\lambda&\lambda+1\end{pmatrix}$$

**提示:**不等价.

**例5-13** 化下列$\lambda$-矩阵为标准形:

$$(1)\begin{pmatrix}2\lambda&1&0\\0&-\lambda(\lambda+2)&-3\\0&0&\lambda^2-1\end{pmatrix};\qquad(2)\begin{pmatrix}0&\lambda(\lambda-1)&0\\\lambda&0&\lambda+1\\0&0&-\lambda+2\end{pmatrix}.$$

**分析** 化$\lambda$-矩阵为标准形常用两种方法:找各阶子式的最大公因式,即行列式因子,从而得不变因子;初等变换法.

**解答** (1)方法一 利用行列式因子.

由于

$$\begin{vmatrix}2\lambda&1&0\\0&-\lambda(\lambda+2)&-3\\0&0&\lambda^2-1\end{vmatrix}=-2\lambda^2(\lambda+2)(\lambda^2-1),$$

所以$D_3(\lambda)=\lambda^2(\lambda+2)(\lambda^2-1)$. 又由于有一个2级子式$\begin{vmatrix}1&0\\-\lambda(\lambda+2)&-3\end{vmatrix}=-3$,故$D_2(\lambda)=1$,从而$D_1(\lambda)=1$.

即$\lambda$-矩阵的行列式因子为$D_1(\lambda)=D_2(\lambda)=1,D_3=\lambda^2(\lambda+2)(\lambda^2-1)$,所以不变因子为

$$d_1(\lambda)=d_2(\lambda)=1,d_3=\frac{D_3(\lambda)}{D_2(\lambda)}=\lambda^2(\lambda+2)(\lambda^2-1),$$

故标准形为

$$\begin{pmatrix}1&&\\&1&\\&&\lambda^2(\lambda+2)(\lambda^2-1)\end{pmatrix}.$$

方法二 利用初等变换,设所给$\lambda$-矩阵为$\boldsymbol{A}(\lambda)$,则

$$\boldsymbol{A}(\lambda)\xrightarrow[r_2+\lambda(\lambda+2)r_1]{c_1-2\lambda c_2}\begin{pmatrix}0&1&0\\2\lambda^2(\lambda+2)&0&-3\\0&0&\lambda^2-1\end{pmatrix}\xrightarrow[c_1+\frac{2}{3}\lambda^2(\lambda+2)c_3]{r_3+\frac{1}{3}(\lambda^2-1)r_2}\begin{pmatrix}0&1&0\\0&0&-3\\\frac{2}{3}\lambda^2(\lambda+2)(\lambda^2-1)&0&0\end{pmatrix}$$

$$\xrightarrow[\substack{r_3\times\frac{3}{2}\\ c_1\leftrightarrow c_2\\ c_2\leftrightarrow c_3}]{r_2\times\left(-\frac{1}{3}\right)}\begin{pmatrix}1&0&0\\0&1&0\\0&0&\lambda^2(\lambda+2)(\lambda^2-1)\end{pmatrix}.$$

（2）方法一

$$\begin{pmatrix}0&\lambda(\lambda-1)&0\\\lambda&0&\lambda+1\\0&0&-\lambda+2\end{pmatrix}\xrightarrow{r_1\leftrightarrow r_2}\begin{pmatrix}\lambda&0&\lambda+1\\0&\lambda(\lambda-1)&0\\0&0&-\lambda+2\end{pmatrix}\xrightarrow[c_1\leftrightarrow c_3]{c_3-c_1}\begin{pmatrix}1&0&\lambda\\0&\lambda(\lambda-1)&0\\-\lambda+2&0&0\end{pmatrix}$$

$$\xrightarrow[c_3-\lambda c_1]{r_3-(-\lambda+2)r_1}\begin{pmatrix}1&0&0\\0&\lambda(\lambda-1)&0\\0&0&\lambda(\lambda-2)\end{pmatrix}$$

已是对角形，但还不是标准形. 此时 $\lambda$ - 矩阵的秩为 3，且全部初等因子为

$$\lambda,\lambda-1,\lambda,\lambda-2.$$

于是 $\lambda$ - 矩阵的不变因子为

$$1,\lambda,\lambda(\lambda-1)(\lambda-2),$$

故标准形为

$$\begin{pmatrix}1&0&0\\0&1&0\\0&0&\lambda(\lambda-1)(\lambda-2)\end{pmatrix}.$$

方法二　对上面的对角形继续化简，有

$$\begin{pmatrix}0&\lambda(\lambda-1)&0\\\lambda&0&\lambda+1\\0&0&-\lambda+2\end{pmatrix}\longrightarrow\begin{pmatrix}1&0&0\\0&\lambda(\lambda-1)&0\\0&0&\lambda(\lambda-2)\end{pmatrix}\xrightarrow{r_2+r_1}\begin{pmatrix}1&0&0\\0&\lambda(\lambda-1)&\lambda(\lambda-2)\\0&0&\lambda(\lambda-2)\end{pmatrix}$$

$$\xrightarrow[c_2\leftrightarrow c_3]{c_3-c_2}\begin{pmatrix}1&0&0\\0&-\lambda&\lambda(\lambda-1)\\0&\lambda(\lambda-2)&0\end{pmatrix}\xrightarrow[\substack{c_3+(\lambda-1)c_2\\ r_2\times(-1)}]{r_3+(\lambda-2)r_2}\begin{pmatrix}1&0&0\\0&\lambda&0\\0&0&\lambda(\lambda-1)(\lambda-2)\end{pmatrix}.$$

**评注**　$\lambda$ - 矩阵阶数较低，两种方法均可使用. 类似的题有：

(1) 化 $\lambda$ - 矩阵 $\begin{pmatrix}\lambda^3+\lambda-1&-\lambda^2&1+\lambda^2\\\lambda^2&-\lambda&\lambda\\2\lambda-1&\lambda&1-\lambda\end{pmatrix}$ 为标准形.

**提示：** $\begin{pmatrix}\lambda^3+\lambda-1&-\lambda^2&1+\lambda^2\\\lambda^2&-\lambda&\lambda\\2\lambda-1&\lambda&1-\lambda\end{pmatrix}\rightarrow\begin{pmatrix}1&0&0\\0&\lambda&0\\0&0&\lambda(\lambda+1)\end{pmatrix}$ 已是对角形，但还不是标准形. 此时 $\lambda$ - 矩阵的秩为 3，且全部初等因子为 $\lambda,\lambda-1,\lambda,\lambda-2$，于是 $\lambda$ - 矩阵的不变因子为 1，$\lambda,\lambda(\lambda-1)(\lambda-2)$，

故标准形为 $\begin{pmatrix}1&0&0\\0&\lambda&0\\0&0&\lambda(\lambda+1)\end{pmatrix}$.

(2) 设$A(\lambda)$为一个5级方阵,其秩为4,初等因子是:$\lambda,\lambda^2,\lambda^2,\lambda-1,\lambda-1,\lambda+1,(\lambda+1)^3$. 试求$A(\lambda)$的标准形

**提示:**有题设知$A(\lambda)$的不变因子为$d_1(\lambda)=1$, $d_2(\lambda)=\lambda$, $d_3(\lambda)=\lambda^2(\lambda-1)(\lambda+1)$, $d_4(\lambda)=\lambda^2(\lambda-1)(\lambda+1)^3$, 因此$A(\lambda)$的标准形为$\begin{pmatrix}1&0&0&0&0\\0&\lambda&0&0&0\\0&0&\lambda^2(\lambda-1)(\lambda+1)&0&0\\0&0&0&\lambda^2(\lambda-1)(\lambda+1)^3&0\\0&0&0&0&0\end{pmatrix}$.

(3) 证明:$n$阶方阵$A$是数量矩阵的充分必要条件是$A$的不变因子都不是常数.

**提示:**必要性 若$A=aE$是数量矩阵. 显然$A$的初等因子为$\lambda-a,\lambda-a,\cdots\lambda-a$,因而$A$的不变因子为$d_1(\lambda)=d_2(\lambda)=\cdots=d_n(\lambda)=\lambda-a$,即$A$的不变因子都不是常数. 充分性 若$A$的不变因子都不是常数,则由$d_i(\lambda)\mid d_{i+1}(i=1,2,\cdots,n-1)$及$D_n(\lambda)=|\lambda E-A|=d_1(\lambda)d_2(\lambda)\cdots d_n(\lambda)$知,$d_1(\lambda)=d_2(\lambda)=\cdots=d_n(\lambda)=\lambda-a$. 于是$A$的若当标准形为$J=aE$,因此$A=PJP^{-1}=P(aE)P^{-1}=aE$,即$A$为数量矩阵.

(4) 化下列$\lambda$-矩阵成标准形.

$$A(\lambda)=\begin{pmatrix}2\lambda&3&0&1&\lambda\\4\lambda&3\lambda+6&0&\lambda+2&2\lambda\\0&6\lambda&\lambda&2\lambda&0\\\lambda-1&0&\lambda-1&0&0\\3\lambda-3&1-\lambda&2\lambda-2&0&0\end{pmatrix}.$$

**提示:**利用初等变换,可得$A(\lambda)$的标准形为$\begin{pmatrix}1&&&&\\&1&&&\\&&1&&\\&&&\lambda(\lambda-1)&\\&&&&\lambda^2(\lambda-1)\end{pmatrix}$.

(5) 如果矩阵$A$的全部初等因子为$\lambda-1,(\lambda-1)^2,(\lambda+2)^2$,求$A$的不变因子.

**提示:**$A$的不变因子的$1,1,1,\lambda-1,(\lambda-1)^2(\lambda+2)^2$.

**例5-14** 判断下列矩阵

$$A=\begin{pmatrix}3&2&-5\\2&6&-10\\1&2&-3\end{pmatrix},B=\begin{pmatrix}6&20&-34\\6&32&-51\\4&20&-32\end{pmatrix}$$

是否相似.

**分析** 可对$\lambda E-A$与$\lambda E-B$进行初等变换,考察$A$和$B$的不变因子(或行列式因子,或初等因子),若相同,则相似.

**解答** 由于

$$\lambda E-A=\begin{pmatrix}\lambda-3&-2&5\\-2&\lambda-6&10\\-1&-2&\lambda+3\end{pmatrix}\to\begin{pmatrix}\lambda-3&-2\lambda+4&\lambda^2-4\\-2&\lambda-2&-2\lambda+4\\-1&0&0\end{pmatrix}\to\begin{pmatrix}1&0&0\\0&\lambda-2&0\\0&0&(\lambda-2)^2\end{pmatrix},$$

$$\lambda E - B = \begin{pmatrix} \lambda - 6 & -20 & 34 \\ -6 & \lambda - 32 & 51 \\ -4 & -20 & \lambda + 32 \end{pmatrix} \to \begin{pmatrix} \lambda - 6 & -5\lambda + 10 & \frac{1}{4}(\lambda^2 + 26\lambda - 56) \\ -6 & \lambda - 2 & -\frac{2}{3}\lambda + 3 \\ -4 & 0 & 0 \end{pmatrix}$$

$$\to \begin{pmatrix} 1 & 0 & 0 \\ 0 & \lambda - 2 & 0 \\ 0 & 0 & (\lambda - 2)^2 \end{pmatrix}.$$

从而 **A** 与 **B** 有相同的不变因子,故 **A** 与 **B** 相似.

**评注** 要判断两个矩阵是否相似,通常的方法是先求出它们的不变因子(或行列式因子,或初等因子),如果它们有相同的不变因子(或行列式因子,或初等因子),则它们相似,否则不相似. 也可以先分别求出它们的若当标准形. 如果它们的若当标准形相同,则它们相似,否则不相似. 当然,如果两个矩阵的秩、迹、行列式、特征多项式或最小多项式有一个不相等,则它们必不相似. 要注意的是,即使它们的秩、迹、行列式、特征多项式或最小多项式都相等,仍然不能它们是否相似,这一点要注意. 类似的题有:

(1) 判断下列矩阵是否相似:

$$A = \begin{pmatrix} 2 & -2 & 1 \\ 1 & -1 & 1 \\ 1 & -2 & 2 \end{pmatrix}, B = \begin{pmatrix} 1 & -3 & 3 \\ -2 & -6 & 13 \\ -1 & -4 & 8 \end{pmatrix}.$$

**提示:**容易算出,$A$ 与 $B$ 的特征多项式都是$(\lambda-1)^3$,但

$$A - E = \begin{pmatrix} 1 & -2 & 1 \\ 1 & -2 & 1 \\ 1 & -2 & 1 \end{pmatrix}, \operatorname{rank}(A - E) = 1. \tag{1}$$

$$B - E = \begin{pmatrix} 0 & -3 & 3 \\ -2 & -7 & 13 \\ -1 & -4 & 7 \end{pmatrix}, \operatorname{rank}(B - E) = 2. \tag{2}$$

因为 $\operatorname{rank}(A-E) \neq \operatorname{rank}(B-E)$,所以 $A$ 与 $B$ 不相似. 这是因为,如果 $A$ 与 $B$ 相似,则 $A-E$ 与 $B-E$ 也相似,从而 $\operatorname{rank}(A-E) = \operatorname{rank}(B-E)$. 这与(1),(2)矛盾.

(2) 称形如

$$D = \begin{pmatrix} a_1 & a_2 & a_3 & \cdots & a_{n-1} & a_n \\ a_n & a_1 & a_2 & \cdots & a_{n-2} & a_{n-1} \\ a_{n-1} & a_n & a_1 & \cdots & a_{n-3} & a_{n-2} \\ \vdots & \vdots & \vdots & \ddots & \vdots & \vdots \\ a_3 & a_4 & a_5 & \cdots & a_1 & a_2 \\ a_2 & a_3 & a_4 & \cdots & a_n & a_1 \end{pmatrix}$$

的方阵为循环矩阵. 证明:方阵 $A$ 在复数域上可以对角化的充分必要条件是 $A$ 与某个循环矩阵相似.

**提示:**充分性,即证明循环矩阵在复数域上可以对角化.

令 $f(x) = a_1 + a_2x + a_3x^2 + \cdots + a_{n-1}x^{n-2} + a_nx^{n-1}$,$\varepsilon_0, \varepsilon_1, \varepsilon_2, \cdots, \varepsilon_{n-1}$ 为 1 的全部 $n$ 次单位

根，$\varepsilon=e^{\frac{2\pi}{n}i}$，则 $\varepsilon_k=\varepsilon^k$，记

$$\Delta=\begin{pmatrix}1&1&1&\cdots&1\\1&\varepsilon&\varepsilon^2&\cdots&\varepsilon^{n-1}\\1&\varepsilon^2&\varepsilon^4&\cdots&\varepsilon^{2(n-1)}\\\vdots&\vdots&\vdots&\ddots&\vdots\\1&\varepsilon^{n-1}&\varepsilon^{2(n-1)}&\cdots&\varepsilon^{(n-1)(n-1)}\end{pmatrix},$$

则 $\Delta$ 为可逆矩阵. 考虑

$$D\Delta=\begin{pmatrix}f(1)&f(\varepsilon)&f(\varepsilon^2)&\cdots&f(\varepsilon^{n-1})\\f(1)&\varepsilon f(\varepsilon)&\varepsilon^2f(\varepsilon^2)&\cdots&\varepsilon^{n-1}f(\varepsilon^{n-1})\\f(1)&\varepsilon^2f(\varepsilon)&\varepsilon^4f(\varepsilon^2)&\cdots&\varepsilon^{2(n-1)}f(\varepsilon^{n-1})\\\vdots&\vdots&\vdots&\ddots&\vdots\\f(1)&\varepsilon^{n-1}f(\varepsilon)&\varepsilon^{2(n-1)}f(\varepsilon^2)&\cdots&\varepsilon^{(n-1)(n-1)}f(\varepsilon^{n-1})\end{pmatrix}$$

$$=\Delta\begin{pmatrix}f(\varepsilon_0)&&&\\&f(\varepsilon_1)&&\\&&\ddots&\\&&&f(\varepsilon_{n-1})\end{pmatrix}.$$

必要性，设

$$C^{-1}AC=\begin{pmatrix}\lambda_1&&&\\&\lambda_2&&\\&&\ddots&\\&&&\lambda_n\end{pmatrix}.$$

设 $(a_1,a_2,\cdots,a_n)^{\mathrm T}$ 是线性方程组 $\Delta^{\mathrm T}x=(\lambda_1,\lambda_2,\cdots,\lambda_n)^{\mathrm T}$ 的唯一解，那么 $f(\varepsilon_i)=\lambda_i(i=1,\cdots,n)$.

$$令\ D=\begin{pmatrix}a_1&a_2&a_3&\cdots&a_{n-1}&a_n\\a_n&a_1&a_2&\cdots&a_{n-2}&a_{n-1}\\a_{n-1}&a_n&a_1&\cdots&a_{n-3}&a_{n-2}\\\vdots&\vdots&\vdots&\ddots&\vdots&\vdots\\a_3&a_4&a_5&\cdots&a_1&a_2\\a_2&a_3&a_4&\cdots&a_n&a_1\end{pmatrix},$$

$$则\ \Delta^{-1}D\Delta=\begin{pmatrix}f(\varepsilon_0)&&&\\&f(\varepsilon_1)&&\\&&\ddots&\\&&&f(\varepsilon_{n-1})\end{pmatrix}=\begin{pmatrix}\lambda_0&&&\\&\lambda_1&&\\&&\ddots&\\&&&\lambda_n\end{pmatrix}=C^{-1}AC.$$

(3) 设 $n$ 阶方阵 $\boldsymbol A$，满足 $\boldsymbol A^2=\boldsymbol A$，证明 $\boldsymbol A$ 可对角化，并且存在可逆矩阵 $\boldsymbol P$，使

$$P^{-1}AP=\begin{pmatrix}1&&&&&\\&\ddots&&&&\\&&1&&&\\&&&0&&\\&&&&\ddots&\\&&&&&0\end{pmatrix}.$$

**提示:**设 $g(\lambda)=\lambda^2-\lambda$,则 $g(\boldsymbol{A})=\boldsymbol{O}$,所以 $m_A(\lambda)\mid g(\lambda)$. 由于 $g(\lambda)$ 无重根,所以 $m_A(\lambda)$ 无重根,故 $\boldsymbol{A}$ 可对角化. 又设 $\boldsymbol{A}$ 的特征值为 $\lambda$,对应得特征向量是 $\boldsymbol{x}$,即 $\boldsymbol{Ax}=\lambda\boldsymbol{x}$,则有 $\lambda^2\boldsymbol{x}=\boldsymbol{A}^2\boldsymbol{x}=\boldsymbol{Ax}=\lambda\boldsymbol{x}$. 因而 $\lambda=0$ 或 1,故存在可逆矩阵 $\boldsymbol{P}$,使结论成立.

(4) 设 $n$ 阶矩阵 $\boldsymbol{A}=(a_{ij})$ 的特征根为 $\lambda_1,\lambda_2,\cdots,\lambda_n$,证明: $\sum\limits_{i=1}^{n}\lambda_i^2=\sum\limits_{i,k=1}^{n}a_{ik}a_{ki}$.

**提示:**因 $\boldsymbol{A}^2$ 的全部特征根为 $\lambda_i^2(i=1,2,\cdots,n)$,所以 $\sum\limits_{i=1}^{n}\lambda_i^2=T_r(AA)=\sum\limits_{i,k=1}^{n}a_{ik}a_{ki}$.

(5) 若存在正整数 $m$,使 $\boldsymbol{A}^m=\boldsymbol{E}$,$\boldsymbol{E}$ 为单位矩阵,证明 $\boldsymbol{A}$ 相似于对角形矩阵.

**提示:**设 $\boldsymbol{J}=\boldsymbol{PAP}^{-1}=\begin{pmatrix}J_1&&&\\&J_2&&\\&&\ddots&\\&&&J_s\end{pmatrix}$是 $\boldsymbol{A}$ 的若当标准形,于是,$\boldsymbol{J}^m=(\boldsymbol{PAP}^{-1})^m=\boldsymbol{PA}^m\boldsymbol{P}^{-1}=\boldsymbol{PEP}^{-1}=\boldsymbol{E}$,必有 $\boldsymbol{J}^m=\begin{pmatrix}J_1^m&&&\\&J_2^m&&\\&&\ddots&\\&&&J_s^m\end{pmatrix}=\boldsymbol{E}$. 假设 $\boldsymbol{A}$ 不相似于对角形,必有某个 $\boldsymbol{J}_k$ 的阶数 $>1$,设 $\boldsymbol{J}_k$ 是 $p$ 阶矩阵,我们有

$$\boldsymbol{J}_k^m=\begin{pmatrix}\lambda_k&1&&&\\&\lambda_k&1&&\\&&\ddots&\ddots&\\&&&\lambda_k&1\\&&&&\lambda_k\end{pmatrix}^m$$

$$\begin{pmatrix}\lambda_k^m&C_m^1\lambda_k^{m-1}&\cdots&C_m^{p-1}\lambda_k^{m-p+1}\\&\lambda_k^m&\cdots&C_m^{p-2}\lambda_k^{m-p+2}\\&&\ddots&M\\&&&\lambda_k^m\end{pmatrix}\neq E_p\text{ 矛盾}.$$

**例 5-15** 求矩阵 $\boldsymbol{A}=\begin{pmatrix}1&2&0&0\\-2&1&0&0\\-1&0&1&2\\0&-1&-2&1\end{pmatrix}$的有理标准形和若当标准形.

**分析** 要求得有理标准形和若当标准形,只要求得 $\boldsymbol{A}$ 的初等因子.

**解答** 由于

$$\lambda E - A = \begin{pmatrix} \lambda-1 & -2 & 0 & 0 \\ 2 & \lambda-1 & 0 & 0 \\ 1 & 0 & \lambda-1 & -2 \\ 0 & 1 & 2 & \lambda-1 \end{pmatrix},$$

其中有两个 3 级子式

$$\begin{vmatrix} \lambda-1 & -2 & 0 \\ 2 & \lambda-1 & 0 \\ 1 & 0 & \lambda-1 \end{vmatrix} = (\lambda-1)[(\lambda-1)^2+4], \quad \begin{vmatrix} \lambda-1 & -2 & 0 \\ 1 & 0 & \lambda-1 \\ 0 & 1 & 2 \end{vmatrix} = 4-(\lambda-1)^2$$

互素,所以 $D_3(\lambda)=1$ 从而 $D_1(\lambda)=D_2(\lambda)=1$. 又有 $D_4(\lambda)=|\lambda \boldsymbol{E}-\boldsymbol{A}|=[(\lambda-1)^2+4]^2$. 于是 $\boldsymbol{A}$ 的不变因子为

$d_1(\lambda)=d_2(\lambda)=d_3(\lambda)=1, d_4(\lambda)=[(\lambda^2-1)^2+4]^2=\lambda^4-4\lambda^3+14\lambda^2-20\lambda+25$,

则 $\boldsymbol{A}$ 的初等因子为

$$(\lambda-1-2i)^2, (\lambda-1+2i)^2.$$

故 $\boldsymbol{A}$ 的有理标准形和若当标准形为

$$\boldsymbol{F} = \begin{pmatrix} 0 & 0 & 0 & -25 \\ 1 & 0 & 0 & 20 \\ 0 & 1 & 0 & -14 \\ 0 & 0 & 1 & 4 \end{pmatrix}, \boldsymbol{J} = \begin{pmatrix} 1+2i & 0 & 0 & 0 \\ 1 & 1+2i & 0 & 0 \\ 0 & 0 & 1-2i & 0 \\ 0 & 0 & 1 & 1-2i \end{pmatrix}.$$

**评注** 题中所用方法为若当标准形的基本求法,注意掌握.类似的题有:

(1) 求矩阵 $\boldsymbol{A} = \begin{pmatrix} 0 & 3 & 3 \\ -1 & 8 & 6 \\ 2 & -14 & -10 \end{pmatrix}$ 的有理标准形.

**提示:** $\lambda \boldsymbol{E} - \boldsymbol{A} = \begin{pmatrix} \lambda & -3 & -3 \\ 1 & \lambda-8 & -6 \\ -2 & 14 & \lambda+10 \end{pmatrix} \rightarrow \begin{pmatrix} 1 & 0 & 0 \\ 0 & 1 & 0 \\ 0 & 0 & \lambda(\lambda+1)^2 \end{pmatrix}$, $\boldsymbol{A}$ 的不变因子为 $d_1(\lambda)=d_2(\lambda)=1, d_3(\lambda)=\lambda(\lambda+1)^2=\lambda^3+2\lambda^2+\lambda$,

故 $\boldsymbol{A}$ 的有理标准形为 $\boldsymbol{F} = \begin{pmatrix} 0 & 0 & 0 \\ 1 & 0 & -1 \\ 0 & -1 & -2 \end{pmatrix}$.

(2) 求矩阵 $\boldsymbol{B} = \begin{pmatrix} -1 & -3 & 1 \\ -2 & -5 & 4 \\ -4 & -10 & 7 \end{pmatrix}$ 的若当标准形.

**提示:** $\lambda \boldsymbol{E} - \boldsymbol{B} = \begin{pmatrix} \lambda+1 & 3 & -1 \\ 2 & \lambda+5 & -4 \\ 4 & 10 & \lambda-7 \end{pmatrix} \rightarrow \begin{pmatrix} 1 & 0 & 0 \\ 0 & 1 & 0 \\ 0 & 0 & (\lambda-1)(\lambda^2+1) \end{pmatrix}$,

$\boldsymbol{B}$ 的不变因子为 $d_1(\lambda)=d_2(\lambda)=1$, ,$d_3(\lambda)=(\lambda-1)(\lambda^2+1)=\lambda^3-\lambda^2+\lambda-1$, $\boldsymbol{B}$ 的初等因子为 $\lambda-1, \lambda-i, \lambda+i$, 故 $\boldsymbol{B}$ 的若尔当标准形分别为

$$J=\begin{pmatrix}1&0&0\\0&i&0\\0&0&-i\end{pmatrix}.$$

(3) 记若当标准形 $\begin{pmatrix}a&&&\\1&a&&\\&\ddots&\ddots&\\&&1&a\end{pmatrix}_{n\times n}$ 为 $\boldsymbol{J}(a,n)$，求 $\boldsymbol{A}=(\boldsymbol{J}(a,n))^2$ 的若当标准形.

**提示：**当 $a\neq0$ 时，由 $|\lambda E-A|=(\lambda-a^2)^n$，因此 $\boldsymbol{A}$ 的最后一个不变因子是 $d_n(\lambda)=(\lambda-a^2)^k(k\leqslant n)$，由 $\boldsymbol{0}=d_n(\boldsymbol{A})=(\boldsymbol{J}^2-a^2\boldsymbol{E})^k=(\boldsymbol{J}+a\boldsymbol{E})^k(\boldsymbol{J}-a\boldsymbol{E})^k$，及 $\boldsymbol{J}+a\boldsymbol{E}$ 可逆，故 $(\boldsymbol{J}-a\boldsymbol{E})^k=\boldsymbol{0}$，即 $k=n$，$(\lambda-a^2)^n$ 为 $\boldsymbol{A}$ 的唯一初等因子，$\boldsymbol{A}$ 的若当标准形为 $\boldsymbol{J}(a^2,n)$. 当 $a=0$ 时，由 $\boldsymbol{A}$ 的最后一个不变因子是 $d_n(\lambda)=\lambda^k$. $A^k=(\boldsymbol{J}(0,n))^{2k}=0$，有 $2k\geqslant n$，而 $\lambda^k$ 是最小多项式，故 $k=\left[\frac{n+1}{2}\right]$（取整）. 其次，$\lambda E-A$ 的左下角的 $n-2$ 阶子式为 $(-1)^{n-2}$. 因此 $\boldsymbol{A}$ 的非常数不变因子为 $\lambda^{n-k}$，$\lambda^k$，此即为仅有的初等因子. $\boldsymbol{A}$ 的若当标准形为 $\mathrm{diag}(\boldsymbol{J}(0,n-k),\boldsymbol{J}(0,k))$.

(4) 已知 $\boldsymbol{A}=\begin{pmatrix}-1&-2&6\\-1&0&3\\-1&-1&4\end{pmatrix}$，求 $\boldsymbol{A}$ 的最小多项式.

**提示：**可求得 $|\lambda\boldsymbol{E}-\boldsymbol{A}|=(\lambda-1)^3$，容易验证

$$\boldsymbol{A}-\boldsymbol{E}\neq\boldsymbol{O},(\boldsymbol{A}-\boldsymbol{E})^2=\boldsymbol{O},\text{故 } m_A(\lambda)=(\lambda-1)^2.$$

(5) $\boldsymbol{A}\in\mathbb{R}^{n\times n}$ 且 $\boldsymbol{A}$ 的特征值的模都不大于 1. 假设 $\boldsymbol{A}^k=[a_{ij}^{(k)}]_{n\times n}$. 证明：若 $\lim\limits_{k\to+\infty}a_{ij}^{(k)}$ 都存在，记 $\lim\limits_{k\to+\infty}a_{ij}^{(k)}=b_{ij}(1\leqslant i,j\leqslant n)$，$\boldsymbol{B}=[b_{ij}]_{n\times n}$，则 $\boldsymbol{B}$ 的若当标准形必形为 $\begin{bmatrix}\boldsymbol{E}&\boldsymbol{O}\\\boldsymbol{O}&\boldsymbol{O}\end{bmatrix}$.

**提示：**设 $\boldsymbol{A}$ 的若当标准形为 $\boldsymbol{J}=\begin{bmatrix}\boldsymbol{J}_1&\boldsymbol{O}\\\boldsymbol{O}&\boldsymbol{J}_2\end{bmatrix}$，即存在可逆矩阵 $\boldsymbol{P}$，使得 $\boldsymbol{P}^{-1}\boldsymbol{AP}=\boldsymbol{J}$. 其中

$$J_1=\begin{bmatrix}\lambda_1&&&&\\\varepsilon_1&\lambda_2&&&\\&\varepsilon_2&\lambda_3&&\\&&\ddots&\ddots&\\&&&\varepsilon_{s-1}&\lambda_s\end{bmatrix},J_2=\begin{bmatrix}\mu_1&&&&\\\delta_1&\mu_2&&&\\&\delta_2&\mu_3&&\\&&\ddots&\ddots&\\&&&\delta_{n-s-1}&\mu_{n-s}\end{bmatrix},$$

其中，$|\lambda_i|=1(i=1,2,\cdots,s)$，$\varepsilon_i=0$ 或 $1(i=1,2,\cdots,s-1)$，$|\mu_j|<1,(j=1,2,\cdots,n-s)$，$\delta_j=0$ 或 $1(j=1,2,\cdots,n-s-1)$

由于 $\lim\limits_{k\to+\infty}\boldsymbol{A}^k=\lim\limits_{k\to+\infty}\boldsymbol{PJ}^k\boldsymbol{P}^{-1}=\boldsymbol{P}(\lim\limits_{k\to+\infty}\boldsymbol{J}^k)\boldsymbol{P}^{-1}$，$\lim\limits_{k\to+\infty}\boldsymbol{J}^k=\begin{bmatrix}\lim\limits_{k\to+\infty}\boldsymbol{J}_1^k&\boldsymbol{O}\\\boldsymbol{O}&\lim\limits_{k\to+\infty}J_2^k\end{bmatrix}=\begin{bmatrix}\lim\limits_{k\to+\infty}\boldsymbol{J}_1^k&\boldsymbol{O}\\\boldsymbol{O}&\boldsymbol{O}\end{bmatrix}$.

下面考虑 $\lim\limits_{k\to+\infty}\boldsymbol{J}_1^k$. 首先，若 $\lambda_i=-1(i=1,2,\cdots,s)$，则 $\lim\limits_{k\to+\infty}\lambda_i^k$ 不存在. 其次，特征值 1 对应的每个若当块都应该是 1 阶的，即 $\varepsilon_i=0(i=1,2,\cdots,s-1)$，否则令

$$M=\begin{bmatrix}1&&&\\1&1&&\\&\ddots&\ddots&\\&&1&1\end{bmatrix}_{t\times t},t>1,\text{则 }M^k=\begin{bmatrix}1&&&\\1&1&&\\&\ddots&\ddots&\\&&1&1\end{bmatrix}^k=\begin{bmatrix}1&&&&\\C_k^1&1&&&\\C_k^2&C_k^1&\ddots&&\\\vdots&\ddots&\ddots&\ddots&\\&\cdots&C_k^2&C_k^1&1\end{bmatrix}\text{不收敛.}$$

**例 5-16** 证明:每个复方阵可分解为两个复对称矩阵的乘积,并且其中一个是可逆的.

**分析** 由易到难,分别就矩阵为若当块、若当形及任意矩阵证明.

**证明** (1)设 $A$ 为若当块

$$J_r=\begin{bmatrix}\lambda_0&1&&&\\&\ddots&\ddots&0&\\&&\ddots&\ddots&\\0&&&\ddots&1\\&&&&\lambda_0\end{bmatrix}_r,$$

取 $H_r=\begin{bmatrix}&&1\\&\cdot^{\cdot^{\cdot}}&\\1&&\end{bmatrix}_r$,则 $H^{\mathrm{T}}=H^{-1}=H$,且 $HJH=J^{\mathrm{T}},HJ^{\mathrm{T}}H=J$. 从而

$$J=HJ^{\mathrm{T}}H=(HJ^{\mathrm{T}})H,$$

则 $H$ 对称,可逆,而 $(HJ^{\mathrm{T}})^{\mathrm{T}}=JH^{\mathrm{T}}=HHJH=HJ^{\mathrm{T}}$,故 $HJ$ 也对称,从而结论对若当块成立.

(2) 设 $A$ 为若当形矩阵

$$J=\begin{bmatrix}J_1&&&\\&J_2&&\\&&\ddots&\\&&&J_s\end{bmatrix},$$

其中 $J_i(i=1,2,\cdots,s)$ 为 $r_i$ 阶若当块. 令

$$H=\begin{bmatrix}H_1&&&\\&H_2&&\\&&\ddots&\\&&&H_s\end{bmatrix},H_i=\begin{bmatrix}&&1\\&\cdot^{\cdot^{\cdot}}&\\1&&\end{bmatrix}_{r_i}$$

$$\text{则 }J=\begin{bmatrix}J_1&&&\\&J_2&&\\&&\ddots&\\&&&J_s\end{bmatrix}=\begin{bmatrix}HJ'_1&&&\\&HJ'_2&&\\&&\ddots&\\&&&HJ'_s\end{bmatrix}\begin{bmatrix}H_1&&&\\&H_2&&\\&&\ddots&\\&&&H_s\end{bmatrix}=(HJ^{\mathrm{T}})H,$$

则 $H$ 可逆且 $HJ$ 对称. 故结论对若当形矩阵成立.

(3) 设 $A$ 为任一 $n$ 阶方阵,则存在可逆阵 $T$,使

$$T^{-1}AT=J,$$

其中 $J$ 为 $A$ 的若当标准形. 令 $J=BC$,其中 $B,C$ 对称,且 $C$ 可逆,则

$$A = TJT^{-1} = TBCT^{-1} = TBT^{\mathrm{T}}(T^{-1})^{\mathrm{T}}CT^{-1} = SQ.$$

因 $C$ 对称,可逆,故 $(T^{-1})^{\mathrm{T}}CT^{-1}$ 也对称可逆,又 $B$ 对称,故 $TBT^{\mathrm{T}}=S$ 也对称,从而

$$A = SQ$$

为 $A$ 的满足条件的分解.

**评注:**本题先证明结论对若当块,若当形矩阵成立,然后再借助于矩阵的若当标准形将结论推广到一般矩阵,这是矩阵论证中常用的方法. 类似的题有:

(1) 设 $A$ 为三阶正交矩阵,且 $|A|=1$,证明:存在实数 $t(-1\leqslant t\leqslant 3)$,使得 $A^3-tA^2+tA-E=O$.

**提示:**设 $A$ 的特征值为 $\lambda_1=1,\lambda_2,\lambda_3$,则 $\lambda_1\lambda_2\lambda_3=|A|=1,\lambda_2\lambda_3=1$,进一步,有

$f(\lambda)=(\lambda-\lambda_1)(\lambda-\lambda_2)(\lambda-\lambda_3)=\lambda^3-(\lambda_1+\lambda_2+\lambda_3)\lambda^2+(\lambda_1\lambda_2+\lambda_2\lambda_3+\lambda_1\lambda_3)\lambda-\lambda_1\lambda_2\lambda_3$.

$\lambda_1+\lambda_2+\lambda_3=1+\lambda_2+\lambda_3$, $\lambda_1\lambda_2+\lambda_2\lambda_3+\lambda_1\lambda_3=\lambda_2\lambda_3+\lambda_1(\lambda_2+\lambda_3)=1+\lambda_2+\lambda_3$, $-(|\lambda_2|+|\lambda_3|)\leqslant\lambda_2+\lambda_3\leqslant|\lambda_2|+|\lambda_3|$

$-2\leqslant\lambda_2+\lambda_3\leqslant 2$, $-1\leqslant 1+\lambda_2+\lambda_3\leqslant 3$.

令 $t=1+\lambda_2+\lambda_3$,由哈密顿—凯莱定理即得结论.

(2) 设复数域上的矩阵 $A$ 的特征值全为 $\pm1$,证明:$A$ 相似于 $A^{-1}$.

**提示:**如 $A$ 为若当块 $J=\begin{pmatrix}\lambda_0 & 1 & & \\ & \lambda_0 & \ddots & \\ & & \ddots & 1\\ & & & \lambda_0\end{pmatrix}$,$\lambda_0=\pm1$,因 $J$ 的特征值为 $\pm1$,所以 $J^{-1}$ 的特征值也是 $\pm1$. 因 $r-\mathrm{rank}(J^{-1}-\lambda_0E)=r-\mathrm{rank}[\lambda_0J^{-1}(\lambda_0E-J)]=r-\mathrm{rank}[(\lambda_0E-J)]=1$. 从而 $J^{-1}$ 仅有一个属于特征值 $\lambda_0$ 的若当块,故 $J^{-1}$ 的若当标准形就是 $J$. 所以 $J$ 相似于 $J^{-1}$. 如 $A$ 为一般矩阵,设 $A$ 的若当标准形为 $J=\begin{pmatrix}J_1 & & & \\ & J_2 & & \\ & & \ddots & \\ & & & J_s\end{pmatrix}$,其中 $J_i$ 为特征值为 $\pm1$ 的若当块. 从而 $A$ 相似于 $J=\begin{pmatrix}J_1 & & & \\ & J_2 & & \\ & & \ddots & \\ & & & J_s\end{pmatrix}$相似于$\begin{pmatrix}J_1^{-1} & & & \\ & J_2^{-1} & & \\ & & \ddots & \\ & & & J_s^{-1}\end{pmatrix}=J^{-1}$相似于 $A^{-1}$.

(3) 设矩阵 $A=\begin{pmatrix}2 & 0 & 0\\ a & 2 & 0\\ b & c & -1\end{pmatrix}$.

① 试确定 $A$ 的所有可能的若当标准形;

② 试确定 $A$ 可对角化的条件.

**提示:**①可求得 $|\lambda E-A|=(\lambda-2)^2(\lambda+1)$. 当 $a\neq0$ 时,可验算 $(A-2E)(A+E)\neq O$,所以 $A$ 的最小多项式为 $(\lambda-2)^2(\lambda+1)$,故 $A$ 的若当标准形为 $\begin{pmatrix}2 & 0 & 0\\ 1 & 2 & 0\\ 0 & 0 & -1\end{pmatrix}$. 当 $a=0$ 时,$A$ 的最

小多项式为$(\lambda-2)(\lambda+1)$，故$A$的若当标准形为$\begin{pmatrix}2&0&0\\0&2&0\\0&0&1\end{pmatrix}$. ②$A$可对角化的充分必要条件是$A$的最小多项式无重根，即$A$的最小多项式为$(\lambda-2)(\lambda+1)$，而后者成立的充分必要条件是$a=0$. 另外，若当标准形也可以通过二重特征值和对应的特征向量的个数来求得.

(4) 若存在正整数$k>n$，使$n$阶方阵$A$有$A^k=O$，证明$A^n=O$.

**提示**：证明对任意$m\geqslant n$，有$\mathrm{rank}(A^n)=\mathrm{rank}(A^m)$. 因为$A^k=0$，显然$0\leqslant\mathrm{rank}(A^{n+1})\leqslant\mathrm{rank}(A^n)\leqslant\cdots\leqslant\mathrm{rank}(A)\leqslant n-1$，$n+1$个矩阵的秩取值在$[0,n-1]$中，故必有$k'$，$1\leqslant k'\leqslant n$，使$\mathrm{rank}(A^{k'})=\mathrm{rank}(A^{k'+1})$，因而方程组$A^{k'}X=O$与$A^{k'+1}X=O$同解，由于$A^{k'+1}X=0$与$A^{k'+2}X=0$同解，依次类推，有$\mathrm{rank}(A^{k'})=\mathrm{rank}(A^{k'+1})=\mathrm{rank}(A^{k'+2})=\cdots=\mathrm{rank}(A^m)$所以$\mathrm{rank}(A^n)=\mathrm{rank}(A^{n+1})=\cdots=\mathrm{rank}(A^m)=\cdots$，从而$\mathrm{rank}(A^n)=0$，即$A^n=O$.

(5) 设$A,B$分别为$n\times m$与$m\times n$矩阵，若$n>m$，则$AB$与$BA$的特征多项式差一个因子$\lambda^{n-m}$.

**提示**：令$A_1=(A,O)$是$n$阶矩阵，$B_1=\begin{pmatrix}B\\O\end{pmatrix}$是$n$阶矩阵，由于$A_1,B_1$均为$n$阶方阵，所以$A_1B_1$与$B_1A_1$有相同的特征多项式. 设$BA$的特征多项式为$\varphi(\lambda)$，则

$$|\lambda E-AB|=|\lambda E-A_1B_1|=|\lambda E-B_1A_1|=\left|\lambda E-\begin{pmatrix}B\\O\end{pmatrix}(A,O)\right|$$

$$=\begin{vmatrix}\lambda E-BA&0\\0&\lambda E_{n-m}\end{vmatrix}=\lambda^{n-m}\cdot\varphi(\lambda).$$

**例5-17** 对于$n$阶方阵$A$，如果使$A^m=O$成立的最小正整数为$m$，则称$A$是$m$次幂零矩阵. 证明所有$n$阶$n-1$次幂零矩阵彼此相似，并求其若当标准形.

**分析** 依据幂零矩阵的定义，寻找不变因子.

**证明** 假如$n$阶方阵$A$满足$A^{n-1}=O,A^k\neq O(1\leqslant k\leqslant n-2)$，则$A$的最小多项式为$m_A(\lambda)=\lambda^{n-1}$，从而$A$的第$n$个不变因子$d_n(\lambda)=\lambda^{n-1}$. 由于

$$d_1(\lambda)d_2(\lambda)\cdots d_n(\lambda)=|\lambda E-A|$$

是$n$次多项式，且$d_i(\lambda)|d_{i+1}(\lambda)(i=1,2,\cdots n-1)$，所以

$$d_1(\lambda)=d_2(\lambda)=\cdots=d_{n-2}(\lambda)=1,d_{n-1}(\lambda)=\lambda,d_n(\lambda)=\lambda^{n-1},$$

故所有$n$阶$n-1$次幂零矩阵彼此相似，其初等因子为$\lambda,\lambda^{n-1}$，从而若当标准形为

$$J=\begin{pmatrix}0&&&&\\0&0&&&\\&1&0&&\\&&\ddots&\ddots&\\&&&1&0\end{pmatrix}.$$

**评注**：$A$的不变因子组为$1,1,\cdots,1,\lambda,\lambda^{n-1}$，这说明，任何两个$n$阶$n-1$次幂零矩阵的不变因子组都相等，从而它们相似. 类似的题有：

(1) 设$A\in\mathbb{C}^{n\times n}$，则$\mathrm{rank}(A+E)+\mathrm{rank}(A-E)\geqslant n$，当且仅当$A^2=E$时等号成立.

**提示**：不妨设$A=\mathrm{diag}(J_1,J_2,\cdots,J_k)$，$J_i=J(\lambda_i,n_i)$，$J(\lambda_i,n_i)$为若当块，则

$\operatorname{rank}(\boldsymbol{A}+\boldsymbol{E})+\operatorname{rank}(\boldsymbol{A}-\boldsymbol{E}) = \sum_i [\operatorname{rank}(\boldsymbol{J}_i+\boldsymbol{E})+\operatorname{rank}(\boldsymbol{J}_i-\boldsymbol{E})] = \sum_{\lambda_i=1}(n_i+n_i-1)+\sum_{\lambda_i=-1}(n_i-1+n_i)+\sum_{\lambda_i\neq\pm1}2n_i = 2n-(\lambda_i \text{ 取 } 1,\,-1 \text{ 的次数}) \geqslant n.$

等号成立$\Leftrightarrow$每个$\lambda_i=\pm1$且$n_i=1(i_i,i_2,\cdots,i_k)$.

(2) 设$A=\begin{pmatrix}1&1&&\\&1&\ddots&\\&&\ddots&1\\&&&1\end{pmatrix}$,试求所有多项式$g(\lambda)$,使$g(A)$相似于$A$.

**提示:** 设$g(\lambda)$为任一满足条件的多项式. 有$g(\boldsymbol{A})=\begin{pmatrix}g(1)&g'(1)&&\\&\ddots&\ddots&*\\&&\ddots&\ddots\\&&&\ddots&g'(1)\\&&&&\ddots\\&\boldsymbol{0}&&&g(1)\end{pmatrix}$.

因$g(\boldsymbol{A})$相似于$\boldsymbol{A}$,所以$g(\boldsymbol{A})$与$\boldsymbol{A}$有相同的特征值,故$g(1)=1$,从而$g(\lambda)=(\lambda-1)h(\lambda)+1$.

因$g(\boldsymbol{A})$相似于$\boldsymbol{A}$,故$\operatorname{rank}(\boldsymbol{A}-\boldsymbol{E})=\operatorname{rank}(g(\boldsymbol{A})-\boldsymbol{E})$,而

$$g(\boldsymbol{A})-\boldsymbol{E}=(\boldsymbol{A}-\boldsymbol{E})h(\boldsymbol{A}).$$

如$h(1)=0$,则

$$h(\boldsymbol{A})=\begin{pmatrix}0&&\\&&*\\&0&\ddots\\&&&0\end{pmatrix},$$

则

$$(\boldsymbol{A}-\boldsymbol{E})h(\boldsymbol{A})=\begin{pmatrix}0&0&&&\\&0&\ddots&*&\\&&\ddots&\ddots&\\&0&&\ddots&0\\&&&&0\end{pmatrix}.$$

故$\operatorname{rank}(g(\boldsymbol{A})-\boldsymbol{E})\leqslant n-2$,这不可能. 故必有$h(1)\neq0$. 又当$h(1)\neq0$时,有

$$h(\boldsymbol{A})=\begin{pmatrix}h(1)&&\\&\ddots&*\\&0&\ddots\\&&&h(1)\end{pmatrix},$$

则$h(\boldsymbol{A})$可逆,从而

$$\operatorname{rank}(g(\boldsymbol{A})-\boldsymbol{E})=\operatorname{rank}((\boldsymbol{A}-\boldsymbol{E})h(\boldsymbol{A}))=\operatorname{rank}(\boldsymbol{A}-\boldsymbol{E})=n-1.$$

所以$n-\operatorname{rank}(\boldsymbol{A}-\boldsymbol{E})h(\boldsymbol{A})=1$,故$g(\boldsymbol{A})$仅有一个属于特征值1的若当块,故$g(\boldsymbol{A})$的若当标准形为

$$\begin{pmatrix}1 & 1 & & & \\ & 1 & \ddots & 0 & \\ & & \ddots & \ddots & \\ & & & \ddots & 1 \\ & & & & 1\end{pmatrix} = \boldsymbol{A}.$$

所以 $g(\boldsymbol{A})$ 相似于 $\boldsymbol{A}$. 由此得所求的多项式为

$$g(\lambda) = (\lambda - 1)h(\lambda) + 1,$$

其中 $h(\lambda)$ 为任一使 $h(1) \neq 0$ 的多项式.

(3) 设 $\boldsymbol{A},\boldsymbol{B}$ 为数域 $K$ 上的矩阵. 证明:如果 $\boldsymbol{A},\boldsymbol{B}$ 在复数域$\mathbb{C}$ 上相似,则它们在 $K$ 上也相似.

**提示:** 因 $\boldsymbol{A},\boldsymbol{B}$ 在复数域上相似,故它们在$\mathbb{C}$ 上有相同的行列式因子. 由行列式因子的定义,$\boldsymbol{A}(\boldsymbol{B})$ 的 $r$ 阶行列式因子 $D_r(\lambda)$ 是 $\lambda\boldsymbol{E}-\boldsymbol{A}(\lambda\boldsymbol{E}-\boldsymbol{B})$ 的所有 $r$ 阶子式的最高公因式,因 $\lambda\boldsymbol{E}-\boldsymbol{A}$ 与 $\lambda\boldsymbol{E}-\boldsymbol{B}$ 的元素都是数域 $K$ 上的多项式,故它们的 $r$ 阶子式也是数域 $K$ 上的多项式,从而这些 $r$ 阶子式的最高公因式也是数域 $K$ 上的多项式,即 $D_r(\lambda) \in K[\lambda]\,(r=1,2,\cdots,n)$. 于是,$\boldsymbol{A}$ 与 $\boldsymbol{B}$ 在数域 $K$ 上有相同的各阶行列式因子, 所以它们在数域 $K$ 上也相似.

(4) 若 $n$ 阶矩阵 $\boldsymbol{A},\boldsymbol{A}^2,\cdots,\boldsymbol{A}^n$ 的迹分别为 $a,0,\cdots,0$,求 $\boldsymbol{A}$ 的特征多项式.

**提示:** 设 $\lambda_1,\lambda_2,\cdots,\lambda_n$ 是 $\boldsymbol{A}$ 的全部特征值,则 $\boldsymbol{A}$ 的特征多项式为

$$f(\lambda) = (\lambda-\lambda_1)(\lambda-\lambda_2)\cdots(\lambda-\lambda_n) = \lambda^n - \sigma_1\lambda^{n-1} + \cdots + (-1)^n\sigma_n,$$

$\sigma_1,\sigma_2,\cdots,\sigma_n$ 为 $\lambda_1,\lambda_2,\cdots,\lambda_n$ 的初等对称多项式. 令 $S_k=\lambda_1^k+\lambda_2^k+\cdots+\lambda_n^k, k=1,2,\cdots,n, \lambda_1^k, \lambda_2^k,\cdots,\lambda_n^k$ 是 $\boldsymbol{A}^k$ 的全部特征值,$S_k$ 为 $\boldsymbol{A}^k$ 的迹,所以 $S_1=a, S_2=\cdots=S_n=0$.

当 $k\leqslant n$ 时,由牛顿公式 $S_k-\sigma_1S_{k-1}+\sigma_2S_{k-2}+\cdots+(-1)^{k-1}\sigma_{k-1}S_1+(-1)^k. k\sigma_k=0$,得

$$(-1)^{k-1}\sigma_{k-1}S_1 + (-1)^k \cdot k\sigma_k = 0,$$

所以 $\sigma_k=\dfrac{1}{k}\sigma_{k-1}S_1, k=1,2,\cdots,n$,

$$S_1=\sigma_1, \sigma_k = \frac{\sigma_1}{k}\frac{\sigma_{k-2}\cdot\sigma_1}{k-1} = \frac{\sigma_1}{k}\frac{\sigma_1}{k-1}\frac{\sigma_{k-3}\cdot\sigma_1}{k-2} = \cdots = \frac{\sigma_1^k}{k!} \qquad (k=1,2,\cdots,n,\sigma_1=a),$$

所以 $\boldsymbol{A}$ 的特征多项式 $f(\lambda) = \sum\limits_{k=0}^{n}(-1)^k\dfrac{\sigma_1^k}{k!}\lambda^{n-k}$.

(5) 设 $n$ 阶实方阵 $\boldsymbol{A}$ 的特征根全是实数,且 $\boldsymbol{A}$ 的所有一阶主子式之和,所有二阶主子式之和全为零,求证 $\boldsymbol{A}$ 是 $n$ 次幂零矩阵.

**提示:** 设 $\boldsymbol{A}$ 的特征多项式 $f(\lambda)=|\lambda\boldsymbol{E}-\boldsymbol{A}|=\lambda^n+a_1\lambda^{n-1}+\cdots+a_{n-1}\lambda+a_n$,则 $-a_1$ 是 $\boldsymbol{A}$ 的一阶主子式之和,故 $a_1=0$,由多项式根与系数的关系知

$$\lambda_1+\lambda_2+\cdots+\lambda_n = -a_1 = 0, \tag{5-5}$$

$$\sum_{i<j}\lambda_i\lambda_j = a_2 = 0. \tag{5-6}$$

式(5-5)的平方 $-2\times$(5-6):$\lambda_1^2+\lambda_2^2+\cdots+\lambda_n^2=0$,$\lambda_i$ 是实数,故 $\lambda_i=0$,在例 5-18 中第(1)题得出 $\boldsymbol{A}$ 是幂零矩阵,即存在 $k$ 使 $\boldsymbol{A}^k=0$,若 $k<n$. 显然 $\boldsymbol{A}^n=0$,若 $k>n$ 由例 5-16 中的第(4)题,知 $\boldsymbol{A}^n=0$.

**例 5-18** 证明:复数方阵的非零特征值的个数不大于其秩.

**分析** 因为复数域上每一个矩阵都相似于一个若当标准形，且去了若当块的排列次序外由矩阵唯一确定，故可以讨论其特征值来证明.

**证明** 考虑 $\boldsymbol{A}$ 的若当标准形

$$\boldsymbol{J}=\begin{pmatrix}\lambda_1 & & & & \\ \varepsilon_1 & \lambda_2 & & & \\ & \varepsilon_2 & \lambda_3 & & \\ & & \ddots & \ddots & \\ & & & \varepsilon_{n-1} & \lambda_n\end{pmatrix}$$

其中 $\varepsilon_i=0$ 或1，假设 $\boldsymbol{A}$ 有 $s$ 个特征值不为零，则 $\boldsymbol{J}$ 至少有一个 $s$ 阶子式不为零，从而 $\operatorname{rank}(\boldsymbol{A})\geqslant s$.

**评注** 如果方阵可逆，那么非零特征值的个数和秩都是 $n$；如果方阵可以对角化，那么非零特征值的个数和秩相等.

类似的题有：

(1) 设 $\boldsymbol{A}$ 为 $n$ 阶幂零矩阵（有正整数 $k$，使 $\boldsymbol{A}^k=\boldsymbol{O}$）.

① 求 $\boldsymbol{A}$ 的全部特征值；

② 设 $\operatorname{rank}(\boldsymbol{A})=r$，则 $\boldsymbol{A}^{r+1}=\boldsymbol{O}$；

③ 求 $\det(\boldsymbol{E}+\boldsymbol{A})$.

**提示**：由于 $\boldsymbol{A}^k=\boldsymbol{O}$，$\boldsymbol{A}$ 的特征值 $\lambda$ 满足 $\lambda^k=0$，故 $\lambda=0$. 故 $\boldsymbol{A}$ 的全部特征值全为零考虑 $\boldsymbol{A}$ 的若当标准形

$$\boldsymbol{J}=\begin{pmatrix}0 & & & & & \\ \varepsilon_1 & 0 & & & & \\ & \varepsilon_2 & 0 & & & \\ & & \varepsilon_3 & \ddots & & \\ & & & \ddots & \ddots & \\ & & & & \varepsilon_{n-1} & 0\end{pmatrix},$$

其中 $\varepsilon_i=0$ 或 1，由于 $\operatorname{rank}(\boldsymbol{A})=r$，从而 $\varepsilon_i$ 中最多 $r$ 个 1. 由于

$$\boldsymbol{J}=\begin{pmatrix}0 & & & & & \\ 1 & 0 & & & & \\ & 1 & 0 & & & \\ & & 1 & \ddots & & \\ & & & \ddots & \ddots & \\ & & & & 1 & 0\end{pmatrix}_{r\times r}^{r+1}=0$$

因此，$\boldsymbol{J}$ 中每个若当块的 $r+1$ 次幂为 0，所以

$$\boldsymbol{A}^{k+1}=0,$$

进而得

$$\det(\boldsymbol{E}+\boldsymbol{A})=\det(\boldsymbol{E}+\boldsymbol{J})=1.$$

(2) 设 $\boldsymbol{B}=\begin{pmatrix}0 & 10 & 30\\ 0 & 0 & 2010\\ 0 & 0 & 0\end{pmatrix}$. 证明：$X^2=B$ 无解，这里 $X$ 为三阶未知复方阵.

**提示**:反证法. 设方程有解,即存在复矩阵 $\boldsymbol{A}$,使得 $\boldsymbol{A}^2=\boldsymbol{B}$. $\boldsymbol{B}$ 的特征值为 0,且其代数重数为 3.

设 $\lambda$ 为 $\boldsymbol{A}$ 的一个特征值,则 $\lambda^2$ 为 $\boldsymbol{B}$ 的特征值,所以 $\lambda=0$,从而 $\boldsymbol{A}$ 的特征值均为 0.

于是 $\boldsymbol{A}$ 的若当标准形只可能为 $\boldsymbol{J}_1=\begin{pmatrix}0&0&0\\0&0&0\\0&0&0\end{pmatrix}$,$\boldsymbol{J}_2=\begin{pmatrix}0&1&0\\0&0&0\\0&0&0\end{pmatrix}$或 $\boldsymbol{J}_3=\begin{pmatrix}0&1&0\\0&0&0\\0&0&0\end{pmatrix}$.

从而 $\boldsymbol{A}^2$ 的若当标准形只能为 $\boldsymbol{J}_1=\boldsymbol{J}_1^2=\boldsymbol{J}_2^2$ 或 $\boldsymbol{J}_2=\boldsymbol{J}_3^2$. 因此 $\boldsymbol{A}^2$ 的秩不大于 1,与 $\boldsymbol{B}=\boldsymbol{A}^2$ 的秩为 2 矛盾.

所以,$\boldsymbol{X}^2=\boldsymbol{B}$ 无解.

(3) 不用哈密顿—凯莱定理证明:$n$ 阶方阵 $\boldsymbol{A}$ 是非零多项式的零点.

**提示**:将 $\boldsymbol{A}$ 看做 $n^n$ 维的向量,则 $\boldsymbol{E},\boldsymbol{A},\boldsymbol{A}^2,\cdots,\boldsymbol{A}^{n^2}$ 必线性相关,故存在不全为零的数 $k_0,k_1,k_2,\cdots,k_{n^2}$ 使

$$k_0\boldsymbol{E}+k_1\boldsymbol{A}+k_2\boldsymbol{A}^2+\cdots k_{n^2}\boldsymbol{A}^{n^2}=\boldsymbol{O}.$$

令 $f(\boldsymbol{x})=k_0+k_1\boldsymbol{x}+k_2\boldsymbol{x}^2+\cdots k_{n^2}\boldsymbol{x}^{n^2}$,显然 $f(\boldsymbol{A})=0$ 且 $f(x)\neq 0$.

(4) 设 $\boldsymbol{A},\boldsymbol{B}$ 分别是复数域上的 $k$ 阶和 $r$ 阶方阵且 $\boldsymbol{A},\boldsymbol{B}$ 无公共特征根,证明:$\boldsymbol{AX}=\boldsymbol{XB}$ 只有零解,其中 $\boldsymbol{X}$ 是 $k\times r$ 阶矩阵.

**提示**:设 $f(\lambda)$ 是 $\boldsymbol{A}$ 的特征多项式,先证 $f(\boldsymbol{B})$ 是非奇异的.

设 $\lambda_1,\lambda_2,\cdots,\lambda_n$ 是 $\boldsymbol{A}$ 的特征值,则 $f(\lambda)=(\lambda-\lambda_1)(\lambda-\lambda_2)\cdots(\lambda-\lambda_n)$,$f(\boldsymbol{B})=(\boldsymbol{B}-\lambda_1\boldsymbol{E})(\boldsymbol{B}-\lambda_2\boldsymbol{E})\cdots(\boldsymbol{B}-\lambda_n\boldsymbol{E})$ 因 $\lambda_1,\lambda_2,\cdots,\lambda_n$ 不是 $\boldsymbol{B}$ 的特征根,所以 $|\boldsymbol{B}-\lambda_i\boldsymbol{E}|\neq 0$,从而 $|f(\boldsymbol{B})\neq 0|$. $\boldsymbol{X}=\boldsymbol{O}$ 显然是 $\boldsymbol{AX}=\boldsymbol{XB}$ 的解. 若 $\boldsymbol{AX}=\boldsymbol{XB}$,则 $\boldsymbol{A}^2\boldsymbol{X}=\boldsymbol{A}(\boldsymbol{XB})=(\boldsymbol{AX})\boldsymbol{B}=\boldsymbol{XB}^2,\cdots,\boldsymbol{A}^k\boldsymbol{X}=\boldsymbol{XB}^k$,于是,$f(\boldsymbol{A})\boldsymbol{X}=\boldsymbol{X}f(\boldsymbol{B})$. 又 $f(\boldsymbol{A})=0$,所以 $\boldsymbol{X}f(\boldsymbol{B})=0$,又 $f(\boldsymbol{B})$ 非奇异,所以 $\boldsymbol{X}=\boldsymbol{O}$,即 $\boldsymbol{AX}=\boldsymbol{XB}$ 只有零解.

(5) 设 $\boldsymbol{\alpha}=(a_1,a_2,\cdots,a_n)^{\mathrm{T}}$ 与 $\boldsymbol{\beta}=(b_1,b_2,\cdots,b_n)^{\mathrm{T}}$ 正交,求矩阵 $\boldsymbol{A}=\begin{pmatrix}a_1+b_1&a_1+b_2&\cdots&a_1+b_n\\a_2+b_1&a_2+b_2&\cdots&a_2+b_n\\\vdots&\vdots&\ddots&\vdots\\a_n+b_1&a_n+b_2&\cdots&a_n+b_n\end{pmatrix}$的 $n$ 个特征值.

**提示**:令 $\boldsymbol{B}=\begin{pmatrix}a_1&1\\a_2&1\\\vdots&\vdots\\a_n&1\end{pmatrix}$,$\boldsymbol{C}=\begin{pmatrix}1&1&\cdots&1\\b_1&b_2&\cdots&b_n\end{pmatrix}$,则由矩阵的乘法知,$\boldsymbol{A}=\boldsymbol{BC}$,同时结合 $\boldsymbol{\alpha}$ 与 $\boldsymbol{\beta}$ 正交,知 $\boldsymbol{CB}=\begin{pmatrix}a_1+a_2+\cdots+a_n&n\\0&b_1+b_2+\cdots+b_n\end{pmatrix}$,$|\lambda\boldsymbol{E}-\boldsymbol{A}|=|\lambda\boldsymbol{E}-\boldsymbol{BC}|$,由例 6 的第 5 题知 $|\lambda\boldsymbol{E}-\boldsymbol{BC}|=\lambda^{n-2}|\lambda\boldsymbol{E}_2-\boldsymbol{CB}|=\lambda^{n-2}\begin{vmatrix}\lambda-\sum\limits_{i=1}^n a_i&-n\\0&\lambda-\sum\limits_{i=1}^n b_i\end{vmatrix}=\lambda^{n-2}\Big(\lambda-$

$\sum_{i=1}^{n} a_i\Big)\Big(\lambda - \sum_{i=1}^{n} b_i\Big)$,所以,$A$ 的 $n$ 个特征值为 $0(n-2$ 重)、$\sum_{i=1}^{n} a_i$ 和 $\sum_{i=1}^{n} b_i$.

### 5.2.3 学习效果测试题及答案

**1. 学习效果测试题**

(1) 证明下列哈密顿—凯莱定理:设 $\boldsymbol{A}\in M_n(k)$,$\chi_{\boldsymbol{A}}(\lambda)=|\lambda\boldsymbol{E}-\boldsymbol{A}|$ 为 $\boldsymbol{A}$ 的特征多项式,则 $\chi_{\boldsymbol{A}}(\boldsymbol{A})=0$.

(2) 证明:$\lambda$ – 矩阵

$$\boldsymbol{A}(\lambda)=\begin{pmatrix} \lambda & 0 & 0 & \cdots & 0 & a_n \\ -1 & \lambda & 0 & \cdots & 0 & a_{n-1} \\ 0 & -1 & \lambda & \cdots & 0 & a_{n-2} \\ \vdots & \vdots & \vdots & \ddots & \vdots & \vdots \\ 0 & 0 & 0 & \cdots & \lambda & a_2 \\ 0 & 0 & 0 & \cdots & -1 & \lambda+a_1 \end{pmatrix}$$

的不变因子是 $1,1,\cdots,1,f(\lambda)$,其中

$$f(\lambda)=\lambda^n+a_1\lambda^{n-1}+\cdots+a_{n-1}\lambda+a_n.$$

(3) 设 $\boldsymbol{A},\boldsymbol{B}\in M_n(K)$. 证明:$(\boldsymbol{AB})^*=\boldsymbol{B}^*\boldsymbol{A}^*$.

(4) 设 $\lambda_0$ 是 $n$ 阶方阵 $\boldsymbol{A}$ 的一个特征根,$d_1(\lambda),\cdots,d_{n-1}(\lambda),d_n(\lambda)$ 为 $\lambda\boldsymbol{E}-\boldsymbol{A}$ 的所有不变因子. 证明:矩阵 $\lambda_0\boldsymbol{E}-\boldsymbol{A}$ 的秩等于 $r$ 的充分必要条件是

$$\lambda-\lambda_0\,|\,d_{r+1}(\lambda),\lambda-\lambda_0\nmid d_r(\lambda).$$

(5) 设 $\boldsymbol{A}$ 是一个 6 级方阵,具有特征多项式 $\varphi(\lambda)=(\lambda+2)^2(\lambda-1)^4$ 和最小多项式 $m_A(\lambda)=(\lambda+2)(\lambda-1)^3$,求出 $\boldsymbol{A}$ 的若当标准形. 如果 $m_A(\lambda)=(\lambda+2)(\lambda-1)^2$,$\boldsymbol{A}$ 的若当标准形有几种可能的形式?

(6) 设 $A(\lambda)$ 为数域 $K$ 上的一个 $\lambda$ 矩阵. 证明:$\operatorname{rank}(A(\lambda))=\max\limits_{k\in K}(\operatorname{rank}A(k))$.

(7) 设 $\boldsymbol{A}=(a_1,a_2,\cdots,a_n)$,$a_i$ 不全为零,求 $\boldsymbol{E}-\boldsymbol{A}^{\mathrm{T}}\boldsymbol{A}$ 的特征根.

(8) 设 $\boldsymbol{A}$ 是一个 $n$ 阶不可逆矩阵,试证 $\boldsymbol{A}$ 的伴随矩阵 $\boldsymbol{A}^*$ 的特征根是一个 $n$ 重零根或一个 $n-1$ 重零根及一个根 $A_{11}+A_{22}+\cdots+A_{nn}$,其中 $A_{ij}$ 是 $a_{ij}$ 在 $\boldsymbol{A}$ 中的代数余子式,$a_{ij}$ 是 $\boldsymbol{A}$ 的元素.

(9) 设 $n$ 阶方阵 $\boldsymbol{A}=[a_{ij}]\in\boldsymbol{C}^{n\times n}$,其特征多项式为 $\lambda^n+a_1\lambda^{n-1}+\cdots+a_n$,其全部特征值为 $\lambda_1,\lambda_2,\cdots,\lambda_n$,证明:$(-1)^k a_k=\sum\limits_{1\leqslant i_1\leqslant\cdots\leqslant i_k\leqslant n}\lambda_{i1}\lambda_{i2}\cdots\lambda_{ik}=\sum(\boldsymbol{A}$ 的 $k$ 阶主子式).

(10) 若 $\boldsymbol{A}^2=\boldsymbol{O}$,$\operatorname{rank}(\boldsymbol{A})=r>0$. 证明:$\boldsymbol{A}$ 相似于矩阵 $\boldsymbol{B}=\begin{pmatrix}\boldsymbol{O} & \boldsymbol{N}\\ \boldsymbol{O} & \boldsymbol{O}\end{pmatrix}$其中 $\boldsymbol{N}$ 为 $r$ 阶可逆矩阵.

**2. 测试题答案**

(1) 证明:有

$$\chi_{\boldsymbol{A}}(\lambda)\boldsymbol{E}=(\lambda\boldsymbol{E}-\boldsymbol{A})(\lambda\boldsymbol{E}-\boldsymbol{A})^*.$$

另一方面,设

$$\chi_A(\lambda) = \lambda^n + a_1\lambda^{n-1} + a_2\lambda^{n-2} + \cdots + a_n,$$

则

$$\begin{aligned}\chi_A(\lambda)\boldsymbol{E} - \chi_A(\boldsymbol{A}) &= \sum_{k=0}^{n}(a_{n-k}\lambda^k\boldsymbol{E} - a_{n-1}\boldsymbol{A}^k), \qquad a_0 = 1.\\ &= \sum_{k=1}^{n}a_{n-k}(\lambda^k\boldsymbol{E} - \boldsymbol{A}^k) = \sum_{k=1}^{n}a_{n-k}(\lambda\boldsymbol{E} - \boldsymbol{A})(\lambda^{k-1}\boldsymbol{E} + \lambda^{k-1}\boldsymbol{A} + \cdots + \lambda\boldsymbol{A}^{k-2} + \boldsymbol{A}^{k-1})\\ &= (\lambda\boldsymbol{E} - \boldsymbol{A})\sum_{k=1}^{n}a_{n-k}(\lambda^{k-1}\boldsymbol{E} + \lambda^{k-1}\boldsymbol{A} + \cdots + \lambda\boldsymbol{A}^{k-2} + \boldsymbol{A}^{k-1}) = (\lambda\boldsymbol{E} - \boldsymbol{A})\boldsymbol{B}(\lambda).\end{aligned}$$

所以

$$\chi_A(\lambda)\boldsymbol{E} = (\lambda\boldsymbol{E} - \boldsymbol{A})\boldsymbol{B}(\lambda) + \chi_A(\boldsymbol{A}).$$

则 $$(\lambda\boldsymbol{E}-\boldsymbol{A})(\lambda\boldsymbol{E}-\boldsymbol{A})^* = (\lambda\boldsymbol{E}-\boldsymbol{A})\boldsymbol{B}(\lambda) + \chi_A(\boldsymbol{A}).$$

从而 $$(\lambda\boldsymbol{E}-\boldsymbol{A})[(\lambda\boldsymbol{E}-\boldsymbol{A})^* - \boldsymbol{B}(\lambda)] = \chi_A(\boldsymbol{A}).$$

比较两边的次数,得

$$(\lambda\boldsymbol{E} - \boldsymbol{A})^* = \boldsymbol{B}(\lambda),$$

进而

$$\chi_A(\boldsymbol{A}) = 0.$$

这就证明了哈密顿—凯莱定理.

(2) 证明: 从$|\boldsymbol{A}(\lambda)|$的最后一行开始,每行乘 $\lambda$ 后往上一行加,得

$$|\boldsymbol{A}(\lambda)| = \begin{vmatrix} 0 & 0 & 0 & \cdots & 0 & f(\lambda)\\ -1 & 0 & 0 & \cdots & 0 & *\\ 0 & -1 & 0 & \cdots & 0 & *\\ \vdots & \vdots & \vdots & \ddots & \vdots & \vdots\\ 0 & 0 & 0 & \cdots & 0 & *\\ 0 & 0 & 0 & \cdots & -1 & \lambda + a_1 \end{vmatrix} = f(\lambda)\cdot(-1)^{1+n}(-1)^{n-1} = f(\lambda),$$

故 $D_n(\lambda) = f(\lambda)$.

又由于 $\boldsymbol{A}(\lambda)$左下角的 $n-1$ 阶子式等于$(-1)^{n-1}$,故 $D_{n-1}(\lambda) = 1$. 从而

$$D_1(\lambda) = \cdots = D_{n-2}(\lambda) = 1.$$

于是根据 $d_i(\lambda) = \dfrac{D_i(\lambda)}{D_{i-1}(\lambda)}$,即得 $\boldsymbol{A}(\lambda)$的不变因子为$\overbrace{1,1,\cdots,1}^{n-1}, f(\lambda)$.

(3) 证明:令 $\boldsymbol{A}(\lambda) = \lambda\boldsymbol{E} + \boldsymbol{A}, \boldsymbol{B}(\lambda) = \lambda\boldsymbol{E} + \boldsymbol{B}$,则

$$\begin{aligned}\boldsymbol{A}(\lambda)\boldsymbol{B}(\lambda)\cdot\boldsymbol{B}(\lambda)^*\boldsymbol{A}(\lambda)^* &= \boldsymbol{A}(\lambda)|\boldsymbol{B}(\lambda)|\boldsymbol{A}(\lambda)^*\\ &= |\boldsymbol{B}(\lambda)|\boldsymbol{A}(\lambda)\cdot\boldsymbol{A}(\lambda)^* = |\boldsymbol{A}(\lambda)||\boldsymbol{B}(\lambda)|\boldsymbol{E}.\end{aligned}$$

而$(\boldsymbol{A}(\lambda)\boldsymbol{B}(\lambda))(\boldsymbol{A}(\lambda)\cdot\boldsymbol{B}(\lambda))^* = |\boldsymbol{A}(\lambda)\boldsymbol{B}(\lambda)|\boldsymbol{E} = |\boldsymbol{A}(\lambda)||\boldsymbol{B}(\lambda)|\boldsymbol{E}$,

所以 $\boldsymbol{A}(\lambda)\boldsymbol{B}(\lambda)\cdot\boldsymbol{B}(\lambda)^*\boldsymbol{A}(\lambda)^* = (\boldsymbol{A}(\lambda)\boldsymbol{B}(\lambda))(\boldsymbol{A}(\lambda)\cdot\boldsymbol{B}(\lambda))^*$.

从而 $\boldsymbol{A}(\lambda)\boldsymbol{B}(\lambda)[(\boldsymbol{A}(\lambda)\cdot\boldsymbol{B}(\lambda))^* - \boldsymbol{B}(\lambda)^*\boldsymbol{A}(\lambda)^*] = 0$.

比较等式两边次数,得$(\boldsymbol{A}(\lambda)\boldsymbol{B}(\lambda))^* = \boldsymbol{B}(\lambda)^*\boldsymbol{A}(\lambda)^*$,即$[(\lambda\boldsymbol{E}+\boldsymbol{A})(\lambda\boldsymbol{E}+\boldsymbol{B})]^* = (\lambda\boldsymbol{E}+\boldsymbol{B})^*(\lambda\boldsymbol{E}+\boldsymbol{A})^*$. 令 $\lambda = 0$,得$(\boldsymbol{AB})^* = \boldsymbol{B}^*\boldsymbol{A}^*$.

(4) 证明:$\lambda\boldsymbol{E}-\boldsymbol{A}$ 的标准形是

$$D(\lambda)=\begin{pmatrix} d_1(\lambda) & & & \\ & d_2(\lambda) & & \\ & & \ddots & \\ & & & d_n(\lambda) \end{pmatrix},$$

故 $\lambda\boldsymbol{E}-\boldsymbol{A}$ 与 $D(\lambda)$ 等价. 从而 $\lambda_0\boldsymbol{E}-\boldsymbol{A}$ 与

$$D(\lambda_0)=\begin{pmatrix} d_1(\lambda_0) & & & \\ & d_2(\lambda_0) & & \\ & & \ddots & \\ & & & d_n(\lambda_0) \end{pmatrix}$$

等价,并且有相同的秩.

但是,由于

$$d_i(\lambda)\mid d_{i-1}(\lambda)\,(i=1,2,\cdots,n-1),$$

故由 $d_i(\lambda_0)=0$,必得

$$d_{i+1}(\lambda_0)=\cdots=d_n(\lambda_0)=0.$$

于是,$D(\lambda_0)$ 的秩为 $r$ 的充分必要条件是

$$d_r(\lambda_0)\neq 0,d_{r+1}(\lambda_0)=0.$$

即

$$\lambda-\lambda_0\nmid d_r(\lambda),\lambda-\lambda_0\mid d_{r+1}(\lambda).$$

(5) 证明:由 $\varphi(\lambda)=(\lambda+2)^2(\lambda-1)^4$ 知,$\boldsymbol{A}$ 的若当标准形中以 $-2$ 为对角元的若当块的级数之和为2;以1为对角元的若当块的级数之和为4. 又由 $m_A(\lambda)=(\lambda+2)(\lambda-1)^3$ 知,$\boldsymbol{A}$ 的若当标准形中,以 $-2$ 为对角元的若当块都是1级的,而以1为对角元的若当块最大级数为3,于是 $\boldsymbol{A}$ 的若当标准形为

$$\boldsymbol{J}=\begin{pmatrix} -2 & & & & & \\ & -2 & & & & \\ & & 1 & & & \\ & & & 1 & & \\ & & & 1 & 1 & \\ & & & & 1 & 1 \end{pmatrix},$$

当 $m_A(\lambda)=(\lambda+2)(\lambda-1)^2$ 时,$\boldsymbol{A}$ 的可能的若当标准形为

$$\boldsymbol{J}=\begin{pmatrix} -2 & & & & & \\ & -2 & & & & \\ & & 1 & & & \\ & & 1 & 1 & & \\ & & & & 1 & \\ & & & & 1 & 1 \end{pmatrix} \text{或} \boldsymbol{J}=\begin{pmatrix} -2 & & & & & \\ & -2 & & & & \\ & & 1 & & & \\ & & & 1 & & \\ & & & & 1 & \\ & & & & 1 & 1 \end{pmatrix}.$$

(6) 证明：设 $\operatorname{rank}\boldsymbol{A}(\lambda)=r$. 由定义，存在 $\boldsymbol{A}(\lambda)$ 的一个 $r$ 阶子式 $M_r(\lambda)\neq 0$，从而存在 $k_0\in K$，使 $M_r(k_0)\geqslant r$，从而，$\operatorname{rank}\boldsymbol{A}(k_0)\geqslant r$，于是 $\max\limits_{k\in K}(\operatorname{rank}\boldsymbol{A}(k))\geqslant \operatorname{rank}\boldsymbol{A}(k_0)=r$. 另一方面，设 $\max\limits_{k\in K}(\operatorname{rank}\boldsymbol{A}(k_1))=s$，则存在 $k_0\in K$，使 $\max\limits_{k\in K}(\operatorname{rank}\boldsymbol{A}(k))=\operatorname{rank}\boldsymbol{A}(k_0)=s$，从而，$\boldsymbol{A}(k_0)$ 有一个 $s$ 阶子式 $M_s(k_0)\neq 0$，从而 $\boldsymbol{A}(\lambda)$ 有一个 $s$ 阶子式 $M_s(\lambda)\neq 0$，故 $\operatorname{rank}\boldsymbol{A}(\lambda)\geqslant s$，由此知 $s=r$，即 $\operatorname{rank}(\boldsymbol{A}(\lambda))=\max\limits_{k\in K}(\operatorname{rank}\boldsymbol{A}(k))$.

(7) 证明：设 $\boldsymbol{B}$ 是任意矩阵，$\lambda$ 是 $\boldsymbol{B}$ 的特征根，则易验证 $1-\lambda$ 是 $\boldsymbol{E}-\boldsymbol{B}$ 的特征根，由例5-16 中的第(5)题知 $\boldsymbol{A}^{\mathrm{T}}\boldsymbol{A}$ 与 $\boldsymbol{A}\boldsymbol{A}^{\mathrm{T}}$ 的特征多项式只差一个因子 $\lambda^{n-1}$，但 $\boldsymbol{A}\boldsymbol{A}^{\mathrm{T}}$ 的 特征多项式为 $\lambda-\sum\limits_{i=1}^{n}a_i^2$，故 $\boldsymbol{A}^{\mathrm{T}}\boldsymbol{A}$ 的特征多项式为 $\lambda^{n-1}\left(\lambda-\sum\limits_{i=1}^{n}a_i^2\right)$，它的特征根为 $\lambda_1=0,\lambda_2=0,\cdots,\lambda_{n-1}=0$，$\lambda_n=\sum\limits_{i=1}^{n}a_i^2$. 由前面的证明知 $\boldsymbol{E}-\boldsymbol{A}^{\mathrm{T}}\boldsymbol{A}$ 的特征根为 $\lambda_1=\lambda_2=\cdots=\lambda_{n-1}=1,\lambda_n=1-\sum\limits_{i=1}^{n}a_i^2$.

(8) 证明：$r(\boldsymbol{A})\leqslant n-1$，故 $r(\boldsymbol{A}^*)\leqslant 1$，即 $\boldsymbol{A}^*$ 的 $i$ 阶主子式全为零，$i\geqslant 2$. 于是 $\boldsymbol{A}^*$ 的特征多项式是 $f(\lambda)=\lambda^n-(A_{11}+A_{12}+\cdots+A_{nn})\lambda^{n-1}$.
若 $A_{11}+A_{22}+\cdots+A_{nn}\neq 0$，则 $\boldsymbol{A}^*$ 的特征根一个是 $A_{11}+A_{22}+\cdots+A_{nn}$，其余 $n-1$ 个为零. 否则，$\boldsymbol{A}^*$ 的特征根是 $n$ 个零根.

(9) 证明：由于 $\lambda^n+a_1\lambda^{n-1}+\cdots+a_{n-1}\lambda+a_n=(\lambda-\lambda_1)(\lambda-\lambda_2)\cdots(\lambda-\lambda_n)$，把该等式右边展开，得

$$(-1)^k a_k=\sum_{1\leqslant i_1\leqslant\cdots\leqslant i_k\leqslant n}\lambda_{i1}\lambda_{i2}\cdots\lambda_{ik},$$

考虑

$$|\lambda\boldsymbol{E}-\boldsymbol{A}|=\begin{vmatrix}\lambda-a_{11} & -a_{12} & \cdots & -a_{1n}\\ -a_{21} & \lambda-a_{22} & \cdots & -a_{2n}\\ \vdots & \vdots & \ddots & \vdots\\ -a_{n1} & -a_{n2} & \cdots & \lambda-a_{nn}\end{vmatrix}=\begin{vmatrix}\lambda-a_{11} & 0-a_{12} & \cdots & 0-a_{1n}\\ 0-a_{21} & \lambda-a_{22} & \cdots & 0-a_{2n}\\ \vdots & \vdots & \ddots & \vdots\\ 0-a_{n1} & 0-a_{n2} & \cdots & \lambda-a_{nn}\end{vmatrix},$$

利用分析法，$\lambda^{n-k}$必须取 $n-k$ 个第 1 子列，再取 $k$ 个第 2 子列，展开作和，得

$$a_k=(-1)^k\sum(\boldsymbol{A}\text{ 的 }k\text{ 阶主子式}).$$

(10) 证明：因为 $\boldsymbol{A}^2=O$，所以 $g(\lambda)=\lambda^2$ 为 $\boldsymbol{A}$ 的零化多项式. 又 $\boldsymbol{A}\neq\boldsymbol{O}$，所以，$g(\lambda)=\lambda^2$ 为 $\boldsymbol{A}$ 的最小多项式. 从而 $\boldsymbol{A}$ 的初等因子为

$$\underbrace{\lambda^2,\lambda^2,\cdots,\lambda^2}_{k\text{个}}\quad\underbrace{\lambda,\lambda,\cdots,\lambda}_{l\text{个}},2k+l=n \tag{5-7}$$

于是 $\boldsymbol{A}$ 的若当标准形为

$$\boldsymbol{J}=\begin{pmatrix}\boldsymbol{J}_1 & & & & \\ & \ddots & & & \\ & & \boldsymbol{J}_k & & \\ & & & 0 & \\ & & & & \ddots \\ & & & & & 0\end{pmatrix},$$

又 $r=\operatorname{rank}(\boldsymbol{A})=\operatorname{rank}(\boldsymbol{J})=k$，故 $r=k$. 即 $\boldsymbol{A}$ 相似于

$$J=\begin{pmatrix} J_1 & & & & & \\ & \ddots & & & & \\ & & J_k & & & \\ & & & 0 & & \\ & & & & \ddots & \\ & & & & & 0 \end{pmatrix}.$$

另一方面,由式(5-7)知,$r=k\leqslant\left[\dfrac{n}{2}\right]$,故 $B^2=\left(\begin{array}{c:c} O & N \\ \hdashline O & O \end{array}\right)\left(\begin{array}{c:c} O & \begin{matrix} N \\ O \end{matrix} \\ \hdashline O & O \end{array}\right)\Big\}\text{n-r}=0$. 且 $\operatorname{rank}(B)=r$.

与上面对 $A$ 同样的讨论,可知,$B$ 若当标准形也为 $J$. 故 $A$ 与 $B$ 相似.

## 5.3 线性空间与线性变换

### 5.3.1 核心内容提示

(1) 线性空间的定义与简单性质.

(2) 维数、基与坐标.

(3) 基变换与坐标变换.

(4) 线性子空间.

(5) 子空间的交与和、维数公式、子空间的直和.

(6) 线性变换的定义、线性变换的运算、线性变换的矩阵.

(7) 特征值与特征向量、可对角化的线性变换.

(8) 相似矩阵、相似不变量、哈密尔顿—凯莱定理.

(9) 线性变换的值域与核、不变子空间.

### 5.3.2 典型例题精解

**例 5-19** 检验下列集合对于所给的运算是否构成实数域上的线性空间:

(1) 全体 $n$ 阶实对称矩阵,对于矩阵的加法和标量乘法;

(2) 次数等于 $n(n\geqslant1)$ 的实系数多项式全体,对于多项式的加法以及数乘多项式的乘法作为标量乘法;

**分析** 要判断一个集合对于所给的运算是否构成实数域上的线性空间,只需验证可以定义加法和标量乘法运算且运算是否满足 8 条运算规则:①$(\alpha+\beta)+\gamma=\alpha+(\beta+\gamma)$;②$\alpha+\beta=\alpha+\beta$;③在 $V$ 中有一零向量 $\mathbf{0}$,对于任意的 $\alpha\in V$,都有 $\alpha+0=\alpha$;④对于 $V$ 中任意一个向量 $\alpha$,存在一个向量 $\beta\in V$,满足 $\alpha+\beta=0$;⑤$(kl)\alpha=k(l\alpha)$;⑥$(k+l)\alpha=k\alpha+l\alpha$;⑦$k(\alpha+\beta)=k\alpha+k\beta$;⑧$1\alpha=\alpha$. 在上述规则中,$\alpha,\beta,\gamma\in V$;$k,l\in\mathbf{R}$.

**解答** (1)是. 设全体 $n$ 阶实对称矩阵的集合为 $V$,则对任意的 $A,B\in V,k\in\mathbf{R}$,有

$$(A+B)^{\mathrm{T}}=A^{\mathrm{T}}+B^{\mathrm{T}}=A+B,(kA)^{\mathrm{T}}=kA^{\mathrm{T}}=kA.$$

所以 $A+B\in V,kA\in V$. 于是加法和标量乘法运算可以定义.

由于矩阵的加法满足结合律和交换了,故对于 $V$ 来说①和②也满足. 由于零矩阵 $O$ 为对

称矩阵,所以③也成立. 而 $\boldsymbol{A}\in V$ 的负向量为 $-1\cdot\boldsymbol{A}\in V$,所以④成立. 另外矩阵的标量乘法关于加法运算满足⑤~⑧,所以 $V$ 满足⑤~⑧,从而 $V$ 是ℝ 上的线性空间.

(2) 否. 设 $V$ 为次数等于 $n$ 的实系数多项式全体. 则 $V$ 上无法定义加法运算(或者说 $V$ 关于加法运算不封闭). 例如,取 $f(x)=x^n,g(x)=-x^n+1$,则 $f(x),g(x)\in V$,但 $f(x)+g(x)=1\notin V$. 所以,$V$ 不是ℝ 的线性空间.

**评注** 检验所给的集合关于给定的运算是否构成的线性空间,大部分情况下可以从定义出发来验证. 首先要考虑它的加法及标量乘法运算是否有意义(或是否封闭),这一点往往被学生所忽略. 例如上题中(2)中的 $V$ 关于加法运算就不封闭. 有时甚至会出现这样的情况,即 $V$ 满足①~⑧,但它还是不能构成线性空间,因为它关于加法及标量乘法运算(或两者之一)不封闭. 类似的题有:

(1) 检验下列集合对于所给的运算是否构成实数域上的线性空间:

平面上全体向量,对于向量的加法与如下定义的标量乘法:

$$k\boldsymbol{\alpha}=\boldsymbol{\alpha}.$$

**提示:**否. 反证:若平面上全体向量 $V$ 按上述所给的运算构成ℝ 上的线性空间. 任取一非零 $\boldsymbol{\alpha}\in V$. 则由定义 $2\boldsymbol{\alpha}=\boldsymbol{\alpha}$,但由⑥和⑧知,$2\boldsymbol{\alpha}=(1+1)\boldsymbol{\alpha}=1\boldsymbol{\alpha}+1\boldsymbol{\alpha}=\boldsymbol{\alpha}+\boldsymbol{\alpha}$,从而 $\boldsymbol{\alpha}=\boldsymbol{\alpha}+\boldsymbol{\alpha}$. 设 $\boldsymbol{\beta}$ 是 $\boldsymbol{\alpha}$ 的负向量,则

$\boldsymbol{0}=\boldsymbol{\alpha}+\boldsymbol{\beta}=(\boldsymbol{\alpha}+\boldsymbol{\alpha})+\boldsymbol{\beta}=\boldsymbol{\alpha}+(\boldsymbol{\alpha}+\boldsymbol{\beta})=\boldsymbol{\alpha}+\boldsymbol{0}=\boldsymbol{\alpha}$. 这与 $\boldsymbol{\alpha}$ 是非零向量相矛盾. 从而知 $V$ 不是ℝ 的线性空间.

(2) 检验下列集合对于所给的运算是否构成实数域上的线性空间:

全体正实数 $\mathbf{R}^+$,加法和标量乘法定义为

$$a\oplus b=ab,k\circ a=a^k.$$

**提示:**是. 显然ℝ$^+$关于规定的加法及标量乘法运算是封闭,且满足①~⑧.

(3) 检验下列集合对于指定的线性运算是否构成相应数域上的线性空间:

$$V=\{\boldsymbol{X}\mid \mathrm{tr}(\boldsymbol{X})=0,\boldsymbol{X}\in P^{n\times n}\},\text{其中 }\mathrm{tr}(\boldsymbol{X})\text{ 为 }\boldsymbol{X}\text{ 的迹}.$$

按通常数域 $P$ 上矩阵的加法与数乘运算.

**提示:**$V$ 构成线性空间. 因为如果 $\boldsymbol{A}=(a_{ij})\in V,\boldsymbol{B}=(b_{ij})\in V,k\in P$,则有

$$\mathrm{tr}(\boldsymbol{A}+\boldsymbol{B})=\sum_{i=1}^{n}(a_{ii}+b_{ii})=0+0=0$$

$$\mathrm{tr}(k\boldsymbol{A})=\sum_{i=1}^{n}(ka_{ii})=k\sum_{i=1}^{n}a_{ii}=k0=0$$

即 $\boldsymbol{A}+\boldsymbol{B}\in V,k\boldsymbol{A}\in V$,且满足线性空间定义中诸条件.

(4) 检验下列集合对于指定的线性运算是否构成相应数域上的线性空间:

$$V=\{a_0+a_1x+\cdots+a_{n-1}x^{n-1}\mid a_0+a_1+\cdots+a_{n-1}=-1,a_i\in P\}$$

按通常数域 $P$ 上多项式的加法与数乘运算.

**提示:**$V$ 不构成线性空间. 因为取 $f(x)=a_0+a_1x+\cdots+a_{n-1}x^{n-1}\in V$,则

$$\sum_{i=}^{n-1}(2a_{ii})=2\sum_{i=}^{n-1}(a_{ii})=2(-1)=-2$$

即 $2f(x)\notin V$.

(5) 检验下列集合对于指定的线性运算是否构成相应数域上的线性空间：

数域 $P$ 上 $n$ 阶方阵的全体，按通常数与矩阵的乘法，但加法定义为

$$\boldsymbol{A} \oplus \boldsymbol{B} = \boldsymbol{AB} - \boldsymbol{BA}$$

**提示**：不构成线性空间. 因为它对加法不满足交换律，即 $\boldsymbol{A} \oplus \boldsymbol{B} = \boldsymbol{B} \oplus \boldsymbol{A}$ 一般不满足.

**例 5-20** 线性空间的下列子集合是否构成子空间？为什么？

(1) 在 $P^{m\times n}$ 中，有

$$W_1 = \{\boldsymbol{A} = (a_{ij})_{m\times n} \mid a_{11} + 2a_{1n} - 3a_{nn} = 0\}.$$

(2) 在全体二维实向量集合 $V$ 按如下规定的加法与数乘运算，即

$$(a,b) \oplus (c,d) = (a+c, b+d+ac), k \circ (a,b) = (ka, kb + \frac{k(k-1)}{2}a^2).$$

构成的线性空间 $W_2 = \{\boldsymbol{\alpha} = (a,a) \mid \boldsymbol{\alpha} \in V\}$.

**分析** 一个集合是否构成子空间，只需验证：(1)非空；(2)对加法封闭；(3)对数乘封闭.

**解答** (1) $W_1$ 构成子空间. 因为 $O \in W_1$，所以 $W_1$ 非空. 设 $\boldsymbol{A} = (a_{ij}) \in W_1, \boldsymbol{B} = (b_{ij}) \in W_1$，$k \in P$，则有

$$(a_{11} + b_{11}) + 2(a_{1n} + b_{1n}) - 3(a_{nn} + b_{nn}) = (a_{11} + 2a_{1n} - 3a_{nn}) + (b_{11} + 2b_{1n} - 3b_{nn}) = 0,$$

$$(ka_{11}) + 2(ka_{1n}) - 3(ka_{nn}) = k(a_{11} + 2a_{1n} - 3a_{nn}) = k0 = 0,$$

即 $\boldsymbol{A} + \boldsymbol{B} \in W_1, k\boldsymbol{A} \in W_2$，故 $W_1$ 是 $P^{m\times n}$ 的子空间.

(2) $W_2$ 不构成子空间. 因为 $\boldsymbol{\alpha} = \boldsymbol{\beta} = (1,1) \in W_2$，则有

$$\boldsymbol{\alpha} \oplus \boldsymbol{\beta} = (1+1, 1+1+1\cdot 1) = (2,3) \notin W_2,$$

故 $W_2$ 不构成子空间.

**评注** 检验线性空间 $V$ 的子集合 $W$ 是否构成子空间，大部分情况可以从定义出发验证，只要验证 $W$ 的非空性及对于 $V$ 的两种运算的封闭性即可. 类似的题有：

(1) 线性空间的下列子集合是否构成子空间？为什么？

在 $P^{2\times 2}$ 中，$W = \{\boldsymbol{A} \mid \boldsymbol{A}^2 = \boldsymbol{A}, \boldsymbol{A} \in P^{2\times 2}\}$.

**提示**：$W$ 不构成子空间. 取 $\boldsymbol{A} = \boldsymbol{E}$，则 $\boldsymbol{A}^2 = \boldsymbol{E}^2 = \boldsymbol{E} = \boldsymbol{A}$，即 $\boldsymbol{A} \in W$，但 $(2\boldsymbol{A})^2 = (2\boldsymbol{E})^2 = 4\boldsymbol{E} \neq 2\boldsymbol{E} = 2\boldsymbol{A}$. 即 $2\boldsymbol{A} \notin W$，故 $W$ 不构成子空间.

(2) 线性空间的下列子集合是否构成子空间？为什么？

在全体二维实向量集合 $V$ 按如下规定的加法与数乘运算：

$$(a,b) \oplus (c,d) = (a+c, b+d+ac), k\circ(a,b) = (ka, kb + \frac{k(k-1)}{2}a^2).$$

构成的线性空间 $W = \left\{\boldsymbol{\alpha} = (a, \frac{a(a+1)}{2}) \mid \boldsymbol{\alpha} \in V\right\}$.

**提示**：$W$ 构成子空间. 因为 $(0,0) = \left(0, \frac{0(0+1)}{2}\right) \in W$，所以 $W$ 非空. 任取

$$\boldsymbol{\alpha} = \left(a, \frac{a(a+1)}{2}\right) \in W, \boldsymbol{\beta} = \left(b, \frac{b(b+1)}{2}\right) \in W, (k \in \boldsymbol{R}),$$

则有

$$\boldsymbol{\alpha} \oplus \boldsymbol{\beta} = \left(a+b, \frac{a(a+1)}{2} + \frac{b(b+1)}{2} + ab\right) = \left(a+b, \frac{(a+b)(a+b+1)}{2}\right) \in W,$$

$$k\circ\boldsymbol{\alpha}=\left(ka,k\frac{a(a+1)}{2}+\frac{k(k-1)}{2}a^2\right)=\left(ka,\frac{ka(ka+1)}{2}\right)\in W,$$

故 $W$ 构成 $V$ 的子空间.

(3) 设 $V_1,V_2,\cdots,V_m$ 是 $n$ 维线性空间 $V$ 的真子空间. 证明 $V$ 中必有向量不在所有 $m$ 个空间中.

**提示:** 对 $m$ 用归纳法. $m=1$,显然结论正确. 设结论对 $m-1$ 成立,证明结论对 $m$ 亦成立. 由归纳法假设,存在 $\alpha\notin V_i,1\leqslant i\leqslant m-1$. 若 $\alpha\notin V_m$,得证. 否则,$\alpha\in V_m$,必存在 $\beta\notin V_m$. 证明存在正整数 $k$,使 $k\alpha+\beta\notin V_i$ 对所有的 $i=1,2,\cdots,m$ 成立. 首先注意 $k\alpha+\beta\notin V_m$. 否则,有 $\beta\in V_m$,矛盾. 要想证明上述断言成立,只需要证明存在整数 $k$,使 $k\alpha+\beta\notin V_i$ 对 $i=1,2,\cdots,m-1$ 成立即可. 否则对任意的正整数 $k$,都存在 $i\in\{1,2,\cdots,m-1\}$,使 $k\alpha+\beta\notin V_i$. 取 $k_1,k_2,\cdots,k_m$ 是 $m$ 个不同的正整数,则 $k_j\alpha+\beta\in V_{j_r}(j=1,2,\cdots,m)$. $j_r$ 是 $1,2,\cdots,m-1$ 中的某个数. 于是必存在 $i\neq j$,使 $j_r=i_r$. 于是,$k_i\alpha+\beta-(k_j\alpha+\beta)\in V_{j_r}$,即 $(k_i-k_j)a\in V_{j_r}$,其中 $k_i\neq k_j$. 于是 $\alpha\in V_{j_r},j_r\in\{1,2,\cdots,m-1\}$,这与 $\alpha\notin V_{j_r}$ 矛盾.

(4) 设 $V$ 是复数域上的一个线性空间, $\mathscr{A}$ 是 $V$ 的一个线性变换. 求证属于 $\mathscr{A}$ 的不同特征值的全体特征向量加上零向量不构成 $V$ 的一个子空间.

**提示:** 设 $x$ 是 $\boldsymbol{A}$ 的属于 $\lambda_1$ 的特征向量,$y$ 是 $\boldsymbol{A}$ 的属于 $\lambda_2$ 的特征向量. 我们证明 $x+y$ 不是 $\boldsymbol{A}$ 的特征向量. 否则,$\boldsymbol{A}(\boldsymbol{x}+\boldsymbol{y})=\lambda(\boldsymbol{x}+\boldsymbol{y})$,即 $\lambda_1\boldsymbol{x}+\lambda_2\boldsymbol{y}=\lambda\boldsymbol{x}+\lambda\boldsymbol{y}$. 于是,$(\lambda_1-\lambda)\boldsymbol{x}+(\lambda_2-\lambda)\boldsymbol{y}=\boldsymbol{0}$,又 $\boldsymbol{x}$ 与 $\boldsymbol{y}$ 线性无关,故 $\lambda_1=\lambda,\lambda_2=\lambda$,这与 $\lambda_1\neq\lambda_2$ 矛盾. 因此属于 $\boldsymbol{A}$ 的不同特征值的全体特征向量加上零向量不构成 $V$ 的子空间.

(5) 设 $\varepsilon_1,\varepsilon_2,\cdots,\varepsilon_n$ 与 $\eta_1,\eta_2,\cdots,\eta_n$ 是 $n$ 维线性空间 $V$ 的两组基. 证明:在两组基上坐标完全相同的全体向量作成的集合 $V_1$ 是 $V$ 的一个子空间.

**提示:** 设 $\alpha\in V_1,\beta\in V_2$,即 $\alpha=x_1\varepsilon_1+x_2\varepsilon_2+\cdots+x_n\varepsilon_n=x_1\eta_1+x_2\eta_2+\cdots+x_n\eta_n,\beta=y_1\varepsilon_1+y_2\varepsilon_2+\cdots+y_n\varepsilon_n=y_1\eta_1+y_2\eta_2+\cdots+y_n\eta_n$,则 $\alpha+\beta=(x_1+y_1)\varepsilon_1+(x_2+y_2)\varepsilon_2+\cdots+(x_n+y_n)\varepsilon_n=(x_1+y_1)\eta_1+(x_2+y_2)\eta_2+\cdots+(x_n+y_n)\eta_n$,

$k\alpha=kx_1\varepsilon_1+kx_2\varepsilon_2+\cdots+kx_n\varepsilon_n=kx_1\eta_1+kx_2\eta_2+\cdots+kx_n\eta_n$,即 $\alpha+\beta$ 与 $k\alpha$ 在两组基上的坐标皆完全相同,因此 $\alpha+\beta\in V_1,k\alpha\in V_1$,从而 $V_1$ 是子空间.

**例 5-21** 设 $\mathbf{C}^{n\times n}$ 是 $n\times n$ 复矩阵全体在通常的运算下所构成的复数域 $\mathbf{C}$ 上的线性空间,有

$$F=\begin{pmatrix}0&0&\cdots&0&-a_n\\1&0&\cdots&0&-a_{n-1}\\0&1&\cdots&0&-a_{n-2}\\\vdots&\vdots&\ddots&\vdots&\vdots\\0&0&\cdots&1&-a_1\end{pmatrix}.$$

(1) 假设 $\boldsymbol{A}=\begin{pmatrix}a_{11}&a_{12}&\cdots&a_{1n}\\a_{21}&a_{22}&\cdots&a_{2n}\\\vdots&\vdots&\ddots&\vdots\\a_{n1}&a_{n2}&\cdots&a_{nn}\end{pmatrix}$,若 $\boldsymbol{AF}=\boldsymbol{FA}$,证明:$\boldsymbol{A}=a_{n1}\boldsymbol{F}^{n-1}+a_{n-1\ 1}\boldsymbol{F}^{n-2}+\cdots+a_{21}\boldsymbol{F}+a_{11}\boldsymbol{E}$;

(2) 求 $\mathbf{C}^{n\times n}$ 的子空间 $\mathbf{C}(\boldsymbol{F})=\{\boldsymbol{X}\in\mathbf{C}^{n\times n}\mid\boldsymbol{FX}=\boldsymbol{XF}\}$ 的维数.

**分析** 本题中的(1)可设$\boldsymbol{M}=a_{n1}\boldsymbol{F}^{n-1}+a_{n-1\ 1}\boldsymbol{F}^{n-2}+\cdots+a_{21}\boldsymbol{F}+a_{11}\boldsymbol{E}$,要证$\boldsymbol{M}=\boldsymbol{A}$,只需证明$\boldsymbol{A}$与$\boldsymbol{M}$的各个列向量对应相等即可. 题中(2)就要寻找一个极大线性无关组.

**解** (1)设$\boldsymbol{A}=(\alpha_1,\alpha_2,\cdots\alpha_n)$,$\boldsymbol{M}=a_{n1}F^{n-1}+a_{n-11}F^{n-2}+\cdots+a_{21}F+a_{11}E$. 要证明$\boldsymbol{M}=\boldsymbol{A}$,只需证明$\boldsymbol{A}$与$\boldsymbol{M}$的各个列向量对应相等即可. 若以$\boldsymbol{e}_i$记第$i$个基本单位列向量. 于是,只需证明:对每一个$i$,$\boldsymbol{M}\boldsymbol{e}_i=A\boldsymbol{e}_i=(\boldsymbol{\alpha}_i)$. 若记$\boldsymbol{\beta}=(-a_n,-a_{n-1},-a_1)^{\mathrm{T}}$,则$\boldsymbol{F}=(\boldsymbol{e}_2,\boldsymbol{e}_3,\cdots,\boldsymbol{e}_n,\boldsymbol{\beta})$. 注意到

$$\boldsymbol{F}\boldsymbol{e}_1=\boldsymbol{e}_2,\boldsymbol{F}^2\boldsymbol{e}_1=\boldsymbol{F}\boldsymbol{e}_2=\boldsymbol{e}_3,\cdots,\boldsymbol{F}^{n-1}\boldsymbol{e}_1=\boldsymbol{F}(\boldsymbol{F}^{n-2}\boldsymbol{e}_1)=\boldsymbol{F}\boldsymbol{e}_{n-1}=\boldsymbol{e}_n. \tag{5-8}$$

由

$$\begin{aligned}\boldsymbol{M}\boldsymbol{e}_1&=(a_{n1}\boldsymbol{F}^{n-1}+a_{n-1\ 1}\boldsymbol{F}^{n-2}+\cdots+a_{21}\boldsymbol{F}+a_{11}\boldsymbol{E})e_1=a_{n1}\boldsymbol{F}^{n-1}\boldsymbol{e}_1+a_{n-1\ 1}\boldsymbol{F}^{n-2}\boldsymbol{e}_1+\cdots+a_{21}\boldsymbol{F}\boldsymbol{e}_1+a_{11}\boldsymbol{E}\boldsymbol{e}_1\\&=a_{n1}\boldsymbol{e}_n+a_{n-1\ 1}\boldsymbol{e}_{n-1}+\cdots+a_{21}\boldsymbol{e}_2+a_{11}\boldsymbol{e}_1=\alpha_1=\boldsymbol{A}\boldsymbol{e}_1.\end{aligned}$$

知$\boldsymbol{M}\boldsymbol{e}_2=\boldsymbol{M}\boldsymbol{F}\boldsymbol{e}_1=\boldsymbol{F}\boldsymbol{M}\boldsymbol{e}_1=\boldsymbol{F}\boldsymbol{A}\boldsymbol{e}_1=\boldsymbol{A}\boldsymbol{F}\boldsymbol{e}_1=\boldsymbol{A}\boldsymbol{e}_2,\boldsymbol{M}\boldsymbol{e}_3=\boldsymbol{M}\boldsymbol{F}^2\boldsymbol{e}_1=\boldsymbol{F}^2\boldsymbol{M}\boldsymbol{e}_1=\boldsymbol{F}^2\boldsymbol{A}\boldsymbol{e}_1=\boldsymbol{A}\boldsymbol{F}^2\boldsymbol{e}_1=\boldsymbol{A}\boldsymbol{e}_3,\cdots,$

$$\boldsymbol{M}\boldsymbol{e}_n=\boldsymbol{M}\boldsymbol{F}^{n-1}\boldsymbol{e}_1=\boldsymbol{F}^{n-1}\boldsymbol{M}\boldsymbol{e}_1=\boldsymbol{F}^{n-1}\boldsymbol{A}\boldsymbol{e}_1=\boldsymbol{A}\boldsymbol{F}^{n-1}\boldsymbol{e}_1=\boldsymbol{A}\boldsymbol{e}_n.$$

所以$\boldsymbol{M}=\boldsymbol{A}$.

(2) 由(1),$\mathbf{C}(\boldsymbol{F})=\mathrm{span}\{\boldsymbol{E},\boldsymbol{F},\boldsymbol{F}^2,\cdots,\boldsymbol{F}^{n-1}\}$,设

$$x_0\boldsymbol{E}+x_1\boldsymbol{F}+x_2\boldsymbol{F}^2+\cdots+x_{n-1}\boldsymbol{F}^{n-1}=\boldsymbol{O},$$

等式两边同右乘$\boldsymbol{e}_1$,利用式(5-8),得

$$\begin{aligned}\mathbf{0}=\boldsymbol{O}e_1&=(x_0\boldsymbol{E}+x_1\boldsymbol{F}+x_2\boldsymbol{F}^2+\cdots+x_{n-1}\boldsymbol{F}^{n-1})\boldsymbol{e}_1=x_0\boldsymbol{E}\boldsymbol{e}_1+x_1\boldsymbol{F}\boldsymbol{e}_1+x_2\boldsymbol{F}^2\boldsymbol{e}_1+\cdots+x_{n-1}\boldsymbol{F}^{n-1}\boldsymbol{e}_1\\&=x_0\boldsymbol{e}_1+x_1\boldsymbol{e}_2+x_2\boldsymbol{e}_3+\cdots+x_{n-1}\boldsymbol{e}_n.\end{aligned}$$

因$\boldsymbol{e}_1,\boldsymbol{e}_2,\boldsymbol{e}_3,\cdots,\boldsymbol{e}_n$线性无关,故$x_0=x_1=x_2=\cdots=x_{n-1}=0$. 所以$\boldsymbol{E},\boldsymbol{F},\boldsymbol{F}^2,\cdots,\boldsymbol{F}^{n-1}$线性无关,因此,$\boldsymbol{E},\boldsymbol{F},\boldsymbol{F}^2,\cdots,\boldsymbol{F}^{n-1}$是$\mathbf{C}(\boldsymbol{F})$的基,特别地,$\dim\mathbf{C}(\boldsymbol{F})=n$.

**评注** 对于一个有限维线性空间来说,它的维数是确定的,但基的选取则有一定的随意性,应尽可能地选择表示形式比较简单的或自然的基. 类似的题有:

(1) 求$\mathbf{R}^{2\times3}$的子空间

$$W=\left\{\begin{pmatrix}a&b&0\\c&0&d\end{pmatrix}\middle|\,a+b+d=0,a,b,c,d\in\mathbf{R}\right\}$$

的基和维数

**提示:**方法一 通过观察$W$中的矩阵$\boldsymbol{A}_1=\begin{pmatrix}-1&1&0\\0&0&0\end{pmatrix}$,$\boldsymbol{A}_2=\begin{pmatrix}0&0&0\\1&0&0\end{pmatrix}$,$\boldsymbol{A}_3=\begin{pmatrix}-1&0&0\\0&0&1\end{pmatrix}$,则对$W$中的任一矩阵$\boldsymbol{A}=\begin{pmatrix}a&b&0\\c&0&d\end{pmatrix}$,有$\boldsymbol{A}=b\boldsymbol{A}_1+c\boldsymbol{A}_2+d\boldsymbol{A}_3$. 易证$\boldsymbol{A}_1,\boldsymbol{A}_2,\boldsymbol{A}_3$线性无关,故$W$是三维的,且$\boldsymbol{A}_1,\boldsymbol{A}_2,\boldsymbol{A}_3$是$W$的一组基.

方法二 $W$中的任一矩阵$\boldsymbol{A}=\begin{pmatrix}a&b&0\\c&0&d\end{pmatrix}$的元素$a,b,c,d$满足齐次线性方程组$a+b+0c+d=0$. 该方程组的通解为$a=-k_1-k_3,b=k_1,c=k_2,d=k_3$($k_1,k_2,k_3$任意),从而($\boldsymbol{A}_1,\boldsymbol{A}_2,\boldsymbol{A}_3$同上)

$$\boldsymbol{A}=\begin{pmatrix}-k_1-k_3&k_1&0\\k_2&0&k_3\end{pmatrix}=k_1\boldsymbol{A}_1+k_2\boldsymbol{A}_2+k_3\boldsymbol{A}_3,$$

即 $\boldsymbol{A}$ 可由 $\boldsymbol{A}_1,\boldsymbol{A}_2,\boldsymbol{A}_3$ 线性表示，易证 $\boldsymbol{A}_1,\boldsymbol{A}_2,\boldsymbol{A}_3$ 线性无关，故 $W$ 是三维的，且 $\boldsymbol{A}_1,\boldsymbol{A}_2,\boldsymbol{A}_3$ 是 $W$ 的一组基.

(2) 设 $\boldsymbol{A}=\begin{pmatrix}1&0&0\\0&1&0\\3&1&2\end{pmatrix}$，求 $P^{3\times3}$ 中全体与 $\boldsymbol{A}$ 可交换的矩阵所成子空间的维数和一组基.

**提示**：由于 $\boldsymbol{A}$ 的元素接近于 $\boldsymbol{E}$，故可对 $\boldsymbol{A}$ 做一下分解，从而得到比 $\boldsymbol{A}$ 的更简单的矩阵形式，再用待定元素法定义求得与 $\boldsymbol{A}$ 可交换的矩阵. 将 $\boldsymbol{A}$ 分解成 $\boldsymbol{A}=\boldsymbol{E}+\boldsymbol{S}$，其中 $\boldsymbol{S}=\begin{pmatrix}0&0&0\\0&0&0\\3&1&1\end{pmatrix}$.

设 $\boldsymbol{B}=\begin{pmatrix}a&b&c\\a_1&b_1&c_1\\a_2&b_2&c_2\end{pmatrix}$ 与 $\boldsymbol{A}$ 可交换，即 $\boldsymbol{AB}=\boldsymbol{BA}$，则有 $(\boldsymbol{E}+\boldsymbol{S})\boldsymbol{B}=\boldsymbol{B}(\boldsymbol{E}+\boldsymbol{S})$，于是得 $\boldsymbol{SB}=\boldsymbol{BS}$.

由于

$$\boldsymbol{SB}=\begin{pmatrix}0&0&0\\0&0&0\\3a+a_1+a_2&3b+b_1+b_2&3c+c_1+c_2\end{pmatrix},\boldsymbol{BS}=\begin{pmatrix}3c&c&c\\c_1&c_1&c_1\\3c_2&c_2&c_2\end{pmatrix},$$

比较 $\boldsymbol{SB}$ 和 $\boldsymbol{BS}$ 的元素，得

$$\begin{cases}c=0\\c_1=0\\3a+a_1+a_2=3c_2\\3b+b_1+b_2=c_2\\3c+c_1+c_2=c_2\end{cases},$$

整理得 $\begin{cases}3a+a_1+a_2-3c_2=0\\3b+b_1+b_2-c_2=0\end{cases}$.

解此含 7 个未知量 $a,b,a_1,b_1,a_2,b_2,c_2$ 的齐次线性方程组得通解

$$a=-\frac{1}{3}t_1-\frac{1}{3}t_3+t_5,b=-\frac{1}{3}t_2-\frac{1}{3}t_4+\frac{1}{3}t_5,$$

$$a_1=t_1,b_1=t_2,a_2=t_3,b_2=t_4,c_2=t_5\qquad(t_1,t_2,t_3,t_4,t_5\text{ 任意}),$$

于是 $$\boldsymbol{B}=\begin{pmatrix}-\frac{1}{3}t_1-\frac{1}{3}t_3+t_5&-\frac{1}{3}t_2-\frac{1}{3}t_4+\frac{1}{3}t_5&0\\t_1&t_2&0\\t_3&t_4&t_5\end{pmatrix}=t_1\boldsymbol{B}_1+t_2\boldsymbol{B}_2+t_3\boldsymbol{B}_3+t_4\boldsymbol{B}_4+t_5\boldsymbol{B}_5$$

其中

$$\boldsymbol{B}_1=\begin{pmatrix}-\frac{1}{3}&0&0\\1&0&0\\0&0&0\end{pmatrix},\boldsymbol{B}_2=\begin{pmatrix}0&-\frac{1}{3}&0\\0&1&0\\0&0&0\end{pmatrix},\boldsymbol{B}_3=\begin{pmatrix}-\frac{1}{3}&0&0\\0&0&0\\1&0&0\end{pmatrix},$$

$$B_4=\begin{pmatrix}0&-\frac{1}{3}&0\\0&0&0\\0&1&0\end{pmatrix},B_5=\begin{pmatrix}1&\frac{1}{3}&0\\0&0&0\\0&0&1\end{pmatrix}$$

故 $B_1,B_2,B_3,B_4,B_5$ 是 $C(A)$ 的一组基，$C(A)$ 的维数等于5.

（3）下列集合是否构成 $P^n$ 的子空间？为什么？若是子空间，求它的基和维数：

① $V_1=\{(x_1,x_2,\cdots,x_n)\mid x_1+x_2+\cdots+x_n=0,x_i\in\mathbf{R}\}$；

② $V_2=\{(x_1,x_2,\cdots,x_n)\mid x_1+x_2+\cdots+x_n=-1,x_i\in\mathbf{R}\}$.

**提示：**①$V_1$ 是子空间，维数为 $n-1$，基为 $\boldsymbol{\alpha}_1=(1,-1,0,\cdots,0)$，$\boldsymbol{\alpha}_2=(1,0,-1,\cdots,0)$，$\cdots$，$\boldsymbol{\alpha}_{n-1}=(1,0,0,\cdots,-1)$. ②$V_2$ 不是子空间.

（4）在线性空间 $F^4$ 中，求齐次线性方程组

$$\begin{cases}3x_1+2x_2+5x_3+4x_4=0\\3x_1-x_2+3x_3-3x_4=0\\3x_1+5x_2-13x_3+11x_4=0\end{cases}$$

的解空间的基与维数.

**提示：**易知方程组得系数矩阵的秩为2，基础解系中含有两个解向量，$\left(-\frac{1}{9},\frac{8}{3},1,0\right)^{\mathrm{T}}$，$\left(\frac{2}{9},-\frac{7}{3},0,1\right)^{\mathrm{T}}$ 为基，解空间的维数为2.

（5）已知数域 $P$ 上线性空间 $V$ 中线性无关的元素组 $\boldsymbol{\alpha}_1,\boldsymbol{\alpha}_2,\boldsymbol{\alpha}_3,\boldsymbol{\alpha}_4$，令 $\boldsymbol{\beta}_1=\boldsymbol{\alpha}_1+\boldsymbol{\alpha}_2$，$\boldsymbol{\beta}_2=\boldsymbol{\alpha}_2+\boldsymbol{\alpha}_3$，$\boldsymbol{\beta}_3=\boldsymbol{\alpha}_3+\boldsymbol{\alpha}_4$，$\boldsymbol{\beta}_4=\boldsymbol{\alpha}_4+\boldsymbol{\alpha}_1$，求子空间 $\boldsymbol{W}=\{k_1\boldsymbol{\beta}_1+k_2\boldsymbol{\beta}_2+k_3\boldsymbol{\beta}_3+k_4\boldsymbol{\beta}_4\mid k_i\in P\}$ 的维数和一组基.

**提示：**$\dim\boldsymbol{W}=3$，一组基为 $\boldsymbol{\beta}_1,\boldsymbol{\beta}_2,\boldsymbol{\beta}_3$.

**例 5-22** 设 $\mathbf{R}^{2\times 2}$ 的两个子空间为

$$W_1=\left\{A=\begin{pmatrix}x_1&x_2\\x_3&x_4\end{pmatrix}\mid x_1-x_2+x_3-x_4=0\right\},$$

$$W_2=L(B_1,B_2),B_1=\begin{pmatrix}1&0\\2&3\end{pmatrix},B_2=\begin{pmatrix}1&-1\\0&1\end{pmatrix}.$$

求 $W_1+W_2$ 与 $W_1\cap W_2$ 的基和维数.

**分析** 要求和的基与维数，就要先将每个子空间的基求出，两组基合在一起即为生成和的子空间；而同时能被两组基线性表示的元素构成两个子空间的交.

**解答** 齐次线性方程组 $x_1-x_2+x_3-x_4=0$ 的通解为

$$x_1=t_1-t_2+t_3,x_2=t_1,x_3=t_2,x_4=t_3\qquad(t_1,t_2,t_3\text{ 任意}),$$

于是 $A\in W_1$ 可表示为

$$A=\begin{pmatrix}t_1-t_2+t_3&t_1\\t_2&t_3\end{pmatrix}=t_1A_1+t_2A_2+t_3A_3,$$

其中

$$A_1=\begin{pmatrix}1&1\\0&0\end{pmatrix},A_2=\begin{pmatrix}-1&0\\1&0\end{pmatrix},A_3=\begin{pmatrix}1&0\\0&1\end{pmatrix},$$

从而 $W_1=L(A_1,A_2,A_3)$ 且 $W_1+W_2=L(A_1,A_2,A_3,B_1,B_2)$.

取 $\mathbf{R}^{2\times2}$ 的基 $E_{11}=\begin{pmatrix}1&0\\0&0\end{pmatrix},E_{12}=\begin{pmatrix}0&1\\0&0\end{pmatrix},E_{21}=\begin{pmatrix}0&0\\1&0\end{pmatrix},E_{22}=\begin{pmatrix}0&0\\0&1\end{pmatrix}$,以 $A_1,A_2,A_3,B_1,B_2$ 在该基下的坐标为列向量构造矩阵 $A$,并对 $A$ 作初等行变换

$$A=\begin{pmatrix}1&-1&1&1&1\\1&0&0&0&-1\\0&1&0&2&0\\0&0&1&3&1\end{pmatrix}\xrightarrow[r_1-r_4]{\substack{r_1-r_2\\r_1-r_3}}\begin{pmatrix}0&0&0&0&1\\1&0&0&0&-1\\0&1&0&2&0\\0&0&1&3&1\end{pmatrix}\to\begin{pmatrix}1&0&0&0&-1\\0&1&0&2&0\\0&0&1&3&1\\0&0&0&0&1\end{pmatrix},$$

可见 $\operatorname{rank}A=4$,且 $A$ 的第 1,2,3,5 列是 $A$ 的列向量组的一个极大线性无关组,从而 $W_1+W_2$ 的维数为 4,且 $A_1,A_2,A_3,B_2$ 是它的一组基.

设 $A\in W_1\cap W_2$,则存在数组 $k_1,k_2,k_3$ 和 $l_1,l_2$,使得

$$A=k_1A_1+k_2A_2+k_3A_3=l_1B_1+l_2B_2,$$

即

$$k_1A_1+k_2A_2+k_3A_3-l_1B_1-l_2B_2=O.$$

比较等式两边的对应元素,得

$$\begin{cases}k_1-k_2+k_3-l_1-l_2=0\\k_1+l_2=0\\k_2-2l_1=0\\k_3-3l_1-l_2=0\end{cases}$$

求得其通解为 $k_1=0,k_2=2t,k_3=3t,l_1=t,l_2=0$ ($t$ 任意),

于是 $A=l_1B_1+l_2B_2=tB_1$ ($t$ 任意),

故 $W_1\cap W_2$ 是一维的,且 $B_1$ 是它的一组基.

**评注** 借助齐次线性方程组的基础解系求子空间的基是常用的方法.

类似的题有:

(1) 求由向量组 $\{\alpha_i\}$ 生成的子空间和由 $\{\beta_i\}$ 生成的子空间的交与和的基与维数,其中

$$\begin{cases}\alpha_1=(3,-1,2,1)\\\alpha_2=(0,1,0,2)\end{cases},\begin{cases}\beta_1=(1,0,1,3),\\\beta_2=(2,-3,1,-6),\end{cases}$$

**提示:** 设 $W_1=L(\alpha_1,\alpha_2)$,$W_2=L(\beta_1,\beta_2)$,则 $W_1+W_2=L(\alpha_1,\alpha_2,\beta_1,\beta_2)$. 所以 $\alpha_1,\alpha_2,\beta_1,\beta_2$ 的一个极大线性无关组就是 $W_1+W_2$ 的一个基. 把 $\alpha_1,\alpha_2,\beta_1,\beta_2$ 写成列向量,组成矩阵 $A$,对 $A$ 作初等行变换,化为行最简形矩阵:

$$A=\begin{pmatrix}3&0&1&2\\-1&1&0&-3\\2&0&1&1\\1&2&3&-6\end{pmatrix}\to\begin{pmatrix}1&0&0&1\\0&1&0&-2\\0&0&1&-1\\0&0&0&0\end{pmatrix}.$$

从而 $\alpha_1,\alpha_2,\beta_1$ 是 $W_1+W_2$ 的一个基,$\dim(W_1+W_2)=3$. 同时也可看出 $\beta_2=\alpha_1-2\alpha_2-\beta_1$,即 $\alpha_1-2\alpha_2=\beta_1+\beta_2=(3,-3,2,-3)\in W_1\cap W_2$. 又容易看出 $\dim W_1+\dim W_2=2$,所以 $\dim(W_1\cap W_2)=2+2-3=1$. 而 $(3,-3,2,-3)=\beta_1+\beta_2$ 是 $W_1\cap W_2$ 的一个基.

(2) 设有 $P^4$ 的两个子空间 $W_1=L(\boldsymbol{\alpha}_1,\boldsymbol{\alpha}_2)$,其中 $\boldsymbol{\alpha}_1=(1,-1,0,1)$,$\boldsymbol{\alpha}_2=(1,,0,2,3)$,$W_2=\{(x_1,x_2,x_3,x_4)\mid x_1+2x_2-x_4=0\}$,求 $W_1+W_2$ 与 $W_1\cap W_2$ 的基与维数.

**提示**:可求得 $W_2=L(\boldsymbol{\beta}_1,\boldsymbol{\beta}_2,\boldsymbol{\beta}_3)$,其中 $\boldsymbol{\beta}_1=(-2,1,0,0)$,$\boldsymbol{\beta}_2=(0,0,1,0)$,$\boldsymbol{\beta}_3=(1,0,0,1)$. 由于 $W_1+W_2=L(\boldsymbol{\alpha}_1,\boldsymbol{\alpha}_2,\boldsymbol{\beta}_1,\boldsymbol{\beta}_2,\boldsymbol{\beta}_3)$,可求得向量组 $\boldsymbol{\alpha}_1,\boldsymbol{\alpha}_2,\boldsymbol{\beta}_1,\boldsymbol{\beta}_2,\boldsymbol{\beta}_3$ 的秩为4,且 $\boldsymbol{\alpha}_1,\boldsymbol{\alpha}_2,\boldsymbol{\beta}_1,\boldsymbol{\beta}_2$ 是一个最大线性无关组,从而 $\dim(W_1+W_2)=4$,且 $\boldsymbol{\alpha}_1,\boldsymbol{\alpha}_2,\boldsymbol{\beta}_1,\boldsymbol{\beta}_2$ 是它的一组基. 设 $\boldsymbol{\alpha}\in W_1\cap W_2$,可以得到 $\boldsymbol{\alpha}=t(0,1,2,2)$($t$ 任意),所以 $\dim(W_1\cap W_2)=1$,且 $(0,1,2,2)$ 是它的一组基.

(3) 设 $V$ 是定义在实数域 $\mathbf{R}$ 域的函数所组成的线性空间. 令

$$W_1=\{f(t)\,|\,f(t)=f(-t),f(t)\in V\},$$
$$W_2=\{f(t)\,|\,f(t)=-f(-t),f(t)\in V\}.$$

证明:$W_1,W_2$ 均是 $V$ 的子空间,且 $V=W_1\oplus W_2$.

**提示**:易证 $W_1,W_2$ 为 $V$ 的子空间. 对任意 $f(t)\in V$,有 $f(t)=\dfrac{1}{2}(f(t)+f(-t))+\dfrac{1}{2}(f(t)-f(-t))=f_1(t)+f_2(t)$,

其中 $f_1(t)=\dfrac{1}{2}(f(t)+f(-t))$,$f_2(t)=\dfrac{1}{2}(f(t)-f(-t))$,

显然 $f_1(t)=f_1(-t)$,$f_2(t)=-f_2(-t)$,

即 $f_1(t)\in W_1$,$f_2(t)\in W_2$,

因此 $V=W_1+W_2$.

若 $g(t)\in W_1\cap W_2$,则有 $g(t)=g(-t)=-g(t)$,从而 $g(t)=0$,故 $V=W_1\oplus W_2$.

(4) 设 $\alpha_1,\alpha_2\cdots\alpha_s$ 与 $\beta_1,\beta_2\cdots\beta_t$ 是两组 $n$ 维向量. 证明:若这两个向量组都线性无关,则空间 $L(\alpha_1,\alpha_2\cdots\alpha_s)\cap L(\beta_1,\beta_2\cdots\beta_t)$ 的维数等于齐次线性方程组

$$\alpha_1x_1+\cdots+\alpha_sx_s+\beta_1y_1+\cdots+\beta_ty_t=0 \tag{5-9}$$

的解空间的维数.

**提示**:令 $L_1=L(\alpha_1,\alpha_2\cdots\alpha_s)$,$L_2=L(\beta_1,\beta_2\cdots\beta_t)$. 由于

$$L_1+L_2=L(\alpha_1,\alpha_2\cdots\alpha_s,\beta_1,\beta_2\cdots\beta_t),$$

并且 $\alpha_1,\alpha_2\cdots\alpha_s$ 及 $\beta_1,\beta_2\cdots\beta_t$ 都线性无关,故 $L_1$ 维数 $=s$,$L_2$ 维数 $=t$. 从而由维数公式知 $(L_1\cap L_2)$ 维数 $=L_1$ 维数 $+L_2$ 维数 $-(L_1+L_2)$ 维数 $=s+t-L(\alpha_1,\alpha_2\cdots\alpha_s,\beta_1,\beta_2\cdots\beta_t)$ 维数. 但是,$s+t$ 就是式(5-9)中所含未知量的个数,而 $L(\alpha_1,\alpha_2\cdots\alpha_s,\beta_1,\beta_2\cdots\beta_t)$ 的维数就是向量组 $\alpha_1,\alpha_2\cdots\alpha_s,\beta_1,\beta_2\cdots\beta_t$ 的秩,亦即式(5-9)的系数矩阵的秩,于是 $s+t-L(\alpha_1,\alpha_2\cdots\alpha_s,\beta_1,\beta_2\cdots\beta_t)$ 维数,就是式(5-9)的基础解系所含向量的个数,亦即其解空间的维数。故 $(L_1\cap L_2)$ 维数 $=$ 式(5-9)的解空间维数.

(5) 集合 $\boldsymbol{V}_1=\{\boldsymbol{\alpha}=(a_1,a_2,a_3,a_4)\,|\,a_1-a_2+a_3-a_4=0\}$ 与 $\boldsymbol{V}_2=\{\boldsymbol{\alpha}=(a_1,a_2,a_3,a_4)\,|\,a_1+a_2+a_3+a_4=0\}$ 是 $\mathbb{R}^4$ 的两个子空间,找出 $\boldsymbol{V}_1\cap\boldsymbol{V}_2$ 一个基,并求 $\boldsymbol{V}_1\cap\boldsymbol{V}_2$ 的维数.

**提示**:设 $\boldsymbol{\alpha}=(a_1,a_2,a_3,a_4)\in V_1\cap V_2$,则由 $\begin{cases}a_1-a_2+a_3-a_4=0\\a_1+a_2+a_3+a_4=0\end{cases}$ 解得 $\beta_1=(1,0,-1,0)$,$\beta_2=(0,-1,0,1)$ 是其基础解系,它也是 $\boldsymbol{V}_1\cap\boldsymbol{V}_2$ 的基,故 $\dim(\boldsymbol{V}_1\cap\boldsymbol{V}_2)=2$.

**例 5-23** 设 $V_1$ 与 $V_2$ 分别是齐次线性方程组

$$k_1x_1+k_2x_2+\cdots+k_nx_n=0 \text{ 与 } x_1=x_2=\cdots=x_n$$

的解空间,其中 $k_1,k_2,\cdots,k_n$ 是 $K$ 中一组给定的满足 $k_1+k_2+\cdots+k_n\neq0$ 的数,证明:$K^n=V_1$

$\oplus V_2$.

**分析** 依照子空间直和的定义

**证明** 对任给 $\alpha=(a_1,\cdots,a_n)\in K^n$,令

$$b=\frac{k_1a_1+k_2a_2+\cdots+k_na_n}{k_1+k_2+\cdots+k_n},$$

则 $\alpha=(a_1-b,a_2-b,\cdots,a_n-b)+(b,b,\cdots,b)$.

取 $\beta=(a_1-b,a_2-b,\cdots,a_n-b)$,$\gamma=(b,b,\cdots,b)$.

由于

$$\begin{aligned}&k_1(a_1-b)+k_2(a_2-b)+\cdots+k_n(a_n-b)\\=&k_1a_1+k_2a_2+\cdots+k_na_n-(k_1+k_2+\cdots+k_n)b=0,\end{aligned}$$

所以 $\beta\in V_1$,$\gamma\in V_2$. 于是 $K^n=V_1+V_2$.

若 $\alpha=(a,\cdots,a)\in V_1\cap V_2$,则 $k_1a+k_2a+\cdots+k_na=0$,由于 $k_1+k_2+\cdots+k_n\neq0$,于是

$$a=0 \text{ 即 } \alpha=0.$$

所以 $V_1\cap V_2=0$. 从而 $K^n=V_1\oplus V_2$.

**评注** 证明一个线性空间可分解为两个子空间的直和,其困难之处往往是在第一步. 以本题为例:要使 $K^n$ 中向量 $\alpha=\beta+\gamma$,使 $\beta\in V_1$,$\gamma\in V_2$,找到 $b$ 是关键. 事实上 $b$ 不是凭空想出来的. 我们可以用下面的待定系数法解出 $b$:设有 $\beta=(b_1,\cdots,b_n)\in V_1$,$\gamma=(b,\cdots,b)\in V_2$,使 $\alpha=\beta+\gamma$. 则由于 $\beta\in V_1$,所以

$$k_1b_1+k_2b_2+\cdots+k_nb_n=0.$$

于是自然想到计算 $k_1a_1+k_2a_2+\cdots+k_na_n$,即

$$\begin{aligned}k_1a_1+k_2a_2+\cdots+k_na_n&=k_1(b_1+b)+k_2(b_2+b)+\cdots+k_n(b_n+b)\\&=k_1b_1+k_2b_2+\cdots+k_nb_n+k_1b+\cdots+k_nb=0+(k_1+\cdots+k_n)b\end{aligned}$$

又因为 $k_1+k_2+\cdots+k_n\neq0$,所以解得

$$b=\frac{k_1a_1+k_2a_2+\cdots+k_na_n}{k_1+k_2+\cdots+k_n}.$$

有了 $b$,就不难得到 $b_i=a_i-b$,$i=1,\cdots,n$. 许多空间分解的题目均可用这一方法来证明. 类似的题有:

(1) 设 $n$ 阶方阵 $\boldsymbol{A},\boldsymbol{B},\boldsymbol{C},\boldsymbol{D}$ 两两可交换,且满足 $\boldsymbol{AC}+\boldsymbol{BD}=\boldsymbol{E}$. 记 $\boldsymbol{ABx}=\boldsymbol{0}$ 的解空间为 $W$,$\boldsymbol{Bx}=0$ 的解空间为 $W_1$,$\boldsymbol{Ax}=\boldsymbol{0}$ 的解空间为 $W_2$. 证明:$W=W_1\oplus W_2$.

**提示**:对任意 $\boldsymbol{\alpha}\in W$,有 $\boldsymbol{AB\alpha}=\boldsymbol{0}$,且

$$\boldsymbol{\alpha}=\boldsymbol{E\alpha}=(\boldsymbol{AC}+\boldsymbol{BD})\boldsymbol{\alpha}=\boldsymbol{AC\alpha}+\boldsymbol{BD\alpha}=\boldsymbol{\alpha}_1+\boldsymbol{\alpha}_2.$$

其中 $\boldsymbol{\alpha}_1=\boldsymbol{AC\alpha}$,$\boldsymbol{\alpha}_2=\boldsymbol{BD\alpha}$. 注意到 $\boldsymbol{A},\boldsymbol{B},\boldsymbol{C},\boldsymbol{D}$ 两两可交换,从而

$$\boldsymbol{B\alpha}_1=\boldsymbol{B}(\boldsymbol{AC\alpha})=\boldsymbol{C}(\boldsymbol{AB\alpha})=\boldsymbol{0},\boldsymbol{A\alpha}_2=\boldsymbol{A}(\boldsymbol{BD\alpha})=\boldsymbol{D}(\boldsymbol{AB\alpha})=\boldsymbol{0},$$

可见 $\boldsymbol{\alpha}_1\in W_1$,$\boldsymbol{\alpha}_2\in W_2$,故 $W=W_1+W_2$. 再证 $W_1+W_2$ 是直和.

任取 $\boldsymbol{\beta}\in W_1\cap W_2$,即有 $\boldsymbol{\beta}\in W_1$ 且 $\boldsymbol{\beta}\in W_2$,也即 $\boldsymbol{B\beta}=\boldsymbol{A\beta}=\boldsymbol{0}$,则

$$\boldsymbol{\beta}=\boldsymbol{E\beta}=(\boldsymbol{AC}+\boldsymbol{BD})\boldsymbol{\beta}=\boldsymbol{AC\beta}+\boldsymbol{BD\beta}=\boldsymbol{C}(\boldsymbol{A\beta})+\boldsymbol{D}(\boldsymbol{B\beta})=\boldsymbol{0}$$

可见 $W_1\cap W_2=\{\boldsymbol{0}\}$. 故 $W=W_1\oplus W_2$.

(2) 设 $\boldsymbol{A}\in M_n(K)$ 是幂等矩阵(即 $\boldsymbol{A}^2=\boldsymbol{A}$). 令 $W_1=\{\boldsymbol{X}\in K^n \mid \boldsymbol{AX}=0\}$, $W_2=\{\boldsymbol{X}\in K^n \mid \boldsymbol{AX}=\boldsymbol{X}\}$. 证明:$K^n=W_1\oplus W_2$.

**提示**:显然 $W_1$ 与 $W_2$ 都是 $K^n$ 的子空间. 设 $\boldsymbol{X}\in K^n$,则 $\boldsymbol{X}=\boldsymbol{Y}+\boldsymbol{Z}$,其中 $\boldsymbol{Y}=\boldsymbol{X}-\boldsymbol{AX}$, $\boldsymbol{Z}=\boldsymbol{AX}$.

则 $\boldsymbol{AY}=\boldsymbol{A}(\boldsymbol{X}-\boldsymbol{AX})=\boldsymbol{AX}-\boldsymbol{A}^2\boldsymbol{X}=\boldsymbol{AX}-\boldsymbol{AX}=\boldsymbol{0}$, $\boldsymbol{AZ}=\boldsymbol{A}(\boldsymbol{AX})=\boldsymbol{A}^2\boldsymbol{X}=\boldsymbol{AX}=\boldsymbol{Z}$,所以,$\boldsymbol{Y}\in W_1$, $\boldsymbol{Z}\in W_2$. 又任取 $\boldsymbol{X}\in W_1\cap W_2$,则 $\boldsymbol{0}=\boldsymbol{AX}=\boldsymbol{X}$,所以 $\boldsymbol{X}=0$, $W_1\cap W_2=0$. 于是 $K^n=W_1\oplus W_2$.

(3) 设 $\mathscr{A}$ 是 $V$ 的线性变换,$V_1=\mathscr{A}V$, $V_2=\mathscr{A}^{-1}(0)$ 分别是 $\mathscr{A}$ 的值域和核,$a_1,a_2,\cdots,a_r$ 是 $V_1$ 的一组基. 设 $\beta_1,\beta_2,\cdots,\beta_r$ 是 $a_1,a_2,\cdots,a_r$ 的原象. 令 $W=L(\beta_1,\beta_2,\cdots,\beta_r)$,则 $V=W\oplus V_2$.

**提示**:先证 $\beta_1,\beta_2,\cdots,\beta_r$ 线性无关. 设 $\sum\limits_{j=1}^{r}k_j\beta_j=0$,则 $\mathscr{A}\sum\limits_{j=1}^{r}k_j\beta_j=\sum\limits_{j=1}^{r}k_j\mathscr{A}\beta_j=\sum\limits_{j=1}^{r}k_ja_j=0$. 因为 $a_1,a_2,\cdots,a_n$ 是线性无关的,则对任意的 $1\leqslant j\leqslant r$, $k_j=0$. 于是 $\beta_1,\beta_2,\cdots,\beta_r$ 线性无关. 设 $r_1,r_2,\cdots,r_s$ 是 $V_2$ 的一组基,则 $s=n-r$. 证明 $\beta_1,\beta_2,\cdots,\beta_r,r_1,r_2,\cdots,r_s$ 是 $V$ 的一组基.

设 $\sum\limits_{i=1}^{s}k_ir_i+\sum\limits_{j=1}^{r}l_j\beta_j=0$. 施行变换 $\mathscr{A}$,由 $\mathscr{A}r_i=0(1\leqslant i\leqslant s)$,知 $\mathscr{A}\sum\limits_{j=1}^{r}l_j\beta_j=0$,即 $\sum\limits_{j=1}^{r}l_ja_j=0$. $a_1,a_2,\cdots,a_j$ 线性无关,于是 $l_j=0(1\leqslant j\leqslant r)$. 这样 $\sum\limits_{i=1}^{s}k_ir_i=0$. $r_1,r_2,\cdots,r_s$ 线性无关,于是 $k_i=0(1\leqslant i\leqslant s)$. 这样 $\beta_1,\beta_2,\cdots,\beta_r,r_1,r_2,\cdots,r_s$ 是 $V$ 的一组基.

因此 $V=L(\beta_1,\beta_2,\cdots,\beta_r)\oplus L(r_1,r_2,\cdots,r_s)$,即 $V=W\oplus V_2$.

(4) 设 $\boldsymbol{A}$ 为 $n$ 维线性空间 $V$ 的线性变换 $\mathscr{A}$ 关于某基的矩阵. 求证 $\operatorname{rank}(\boldsymbol{A}^2)=\operatorname{rank}(\boldsymbol{A})$ 当且仅当 $V=\mathscr{A}V\oplus\mathscr{A}^{-1}(0)$.

**提示**:设 $a_1,a_2,\cdots,a_n$ 为 $V$ 的一组基,$\mathscr{A}$ 在这组基下的矩阵为 $\boldsymbol{A}$,则线性变换 $\mathscr{A}^2$ 在这组基下的矩阵为 $\boldsymbol{A}^2$ 且 $\mathscr{A}V=L(\mathscr{A}_1a_1,\mathscr{A}_2a_2,\cdots\mathscr{A}_na_n)=L(\mathscr{A}a_{i1},\mathscr{A}a_{i2},\cdots,\mathscr{A}a_{is})$,
其中 $\mathscr{A}a_{i1},\mathscr{A}a_{i2},\cdots,\mathscr{A}a_{is}$ 是 $\mathscr{A}V$ 的一组基. 于是 $\mathscr{A}^2V=L(\mathscr{A}^2a_{i1},\mathscr{A}^2a_{i2},\cdots,\mathscr{A}^2a_{is})$.
设 $\operatorname{rank}(A^2)=\operatorname{rank}(A)$,则 $\dim\mathscr{A}V=\dim\mathscr{A}^2V$. 于是 $\mathscr{A}^2a_{i1},\mathscr{A}^2a_{i2},\cdots,\mathscr{A}^2a_{is}$ 是 $\mathscr{A}^2V$ 的一组基.
任取 $a\in\mathscr{A}V$ 且 $a\in\mathscr{A}^{-1}(0)$,则 $a=a_1\mathscr{A}a_{i1}+a_2\mathscr{A}a_{i2}+\cdots+a_s\mathscr{A}a_{is}$,又 $\mathscr{A}a=0$,于是 $a_1\mathscr{A}^2a_{i1}+a_2\mathscr{A}^2a_{i2}+\cdots+a_s\mathscr{A}^2a_{is}=0$. 因为 $\mathscr{A}^2a_{i1},\mathscr{A}^2a_{i2},\cdots,\mathscr{A}^2a_{is}$ 线性无关,有 $a_i=0(1\leqslant i\leqslant s)$. 因此 $a=0$,即 $\mathscr{A}V\cap\mathscr{A}^{-1}(0)=\{0\}$,又 $\dim\mathscr{A}V+\dim\mathscr{A}^{-1}(0)=\dim V$,于是必有 $V=\mathscr{A}V\oplus\mathscr{A}^{-1}(0)$.
反之,设 $V=\mathscr{A}V\oplus\mathscr{A}^{-1}(0)$. 任取 $a\in\mathscr{A}V$,有 $V$ 中的元素 $\beta$,使 $a=\mathscr{A}\beta$. 由直和的定义知存在 $\beta_1\in V$ 和 $\gamma\in\mathscr{A}^{-1}(0)$,使 $\beta=\mathscr{A}\beta_1+\gamma$. 于是有 $a=\mathscr{A}\beta=\mathscr{A}^2\beta_1$,即 $a=\mathscr{A}^2\beta_1\in A^2V$,故 $\mathscr{A}V\subseteq\mathscr{A}^2V$. 显然 $\mathscr{A}^2V\subseteq\mathscr{A}V$,这样 $\mathscr{A}^2V=\mathscr{A}V$,即 $\operatorname{rank}(A^2)=\operatorname{rank}(A)$. 由该题结论不难得到若存在正整数 $m>1$,使 $\mathscr{A}^m=\mathscr{A}$,则有 $V=\mathscr{A}V\oplus\mathscr{A}^{-1}(0)$.

(5) 设方阵 $\boldsymbol{A}$ 满足 $\boldsymbol{A}^2=\boldsymbol{A}$, $W_1$ 为 $\boldsymbol{Ax}=\boldsymbol{0}$ 的解空间,$W_2$ 为 $(\boldsymbol{A}-\boldsymbol{E})\boldsymbol{x}=\boldsymbol{0}$ 的解空间,证明:$P^n=W_1\oplus W_2$.

**提示**:任取 $\boldsymbol{a}\in P^n$,则有 $\boldsymbol{a}=(\boldsymbol{E}-\boldsymbol{A})\boldsymbol{a}+\boldsymbol{Aa}=\boldsymbol{a}_1+\boldsymbol{a}_2$ 其中 $\boldsymbol{a}_1=(\boldsymbol{E}-\boldsymbol{A})\boldsymbol{a}$, $\boldsymbol{a}_2=\boldsymbol{Aa}$,
由于 $\boldsymbol{Aa}_1=\boldsymbol{A}(\boldsymbol{E}-\boldsymbol{A})\boldsymbol{a}=\boldsymbol{0}$, $(\boldsymbol{A}-\boldsymbol{E})\boldsymbol{a}_2=(\boldsymbol{E}-\boldsymbol{A})\boldsymbol{Aa}=\boldsymbol{0}$,
可见 $\boldsymbol{a}_1\in W_1$, $\boldsymbol{a}_2\in W_2$,故 $P^n=W_1+W_2$. 又若 $\boldsymbol{\beta}\in W_1\cap W_2$,则有 $A\boldsymbol{\beta}=\boldsymbol{0}$, $(\boldsymbol{A}-\boldsymbol{E})\boldsymbol{\beta}=\boldsymbol{0}$,从而 $\boldsymbol{\beta}=-(\boldsymbol{A}-\boldsymbol{E})\boldsymbol{\beta}+\boldsymbol{A\beta}=\boldsymbol{0}$,即 $W_1\cap W_2=\{\boldsymbol{0}\}$,故 $P^n=W_1\oplus W_2$.

**例 5-24** 在 $K^3$ 中,设 $\eta_1=(1,2,3)$, $\eta_2=(2,3,1)$, $\eta_3=(3,1,2)$; $\xi_1=(3,2,1)$, $\xi_2=(1,3,2)$, $\xi_3=(2,1,3)$.

(1) 证明:$\eta_1,\eta_2,\eta_3$ 和 $\xi_1,\xi_2,\xi_3$ 均为 $K^3$ 的基;

(2) 求向量 $\alpha=(18,-18,18)$ 在基 $\eta_1,\eta_2,\eta_3$ 下的坐标;

(3) 求由基 $\eta_1,\eta_2,\eta_3$ 到基 $\xi_1,\xi_2,\xi_3$ 的过渡矩阵 $\boldsymbol{T}$.

**分析** (1)需证明 $\eta_1,\eta_2,\eta_3$ 线性无关;(2)需用 $\eta_1,\eta_2,\eta_3$ 线性表示向量 $\alpha$;(3)借助基本单位向量寻找 $\eta_1,\eta_2,\eta_3$ 和 $\xi_1,\xi_2,\xi_3$ 之间的关系式.

**解答** (1)设 $\varepsilon_1=(1,0,0),\varepsilon_2=(0,1,0),\varepsilon_3=(0,0,1)$. 则显然 $\varepsilon_1,\varepsilon_2,\varepsilon_3$ 是 $K^3$ 的一个基,并且

$$\begin{cases}\eta_1 = \varepsilon_1+2\varepsilon_2+3\varepsilon_3\\ \eta_2 = 2\varepsilon_1+3\varepsilon_2+\varepsilon_3,\\ \eta_3 = 3\varepsilon_1+\varepsilon_2+2\varepsilon_3\end{cases}$$

从而有

$$(\eta_1,\eta_2,\eta_3)=(\varepsilon_1,\varepsilon_2,\varepsilon_3)\boldsymbol{A},$$

这里

$$\boldsymbol{A}=\begin{pmatrix}1&2&3\\2&3&1\\3&1&2\end{pmatrix}.$$

由于 $\det\boldsymbol{A}=18\neq0$,所以 $\eta_1,\eta_2,\eta_3$ 是 $K^3$ 的基,且 $\boldsymbol{A}$ 为由基 $\varepsilon_1,\varepsilon_2,\varepsilon_3$ 到基 $\eta_1,\eta_2,\eta_3$ 的过渡矩阵.

同理,$(\xi_1,\xi_2,\xi_3)=(\varepsilon_1,\varepsilon_2,\varepsilon_3)\boldsymbol{B}$,

这里

$$\boldsymbol{B}=\begin{pmatrix}3&1&2\\2&3&1\\1&2&3\end{pmatrix},$$

由于 $\det\boldsymbol{B}=18\neq0$,所以 $\xi_1,\xi_2,\xi_3$ 也是 $K^3$ 的基,而 $\boldsymbol{B}$ 就是从 $\varepsilon_1,\varepsilon_2,\varepsilon_3$ 到 $\xi_1,\xi_2,\xi_3$ 的过渡矩阵.

(2) 设 $X$ 和 $X'$ 分别为 $\boldsymbol{\alpha}$ 在基 $\varepsilon_1,\varepsilon_2,\varepsilon_3$ 和基 $\eta_1,\eta_2,\eta_3$ 下的坐标,则由坐标变换公式知

$$\boldsymbol{X}'=\boldsymbol{A}^{-1}\boldsymbol{X}.$$

因为 $\boldsymbol{\alpha}=(18,-18,18)$,所以 $\boldsymbol{X}=(18,-18,18)^{\mathrm{T}}$,故

$$\boldsymbol{X}'=\begin{pmatrix}1&2&3\\2&3&1\\3&1&2\end{pmatrix}^{-1}\begin{pmatrix}18\\-18\\18\end{pmatrix}=\frac{1}{18}\begin{pmatrix}-5&1&7\\1&7&-5\\7&-5&1\end{pmatrix}\begin{pmatrix}18\\-18\\18\end{pmatrix}=\begin{pmatrix}1\\-11\\13\end{pmatrix}.$$

(3) 由于 $(\eta_1,\eta_2,\eta_3)=(\varepsilon_1,\varepsilon_2,\varepsilon_3)\boldsymbol{A}$,$(\xi_1,\xi_2,\xi_3)=(\varepsilon_1,\varepsilon_2,\varepsilon_3)\boldsymbol{B}$,所以,$(\varepsilon_1,\varepsilon_2,\varepsilon_3)=(\eta_1,\eta_2,\eta_3)\boldsymbol{A}^{-1}$,从而

$$(\xi_1,\xi_2,\xi_3)=(\varepsilon_1,\varepsilon_2,\varepsilon_3)\boldsymbol{B}=(\eta_1,\eta_2,\eta_3)\boldsymbol{A}^{-1}\boldsymbol{B},$$

于是由基 $\eta_1,\eta_2,\eta_3$ 到基 $\varepsilon_1,\varepsilon_2,\varepsilon_3$ 的过渡矩阵为

$$\boldsymbol{T}=\boldsymbol{A}^{-1}\boldsymbol{B}=\begin{pmatrix}1&2&3\\2&3&1\\3&1&2\end{pmatrix}^{-1}\begin{pmatrix}3&1&2\\2&3&1\\1&2&3\end{pmatrix}=\begin{pmatrix}-\frac{1}{3}&\frac{2}{3}&\frac{2}{3}\\\frac{2}{3}&\frac{2}{3}&-\frac{1}{3}\\\frac{2}{3}&-\frac{1}{3}&\frac{2}{3}\end{pmatrix}.$$

**评注** 在求两个不同基之间的过渡矩阵时,如果其中有一个基能很容易地表示为另一个基的线性组合,则我们可以较容易地求出所要求的过渡矩阵. 但如果这两基之间的互相表示一下子不容易发现,那么就需要找出第三个基,使前两个基都能容易地由第三个基表示. 这第三个基一般都是找比较标准的(或自然的)基(如本题中的 $\varepsilon_1,\varepsilon_2,\varepsilon_3$). 通过第三个基做过渡,就可以求出所要的过渡矩阵. 类似的题有:

(1) 设四维空间的两组基为

(A) $\boldsymbol{\alpha}_1=\begin{bmatrix}1\\2\\0\\0\end{bmatrix},\boldsymbol{\alpha}_2=\begin{bmatrix}2\\1\\0\\0\end{bmatrix},\boldsymbol{\alpha}_3=\begin{bmatrix}0\\0\\1\\0\end{bmatrix},\boldsymbol{\alpha}_4=\begin{bmatrix}0\\0\\3\\2\end{bmatrix}$,

(B) $\boldsymbol{\beta}_1=\begin{bmatrix}1\\0\\0\\0\end{bmatrix},\boldsymbol{\beta}_2=\begin{bmatrix}0\\2\\0\\0\end{bmatrix},\boldsymbol{\beta}_3=\begin{bmatrix}0\\1\\2\\0\end{bmatrix},\boldsymbol{\beta}_4=\begin{bmatrix}1\\0\\1\\2\end{bmatrix}$.

① 求基(A)到(B)的过渡矩阵;

② 求向量 $\boldsymbol{\beta}=4\boldsymbol{\beta}_1+6\boldsymbol{\beta}_2-2\boldsymbol{\beta}_3$ 在(A)下的坐标.

**提示:** 过渡矩阵 $\boldsymbol{C}=(\boldsymbol{\alpha}_1\ \ \boldsymbol{\alpha}_2\ \ \boldsymbol{\alpha}_3\ \ \boldsymbol{\alpha}_4)^{-1}(\boldsymbol{\beta}_1\ \ \boldsymbol{\beta}_2\ \ \boldsymbol{\beta}_3\ \ \boldsymbol{\beta}_4)$,对矩阵 $(\boldsymbol{\alpha}_1\ \ \boldsymbol{\alpha}_2\ \ \boldsymbol{\alpha}_3\ \ \boldsymbol{\alpha}_4\,|\,\boldsymbol{\beta}_1\ \ \boldsymbol{\beta}_2\ \ \boldsymbol{\beta}_3\ \ \boldsymbol{\beta}_4)$ 作初等变换化为行最简形,得

$$\begin{pmatrix}1&0&0&0&-\frac{1}{3}&\frac{4}{3}&\frac{2}{3}&-\frac{1}{3}\\0&1&0&0&\frac{2}{3}&-\frac{2}{3}&-\frac{1}{3}&\frac{2}{3}\\0&0&1&0&0&0&2&-2\\0&0&0&1&0&0&0&1\end{pmatrix},$$

所以过渡矩阵 $\boldsymbol{C}=\begin{pmatrix}-\frac{1}{3}&\frac{4}{3}&\frac{2}{3}&-\frac{1}{3}\\\frac{2}{3}&-\frac{2}{3}&-\frac{1}{3}&\frac{2}{3}\\0&0&2&-2\\0&0&0&1\end{pmatrix}$.

③ $\boldsymbol{\beta}=4\boldsymbol{\beta}_1+6\boldsymbol{\beta}_2-2\boldsymbol{\beta}_3=(\boldsymbol{\beta}_1\ \ \boldsymbol{\beta}_2\ \ \boldsymbol{\beta}_3\ \ \boldsymbol{\beta}_4)\begin{pmatrix}4\\6\\-2\\0\end{pmatrix}$,故 $\boldsymbol{\beta}$ 在(A)下的坐标为

$$\boldsymbol{C}\begin{pmatrix}4\\6\\-2\\0\end{pmatrix}=\begin{pmatrix}6\\-\frac{2}{3}\\-4\\0\end{pmatrix}.$$

(2) 设$K[x]_n$表示由$K[x]$中次数小于$n$的多项式组成的线性空间.

$$f_i(x)=(x-a_1)\cdots(x-a_{i-1})(x-a_{i+1})\cdots(x-a_n)\,(i=1,\cdots,n),$$

其中$a_i\in K,(i=1,\cdots,n)$为互不相同的数.

① 证明:$f_1(x),f_2(x),\cdots,f_n(x)$组成$K[x]_n$的一个基;

② 取$a_1,a_2,\cdots,a_n$为全体$n$次单位根,求由基$1,x,x^2,\cdots,x^{n-1}$到基$f_1(x),f_2(x),\cdots,f_n(x)$的过渡矩阵.

**提示:**①由于$K[x]_n$是$K$上$n$维线性空间,所以只要证明$f_1,f_2,\cdots,f_n$线性无关.若存在$k_1,k_2,\cdots,k_n\in K$,使$k_1f_1+k_2f_2+\cdots k_nf_n=0$.注意到$f_i(a_i)\neq0,f_i(a_j)=0,\forall i\neq j$.所以用$x=a_i$代入上式,得$k_1f_1(a_i)+k_2f_2(a_i)+\cdots k_nf_n(a_i)=0$.即$k_if_i(a_i)=0$,故$k_i=0,i=1,2,\cdots,n$.所以$f_1,f_2,\cdots,f_n$是$K[x]_n$的一个基.②$f_i(x)=\dfrac{(x-a_1)\cdots(x-a_n)}{x-a_i}=\dfrac{x^n-1}{x-a_i}=x^{n-1}+a_ix^{n-2}+a_i^2x^{n-3}+\cdots+a_i^{n-1}$.所以由基$1,x,x^2,\cdots,x^{n-1}$到基$f_1(x),f_2(x),\cdots,f_n(x)$的过渡矩阵为

$$\begin{pmatrix}a_1^{n-1}&a_2^{n-1}&\cdots&a_n^{n-1}\\a_1^{n-2}&a_2^{n-2}&\cdots&a_n^{n-2}\\\vdots&\vdots&\ddots&\vdots\\a_1&a_2&\cdots&a_n\\1&1&\cdots&1\end{pmatrix}.$$

(3) 设$\alpha_1,\alpha_2,\alpha_3$为线性空间的一组基,线性变换$T$在基$\alpha_1,\alpha_2,\alpha_3$下的矩阵为$\begin{pmatrix}1&2&-1\\-1&1&0\\1&0&1\end{pmatrix}$$\alpha$在基$\alpha_1,\alpha_2,\alpha_3$下的坐标为$(1,2,-3)$,求$T\alpha$在基$\alpha_1,\alpha_2,\alpha_3$下的坐标.

**提示:**$T\alpha=T(\alpha_1,\alpha_2,\alpha_3)=(\alpha_1,\alpha_2,\alpha_3)\begin{pmatrix}1&2&-1\\-1&1&0\\1&0&1\end{pmatrix}$.所以$T\alpha$在基$\alpha_1,\alpha_2,\alpha_3$下的坐标$=\begin{pmatrix}8\\1\\-2\end{pmatrix}$.

(4) 在$K[x]_4$中,求由基$1,x-a,(x-a)^2,(x-a)^3$到基$1,x,x^2,x^3$的过渡矩阵,其中$a\in K$.

**提示:**注意到$x^k=(\boldsymbol{\alpha}+x-\boldsymbol{\alpha})^k=\sum_{i=0}^{k}\binom{k}{i}\boldsymbol{\alpha}^i(x-\boldsymbol{\alpha})^{k-i}$.所求过渡矩阵为$\begin{pmatrix}1&a&a&a^3\\0&1&2a&3a^2\\0&0&1&3a\\0&0&0&1\end{pmatrix}$.

(5) 设$\mathscr{A}_1,\mathscr{A}_2,\cdots,\mathscr{A}_m$是线性空间$V$的$m$个异于零的线性变换,证明$V$中存在一组基$a_1,a_2,\cdots,a_n$,使$\mathscr{A}_i(a_j)\neq0,i=1,2,\cdots,m,j=1,2,\cdots,n$.

**提示:**令$V_i=\mathscr{A}_i^{-1}(0)$.$\mathscr{A}_i\neq0$,于是$V_i$是$V$的真子空间.由例5-20中的第(3)题知,存在向量$a_1\in V$,使$a_1\notin V_i(1\leqslant i\leqslant m)$.于是$\mathscr{A}_i(a_1)\neq0$.令$V_{m+1}=L(a_1)$.由例5-20第(3)题知存在,$a_2\in V$,使$a_2\notin V_i(1\leqslant i\leqslant m+1)$.于是$a_1$与$a_2$线性无关,且$\mathscr{A}_i(a_2)\neq0$.令$V_{m+2}=L(a_1,a_2)$,存在$a_3\in V$,使$a_3\notin V_i(1\leqslant i\leqslant m+2)$且$\mathscr{A}_i(a_3)\neq0(1\leqslant i\leqslant m)$.$a_1,a_2,a_3$线性无关.一直做

下去，则可得 $a_1,a_2,\cdots,a_n$ 线性无关，从而是 $V$ 的一组基且 $\mathscr{A}_i(a_j)\neq 0, i=1,2,\cdots,m, j=1,2,\cdots,n$.

**例 5－25** 已知 $\boldsymbol{P}^{2\times 2}$ 的线性变换

$$\mathscr{A}(X) = \boldsymbol{MXN}\ (\forall X\in P^{2\times 2}, \boldsymbol{M}=\begin{pmatrix}1&0\\1&1\end{pmatrix}, \boldsymbol{N}=\begin{pmatrix}1&-1\\-1&1\end{pmatrix}).$$

求 $\mathscr{A}$ 的特征值和特征向量.

**分析** 要求线性变换 $\mathscr{A}$ 的特征值与特征向量，只需求得 $\mathscr{A}$ 在 $V$ 一组基下的矩阵 $\boldsymbol{A}$ 的特征值与特征向量即可得.

**解答** 取 $\boldsymbol{P}^{2\times 2}$ 的基线性变换 $E_{11},E_{12},E_{21},E_{22}$，可求得线性变换 $\mathscr{A}$ 在该基下的矩阵为

$$\boldsymbol{A}=\begin{pmatrix}1&-1&0&0\\-1&1&0&0\\1&-1&1&-1\\-1&1&-1&1\end{pmatrix}.$$

因为 $|\lambda\boldsymbol{E}-\boldsymbol{A}|=\lambda^2(\lambda-2)^2$，所以 $\boldsymbol{A}$ 的特征值为 $\lambda_1=\lambda_2=0, \lambda_3=\lambda_4=2$. 可求得 $\boldsymbol{A}$ 对应 $\lambda_1=\lambda_2=0$ 的特征向量为 $(1,1,0,0)^{\mathrm{T}},(0,0,1,1)^{\mathrm{T}}$；而对应 $\lambda_3=\lambda_4=2$ 的特征向量为 $(0,0,-1,1)^{\mathrm{T}}$. 故线性变换 $\mathscr{A}$ 的特征值为 $\lambda_1=\lambda_2=0,\lambda_3=\lambda_4=2$；对应特征值 $\lambda_1=\lambda_2=0$ 的线性无关特征向量为

$$\boldsymbol{X}_1=\boldsymbol{E}_{11}+\boldsymbol{E}_{12}=\begin{pmatrix}1&1\\0&0\end{pmatrix}, \boldsymbol{X}_2=\boldsymbol{E}_{21}+\boldsymbol{E}_{22}=\begin{pmatrix}0&0\\1&1\end{pmatrix},$$

而全部特征向量为

$$k_1\boldsymbol{X}_1+k_2\boldsymbol{X}_2 \qquad (k_1,k_2\text{ 不全为零}).$$

对应特征值 $\lambda_3=\lambda_4=2$ 的线性无关特征向量为 $\boldsymbol{X}_3=-\boldsymbol{E}_{21}+\boldsymbol{E}_{22}=\begin{pmatrix}0&0\\-1&1\end{pmatrix}$，全部特征向量为 $k\boldsymbol{X}_3(k\neq 0)$.

**评注** $\mathscr{A}$ 对应特征值 $\lambda$ 的特征向量为其在所取基下的坐标. 类似的题有：

(1) 已知 $P^{2\times 2}$ 的线性变换 $\mathscr{A}$，使 $\mathscr{A}(X)=\begin{pmatrix}1&2\\-1&4\end{pmatrix}X, X\in P^{2\times 2}$. 求 $\mathscr{A}$ 的特征值.

**提示**：取定 $P^{2\times 2}$ 的一个基：$\boldsymbol{E}_{11}=\begin{pmatrix}1&0\\0&0\end{pmatrix}, \boldsymbol{E}_{12}=\begin{pmatrix}0&1\\0&0\end{pmatrix}, \boldsymbol{E}_{21}=\begin{pmatrix}0&0\\1&0\end{pmatrix}, \boldsymbol{E}_{22}=\begin{pmatrix}0&0\\0&1\end{pmatrix}$

则 $\mathscr{A}(\boldsymbol{E}_{11})=\begin{pmatrix}1&0\\-1&0\end{pmatrix}, \mathscr{A}(\boldsymbol{E}_{12})=\begin{pmatrix}0&1\\0&-1\end{pmatrix}, \mathscr{A}(\boldsymbol{E}_{21})=\begin{pmatrix}2&0\\4&0\end{pmatrix}, \mathscr{A}(\boldsymbol{E}_{22})=\begin{pmatrix}0&2\\0&4\end{pmatrix}$.

于是线性变换 $\mathscr{A}$ 在该基下的矩阵为

$$\boldsymbol{A}=\begin{pmatrix}1&0&2&0\\0&1&0&2\\-1&0&4&0\\0&-1&0&4\end{pmatrix}$$

因为 $|\lambda \boldsymbol{E}-\boldsymbol{A}|=\begin{pmatrix}\lambda-1 & 0 & -2 & 0\\ 0 & \lambda-1 & 0 & -2\\ 1 & 0 & \lambda-4 & 0\\ 0 & 1 & 0 & \lambda-4\end{pmatrix}=(\lambda-2)^2(\lambda-3)^2$,

所以 $\mathscr{A}$ 的特征值为 $\lambda_1=\lambda_2=2,\lambda_3=\lambda_4=3$.

(2) 设 $\mathscr{A}$ 是线性空间 $V$ 上的可逆线性变换. ①证明:$\mathscr{A}$ 的特征值一定不为0;②证明:如果 $\lambda$ 是 $\mathscr{A}$ 的特征值,那么 $\frac{1}{\lambda}$ 是 $\mathscr{A}^{-1}$ 的特征值.

**提示:**①设可逆线性变换 $\mathscr{A}$ 对应的矩阵为 $\boldsymbol{A}$,$\mathscr{A}$ 的所有特征值的积等于 $|\boldsymbol{A}|\neq 0$,故 $\mathscr{A}$ 的特征值一定不为零. ②设 $\lambda$ 是 $\mathscr{A}$ 的特征值,$\xi$ 是 $\mathscr{A}$ 的特征值 $\lambda$ 对应的特征向量,即 $\mathscr{A}\xi=\lambda\xi$. 用 $\mathscr{A}^{-1}$ 作用,得 $\xi=\lambda(\mathscr{A}^{-1})\xi$,由①知,$\lambda\neq 0$,所以 $\mathscr{A}^{-1}\xi=\frac{1}{\lambda}\xi$,即 $\frac{1}{\lambda}$ 是 $\mathscr{A}^{-1}$ 的特征值.

(3) 设 $\lambda_1,\lambda_2$ 是线性变换 $\mathscr{A}$ 的两个不同特征值,$\boldsymbol{\varepsilon}_1,\boldsymbol{\varepsilon}_2$ 是分别属于不同特征值 $\lambda_1,\lambda_2$ 对应的特征向量,证明:$\boldsymbol{\varepsilon}_1+\boldsymbol{\varepsilon}_2$ 不是 $\mathscr{A}$ 的特征向量.

**提示:**因为 $\mathscr{A}\boldsymbol{\varepsilon}_1=\lambda_1\boldsymbol{\varepsilon}_1,\mathscr{A}\boldsymbol{\varepsilon}_2=\lambda_2\boldsymbol{\varepsilon}_2$,且 $\lambda_1\neq\lambda_2$,所以 $\mathscr{A}(\boldsymbol{\varepsilon}_1+\boldsymbol{\varepsilon}_2)=\mathscr{A}\boldsymbol{\varepsilon}_1+\mathscr{A}\boldsymbol{\varepsilon}_2=\lambda\boldsymbol{\varepsilon}_1+\lambda\boldsymbol{\varepsilon}_2$,反证. 若 $\boldsymbol{\varepsilon}_1+\boldsymbol{\varepsilon}_2$ 是 $\mathscr{A}$ 的特征向量,即 $\mathscr{A}(\boldsymbol{\varepsilon}_1+\boldsymbol{\varepsilon}_2)=\lambda(\boldsymbol{\varepsilon}_1+\boldsymbol{\varepsilon}_2)$,则 $\lambda\boldsymbol{\varepsilon}_1+\lambda\boldsymbol{\varepsilon}_2=\lambda(\boldsymbol{\varepsilon}_1+\boldsymbol{\varepsilon}_2)$,即 $(\lambda_1-\lambda)\boldsymbol{\varepsilon}_1+(\lambda_2-\lambda)\boldsymbol{\varepsilon}_2=\boldsymbol{0}$. 由于 $\boldsymbol{\varepsilon}_1,\boldsymbol{\varepsilon}_2$ 线性相关,,故有 $\lambda_1-\lambda=0,\lambda_2-\lambda=0$,即 $\lambda_1=\lambda_2$ 与题设矛盾. 故 $\boldsymbol{\varepsilon}_1+\boldsymbol{\varepsilon}_2$ 不可能是 $\mathscr{A}$ 的特征向量.

(4) 证明:如果线性空间 $V$ 的线性变换 $\mathscr{A}$ 以 $V$ 中每个非零向量作为它的特征向量,那么 $\mathscr{A}$ 是数乘变换.

**提示:**取 $V$ 的一组基 $\varepsilon_1,\varepsilon_2,\cdots,\varepsilon_n$,并设 $A\varepsilon_i=\lambda_i\varepsilon_i(i=1,2,\cdots,n)$. 由上题知 ,$\lambda_1=\lambda_2=\cdots=\lambda_n=k$(因为若当 $i\neq j$ 时,$\lambda_i\neq\lambda_j$,则 $\varepsilon_i+\varepsilon_j$ 也不是特征向量,与题设矛盾). 从而对任何向量 $\boldsymbol{a}$ 都有 $\mathscr{A}\boldsymbol{a}=\lambda\boldsymbol{a}$,故 $\mathscr{A}$ 数乘变换.

(5) 求复数域上线性空间 $V$ 的线性变换 $\mathscr{A}$ 的特征值与特征向量,已知 $\mathscr{A}$ 在一组基下的矩阵为 $\boldsymbol{A}=\begin{pmatrix}0 & 2 & 1\\ -2 & 0 & 3\\ -1 & -3 & 0\end{pmatrix}$.

**提示:**设 $\mathscr{A}$ 在基 $\boldsymbol{\varepsilon}_1,\boldsymbol{\varepsilon}_2,\boldsymbol{\varepsilon}_3$ 下的矩阵为 $\boldsymbol{A}$. 因为 $|\lambda\boldsymbol{E}-\boldsymbol{A}|=\lambda(\lambda-\sqrt{14}\mathrm{i})(\lambda+\sqrt{14}\mathrm{i})$,所以特征值为 $\lambda_1=0,\lambda_2=\sqrt{14}\mathrm{i},\lambda_3=-\sqrt{14}\mathrm{i}$,对应 $\lambda_1=0$ 的特征向量为 $\boldsymbol{\xi}_1=3\boldsymbol{\varepsilon}_1-\boldsymbol{\varepsilon}_2+2\boldsymbol{\varepsilon}_3$,对应 $\lambda_2=\sqrt{14}\mathrm{i}$ 的特征向量为 $\boldsymbol{\xi}_2=(6+\sqrt{14}\mathrm{i})\varepsilon_1+(-2+3\sqrt{14}\mathrm{i})\varepsilon_2-10\varepsilon_3$,对应 $\lambda_3=-\sqrt{14}\mathrm{i}$ 的特征向量为 $\boldsymbol{\xi}_3=(6-\sqrt{14}\mathrm{i})\varepsilon_1+(-2-3\sqrt{14}\mathrm{i})\varepsilon_2-10\varepsilon_3$.

**例 5-26** 已知线性变换 $\mathscr{A}$ 在 $V$ 的基 $\varepsilon_1,\varepsilon_2,\varepsilon_3$ 下的矩阵为

$$\boldsymbol{A}=\begin{pmatrix}3 & 2 & -1\\ -2 & -2 & 2\\ 3 & 6 & -1\end{pmatrix}.$$

问 $\mathscr{A}$ 是否可以对角化? 在可对角化的情况下,写出相应的基变换的过渡矩阵 $\boldsymbol{T}$,并验算 $\boldsymbol{T}^{-1}\boldsymbol{A}\boldsymbol{T}$.

**分析** 判断一个线性变换是否可对角化的有效方法是:先求出 $\mathscr{A}$ 的所有特征值,对于每个特征值,求出相应的特征子空间的基础解系,也就得到了该子空间的维数,然后求出所有特

征子空间的维数之和，再与 $\dim V$ 进行比较，如果两者相等，说明 $\mathscr{A}$ 可对角化. 否则，$\mathscr{A}$ 不可对角化.

**解答** 线性变换 $\mathscr{A}$ 的特征多项式：$|\lambda \boldsymbol{E}-\boldsymbol{A}|=(\lambda-2)^2(\lambda+4)$.

因此 $\mathscr{A}$ 有两个特征值 $\lambda_1=2,\lambda_2=-4$. 经计算，得

$$V_2=L(2\varepsilon_1-\varepsilon_2,\varepsilon_1+\varepsilon_3),V_{-4}=L(\varepsilon_1-2\varepsilon_2+\varepsilon_3).$$

所以 $\dim V_2+\dim V_{-4}=2+1=3=\dim V$. 于是 $\mathscr{A}$ 可对角化. 令

$$\eta_1=2\varepsilon_1-\varepsilon_2,\eta_2=\varepsilon_1+\varepsilon_3,\eta_3=\varepsilon_1-2\varepsilon_2+3\varepsilon_3,$$

则 $\boldsymbol{\eta}_1,\boldsymbol{\eta}_2,\boldsymbol{\eta}_3$ 是 $V$ 的基，且从基 $\boldsymbol{\varepsilon}_1,\boldsymbol{\varepsilon}_2,\boldsymbol{\varepsilon}_3$，到基 $\boldsymbol{\eta}_1,\boldsymbol{\eta}_2,\boldsymbol{\eta}_3$ 的过渡矩阵

$$\boldsymbol{T}=\begin{pmatrix}2&1&1\\-1&0&-2\\0&1&3\end{pmatrix}.$$

而 $\mathscr{A}$ 在基 $\boldsymbol{\eta}_1,\boldsymbol{\eta}_2,\boldsymbol{\eta}_3$ 下的矩阵为

$$\boldsymbol{T}^{-1}\boldsymbol{A}\boldsymbol{T}=\begin{pmatrix}2&0&0\\0&2&0\\0&0&-4\end{pmatrix}.$$

**评注** 上述求解方法主要是依据：如果线性变换 $\mathscr{A}\in \mathrm{End}_K(V)$ 可对角化的充分必要条件是 $\mathscr{A}$ 的特征子空间的维数之和等于 $\dim V$. 当然还有，如果线性变换 $\mathscr{A}\in \mathrm{End}_K(V)$ 可对角化的充分必要条件是 $V$ 有一个由 $\mathscr{A}$ 的特征向量组成的基，求解问题时要灵活运用. 类似的题有：

(1) 求复数域上线性空间 $V$ 的线性变换 $\mathscr{A}$ 在某组基下的矩阵为

$$\boldsymbol{A}=\begin{pmatrix}0&2&1\\-2&0&3\\-1&3&0\end{pmatrix}.$$

问 $A$ 是否可以对角化？在可对角化的情况下，写出相应的基变换的过渡矩阵 $\boldsymbol{T}$，并验算 $\boldsymbol{T}^{-1}\boldsymbol{A}\boldsymbol{T}$.

**提示：**$(\boldsymbol{\xi}_1,\boldsymbol{\xi}_2,\boldsymbol{\xi}_3)=(\boldsymbol{\varepsilon}_1,\boldsymbol{\varepsilon}_2,\boldsymbol{\varepsilon}_3)\boldsymbol{T}$，其中过渡矩阵为

$$\boldsymbol{T}=\begin{pmatrix}3&6+\sqrt{14}\mathrm{i}&6-\sqrt{14}\mathrm{i}\\-1&-2+3\sqrt{14}\mathrm{i}&-2-3\sqrt{14}\mathrm{i}\\2&-10&-10\end{pmatrix}\text{且，}\boldsymbol{T}^{-1}=\begin{pmatrix}60&-20&40\\6-\sqrt{14}\mathrm{i}&-2-3\sqrt{14}\mathrm{i}&-10\\6+\sqrt{14}\mathrm{i}&-2+3\sqrt{14}\mathrm{i}&-10\end{pmatrix},$$

验算，得 $\boldsymbol{T}^{-1}\boldsymbol{A}\boldsymbol{T}=\begin{pmatrix}0&0&0\\0&\sqrt{14}\mathrm{i}&0\\0&0&-\sqrt{14}\mathrm{i}\end{pmatrix}$.

(2) 设 $\mathscr{A}$ 是 $n$ 维实线性空间 $V$ 的线性变换. 如果 $\mathscr{A}$ 不是恒同变换，且 $\mathscr{A}^3$ 是恒同变换，试判断 $\mathscr{A}$ 是否可对角化？

**提示：**设矩阵 $\boldsymbol{A}$ 是 $\mathscr{A}$ 在某基下的矩阵，则 $\boldsymbol{A}^3=E$，但 $\boldsymbol{A}\neq E$. 若存在可逆矩阵 $\boldsymbol{T}$，使 $\boldsymbol{T}^{-1}\boldsymbol{A}\boldsymbol{T}=\begin{pmatrix}\lambda_1&&\\&\lambda_2&\\&&\lambda_3\end{pmatrix},\lambda_i\in\mathbb{R}$. 则 $\begin{pmatrix}\lambda_1^3&&\\&\lambda_2^3&\\&&\lambda_3^3\end{pmatrix}=(\boldsymbol{T}^{-1}\boldsymbol{A}\boldsymbol{T})^3=E$. 从而 $\lambda_i^3=1$，故 $\lambda=1,i=$

1,2,3. 于是 $T^{-1}AT=E$，即 $A=E$ 矛盾，从而可知 $\mathscr{A}$ 不可对角化.

(3) 设 $F^n$ 是数域 $F$ 上的 $n$ 维列空间，$\sigma: F^n \to F^n$ 是一个线性变换. 若 $\forall A \in M_n(F)$，$\sigma(A\alpha)=A\sigma(\alpha)$，$(\forall \alpha \in V)$. 证明：$\sigma=\lambda \cdot idF^n$，其中 $\lambda$ 是 $F$ 中某个数，$idF^n$ 表示恒同变换.

**提示：** 设 $\sigma$ 在 $F^n$ 的标准基 $\varepsilon_1,\cdots,\varepsilon_n$ 下的矩阵为 $B$，则 $\sigma(\alpha)=B\alpha(\forall \alpha \in F^n)$. 由条件 $\forall A \in M_n(F)$，$\sigma(A\alpha)=A\sigma(\alpha)$，$\forall \alpha \in F^n$，有 $BA\alpha=AB\alpha$，$\forall \alpha \in F^n$，故

$$AB = BA, (\forall A \in M_n(F)).$$

设 $B=(b_{ij})$，取 $A=\mathrm{diag}(1,\cdots,1,c,1,\cdots,1)$，其中 $c \neq 0,1$，由 $AB=BA$，可得 $b_{ij}=0$，$\forall i \neq j$. 又取 $A=E_n-E_{ii}-E_{jj}+E_{ij}+E_{ji}$，这里 $E_{st}$ 是(st)位置为1、其他位置为0的矩阵，则由 $AB=BA$，得 $a_{ii}=a_{jj}$，$(\forall i,j)$. 取 $\lambda=a_{11}$. 故 $B=\lambda E_n$，从而 $\sigma=\lambda \cdot idF^n$.

(4) 设三维线性空间 $V$ 上的线性变换 $\sigma$ 在基 $\varepsilon_1,\varepsilon_2,\varepsilon_3$ 下的矩阵为 $A=\begin{pmatrix} a_{11} & a_{12} & a_{13} \\ a_{21} & a_{22} & a_{23} \\ a_{31} & a_{32} & a_{33} \end{pmatrix}$，求 $\sigma$ 在基 $\varepsilon_1, k\varepsilon_2 (k \in P, k \neq 0), \varepsilon_3$ 下的矩阵 $B$.

**提示：** 由于 $\mathscr{A}\varepsilon_1 = a_{11}\varepsilon_1 + \dfrac{a_{12}}{k}(k\varepsilon_2) + a_{31}\varepsilon_3$

$$\mathscr{A}(k\varepsilon_2) = ka_{12}\varepsilon_1 + a_{22}(k\varepsilon_2) + ka_{32}\varepsilon_3$$

$$\mathscr{A}\varepsilon_3 = a_{13}\varepsilon_1 + \frac{a_{23}}{k}(k\varepsilon_2) + a_{33}\varepsilon_3$$

故 $\mathscr{A}$ 在基 $\varepsilon_1, k\varepsilon_2, \varepsilon_3$ 下的矩阵

$$B = \begin{pmatrix} a_{11} & ka_{12} & a_{13} \\ \dfrac{a_{21}}{k} & a_{22} & \dfrac{a_{23}}{k} \\ a_{31} & ka_{32} & a_{33} \end{pmatrix}$$

(5) 已知 $n$ 阶矩阵 $A$ 可与对角形矩阵相似，$M_n$ 是复数域上的 $n$ 阶方阵所构成的线性空间，$\sigma$ 是 $M_n$ 的线性变换，使对任意的 $B \in M_n$，有 $\sigma B=AB$. 证明 $\sigma$ 在某一组基下的矩阵是对角形矩阵.

**提示：** 设 $f(x)$ 是复数域上的任一多项式，则对任意的 $B \in M_n$，有 $f(\sigma)B=f(A)B$. 设 $g(x)$ 是 $A$ 的最小多项式，则 $g(A)=0$. 于是对任意的 $B \in M_n$，有 $g(\sigma)B=g(A)B=0$ 即 $g(\sigma)=0$ 且 $g(x)$ 的首项系数为1. 下面证明 $g(x)$ 是满足前述条件的次数最低的多项式. 否则，若存在次数低于 $g(x)$ 的多项式 $g_1(x)$，使 $g_1(\sigma)=0$，且 $g_1(x)$ 的首项系数为1，则 $g_1(A)B=g_1(\sigma)B=0$ 对任意的 $B$ 成立. 于是 $g_1(A)=0$，这与 $g(x)$ 是 $A$ 的最小多项式矛盾. 因此 $g(x)$ 也是 $\sigma$ 的最小多项式. 矩阵 $A$ 相似于对角形矩阵，它的最小多项式是不同的一次因式的积，即 $\sigma$ 的最小多项式也有该性质，即存在一组基，使 $\sigma$ 在这组基下有对角形矩阵.

**例 5-27** 已知 $P[t]_3$ 的线性变换

$$\mathscr{A}(a+bt+ct^2) = (4a+6b) + (-3a-5b)t + (-3a-6b+c)t^2$$

求 $P[t]_3$ 的一组基，使 $\mathscr{A}$ 在该基下的矩阵为对角矩阵.

**分析** 先转换为求线性变换 $\mathscr{A}$ 在某基下矩阵 $A$ 对角化的问题.

**解答** 取 $P[t]_3$ 的基 $1,t,t^2$，可求得线性变换 $\mathscr{A}$ 在该基下的矩阵为

$$A=\begin{pmatrix}4&6&0\\-3&-5&0\\-3&-6&1\end{pmatrix}.$$

因为$|\lambda\boldsymbol{E}-\boldsymbol{A}|=(\lambda-1)^2(\lambda+2)$,所以$\boldsymbol{A}$的特征值为$\lambda_1=\lambda_2=1,\lambda_3=-2$. 可求得$\boldsymbol{A}$对应$\lambda_1=\lambda_2=1$的特征向量为$\boldsymbol{p}_1=(-2,1,0)^{\mathrm{T}},\boldsymbol{p}_2=(0,0,1)^{\mathrm{T}}$;而对应$\lambda_3=-2$的特征向量为$\boldsymbol{p}_3=(-1,1,1)^{\mathrm{T}}$,从而

$$\boldsymbol{P}=\begin{pmatrix}-2&0&-1\\1&0&1\\0&1&1\end{pmatrix},$$

使得 $$\boldsymbol{P}^{-1}\boldsymbol{AP}=\boldsymbol{\Lambda}=\begin{pmatrix}1&0&0\\0&1&0\\0&0&-2\end{pmatrix}.$$

由$(g_1(t),g_2(t),g_3(t))=(1,t,t^2)\boldsymbol{P}$可求得$P[t]_3$的基为

$$g_1(t)=-2+t,g_2(t)=t^2,g_3(t)=-1+t+t^2,$$

$\mathscr{A}$在该基下的矩阵为$\boldsymbol{\Lambda}$.

**评注** 此例中,所求的基$g_1(t),g_2(t),g_3(t)$即是线性变换$\mathscr{A}$的线性无关的特征向量. 一般地,$n$维线性空间$V$的线性变换$\mathscr{A}$在$V$的某组基下的矩阵为对角矩阵的充分必要条件是,$\mathscr{A}$有$n$个线性无关的特征向量. 类似的题有:

(1) 在$P[x]_n$中,求线性变换$\mathscr{A}:\mathscr{A}(f(x))=(x-1)f'(x)$的特征值. 由此证明:$\mathscr{A}$是可对角化的.

**提示:**取$1,x-1,\cdots,(x-1)^{n-1}$作为$P[x]_n$的基,则由于$\mathscr{A}(x-1)^k=(x-1)[(x-1)^k]'=k(x-1)^k,k=0,1,\cdots. n-1$. 所以上述基中每个元素都是$\mathscr{A}$的特征值,因此$\mathscr{A}$可对角化. 且其特征值是$0,1,2,\cdots,n-1$.

(2)已知$P[t]_4$的线性变换

$$\mathscr{A}(a+bt+ct+dt^3)=(a-c)+(b-d)t+(c-a)t^2+(d-b)t^3.$$

求$P[t]_4$的一组基,使$\mathscr{A}$在该基下的矩阵为对角矩阵.

**提示:**取$P[t]_4$的基$1,t,t^2,t^3$,则$\mathscr{A}$在该基下的矩阵为

$$\boldsymbol{A}=\begin{pmatrix}1&0&-1&0\\0&1&0&-1\\-1&0&1&0\\0&-1&0&1\end{pmatrix},$$

可求得$\boldsymbol{P}=\begin{pmatrix}1&0&1&0\\0&1&0&1\\1&0&-1&0\\0&1&0&-1\end{pmatrix}$,使得$\boldsymbol{P}^{-1}\boldsymbol{AP}=\boldsymbol{\Lambda}=\begin{pmatrix}0&0&0&0\\0&0&0&0\\0&0&2&0\\0&0&0&2\end{pmatrix}$.

由$(f_1,f_2,f_3,f_4)=(1,t,t^2,t^3)\boldsymbol{P}$求得$P[t]_4$的基$f_1(t)=1+t^2,f_2(t)=t+t^3,f_3(t)=1-t^2,f_4(t)=t-t^3$. $\mathscr{A}$在该基下的矩阵为$\boldsymbol{\Lambda}$.

(3) 已知$P^{2\times2}$的线性变换$\mathscr{A}(\boldsymbol{X})=\boldsymbol{MX}-\boldsymbol{XM}(\forall\boldsymbol{X}\in P^{2\times2},\boldsymbol{M}=\begin{pmatrix}1&1\\1&1\end{pmatrix})$.

及子空间 $$W=\left\{\begin{pmatrix}x_1 & x_2\\ x_3 & x_4\end{pmatrix} \mid x_2+x_3=0, x_i\in P\right\}$$

① 证明 $W$ 是 $\mathscr{A}$ 的不变子空间;

② 将 $\mathscr{A}$ 看成 $W$ 上的线性变换,求 $W$ 的一组基,使 $\mathscr{A}$ 在该基下的矩阵为对角矩阵.

**提示:**①对 $\forall \boldsymbol{X}=\begin{pmatrix}x_1 & x_2\\ x_3 & x_4\end{pmatrix}\in W$,有

$$\mathscr{A}(\boldsymbol{X}) = \boldsymbol{MX}-\boldsymbol{XM} = \begin{pmatrix}x_1-x_2 & x_4-x_1\\ x_1-x_4 & x_2-x_3\end{pmatrix}\in W,$$

可见 $W$ 是 $\mathscr{A}$ 的不变子空间.

② 取 $W$ 的基 $\boldsymbol{X}_1=\begin{pmatrix}1 & 0\\ 0 & 0\end{pmatrix}, \boldsymbol{X}_2=\begin{pmatrix}0 & -1\\ 1 & 0\end{pmatrix}, \boldsymbol{X}_3=\begin{pmatrix}0 & 0\\ 0 & 1\end{pmatrix}$,则有

$$\mathscr{A}(\boldsymbol{X}_1) = \begin{pmatrix}0 & -1\\ 1 & 0\end{pmatrix}=\boldsymbol{X}_2, \mathscr{A}(\boldsymbol{X}_2) = \begin{pmatrix}2 & 0\\ 0 & -2\end{pmatrix}=2\boldsymbol{X}_1-2\boldsymbol{X}_3, \mathscr{A}(\boldsymbol{X}_3) = \begin{pmatrix}0 & 1\\ -1 & 1\end{pmatrix}=-\boldsymbol{X}_2.$$

可见 $\mathscr{A}$ 在基 $\boldsymbol{X}_1,\boldsymbol{X}_2,\boldsymbol{X}_3$ 下的矩阵为 $\boldsymbol{A}=\begin{pmatrix}0 & 2 & 0\\ 1 & 0 & -1\\ 0 & -2 & 0\end{pmatrix}$,可求得 $\boldsymbol{P}=\begin{pmatrix}1 & -1 & -1\\ 0 & -1 & 1\\ 1 & 1 & 1\end{pmatrix}$,使得 $\boldsymbol{P}^{-1}\boldsymbol{AP}=\boldsymbol{\Lambda}=\begin{pmatrix}0 & 0 & 0\\ 0 & 2 & 0\\ 0 & 0 & -2\end{pmatrix}$.

由 $(\boldsymbol{Y}_1,\boldsymbol{Y}_2,\boldsymbol{Y}_3)=(\boldsymbol{X}_1,\boldsymbol{X}_2,\boldsymbol{X}_3)\boldsymbol{P}$,求得 $P^{2\times 2}$ 的基为

$$\boldsymbol{Y}_1=\boldsymbol{X}_1+\boldsymbol{X}_3=\begin{pmatrix}1 & 0\\ 0 & 1\end{pmatrix}, \boldsymbol{Y}_2=-\boldsymbol{X}_1-\boldsymbol{X}_2+\boldsymbol{X}_3=\begin{pmatrix}-1 & 1\\ -1 & 1\end{pmatrix},$$

$$\boldsymbol{Y}_3=-\boldsymbol{X}_1+\boldsymbol{X}_2+\boldsymbol{X}_3=\begin{pmatrix}-1 & -1\\ 1 & 1\end{pmatrix}.$$

且 $\mathscr{A}$ 在该基下的矩阵为 $\boldsymbol{\Lambda}$.

(4) 已知 $P[t]_4$ 的线性变换

$\mathscr{A}(a_0+a_1t+a_2t^2+a_3t^3)=(a_0-a_2)+(a_1-a_3)t+(a_2-a_0)t^2+(a_3-a_1)t^3$,求 $\mathscr{A}P^{2\times 2}$ 与 $\mathscr{A}^{-1}(\boldsymbol{0})$ 基与维数.

**提示:**取 $P[t]_4$ 的基 $1,t,t^2,t^3$,因为 $T(1)=1-t^2, T(t)=t-t^3, T(t^2)=-1+t^2$, $T(t^3)=-t+t^3$,所以 $\mathscr{A}$ 在基 $1,t,t^2,t^3$ 下的矩阵为 $\boldsymbol{A}=\begin{pmatrix}1 & 0 & -1 & 0\\ 0 & 1 & 0 & -1\\ -1 & 0 & 1 & 0\\ 0 & -1 & 0 & 1\end{pmatrix}$. 可求得 $\mathrm{rank}\boldsymbol{A}=2$,且 $(1,0,-1,0)^{\mathrm{T}},(0,1,0,-1)^{\mathrm{T}}$ 是 $\boldsymbol{A}$ 的列向量组的一个最大无关组. 故 $\dim\mathscr{A}P^{2\times 2}=2$,且 $\mathscr{A}(1)=1-t^2, \mathscr{A}(t)=t-t^3$ 是 $\mathscr{A}P^{2\times 2}$ 的一组基.

求解 $Ax=0$ 得基础解系 $(1,0,1,0)^{\mathrm{T}},(0,1,0,1)^{\mathrm{T}}$. 故

$\dim\mathscr{A}^{-1}(0)=2$,且 $f_1(t)=1+t^2, f_2(t)=t+t^3$ 为 $\mathscr{A}^1(0)$ 的一组基.

(5) 已知 $P^{2\times 2}$ 的变换

$$\sigma(X)=AXB,\forall X\in P^{2\times2},A=\begin{pmatrix}1&-1\\-1&1\end{pmatrix},B=\begin{pmatrix}0&1\\1&0\end{pmatrix}.$$

① 证明$\sigma$是线性变换；

② 求$\sigma$在$P^{2\times2}$的基

$$E_{11}=\begin{pmatrix}1&0\\0&0\end{pmatrix},E_{12}=\begin{pmatrix}0&1\\0&0\end{pmatrix},E_{21}=\begin{pmatrix}0&0\\1&0\end{pmatrix},E_{22}=\begin{pmatrix}0&0\\0&1\end{pmatrix}$$

下的矩阵.

③ 问$\sigma$是否可在$P^{2\times2}$的某组基下的矩阵为对角阵？若可以，试出这组基和相应的对角矩阵.

**提示**：①对任意$X,Y\in P^{2\times2}$和任意$k,l\in P$，有$\sigma(kX+lY)=A(kX+lY)B=kAXB+lAYB=k\sigma(X)+l\sigma(Y)$，所以$\sigma$是线性变换. ②可求得$\sigma(E_{11})=\begin{pmatrix}0&1\\0&-1\end{pmatrix}$，$\sigma(E_{12})=\begin{pmatrix}1&0\\-1&0\end{pmatrix}$，$\sigma(E_{21})=\begin{pmatrix}0&-1\\0&1\end{pmatrix}$，$\sigma(E_{22})=\begin{pmatrix}-1&0\\1&0\end{pmatrix}$，所以$\sigma$在基$E_{11},E_{12},E_{21},E_{22}$下的矩阵为$A=\begin{pmatrix}0&1&0&-1\\1&0&-1&0\\0&-1&0&1\\-1&0&1&0\end{pmatrix}$. ③可求得$|\lambda E-A|=\lambda^2(\lambda-2)(\lambda+2)$，所以$A$的特征值为$\lambda_1=\lambda_2=0,\lambda_3=2,\lambda_4=-2$，对应的特征向量分别为$p_1=\begin{pmatrix}1\\0\\1\\0\end{pmatrix}$，$p_2=\begin{pmatrix}0\\1\\0\\1\end{pmatrix}$，$p_3=\begin{pmatrix}-1\\-1\\1\\1\end{pmatrix}$，$p_4=\begin{pmatrix}1\\-1\\-1\\1\end{pmatrix}$. 从而所求的基$G_1,G_2,G_3,G_4$满足$(G_1,G_2,G_3,G_4)=(E_{11},E_{12},E_{21},E_{22})\begin{pmatrix}1&0&-1&1\\0&1&-1&-1\\1&0&1&-1\\0&1&1&1\end{pmatrix}$，即$G_1=\begin{pmatrix}1&0\\1&0\end{pmatrix}$，$G_2=\begin{pmatrix}0&1\\0&1\end{pmatrix}$，$G_3=\begin{pmatrix}-1&-1\\1&1\end{pmatrix}$，$G_4=\begin{pmatrix}1&-1\\-1&1\end{pmatrix}$，且$\sigma$在该基下的矩阵为$\begin{pmatrix}0&&&\\&0&&\\&&2&\\&&&-2\end{pmatrix}$.

**例 5－28** 设$\mathscr{A}$是$n$维线性空间$V$的线性变换，$\mathscr{A}$有$n$个不同的特征根，则$\mathscr{A}$有$2^n$个不变子空间.

**分析** 因为不同特征值对应的特征向量线性无关，因此可以作为$V$的基，先证明$\mathscr{A}$的不变子空间可由其特征向量生成，再证明有$2^n$个.

**证明** 设$\lambda_1,\lambda_2,\cdots,\lambda_n$是$\mathscr{A}$的$n$个不同的特征根. $\alpha_i$是$\mathscr{A}$属于$\lambda_i$的特征向量，则$\alpha_1,\alpha_2,\cdots,\alpha_n$线性无关，从而是$V$的一组基. 设$W$是$V$中$\mathscr{A}$的一个$t$维不变子空间. 证明$W$是由$\alpha_1,\alpha_2,\cdots,\alpha_n$中的$t$个不同的向量生成的子空间.

设$\beta_1,\beta_2,\cdots,\beta_t$是$W$的一组基,则

$$\beta_t = k_1\boldsymbol{\alpha}_1 + k_2\boldsymbol{\alpha}_2 + \cdots + k_n\boldsymbol{\alpha}_n$$

不妨设$k_{i1}\boldsymbol{\alpha}_{i1},k_{i2}\boldsymbol{\alpha}_{i2},\cdots,k_{ir_i}\boldsymbol{\alpha}_{ir_i}$是$k_1\boldsymbol{\alpha}_1,k_2\boldsymbol{\alpha}_2,\cdots,k_n\boldsymbol{\alpha}_n$中的非零向量.特征向量一定是根向量,$k_{i1}\boldsymbol{\alpha}_{i1},k_{i2}\boldsymbol{\alpha}_{i2},\cdots,k_{ir_i}\boldsymbol{\alpha}_{ir_i}$是$V$中$\mathscr{A}$属于不同特征根的根向量,又它们的和在$W$中,则它们中的每一个向量也在$W$中.这样$\beta_1,\beta_2,\cdots,\beta_t$可由$\boldsymbol{\alpha}_{11},\boldsymbol{\alpha}_{12},\cdots,\boldsymbol{\alpha}_{1r_1},\boldsymbol{\alpha}_{21},\boldsymbol{\alpha}_{22},\cdots,\boldsymbol{\alpha}_{2r_2},\cdots,\boldsymbol{\alpha}_{t1},\boldsymbol{\alpha}_{t2},\cdots,\boldsymbol{\alpha}_{tr_t}$线性表示.于是

$$W = L(\boldsymbol{\alpha}_{11},\cdots,\boldsymbol{\alpha}_{1r_1},\cdots,\boldsymbol{\alpha}_{t1},\cdots,\boldsymbol{\alpha}_{tr_t}).$$

因为$\dim W=t$,$\boldsymbol{\alpha}_{11},\cdots,\boldsymbol{\alpha}_{1r_1},\cdots,\boldsymbol{\alpha}_{t1},\cdots,\boldsymbol{\alpha}_{tr_t}$的极大线性无关组含有$t$个向量,不妨用$u_1,u_2,\cdots,u_t$表示.这样

$$W = L(u_1,u_2,\cdots,u_t),$$

其中$u_i\in\{\boldsymbol{\alpha}_1,\boldsymbol{\alpha}_2,\cdots,\boldsymbol{\alpha}_n\}$,$(1\leqslant i\leqslant t)$.显然$\boldsymbol{\alpha}_1,\boldsymbol{\alpha}_2,\cdots,\boldsymbol{\alpha}_n$中任意$m$个向量生成的子空间是$\mathscr{A}$的不变子空间.这种空间一共有$2^n$个.于是$\mathscr{A}$有$2^n$个不变子空间.

**评注** 不变子空间的定义在证明中贯穿始终,要熟练掌握.类似的题有:

(1) 设$V$是$n$维复线性空间,$\mathscr{A},\mathscr{B}$是$V$的线性变换,且$\mathscr{A}\mathscr{B}=\mathscr{B}\mathscr{A}$证明:如果$\lambda$是$\mathscr{A}$的一个特征值,那么$\mathscr{A}$的特征子空间$V_\lambda$是$B$的不变子空间.

**提示:**$\forall\alpha\in V_\lambda$,则因为$\mathscr{A}(\mathscr{B}(\alpha))=\mathscr{A}\mathscr{B}(\alpha)=\mathscr{B}\mathscr{A}(\alpha)=\mathscr{B}(\mathscr{A}(\alpha))=\mathscr{B}(\lambda\alpha)=\lambda\mathscr{B}(\alpha)$,所以$\mathscr{B}(\alpha)\in V_\lambda$.即,$V_\lambda$是$\mathscr{B}$的不变子空间.

(2) 设$\mathscr{A}$是$n$维线性空间$V$的可逆线性变换,$V$的子空间$W$是$\mathscr{A}$的不变子空间,证明$W$也是$\mathscr{A}^{-1}$的不变子空间.

**提示:**取$W$的一组基$\boldsymbol{\alpha}_1,\cdots,\boldsymbol{\alpha}_r$,并扩充成$V$的一组基$\boldsymbol{\alpha}_1,\cdots,\boldsymbol{\alpha}_r,\boldsymbol{\alpha}_{r+1},\cdots,\boldsymbol{\alpha}_n$,则$\mathscr{A}$在这组基下的矩阵为$\boldsymbol{A}=\begin{pmatrix}\boldsymbol{A}_1 & \boldsymbol{B}\\ \boldsymbol{O} & \boldsymbol{A}_2\end{pmatrix}$,其中$\boldsymbol{A}_1$的$r$级方阵,$\boldsymbol{A}_2$的$n-r$级方阵,$\boldsymbol{B}$是$r\times(n-r)$级矩阵.由于$\mathscr{A}^{-1}$在这组基下的矩阵为$\boldsymbol{A}^{-1}=\begin{pmatrix}\boldsymbol{A}_1 & \boldsymbol{B}\\ \boldsymbol{O} & \boldsymbol{A}_2\end{pmatrix}^{-1}=\begin{pmatrix}\boldsymbol{A}_1^{-1} & -\boldsymbol{A}_1^{-1}\boldsymbol{B}\boldsymbol{A}_2^{-1}\\ \boldsymbol{O} & \boldsymbol{A}_2^{-1}\end{pmatrix}$.因此$W$也是$\mathscr{A}^{-1}$的不变子空间.

(3) 证明一个线性变换$\mathscr{A}$的不变子空间的和与交还是$\mathscr{A}$的不变子空间.

**提示:**设$\mathscr{A}$是$V$的线性变换,$W_1,W_2$是$V$的$\mathscr{A}$不变子空间,则$W_1+W_2,W_1\cap W_2$是$V$的子空间.又任给$\alpha=\alpha_1+\alpha_2\in W_1+W_2,\alpha_i\in W_i$,则因$\mathscr{A}\alpha_i\in W_i$,故$\mathscr{A}\alpha=\mathscr{A}\alpha_1+\mathscr{A}\alpha_2\in W_1+W_2$.于是$W_1+W_2$是$\mathscr{A}$不变子空间.又任给$\beta\in W_1+W_2$,则$\beta\in W_i$,故$\mathscr{A}\beta_i\in W_i$,即$\mathscr{A}\beta\in W_1+W_2$.于是$W_1\cap W_2$是$\mathscr{A}$的不变子空间.

(4) 设$A$是线性空间$V$的线性变换.$W$是$\mathscr{A}$的不变子空间,$\lambda_1,\lambda_2,\cdots,\lambda_m$是$\mathscr{A}$的不同的特征根,$X_1,X_2,\cdots,X_m$分别是$\mathscr{A}$属于$\lambda_1,\lambda_2,\cdots,\lambda_m$的特征向量.若$X=X_1+X_2+\cdots+X_m\in W$,证明$X_i\in W(1\leqslant i\leqslant m)$.

**提示:**令$\varphi(\lambda)=(\lambda-\lambda_1)^{r_1}(\lambda-\lambda_2)^{r_2}\cdots(\lambda-\lambda_{m-1})^{r_{m-1}}$,其中$r_i$是$\lambda_i$的重数.$W$是$\mathscr{A}$的不变子空间,也是$\varphi(\mathscr{A})$的不变子空间,故$\varphi(\mathscr{A})X\in W$.又$\varphi(\mathscr{A})X_i=0,(1\leqslant i\leqslant m-1)$,故$\varphi(\mathscr{A})X_m\in W$.又$\varphi(\lambda)$与$(\lambda-\lambda_m)^{r_m}$互素,这里$r_m$是$\lambda_m$的重数.于是存在多项式$f(\lambda)$与$g(\lambda)$,使$\varphi(\lambda)f(\lambda)+(\lambda-\lambda_m)^{r_m}g(\lambda)=1$.即

$$\varphi(A)f(A) + (A-\lambda_m E)^{r_m}g(A) = E.$$

于是 $X_m=\varphi(A)f(A)X_m+(A-\lambda_mE)^{r_m}g(A)X_m$.

由于 $(A-\lambda_mE)^{r_m}X_m=O$,

于是

$$X_m=\varphi(A)f(A)X_m=f(A)\varphi(A)X_m,$$

因 $\varphi(A)X_m\in W$, 又 $W$ 是 $f(A)$ 的不变子空间, 于是 $f(A)\varphi(A)X_m=X_m\in W$. 同理可证 $X_i\in W\,(1\leqslant i\leqslant m-1)$.

(5) 在 $P[x]_n(n>0)$ 中,求微分变换 $\mathscr{D}$:$\mathscr{D}(f(x))=f'(x)$ 的所有不变子空间.

**提示**:设 $W_k=L(1,x,\cdots,x^k)$, $k=0,1,\cdots,n-1$, 则 $W_k$ 是 $P[x]_n$ 的子空间, 且它们是 $\mathscr{D}$ 不变的. 设 $W$ 是 $P[x]_n$ 的任一 $\mathscr{D}$ 不变的非零子空间, 取 $f$ 是 $W$ 中次数最高的首一多项式, 并设 $\deg(f(x))=k$. 则 $\mathscr{D}^k(f(x))=k!\in W$. 于是 $1\in W$. 依次考虑 $\mathscr{D}^{k-1}(f)$, $\mathscr{D}^{k-2}(f)$, $\cdots$, $\mathscr{D}(f)$, 可知 $1,x,\cdots,x^k\in W$, 于是 $W=W_k$. 从而 $\mathscr{D}$ 的所有不变子空间就是零子空间以及所有 $W_k(k=0,1,2,\cdots,n-1)$.

**例 5-29** 已知 $P^3$ 的线性变换

$$\mathscr{A}(a,b,c)=(a+2b-c,b+c,a+b-2c).$$

求 $\mathscr{A}P^3$ 与 $\mathscr{A}^{-1}(\mathbf{0})$ 的基与维数.

**分析** 寻找基就是要寻找符合要求的极大线性无关组.

**解答** 取 $P^3$ 的基为 $\boldsymbol{e}_1=(1,0,0)$, $\boldsymbol{e}_2=(0,1,0)$, $\boldsymbol{e}_3=(0,0,1)$.

方法一 因为 $\mathscr{A}\boldsymbol{e}_1=(1,0,1)$, $\mathscr{A}\boldsymbol{e}_2=(2,1,1)$, $\mathscr{A}\boldsymbol{e}_3=(-1,1,-2)$, 可求得该向量组的秩为2,且 $(1,0,1)$, $(2,1,1)$ 是一个极大线性无关组, 故 $\dim\mathscr{A}P^3=2$, 且 $\mathscr{A}\boldsymbol{e}_1=(1,0,1)$, $\mathscr{A}\boldsymbol{e}_2=(2,1,1)$ 是 $\mathscr{A}P^3$ 的一组基.

设 $(a,b,c)\in\mathscr{A}^{-1}(\mathbf{0})$, 则由

$$\mathscr{A}(a,b,c)=(a+2b-c,b+c,a+b-2c)=(0,0,0),$$

得

$$\begin{cases}a+2b-c=0\\ b+c=0\\ a+b-2c=0\end{cases}$$

可求得该方程组的通解为

$$a=3k,b=-k,c=k \quad (k\text{ 任意}),$$

所以

$$(a,b,c)=k(3,-1,1) \quad (k\text{ 任意}),$$

故 $\dim\mathscr{A}^{-1}(\mathbf{0})=1$, 且 $(3,-1,1)$ 是 $\mathscr{A}^{-1}(\mathbf{0})$ 的基.

方法二 $\mathscr{A}$ 在基 $e_1,e_2,e_3$ 下的矩阵为

$$A=\begin{pmatrix}1&2&-1\\0&1&1\\1&1&-2\end{pmatrix},$$

可求得 $\operatorname{rank}\boldsymbol{A}=2$, 且 $(1,0,1)^{\mathrm{T}}$, $(2,1,1)^{\mathrm{T}}$ 是 $\boldsymbol{A}$ 的列向量组的极大线性无关组. 故 $\dim\mathscr{A}P^3=2$, 且 $\mathscr{A}e_1=e_1+e_3=(1,0,1)$, $\mathscr{A}e_2=2e_1+e_2+e_3=(2,1,1)$ 是 $\mathscr{A}P^3$ 的一组基.

求解 $\boldsymbol{Ax}=\mathbf{0}$ 得基础解系 $(3,-1,1)^{\mathrm{T}}$, 故 $\dim\mathscr{A}^{-1}(\mathbf{0})=1$, 且 $3\boldsymbol{e}_1-\boldsymbol{e}_2+\boldsymbol{e}_3=(3,-1,1)$ 是 $\mathscr{A}^{-1}(\mathbf{0})$ 的基.

**评注** 两种方法各有优势,灵活掌握. 类似的题有:

(1) 证明：$T(x_1,x_2,x_3)=(0,x_3,0)$是$F^3$的一个线性变换. 并求$T^{-1}(0)$及$TF^3$的维数及其一组基.

**提示**：$T$线性变换的验算从略. 显然$T^{-1}(0)$为由一切向量$(x_1,x_2,0)$所作成的子空间，它的维数是2. 例如$(1,0,0)$，$(1,0,0)$是$T^{-1}(0)$的一组基. 另外，由于$T^{-1}(0)$与$TF^3$的维数的和为3，故$TF^3$为一维子空间. 实际上，$TF^3$为由一切向量$(0,x,0)$所组成的子空间. 显然，$(0,1,0)$是它的一组基.

(2) 设$\mathscr{A}$是有限维线性空间$V$的线性变换，$W$是$V$的子空间，$\mathscr{A}W$表示由$W$中向量的像组成的子空间. 证明：

$$维(\mathscr{A}W)+维(\mathscr{A}^{-1}(\mathbf{0})\cap W)=维(W).$$

**提示**：$\dim W=m$，$\dim(\mathscr{A}^{-1}(\mathbf{0})\cap W)=\gamma$，任取$\mathscr{A}^{-1}(\mathbf{0})\cap W$的一组基$\varepsilon_1,\varepsilon_2,\cdots,\varepsilon_r$，再并扩充成$W$的一组基$\varepsilon_1,\cdots,\varepsilon_r,\varepsilon_{r+1},\cdots,\varepsilon_m$. 因为$\varepsilon_i\in\mathscr{A}^{-1}(\mathbf{0})(i=1,2,\cdots,r)$，所以$\mathscr{A}\varepsilon_i=\mathbf{0}(i=1,2,\cdots,r)$. 从而

$$\mathscr{A}\boldsymbol{W}=\boldsymbol{L}(\mathscr{A}\boldsymbol{\varepsilon}_1,\cdots,\mathscr{A}\boldsymbol{\varepsilon}_r,\mathscr{A}\boldsymbol{\varepsilon}_{r+1},\cdots,\mathscr{A}\boldsymbol{\varepsilon}_m)=L(\mathscr{A}\boldsymbol{\varepsilon}_{r+1},\cdots,\mathscr{A}\boldsymbol{\varepsilon}_m).$$

设$l_{r+1}\mathscr{A}\boldsymbol{\varepsilon}_{r+1}+l_{r+2}\mathscr{A}\boldsymbol{\varepsilon}_{r+2}+\cdots+l_m\mathscr{A}\boldsymbol{\varepsilon}_m=\mathbf{0}$，

则$\mathscr{A}(l_{r+1}\boldsymbol{\varepsilon}_{r+1}+l_{r+2}\boldsymbol{\varepsilon}_{r+2}+\cdots+l_m\boldsymbol{\varepsilon}_m)=\mathbf{0}$.

于是$l_{r+1}\boldsymbol{\varepsilon}_{r+1}+l_{r+2}\boldsymbol{\varepsilon}_{r+2}+\cdots+l_m\boldsymbol{\varepsilon}_m\in A^{-1}(\mathbf{0})\cap W$，

从而$l_{r+1}\varepsilon_{r+1}+l_{r+2}\varepsilon_{r+2}+\cdots+l_m\varepsilon_m=l_1\varepsilon_1+l_2\varepsilon_2+\cdots+l_r\varepsilon_r$.

由$\varepsilon_1,\cdots,\varepsilon_r,\varepsilon_{r+1},\cdots,\varepsilon_m$线性无关知$l_{r+1}=l_{r+2}=\cdots l_m=0$，故$\mathscr{A}\varepsilon_{r+1},\mathscr{A}\varepsilon_{r+2},\cdots,\mathscr{A}\varepsilon_m$线性无关，于是$\dim(\mathscr{A}W)=m-r$，从而$\dim(\mathscr{A}W)+\dim(\mathscr{A}^{-1}(\mathbf{0})\cap W)=\dim(W)$.

(3) ①设$F$为数域，$V=F^n$. 证明：$T(x_1,x_2,\cdots,x_n)=(0,x_1,\cdots,x_{n-1})$是线性空间$V$的线性变换，且$T^n=0$. ②求$T$的核$T^{-1}(0)$与值域$TV$的维数.

**提示**：①$T$是线性变换的验算从略. 又由于

$$T^2(x_1,x_2,\cdots,x_n)=T(0,x_1,\cdots,x_{n-1})=(0,0,x_1,\cdots,x_{n-2}),\cdots,T^n(x_1,x_2,\cdots,x_n)=(0,0,\cdots,0),$$

故$T^n=0$. ②显然，若$T(x_1,x_2,\cdots,x_n)=(0,x_1,\cdots,x_{n-1})=0$，则$x_1=x_2=\cdots=x_{n-1}=0$即$T^{-1}(0)$为由一切向量$(0,0,\cdots,x_n)$所组成的子空间. 它是一维的. 再由$T^{-1}(0)$维$+TF^n$维$=F^n$维$=n$知，$TV$维$=n-1$.

(4) 设$\mathscr{A}$是$n$维线性空间$V$的线性变换，证明：$\dim\mathscr{A}^3V+\dim\mathscr{A}V\geqslant 2\dim\mathscr{A}^2V$.

**提示**：由例5-29中的(2)题知$\dim\mathscr{A}V=\dim\mathscr{A}^2V+\dim(\mathscr{A}^{-1}(0)\cap\mathscr{A}V)$，

$$\dim\mathscr{A}^2V=\dim\mathscr{A}^3V+\dim(\mathscr{A}^{-1}(0)\cap\mathscr{A}^2V),$$

又$\mathscr{A}V\supseteq\mathscr{A}^2V$，令$\dim(\mathscr{A}^{-1}(0)\cap\mathscr{A}^2V)=r$，令$\dim(\mathscr{A}^{-1}(0)\cap\mathscr{A}V)=s(s\geqslant r\geqslant 0)$. 于是

$$\dim\mathscr{A}^2V+s=\dim\mathscr{A}V,\dim\mathscr{A}^2V=\dim\mathscr{A}^3V+r,$$

上面两式相加，得

$$2\dim\mathscr{A}^2V+s=\dim\mathscr{A}^3V+\dim\mathscr{A}V+r,$$

即

$$\dim\mathscr{A}^3V+\dim\mathscr{A}V\geqslant 2\dim\mathscr{A}^2V.$$

该题也可重述为：对$n$阶方阵$\boldsymbol{A}$有$\mathrm{rank}(\boldsymbol{A}^3)+\mathrm{rank}(\boldsymbol{A})\geqslant 2\mathrm{rank}(\boldsymbol{A}^2)$.

(5) 设$\sigma$是线性空间$V$的线性变换. 证明：秩$\sigma^2=$秩$\sigma\Leftrightarrow\sigma V\cap\sigma^{-1}(0)=\{0\}$.（提示：(⇒) 因秩$\sigma^2=$秩$\sigma$. 所以$\sigma^2V=\sigma V$. 从而，$\forall\alpha\in V$，$\exists\gamma\in V$，使$\sigma^2\gamma=\sigma\alpha$. 令$\alpha=\sigma\gamma+(\alpha-\sigma\gamma)$，则$\sigma(\alpha-\sigma\gamma)=\sigma\alpha-\sigma^2\gamma=\sigma\alpha-\sigma\gamma=0$，故$\alpha-\sigma\gamma\in\sigma^{-1}(0)$. 由此得$V=\sigma V+\sigma^{-1}(0)$. 又

$\dim\sigma V+\dim\sigma^{-1}(0)=\dim V$,故 $V=\sigma V\oplus\sigma^{-1}(0)$. 从而 $\sigma V\cap\sigma^{-1}(0)=\{0\}$.

($\Leftarrow$)因 $\sigma V\cap\sigma^{-1}(0)=\{0\}$,又 $\dim\sigma V+\dim\sigma^{-1}(0)=n$,所以 $V=\sigma V\oplus\sigma^{-1}(0)$. 从而 $\sigma V=\sigma(\sigma V+\sigma^{-1}(0))=\sigma^2V+\sigma(\sigma^{-1}(0))=\sigma^2V$. 故秩 $\sigma^2$ = 秩 $\sigma$.

### 5.3.3 学习效果测试题及答案

**1. 学习效果测试题**

(1) $C[0,1]$($[0,1]$上所有连续实函数构成的 **R** 上的线性空间)的下列子集是否构成子空间:

① $W_1=\{f(x)\mid 2f(0)=f(1),f(x)\in C[0,1]\}$;

② $W_2=\{f(x)\mid f(x)>0,f(x)\in C[0,1]\}$.

(2) 设 $W_1,W_2$ 是 $n$ 阶线性空间 $V$ 的子空间,并满足 $\dim(W_1+W_2)=\dim(W_1\cap W_2)+1$,证明:$W_1\subseteq W_2$ 或 $W_2\subseteq W_1$.

(3) 设 $P[t]_4$ 的两组基为

$$\text{I}:\begin{cases}f_1(t)=1+t+t^2+t^3\\f_2(t)=-t+t^2\\f_3(t)=1-t\\f_4(t)=1\end{cases},\quad\text{II}:\begin{cases}g_1(t)=t+t^2+t^3\\g_2(t)=1+t^2+t^3\\g_3(t)=1+t+t^3\\f_4(t)=1+t+t^2\end{cases}$$

① 求由基Ⅰ到基Ⅱ的过渡矩阵 $\boldsymbol{C}$;

② 求在两组基下有相同坐标的多项式 $f(t)$.

(4) 设 $A\in M_n(K)$. 令 $W_1=\{X\in K^n\mid(A-E_n)X=0\}$,$W_2=\{X\in K^n\mid(A+E_n)X=0\}$. 证明 $K^n=W_1\oplus W_2$ 的充分必要条件是 $A^2=E_n$.

(5) 求由向量组$\{\alpha_i\}$生成的子空间和由$\{\beta_i\}$生成的子空间的交与和的基与维数,其中

$$\begin{cases}\alpha_1=(1,3,-2,2,3)\\\alpha_2=(1,4,-3,4,2)\\\alpha_3=(2,3,-1,-2,9)\end{cases},\begin{cases}\beta_1=(1,3,0,2,1)\\\beta_2=(1,5,6,-6,3)\\\beta_3=(2,5,3,2,1)\end{cases}$$

(6) 设 $\mathscr{A}$ 是线性空间 $V$ 的线性变换,且 $\mathscr{A}^2=\varepsilon$(称为对合变换). 证明:

① $\mathscr{A}$ 的特征值为 $\pm1$;② $V=V_1\oplus V_{-1}$.

(7) 已知 $P^3$ 的线性变换为

$$\mathscr{A}(a,b,c)=(-2b-2c,-2a+3b-c,-2a-b+3c).$$

求 $P^3$ 的一组基,使 $\mathscr{A}$ 在该基下的矩阵为对角矩阵

(8) 设 $\mathscr{A}$ 和 $\mathscr{B}$ 是维线性空间 $V$ 的线性变换,证明:$(\mathscr{A}\mathscr{B})^{-1}(0)$的维数$\leqslant\mathscr{A}^{-1}(\boldsymbol{0})$的维数$+\mathscr{B}^{-1}(\boldsymbol{0})$的维数.

(9) 设 $\mathscr{A}$ 是线性空间 $V$ 的线性变换,$\mathscr{A}^2=\mathscr{A}$,令 $V_1=\mathscr{A}V$,$V_2=\mathscr{A}^{-1}(0)$. 证明:$V=V_1\oplus V_2$ 且对任一的 $x\in V_1$ 有 $\mathscr{A}x=x$.

(10) 设 $\boldsymbol{A}$ 是数域 $\boldsymbol{F}$ 上的 $n$ 阶方阵. 证明:$\boldsymbol{A}$ 相似于$\begin{pmatrix}B&0\\0&C\end{pmatrix}$,其中 $\boldsymbol{B}$ 是可逆矩阵,$\boldsymbol{C}$ 是幂零阵,即存在 $m$ 使得 $\boldsymbol{C}^m=0$.

**2. 测试题答案**

(1) 解:①构成. 因为 $0\in W_1$,所以 $W_1$ 非空. 对任意 $f(x),g(x)\in W_1$ 有 $2f(0)=f(1)$, $2g(0)=g(1)$. 令 $h(x)=f(x)+g(x)$, $l(x)=kf(x)$, $k\in\mathbf{R}$,则

$$2h(0)=2(f(0)+g(0))=f(1)+g(1)=h(1),$$

所以 $h(x)\in W_1$,而

$$2l(0)=2kf(0)=kf(1)=l(1).$$

即 $l(x)\in W_1$. 故 $W_1$ 是子空间.

② $W_2$ 不构成. 因为对 $f(x)\in W_2$,即 $f(x)>0$,有 $-2f(x)<0$,即 $-2f(x)\notin W_2$,所以 $W_2$ 对数乘运算不封闭,故 $W_2$ 不构成子空间.

(2) 证明: 根据维数公式,有

$$\dim W_1+\dim W_2=\dim(W_1+W_2)+\dim(W_1\cap W_2).$$

再根据已知,得

$$\dim W_1+\dim W_2=2\dim(W_1\cap W_2)+1 \tag{5-10}$$

显然,$\dim(W_1\cap W_2)\leqslant\dim W_1$, $\dim(W_1\cap W_2)\leqslant\dim W_2$. 若这些不等式均为严格不等式,则

$$\dim(W_1\cap W_2)+1\leqslant\dim W_1,\ \dim(W_1\cap W_2)+1\leqslant\dim W_2.$$

从而

$$2\dim(W_1\cap W_2)+2\leqslant\dim W_1+\dim W_2,$$

这与式(5-10)矛盾. 从而或者 $\dim(W_1\cap W_2)=\dim W_1$,或者 $\dim(W_1\cap W_2)=\dim W_2$,即 $W_1\cap W_2=W_1$ 或 $W_1\cap W_2=W_2$(因为 $W_1\cap W_2\subseteq W_1$, $W_1\cap W_2\subseteq W_2$),故 $W_1\subseteq W_2$ 或 $W_2\subseteq W_1$.

(3) 解:①取 $P[t]_4$ 的基 $1,t,t^2,t^3$,则有 $(f_1,f_2,f_3,f_4)=(1,t,t^2,t^3)\boldsymbol{C}_1$, $(g_1,g_2,g_3,g_4)=(1,t,t^2,t^3)\boldsymbol{C}_2$,其中

$$\boldsymbol{C}_1=\begin{pmatrix}1&0&1&1\\1&-1&-1&0\\1&1&0&0\\1&0&0&0\end{pmatrix},\ \boldsymbol{C}_2=\begin{pmatrix}0&1&1&1\\1&0&1&1\\1&1&0&1\\1&1&1&0\end{pmatrix}.$$

于是 $(g_1,g_2,g_3,g_4)=(f_1,f_2,f_3,f_4)\boldsymbol{C}_1^{-1}\boldsymbol{C}_2=(f_1,f_2,f_3,f_4)\boldsymbol{C}$.

即由基Ⅰ到基Ⅱ的过渡矩阵为

$$\boldsymbol{C}=\boldsymbol{C}_1^{-1}\boldsymbol{C}_2=\begin{pmatrix}1&1&1&0\\0&0&-1&1\\0&1&1&-2\\-1&-1&-1&3\end{pmatrix}.$$

② 设 $f(t)$ 在两组基下的坐标均为 $\boldsymbol{x}=(x_1,x_2,x_3,x_4)^{\mathrm{T}}$,由坐标变换公式,得 $\boldsymbol{x}=\boldsymbol{C}\boldsymbol{x}$,即 $(\boldsymbol{E}-\boldsymbol{C})\boldsymbol{x}=\boldsymbol{0}$. 可求得该齐次线性方程组只有零解 $x_1=x_2=x_3=x_4=0$,故在两组基下有相同坐标的多项式只有

$$f(t)=0\cdot1+0\cdot t+0\cdot t^2+0\cdot t^3=0.$$

(4) 证明:设 $K^n=W_1\oplus W_2$,任给 $X\in K^n$,则 $X=Y+Z,Y\in W_1,Z\in W_2$. 所以,$(A-E_n)Y=(A+E_n)Z=0$. 从而$(A^2-E_n)X=(A^2-E_n)Y+(A^2-E_n)Z=(A+E_n)((A-E_n)Y)+(A-E_n)((A+E_n)Z)=(A+E_n)0+(A-E_n)0=0$. 于是 $A^2-E_n=0$,故 $A^2=E_n$.

反之,若 $A^2=E_n$,则对任意的 $X\in K^n$,有 $X=Y+Z$,这里

$$Y=\frac{1}{2}(X+AX),Z=\frac{1}{2}(X-AX).$$

由于$(A-E_n)Y=\frac{1}{2}(A-E_n)(X+AX)=\frac{1}{2}(A^2X-X)=\frac{1}{2}(X-X)=0$,所以,$Y\in W_1$. 类似地可证$(A+E_n)Z=0$,所以 $Z\in W_2$,从而 $K^n=W+_1W_2$. 若 $X\in W_1\cap W_2$,则

$$(A-E_n)X=0,(A+E_n)X=0.$$

将上述两式相减,得 $-2X=0$,即 $X=0$. 于是 $W_1\cap W_2=0$,故 $K^n=W_1\oplus W_2$.

(5) 解:设 $W_1=L(\alpha_1,\alpha_2,\alpha_3)$,$W_2=L(\beta_1,\beta_2,\beta_3)$,则 $W_1+W_2=L(\alpha_1,\alpha_2,\alpha_3,\beta_1,\beta_2,\beta_3)$. 所以 $\alpha_1,\alpha_2,\alpha_3,\beta_1,\beta_2,\beta_3$ 的一个极大线性无关组就是 $W_1+W_2$ 的一个基. 将 $\alpha_1,\alpha_2,\alpha_3,\beta_1,\beta_2,\beta_3$ 写成列向量,组成矩阵 $\boldsymbol{A}$,对 $\boldsymbol{A}$ 作初等行变换,化为行最简形矩阵:

$$\boldsymbol{A}=\begin{pmatrix}1&1&2&1&1&2\\3&4&3&3&5&5\\-2&-3&-1&0&-6&3\\2&4&-2&2&6&2\\3&2&9&1&3&1\end{pmatrix}\to\begin{pmatrix}1&0&5&0&0&0\\0&1&-3&0&2&-1\\0&0&0&1&-1&3\\0&0&0&0&0&0\\0&0&0&0&0&0\end{pmatrix}.$$

于是 $\boldsymbol{\alpha}_1,\boldsymbol{\alpha}_2,\boldsymbol{\beta}_1$ 是 $W_1+W_2$ 的基,$\dim(W_1+W_2)=3$

另一方面,容易看出 $\boldsymbol{\alpha}_1,\boldsymbol{\alpha}_2$ 是 $W_1$ 的基,所以 $\dim W_1=2$. $\boldsymbol{\beta}_1,\boldsymbol{\beta}_2$ 是 $W_2$ 的基,所以 $\dim W_2=2$. 从而 $\dim(W_1\cap W_2)=2+2-3=1$. 于是,由于 $\boldsymbol{\beta}_2=2\boldsymbol{\alpha}_2-\boldsymbol{\beta}_1$. 所以 $\boldsymbol{\beta}_1+\boldsymbol{\beta}_2=2\boldsymbol{\alpha}_2\in W_1\cap W_2$ 是 $W_1\cap W_2$ 的基.

(6) 证明:①设 $\lambda$ 是线性变换 $\mathscr{A}$ 的特征值,$\boldsymbol{\alpha}$ 是对应的特征向量,即 $\mathscr{A}(\boldsymbol{\alpha})=\lambda\boldsymbol{\alpha}$. 由 $\mathscr{A}^2=E$,得

$$\lambda^2\boldsymbol{\alpha}=\mathscr{A}^2(\boldsymbol{\alpha})=\varepsilon(\boldsymbol{\alpha})=\boldsymbol{\alpha},$$

由 $\boldsymbol{\alpha}\neq\boldsymbol{0}$ 知 $\lambda^2=1$,即 $\lambda=\pm1$.

② 对 $\forall\boldsymbol{\alpha}\in V$,有

$$\boldsymbol{\alpha}=\frac{1}{2}(\varepsilon+\mathscr{A})(\boldsymbol{\alpha})+\frac{1}{2}(\varepsilon-\mathscr{A})(\boldsymbol{\alpha})=\boldsymbol{\alpha}_1+\boldsymbol{\alpha}_2,$$

其中 $\boldsymbol{\alpha}_1=\frac{1}{2}(\varepsilon+\mathscr{A})(\boldsymbol{\alpha})$,$\boldsymbol{\alpha}_2=\frac{1}{2}(\varepsilon-\mathscr{A})(\boldsymbol{\alpha})$,且由于

$$\mathscr{A}(\boldsymbol{\alpha}_1)=\mathscr{A}[\frac{1}{2}(\varepsilon+\mathscr{A})(\boldsymbol{\alpha})]=\frac{1}{2}(\mathscr{A}+\mathscr{A}^2)(\boldsymbol{\alpha})=\frac{1}{2}(\mathscr{A}+\varepsilon)(\boldsymbol{\alpha})=\boldsymbol{\alpha}_1.$$

$$\mathscr{A}(\boldsymbol{\alpha}_2)=\mathscr{A}[\frac{1}{2}(\varepsilon-\mathscr{A})(\boldsymbol{\alpha})]=\frac{1}{2}(\mathscr{A}-\mathscr{A}^2)(\boldsymbol{\alpha})=\frac{1}{2}(\mathscr{A}-\varepsilon)(\boldsymbol{\alpha})=-\boldsymbol{\alpha}_2.$$

所以 $\boldsymbol{\alpha}_1\in V_1,\boldsymbol{\alpha}_2\in V_{-1}$,可见 $V=V_1+V_{-1}$. 又对 $\forall\boldsymbol{\alpha}_1\in V_1\cap V_{-1}$,有 $\alpha\in V_1$ 且 $\alpha\in V_{-1}$,即 $\boldsymbol{\alpha}=A(\boldsymbol{\alpha})=-\boldsymbol{\alpha}$,于是 $\boldsymbol{\alpha}=\boldsymbol{0}$,从而 $V_1\cap V_{-1}=(\boldsymbol{0})$,故 $V=V_1\oplus V_{-1}$.

(7) 证明:取 $P^3$ 的基 $e_1,e_2,e_3$ 可得 $\mathscr{A}$ 在该基下的矩阵为

$$A = \begin{pmatrix} 0 & -2 & -2 \\ -2 & 3 & -1 \\ -2 & -1 & 3 \end{pmatrix},$$

又有 $\boldsymbol{P} = \begin{pmatrix} -1 & -1 & 2 \\ 2 & 0 & 1 \\ 0 & 2 & 1 \end{pmatrix}$，使得 $\boldsymbol{P}^{-1}\boldsymbol{AP} = \boldsymbol{\Lambda} = \begin{pmatrix} 4 & 0 & 0 \\ 0 & 4 & 0 \\ 0 & 0 & -2 \end{pmatrix}$，由 $(\boldsymbol{\alpha}_1, \boldsymbol{\alpha}_2, \boldsymbol{\alpha}_3) = (\boldsymbol{e}_1, \boldsymbol{e}_2, \boldsymbol{e}_3)\boldsymbol{P}$，得 $P^3$ 的基为 $\boldsymbol{\alpha}_1 = -\boldsymbol{e}_1 + 2\boldsymbol{e}_2 = (-1,2,0)$，$\boldsymbol{\alpha}_2 = -\boldsymbol{e}_1 + 2\boldsymbol{e}_3 = (-1,0,2)$，$\boldsymbol{\alpha}_3 = 2\boldsymbol{e}_1 + \boldsymbol{e}_2 + \boldsymbol{e}_3 = (2,1,1)$. $\mathscr{A}$ 在该基下的矩阵为 $\boldsymbol{\Lambda}$.

(8) 证明：一个线性变换在某一组基下矩阵的秩也称为该线性变换的秩. 它的秩也等于它的值域的维数. 设线性变换 $\mathscr{A}$ 和 $\mathscr{B}$ 的秩分别为 $r$ 和 $s$，而 $\mathscr{A}\mathscr{B}$ 的秩为 $t$. 首先证明

$$t \geqslant r + s - n.$$

在 $\mathscr{B}V$ 中取一组基 $\alpha_1, \alpha_2, \cdots, \alpha_s$，扩充 $V$ 的一组基 $\alpha_1, \alpha_2, \cdots, \alpha_s, \alpha_{s+1}, \cdots, \alpha_n$，则 $\mathscr{A}V = L(\mathscr{A}\alpha_1, \mathscr{A}\alpha_2, \cdots, \mathscr{A}\alpha_n)$. $\mathscr{A}\alpha_1, \mathscr{A}\alpha_2, \cdots, \mathscr{A}\alpha_n$ 的极大线性无关组含有 $r$ 个向量. 易见 $\mathscr{A}\mathscr{B}V = \mathscr{A}(\mathscr{B}(V)) = L(\mathscr{A}\alpha_1, \mathscr{A}\alpha_2, \cdots, \mathscr{A}\alpha_n)$.

这样 $\mathscr{A}\mathscr{B}$ 的秩为 $t$ 等于 $\mathscr{A}\alpha_1, \mathscr{A}\alpha_2, \cdots, \mathscr{A}\alpha_s$ 的极大线性无关所组所含有的向量个数. 而 $\mathscr{A}\alpha_1, \mathscr{A}\alpha_2, \cdots, \mathscr{A}\alpha_s$，比 $\mathscr{A}\alpha_1, \mathscr{A}\alpha_2, \cdots, \mathscr{A}\alpha_n$ 少 $n-s$ 个向量，于是

$$t \geqslant r - (n - s) = r + s - n,$$

即

$$\mathscr{A}\mathscr{B}\text{的秩} \geqslant \mathscr{A}\text{的秩} + \mathscr{A}\text{的秩} - n.$$

又 $\dim(\mathscr{A}\mathscr{B})^{-1}(0) = n - \mathscr{A}\mathscr{B}$ 的秩，因此有

$$\dim(\mathscr{A}\mathscr{B})^{-1}(0) \leqslant n - \mathscr{A}\text{的秩} - \mathscr{B}\text{的秩} + n\dim(\mathscr{A})^{-1}(0) + \dim(\mathscr{B})^{-1}(0).$$

(9) 证明：首先证明任意的因为 $x \in V_1$，有 $\mathscr{A}x = x$. 因为 $x \in V_1 = \mathscr{A}V$，即存在 $y \in V$，使 $\mathscr{A}y = x$. 于是 $\mathscr{A}x = \mathscr{A}^2 y = \mathscr{A}y = x$. 对任意的 $x \in V$，令 $x = \mathscr{A}x + x - \mathscr{A}x = x_1 + x_2$，其中 $x_1 = \mathscr{A}x$，$x_2 = x - \mathscr{A}x$，即 $x_1 \in V_1$，$x_2 \in V_2$. 所以 $V = V_1 + V_2$. $\mathscr{A}V$ 的维数加上 $\mathscr{A}^{-1}(0)$ 的维数等于 $V$ 的维数，故 $V = V_1 \oplus V_2$.

(10) 证明：设 $\boldsymbol{V}$ 是 $\boldsymbol{F}$ 上 $n$ 维线性空间，$\sigma$ 是 $\boldsymbol{V}$ 上线性变换，它在 $\boldsymbol{V}$ 的一组基下的矩阵为 $\boldsymbol{A}$. 下面证明存在 $\sigma$—不变子空间 $\boldsymbol{V}_1, \boldsymbol{V}_2$ 满足 $\boldsymbol{V} = \boldsymbol{V}_1 \oplus \boldsymbol{V}_2$，且 $\sigma|_{V1}$ 是同构，$\sigma|V_2$ 是幂零变换。

首先，有子空间升链：$\mathrm{Ker}\sigma \subseteq \mathrm{Ker}\sigma^2 \subseteq \cdots \subseteq \mathrm{Ker}\sigma^k \subseteq \cdots$，从而存在正整数 $m$，使得 $\mathrm{Ker}\sigma^m = \mathrm{Ker}\sigma^{m+i}(i = 1,2,\cdots)$.

进而有　　$\mathrm{Ker}\sigma^m = \mathrm{Ker}\sigma^{2m}$.

下面证明　　$V = \mathrm{Ker}\sigma^m \oplus \mathrm{Im}\sigma^m$,

$\forall \alpha \in \mathrm{Ker}\sigma^m \cap \mathrm{Im}\sigma^m$，由 $\alpha \in \mathrm{Im}\sigma^m$,

存在 $\beta \in V$，使 $\alpha = \sigma^m(\beta)$. 由此 $0 = \sigma^m(\alpha) = \sigma^{2m}(\beta)$，所以 $\beta \in \mathrm{Ker}\sigma^{2m}$，从而 $\beta \in \mathrm{Ker}\sigma^m = \mathrm{Ker}\sigma^{2m}$. 故

$\alpha = \sigma^m(\beta) = 0$. $\mathrm{Ker}\sigma^m \cap \mathrm{Im}\sigma^m = (0)$，从而 $V = \mathrm{Ker}\sigma^m \oplus \mathrm{Im}\sigma^m$. 由 $\sigma(\mathrm{Ker}\sigma^m) \subseteq \mathrm{Ker}\sigma^m$，$\sigma(\mathrm{Im}\sigma^m) = \mathrm{Im}\sigma^m$，知 $\mathrm{Ker}\sigma^m$，$\mathrm{Im}\sigma^m$ 是 $\sigma$ 不变子空间. 又由 $\sigma^m(\mathrm{Ker}\sigma^m) = (0)$ 知，$\sigma|_{\mathrm{ker}\sigma^m}$ 是幂零变换.

由 $\sigma(\mathrm{Im}\sigma^m) \subseteq \mathrm{Im}\sigma^m$ 知 $\sigma|_{\mathrm{Im}\sigma^m}$ 是满线性变换，从而可逆.

从 $V_1=\mathrm{Im}\sigma^m, V_2=\mathrm{Ker}\sigma^m$ 中各找一组基 $\alpha_1,\alpha_2,\cdots,\alpha_s;\beta_1,\beta_2,\cdots,\beta_t$，合并成 $V$ 的一组基，$\sigma$ 在此基下的矩阵为$\begin{pmatrix}B & 0\\ 0 & C\end{pmatrix}$，其中 $B$ 是 $\sigma|_{V_1}$ 在基 $\alpha_1,\alpha_2,\cdots,\alpha_s$ 下的矩阵，从而可逆；$C$ 是 $\sigma|_{V_2}$ 在基 $\beta_1,\beta_2,\cdots,\beta_t$ 下的矩阵，是幂零矩阵. 从而 $A$ 相似于$\begin{pmatrix}B & 0\\ 0 & C\end{pmatrix}$，其中 $B$ 是可逆矩阵. $C$ 是幂零矩阵.

# 附录 I

## 2009—2013 年中国全国大学生数学竞赛预赛试卷(非数学类)及答案

### 首届中国全国大学生数学竞赛预赛试卷(非数学类,2009)

考试形式: 闭卷　考试时间: 120　分钟　满分: 100　分

一、填空题(每小题 5 分,共 20 分)

1. 计算$\iint_D \dfrac{(x+y)\ln\left(1+\dfrac{y}{x}\right)}{\sqrt{1-x-y}}\mathrm{d}x\mathrm{d}y =$ ________,其中区域 $D$ 由直线 $x+y=1$ 与两坐标轴所围成三角形区域.

2. 设 $f(x)$ 是连续函数,且满足 $f(x)=3x^2-\int_0^2 f(x)\,\mathrm{d}x-2$, 则 $f(x)=$ ________.

3. 曲面 $z=\dfrac{x^2}{2}+y^2-2$ 平行平面 $2x+2y-z=0$ 的切平面方程是________.

4. 设 $y=y(x)$ 由方程 $xe^{f(y)}=e^y\ln 29$ 确定, 其中 $f$ 具有二阶导数, 且 $f'\neq 1$, 则$\dfrac{\mathrm{d}^2y}{\mathrm{d}x^2}=$ ________.

二、(5 分)求极限$\lim\limits_{x\to 0}\left(\dfrac{e^x+e^{2x}+\cdots+e^{nx}}{n}\right)^{\frac{e}{x}}$,其中 $n$ 是给定的正整数.

三、(15 分)设函数 $f(x)$ 连续, $g(x)=\int_0^1 f(xt)\,\mathrm{d}t$, 且$\lim\limits_{x\to 0}\dfrac{f(x)}{x}=A$, $A$ 为常数,求 $g'(x)$ 并讨论 $g'(x)$ 在 $x=0$ 处的连续性.

四、(15 分)已知平面区域 $D=\{(x,y)\mid 0\leqslant x\leqslant\pi, 0\leqslant y\leqslant\pi\}$, $L$ 为 $D$ 的正向边界,试证:

1. $\oint_L xe^{\sin y}\mathrm{d}y-ye^{-\sin x}\mathrm{d}x=\oint_L xe^{-\sin y}\mathrm{d}y-ye^{\sin x}\mathrm{d}x$;　　2. $\oint_L xe^{\sin y}\mathrm{d}y-ye^{-\sin y}\mathrm{d}x\geqslant\dfrac{5}{2}\pi^2$.

五、(10 分) 已知 $y_1=xe^x+e^{2x}$, $y_2=xe^x+e^{-x}$, $y_3=xe^x+e^{2x}-e^{-x}$ 是某二阶常系数线性非齐次微分方程的三个解,试求此微分方程.

六、(10 分) 设抛物线 $y=ax^2+bx+2\ln c$ 过原点. 当 $0\leqslant x\leqslant 1$ 时, $y\geqslant 0$, 又已知该抛物线与 $x$ 轴及直线 $x=1$ 所围图形的面积为$\dfrac{1}{3}$. 试确定 $a,b,c$,使此图形绕 $x$ 轴旋转一周而成的旋转体的体积最小.

七、(15 分) 已知 $u_n(x)$ 满足 $u'_n(x)=u_n(x)+x^{n-1}e^x\,(n=1,2,\cdots)$, 且 $u_n(1)=\dfrac{e}{n}$, 求函数项级数 $\sum\limits_{n=1}^{\infty}u_n(x)$ 之和.

八、(10 分) 求 $x\to 1^-$ 时, 与 $\sum\limits_{n=0}^{\infty}x^{n^2}$ 等价的无穷大量.

# 第二届中国全国大学生数学竞赛预赛试卷(非数学类,2010)

考试形式: 闭卷　考试时间: 150 分钟　满分: 100 分

一、(25 分,每小题 5 分)

1. 设 $x_n=(1+a)(1+a^2)\cdots(1+a^{2^n})$,其中 $|a|<1$,求 $\lim\limits_{n\to\infty}x_n$.

2. 求 $\lim\limits_{x\to\infty}\mathrm{e}^{-x}\left(1+\dfrac{1}{x}\right)^{x^2}$.

3. 设 $s>0$,求 $I=\int_0^{\infty}\mathrm{e}^{-sx}x^n\mathrm{d}x\ (n=1,2,\cdots)$.

4. 设函数 $f(t)$ 有二阶连续导数,$r=\sqrt{x^2+y^2}$,$g(x,y)=f\left(\dfrac{1}{r}\right)$,求 $\dfrac{\partial^2 g}{\partial x^2}+\dfrac{\partial^2 g}{\partial y^2}$.

5. 求直线 $l_1:\begin{cases}x-y=0\\ z=0\end{cases}$ 与直线 $l_2:\dfrac{x-2}{4}=\dfrac{y-1}{-2}=\dfrac{z-3}{-1}$ 的距离.

二、(15 分) 设函数 $f(x)$ 在 $(-\infty,+\infty)$ 上具有二阶导数,并且 $f''(x)>0$,$\lim\limits_{x\to+\infty}f'(x)=\alpha>0$,$\lim\limits_{x\to-\infty}f'(x)=\beta<0$,且存在一点 $x_0$,使得 $f(x_0)<0$. 证明:方程 $f(x)=0$ 在 $(-\infty,+\infty)$ 恰有两个实根.

三、(15 分) 设函数 $y=f(x)$ 由参数方程 $\begin{cases}x=2t+t^2\\ y=\psi(t)\end{cases}$ $(t>-1)$ 所确定,且 $\dfrac{\mathrm{d}^2y}{\mathrm{d}x^2}=\dfrac{3}{4(1+t)}$,其中 $\psi(t)$ 具有二阶导数,曲线 $y=\psi(t)$ 与 $y=\int_1^{t^2}\mathrm{e}^{-u^2}\mathrm{d}u+\dfrac{3}{2\mathrm{e}}$ 在 $t=1$ 处相切,求函数 $\psi(t)$.

四、(15 分) 设 $a_n>0$,$S_n=\sum\limits_{k=1}^{n}a_k$,证明:

1. 当 $\alpha>1$ 时,级数 $\sum\limits_{n=1}^{+\infty}\dfrac{a_n}{S_n^{\alpha}}$ 收敛; 2. 当 $\alpha\leqslant 1$ 且 $s_n\to\infty\ (n\to\infty)$ 时,级数 $\sum\limits_{n=1}^{+\infty}\dfrac{a_n}{S_n^{\alpha}}$ 发散.

五、(15 分) 设 $l$ 是过原点、方向为 $(\alpha,\beta,\gamma)$,(其中 $\alpha^2+\beta^2+\gamma^2=1$) 的直线,均匀椭球 $\dfrac{x^2}{a^2}+\dfrac{y^2}{b^2}+\dfrac{z^2}{c^2}\leqslant 1$,(其中 $0<c<b<a$,密度为 1) 绕 $l$ 旋转.

1. 求其转动惯量;　　2. 求其转动惯量关于方向 $(\alpha,\beta,\gamma)$ 的最大值和最小值.

六、(15 分) 设函数 $\varphi(x)$ 具有连续的导数,在围绕原点的任意光滑的简单闭曲线 $C$ 上,曲线积分 $\oint_C\dfrac{2xy\mathrm{d}x+\varphi(x)\mathrm{d}y}{x^4+y^2}$ 的值为常数.

1. 设 $L$ 为正向闭曲线 $(x-2)^2+y^2=1$,证明 $\oint_C\dfrac{2xy\mathrm{d}x+\varphi(x)\mathrm{d}y}{x^4+y^2}=0$;

2. 求函数 $\varphi(x)$;

3. 设 $C$ 是围绕原点的光滑简单正向闭曲线,求 $\oint_C\dfrac{2xy\mathrm{d}x+\varphi(x)\mathrm{d}y}{x^4+y^2}$.

# 第三届中国全国大学生数学竞赛预赛试卷(非数学类,2011)

考试形式:闭卷　考试时间:150 分钟　满分:100 分

一、计算下列各题(本题共 3 小题,每小题各 5 分,共 15 分)

1. 求$\lim\limits_{x\to 0}\left(\dfrac{\sin x}{x}\right)^{\frac{1}{1-\cos x}}$;

2. 求$\lim\limits_{n\to\infty}\left(\dfrac{1}{n+1}+\dfrac{1}{n+2}+\cdots+\dfrac{1}{n+n}\right)$;

3. 已知$\begin{cases}x=\ln(1+e^{2t})\\ y=t-\arctan e^{t}\end{cases}$,求$\dfrac{d^2y}{dx^2}$.

二、(本题 10 分)求方程$(2x+y-4)dx+(x+y-1)dy=0$的通解.

三、(本题 15 分)设函数$f(x)$在$x=0$的某邻域内具有二阶连续导数,且$f(0),f'(0),f''(0)$均不为 0,证明:存在唯一一组实数$k_1,k_2,k_3$,使得$\lim\limits_{h\to 0}\dfrac{k_1f(h)+k_2f(2h)+k_3f(3h)-f(0)}{h^2}=0$.

四、(本题 17 分)设$\Sigma_1:\dfrac{x^2}{a^2}+\dfrac{y^2}{b^2}+\dfrac{z^2}{c^2}=1$,其中$a>b>c>0$,$\Sigma_2:z^2=x^2+y^2$,$\Gamma$为$\Sigma_1$与$\Sigma_2$的交线,求椭球面$\Sigma_1$在$\Gamma$上各点的切平面到原点距离的最大值和最小值.

五、(本题 16 分)已知$S$是空间曲线$\begin{cases}x^2+3y^2=1\\ z=0\end{cases}$绕$y$轴旋转形成的椭球面的上半部分($z\geqslant 0$)取上侧,$\Pi$是$S$在$P(x,y,z)$点处的切平面,$\rho(x,y,z)$是原点到切平面$\Pi$的距离,$\lambda,\mu,\nu$表示$S$的正法向的方向余弦. 计算:

1. $\iint\limits_S\dfrac{z}{\rho(x,y,z)}dS$;;　　2. $\iint\limits_S z(\lambda x+3\mu y+\nu z)dS$.

六、(本题 12 分)设$f(x)$是在$(-\infty,+\infty)$内的可微函数,且$|f'(x)|<mf(x)$,其中$0<m<1$,任取实数$a_0$,定义$a_n=\ln f(a_{n-1})\ (n=1,2,\cdots)$. 证明:$\sum\limits_{n=1}^{\infty}(a_n-a_{n-1})$绝对收敛.

七、(本题 15 分)是否存在区间$[0,2]$上的连续可微函数$f(x)$,满足$f(0)=f(2)=1$,$|f'(x)|\leqslant 1$,$\left|\int_0^2 f(x)dx\right|\leqslant 1$?请说明理由.

# 第四届中国全国大学生数学竞赛预赛试卷(非数学类,2012)

考试形式：闭卷　考试时间：150　分钟　满分：100　分

一、解答下列各题(本题共5小题,每小题各6分,共30分,要求写出重要步骤).

1. 求极限$\lim\limits_{n\to\infty}(n!)^{\frac{1}{n^2}}$.

2. 求通过直线$L:\begin{cases}2x+y-3z+2=0\\5x+5y-4z+3=0\end{cases}$的两个互相垂直的平面$\pi_1$和$\pi_2$,使其中一个平面过点$(4,-3,1)$.

3. 已知函数$z=u(x,y)e^{ax+by}$,且$\dfrac{\partial^2 u}{\partial x\partial y}=0$,确定常数$a$和$b$,使函数$z=z(x,y)$满足方程

$$\frac{\partial^2 z}{\partial x\partial y}-\frac{\partial z}{\partial x}-\frac{\partial z}{\partial y}+z=0.$$

4. 设函数$u=u(x)$连续可微,$u(2)=1$,且$\int_L(x+2y)u\mathrm{d}x+(x+u^3)u\mathrm{d}y$在右半平面上与路径无关,求$u(x)$.

5. 求极限$\lim\limits_{x\to+\infty}\sqrt[3]{x}\int_x^{x+1}\dfrac{\sin t}{\sqrt{t+\cos t}}\mathrm{d}t$.

二、(本题10分)计算$\int_0^{+\infty}e^{-2x}|\sin x|\mathrm{d}x$.

三、(本题10分)求方程$x^2\sin\dfrac{1}{x}=2x-501$的近似解,精确到0.001.

四、(本题12分)设函数$y=f(x)$二阶可导,且$f''(x)>0$,$f(0)=0$,$f'(0)=0$,求$\lim\limits_{x\to0}\dfrac{x^3f(u)}{f(x)\sin^3u}$,其中$u$是曲线$y=f(x)$上点$P(x,f(x))$处的切线在$x$轴上的截距.

五、(本题12分)求最小实数$C$,使得满足$\int_0^1|f(x)|\mathrm{d}x=1$的连续的函数$f(x)$都有$\int_0^1f(\sqrt{x})\mathrm{d}x\leqslant C$.

六、(本题12分)设$f(x)$为连续函数,$t>0$.区域$\Omega$是由抛物面$z=x^2+y^2$和球面$x^2+y^2+z^2=t^2(t>0)$所围起来的部分.定义三重积分$F(t)=\iiint\limits_{\Omega}f(x^2+y^2+z^2)\mathrm{d}V$.求$F(t)$的导数$F'(t)$.

七、(本题14分)设$\sum\limits_{n=1}^{\infty}a_n$与$\sum\limits_{n=1}^{\infty}b_n$为正项级数:

1. 若$\lim\limits_{n\to\infty}\left(\dfrac{a_n}{a_{n+1}b_n}-\dfrac{1}{b_{n+1}}\right)>0$,则$\sum\limits_{n=1}^{\infty}a_n$收敛.

2. 若$\lim\limits_{n\to\infty}\left(\dfrac{a_n}{a_{n+1}b_n}-\dfrac{1}{b_{n+1}}\right)<0$,且$\sum\limits_{n=1}^{\infty}b_n$发散,则$\sum\limits_{n=1}^{\infty}a_n$发散.

## 第五届中国全国大学生数学竞赛预赛试卷(非数学类,2013)

考试形式: 闭卷 考试时间: 150 分钟 满分: 100 分

一、解答下列各题(每小题6分共24分,要求写出重要步骤)

1. 求极限$\lim\limits_{n\to\infty}(1+\sin\pi\sqrt{1+4n^2})^n$.

2. 证明广义积分$\int_0^{+\infty}\frac{\sin x}{x}dx$不是绝对收敛的.

3. 设函数$y=y(x)$由$x^3+3x^2y-2y^3=2$确定,求$y(x)$的极值.

4. 过曲线$y=\sqrt[3]{x}(x\geqslant0)$上点$A$作切线,使该切线与曲线及$x$轴所围成平面图形的面积为$\frac{3}{4}$,求点$A$的坐标.

二、(满分12)计算定积分$I=\int_{-\pi}^{\pi}\frac{x\sin x\cdot\arctan e^x}{1+\cos^2x}dx$.

三、(满分12分)设$f(x)$在$x=0$处存在二阶导数$f''(0)$,且$\lim\limits_{x\to0}\frac{f(x)}{x}=0$。证明:级数$\sum\limits_{n=1}^{\infty}\left|f\left(\frac{1}{n}\right)\right|$收敛。

四、(满分10分)设$|f(x)|\leqslant\pi, f'(x)\geqslant\pi>0(a\leqslant x\leqslant b)$,证明$\left|\int_a^b\sin f(x)dx\right|\leqslant\frac{2}{\pi}$.

五、(满分14分)设Σ是一个光滑封闭曲面,方向朝外.给定第二型的曲面积分

$$I=\iint_{\Sigma}(x^3-x)dydz+(2y^3-y)dzdx+(3z^3-z)dxdy.$$

试确定曲面Σ,使积分$I$的值最小,并求该最小值.

六、(满分14分)设$I_a(r)=\oint_C\frac{ydx-xdy}{(x^2+y^2)^a}$,其中$a$为常数,曲线C为椭圆$x^2+xy+y^2=r^2$,取正向.求极限$\lim\limits_{r\to+\infty}I_a(r)$.

七、(满分14分)判断级数$\sum\limits_{n=1}^{\infty}\frac{1+\frac{1}{2}+\cdots+\frac{1}{n}}{(n+1)(n+2)}$的敛散性,若收敛,求其和.

## 首届中国全国大学生数学竞赛预赛试卷(非数学类,2009)答案

一、填空题(每小题5分,共20分)

1. 解 令$x+y=u, x=v$,则$x=v, y=u-v$, $dxdy=\left|\det\begin{pmatrix}0&1\\1&-1\end{pmatrix}\right|dudv=dudv$,

$$\iint_D\frac{(x+y)\ln\left(1+\frac{y}{x}\right)}{\sqrt{1-x-y}}dxdy=\iint_D\frac{u\ln u-u\ln v}{\sqrt{1-u}}dudv$$

$$= \int_0^1 \left( \frac{u\ln u}{\sqrt{1-u}} \int_0^u \mathrm{d}v - \frac{u}{\sqrt{1-u}} \int_0^u \ln v \mathrm{d}v \right) \mathrm{d}u$$

$$= \int_0^1 \frac{u^2 \ln u}{\sqrt{1-u}} - \frac{u(u\ln u - u)}{\sqrt{1-u}} \mathrm{d}u$$

$$= \int_0^1 \frac{u^2}{\sqrt{1-u}} \mathrm{d}u. \qquad (附-1)$$

令 $t = \sqrt{1-u}$，则

$$u = 1 - t^2, \mathrm{d}u = -2t\mathrm{d}t, u^2 = 1 - 2t^2 + t^4, u(1-u) = t^2(1-t)(1+t),$$

$$式(附-1) = -2\int_1^0 (1 - 2t^2 + t^2)\mathrm{d}t$$

$$= 2\int_0^1 (1 - 2t^2 + t^4)\mathrm{d}t = 2\left[t - \frac{2}{3}t^3 + \frac{1}{5}t^5\right]_0^1 = \frac{16}{15}.$$

2. 解 令 $A = \int_0^2 f(x)\mathrm{d}x$，则 $f(x) = 3x^2 - A - 2$，$A = \int_0^2 (3x^2 - A - 2)\mathrm{d}x = 8 - 2(A+2) = 4 - 2A$，解得 $A = \frac{4}{3}$. 因此 $f(x) = 3x^2 - \frac{10}{3}$.

3. 解 因平面 $2x+2y-z=0$ 的法向量为 $(2,2,-1)$，而曲面 $z = \frac{x^2}{2} + y^2 - 2$ 在 $(x_0, y_0, z(x_0, y_0))$ 处的法向量为 $(z_x(x_0,y_0), z_y(x_0,y_0), -1)$，故 $(z_x(x_0,y_0), z_y(x_0,y_0), -1)$ 与 $(2,2,-1)$ 平行，因此，由 $z_x = x, z_y = 2y$ 知 $2 = z_x(x_0,y_0) = x_0$，$2 = z_y(x_0,y_0) = 2y_0$，即 $x_0 = 2, y_0 = 1$，又 $z(x_0,y_0) = z(2,1) = 1$，于是曲面 $z = \frac{x^2}{2} + y^2 - 2$ 在 $(x_0, y_0, z(x_0,y_0))$ 处的切平面方程是 $2(x-2) + 2(y-1) - (z-1) = 0$，即曲面 $z = \frac{x^2}{2} + y^2 - 2$ 平行平面 $2x+2y-z=0$ 的切平面方程是 $2x + 2y - z - 5 = 0$.

4. 解 方程 $xe^{f(y)} = e^y \ln 29$ 的两边对 $x$ 求导，得 $e^{f(y)} + xf'(y)y'e^{f(y)} = e^y y' \ln 29$，因 $e^y \ln 29 = xe^{f(y)}$，故 $\frac{1}{x} + f'(y)y' = y'$，即 $y' = \frac{1}{x(1-f'(y))}$，因此

$$\frac{\mathrm{d}^2 y}{\mathrm{d}x^2} = y'' = -\frac{1}{x^2(1-f'(y))} + \frac{f''(y)y'}{x[1-f'(y)]^2}$$

$$= \frac{f''(y)}{x^2[1-f'(y)]^3} - \frac{1}{x^2(1-f'(y))} = \frac{f''(y) - [1-f'(y)]^2}{x^2[1-f'(y)]^3}.$$

二、(5分)解法1：因 $\lim\limits_{x\to 0}\left(\frac{e^x + e^{2x} + \cdots + e^{nx}}{n}\right)^{\frac{e}{x}} = \lim\limits_{x\to 0}\left(1 + \frac{e^x + e^{2x} + \cdots + e^{nx} - n}{n}\right)^{\frac{e}{x}}$，

$$故 A = \lim_{x\to 0}\frac{e^x + e^{2x} + \cdots + e^{nx} - n}{n}\frac{e}{x} = e\lim_{x\to 0}\frac{e^x + e^{2x} + \cdots + e^{nx} - n}{nx}$$

$$= e\lim_{x\to 0}\frac{e^x + 2e^{2x} + \cdots + ne^{nx}}{n}$$

$$= e\frac{1 + 2 + \cdots + n}{n} = \frac{n+1}{2}e,$$

因此 $\lim\limits_{x\to 0}\left(\frac{e^x + e^{2x} + \cdots + e^{nx}}{n}\right)^{\frac{e}{x}} = e^A = e^{\frac{n+1}{2}e}$.

解法 2：因$\lim\limits_{x\to 0}\ln\left(\dfrac{e^x+e^{2x}+\cdots+e^{nx}}{n}\right)^{\frac{e}{x}}=e\lim\limits_{x\to 0}\dfrac{\ln(e^x+e^{2x}+\cdots+e^{nx})-\ln n}{x}$,

$$=e\lim_{x\to 0}\frac{e^x+2e^{2x}+\cdots+ne^{nx}}{e^x+e^{2x}+\cdots+e^{nx}}=e\,\frac{1+2+\cdots+n}{n}=\frac{n+1}{2}e,$$

故$\lim\limits_{x\to 0}\left(\dfrac{e^x+e^{2x}+\cdots+e^{nx}}{n}\right)^{\frac{e}{x}}=e^A=e^{\frac{n+1}{2}e}$.

三、(15 分)

解　由$\lim\limits_{x\to 0}\dfrac{f(x)}{x}=A$和函数$f(x)$连续知，$f(0)=\lim\limits_{x\to 0}f(x)=\lim\limits_{x\to 0}x\lim\limits_{x\to 0}\dfrac{f(x)}{x}=0$，因$g(x)=\int_0^1 f(xt)\,dt$，故$g(0)=\int_0^1 f(0)\,dt=f(0)=0$，因此，当$x\neq 0$时，$g(x)=\dfrac{1}{x}\int_0^x f(u)\,du$，故

$$\lim_{x\to 0}g(x)=\lim_{x\to 0}\frac{\int_0^x f(u)\,du}{x}=\lim_{x\to 0}\frac{f(x)}{1}=f(0)=0.$$

当$x\neq 0$时，$g'(x)=-\dfrac{1}{x^2}\int_0^x f(u)\,du+\dfrac{f(x)}{x}$，$g'(0)=\lim\limits_{x\to 0}\dfrac{g(x)-g(0)}{x}=$

$\lim\limits_{x\to 0}\dfrac{\frac{1}{x}\int_0^x f(t)\,dt}{x}=\lim\limits_{x\to 0}\dfrac{\int_0^x f(t)\,dt}{x^2}=\lim\limits_{x\to 0}\dfrac{f(x)}{2x}=\dfrac{A}{2}$，$\lim\limits_{x\to 0}g'(x)=\lim\limits_{x\to 0}\left[-\dfrac{1}{x^2}\int_0^x f(u)\,du+\dfrac{f(x)}{x}\right]=$

$\lim\limits_{x\to 0}\dfrac{f(x)}{x}-\lim\limits_{x\to 0}\dfrac{1}{x^2}\int_0^x f(u)\,du=A-\dfrac{A}{2}=\dfrac{A}{2}$，这表明$g'(x)$在$x=0$处连续.

四、(15 分)

证明：因被积函数的偏导数在$D$上连续，故由格林公式知

(1) $\oint_L xe^{\sin y}dy-ye^{-\sin x}dx=\iint_D\left[\dfrac{\partial}{\partial x}(xe^{\sin y})-\dfrac{\partial}{\partial y}(-ye^{-\sin x})\right]dxdy=\iint_D(e^{\sin y}+e^{-\sin x})\,dxdy$,

$\oint_L xe^{-\sin y}dy-ye^{\sin x}dx=\iint_D\left[\dfrac{\partial}{\partial x}(xe^{-\sin y})-\dfrac{\partial}{\partial y}(-ye^{\sin x})\right]dxdy=\iint_D(e^{-\sin y}+e^{\sin x})\,dxdy$,

而$D$关于$x$和$y$是对称的，即知$\iint_D(e^{\sin y}+e^{-\sin x})\,dxdy=\iint_D(e^{-\sin y}+e^{\sin x})\,dxdy$，因此

$$\oint_L xe^{\sin y}dy-ye^{-\sin x}dx=\oint_L xe^{-\sin y}dy-ye^{\sin x}dx.$$

(2) 因$e^t+e^{-t}=2\left(1+\dfrac{t^2}{2!}+\dfrac{t^4}{4!}+\cdots\right)\geqslant 2(1+t^2)$，故$e^{\sin x}+e^{-\sin x}\geqslant 2+\sin^2 x=2+\dfrac{1-\cos 2x}{2}=\dfrac{5-\cos 2x}{2}$,

由$\oint_L xe^{\sin y}dy-ye^{-\sin y}dx=\iint_D(e^{\sin y}+e^{-\sin x})\,dxdy=\iint_D(e^{-\sin y}+e^{\sin x})\,dxdy$，知

$$\begin{aligned}\oint_L xe^{\sin y}dy-ye^{-\sin y}dx&=\frac{1}{2}\iint_D(e^{\sin y}+e^{-\sin x})\,dxdy+\frac{1}{2}\iint_D(e^{-\sin y}+e^{\sin x})\,dxdy\\&=\frac{1}{2}\iint_D(e^{\sin y}+e^{-\sin y})\,dxdy+\frac{1}{2}\iint_D(e^{-\sin x}+e^{\sin x})\,dxdy\\&=\iint_D(e^{-\sin x}+e^{\sin x})\,dxdy\end{aligned}$$

$$= \pi \int_0^{\pi} (e^{-\sin x} + e^{\sin x}) dx \geqslant \pi \int_0^{\pi} \frac{5 - \cos 2x}{2} dx = \frac{5}{2}\pi^2$$

即 $\oint_L xe^{\sin y} dy - ye^{-\sin y} dx \geqslant \frac{5}{2}\pi^2$.

五、(10 分)

解 设 $y_1 = xe^x + e^{2x}, y_2 = xe^x + e^{-x}, y_3 = xe^x + e^{2x} - e^{-x}$ 是二阶常系数线性非齐次微分方程 $y'' + by' + cy = f(x)$ 的三个解，则 $y_2 - y_1 = e^{-x} - e^{2x}$ 和 $y_3 - y_1 = e^{-x}$ 都是二阶常系数线性齐次微分方程 $y'' + by' + cy = 0$ 的解，因此 $y'' + by' + cy = 0$ 的特征多项式是 $(\lambda - 2)(\lambda + 1) = 0$，而 $y'' + by' + cy = 0$ 的特征多项式是 $\lambda^2 + b\lambda + c = 0$，因此二阶常系数线性齐次微分方程为 $y'' - y' - 2y = 0$.

由 $y''_1 - y'_1 - 2y_1 = f(x)$ 和 $y'_1 = e^x + xe^x + 2e^{2x}, y''_1 = 2e^x + xe^x + 4e^{2x}$ 知

$f(x) = y''_1 - y'_1 - 2y_1 = xe^x + 2e^x + 4e^{2x} - (xe^x + e^x + 2e^{2x}) - 2(xe^x + e^{2x}) = (1 - 2x)e^x$,

二阶常系数线性非齐次微分方程为 $y'' - y' - 2y = e^x - 2xe^x$.

六、(10 分)

解 因抛物线 $y = ax^2 + bx + 2\ln c$ 过原点，故 $c = 1$，于是

$$\frac{1}{3} = \int_0^1 (ax^2 + bx) dt = \left[\frac{a}{3}x^3 + \frac{b}{2}x^2\right]_0^1 = \frac{a}{3} + \frac{b}{2},$$

即 $b = \frac{2}{3}(1 - a)$，而此图形绕 $x$ 轴旋转一周而成的旋转体的体积

$$V(a) = \pi \int_0^1 (ax^2 + bx)^2 dt = \pi \int_0^1 \left(ax^2 + \frac{2}{3}(1 - a)x\right)^2 dt$$

$$= \pi a^2 \int_0^1 x^4 dt + \pi \frac{4}{3}a(1 - a) \int_0^1 x^3 dt + \pi \frac{4}{9}(1 - a)^2 \int_0^1 x^2 dt$$

$$= \frac{1}{5}\pi a^2 + \pi \frac{1}{3}a(1 - a) + \pi \frac{4}{27}(1 - a)^2,$$

即 $V(a) = \frac{1}{5}\pi a^2 + \pi \frac{1}{3}a(1 - a) + \pi \frac{4}{27}(1 - a)^2$. 令 $V'(a) = \frac{2}{5}\pi a + \pi \frac{1}{3}(1 - 2a) - \pi \frac{8}{27}(1 - a) = 0$，得 $54a + 45 - 90a - 40 + 40a = 0$，即 $4a + 5 = 0$，因此，$a = -\frac{5}{4}, b = \frac{3}{2}, c = 1$.

七、(15 分)

解 $u'_n(x) = u_n(x) + x^{n-1}e^x$，即 $y' - y = x^{n-1}e^x$，由一阶线性非齐次微分方程公式知 $y = e^x(C + \int x^{n-1} dx)$，即 $y = e^x(C + \frac{x^n}{n})$，因此，$u_n(x) = e^x\left(C + \frac{x^n}{n}\right)$，由 $\frac{e}{n} = u_n(1) = e\left(C + \frac{1}{n}\right)$ 知，$C = 0$，于是，$u_n(x) = \frac{x^n e^x}{n}$. 下面求级数的和：令 $S(x) = \sum_{n=1}^{\infty} u_n(x) = \sum_{n=1}^{\infty} \frac{x^n e^x}{n}$，则

$$S'(x) = \sum_{n=1}^{\infty} \left(x^{n-1}e^x + \frac{x^n e^x}{n}\right) = S(x) + \sum_{n=1}^{\infty} x^{n-1}e^x = S(x) + \frac{e^x}{1 - x},$$ 即 $S'(x) - S(x) = \frac{e^x}{1 - x}$,

由一阶线性非齐次微分方程公式知

$$S(x) = e^x\left(C + \int \frac{1}{1 - x} dx\right),$$

令 $x=0$,得 $0=S(0)=C$, 因此级数 $\sum_{n=1}^{\infty}u_n(x)$ 的和 $S(x)=-e^x\ln(1-x)$.

八、(10 分)

解　令 $f(t)=x^{t^2}$,则因当 $0<x<1, t\in(0,+\infty)$ 时, $f'(t)=2tx^{t^2}\ln x<0$,故 $f(t)=x^{t^2}=e^{-t^2\ln\frac{1}{x}}$ 在 $(0,+\infty)$ 上严格单调减,因此

$$\int_0^{+\infty}f(t)\mathrm{d}t=\sum_{n=0}^{\infty}\int_n^{n+1}f(t)\mathrm{d}t\leqslant\sum_{n=0}^{\infty}f(n)\leqslant f(0)+\sum_{n=1}^{\infty}\int_{n-1}^{n}f(t)\mathrm{d}t=1+\int_0^{+\infty}f(t)\mathrm{d}t,$$

即 $\int_0^{+\infty}f(t)\mathrm{d}t\leqslant\sum_{n=0}^{\infty}f(n)\leqslant 1+\int_0^{+\infty}f(t)\mathrm{d}t$,

$$\text{又}\sum_{n=0}^{\infty}f(n)=\sum_{n=0}^{\infty}x^{n^2},\lim_{x\to1}\frac{\ln\frac{1}{x}}{1-x}=\lim_{x\to1}\frac{-\frac{1}{x}}{-1}=1,$$

$$\int_0^{+\infty}f(t)\mathrm{d}t=\int_0^{+\infty}x^{t^2}\mathrm{d}t=\int_0^{+\infty}e^{-t^2\ln\frac{1}{x}}\mathrm{d}t=\frac{1}{\sqrt{\ln\frac{1}{x}}}\int_0^{+\infty}e^{-t^2}\mathrm{d}t=\frac{1}{\sqrt{\ln\frac{1}{x}}}\frac{\sqrt{\pi}}{2},$$

所以, 当 $x\to1^-$ 时, 与 $\sum_{n=0}^{\infty}x^{n^2}$ 等价的无穷大量是 $\frac{1}{2}\sqrt{\frac{\pi}{1-x}}$.

# 第二届中国全国大学生数学竞赛预赛试卷(非数学类,2010)答案

一、(25 分,每小题 5 分)

(1) $x_n=(1+a)(1+a^2)\cdots(1+a^{2^n})=x_n=(1-a)(1+a)(1+a^2)\cdots(1+a^{2^n})/(1-a)$

$$=(1-a^2)(1+a^2)\cdots(1+a^{2^n})/(1-a)=\cdots=(1-a^{2^{n+1}})/(1-a),$$

所以　$\lim_{n\to\infty}x_n=\lim_{n\to\infty}(1-a^{2^{n+1}})/(1-a)=1/(1-a)$,

(2) $\lim_{x\to\infty}e^{-x}\left(1+\frac{1}{x}\right)^{x^2}=\lim_{x\to\infty}e^{\ln e^{-x}(1+\frac{1}{x})^{x^2}}=\lim_{x\to\infty}e^{x^2\ln(1+\frac{1}{x})-x}$,

令 $t=\frac{1}{x}$,则

$$\text{原式}=\lim_{t\to0}e^{\frac{\ln(1+t)-t}{t^2}}=\lim_{t\to0}e^{\frac{1/(1+t)-1}{2t}}=\lim_{t\to0}e^{-\frac{1}{2(1+t)}}=e^{-\frac{1}{2}}.$$

(3) $I_n=\int_0^{\infty}e^{-sx}x^n\mathrm{d}x=\left(-\frac{1}{s}\right)\int_0^{\infty}x^n\mathrm{d}e^{-sx}=\left(-\frac{1}{s}\right)[x^ne^{-sx}|_0^{\infty}-\int_0^{\infty}e^{-sx}\mathrm{d}x^n]$

$$=\frac{n}{s}\int_0^{\infty}e^{-sx}x^{n-1}\mathrm{d}x=\frac{n}{s}I_{n-1}=\frac{n(n-1)}{s^2}I_{n-2}=\cdots=\frac{n!}{s^n}I_0=\frac{n!}{s^{n+1}}.$$

(4) 略(不难).

(5) 用参数方程求解. 答案为 $\sqrt{14}$.

二、(15 分)

解:二阶导数为正,则一阶导数单增, $f(x)$ 先减后增,因为 $f(x)$ 有小于 0 的值,所以只需在两边找两大于 0 的值. 将 $f(x)$ 二阶泰勒展开 $f(x)=f(0)+f'(0)x+\frac{f''(\xi)}{2}x^2$,因为二阶倒数大

于 0,所以 $\lim\limits_{x\to+\infty}f(x)=+\infty$, $\lim\limits_{x\to-\infty}f(x)=-\infty$ 证明完成.

三、(15 分)

解:由 $y=\psi(t)$ 与 $y=\int_1^{t^2}e^{-u^2}du+\frac{3}{2e}$,在 $t=1$ 处相切,得

$$\psi(1)=\frac{3}{2e},\psi'(1)=\frac{2}{e},$$

$$\frac{dy}{dx}=\frac{dy/dt}{dx/dt}=\frac{\psi'(t)}{2+2t},$$

$$\frac{d^2y}{dx^2}=\frac{d(dy/dx)}{dx}=\frac{d(dy/dx)/dt}{dx/dt}=\frac{\psi''(t)(2+2t)-2\psi'(t)}{(2+2t)^3}=\cdots.$$

由上式可以得到一个微分方程,求解即可.

四、(15 分)

解:(1) $a_n>0$, $s_n$ 单调递增,当 $\sum\limits_{n=1}^{\infty}a_n$ 收敛时,因为 $\frac{a_n}{s_n^\alpha}<\frac{a_n}{s_1^\alpha}$,而 $\frac{a_n}{s_1^\alpha}$ 收敛,所以 $\frac{a_n}{s_n^\alpha}$ 收敛;当 $\sum\limits_{n=1}^{\infty}a_n$ 发散时, $\lim\limits_{n\to\infty}s_n=\infty$,因为 $\frac{a_n}{s_n^\alpha}=\frac{s_n-s_{n-1}}{s_n^\alpha}=\int_{s_{n-1}}^{s_n}\frac{dx}{s_n^\alpha}<\int_{s_{n-1}}^{s_n}\frac{dx}{x^\alpha}$. 所以 $\sum\limits_{n=1}^{\infty}\frac{a_n}{s_n^\alpha}<\frac{a_1}{s_1^\alpha}+\sum\limits_{n=2}^{\infty}\int_{s_{n-1}}^{s_n}\frac{dx}{x^\alpha}=\frac{\alpha_1}{s_1^\alpha}+\int_{s_1}^{s_n}\frac{dx}{x^\alpha}$,而 $\int_{s_1}^{s_n}\frac{dx}{x^\alpha}=\frac{a_1}{s_1^\alpha}+\lim\limits_{n\to\infty}\frac{s_n^{1-\alpha}-s_1^{1-\alpha}}{1-\alpha}=\frac{a_1}{s_1^\alpha}+\frac{s_1^{1-\alpha}}{\alpha-1}=k$,收敛于 $k$. 所以, $\sum\limits_{n=1}^{\infty}\frac{a_n}{s_n^\alpha}$ 收敛.

(2) 因为 $\lim\limits_{n\to\infty}s_n=\infty$,所以 $\sum\limits_{n=1}^{\infty}a_n$ 发散,所以存在 $k_1$,使得 $\sum\limits_{n=2}^{k_1}a_n\geqslant a_1$,于是, $\sum\limits_{2}^{k_1}\frac{a_n}{s_n^\alpha}\geqslant\sum\limits_{2}^{k_1}\frac{a_n}{s_n}\geqslant\frac{\sum\limits_{2}^{k_1}a_n}{s_{k_1}}\geqslant\frac{1}{2}$ 依此类推,可得存在 $1<k_1<k_2<\cdots$,使得 $\sum\limits_{k_i}^{k_{i+1}}\frac{a_n}{s_n^\alpha}\geqslant\frac{1}{2}$ 成立. 所以 $\sum\limits_{1}^{k_N}\frac{a_n}{s_n^\alpha}\geqslant N.\ \frac{1}{2}$,当 $n\to\infty$ 时, $N\to\infty$,所以 $\sum\limits_{n=1}^{\infty}\frac{a_n}{s_n^\alpha}$ 发散.

五、(15 分)

解:(1) 椭球上一点 $P(x,y,z)$ 到直线的距离为

$$d^2=(1-\alpha^2)x^2+(1-\beta^2)y^2+(1-\gamma^2)z^2-2\alpha\beta xy-2\beta\gamma yz-2\gamma\alpha zx,$$

因为 $\iiint\limits_{\Omega}xy\,dV=\iiint\limits_{\Omega}yz\,dV=\iiint\limits_{\Omega}zx\,dV=0$, $\iiint\limits_{\Omega}z^2dV=\int_{-c}^{c}z^2dz\iint_{\frac{x^2}{a^2}+\frac{y^2}{b^2}\leqslant1-\frac{z^2}{c^2}}dxdy=\int_{-c}^{c}\pi ab\left(1-\frac{z^2}{c^2}\right)z^2dz=\frac{4}{15}\pi abc^3$,

由轮换对称性,有

$$\iiint\limits_{\Omega}x^2dV=\frac{4}{15}\pi a^3bc,\iiint\limits_{\Omega}y^2dV=\frac{4}{15}\pi ab^3c,$$

$$I=\iiint\limits_{\Omega}d^2dV=(1-\alpha^2)\frac{4}{15}\pi a^3bc+(1-\beta^2)\frac{4}{15}\pi ab^3c+(1-\gamma^2)\frac{4}{15}\pi abc^3$$

$$= \frac{4}{15}\pi abc[(1-\alpha^2)a^2 + (1-\beta^2)b^2 + (1-\gamma^2)c^2].$$

(2) 因为 $a > b > c$，所以，当 $\gamma = 1$ 时，$I_{\max} = \frac{4}{15}\pi abc(a^2 + b^2)$. 当 $\alpha = 1$ 时，$I_{\min} = \frac{4}{15}\pi abc(b^2 + c^2)$.

六、(15 分)解：(1) $L$ 不绕原点，在 $L$ 上取两点 $A,B$，将 $L$ 分为两段 $L_1, L_2$，再从 $A,B$ 作一曲线 $L_3$，使之包围原点. 则有

$$\oint_L \frac{2xy\mathrm{d}x + \varphi(x)\mathrm{d}y}{x^4 + y^2} = \oint_{L_1+L_3} \frac{2xy\mathrm{d}x + \varphi(x)\mathrm{d}y}{x^4 + y^2} - \oint_{L_2^- + L_3} \frac{2xy\mathrm{d}x + \varphi(x)\mathrm{d}y}{x^4 + y^2}.$$

(2) 令 $P = \frac{2xy}{x^4 + y^2}, Q = \frac{\varphi(x)}{x^4 + y^2}$ 由 $\frac{\partial Q}{\partial x} - \frac{\partial P}{\partial y} = 0$，代入，得

$$\varphi'(x)(x^4 + y^2) - \varphi(x)4x^3 = 2x^5 - 2xy^2,$$

上式将两边看做 $y$ 的多项式，整理，得

$$y^2\varphi'(x) + \varphi'(x)x^4 - \varphi(x)4x^3 = y^2(-2x) + 2x^5,$$

由此可得 $\varphi'(x) = -2x, \varphi'(x)x^4 - \varphi(x)4x^3 = 2x^5$，

解得 $\varphi(x) = -x^2$.

(3) 取 $L'$ 为 $x^4 + y^2 = \xi^4$，方向为顺时针，因为

$$\frac{\partial Q}{\partial x} - \frac{\partial P}{\partial y} = 0,$$

$$\oint_c \frac{2xy\mathrm{d}x + \varphi(x)\mathrm{d}y}{x^4 + y^2} = \oint_{c+L'} \frac{2xy\mathrm{d}x + \varphi(x)\mathrm{d}y}{x^4 + y^2} - \oint_{L'} \frac{2xy\mathrm{d}x + \varphi(x)\mathrm{d}y}{x^4 + y^2} = -\frac{1}{\xi^4}\oint_{L'} 2xy\mathrm{d}x - x^2\mathrm{d}y = \pi.$$

## 第三届中国全国大学生数学竞赛预赛试卷(非数学类,2011)答案

一、计算下列各题(本题共 3 小题，每小题各 5 分，共 15 分)

(1) 解(用两个重要极限)

$$\lim_{x\to 0}\left(\frac{\sin x}{x}\right)^{\frac{1}{1-\cos x}} = \lim_{x\to 0}\left(1 + \frac{\sin x - x}{x}\right)^{\frac{x}{\sin x - x}\cdot\frac{\sin x - x}{x(1-\cos x)}}$$

$$= \lim_{x\to 0} \mathrm{e}^{\frac{\sin x - x}{x(1-\cos x)}} = \mathrm{e}^{\lim\limits_{x\to 0}\frac{\sin x - x}{\frac{1}{2}x^3}} = \mathrm{e}^{\lim\limits_{x\to 0}\frac{\cos x - 1}{\frac{3}{2}x^2}} = \mathrm{e}^{\lim\limits_{x\to 0}\frac{-\frac{1}{2}x^2}{\frac{3}{2}x^2}} = \mathrm{e}^{-\frac{1}{3}}.$$

(2) 解(用欧拉公式)令 $x_n = \frac{1}{n+1} + \frac{1}{n+2} + \cdots + \frac{1}{n+n}$,

由欧拉公式，得

$$1 + \frac{1}{2} + \cdots + \frac{1}{n} - \ln n = c + o(1), 1 + \frac{1}{2} + \cdots + \frac{1}{n} + \frac{1}{n+1} + \cdots + \frac{1}{2n} - \ln(2n) = c + o(1),$$

其中，$o(1)$ 表示 $n\to\infty$ 时的无穷小量，两式相减，得 $x_n - \ln 2 = o(1)$，所以 $\lim\limits_{n\to\infty} x_n = \ln 2$.

(3) 解 $\frac{\mathrm{d}x}{\mathrm{d}t} = \frac{2\mathrm{e}^{2t}}{1+\mathrm{e}^{2t}}, \frac{\mathrm{d}y}{\mathrm{d}t} = 1 - \frac{\mathrm{e}^t}{1+\mathrm{e}^{2t}}$,

所以$\dfrac{dy}{dx}=\dfrac{1-\dfrac{e^t}{1+e^{2t}}}{\dfrac{2e^{2t}}{1+e^{2t}}}=\dfrac{e^{2t}-e^t+1}{2e^{2t}}$.

所以$\dfrac{d^2y}{dx^2}=\dfrac{d}{dt}\left(\dfrac{dy}{dx}\right)\cdot\dfrac{1}{\dfrac{dx}{dt}}=\dfrac{e^t-2}{2e^{2t}}\cdot\dfrac{1+e^{2t}}{2e^{2t}}=\dfrac{(1+e^{2t})(e^t-2)}{4e^{4t}}$.

二、(本题10分)解设$P=2x+y-4,Q=x+y-1$,则$P\mathrm{d}x+Q\mathrm{d}y=0$.

$\dfrac{\partial P}{\partial y}=\dfrac{\partial Q}{\partial x}=1,P\mathrm{d}x+Q\mathrm{d}y=0$是一个全微分方程,

设

$\mathrm{d}z=P\mathrm{d}x+Q\mathrm{d}y,z=\int\mathrm{d}z=\int P\mathrm{d}x+Q\mathrm{d}y=\int_{(0,0)}^{(x,y)}(2x+y-4)\mathrm{d}x+(x+y-1)\mathrm{d}y$,

$\dfrac{\partial P}{\partial y}=\dfrac{\partial Q}{\partial x}$,

该曲线积分与路径无关.所以,$z=\int_0^x(2x-4)\mathrm{d}x+\int_0^y(x+y-1)\mathrm{d}y=x^2-4x+xy+\dfrac{1}{2}y^2-y$.

三、(本题15分)

证明:由极限的存在性:$\lim\limits_{h\to0}[k_1f(h)+k_2f(2h)+k_3f(3h)-f(0)]=0$,即

$$[k_1+k_2+k_3-1]f(0)=0,又f(0)\neq0,k_1+k_2+k_3=1. \tag{附-2}$$

由洛比达法则,得

$$\lim_{h\to0}\frac{k_1f(h)+k_2f(2h)+k_3f(3h)-f(0)}{h^2}$$
$$=\lim_{h\to0}\frac{k_1f'(h)+2k_2f'(2h)+3k_3f'(3h)}{2h}=0.$$

由极限的存在性得$\lim\limits_{h\to0}[k_1f'(h)+2k_2f'(2h)+3k_3f'(3h)]=0$,即$(k_1+2k_2+3k_3)f'(0)=0$,又

$$f'(0)\neq0,k_1+2k_2+3k_3=0 \tag{附-3}$$

再次使用洛比达法则,得

$$\lim_{h\to0}\frac{k_1f'(h)+2k_2f'(2h)+3k_3f'(3h)}{2h}$$
$$=\lim_{h\to0}\frac{k_1f''(h)+4k_2f''(2h)+9k_3f''(3h)}{2}=0,$$

因为$(k_1+4k_2+9k_3)f''(0)=0,f''(0)\neq0$,所以

$$k_1+4k_2+9k_3=0 \tag{附-4}$$

由式(附-2)~式(附-4)得$k_1,k_2,k_3$是齐次线性方程组$\begin{cases}k_1+k_2+k_3=1\\k_1+2k_2+3k_3=0\\k_1+4k_2+9k_3=0\end{cases}$的解.

设$\boldsymbol{A}=\begin{pmatrix}1&1&1\\1&2&3\\1&4&9\end{pmatrix}$，$\boldsymbol{x}=\begin{pmatrix}k_1\\k_2\\k_3\end{pmatrix}$，$\boldsymbol{b}=\begin{pmatrix}1\\0\\0\end{pmatrix}$，则$\boldsymbol{Ax}=\boldsymbol{b}$.

增广矩阵$\boldsymbol{A}^*=\begin{pmatrix}1&1&1&1\\1&2&3&0\\1&4&9&0\end{pmatrix}\sim\begin{pmatrix}1&0&0&3\\0&1&0&-3\\0&0&1&1\end{pmatrix}$，

则$R(\boldsymbol{A},\boldsymbol{b})=R(\boldsymbol{A})=3$. 所以，方程$\boldsymbol{Ax}=\boldsymbol{b}$有唯一解，即存在唯一一组实数$k_1,k_2,k_3$满足题意，且$k_1=3,k_2=-3,k_3=1$.

四、(本题17分)解：设$\Gamma$上任一点$M(x,y,z)$，令$F(x,y,z)=\frac{x^2}{a^2}+\frac{y^2}{b^2}+\frac{z^2}{c^2}-1$，则$F_x=\frac{2x}{a^2}$，$F_y=\frac{2y}{b^2}$，$F_z=\frac{2z}{c^2}$，椭球面$\Sigma_1$在$\Gamma$上点$M$处的法向量为$\boldsymbol{t}=\left(\frac{x}{a^2},\frac{y}{b^2},\frac{z}{c^2}\right)$，$\Sigma_1$在点$M$处的切平面为

$$\Pi:\frac{x}{a^2}(X-x)+\frac{y}{b^2}(Y-y)+\frac{z}{c^2}(Z-z)=0.$$

原点到平面$\Pi$的距离为$d=\frac{1}{\sqrt{\frac{x^2}{a^4}+\frac{y^2}{b^4}+\frac{z^2}{c^4}}}$，令$G(x,y,z)=\frac{x^2}{a^4}+\frac{y^2}{b^4}+\frac{z^2}{c^4}$，则$d=\frac{1}{\sqrt{G(x,y,z)}}$，现在求$G(x,y,z)=\frac{x^2}{a^4}+\frac{y^2}{b^4}+\frac{z^2}{c^4}$，在条件$\frac{x^2}{a^2}+\frac{y^2}{b^2}+\frac{z^2}{c^2}=1$，$z^2=x^2+y^2$下的条件极值.

令$H(x,y,z)=\frac{x^2}{a^4}+\frac{y^2}{b^4}+\frac{z^2}{c^4}+\lambda_1\left(\frac{x^2}{a^2}+\frac{y^2}{b^2}+\frac{z^2}{c^2}-1\right)+\lambda_2(x^2+y^2-z^2)$，则由拉格朗日乘数法，得

$$\begin{cases}H_x=\frac{2x}{a^4}+\lambda_1\frac{2x}{a^2}+2\lambda_2x=0\\ H_y=\frac{2y}{b^4}+\lambda_1\frac{2y}{b^2}+2\lambda_2y=0\\ H_z=\frac{2z}{c^4}+\lambda_1\frac{2z}{c^2}-2\lambda_2z=0\\ \frac{x^2}{a^2}+\frac{y^2}{b^2}+\frac{z^2}{c^2}-1=0\\ x^2+y^2-z^2=0\end{cases},$$

解得$\begin{cases}x=0\\ y^2=z^2=\frac{b^2c^2}{b^2+c^2}\end{cases}$或$\begin{cases}x^2=z^2=\frac{a^2c^2}{a^2+c^2}\\ y=0\end{cases}$，

对应此时的$G(x,y,z)=\frac{b^4+c^4}{b^2c^2(b^2+c^2)}$或

$$G(x,y,z)=\frac{a^4+c^4}{a^2c^2(a^2+c^2)},$$

此时 $d_1=bc\sqrt{\dfrac{b^2+c^2}{b^4+c^4}}$或 $d_2=ac\sqrt{\dfrac{a^2+c^2}{a^4+c^4}}$.

又因为 $a>b>c>0$,则 $d_1<d_2$,所以,椭球面 $\Sigma_1$ 在 $\Gamma$ 上各点的切平面到原点距离的最大值和最小值分别为

$$d_2=ac\sqrt{\frac{a^2+c^2}{a^4+c^4}},d_1=bc\sqrt{\frac{b^2+c^2}{b^4+c^4}}.$$

五、(本题 16 分)

解:(1)由题意得:椭球面 $S$ 的方程为 $x^2+3y^2+z^2=1(z\geqslant 0)$.

令 $F=x^2+3y^2+z^2-1$,则 $F_x=2x,F_y=6y,F_z=2z.$,切平面 $\Pi$ 的法向量为 $\boldsymbol{n}=(x,3y,z)$,$\Pi$ 的方程为 $x(X-x)+3y(Y-y)+z(Z-z)=0$,原点到切平面 $\Pi$ 的距离

$$\rho(x,y,z)=\frac{x^2+3y^2+z^2}{\sqrt{x^2+9y^2+z^2}}=\frac{1}{\sqrt{x^2+9y^2+z^2}}.$$

$$I_1=\iint\limits_S\frac{z}{\rho(x,y,z)}\mathrm{d}S=\iint\limits_S z\sqrt{x^2+9y^2+z^2}\,\mathrm{d}S,$$

将一型曲面积分转化为二重积分,记 $D_{xz}:x^2+z^2\leqslant 1,x\geqslant 0,z\geqslant 0$,得

$$I_1=4\iint\limits_{D_{xz}}\frac{z[3-2(x^2+z^2)]}{\sqrt{3(1-x^2-z^2)}}\mathrm{d}x\mathrm{d}z=4\int_0^{\frac{\pi}{2}}\sin\theta\mathrm{d}\theta\int_0^1\frac{r^2(3-2r^2)\mathrm{d}r}{\sqrt{3(1-r^2)}}=4\int_0^1\frac{r^2(3-2r^2)\mathrm{d}r}{\sqrt{3(1-r^2)}}$$

$$=4\int_0^{\frac{\pi}{2}}\frac{\sin^2\theta(3-2\sin^2\theta)\mathrm{d}\theta}{\sqrt{3}}=\frac{4}{\sqrt{3}}\left(\frac{3}{2}-2\cdot\frac{1\times 3}{2\times 4}\right)\frac{\pi}{2}=\frac{\sqrt{3}\pi}{2}.$$

(2)方法一:$\lambda=\dfrac{x}{\sqrt{x^2+9y^2+z^2}},\mu=\dfrac{3y}{\sqrt{x^2+9y^2+z^2}},\nu=\dfrac{z}{\sqrt{x^2+9y^2+z^2}}$

$$I_2=\iint\limits_S z(\lambda x+3\mu y+\nu z)\mathrm{d}S=\iint\limits_S z\sqrt{x^2+9y^2+z^2}\,\mathrm{d}S=I_1=\frac{\sqrt{3}\pi}{2}.$$

六、证明:$a_n-a_{n-1}=\ln f(a_{n-1})-\ln f(a_{n-2})$,由拉格朗日中值定理,得 $\exists\xi$ 介于 $a_{n-1},a_{n-2}$之间,使得

$$\ln f(a_{n-1})-\ln f(a_{n-2})=\frac{f'(\xi)}{f(\xi)}(a_{n-1}-a_{n-2}),$$

$$|a_n-a_{n-1}|=\left|\frac{f'(\xi)}{f(\xi)}(a_{n-1}-a_{n-2})\right|,$$

又 $|f'(\xi)|<mf(\xi)$,得 $\left|\dfrac{f'(\xi)}{f(\xi)}\right|<m.$

$|a_n-a_{n-1}|<m|a_{n-1}-a_{n-2}|<\cdots<m^{n-1}|a_1-a_0|0<m<1$,所以级数 $\sum\limits_{n=1}^{\infty}m^{n-1}|a_1-a_0|$收敛,所以级数 $\sum\limits_{n=1}^{\infty}|a_n-a_{n-1}|$收敛,即 $\sum\limits_{n=1}^{\infty}(a_n-a_{n-1})$ 绝对收敛.

七、解:假设存在区间$[0,2]$上的连续可微函数 $f(x)$,满足 $f(0)=f(2)=1$,$|f'(x)|\leqslant 1$,

$\left|\int_0^2 f(x)\mathrm{d}x\right| \leqslant 1$. 当 $x \in [0,1]$ 时,由拉格朗日中值定理,得 $\exists \xi_1$ 介于 $0,x$ 之间,使得 $f(x) = f(0) + f'(\xi_1)x$,同理,当 $x \in [1,2]$ 时,由拉格朗日中值定理,得 $\exists \xi_2$ 介于 $x,2$ 之间,使得 $f(x) = f(2) + f'(\xi_2)(x-2)$,即 $f(x) = 1 + f'(\xi_1)x, x \in [0,1]$; $f(x) = 1 + f'(\xi_2)(x-2), x \in [1,2]$, $-1 \leqslant f'(x) \leqslant 1, 1 - x \leqslant f(x) \leqslant 1 + x, x \in [0,1]$; $x - 1 \leqslant f(x) = 3 - x, x \in [1,2]$.

显然,$f(x) \geqslant 0$, $\int_0^2 f(x)\mathrm{d}x \geqslant 0$,

$1 \leqslant \int_0^1 (1-x)\mathrm{d}x + \int_1^2 (x-1)\mathrm{d}x \leqslant \int_0^2 f(x)\mathrm{d}x \leqslant \int_0^1 (1+x)\mathrm{d}x + \int_1^2 (3-x)\mathrm{d}x = 3$. $\left|\int_0^2 f(x)\mathrm{d}x\right| \geqslant 1$,

又由题意得 $\left|\int_0^2 f(x)\mathrm{d}x\right| \leqslant 1$, $\left|\int_0^2 f(x)\mathrm{d}x\right| = 1$,

即 $\int_0^2 f(x)\mathrm{d}x = 1, f(x) = \begin{cases} 1 - x, x \in [0,1] \\ x - 1, x \in [1,2] \end{cases}$.

$$\lim_{x\to 1^+}\frac{f(x) - f(1)}{x - 1} = \lim_{x\to 1^+}\frac{x-1}{x-1} = 1, \lim_{x\to 1^-}\frac{f(x) - f(1)}{x - 1} = \lim_{x\to 1^+}\frac{1-x}{x-1} = -1,$$

$f'(1)$ 不存在,又因为 $f(x)$ 是在区间 $[0,2]$ 上的连续可微函数,即 $f'(1)$ 存在,矛盾,故原假设不成立,所以,不存在满足题意的函数 $f(x)$.

## 第四届中国全国大学生数学竞赛预赛试卷(非数学类,2012)答案

一、解答下列各题(每小题 6 分共 30 分,要求写出重要步骤)

1. 因为 $(n!)^{\frac{1}{n^2}} = e^{\frac{1}{n^2}\ln(n!)}$,而

$$\frac{1}{n^2}\ln(n!) \leqslant \frac{1}{n}\left(\frac{\ln 1}{1} + \frac{\ln 2}{2} + \cdots + \frac{\ln n}{n}\right),$$

且 $\lim\limits_{n\to\infty}\frac{\ln n}{n} = 0$. 所以

$$\lim_{n\to\infty}\frac{1}{n}\left(\frac{\ln 1}{1} + \frac{\ln 2}{2} + \cdots + \frac{\ln n}{n}\right) = 0,$$

即 $\lim\limits_{n\to\infty}\frac{1}{n^2}\ln(n!) = 0$,故 $\lim\limits_{n\to\infty}(n!)^{\frac{1}{n^2}} = 1$.

2. 过直线 $L$ 的平面束为

$$\lambda(2x + y - 3z + 2) + \mu(5x + 5y - 4z + 3) = 0,$$

即 $(2\lambda + \mu)x + (\lambda + 5\mu)y - (3\lambda + 4\mu)z + (2\lambda + 3\mu) = 0$,

若平面 $\pi_1$ 过点 $(4,-3,1)$,代入得 $\lambda + \mu = 0$,即 $\mu = -\lambda$,从而平面 $\pi_1$ 的方程为 $3x + 4y - z + 1 = 0$,若平面束中的平面 $\pi_2$ 与 $\pi_1$ 垂直,则 $3\cdot(2\lambda + 5\mu) + 4\cdot(\lambda + 5\mu) + 1\cdot(3\lambda + 4\mu) = 0$,解得 $\lambda = -3\mu$,从而平面 $\pi_2$ 的方程为 $x - 2y - 5z = -3$.

3. $\frac{\partial z}{\partial x} = e^{ax+by}\left[\frac{\partial u}{\partial x} + au(x,y)\right]$, $\frac{\partial z}{\partial y} = e^{ax+by}\left[\frac{\partial u}{\partial y} + bu(x,y)\right]$, $\frac{\partial^2 z}{\partial x\partial y} = e^{ax+by}\left[b\frac{\partial u}{\partial x} + a\frac{\partial u}{\partial y} + abu(x,y)\right]$,

$\frac{\partial^2 z}{\partial x\partial y} - \frac{\partial z}{\partial x} - \frac{\partial z}{\partial y} + z = e^{ax+by}\left[(b-1)\frac{\partial u}{\partial x} + (a-1)\frac{\partial u}{\partial y} + (ab - a - b + 1)u(x,y)\right]$,

若使$\frac{\partial^2 z}{\partial x\partial y}-\frac{\partial z}{\partial x}-\frac{\partial z}{\partial y}+z=0$,只有$(b-1)\frac{\partial u}{\partial x}+(a-1)\frac{\partial u}{\partial y}+(ab-a-b+1)u(x,y)=0$,即$a=b=1$.

4. 由$\frac{\partial}{\partial x}[(x+u^3)u]=\frac{\partial}{\partial y}[(x+2y)u]$,得$(x+4u^3)u'=u$,即$\frac{\mathrm{d}x}{\mathrm{d}u}-\frac{1}{u}x=4u^2$,方程通解为$x=u(2u^2+C)$. 由$u(2)=1$,得$C=0$,故$u=(\frac{x}{2})^{\frac{1}{3}}$.

5. 因为当$x>1$时,有

$$\left|\sqrt[3]{x}\int_x^{x+1}\frac{\sin t}{\sqrt{t+\cos t}}\mathrm{d}t\right|\leqslant\sqrt[3]{x}\int_x^{x+1}\frac{1}{\sqrt{t-1}}\mathrm{d}t$$
$$\leqslant 2\sqrt[3]{x}(\sqrt{x}-\sqrt{x-1})=2\frac{\sqrt[3]{x}}{\sqrt{x}+\sqrt{x-1}}\to 0(x\to\infty),$$

所以$\lim\limits_{x\to\infty}\sqrt[3]{x}\int_x^{x+1}\frac{\sin t}{\sqrt{t+\cos t}}\mathrm{d}t=0$.

二、解由于$\int_0^{n\pi}\mathrm{e}^{-2x}|\sin x|\mathrm{d}x=\sum\limits_{k=1}^{n}\int_{(k-1)\pi}^{k\pi}\mathrm{e}^{-2x}|\sin x|\mathrm{d}x=\sum\limits_{k=1}^{n}\int_{(k-1)\pi}^{k\pi}(-1)^{k-1}\mathrm{e}^{-2x}\sin x\mathrm{d}x$,

应用分部积分法,有

$$\int_{(k-1)\pi}^{k\pi}(-1)^{k-1}\mathrm{e}^{-2x}\sin x\mathrm{d}x=\frac{1}{5}\mathrm{e}^{-2k\pi}(1+\mathrm{e}^{2\pi}),$$

所以 $$\int_0^{n\pi}\mathrm{e}^{-2x}|\sin x|\mathrm{d}x=\frac{1}{5}(1+\mathrm{e}^{2\pi})\sum_{k=1}^{n}\mathrm{e}^{-2k\pi}=\frac{1}{5}(1+\mathrm{e}^{2\pi})\frac{\mathrm{e}^{-2\pi}-\mathrm{e}^{-2(n+1)\pi}}{1-\mathrm{e}^{-2\pi}}.$$

当$n\pi\leqslant x<(n+1)\pi$时,$\int_0^{n\pi}\mathrm{e}^{-2x}|\sin x|\mathrm{d}x\leqslant\int_0^{x}\mathrm{e}^{-2x}|\sin x|\mathrm{d}x<\int_0^{(n+1)\pi}\mathrm{e}^{-2x}|\sin x|\mathrm{d}x$,

令$n\to\infty$,由两边夹法则,有

$$\int_0^{\infty}\mathrm{e}^{-2x}|\sin x|\mathrm{d}x=\lim_{x\to\infty}\int_0^{x}\mathrm{e}^{-2x}|\sin x|\mathrm{d}x=\frac{1}{5}\cdot\frac{\mathrm{e}^{2\pi}+1}{\mathrm{e}^{2\pi}-1}.$$

三、解由泰勒公式$\sin t=t-\frac{\sin(\theta t)}{2}t^2(0<\theta<1)$,令$t=\frac{1}{x}$,得$\sin\frac{1}{x}=\frac{1}{x}-\frac{\sin\left(\frac{\theta}{x}\right)}{2x^2}$,代入原方程,得

$$x-\frac{1}{2}\sin\left(\frac{\theta}{x}\right)=2x-501,\text{即}x=501-\frac{1}{2}\sin\left(\frac{\theta}{x}\right).$$

由此知$x>500$,$0<\frac{\theta}{x}<\frac{1}{500}$,$|x-501|=\frac{1}{2}\left|\sin\left(\frac{\theta}{x}\right)\right|\leqslant\frac{1}{2}\frac{\theta}{x}<\frac{1}{1000}=0.001$,所以,$x=501$即为满足题设条件的解.

四、解曲线$y=f(x)$在点$P(x,f(x))$处的切线方程为$Y-f(x)=f'(x)(X-x)$,令$Y=0$,则有$X=x-\frac{f(x)}{f'(x)}$,由此$u=x-\frac{f(x)}{f'(x)}$,且有$\lim\limits_{x\to0}u=\lim\limits_{x\to0}\left(x-\frac{f(x)}{f'(x)}\right)=-\lim\limits_{x\to0}\frac{\frac{f(x)-f(0)}{x}}{\frac{f'(x)-f'(0)}{x}}=\frac{f'(0)}{f''(0)}=0$. 由$f(x)$在$x=0$处的二阶泰勒公式$f(x)=f(0)+f'(0)x+\frac{f''(0)}{2}x^2+o(x^2)=$

$\frac{f''(0)}{2}x^2+o(x^2)$,得

$$\lim_{x\to 0}\frac{u}{x}=1-\lim_{x\to 0}\frac{f(x)}{xf'(x)}=1-\lim_{x\to 0}\frac{\frac{f''(0)}{2}x^2+o(x^2)}{xf'(x)}$$
$$=1-\frac{1}{2}\lim_{x\to 0}\frac{f''(0)+o(1)}{\frac{f'(x)-f'(0)}{x}}=1-\frac{1}{2}\frac{f''(0)}{f''(0)}=\frac{1}{2}.$$

所以$\lim\limits_{x\to 0}\frac{x^3f(u)}{f(x)\sin^3u}=\lim\limits_{x\to 0}\frac{x^3\left(\frac{f''(0)}{2}u^2+o(u^2)\right)}{u^3\left(\frac{f''(0)}{2}x^2+o(x^2)\right)}=\lim\limits_{x\to 0}\frac{x}{u}=2.$

五、解 由于$\int_0^1\left|f(\sqrt{x})\right|\mathrm{d}x=\int_0^1|f(t)|2t\mathrm{d}t\leqslant 2\int_0^1|f(t)|\mathrm{d}t=2$,另一方面,取$f_n(x)=(n+1)x^n$,则$\int_0^1|f_n(x)|\mathrm{d}x=\int_0^1 f_n(x)\mathrm{d}x=1$,而$\int_0^1\left|f_n(\sqrt{x})\right|\mathrm{d}x=2\int_0^1 tf_n(t)\mathrm{d}t=2\cdot\frac{n+1}{n+2}\to 2(n\to\infty)$,因此,最小的实数$C=2$.

六、解:令$\begin{cases}x=r\cos\theta\\ y=r\sin\theta\\ z=z\end{cases}$,

则 $\Omega:\begin{cases}0\leqslant\theta\leqslant 2\pi\\ 0\leqslant r\leqslant a\\ r^2\leqslant z\leqslant\sqrt{t^2-r^2}\end{cases}$,

其中$a$满足$a^2+a^4=t^2$,$a=\frac{\sqrt{1+4t^2}-1}{2}$,故有

$$F(t)=\int_0^{2\pi}\mathrm{d}\theta\int_0^a r\mathrm{d}r\int_{r^2}^{\sqrt{t^2-r^2}}f(r^2+z^2)\mathrm{d}z=2\pi\int_0^a r\left[\int_{r^2}^{\sqrt{t^2-a^2}}f(r^2+z^2)\mathrm{d}z\right]\mathrm{d}r.$$

从而有 $F'(t)=2\pi\left(a\int_{a^2}^{\sqrt{t^2-a^2}}f(a^2+z^2)\mathrm{d}z\cdot\frac{\mathrm{d}a}{\mathrm{d}t}+\int_0^a rf(r^2+t^2-r^2)\frac{t}{\sqrt{t^2-r^2}}\mathrm{d}r\right)$,

注意到$\sqrt{t^2-a^2}=a^2$,第一个积分为0,得

$$F'(t)=2\pi tf(t^2)\int_0^a r\frac{1}{\sqrt{t^2-r^2}}\mathrm{d}r=-\pi tf(t^2)\int_0^a\frac{\mathrm{d}(t^2-r^2)}{\sqrt{(t^2-r^2)}},$$

所以
$$F'(t)=2\pi tf(t^2)\int_0^a r\frac{1}{\sqrt{t^2-r^2}}\mathrm{d}r=-\pi tf(t^2)\int_0^a\frac{\mathrm{d}(t^2-r^2)}{\sqrt{(t^2-r^2)}},$$
$$F'(t)=2\pi tf(t^2)(t-a^2)=\pi tf(t^2)(2t+1-\sqrt{1+4t^2}).$$

七、证明:

1. 设$\lim\limits_{n\to\infty}\left(\frac{a_n}{a_{n+1}b_n}-\frac{1}{b_{n+1}}\right)=2\delta>\delta>0$,则存在$N\in\mathbf{N}$,对于任意的$n\geqslant N$时,有

$$\frac{a_n}{a_{n+1}b_n}-\frac{1}{b_{n+1}}>\delta,\frac{a_n}{b_n}-\frac{a_{n+1}}{b_{n+1}}>\delta a_{n+1},a_{n+1}<\frac{1}{\delta}\left(\frac{a_n}{b_n}-\frac{a_{n+1}}{b_{n+1}}\right),$$

$$\sum_{n=N}^{m} a_{n+1} \leqslant \frac{1}{\delta}\sum_{n=N}^{m}\left(\frac{a_n}{b_n}-\frac{a_{n+1}}{b_{n+1}}\right) \leqslant \frac{1}{\delta}\left(\frac{a_N}{b_N}-\frac{a_{m+}}{b_{m+1}}\right) \leqslant \frac{1}{\delta}\frac{a_N}{b_N},$$

因而，$\sum\limits_{n=1}^{\infty} a_n$ 的部分和有上界，从而 $\sum\limits_{n=1}^{\infty} a_n$ 收敛.

2. 若 $\lim\limits_{n\to\infty}\left(\frac{a_n}{a_{n+1}b_n}-\frac{1}{b_{n+1}}\right)<\delta<0$，则存在 $N\in\mathbf{N}$，对于任意的 $n\geqslant N$ 时，$\frac{a_n}{a_{n+1}}<\frac{b_n}{b_{n+1}}$，有

$$a_{n+1} > \frac{b_{n+1}}{b_n}a_n > \cdots > \frac{b_{n+1}}{b_n}\cdot\frac{b_n}{b_{n-1}}\cdot\cdots\cdot\frac{b_{N+1}}{b_N}a_N = \frac{a_N}{b_N}b_{n+1},$$

于是，由 $\sum\limits_{n=1}^{\infty} b_n$ 发散，得到 $\sum\limits_{n=1}^{\infty} a_n$ 发散.

# 第五届中国全国大学生数学竞赛预赛试卷（非数学类，2013）答案

一、解答下列各题（每小题 6 分共 24 分，要求写出重要步骤）

1. 解 因为 $\sin\pi\sqrt{1+4n^2} = \sin(\pi\sqrt{1+4n^2}-2n\pi) = \sin\frac{\pi}{\sqrt{1+4n^2}+2n}$，

$$原式 = \lim_{n\to\infty}\left(1+\sin\frac{\pi}{\pi\sqrt{1+4n^2}+2n\pi}\right)^n = \exp\left[\lim_{n\to\infty} n\ln\left(1+\sin\frac{\pi}{\pi\sqrt{1+4n^2}+2n\pi}\right)\right]$$

$$= \exp\left(\lim_{n\to\infty} n\sin\frac{\pi}{\pi\sqrt{1+4n^2}+2n\pi}\right) = \exp\left(\lim_{n\to\infty}\frac{n\pi}{\pi\sqrt{1+4n^2}+2n\pi}\right) = e^{\frac{1}{4}}.$$

2. 解 记 $a_n = \int_{n\pi}^{(n+1)\pi}\frac{|\sin x|}{x}dx$，只要证明 $\sum\limits_{n=0}^{\infty} a_n$ 发散即可.

因为 $a_n \geqslant \frac{1}{(n+1)\pi}\int_{n\pi}^{(n+1)\pi}|\sin x|dx = \frac{1}{(n+1)\pi}\int_0^{\pi}\sin x dx = \frac{2}{(n+1)\pi}.$

而 $\sum\limits_{n=0}^{\infty}\frac{2}{(n+1)\pi}$ 发散，故由比较判别法 $\sum\limits_{n=0}^{\infty} a_n$ 发散.

3. 解 方程两边对 $x$ 求导，得 $3x^2+6xy+3x^2y'-6y^2y'=0$，故 $y'=\frac{x(x+2y)}{2y^2-x^2}$，令 $y'=0$，得 $x(x+2y)=0\Rightarrow x=0$ 或 $x=-2y$，将 $x=-2y$ 代入所给方程得 $x=-2, y=1$，将 $x=0$ 代入所给方程，得 $x=0, y=-1$，又

$$y'' = \frac{(2x+2xy'+2y)(2y^2-x^2)-x(x+2y)(4yy'-2x)}{(2y^2-x^2)^2},$$

$$y''|_{x=0,y=1,y'=1} = \frac{(0+0-2)(2-2)-0}{(2-0)^2} = -1<0, y''|_{x=-2,y=1,y'=0} = 1>0,$$

故 $y(0)=-1$ 为极大值，$y(-2)=1$ 为极小值.

4. 解 设切点 $A$ 的坐标为 $(t,\sqrt[3]{t})$，曲线过 $A$ 点的切线方程为 $y-\sqrt[3]{t}=\frac{1}{3\sqrt[3]{t^2}}(x-t)$，令 $y=0$，由切线方程得切线与 $x$ 轴交点的横坐标为 $x_0=-2t$. 从作图可知，所求平面图形的面积为

$$S = \frac{1}{2}\sqrt[3]{t}[t-(-2t)]-\int_0^t\sqrt[3]{x}dx = \frac{3}{4}t\sqrt[3]{t} = \frac{3}{4}\Rightarrow t=1,$$

故 $A$ 点的坐标为(1,1)

二、(满分 12)

解 $I = \int_{-\pi}^{0} \frac{x\sin x \cdot \arctan e^{x}}{1+\cos^2 x}dx + \int_{0}^{\pi} \frac{x\sin x \cdot \arctan e^{x}}{1+\cos^2 x}dx$

$= \int_{0}^{\pi} \frac{x\sin x \cdot \arctan e^{-x}}{1+\cos^2 x}dx + \int_{0}^{\pi} \frac{x\sin x \cdot \arctan e^{x}}{1+\cos^2 x}dx$

$= \int_{0}^{\pi} \frac{x\sin x}{1+\cos^2 x} \cdot (\arctan e^{-x} + \arctan e^{x})dx = \frac{\pi}{2}\int_{0}^{\pi} \frac{x\sin x}{1+\cos^2 x}dx = \left(\frac{\pi}{2}\right)^2 \int_{0}^{\pi} \frac{\sin x}{1+\cos^2 x}dx$

$= -\left(\frac{\pi}{2}\right)^2 \arctan \cos x \Big|_0^{\pi} = \frac{\pi^3}{8}.$

三、(满分 12 分)解 由于 $f(x)$ 在 $x=0$ 处可导必连续,由 $\lim\limits_{x\to 0}\frac{f(x)}{x}=0$,得

$$f(0) = \lim_{x\to 0} f(x) = \lim_{x\to 0}\left[x \cdot \frac{f(x)}{x}\right] = 0,\ f'(0) = \lim_{x\to 0}\frac{f(x)-f(0)}{x-0} = \lim_{x\to 0}\frac{f(x)}{x} = 0.$$

由洛比达法则及定义

$$\lim_{x\to 0}\frac{f(x)}{x^2} = \lim_{x\to 0}\frac{f'(x)}{2x} = \frac{1}{2}\lim_{x\to 0}\frac{f'(x)-f'(0)}{x-0} = \frac{1}{2}f''(0),$$

所以 $\lim\limits_{n\to\infty}\frac{\left|f\left(\frac{1}{n}\right)\right|}{\left(\frac{1}{n}\right)^2} = \frac{1}{2}f''(0).$

由于级数 $\sum\limits_{n=1}^{\infty}\frac{1}{n^2}$ 收敛,由比较判别法的极限形式知 $\sum\limits_{n=1}^{\infty}\left|f\left(\frac{1}{n}\right)\right|$ 收敛.

四、(满分 12 分)解 因为 $f'(x) \geqslant \pi > 0 (a \leqslant x \leqslant b)$,所以 $f(x)$ 在 $[a,b]$ 上严格单调增,从而有反函数.

设 $A=f(a), B=f(b)$, $\varphi$ 是 $f$ 的反函数,则 $0 < \varphi'(y) = \frac{1}{f'(x)} \leqslant \frac{1}{\pi}$,又 $|f(x)| \leqslant \pi$,则 $-\pi \leqslant A < B \leqslant \pi$,所以 $\left|\int_a^b \sin f(x)dx\right| \overset{x=\varphi(y)}{=} \left|\int_A^B \varphi'(y)\sin y dy\right| \leqslant \left|\int_0^{\pi}\varphi'(y)\sin y dy\right| \leqslant$ $\int_0^{\pi}\frac{1}{\pi}\sin y d y = -\frac{1}{\pi}\cos y\Big|_0^{\pi} = \frac{2}{\pi}.$

五、(满分 14 分)解 记 $\Sigma$ 围成的立体为 $V$,由高斯公式

$$I = \iiint_V (3x^2+6y^2+9z^2-3)dV = 3\iiint_V (x^2+2y^2+3z^2-1)dxdydz.$$

为了使得 $I$ 的值最小,就要求 $V$ 是使得最大空间区域 $x^2+2y^2+3z^2-1 \leqslant 0$,即

取 $V=\{(x,y,z)\,|\,x^2+2y^2+3z^2 \leqslant 1\}$ ,曲面 $\Sigma: x^2+2y^2+3z^2=1$

为求最小值,作变换 $\begin{cases} x=u \\ y=v/\sqrt{2} \\ z=w/\sqrt{3} \end{cases}$,

则$\dfrac{\partial(x,y,z)}{\partial(u,v,w)}=\begin{vmatrix}1 & 0 & 0\\ 0 & 1/\sqrt{2} & 0\\ 0 & 0 & 1/\sqrt{3}\end{vmatrix}=\dfrac{1}{\sqrt{6}}$,

从而$I=\dfrac{3}{\sqrt{6}}\iiint\limits_V(u^2+v^2+w^2-1)\mathrm{d}u\mathrm{d}v\mathrm{d}w$. 使用球坐标计算,得

$$I=\frac{3}{\sqrt{6}}\int_0^{\pi}\mathrm{d}\varphi\int_0^{2\pi}\mathrm{d}\theta\int_0^1(r^2-1)r^2\sin\varphi\,\mathrm{d}r=\frac{3}{\sqrt{6}}\cdot 2\pi\left(\frac{1}{5}-\frac{1}{3}\right)(-\cos\varphi)\Big|_0^{\pi}=\frac{3\sqrt{6}}{6}\cdot 4\pi\cdot\frac{-2}{15}=-\frac{4\sqrt{6}}{15}\pi.$$

六、(满分 14 分)

解　作变换$\begin{cases}x=\dfrac{\sqrt{2}}{2}(u-v)\\ y=\dfrac{\sqrt{2}}{2}(u+v)\end{cases}$(观察发现或用线性代数正交变换化二次型的方法),曲线$C$

变为$uOv$平面上的椭圆$\Gamma$:$\dfrac{3}{2}u^2+\dfrac{1}{2}v^2=r^2$(实现了简化积分曲线),也是取正向. 而且$x^2+y^2=u^2+v^2$,$y\mathrm{d}x-x\mathrm{d}y=v\mathrm{d}u-u\mathrm{d}v$(被积表达式没变,同样简单),$I_a(r)=\oint_{\Gamma}\dfrac{v\mathrm{d}u-u\mathrm{d}v}{(u^2+v^2)^a}$. 曲线参数化$u=\sqrt{\dfrac{2}{3}}r\cos\theta$,$v=\sqrt{2}r\sin\theta$,$\theta:0\to 2\pi$,则有$v\mathrm{d}u-u\mathrm{d}v=-\dfrac{2}{\sqrt{3}}r^2\mathrm{d}\theta$,$I_a(r)=$

$$\int_0^{2\pi}\frac{-\dfrac{2}{\sqrt{3}}r^2\mathrm{d}\theta}{\left(\dfrac{2}{3}r^2\cos^2\theta+2r^2\sin^2\theta\right)^a}=-\frac{2}{\sqrt{3}}r^{2(1-a)}\int_0^{2\pi}\frac{\mathrm{d}\theta}{\left(\dfrac{2}{3}\cos^2\theta+2\sin^2\theta\right)^a}.$$

令$J_a=\displaystyle\int_0^{2\pi}\frac{\mathrm{d}\theta}{\left(\dfrac{2}{3}\cos^2\theta+2\sin^2\theta\right)^a}$,则由于$\dfrac{2}{3}<\dfrac{2}{3}\cos^2\theta+2\sin^2\theta<2$,从而$0<J_a<+\infty$.

因此当$a>1$时,$\lim\limits_{r\to+\infty}I_a(r)=0$;或$a<1$时$\lim\limits_{r\to+\infty}I_a(r)=-\infty$;而$a=1$时,有

$$J_1=\int_0^{2\pi}\frac{\mathrm{d}\theta}{\dfrac{2}{3}\cos^2\theta+2\sin^2\theta}=4\int_0^{\frac{\pi}{2}}\frac{\mathrm{d}\theta}{\dfrac{2}{3}\cos^2\theta+2\sin^2\theta}$$

$$=2\int_0^{\pi/2}\frac{\mathrm{d}\tan\theta}{\dfrac{1}{3}+\tan^2\theta}=2\int_0^{+\infty}\frac{\mathrm{d}t}{\dfrac{1}{3}+t^2}=2\cdot\frac{1}{\sqrt{1/3}}\arctan\frac{t}{\sqrt{1/3}}\Big|_0^{+\infty}=2\sqrt{3}\left(\frac{\pi}{2}-0\right)=\sqrt{3}\pi.$$

$$I_1(r)=-\frac{2}{\sqrt{3}}\cdot\sqrt{3}\pi=-2\pi.$$

故所求极限为$I_a(r)=\begin{cases}0,a>1\\ -\infty,a<1\\ -2\pi,a=1\end{cases}$.

七、(满分 14 分) 解(1) 记$a_n=1+\dfrac{1}{2}+\cdots+\dfrac{1}{n}$,$u_n=\dfrac{a_n}{(n+1)(n+2)}$,$n=1,2,3,\cdots$,

因为$\lim\limits_{n\to\infty}\frac{1+\ln n}{\sqrt{n}}=0$,$n$ 充分大时 $0<a_n<1+\int_1^n\frac{1}{x}dx=1+\ln n<\sqrt{n}$,所以 $0<u_n<\frac{\sqrt{n}}{(n+1)(n+2)}<\frac{1}{n^{\frac{3}{2}}}$,而$\sum\limits_{n=1}^{\infty}\frac{1}{n^{\frac{3}{2}}}$收敛,故$\sum\limits_{n=1}^{\infty}\frac{1+\frac{1}{2}+\cdots+\frac{1}{n}}{(n+1)(n+2)}$收敛.

(2) 记 $a_k=1+\frac{1}{2}+\cdots+\frac{1}{k}$,$(k=1,2,3,\cdots)$,则 $S_n=\sum\limits_{k=1}^{n}\frac{1+\frac{1}{2}+\cdots+\frac{1}{k}}{(k+1)(k+2)}=\sum\limits_{k=1}^{n}\frac{a_k}{(k+1)(k+2)}=\sum\limits_{k=1}^{n}\left(\frac{a_k}{k+1}-\frac{a_k}{k+2}\right)$

$$=\left(\frac{a_1}{2}-\frac{a_1}{3}\right)+\left(\frac{a_2}{3}-\frac{a_2}{4}\right)+\cdots+\left(\frac{a_{n-1}}{n}-\frac{a_{n-1}}{n+1}\right)+\left(\frac{a_n}{n+1}-\frac{a_n}{n+2}\right)$$

$$=\frac{a_1}{2}+\frac{1}{3}(a_2-a_1)+\frac{1}{4}(a_3-a_2)+\cdots+\frac{1}{n+1}(a_n-a_{n-1})-\frac{a_n}{n+2}$$

$$=\frac{1}{2}+\frac{1}{3}\cdot\frac{1}{2}+\frac{1}{4}\cdot\frac{1}{3}+\cdots+\frac{1}{n+1}\cdot\frac{1}{n}-\frac{a_n}{n+2}=1-\frac{1}{n}-\frac{a_n}{n+2}.$$

因为 $0<a_n<1+\int_1^n\frac{1}{x}dx=1+\ln n$,所以 $0<\frac{a_n}{n+2}<\frac{1+\ln n}{n+2}$,从而$\lim\limits_{n\to\infty}\frac{1+\ln n}{n+2}=0$,故$\lim\limits_{n\to\infty}\frac{a_n}{n+2}=0$. 因此 $S=\lim\limits_{n\to\infty}S_n=1-0-0=1$(也可由此用定义推知级数的收敛性).

# 附录Ⅱ

## 2009—2013 年中国全国大学生数学竞赛预赛试卷(数学类)及部分答案

### 首届中国全国大学生数学竞赛预赛试卷(数学类,2009)

考试形式: <u>闭卷</u> 考试时间: <u>120</u> 分钟 满分: <u>100</u> 分

一、(15 分)求经过三平行直线 $L_1: x=y=z$, $L_2: x-1=y=z+1$, $L_3: x=y+1=z-1$ 的圆柱面的方程.

二、(20 分)设 $\mathbf{C}^{n\times n}$ 是 $n\times n$ 复矩阵全体在通常的运算下所构成的复数域 $\mathbf{C}$ 上的线性空间,

$$\boldsymbol{F}=\begin{pmatrix}0&0&\cdots&0&-a_n\\1&0&\cdots&0&-a_{n-1}\\0&1&\cdots&0&-a_{n-2}\\\vdots&\vdots&\ddots&\vdots&\vdots\\0&0&\cdots&1&-a_1\end{pmatrix}$$

(1) 假设 $\boldsymbol{A}=\begin{pmatrix}a_{11}&a_{12}&\cdots&a_{1n}\\a_{21}&a_{22}&\cdots&a_{2n}\\\vdots&\vdots&\ddots&\vdots\\a_{n1}&a_{n1}&\cdots&a_{nn}\end{pmatrix}$,若 $\boldsymbol{AF}=\boldsymbol{FA}$,证明 $\boldsymbol{A}=a_{n1}\boldsymbol{F}^{n-1}+a_{n-11}\boldsymbol{F}^{n-2}+\cdots+a_{21}\boldsymbol{F}+a_{11}\boldsymbol{E}$;

(2) 求 $\mathbf{C}^{n\times n}$ 的子空间 $\mathbf{C}(\boldsymbol{F})=\{\boldsymbol{X}\in\mathbf{C}^{n\times n}\mid \boldsymbol{FX}=\boldsymbol{XF}\}$ 的维数.

三、(15 分)假设 $V$ 是复数域 $\mathbf{C}$ 上 $n$ 维线性空间($n>0$),$f,g$ 是 $V$ 上的线性变换. 如果 $fg-gf=f$,证明:$f$ 的特征值都是 0,且 $f,g$ 有公共特征向量.

四、(10 分)设 $\{f_n(x)\}$ 是定义在 $[a,b]$ 上的无穷次可微的函数序列且逐点收敛,并在 $[a,b]$ 上满足 $|f'_n(x)|\leqslant M$.

(1) 证明 $\{f_n(x)\}$ 在 $[a,b]$ 上一致收敛;

(2) 设 $f(x)=\lim\limits_{n\to\infty}f_n(x)$,问 $f(x)$ 是否一定在 $[a,b]$ 上处处可导,为什么?

五、(10 分) 设 $a_n=\int_0^{\frac{\pi}{2}}t\left|\frac{\sin nt}{\sin t}\right|^3\mathrm{d}t$,证明 $\sum\limits_{n=1}^{\infty}\frac{1}{a_n}$ 发散.

六、(15 分)$f(x,y)$ 是 $\{(x,y)\mid x^2+y^2\leqslant 1\}$ 上二次连续可微函数,满足 $\frac{\partial^2 f}{\partial x^2}+\frac{\partial^2 f}{\partial y^2}=x^2y^2$,计算积分

$$I=\iint_{x^2+y^2\leqslant 1}\left(\frac{x}{\sqrt{x^2+y^2}}\cdot\frac{\partial f}{\partial x}+\frac{y}{\sqrt{x^2+y^2}}\cdot\frac{\partial f}{\partial y}\right)\mathrm{d}x\mathrm{d}y.$$

七、(15 分)假设函数 $f(x)$ 在 $[0,1]$ 上连续,在 $(0,1)$ 内二阶可导,过点 $A(0,f(0))$,与点 $B(1,f(1))$ 的直线与曲线 $y=f(x)$ 相交于点 $C(c,f(c))$,其中 $0<c<1$. 证明:在 $(0,1)$ 内至少存在一点 $\xi$,使 $f''(\xi)=0$.

## 第二届中国全国大学生数学竞赛预赛试卷(数学类,2010)

考试形式: 闭卷　考试时间: 150 分钟　满分: 100 分

一、(10 分)设 $\varepsilon\in(0,1)$, $x_0=a$, $x_{n+1}=a+\varepsilon\sin x_n$, $(n=0,1,2,\cdots)$. 证明 $\xi=\lim\limits_{n\to+\infty}x_n$ 存在,且 $\xi$ 为方程 $x-\varepsilon\sin x=a$ 的唯一根.

二、(15 分)设 $\boldsymbol{B}=\begin{pmatrix}0&10&30\\0&0&2010\\0&0&0\end{pmatrix}$. 证明 $\boldsymbol{X}^2=\boldsymbol{B}$ 无解,这里 $\boldsymbol{X}$ 为三阶未知复方阵.

三、(10 分)设 $D\subset\mathbf{R}^2$ 是凸区域,函数 $f(x,y)$ 是凸函数. 证明或否定:$f(x,y)$ 在 $D$ 上连续. 注:函数 $f(x,y)$ 为凸函数的定义是 $\forall\,\alpha\in(0,1)$ 以及 $(x_1,y_1),(x_2,y_2)\in D$,成立

$$f(\alpha x_1+(1-\alpha)x_2,\alpha y_1+(1-\alpha)y_2)\leqslant\alpha f(x_1,y_1)+(1-\alpha)f(x_2,y_2).$$

四、(10 分)设 $f(x)$ 在 $[0,1]$ 上 Riemann 可积,在 $x=1$ 可导,$f(1)=0$, $f'(1)=a$. 证明:

$$\lim_{n\to+\infty}n^2\int_0^1x^nf(x)\,\mathrm{d}x=-a.$$

五、(15 分)已知二次曲面 $\Sigma$(非退化)过以下九点:$A(1,0,0)$, $B(1,1,2)$, $C(1,-1,-2)$, $D(3,0,0)$, $E(3,1,2)$, $F(3,-2,-4)$, $G(0,1,4)$, $H(3,-1,-2)$, $I(5,2\sqrt{2},8)$. 问 $\Sigma$ 是哪一类曲面?

六、(20 分)设 $\boldsymbol{A}$ 为 $n\times n$ 实矩阵(未必对称),对任一 $n$ 维实向量 $\boldsymbol{\alpha}\equiv(\alpha_1,\cdots,\alpha_n)$, $\boldsymbol{\alpha A\alpha}^{\mathrm{T}}\geqslant0$(这里 $\boldsymbol{\alpha}^{\mathrm{T}}$ 表示 $\boldsymbol{\alpha}$ 的转置),且存在 $n$ 维实向量 $\boldsymbol{\beta}$,使 $\boldsymbol{\beta A\beta}^{\mathrm{T}}=0$,同时对任意 $n$ 维实向量 $\boldsymbol{x}$ 和 $\boldsymbol{y}$,当 $\boldsymbol{xAy}^{\mathrm{T}}\neq0$ 时有 $\boldsymbol{xAy}^{\mathrm{T}}+\boldsymbol{yAx}^{\mathrm{T}}\neq0$. 证明:对任意 $n$ 维实向量 $\boldsymbol{v}$,都有 $\boldsymbol{vA\beta}^{\mathrm{T}}=0$.

七、(10 分)设 $f$ 在区间 $[0,1]$ 上黎曼可积,$0\leqslant f\leqslant1$. 求证:对任何 $\varepsilon>0$,存在只取值 0,1 的分段(段数有限)常值函数 $g(x)$,使得 $\forall\,[\alpha,\beta]\subseteq[0,1]$, $\left|\int_\alpha^\beta[f(x)-g(x)]\,\mathrm{d}x\right|<\varepsilon$.

八、(10 分)已知 $\varphi:(0,+\infty)\to(0,+\infty)$ 是一个严格单调下降的连续函数,满足 $\lim\limits_{t\to0^+}\varphi(t)=+\infty$. 若

$$\int_0^{+\infty}\varphi(t)\,\mathrm{d}t=\int_0^{+\infty}\varphi^{-1}(t)\,\mathrm{d}t=a<+\infty,$$

其中 $\varphi^{-1}$ 表示 $\varphi$ 的反函数. 求证:$\int_0^{+\infty}[\varphi(t)]^2\mathrm{d}t+\int_0^{+\infty}[\varphi^{-1}(t)]^2\mathrm{d}t\geqslant\frac{1}{2}a^{\frac{3}{2}}$.

# 第三届中国全国大学生数学竞赛预赛试卷(数学类,2011)

考试形式：闭卷　考试时间：150　分钟　满分：100　分

一、(15 分)已知四点 $A(1,2,7)$,$B(4,3,3)$,$C(5,-1,6)$,$D(\sqrt{7},\sqrt{7},0)$. 试求经过这四点的球面方程.

二、(10 分) 设 $f_1,f_2,\cdots,f_n$ 为 $[0,1]$ 上的非负连续函数. 求证:存在 $\xi \in [0,1]$,使得 $\prod_{k=1}^{n} f_k(\xi) \leqslant \prod_{k=1}^{n} \int_0^1 f_k(x)\,\mathrm{d}x$.

三、(15 分)设 $F^n$ 是数域 $F$ 上的 $n$ 维列空间,$\sigma: F^n \to F^n$ 是一个线性变换. 若 $\forall A \in M_n(F)$, $\sigma(A\alpha) = A\sigma(\alpha)$,$(\forall \alpha \in V)$,证明:$\sigma = \lambda \cdot id_{F^n}$其中 $\lambda$ 是 $F$ 中某个数,$id_{F^n}$表示恒同变换.

四、(10 分)对于$\triangle ABC$,求 $3\sin A + 4\sin B + 18\sin C$ 的最大值.

五、(15 分)对于任何实数 $\alpha$,求证存在取值于$\{-1,1\}$的数列$\{a_n\}$$(n\geqslant 1)$满足

$$\lim_{n\to+\infty}\left(\sum_{k=1}^{n}\sqrt{n+a_k} - n^{\frac{3}{2}}\right) = \alpha.$$

六、(20 分)设 $\boldsymbol{A}$ 是数域 $F$ 上的 $n$ 阶方阵. 证明:$\boldsymbol{A}$ 相似于$\begin{pmatrix}\boldsymbol{B} & \boldsymbol{O}\\ \boldsymbol{O} & \boldsymbol{C}\end{pmatrix}$,其中 $\boldsymbol{B}$ 是可逆矩阵,$\boldsymbol{C}$ 是幂零阵,即存在 $m$,使得 $\boldsymbol{C}^m = \boldsymbol{O}$.

七、(15 分) 设 $F(x)$ 是$[0,+\infty)$上的单调递减函数,$\lim\limits_{x\to+\infty} F(x) = 0$,且 $\lim\limits_{n\to+\infty}\int_0^{+\infty} F(t)\sin\frac{t}{n}\,\mathrm{d}t = 0$. 证明:

(1) $\lim\limits_{x\to+\infty} xF(x) = 0$.

(2) $\lim\limits_{x\to 0}\int_0^{+\infty} F(t)\sin(xt)\,\mathrm{d}t = 0$.

# 第四届中国全国大学生数学竞赛预赛试卷(数学类,2012)

考试形式: 闭卷　考试时间: 150 分钟　满分: 100 分

一、(15 分)设 $\Gamma$ 为椭圆抛物面 $z=3x^2+4y^2+1$. 从原点作 $\Gamma$ 的切锥面,求切锥面的方程.

二、(15 分)设 $\Gamma$ 为抛物线,$P$ 是与焦点位于抛物线同侧的一点,过 $P$ 点的直线 $L$ 与 $\Gamma$ 围成的有界区域的面积记为 $A(L)$. 证明:$A(L)$取最小值当且仅当 $P$ 点恰好为 $L$ 被 $\Gamma$ 所截出的线段的中点.

三、(10 分) 设 $f\in C^1[0,+\infty)$,$f(0)>0$,$f'(x)\geqslant 0(\forall x\in[0,+\infty))$. 已知 $\int_0^{+\infty}\frac{1}{f(x)+f'(x)}\mathrm{d}x<+\infty$,求证:$\int_0^{+\infty}\frac{1}{f(x)}\mathrm{d}x<+\infty$.

四、(10 分)设 $\boldsymbol{A},\boldsymbol{B},\boldsymbol{C}$ 均为实 $n$ 阶正定矩阵,$P(t)=\boldsymbol{A}t^2+\boldsymbol{B}t+\boldsymbol{C}$,$f(t)=\det P(t)$,其中 $t$ 为未定元,$\det P(t)$表示 $P(t)$的行列式. 若 $\lambda$ 为$f(t)$的根,试证明:$\mathrm{Re}(\lambda)<0$,这里 $\mathrm{Re}(\lambda)$表示 $\lambda$ 的实部.

五、(10 分) 已知$\frac{(1+x)^n}{(1-x)^3}=\sum_{i=0}^{\infty}a_ix^i$,$|x|<1$,$n$ 为正整数. 求$\sum_{i=0}^{n-1}a_i$.

六、(15 分)设$f:[0,1]\to\mathbf{R}$可微,$f(0)=f(1)$,$\int_0^1 f(x)\mathrm{d}x=0$,且$f'(x)\neq 1$,$\forall x\in[0,1]$.

求证:对任意正整数 $n$,有$\left|\sum_{k=0}^{n-1}f\left(\frac{k}{n}\right)\right|<\frac{1}{2}$.

七、(25 分)已知实矩阵$\boldsymbol{A}=\begin{pmatrix}2&2\\2&a\end{pmatrix}$,$\boldsymbol{B}=\begin{pmatrix}4&b\\3&1\end{pmatrix}$. 证明:

(1) 矩阵方程 $\boldsymbol{AX}=\boldsymbol{B}$ 有解,但 $\boldsymbol{BY}=\boldsymbol{A}$ 无解的充要条件是 $a\neq 2$,$b=\frac{4}{3}$;

(2) $\boldsymbol{A}$ 相似于 $\boldsymbol{B}$ 的充要条件是 $a=3$,$b=\frac{2}{3}$;

(3) $\boldsymbol{A}$ 合同于 $\boldsymbol{B}$ 的充要条件是 $a<2$,$b=3$.

# 第五届中国全国大学生数学竞赛预赛试卷(数学类,2013)

考试形式:<u>闭卷</u> 考试时间:<u>150</u> 分钟 满分:<u>100</u> 分

一、(15 分)平面 $R^2$ 上两个半径为 $r$ 的圆 $C_1$ 和 $C_2$ 外切于 $P$ 点. 将圆 $C_2$ 沿 $C_1$ 的圆周(无滑动)滚动一周,这时,$C_2$ 上的 $P$ 点也随着 $C_2$ 的运动而运动. 记 $\Gamma$ 为 $P$ 点的运动轨迹曲线,称为心脏线. 现设 $C$ 为以 $P$ 的初始位置(切点)为圆心的圆,其半径为 $R$. 记 $\gamma: R^2 \cup \{\infty\} \to R^2 \cup \{\infty\}$ 为圆 $C$ 的反演变换,它将 $Q \in R^2 \setminus \{P\}$ 映成射线 $PQ$ 上的点 $Q'$,满足 $\overrightarrow{PQ} \cdot \overrightarrow{PQ'} = R^2$. 求证:$\gamma(\Gamma)$ 为抛物线.

二、(10 分)设 $n$ 阶方阵 $\boldsymbol{B}(t)$ 和 $n \times 1$ 矩阵 $\boldsymbol{b}(t)$ 分别为 $\boldsymbol{B}(t) = (b_{ij}(t))$ 和 $b(t) = \begin{pmatrix} b_1(t) \\ \vdots \\ b_n(t) \end{pmatrix}$,其中 $b_{ij}(t), b_i(t)$ 均为关于 $t$ 的实系数多项式,$i,j = 1,2,\cdots,n$. 记 $d(t)$ 为 $\boldsymbol{B}(t)$ 的行列式,$d_i(t)$ 为用 $\boldsymbol{b}(t)$ 替代 $\boldsymbol{B}(t)$ 的第 $i$ 列后所得的 $n$ 阶矩阵的行列式,若 $d(t)$ 有实根 $t_0$ 使得 $\boldsymbol{B}(t_0)X = \boldsymbol{b}(t_0)$ 成为关于 $X$ 的相容线性方程组,试证明:$d(t), d_1(t), \cdots, d_n(t)$ 必有次数大于等于 1 的公因式.

三、(15 分)设 $f(x)$ 在区间 $[0,a]$ 上有二阶连续导数,$f'(0) = 1$,$f''(0) \neq 0$,且 $0 < f(x) < x$,$x \in (0,a)$. 令

$$x_{n+1} = f(x_n),\ x_1 \in (0,a).$$

(1) 求证 $\{x_n\}$ 收敛并求极限.

(2) 试问 $\{nx_n\}$ 是否收敛? 若不收敛,则说明理由;若收敛,则求其极限.

四、(15 分)设 $a > 1$,函数 $f:(0,+\infty) \to (0,+\infty)$ 可微,求证:存在趋于无穷的正数列 $\{x_n\}$ 使得

$$f'(x_n) < f(ax_n)\ (n = 1,2,\cdots).$$

五、(20 分)设 $f:[-1,1] \to R$ 为偶函数,$f$ 在 $[0,1]$ 上单调递增,又设 $g$ 是 $[-1,1]$ 上的凸函数,即对任意 $x,y \in [-1,1]$ 及 $t \in (0,1)$ 有 $g(tx + (1-t)y) \leqslant tg(x) + (1-t)g(y)$. 求证:

$$2\int_{-1}^{1} f(x)g(x)\,\mathrm{d}x \geqslant \int_{-1}^{1} f(x)\,\mathrm{d}x \int_{-1}^{1} g(x)\,\mathrm{d}x.$$

六、(25 分)设 $R^{n\times n}$ 为 $n$ 阶实方阵全体,$E_{ij}$ 为 $(i,j)$ 位置元素为 1、其余位置为 0 的 $n$ 阶方阵,$i,j = 1,2,\cdots,n$. 让 $\Gamma_r$ 为秩等于 $r$ 的实 $n$ 阶实方阵全体,$r = 0,1,2,\cdots,n$,并让 $\phi: R^{n\times n} \to R^{n\times n}$ 为可乘映照,满足

$$\phi(\boldsymbol{AB}) = \phi(\boldsymbol{A})\phi(\boldsymbol{B}),\ \forall \boldsymbol{A}, \boldsymbol{B} \in R^{n\times n}.$$

试证明:

(1) $\forall \boldsymbol{A}, \boldsymbol{B} \in \Gamma_r$,秩 $\phi(\boldsymbol{A})$ = 秩 $\phi(\boldsymbol{B})$.

(2) 若 $\phi(0) = 0$,且存在某个秩为 1 的矩阵 $\boldsymbol{W}$ 使得 $\phi(\boldsymbol{W}) \neq 0$,则必存在可逆方阵 $\boldsymbol{R}$,使得 $\phi(\boldsymbol{E}_{ij}) = \boldsymbol{R}\boldsymbol{E}_{ij}\boldsymbol{R}^{-1}$ 对一切 $\boldsymbol{E}_{ij}$ 皆成立,$i,j = 1,2,\cdots,n$.

# 首届中国全国大学生数学竞赛预赛试卷(数学类,2009)部分答案

一、所求圆柱面的方程为 $x^2+y^2+z^2-xy-xz-yz-3x+3y=0$.

二、(1)提示:记 $\boldsymbol{A}=(\alpha_1,\alpha_2,\cdots,\alpha_n)$,$\boldsymbol{M}=a_{n1}\boldsymbol{F}^{n-1}+a_{n-11}\boldsymbol{F}^{n-2}+\cdots+a_{21}\boldsymbol{F}+a_{11}\boldsymbol{E}$,要证明 $\boldsymbol{M}=\boldsymbol{A}$,只需证明 $\boldsymbol{A}$ 与 $\boldsymbol{M}$ 的各个列向量对应相等即可.

(2) 维数 $\dim\mathbf{C}(\boldsymbol{F})=n$.

三~五、略.

六、用极坐标代换,答案为 $\frac{\pi}{168}$.

七、证明:因为 $f(x)$ 在 $[0,c]$ 上满足拉格朗日中值定理的条件,故存在 $\xi_1\in(0,c)$,使得 $f'(\xi_1)=\frac{f(c)-f(0)}{c-0}$. 由于 $C$ 在弦 $AB$ 上,故有 $\frac{f(c)-f(0)}{c-0}=\frac{f(1)-f(0)}{1-0}=f(1)-f(0)$. 从而 $f'(\xi_1)=f(1)-f(0)$. 同理可证,存在 $\xi_2\in(c,1)$,使得 $f'(\xi_2)=f(1)-f(0)$,由于 $f'(\xi_1)=f'(\xi_2)$,知在 $[\xi_1,\xi_2]$ 上,$f'(x)$ 满足罗尔定理的条件,所以存在 $\xi\in(\xi_1,\xi_2)\subset(0,1)$,使得 $f''(\xi)=0$.

## 第二届中国全国大学生数学竞赛预赛试卷(数学类,2010)部分答案

一、略.

二、提示:用反证法.

三、略. 四、略.

五、是单叶双曲面.

六、略. 七、略.

八、证明:令 $P=\int_p^{+\infty}\varphi(t)\mathrm{d}t, Q=\int_q^{+\infty}\varphi^{-1}(t)\mathrm{d}t, I=a-P-Q$,其中 $pq=a$. 则

$$\int_0^{+\infty}[\varphi^{-1}(t)]^2\mathrm{d}t\geqslant\int_0^q[\varphi^{-1}(t)]^2\mathrm{d}t\geqslant\frac{1}{q}\left(\int_0^q\varphi^{-1}(t)\mathrm{d}t\right)^2=\frac{1}{q}(a-Q)^2=\frac{1}{q}(I+P)^2.$$

$$\int_0^{+\infty}[\varphi(t)]^2\mathrm{d}t\geqslant\int_0^p[\varphi(t)]^2\mathrm{d}t\geqslant\frac{1}{p}\left(\int_0^p\varphi(t)\mathrm{d}t\right)^2=\frac{1}{p}(a-P)^2=\frac{1}{p}(I+Q)^2.$$

因此$\int_0^{+\infty}(\varphi(t))^2\mathrm{d}t+\int_0^{+\infty}(\varphi^{-1}(t))^2\mathrm{d}t\geqslant\frac{1}{p}(I+Q)^2+\frac{1}{q}(I+P)^2\geqslant\frac{2}{\sqrt{pq}}(I+P)(I+Q)=$ $\frac{2}{\sqrt{a}}(QP+aI)$,

易见可取到适当的 $p,q$ 满足 $P=Q=\frac{a-I}{2}$,从而

$$\int_0^{+\infty}(\varphi(t))^2\mathrm{d}t+\int_0^{+\infty}(\varphi^{-1}(t))^2\mathrm{d}t\geqslant\frac{1}{a}\left(\frac{(a-I)^2}{4}I+aI\right)=\frac{2}{\sqrt{2}}\cdot\frac{(a+I)^2}{4}\geqslant\frac{1}{2}a^{\frac{3}{2}}.$$

## 第三届中国全国大学生数学竞赛预赛试卷(数学类,2011)部分答案

一、$(x-1)^2+(y+1)^2+(z-3)^2=25$.

二、证明:记 $a_k=\int_0^1 f_k(x)\mathrm{d}x, \forall k=1,2,\cdots,n$. 当某个 $a_k=0$ 时,结论是平凡的. 下设 $a_k>0, \forall k=1,2,\cdots,n$. 有$\int_0^1\sqrt[n]{\prod_{k=1}^n\frac{f_k(x)}{a_k}}\mathrm{d}x\leqslant\int_0^1\frac{1}{n}\prod_{k=1}^n\frac{f_k(x)}{a_k}\mathrm{d}x=1$. 由此可得存在 $\xi\in[0,1]$,使得$\sqrt[n]{\prod_{k=1}^n\frac{f_k(\xi)}{a_k}}\leqslant 1$. 结论得证.

三、略. 四、$\frac{35\sqrt{7}}{4}$. 五~七、略.

## 第四届中国全国大学生数学竞赛预赛试卷(数学类,2012)部分答案

一、$z^2-4(3x^2+4y^2)=0$.

二、略.

三、证明:由于$f'(x)\geqslant 0$,有

$$0\leqslant\int_0^N\frac{1}{f(x)}dx-\int_0^N\frac{1}{f(x)+f'(x)}dx=\int_0^N\frac{f'(x)}{f(x)[f(x)+f'(x)]}dx,$$

取极限,有

$$\lim_{N\to+\infty}\int_0^N\frac{f'(x)}{f(x)[f(x)+f'(x)]}dx\leqslant\lim_{N\to+\infty}\int_0^N\frac{f'(x)}{f^2(x)}dx=\lim_{N\to+\infty}\left(-\frac{1}{f(x)}\right)\bigg|_0^N\leqslant\frac{1}{f(0)},$$

故由已知条件,有

$$\int_0^{+\infty}\frac{1}{f(x)}dx\leqslant\int_0^{+\infty}\frac{1}{f(x)+f'(x)}dx+\frac{1}{f(0)}<+\infty.$$

四、略.

五、$\sum_{i=0}^{n-1}a_i=\frac{n(n+2)(n+7)}{3}\cdot 2^{n-4}$.

六、略. 七、略.

## 第五届中国全国大学生数学竞赛预赛试卷(数学类,2013)部分答案

一~六、略.

# 附录Ⅲ

## 2010—2014年中国全国大学生数学竞赛决赛试题(非数学类)

### 首届中国全国大学生数学竞赛决赛试卷(非数学类,2010)

考试形式: 闭卷　考试时间: 150 分钟　满分: 100 分

一、计算下列各题(共20分,每小题各5分,要求写出重要步骤).

(1) 求极限$\lim\limits_{n\to\infty}\sum\limits_{k=1}^{n-1}\left(1+\frac{k}{n}\right)\sin\frac{k\pi}{n^2}$.

(2) 计算$\iint\limits_{\Sigma}\frac{ax\mathrm{d}y\mathrm{d}z+(z+a)^2\mathrm{d}x\mathrm{d}y}{\sqrt{x^2+y^2+z^2}}$,其中$\Sigma$为下半球面$z=-\sqrt{a^2-y^2-x^2}$的上侧,$a>0$.

(3) 现要设计一个容积为$V$的一个圆柱体的容器. 已知上下两底的材料费为单位面积$a$元,而侧面的材料费为单位面积$b$元. 试给出最节省的设计方案:即高与上下底的直径之比为何值时所需费用最少?

(4) 已知$f(x)$在$\left(\frac{1}{4},\frac{1}{2}\right)$内满足$f'(x)=\frac{1}{\sin^3x+\cos^3x}$,求$f(x)$.

二、(10分)求下列极限

(1) $\lim\limits_{n\to\infty}n\left(\left(1+\frac{1}{n}\right)^n-\mathrm{e}\right)$;　(2) $\lim\limits_{n\to\infty}\left(\frac{a^{\frac{1}{n}}+b^{\frac{1}{n}}+c^{\frac{1}{n}}}{3}\right)^n$, 其中$a>0,b>0,c>0$.

三、(10分)设$f(x)$在$x=1$点附近有定义,且在$x=1$点可导,$f(1)=0,f'(1)=2$. 求$\lim\limits_{x\to0}\frac{f(\sin^2x+\cos x)}{x^2+x\tan x}$.

四、(10分) 设$f(x)$在$[0,+\infty)$上连续,无穷积分$\int_0^{\infty}f(x)\mathrm{d}x$收敛. 求$\lim\limits_{y\to+\infty}\frac{1}{y}\int_0^y xf(x)\mathrm{d}x$.

五、(12分)设函数$f(x)$在$[0,1]$上连续,在$(0,1)$内可微,且$f(0)=f(1)=0,f\left(\frac{1}{2}\right)=1$. 证明:(1) 存在$\xi\in\left(\frac{1}{2},1\right)$使得$f(\xi)=\xi$;(2) 存在$\eta\in(0,\xi)$使得$f'(\eta)=f(\eta)-\eta+1$.

六、(14分)设$n>1$为整数,$F(x)=\int_0^x\mathrm{e}^{-t}\left(1+\frac{t}{1!}+\frac{t^2}{2!}+\cdots+\frac{t^n}{n!}\right)\mathrm{d}t$. 证明:方程$F(x)=\frac{n}{2}$在$\left(\frac{n}{2},n\right)$内至少有一个根.

七、(12分) 是否存在$\mathbf{R}^1$中的可微函数$f(x)$使得$f(f(x))=1+x^2+x^4-x^3-x^5$?若存在,请给出一个例子;若不存在,请给出证明.

八、(12分) 设$f(x)$在$[0,\infty)$上一致连续,且对于固定的$x\in[0,\infty)$,当自然数$n\to\infty$时$f(x+n)\to0$. 证明:函数序列$\{f(x+n):n=1,2,\cdots\}$在$[0,1]$上一致收敛于0.

# 第二届中国全国大学生数学竞赛决赛试卷(非数学类,2011)

考试形式：闭卷　考试时间：150　分钟　满分：100　分

一、(本题共3小题，每小题各5分，共15分)计算下列各题(要求写出重要步骤).

(1) $\lim\limits_{x\to 0}\left(\dfrac{\sin x}{x}\right)^{\frac{1}{1-\cos x}}$；

(2) $\lim\limits_{n\to\infty}\left(\dfrac{1}{n+1}+\dfrac{1}{n+2}+\cdots+\dfrac{1}{n+n}\right)$；

(3) 已知$\begin{cases}x=\ln(1+\mathrm{e}^{2t})\\ y=t-\arctan \mathrm{e}^{t},\end{cases}$ 求$\dfrac{\mathrm{d}^2y}{\mathrm{d}x^2}$.

二、(本题10分)求方程$(2x+y-4)\mathrm{d}x+(x+y-1)\mathrm{d}y=0$的通解.

三、(本题15分)设函数$f(x)$在$x=0$的某邻域内有二阶连续导数，且$f(0),f'(0),f''(0)$均不为零. 证明:存在唯一一组实数$k_1,k_2,k_3$,使得$\lim\limits_{h\to\infty}\dfrac{k_1f(h)+k_2f(2h)+k_3f(3h)-f(0)}{h^2}=0$.

四、(本题17分)设$\Sigma_1:\dfrac{x^2}{a^2}+\dfrac{y^2}{b^2}+\dfrac{z^2}{c^2}=1$,其中$a>b>c>0$,$\Sigma_2:z^2=x^2+y^2$,$\Gamma$为$\Sigma_1$和$\Sigma_2$的交线,求椭球面$\Sigma_1$在$\Gamma$上各点的切平面到原点距离的最大值和最小值.

五、(本题16分)已知$S$是空间曲线$\begin{cases}x^2+3y^2=1\\ z=0\end{cases}$绕$y$轴旋转形成的椭球面的上半部分($z\geqslant 0$)(取上侧),$\Pi$是$S$在$P(x,y,z)$点处的切平面,$\rho(x,y,z)$是原点到切平面$\Pi$的距离,$\lambda,\mu,v$表示$S$的正法向的方向余弦,计算:

(1) $\displaystyle\iint_S \frac{z}{\rho(x,y,z)}\mathrm{d}S$；　　(2) $\displaystyle\iint_S z(\lambda x+3\mu y+vz)\mathrm{d}S$.

六、(本题12分)设$f(x)$是在$(-\infty,+\infty)$内的可微函数,且$|f'(x)|<mf(x)$,其中$0<m<1$. 任取实数$a_0$,定义$a_n=\ln f(a_{n-1})$,$n=1,2,\cdots$. 证明:$\sum\limits_{n=1}^{+\infty}(a_n-a_{n-1})$绝对收敛.

七、(本题15分)是否存在区间$[0,2]$上的连续可微函数$f(x)$,满足$f(0)=f(2)=1$,$|f'(x)|<1$,$\left|\int_0^2 f(x)\mathrm{d}x\right|\leqslant 1$?请说明理由.

# 第三届中国全国大学生数学竞赛决赛试卷(非数学类,2012)

考试形式: 闭卷 考试时间: 150 分钟 满分: 100 分

一、(本大题共5小题,每小题6分,共30分)计算下列各题(要求写出重要步骤).

(1) $\lim\limits_{x\to0}\dfrac{\sin^2x-x^2\cos^2x}{x^2\sin^2x}$.

(2) $\lim\limits_{x\to+\infty}\left[\left(x^3+\dfrac{x}{2}-\tan\dfrac{1}{x}\right)e^{1/x}-\sqrt{1+x^6}\right]$.

(3) 设函数 $f(x,y)$ 有二阶连续偏导数,满足 $f_x^2f_{yy}-2f_xf_yf_{xy}+f_y^2f_{xx}=0$ 且 $f_y\neq0$, $y=y(x,z)$ 是由方程 $z=f(x,y)$ 所确定的函数,求 $\dfrac{\partial^2y}{\partial x^2}$.

(4) 求不定积分 $I=\displaystyle\int\left(1+x-\dfrac{1}{x}\right)e^{x+\frac{1}{x}}dx$.

(5) 求曲面 $x^2+y^2=az$ 和 $z=2a-\sqrt{x^2+y^2}\ (a>0)$ 所围立体的表面积.

二、(本题13分) 讨论 $\displaystyle\int_0^{+\infty}\dfrac{x}{\cos^2x+x^\alpha\sin^2x}dx$ 的敛散性,其中 $\alpha$ 是一个实常数.

三、(本题13分) 设 $f(x)$ 在 $(-\infty,+\infty)$ 上无穷次可微,且满足:存在 $M>0$,使得 $|f^{(k)}(x)|\leqslant M,\forall x\in(-\infty,+\infty),(k=1,2,\cdots)$ 且 $f\left(\dfrac{1}{2^n}\right)=0,(n=1,2,\cdots)$. 求证:在 $(-\infty,+\infty)$ 上, $f(x)\equiv0$.

四、(本题共16分,第1小题6分,第2小题10分) 设 $D$ 为椭圆形 $\dfrac{x^2}{a^2}+\dfrac{y^2}{b^2}\leqslant1\ (a>b>0)$,面密度为 $\rho$ 的均质薄板; $l$ 为通过椭圆焦点 $(-c,0)$ (其中 $c^2=a^2-b^2$) 垂直于薄板的旋转轴.

1. 求薄板 $D$ 绕 $l$ 旋转的转动惯量 $J$.

2. 对于固定的转动惯量,讨论椭圆薄板的面积是否有最大值和最小值.

五、(本题12分) 设连续可微函数 $z=z(x,y)$ 由方程 $F(xz-y,x-yz)=0$ (其中 $F(u,v)$ 有连续的偏导数) 唯一确定. $L$ 为正向单位圆周,试求 $I=\displaystyle\oint_L(xz^2+2yz)dy-(2xz+yz^2)dx$.

六、(本题共16分,第1小题6分,第2小题10分)

(1) 求解微分方程 $\begin{cases}\dfrac{dy}{dx}-xy=xe^{x^2}\\ y(0)=1\end{cases}$.

(2) 如 $y=f(x)$ 为上述方程的解,证明: $\lim\limits_{n\to\infty}\displaystyle\int_0^1\dfrac{n}{n^2x^2+1}f(x)dx=\dfrac{\pi}{2}$.

# 第四届中国全国大学生数学竞赛决赛试卷(非数学类,2013)

考试形式：闭卷　考试时间：150 分钟　满分：100 分

一、(本题25分)解答下列各题

(1) 计算 $\lim\limits_{x\to 0^+}\left[\ln(x\ln a)\cdot\ln\left(\dfrac{\ln ax}{\ln\dfrac{x}{a}}\right)\right](a>1)$.

(2) 设 $f(u,v)$ 具有连续偏导数,且满足 $f_u(u,v)+f_v(u,v)=uv$,求 $y(x)=e^{-2x}f(x,x)$ 所满足的一阶微分方程,并求其通解.

(3) 求在 $[0,+\infty)$ 上的可微函数 $f(x)$,使 $f(x)=e^{-u(x)}$,其中 $u=\int_0^x f(t)\,dt$.

(4) 计算不定积分 $\int x\arctan x\ln(1+x^2)\,dx$.

(5) 过直线 $\begin{cases}10x+2y-2z=27\\ x+y-z=0\end{cases}$ 作曲面 $3x^2+y^2-z^2=27$ 的切平面,求此切平面的方程.

二、(本题15分)设曲面 $\Sigma: z^2=x^2+y^2(1\leqslant z\leqslant 2)$,其面密度为常数 $\rho$. 求在原点处的质量为1的质点和 $\Sigma$ 之间的引力(记引力常数为 $G$).

三、(本题15分) $f(x)$ 在 $[1,+\infty)$ 连续可导, $f'(x)=\dfrac{1}{1+f^2(x)}\left[\dfrac{1}{\sqrt{x}}-\sqrt{\ln\left(1+\dfrac{1}{x}\right)}\right]$. 证明: $\lim\limits_{x\to+\infty}f(x)$ 存在.

四、(本题15分)设函数 $f(x)$ 在 $[-2,2]$ 上二阶可导,且 $|f(x)|<1$,又 $f^2(0)+[f'(0)]^2=4$. 试证:在 $(-2,2)$ 内至少存在一点 $\xi$,使得 $f(\xi)+f''(\xi)=0$.

五、(本题15分)求二重积分 $I=\iint\limits_{x^2+y^2\leqslant 1}|x^2+y^2-x-y|\,dx\,dy$.

六、(本题15分)若对于任何收敛于零的序列 $\{x_n\}$,级数 $\sum\limits_{n=1}^{\infty}a_nx_n$ 都是收敛的,试证明级数 $\sum\limits_{n=1}^{\infty}|a_n|$ 收敛.

# 第五届中国全国大学生数学竞赛决赛试卷(非数学类,2014)

考试形式: 闭卷 考试时间: 150 分钟 满分: 100 分

一、(本题共28分,每小题7分)计算下列各题

(1) 计算积分$\int_0^{2\pi} x\int_x^{2\pi}\frac{\sin^2 t}{t^2}\mathrm{d}t\mathrm{d}x.$.

(2) 设$f(x)$是$[0,1]$上的连续函数,且满足$\int_0^1 f(x)\,\mathrm{d}x = 1$,求一个这样的函数$f(x)$,使得积分$I = \int_0^1 (1+x^2)f^2(x)\,\mathrm{d}x$取得最小值.

(3) 设$F(x,y,z)$和$G(x,y,z)$有连续偏导数,$\frac{\partial(F,G)}{\partial(x,z)}\neq 0$,曲线$\Gamma:\begin{cases}F(x,y,z)=0\\G(x,y,z)=0\end{cases}$过点$P_0(x_0,y_0,z_0)$. 记$\Gamma$在$xOy$平面上的投影曲线为$S$,求$S$上过点$(x_0,y_0)$的切线方程.

(4) 设矩阵$\boldsymbol{A}=\begin{pmatrix}1&2&1\\3&4&a\\1&2&2\end{pmatrix}$,其中$a$为常数,矩阵$\boldsymbol{B}$满足关系式$\boldsymbol{AB}=\boldsymbol{A}-\boldsymbol{B}+\boldsymbol{E}$,其中$\boldsymbol{E}$是单位矩阵,且$\boldsymbol{B}\neq\boldsymbol{E}$. 若秩$\mathrm{rank}(\boldsymbol{A}+\boldsymbol{B})=3$,试求常数$a$的值.

二、(本题12分) 设$f(x)\in \mathbf{C}^4(-\infty,+\infty)$,且$f(x)$满足$f(x+h)=f(x)+f'(x)h+\frac{1}{2}f''(x+\theta)$,其中$\theta$是与$x,h$无关的常数,证明:$f$是不超过三次的多项式.

三、(本题12分) 设当$x>-1$时,可微函数$f(x)$满足条件$f'(x)+f(x)-\frac{1}{x+1}\int_0^x f(t)\,\mathrm{d}t=0$,且$f(0)=1$,试证:当$x\geqslant 0$时,有$\mathrm{e}^{-x}\leqslant f(x)\leqslant 1$成立.

四、(本题12分) 设$D=\{(x,y)\mid 0\leqslant x\leqslant 1, 0\leqslant y\leqslant 1\}$,$I=\iint_D f(x,y)\,\mathrm{d}x\mathrm{d}y$,其中函数$f(x,y)$在$D$上有连续二阶偏导数. 若对任何$x,y$有$f(0,y)=f(x,0)=0$且$\frac{\partial^2 f}{\partial x\partial y}\leqslant A$. 证明:$I\leqslant\frac{A}{4}$.

五、(本题12分) 设函数$f(x)$连续可导,$P=Q=R=f((x^2+y^2)z)$. 有向曲面$\Sigma_t$是圆柱体$x^2+y^2\leqslant t^2, 0\leqslant z\leqslant 1$的表面,方向朝外,记第二型的曲面积分$I_t=\iint_{\Sigma_t} P\mathrm{d}y\mathrm{d}z+Q\mathrm{d}z\mathrm{d}x+R\mathrm{d}x\mathrm{d}y$,求极限$\lim_{t\to 0^+}\frac{I_t}{t^4}$.

六、(本题12分) 设$\boldsymbol{A},\boldsymbol{B}$为$n$阶正定矩阵,求证:$\boldsymbol{AB}$正定的充要条件是$\boldsymbol{AB}=\boldsymbol{BA}$.

七、(本题12分) 假设$\sum_{n=0}^{\infty}a_n x_n$的收敛半径为1,$\lim_{n\to\infty}na_n=0$,且$\lim_{x\to 1^-}\sum_{n=0}^{\infty}a_n x_n = A$. 证明:$\sum_{n=0}^{\infty}a_n$收敛且$\sum_{n=0}^{\infty}a_n = A$.

# 附录Ⅳ

## 2010—2012 年中国全国大学生数学竞赛决赛试题(数学类)

### 首届中国全国大学生数学竞赛决赛试卷(数学类,2010)

考试形式: 闭卷 考试时间: 150 分钟 满分: 100 分

一、填空题(共 8 分,每空 2 分.)

(1) 设 $\beta > \alpha > 0$, 则 $\int_0^{+\infty} \dfrac{e^{-\alpha x^2} - e^{-\beta x^2}}{x^2} dx =$ ________.

(2) 若关于 $x$ 的方程 $kx + \dfrac{1}{x^2} = 1(k > 0)$ 在区间 $(0, +\infty)$ 中有唯一实数解,则常数 $k =$ ________.

(3) 设函数 $f(x)$ 在区间 $[a,b]$ 上连续,由积分中值公式有 $\int_a^x f(t)dt = (x-a)f(\xi)(a \leqslant \xi \leqslant x < b)$. 若导数 $f'_+(a)$ 存在且非零,则 $\lim\limits_{x \to a^+} \dfrac{\xi - a}{x - a}$ 的值等于________.

(4) 设 $(\boldsymbol{a} \times \boldsymbol{b}) \cdot \boldsymbol{c} = 6$,则 $[(\boldsymbol{a}+\boldsymbol{b}) \times (\boldsymbol{b}+\boldsymbol{c})] \cdot (\boldsymbol{a}+\boldsymbol{c}) =$ ________.

二、(10 分) 设 $f(x)$ 在 $(-1,1)$ 内有定义,在 $x=0$ 处可导,且 $f(0)=0$,证明: $\lim\limits_{n\to\infty} \sum\limits_{k=1}^{n} f\left(\dfrac{k}{n^2}\right) = \dfrac{f'(0)}{2}$.

三、(12 分) 设 $f(x)$ 在 $[0,+\infty)$ 上一致连续,且对于固定的 $x \in [0,+\infty)$,当自然数 $n \to \infty$ 时,$f(x+n) \to 0$. 证明:函数序列 $\{f(x+n): n = 1,2,\cdots\}$ 在 $[0,1]$ 上一致收敛于 0.

四、(12 分) 设 $D = \{(x,y): x^2+y^2<1\}$, $f(x,y)$ 在 $D$ 内连续, $g(x,y)$ 在 $D$ 内连续有界,且满足条件:(1) 当 $x^2+y^2 \to 1$ 时, $f(x,y) \to +\infty$;(2) 在 $D$ 内 $f$ 与 $g$ 有二阶偏导数, $\dfrac{\partial^2 f}{\partial x^2} + \dfrac{\partial^2 f}{\partial y^2} = e^f$, $\dfrac{\partial^2 g}{\partial x^2} + \dfrac{\partial^2 g}{\partial y^2} \geqslant e^g$. 证明: $f(x,y) \geqslant g(x,y)$ 在 $D$ 内处处成立.

五、(共 10 分,(1),(2) 各 5 分) 分别设 $R = \{(x,y): 0 \leqslant x \leqslant 1, 0 \leqslant y \leqslant 1\}$, $R_\varepsilon = \{(x,y): 0 \leqslant x \leqslant 1-\varepsilon, 0 \leqslant y \leqslant 1-\varepsilon\}$,考虑积分 $I = \iint_R \dfrac{dxdy}{1-xy}$ 与 $I_\varepsilon = \iint_{R_\varepsilon} \dfrac{dxdy}{1-xy}$,定义 $I = \lim\limits_{\varepsilon\to 0^+} I_\varepsilon$.

(1) 证明: $I = \sum\limits_{n=1}^{\infty} \dfrac{1}{n^2}$.

(2) 利用变量替换 $\begin{cases} u = \dfrac{1}{2}(x+y) \\ v = \dfrac{1}{2}(y-x) \end{cases}$ 计算积分 $I$ 的值,并由此推出 $\dfrac{\pi^2}{6} = \sum\limits_{n=1}^{\infty} \dfrac{1}{n^2}$.

六、(13 分) 已知两直线的方程: $L: x = y = z$, $L': \dfrac{x}{1} = \dfrac{y}{a} = \dfrac{z-b}{1}$.

(1) 问:参数 $a,b$ 满足什么条件时, $L$ 与 $L'$ 是异面直线?

(2) 当 $L$ 与 $L'$ 不重合时,求 $L'$ 绕 $L$ 旋转所生成的旋转面 $\pi$ 的方程,并指出曲面 $\pi$ 的类型.

七、(20分) 设 $\boldsymbol{A},\boldsymbol{B}$ 均为 $n$ 阶半正定实对称矩阵,且满足 $n-1\leqslant \mathrm{rank}\boldsymbol{A}\leqslant n$. 证明:存在实可逆矩阵 $\boldsymbol{C}$ 使得 $\boldsymbol{C}^{\mathrm{T}}\boldsymbol{A}\boldsymbol{C},\boldsymbol{C}^{\mathrm{T}}\boldsymbol{B}\boldsymbol{C}$ 均为对角阵.

八、(15分) 设 $V$ 是复数域 $\mathbf{C}$ 上的 $n$ 维线性空间,$f_j:V\rightarrow\mathbf{C}$ 是非零的线性函数,$j=1,2$,若不存在 $0\neq c\in\mathbf{C}$ 使得 $f_1=cf_2$,证明:任意的 $\alpha\in V$ 都可表为 $\alpha=\alpha_1+\alpha_2$ 使得 $f_1(\alpha)=f_1(\alpha_2)$,$f_2(\alpha)=f_2(\alpha_1)$.

# 第二届中国全国大学生数学竞赛决赛试卷(数学类,2011)

考试形式: 闭卷　考试时间: 150 分钟　满分: 100 分

一、(15 分)求出过原点且和椭球面 $4x^2+5y^2+6z^2=1$ 的交线为一个圆周的所有平面.

二、(15 分) 设 $0<f(x)<1$,无穷积分 $\int_0^{+\infty} f(x)\mathrm{d}x$ 和 $\int_0^{+\infty} xf(x)\mathrm{d}x$ 都收敛,求证: $\int_0^{+\infty} xf(x)\mathrm{d}x > \frac{1}{2}\left(\int_0^{+\infty} f(x)\mathrm{d}x\right)^2$

三、(15 分) 设 $\sum_{n=1}^{+\infty} na_n$ 收敛, $t_n = a_{n+1}+2a_{n+2}+\cdots+ka_{n+k}+\cdots$,证明: $\lim_{n\to\infty} t_n = 0$.

四、(15 分) 设 $\boldsymbol{A}\in M_n(\mathbf{C})$,定义线性变换 $\sigma_{\boldsymbol{A}}: M_n(\mathbf{C})\to M_n(\mathbf{C})$, $\sigma_{\boldsymbol{A}}(\boldsymbol{X}) = \boldsymbol{AX}-\boldsymbol{XA}$. 证明:当 $\boldsymbol{A}$ 可对角化时, $\sigma_{\boldsymbol{A}}$ 也可对角化. 这里 $M_n(\mathbf{C})$ 是复数域 $\mathbf{C}$ 上 $n$ 阶方阵组成的线性空间.

五、(20 分) 设连续函数 $f:\mathbf{R}\to\mathbf{R}$,满足 $\sup_{x,y\in R}|f(x+y)-f(x)-f(y)|<+\infty$. 证明:存在实常数 $a$ 满足 $\sup_{x,y\in R}|f(x)-ax|<+\infty$.

六、(20 分) 设 $\varphi: M_n(\mathbf{R})\to\mathbf{R}$ 是非零线性映射,满足 $\varphi(\boldsymbol{XY})=\varphi(\boldsymbol{YX})$, $\forall \boldsymbol{X},\boldsymbol{Y}\in M_n(\mathbf{R})$,这里 $M_n(\mathbf{R})$ 是实数域 $\mathbf{R}$ 上 $n$ 阶方阵组成的线性空间. 在 $M_n(\mathbf{R})$ 上定义双线性型 $(-,-)$:

$$M_n(\mathbf{R})\times M_n(\mathbf{R})\to\mathbf{R} \text{ 为} (\boldsymbol{X},\boldsymbol{Y}) = \varphi(\boldsymbol{XY}).$$

(1) 证明: $(-,-)$ 是非退化的,即若 $(\boldsymbol{X},\boldsymbol{Y})=0$, $\forall y\in M_n(\mathbf{R})$,则 $\boldsymbol{X}=\boldsymbol{O}$.

(2) 设 $A_1,A_2,\cdots,A_{n^2}$ 是 $M_n(\mathbf{R})$ 的一组基, $B_1,B_2,\cdots,B_{n^2}$ 是相应的对偶基,即

$$(A_i,B_j) = \delta_{ij} = \begin{cases}0, i\neq j\\ 1, i=j\end{cases},$$

证明: $\sum_{i=1}^{n^2} A_iB_i$ 是数量矩阵.

# 第三届中国全国大学生数学竞赛决赛试卷(数学类,2012)

考试形式: 闭卷　考试时间: 150 分钟　满分: 100 分

一、(本题15分)设有空间中五点:$A(1,0,1)$,$B(1,1,2)$,$C(1,-1,-2)$,$D(3,1,0)$,$E(3,1,2)$. 试求过点 $E$ 且与 $A,B,C$ 所在平面 $\Sigma$ 平行而与直线 $AD$ 垂直的直线方程.

二、(本题15分)设 $f(x)$ 在 $[a,b]$ 上有两阶导数,且 $f''(x)$ 在 $[a,b]$ 上黎曼可积,证明:

$$f(x)=f(a)+f'(a)(x-a)+\int_a^x (x-t)f''(t)\,\mathrm{d}t,\ \forall x\in[a,b].$$

三、(本题10分)设 $k_0<k_1<\cdots<k_n$ 为给定的正整数,$A_1,A_2,\cdots,A_n$ 为实参数,指出函数 $f(x)=\sin k_0x+A_1\sin k_1x+\cdots+A_n\sin k_nx$ 在 $[0,2\pi]$ 上零点的个数(当 $A_1,A_2,\cdots,A_n$ 变化时)的最小可能值并加以证明.

四、(本题10分)设正数列 $a_n$ 满足 $\overline{\lim_{n\to\infty}}a_n=1$,$\overline{\lim_{n\to\infty}}a_n<+\infty$,$\lim\limits_{n\to\infty}\sqrt[n]{a_1a_2\cdots a_n}=1$. 求证:$\lim\limits_{n\to\infty}\dfrac{a_1+a_2+\cdots+a_n}{n}=1$.

五、(本题15分)设 $\boldsymbol{A},\boldsymbol{B}$ 分别是 $3\times2$ 和 $2\times3$ 实矩阵,若 $\boldsymbol{AB}=\begin{pmatrix}8&0&-4\\-\dfrac{3}{2}&9&-6\\-2&0&1\end{pmatrix}$,求 $\boldsymbol{BA}$.

六、(本题20分)设 $\{A_i\}_{i\in\mathbf{I}}$,$\{B_i\}_{i\in\mathbf{I}}$ 是数域 $F$ 上两个矩阵集合,称它们在 $F$ 上相似:如果存在 $F$ 上与 $i\in\mathbf{I}$ 无关的可逆矩阵 $\boldsymbol{P}$ 使得 $\boldsymbol{P}^{-1}A_i\boldsymbol{P}=B_i$,$\forall i\in\mathbf{I}$. 证明:有理数域 $\mathbf{Q}$ 上两个矩阵集合 $\{A_i\}_{i\in\mathbf{I}}$,$\{B_i\}_{i\in\mathbf{I}}$,如果它们在实数域 $\mathbf{R}$ 上相似,则它们在有理数域 $\mathbf{Q}$ 上也相似.

七、(本题15分)设 $F(x)$,$G(x)$ 是 $[0,+\infty)$ 上的两个非负单调递减函数,$\lim\limits_{x\to+\infty}x(F(x)+G(x))=0$.

(1) 证明:$\forall\varepsilon>0$,$\lim\limits_{x\to+\infty}\int_\varepsilon^{+\infty}xF(xt)\cos t\,\mathrm{d}t=0$.

(2) 若进一步有 $\lim\limits_{n\to\infty}\int_0^{+\infty}(F(t)-G(t))\cos\dfrac{t}{n}\mathrm{d}t=0$,证明:$\lim\limits_{x\to0}\int_0^{+\infty}(F(t)-G(t))\cos(xt)\,\mathrm{d}t=0$.

# 参 考 文 献


[1] 李汉龙,王金宝.高等数学典型题解答指南[M].北京:国防工业出版社,2011.

[2] 李汉龙,缪淑贤,王金宝.考研数学辅导全书(数学一)[M].北京:国防工业出版社,2014.

[3] 史荣昌.线性代数历年真题详解与考点分析[M].北京:机械工业出版社,2002.

[4] 魏战线.线性代数辅导与典型题解析[M].西安:西安交通大学出版社,2002.

[5] 国防科学技术大学大学数学竞赛指导组.大学数学竞赛指导[M].北京:清华大学出版社,2009.

[6] 龙宪军,黄应全,等.数学竞赛促进大学数学教与学[J].重庆工商大学学报(自然科学版),2013,30(6).

[7] 葛严麟.1994 年研究生入学考试数学模拟题及题型分析[M].北京:中国人民大学出版社,1993.

[8] 谢彦红,王一女.高等数学辅导[M].沈阳:东北大学出版社,2000.

[9] 李梅,王福忠,郝一凡.高等数学学习指导[M].沈阳:辽宁大学出版社,1998.

[10] 阎国辉.高等数学上册教与学参考[M].西安:西北工业大学出版社,2003.

[11] 张宏志.高等数学下册教与学参考[M].西安:西北工业大学出版社,2003.

[12] 陈志杰,等.高等代数与解析几何习题精讲[M].北京:科学出版社,2002.

[10] 徐仲,等.高等代数(北大·第三版)导教·导学·导考[M].西安:西北工业大学出版社,2004.

[11] 黎伯堂,刘桂真.高等代数解题技巧与方法[M].济南:山东科学技术出版社,2002.

[12] 闫晓红.高等代数全程导学及习题全解[M].北京:中国时代经济出版社,2006.

[13] 同济大学数学系.高等数学第六版上册[M].北京:高等教育出版社,2007.

[14] 同济大学数学系.高等数学第六版下册[M].北京:高等教育出版社,2007.

[15] 胡适耕.大学数学解题艺术[M].长沙:湖南大学出版社,2001.

[16] 刘玉链,等.数学分析讲义[M].5 版.北京:高等教育出版社,2008.

[17] 刘玉链,等.数学分析讲义学习辅导书[M].2 版.北京:高等教育出版社,2004.

[18] 吉米多维奇.数学分析习题集题解[M].2 版.济南:山东科学技术出版社,2005.